普通高等教育"十一五"国家级规划教材
荣获2002年全国普通高等学校优秀教材二等奖

# 材料成形技术基础

**第2版**

主编　邢建东　陈金德
参编　郭　成　方　亮　薛　锦　王雅生
　　　潘希德　高义民　王立忠
主审　吴浚郊　高积强

机械工业出版社

本书将理论与工艺融为一体，较全面地介绍了凝固成形、塑性成形、焊接成形、表面成形、粉末成形和塑料成型的基本原理、工艺方法和技术要点，适当反映当代科技在材料成形领域的新成就。全书共10章，第一章采用工艺形态学的方法，对整个材料加工过程作综合性描述，进而引出材料成形的一些基本问题，并简要介绍其发展现状；第二~四章着重阐述材料成形所涉及的若干共性理论问题，包括液态金属的凝固理论、材料成形的热过程、塑性成形的物理及力学基础等；第五~十章分别介绍各种材料成形的工艺方法、过程分析、技术要点及相关的工艺装备和模具等。

本书适应我国当前高等工科教育专业改革和按学科（专业大类）培养学生的需要，除作为机械设计制造及其自动化专业和机械工程及自动化专业教科书外，还可作为材料工程专业教学参考书及相关技术人员的参考读物。

**图书在版编目（CIP）数据**

材料成形技术基础/邢建东，陈金德主编. —2版. —北京：机械工业出版社，2007.6（2025.8重印）
普通高等教育“十一五”国家级规划教材
ISBN 978-7-111-07931-6

Ⅰ. 材… Ⅱ. ①邢…②陈… Ⅲ. 工程材料-成型-高等学校-教材
Ⅳ. TB3

中国版本图书馆CIP数据核字（2007）第084018号

机械工业出版社（北京市百万庄大街22号 邮政编码100037）
责任编辑：冯春生 版式设计：霍永明 责任校对：陈延翔
封面设计：王伟光 责任印制：刘 媛
北京富资园科技发展有限公司印刷
2025年8月第2版第14次印刷
184mm×260mm ·22印张·540千字
标准书号：ISBN 978-7-111-07931-6
定价：49.80元

| 电话服务 | 网络服务 |
| --- | --- |
| 客服电话：010-88361066 | 机 工 官 网：www.cmpbook.com |
| 010-88379833 | 机 工 官 博：weibo.com/cmp1952 |
| 010-68326294 | 金 书 网：www.golden-book.com |
| **封底无防伪标均为盗版** | 机工教育服务网：www.cmpedu.com |

# 第2版前言

本教材自1999年第1版出版以来，已被国内许多高等院校采用，并于2002年获全国普通高等学校优秀教材二等奖。在几年的广泛教学实践过程中，许多任课教师特别是西安交通大学材料加工工程专业的任课教师和同学对该教材相关内容的组织、章节编排、内容取舍等提出了许多宝贵的建设性意见。再者，考虑到材料成形技术的不断进步，一些逐渐成熟的新技术应该在教材中有适当的反映。故此，对该教材的相关内容进行了重新编排和修订。

修订后的教材保持了原教材的特点，即：将材料成形理论与工艺融为一体，综合介绍各种材料成形技术的基本原理、工艺方法和技术要点；适当反映当代科技在材料成形领域的新成就，注意增加了近年来材料成形新技术方面的原理性介绍。本次修订的内容主要包括：① 在第三章中适当增加了焊接热过程物理概念的阐述，适当减少了数学推导过程；② 在第四章中增加了塑性成形力学的基本方程和求解方法，适当删除了物理基础方面的内容；③ 第五章中删除了“凝固成形用金属材料”和“液态金属的获得”两节，增强了砂型铸造的内容，并增加了先进凝固成形方法的内容；④ 在第六章中更新了“计算机在塑性成形中的应用”一节；⑤ 在第七章中适当增加了A-TIG焊等目前应用较广的先进焊接技术；⑥ 在第十章中删除了“塑料的焊接”一节，增加了“塑料成型新技术简介”一节。

参加本教材修订工作的有陈金德教授（第一、四章及第三章部分）、邢建东教授（第五、八章）、郭成教授（第六、十章）、方亮教授（第二、九章）、薛锦教授、潘希德副教授（第三章）、王雅生教授（第七、十章第四节）、高义民教授（第五章部分内容）以及王立忠副教授（第十章第四节）。本教材在修订过程中得到了西安交通大学材料加工工程系全体同仁的大力支持和帮助。全书由邢建东和陈金德教授担任主编。

本教材由清华大学吴浚郊教授、西安交通大学高积强教授主审，在审阅中对书稿提出了许多宝贵意见，谨此表示衷心的感谢。

由于编者水平所限，不足之处恳请读者批评指正。

编　者

2007年7月于西安交通大学

# 第1版前言

本教材是根据机械工程及自动化专业教学指导委员会所确定的技术基础课“材料成形技术基础”教学大纲而编写的，系原机械工业部普通高等学校机电类专业“九五”规划教材。

本教材将材料成形理论与工艺融为一体，综合介绍各种材料成形技术的基本原理、工艺方法和技术要点，适当反映当代科技在材料成形领域的新成就。全书共分十章，第一章采用工艺形态学的方法，对整个材料加工过程作综合性描述，进而引出材料成形的一些基本问题，并简要介绍其发展现状；第二～四章着重阐述材料成形所涉及的若干共性理论问题，包括金属的凝固理论、材料成形的热过程、塑性成形的物理、力学基础等；第五～十章分别介绍凝固成形、塑性成形、焊接成形、表面成形、粉末合金与陶瓷成形以及塑料成型的工艺方法、技术要点及相关的工艺装备和模具等。各章附有思考与练习题，全书末附有参考文献，以便于学生个性发展和深入钻研。

参加本教材编写工作的有陈金德教授（第一、四章及第三章部分）、邢建东教授（第五、八章）、郭成教授（第六、十章）、方亮教授（第二、九章）、薛锦教授（第三章）和王雅生副教授（第七章、第十章第四节）。此外，张建勋教授、杨秉俭副教授、李长久教授也参加了第一章中第二节及第八章中部分内容的编写工作。本教材在编写过程中还得到西安交通大学材料成形与控制工程系全体同仁的大力支持和帮助。全书由陈金德和邢建东教授任主编。

本教材由清华大学吴浚郊教授主审，西北工业大学吴诗惇教授、王震澂教授参审，三位专家对书稿提出了许多宝贵意见，谨此表示衷心的感谢。

本教材适应我国当前高等工科教育专业改革和按学科（专业大类）培养学生的需要，除作为机械设计制造及其自动化专业和机械工程及自动化专业教科书外，还可作为材料工程专业教学参考书及相关技术人员的参考读物。

由于编者水平所限，书中定有许多缺点和不足之处，恳请读者批评指正。

编　者

于西安交通大学，1999年11月

# 目　录


第 2 版前言
第 1 版前言
第一章　绪论 ······ 1
第一节　材料加工概述 ······ 1
第二节　材料成形的一些基本问题和发展概况 ······ 7
第三节　材料成形技术基础课程的性质和任务 ······ 22
第二章　材料凝固理论 ······ 23
第一节　材料凝固概述 ······ 23
第二节　凝固的热力学基础 ······ 24
第三节　形核 ······ 27
第四节　生长 ······ 33
第五节　溶质再分配 ······ 37
第六节　共晶合金的凝固 ······ 44
第七节　金属及合金的凝固方式 ······ 47
第八节　凝固成形的应用 ······ 50
思考与练习 ······ 64
第三章　材料成形热过程 ······ 66
第一节　材料成形热过程的基本特点 ······ 66
第二节　材料加热过程的热效率 ······ 71
第三节　温度场 ······ 75
第四节　焊接热循环及冶金过程 ······ 86
思考与练习 ······ 108
第四章　塑性成形理论基础 ······ 109
第一节　金属塑性变形的物理基础 ······ 109
第二节　应力状态和应变状态分析 ······ 119
第三节　屈服准则 ······ 130
第四节　塑性变形时应力应变关系 ······ 132
第五节　应力状态对塑性和变形抗力的影响 ······ 134
第六节　真实应力-应变曲线 ······ 136
第七节　主应力法 ······ 138
思考与练习 ······ 141
第五章　凝固成形技术 ······ 143
第一节　凝固成形的基本方法 ······ 143
第二节　先进凝固成形方法 ······ 165
第三节　凝固成形件的结构设计 ······ 175
第四节　计算机在凝固成形中的应用 ······ 180
思考与练习 ······ 183
第六章　塑性成形技术 ······ 184
第一节　板料成形方法及其模具 ······ 185
第二节　体积成形方法及其模具 ······ 198
第三节　数字化塑性成形技术 ······ 212
思考与练习 ······ 225
第七章　焊接成形技术 ······ 226
第一节　焊接本质及方法分类 ······ 226
第二节　典型弧焊方法 ······ 227
第三节　压焊及钎焊 ······ 246
第四节　常用金属材料焊接 ······ 253
第五节　焊接力学 ······ 265
思考与练习 ······ 275
第八章　表面成形及强化技术 ······ 276
第一节　金属表面的物理化学特点 ······ 277
第二节　金属的表面失效 ······ 279
第三节　热喷涂及表面堆焊成形 ······ 281
第四节　表面强化原理及应用 ······ 288
思考与练习 ······ 300
第九章　粉末合金及陶瓷成形技术 ······ 302
第一节　粉末合金及陶瓷成形过程概论 ······ 302
第二节　原材料加工 ······ 303
第三节　粉末成形 ······ 309
第四节　烧结 ······ 312
第五节　粉末合金及陶瓷成形技术的新发展 ······ 315
思考与练习 ······ 318
第十章　塑料成型技术 ······ 320
第一节　塑料的组成、分类及主要成型方法 ······ 320
第二节　塑料成型理论基础 ······ 322
第三节　注射成型及其模具 ······ 328
第四节　塑料成型新技术简介 ······ 334
思考与练习 ······ 338
参考文献 ······ 340

# 第一章　绪　　论

本章采用工艺形态学方法，对整个材料加工过程作综合性描述，进而引出材料成形的一些基本问题，并简要介绍其发展现状。

## 第一节　材料加工概述

### 一、机器制造一般过程

任何机器或设备，大至船舶、飞机、汽车，小至仪器、仪表，都是由许许多多的零件装配而成的。这些零件所用材料有金属材料，也有非金属材料。材料的加工方法多种多样，归纳起来有以下几类：

(1) 成形加工　用来改变材料的形状尺寸，或兼有改变材料的性能。主要有凝固成形、塑性成形、焊接成形、粉末压制成形和塑料成型等。

(2) 切除加工　用来改变材料的形状尺寸，主要有车、铣、刨、钻、磨等传统的切削加工，以及直接利用电能、化学能、声能、光能进行的特殊加工，如电火花加工、电解加工、超声波加工和激光加工等。

(3) 表面成形加工　用来改变零件的表面状态和（或）性能，如表面形变及淬火强化、化学热处理、表面涂（镀）层和气相沉积镀膜等。

(4) 热处理加工　用来改变材料或零件的性能，如退火、正火、淬火和回火等。

选择零件的加工方法，需要综合考虑零件的形状尺寸特征、工作条件及使用要求、生产批量和制造成本等多种因素，以达到技术上可行、质量可靠和经济上合理。零件制成后再经过检验、装配、调试，最终得到整机产品。图 1-1 给出了机器（或设备）一般制造过程的示意。

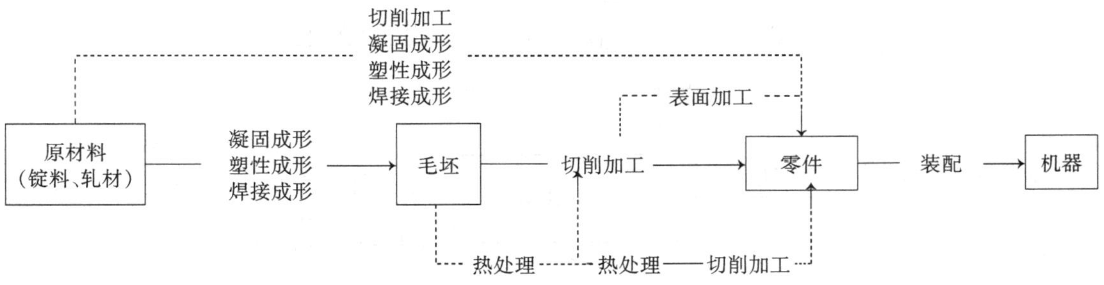


图 1-1　机器制造一般过程的示意

### 二、材料加工的基本要素和流程

材料加工方法种类繁多，但通过对每一种材料加工方法的过程分析表明，它们都可以用少数几个基本参数的统一模式来描述，这样就有利于对各种加工方法的综合分析和横向比较。

任何一种材料加工过程，都是为了达到材料的形状尺寸或性能的变化，或者二者兼而有之。而为了产生这种变化，必须具备三个基本要素，即材料、能量和信息。因而材料的加工过程，可以用相关的材料流程、能量流程和信息流程来描述。正是这三个流程按一定方式相互作用的结果，才产生形状尺寸或（和）性能的变化，而获得所需的零件或零件毛坯。图1-2 给出了材料加工过程的一般模式。

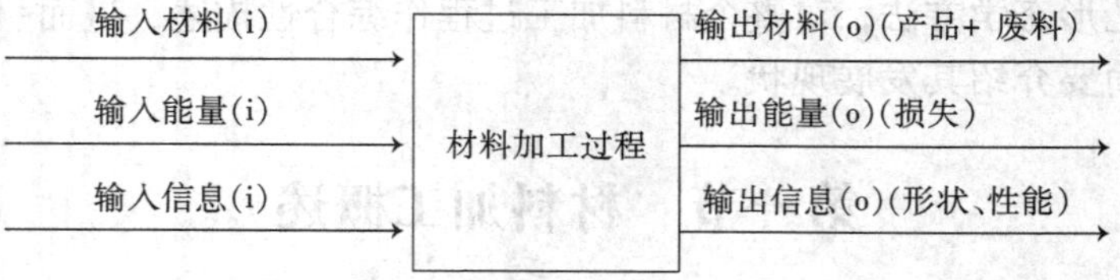


图 1-2 材料加工过程的一般模式
i—输入 o—输出

1．材料流程

材料流程涉及：①表征加工过程特点的类型；②要改变形状尺寸和（或）性能的材料的状态；③能够用来实现这种形状尺寸和（或）性能变化的基本过程。简要介绍如下：

材料流程按照加工过程的质量变化情况可分为三种类型：直通流程（图 1-3a）、发散流程（图 1-3b）和汇合流程（图 1-3c）。不同类型的材料流程表示不同的加工过程特征。直通流程对应于质量不变过程，其特点是加工材料的初始质量等于或近似等于加工材料的最终质量，也就是说在此过程中，材料仅受控地改变自己的几何形状或（和）性能，各种凝固成形、塑性成形、粉末压制成形、塑料成型和热处理等均属于此。发散流程对应于质量减少过程，其特点是通过切除部分材料而获得形状尺寸的变化，但工件最终几何形状只能局限在输入材料的几何形体内，相应的加工方法有传统的切削加工，以及电火花加工、电解加工、热切割和冲裁等。汇合流程对应于质量增加过程，其特点是工件几何形状通过若干个“元件”装配、连接或焊接而获得，工件质量基本上等于各元件质量之和，而这些元件是用前述的一种或多种加工方法制成的。

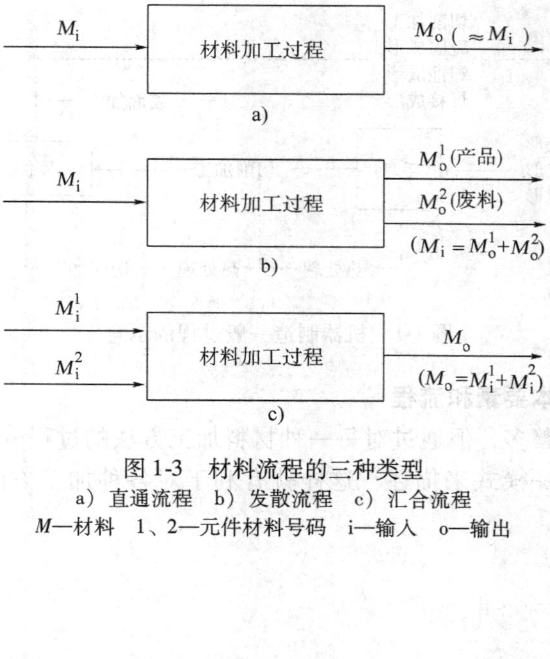


图 1-3 材料流程的三种类型
a）直通流程 b）发散流程 c）汇合流程
$M$—材料 1、2—元件材料号码 i—输入 o—输出材料流程与材料状态有关，不同的材料状态导致加工过程的结构的差别。常见的材料状态有固态、液态和颗粒（粉末）态（颗粒态也可看成是固态的细分）。直通流程的材料状态可为固态、液态或颗粒态，发散流程的材料状态只能是固态，而汇合流程的材料状态可为固态，也可以是固态和液态兼而有之。

在每一种类型的材料流程中，用来产生形状和（或）性能变化的过程，称为基本过程。材料加工过程一般包含有三个典型阶段：

第一阶段：由一些使材料形状尺寸和（或）性能发生初步变化而处于适当状态的基本过程组成，如加热、熔化、下料等。

第二阶段：由一些用来产生所要求的形状尺寸和（或）性能变化的基本过程所组成，这种基本过程又可称为主要基本过程。

第三阶段：由一些使工件达到指定的最终状态的基本过程组成，如凝固、冷却、切飞边等。

不论处于哪个阶段的基本过程，根据该过程对材料作用性质的不同可分为三种类型：①机械过程，如弹性变形、塑性变形、脆性和韧性断裂、液体和粉末的流动、混合等；②热过程，如加热、冷却、熔化、凝固、汽化等；③化学过程，如溶解、燃烧、沉积、相变、扩散等。

任何一种材料加工过程通常由一系列的基本过程组成。例如材料成形加工中的模锻，其基本过程包括：毛坯下料（属机械过程：断裂）和加热（属热过程），模锻成形（属机械过程：塑性变形），锻后冷却（属热过程）和切飞边（属机械过程：断裂）等。

需要强调的是，材料加工中的任何一个基本过程，都与加工产品最终结果的优劣有着密切的关系，例如在凝固成形中，浇注后的凝固过程（属热过程）的合理控制，对于获得一个健全优质的铸件是至关重要的。

表 1-1 列出了一部分典型的材料加工过程，用材料流程（包括流程类型、材料状态和基本过程）表示其特征。

**表 1-1 部分典型的材料加工过程的材料流程特征**

| 材料加工过程 | 材料流程类型 | （主要）基本过程 | 材料状态 |
|---|---|---|---|
| 凝固成形<br>塑性成形<br>粉末压制成形 | 质量恒定过程 | 机械过程：液体流动（浇注）<br>机械过程：塑性变形<br>机械过程：粉末流动（充填）和塑性变形 | 液 态<br>固 态<br>颗粒（粉末）态 |
| 压 焊<br>熔 焊<br>钎 焊 | 质量增加过程 | 机械过程：塑性变形<br>机械过程：液体流动<br>机械过程：液体流动 | 固 态<br>固态（焊缝为液态）<br>固态（钎料为液态） |
| 切削加工<br>电火花加工<br>等离子弧切割<br>电解加工<br>火焰切割 | 质量减少过程 | 机械过程：韧性或脆性断裂<br>热过程：熔化及汽化<br>热过程：熔化<br>化学过程：溶解<br>化学过程：燃烧 | 固 态 |

2. 能量流程

为了实现上述的基本过程，必须通过传递介质向材料或工件提供能量。下面仅就机械过程和热过程分别介绍其能量流程，包括能量的提供方法、传递介质和能源。

（1）基本过程为机械过程的能量流程　实现此类基本过程的能量可以通过下列三种方法来提供。

1）传递介质与加工材料之间的相对运动。传递介质的状态可以是刚性的、颗粒态的和流体状态的。切削加工中的刀具和塑性成形中的工模具即为刚性介质，通过它们与加工材料的相对运动而实现材料的切除或塑性变形，图1-4所示的模锻过程即为一个实例。在超声波加工中，传递介质为颗粒（磨粒）状的，通过磨粒的高速冲击而加工材料，如图1-5所示。静液挤压则是通过高压液体介质使金属挤压成形的，如图1-6所示。

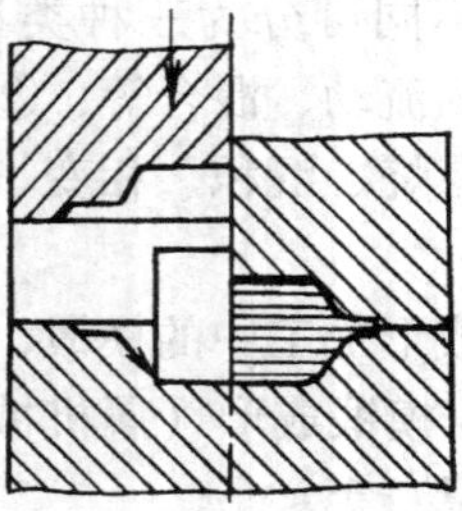

图1-4　模锻成形

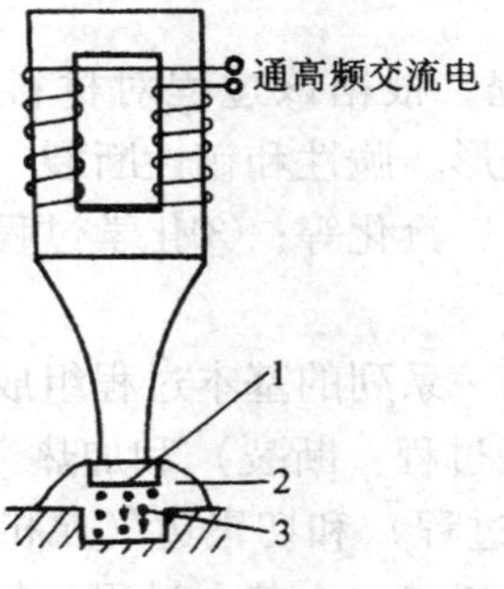


图1-5　超声波加工
1—工具　2—悬浮液
3—刚性介质：磨粒

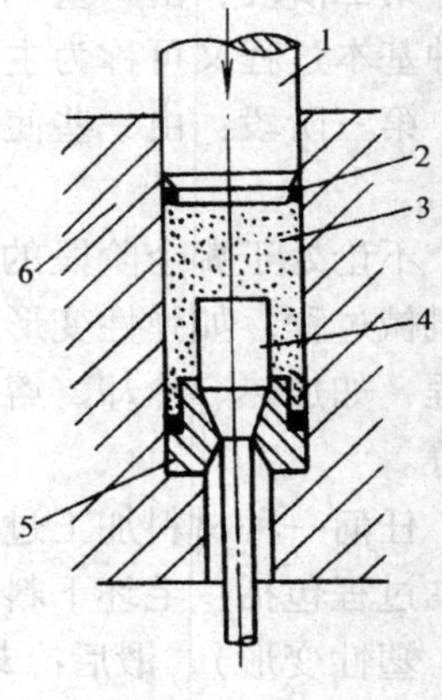


图1-6　静液成形
1—冲头　2—密封圈　3—高压液体
4—坯料　5—凹模　6—挤压筒

2）作用在加工材料上的压力差。板料成形中的气压胀形、液压胀形、橡胶胀形、超塑性板的气压成形、塑料的吹塑成型和真空成形等，都是借助压力差来实现的，它们的示意模型如图1-7所示。此时的传递介质可以是弹性体、液体和气体（包括真空状态）等。

3）直接产生于加工材料中的质量力。此质量力可以是在重力场或磁场的作用下产生。在这种情况下，就无需考虑传递介质的问题。图1-8给出了由质量力产生的机械基本过程的示意。

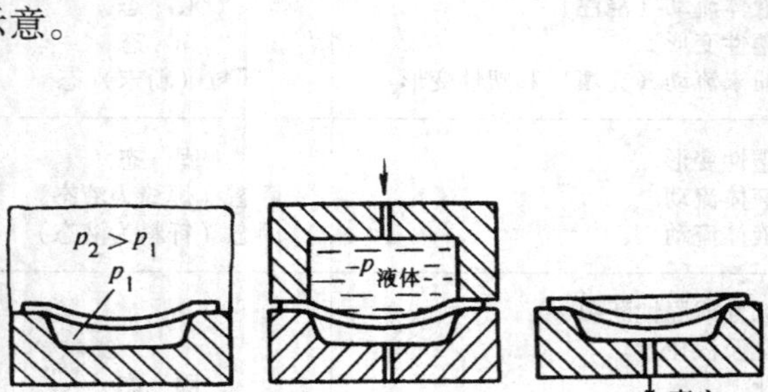


图1-7　由压力差产生的机械基本过程

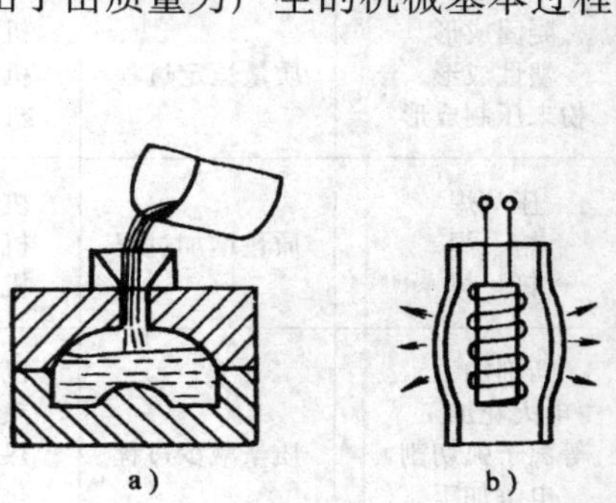


图1-8　由质量力产生的机械基本过程
a）浇注成形　b）磁力成形

用来产生上述的相对运动、压力差或质量力，以实现机械基本过程的能源主要有电能源、化学能源等。

对于电能源来说，常见的模式是电能通过电动机转变为机械能，再通过传动系统或工作机构，使刀具或工模具与加工材料发生相对运动，从而实现某一机械基本过程。许多材料加工设备即属于此范畴，图1-9给出了钻床进行钻削加工的示意。

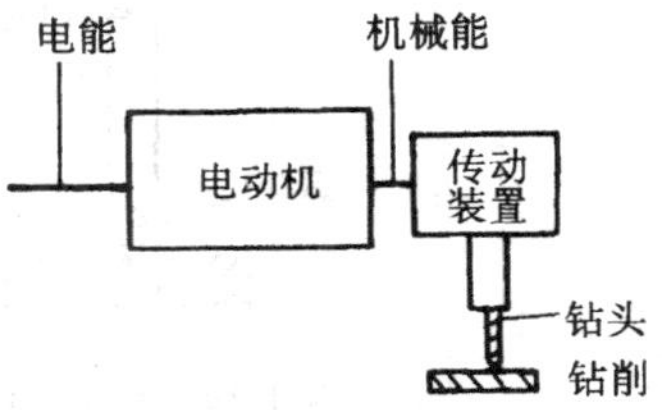


图1-9 钻削加工示意

除此之外，电能源还可通过磁致伸缩效应而转变为机械能，使工具作高速振动，打击磨粒进行超声波加工（图1-5）；或通过液电效应产生高速冲击波，以压力差的方式作用于加工材料（图1-10）；以及通过电磁效应以质量力方式直接作用于加工材料（图1-8b）。

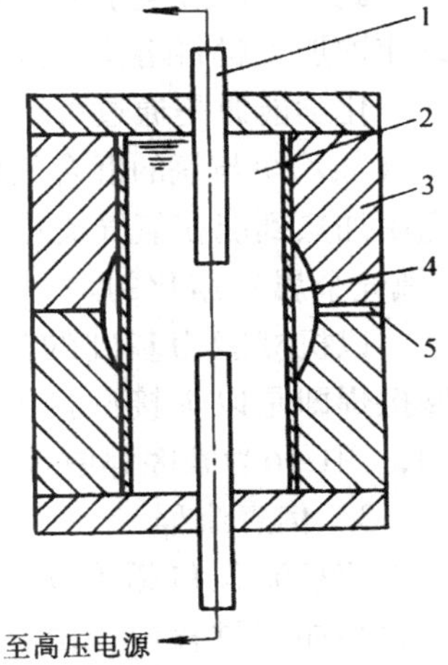


图1-10 液电成形示意
1—电极 2—水 3—凹模
4—毛坯 5—排气孔

化学能源（炸药、可燃液体、可燃气体等）通过爆炸或燃烧转变为机械能，使周围介质压力增加，所形成的高压或直接以压力差的方式，或以传递介质与加工材料相对运动的方式，使材料实现某种机械基本过程。前者如爆炸成形（图1-11），后者如内燃锤上的高速成形（图1-12）。

（2）基本过程为热过程的能量流程 热基本过程所需热量通常由电能、化学能或机械能转化而得。热量可在加工材料内部直接产生（直接加热）；也可在加工材料外部产生，然后以一定方式，如传导、对流、辐射等传递给加工材料（间接加热）。

电能转化为热能的方式方法有很多种。例如，使电流通过导电材料即可产生热，若导电材料本身即为被加工材料，则为直接加热；如果导电材料为特殊高电阻加热元件，产生的热量通过适当介质，以对流、辐射等方式传递给加工材料，则为间接加热。利用电磁感应亦可将电能转化为热能，图1-13所示的感应电加热，常应用于模锻前的毛坯加热。借助电弧放电可产生热量，电弧焊即是利用此原理而使填充材料和工件连接区的基体材料加热熔化，如图1-14所示。再者，火花放电亦可实现电能向热能的转化，火花放电产生的瞬时高温，可使金属熔化和汽化，图1-15所示的电火花加工即是利用此原理。

图1-11 爆炸成形

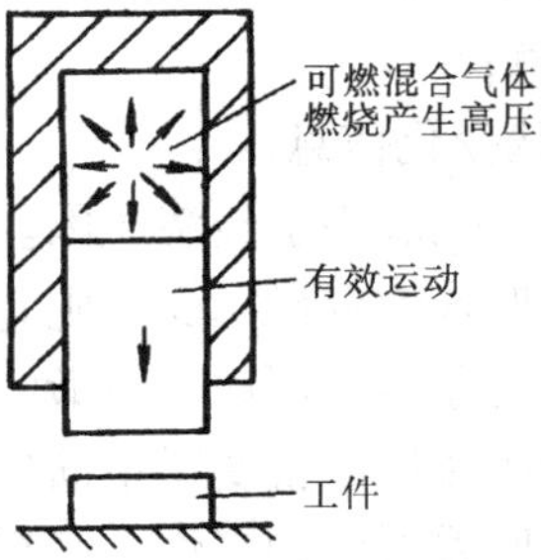


图1-12 内燃锤高速成形

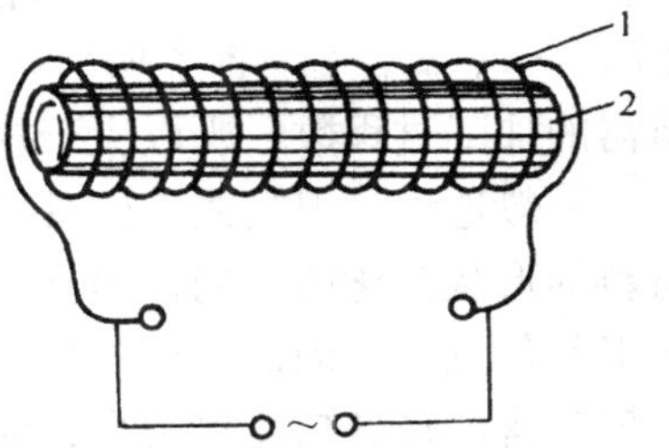


图1-13 感应电加热原理
1—感应器 2—坯料

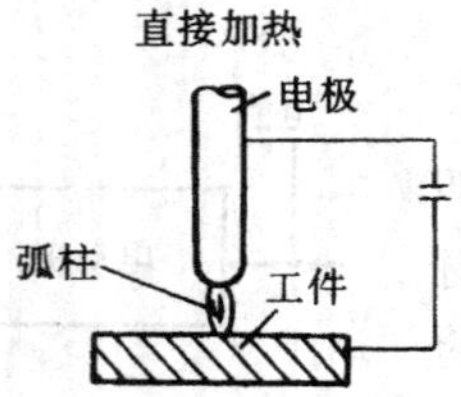


图 1-14 电弧加热示意

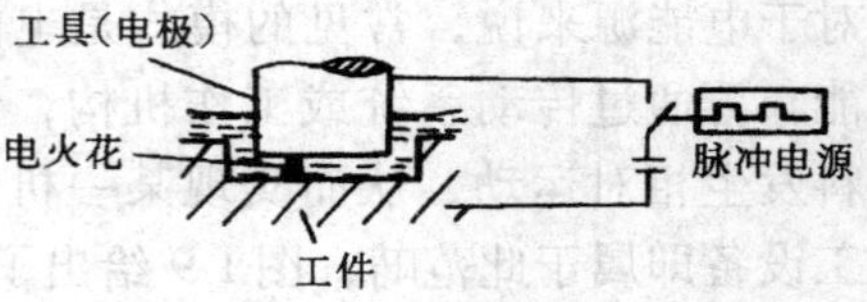


图 1-15 电火花加工

此外，通过电子束、激光，亦可使电能转化为热能，高能量密度的电子束和激光束足可以使被加工材料熔化或汽化，从而实现材料加工中的热基本过程。

化学能源是通过可燃物质的燃烧而转化为热能的，例如熔焊中的气焊，即是利用可燃气体（如乙炔与氧的混合气体）的燃烧而熔化金属的；气割是利用可燃气体燃烧，将待切处金属加热到能在氧气流中燃烧的温度；而气体火焰的钎焊，则是利用可燃气体燃烧使钎料（填充金属）熔化的。

以机械能为基础的热源，热量由摩擦产生，如摩擦焊即是以焊接件接触面摩擦产生的热量为热源的，图1-16为摩擦焊原理示意。

3. 信息流程

信息流程包括形状信息和性能信息两个方面。在材料加工过程中，由于把形状变化信息施加于材料，最终的形状信息就等于材料的初始形状信息与加工过程中所施加的形状变化信息之和。形状变化信息是由具有一定形状信息量的刀具或工模具和加工材料与刀具、工模具之间的相对运动共同产生的。

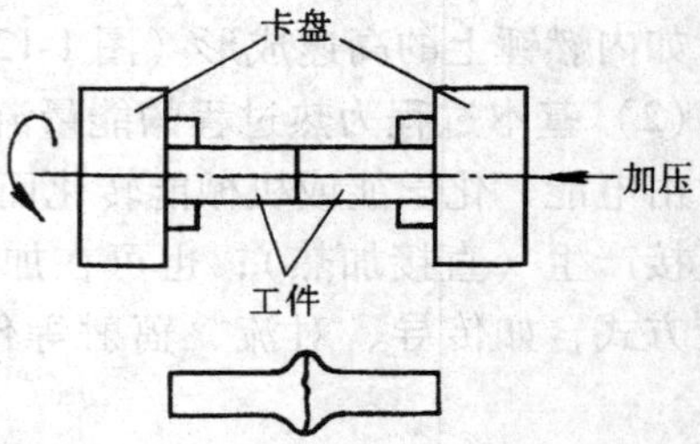


图 1-16 摩擦焊原理

也就是说，形状变化过程为借助能量流程把相应于信息流程中的形状变化信息施加于材料流程的过程。

形状变化信息可以通过一个或几个阶段加于材料，即

$$I_0 = I_{\mathrm{i}} + \Delta I_{\mathrm{p1}} + \Delta I_{\mathrm{p2}} + \cdots + \Delta I_{\mathrm{p}n}$$

式中 $I_0$——要求获得的几何形状信息；

$I_{\mathrm{i}}$——材料的初始形状信息；

$\Delta I_{\mathrm{p1}}$、…、$\Delta I_{\mathrm{p}n}$——各个加工过程的形状变化信息。

所需的加工过程数，既取决于技术原因，也取决于经济原因。

一般地说，刀具或工模具所包含的形状信息量越少，则它们与加工材料的相对运动对于材料的形状变化所起的作用就越大，反之亦然。例如，模锻时锻模几乎已包含了所要求的全部形状信息量，因而锻模与加工材料的相对运动就变得很简单；而对于一般的车削加工，车刀所包含的形状信息量很少，为了获得所需形状的零件，甚至要求多个相对运动，如刀具沿工件轴向和径向的平移以及刀具与工件的相对转动等。

同样，性能信息流程涉及材料的初始性能和通过各种加工过程产生的材料性能的变化，

工件最终的性能则是它们综合作用的结果。热处理加工的主要目的在于改变材料的性能而不改变其几何形状；而塑性成形在其改变材料形状的同时，一般都伴随有性能的变化。

## 第二节 材料成形的一些基本问题和发展概况

在第一节中，我们从宏观的角度对各种材料加工过程作了综合性的描述。下面转入对材料成形的主要加工方法从技术内容上作深层次的分析，从中归纳出一些共同性、基本性的问题，并就材料成形的发展现状作简要介绍。所有这些，对于以后各专题章的学习均具有指导意义，且可达到扩大视野和思路的目的。

### 一、凝固成形的基本问题和发展概况

1. 基本问题

凝固成形属液态金属质量不变过程，它是将满足化学成分要求的液态金属或合金在重力场或其他力作用下引入到预制的铸型中，经冷却使其结晶成为具有铸型型腔形状和相应尺寸的固体制品的方法。可见，凝固成形包含充填铸型和冷却凝固两个基本过程。充填（亦称浇注）主要是一种机械过程，而凝固则为热过程。

凝固过程中热量传递方式有传导、对流和辐射。材料所具有的热量通过这三种方式传递给铸型或环境，使其自身冷却。在此过程中一方面使材料的几何形状固定下来，另一方面赋于材料所希望的性能信息。从微观来看，凝固就是金属原子由“近程有序”向“远程有序”或“远程无序”的过渡，成为按规则排列的晶体或无序排列的非晶体；从宏观来看，就是把液体金属所具有的热量传递给环境而凝固成一定形状和性能的固体（铸件）。

尽管凝固成形包含充填和凝固两个基本过程，但在多数情况下，凝固过程显得更为重要。这是由于材料从液态一旦凝固成固体后，在后续的其他加工中几乎无法使其品质有本质上的改变。但这并不等于忽视充填过程对铸件质量的影响，特别是对于某些形状的铸件或易氧化合金的成形，充填是否充分、平稳对最终质量仍有重要作用。

凝固成形方法种类繁多，但其最终目的都是为了获得健全的、满足各种使用要求的铸件。故此，下面的一些基本问题或关键问题应予以考虑。

（1）凝固组织的形成与控制　凝固组织包括晶粒的大小、方向和形态等，它们对铸件的物理性能和力学性能有着重大的影响。控制铸件的凝固组织是凝固成形中的一个基本问题，能随心所欲地获得所希望的组织历来是人们所追求的目标之一。但由于铸件组织的表现形式受诸多因素的影响和制约，欲控制凝固组织，就必须对其形成机理、形成过程和影响因素等有全面的了解。通过对控制原理的深入研究，目前已建立了许多控制组织的方法，如孕育、半固态、定向凝固、快速凝固等。

（2）铸造缺陷的防止与控制　铸造缺陷对铸件质量是一个严重的威胁，是造成废品的主要原因。存在于铸件的缺陷五花八门，有内在缺陷和外观缺陷之分。由于凝固成形时条件的差异，缺陷的种类、存在形态和表现部位不尽相同。液态金属的结晶收缩可形成缩孔、缩松；结晶期间元素在固相和液相中的再分配会造成偏析缺陷；冷却过程中热应力的集中可能会造成铸件裂纹。这些缺陷的成因对所有的铸造合金都相同，关键是在实际凝固成形中如何加以控制，以使铸件缺陷被消除或降至最低程度。此外，还有许多缺陷，如夹杂物、气孔、冷隔等，出现在充填过程中，它们不仅与合金种类有关，而且还与具体成形工艺有关。总

之，在各种凝固成形方法中，如何与缺陷作斗争仍是一个重要的基本问题。

（3）铸件尺寸精度和表面粗糙度控制　在现代制造的许多领域，对铸件尺寸精度和外观质量的要求越来越高，也正是这种要求促使了近净成形铸造技术的迅猛发展，它改变着铸造只能提供毛坯的传统观念。然而，铸件尺寸精度和表面粗糙度由于受到诸多因素（如铸型尺寸精度及型腔表面粗糙度、液体金属与铸型表面的反应、凝固热应力、凝固收缩等）的影响和制约，控制难度很大，在一种成形方法中很奏效的措施，可能在另一种成形方法中毫无效果。故此，开展这方面的深入研究，以促进近净成品铸造技术的发展，也是凝固成形中的一个重要问题。

2. 发展概况

凝固成形技术的发展，不仅推动着传统行业的技术进步，也为高科技产业的发展奠定了基础。从几千年前的铸造技术演变到今天的现代铸造技术或凝固成形技术，这不仅归功于金属凝固理论的发展、凝固技术的提高和计算机的应用，而且还与物理化学工业、机械制造业、现代控制方法和技术等的发展密切相关。

（1）凝固理论的发展　凝固是铸件形成过程的核心，它决定着铸件的组织和缺陷的形成，因而也决定了铸件的性能和质量。近 30 年来，借助于物理化学、金属学、非平衡热力学与动力学、高等数学和计算数学，从传热、传质和固液界面三个方面进行研究，使金属凝固理论有了很大的发展，这不仅使人们对许多条件下的凝固现象和组织特征有了深入的认识，而且促使了许多凝固技术和铸件凝固成形方法的提出、发展和生产应用，例如凝固理论已建立了铸件冷却速度和晶粒度以及晶粒度与力学性能之间的一些函数关系，从而为控制铸造工艺参数和铸件力学性能创造了条件。

（2）凝固技术的发展　控制凝固过程已成为开发新型材料和提高铸件质量的重要途径。关于凝固技术的发展，典型的代表就是定向凝固技术、快速凝固技术和复合材料的获得。此外，还有半固态金属铸造成形技术等。

所谓定向凝固技术，是使液态金属的热量沿着一定的方向排出，或通过对液态金属施行深过冷，从而使晶粒的生长（凝固）向着一定的方向进行，最终获得具有单方向晶粒组织或单晶组织的铸件的一种工艺方法。它经历了从功率降低法→快速凝固法→液态金属冷却法的发展过程。由于冷却及控制技术的不断进步，使热量排出的强度及方向性不断提高，从而使固液界面前沿液相中的温度梯度提高，这不仅使晶粒生长的方向性提高，而且组织更细长、挺直，并延长了定向区。定向凝固技术已广泛应用于铸造高温合金燃气轮机叶片的生产中，由于沿定向生长的方向上的力学性能优异，使叶片工作温度大幅度提高，从而使航空发动机性能水平上了一个台阶。定向凝固技术的最新发展是制取单晶体铸件，其突出的代表是单晶涡轮叶片，它比一般定向凝固柱状晶叶片具有更高的工作温度、抗热疲劳强度、抗蠕变强度和耐蚀性。这种高温合金的单晶叶片已用于新型航空发动机中，有效地增加了航空发动机的推力和效率，使航空发动机性能又上了一个档次。

快速凝固技术就是在比常规工艺条件下的冷却速度（$10^{-4} \sim 10K/s$）快得多的冷却条件（$10^3 \sim 10^9 K/s$）下，使液态合金转变为固态的工艺方法。利用这种凝固技术还可使合金材料具有优异的组织和性能，如很细的晶粒（通常 $<0.1 \sim 0.01\mu m$，甚至纳米级的晶粒），合金无偏析缺陷和高分散度的超细析出相，材料的高强度、高韧性等。快速凝固技术可使液态金属脱开通常的结晶过程（形核和生长），直接形成非晶结构的固体，即所谓金属玻璃。此类

非晶合金为远程无序结构，具有特殊的电学性能、磁学性能、电化学性能和力学性能，目前已得到广泛的应用，如用作变压器铁心材料、计算机磁头及外围设备中零件的材料、钎焊材料等。总之，快速凝固是一种倍受人们青睐的技术。

凝固技术的另一发展是复合材料的制备。所谓复合材料，就是在非金属或金属基体中引入增强相或特殊成分，通过控制凝固使增强相按所希望的方式分布或排列的一种具有特殊性能的材料。由于复合材料的基体具有较高的断裂韧性，加上增强相的存在，故能表现出与普通单相组织材料不同的性能，如高强度、良好的高温性能和抗疲劳性能。目前已发展了多种制取复合材料的方法，如结合定向凝固技术制取定向复合材料。复合材料是一种很有发展前途的先进材料，也是目前的研究热点之一。

半固态金属铸造成形技术经过近 20 多年的研究及发展，目前已进入工业应用阶段。半固态铸造成形的原理是在液态金属的凝固过程中进行强烈搅拌（可以采用机械、电磁或其他方式），使普通铸造中易于形成的树树枝晶网络骨架被打碎而保留分散的颗粒状组织形态。这样的显微组织（颗粒状、非树枝晶状）在固液相区仍具有很好的流动性，从而可利用常规的成形技术如压铸、挤压、模锻等实现半固态金属的成形。与传统成形技术相比，它具有以下优点：①在工艺方面：成形温度低（对于铝合金至少可降低 120℃），延长模具寿命（由于热冲击小），改善生产条件和环境；②在产品方面：铸件质量提高（减少气孔和凝固收缩），铸件精度提高，增加压铸合金的范围，并可发展金属基复合材料。

（3）计算机的应用及发展　计算机的应用正从各方面推动着铸造业的发展和变革，它不仅可提高生产效率和降低生产成本，而且使过去许多不可能的事情变成了现实，同时又促使新技术和新工艺的不断出现。从计算机辅助工艺设计到计算机辅助制造（凝固过程的数值模拟和快速样件制造技术），直至目前广泛研究的计算机组织和性能模拟等，都极大地推动着铸造业的发展。概括起来，计算机技术将在以下三个方面发挥着无可替代的作用。

1）凝固过程数值模拟技术。所谓凝固过程数值模拟技术就是用数值计算方法求解凝固成形的物理过程所对应的数学离散方程，并用计算机显示其计算结果的技术。这项技术诞生于 30 年前，近 10 年来获得了很大的发展，在许多方面已达到实用化程度，是公认的可提高铸造业竞争能力的关键技术之一。它不仅可形象地显示液态金属在铸型型腔中冷却凝固进程，并可预测可能产生的缺陷，目前还用于模拟液态金属充填型腔过程和铸件热应力发展过程，预测因充填不当造成的缺陷和铸件中的裂纹。利用这些技术，人们可在铸造工艺现场实施前，以获得优质铸件为目标，综合评价各种工艺方案和参数，优化工艺方案，取代或减少现场试制。这对于大型复杂形状或贵重材料的凝固成形件的生产，其优越性和经济效益尤为突出。由于凝固过程数值模拟可以揭示许多物理本质和过程，所以也促进了凝固理论的发展，特别是近几年来研究和发展的微观组织模拟，可用于预测晶粒大小和力学性能，并可望在不久的将来用于生产实际。

2）快速样件制造技术。它是近几年来发展起来的一项高新技术，又称快速成形技术。简单地说，就是将 CAD 设计数据变成实物的过程，它集成了 CAD/CAM 技术、现代数控技术、激光技术和新型材料技术，无需图样、无需进行传统的模具设计和加工，极大地提高了生产效率。目前，该技术已进入铸造业，在砂型铸造、熔模铸造和实型铸造中快速制出形状复杂的模样。应用最成功的是在熔模铸造中，可直接制出精细复杂的熔模，以取代压制熔模过程；也可制出熔模压型，甚至用激光束直接将覆膜砂制成铸型，以供浇注铸件。

3）过程和设备运行的计算机控制。计算机作为生产过程和凝固成形的一种控制手段已得到了广泛应用。对于铸造这样一个工序繁多、劳动条件相对恶劣、影响因素复杂的行业来说，用计算机控制生产过程可带来诸多的好处。目前新一代的造型生产线已基本上采用计算机控制，以计算机为基础的自控系统已用于其他铸造工序和设备中，如熔化、浇注、砂处理、质量检验等工序和压铸机、定向凝固设备等。所有这些，对提高生产效率和获得质量均一、性能良好的铸件均具有重大的作用。

## 二、塑性成形的基本问题和发展概况

1．基本问题

从第一节的阐述中已经知道，塑性成形属质量不变过程，材料状态一般为固态，主要的基本过程为机械过程——塑性变形，能源类型主要是电能，能量传递介质一般为刚性介质——工模具，形状信息由工模具（含有一定的形状信息量）和工模具与加工材料的相对运动共同产生，性能信息来自材料自身性质和成形过程中的转变特性。这样，尽管塑性成形方法多种多样，所要生产的零件或零件毛坯五花八门，都可以从上述的共同性特征中引伸出一些基本问题。

1）材料的塑性是塑性成形的前提条件，塑性好意味着材料对塑性成形的适应能力强，如果材料没有塑性，则塑性成形就无从谈起。塑性除与材料自身的性质有关外，还与外部变形条件（变形温度、应变速率和应力状态等）有密切关系。因此，研究材料塑性变形的物理本质和机理、不同变形条件下材料的塑性行为和抗力行为，以及塑性变形所引起的组织性能的变化等很有必要。

2）塑性成形需要输入能量，即对加工材料施加外力和做功，只有对所需成形力和功的大小作出准确评价，才能正确选用加工设备和设计成形模具，并且通过对成形力的影响因素的分析，可为减小成形力和节约能耗提供科学依据。求解所需的成形力，从根本上说就是确定工件内部的应力场，因为应力场的确定，自然包括与工模具接触表面处应力分布的确定，进而就可求得成形力及模壁的压力分布。此外，应力场的确定，对于分析工件内部裂纹的产生和空洞的愈合等也是必不可少的。

3）材料受到外力的作用而发生塑性流动时，其内部即存在位移场、应变场，这些物理场变量的确定，一方面可以用来分析材料的瞬时流动状态和形状尺寸的变化规律，为合理选择原毛坯、设计中间毛坯及模具型腔形状提供科学依据；另一方面可以分析工件的内部性能，如硬度分布、纤维组织的形成、碳化物和非金属夹杂物的破碎和再结晶晶粒度的变化等。将应力场与应变场相配合，再利用必要的判据则可进一步预测工件内部可能产生的缺陷，从而为控制产品质量提供理论依据。

为确定应力场、位移场和应变场，就需要研究塑性成形力学的基本方程和求解方法等。

4）塑性成形需要输入形状信息，这些信息由含有形状信息量的工模具和工模具与加工材料的相对运动共同产生。对于给定的塑性成形件，采用什么工艺方法，形状信息分几个阶段输入，与其相应的模具结构和形状参数如何确定、设备系统如何选择和控制等，都是十分重要的，这也是塑性成形需要研究的基本问题。

2．发展概况

（1）板料成形方面

1）在大批量生产中着重向高速化、自动化发展。其主要表现有：

① 发展高速自动压力机。普通压力机的行程一般为每分钟几十次或上百次，而目前发展的高速压力机，小型的其行程高达2000～3000次/min，中型的也有600～800次/min，这样一台高速压力机，其生产效率相当于5～10台普通压力机。发展高速压力机并不单纯是设备本身的问题，行程次数高不一定生产率就高。要实现生产高速化还需要解决一系列配套问题，如送料、出料、废料处理、模具寿命及监控保护、减振降噪等。

② 发展多工位压力机。一个板料成形件的生产总是包含多道工序，如落料、拉深、冲孔、翻边等。一般的方法是由几台设备和几套模具分别完成；而多工位压力机是将多道工序，在压力机的各个工位上由滑块的一次行程同时完成，各工位之间由送料夹钳或机械手传递坯件。在压力机的连续运转下，一次行程即可生产一个板料成形件。这样一台多工位压力机便可代替几台甚至十几台普通压力机，目前多工位压力机吨位高达62000kN，它每分钟可生产十几个汽车车身零件。

③ 发展冲压自动线。由多台压力机配上自动装料、送料、出件、传递翻转、监控保护等辅助装置，组成一条冲压自动线。这种冲压自动线在汽车工业中得到普遍应用。例如，某企业的一条由六台压力机组成的汽车车门冲压自动线，每小时可生产汽车车门内板近800件，整条线由一人管理，又如电机行业中，也广泛用冲压自动线生产定子片和转子片。

2）在小批量生产中多向简易化、通用化和万能化发展，尽量做到一机多能、一模多用，提高加工的“柔性”。在这方面可有两种基本途径：一是提高设备系统的功能，如多自由度加工机床、快换模系统和数控系统；二是从成形方法和模具着手，如采用单模、（多）点模、自适应软模，甚至无模成形等。

由某公司研制的冲压柔性加工单元，是由1500kN开式双柱宽台面压力机、机器人、模具自动仓库、供料装置、堆垛起重机、成品传送带、废料传送带、操纵台等组成，可加工150种左右的电器零件，最小批量20件，最大批量4000件，工件板厚为0.5～8.0mm，工件长度为30～200mm，宽度为10～200mm，可完成各种落料、冲孔、拉深和弯曲等工序，生产率相当于7台小型机械压力机。

图1-17为一种多轴数控弯曲机非在线控制的示意。机床有两个模具——固定模和活动模，活动模有5个自由度，即沿$y$、$z$轴方向移动和绕$x$、$y$、$z$轴转动，如图1-18所示。待弯曲的型材穿入模具的封闭模孔内，借助活动模的各种运动，使型材弯曲和（或）扭转，以制成所需零件。由于零件的形状是由计算机指令控制活动模的运动、而不是由模具本身所决定，因此仅用一套模具，就可生产出相同断面型材的各种弯曲件。

在图1-18中，由CAD系统提供的指令输入数控弯曲机，以生产第一个弯曲件。一般情况下由于回弹难以准确预定，该弯曲件与所需形状会有偏差。通过三坐标测量仪检测，得出其形状误差，用以修正计算机的指令，直至所生产的弯曲件符合所需的形状。

单模成形只需凹模或凸模，因而简化模具结构与制造，如液压成形、聚氨酯成型等。图1-19给出一种多点模成形示意，当加工板件的曲面参数需要变化时，只需调整上下冲头的位置，点模成形可以实现数控化。粘性介质压力成形（VPF）可视为一种自适应软模成形；而无模成形则不需要借助任何模具而达到成形目的，如激光弯曲成形、超塑性无模拉拔等。

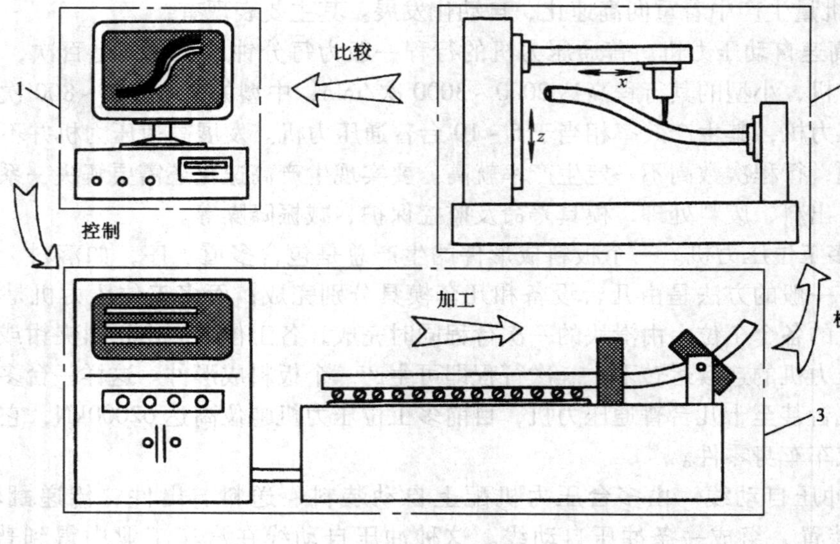


图 1-17　多轴数控弯曲机非在线控制示意
1—CAD 系统　2—测量仪　3—多轴数控弯曲机

3）工艺过程的数值模拟和模具 CAD/CAM。板料成形的计算机模拟大多采用有限应变弹塑性有限元法。作为这方面的一个突出成就，是在 20 世纪 80 年代末实现了对汽车覆盖件成形过程的计算机模拟。通过计算机模拟，可以求出成形板坯的位移场、应变场、应力场、成形力，合理的原毛坯形状，预测成形缺陷和成形质量等。模具的加工和装配图样由计算机绘制，代替了手工设计的繁琐劳动。随着 CAD/CAM 一体化的完成，作为模具设计和制造之间的联系手段——图样，将逐渐失去其作用，由 CAD 系统输出的信息直接输入 CAM 系统，形成数控加工机床所需的信息，从而大大缩短产品的设计和制造周期，显著地提高了产品的质量。

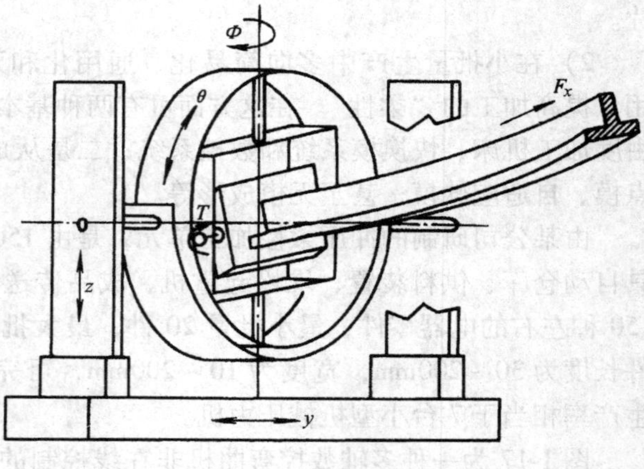


图 1-18　活动模的五个自由度

4）成形件向精密化发展。为了减少后续加工、节约原材料和能源消耗，人们总是希望所加工的产品能最大限度地接近成品零件。在普通冲裁中，冲裁件的尺寸精度和切面粗糙度都较差，改用精冲工艺，其切面粗糙度值可达 0.8

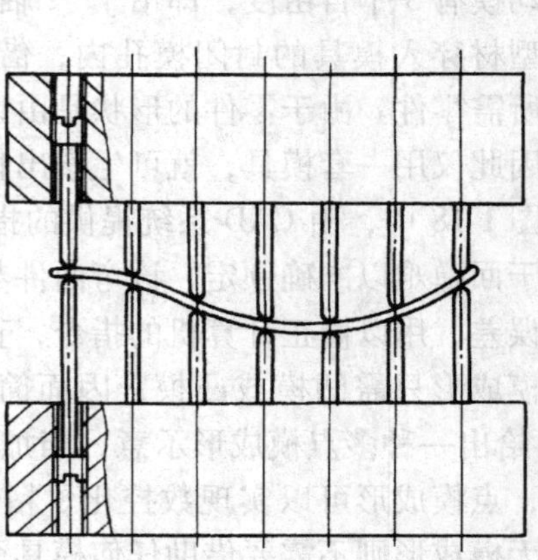

图 1-19　多点模成形示意

~0.2μm、公差等级可达 IT8~IT6。常用的精冲方法有带齿圈压板精冲、对向凹模精冲等。板料的超塑性气压成形，可以生产形状复杂精确的壳体零件，如与扩散连接工艺相结合，还可生产形状复杂的板材结构件，用于航空航天器上，使器件重量减轻。又如采用图 1-17 所示的数控弯曲机的非在线控制，可及时补偿回弹，达到精密弯曲的目的。总之，开发新工艺、工艺过程的数值模拟、工艺装备的数控化等都有利于提高成形件的精度。

（2）体积成形方面

1）在自由锻方面，注意力主要集中在大型自由锻上，发展的重点是提高大锻件的质量。所采用的技术措施有：

① 改进冶炼和浇铸技术，以提高钢锭的冶金质量，如采用真空精炼、电渣重熔、真空浇注、循环除气等。

② 改进锻造工艺，如采用“中心压实法”。

③ 发展检测技术，并用断裂力学原理计算允许的锻件裂纹尺寸或预测裂纹尺寸的安全服役期。

④ 发展锻焊联合工艺，把大锻件分成几块锻制，然后拼焊成一体；或者将几个钢锭用电渣焊焊成一体，再锻成锻件，以解决由于电站设备容量不断加大所需锻件和钢锭重量也相应加大的矛盾。

⑤ 在水压机自由锻方面采用程控联动快锻，使水压机和操作机的动作按预先规定的程序相互配合、协调行动，以改善劳动条件、提高生产率和减小锻件的加工余量。

⑥ 对于各种轴类锻件（包括实心和空心轴），发展了精密锻轴工艺和相应的具有较高自动化水平的径向锻轴机。

2）在模锻方面主要有：

① 压力机（曲柄压力机和螺旋压力机）模锻基本取代锤上模锻，因为压力机比模锻锤更适应工艺精化及实现机械化、自动化连线生产的要求。

② 模锻件的精度不断提高，其重要发展之一是精密模锻。精密模锻的工艺特点是对模锻的各个环节，如下料、毛坯处理、加热、冷却、模具材料和制造精度、模锻设备、工艺润滑等，都提出更加严格的技术要求，因而模锻件的形状尺寸及表面质量远比普通模锻件高。目前精锻齿轮的齿形精度与切削加工的相当，精锻叶片的叶身部分只需后续磨削和抛光。精密模锻除在高温或中温下进行外，还可在冷态下进行，有时也采用热精锻与冷精锻或温精锻与冷精锻相结合的方法。

③ 模锻生产自动化程度日益提高，除了在热模锻压力机上配备机械手实现不同程度的自动化外，还发展了模锻自动线。如德国某公司制造的一条主机为 120000kN 楔式压力机的大型热模锻生产自动线，用来生产汽车曲轴和前梁。曲轴模锻的流程包括：毛坯感应加热、辊锻机上制坯、楔式压力机上多模膛模锻、扭转机上扭转、校直机上校直。该线配备五台操作机和多个传递机构，以完成各设备间和各模膛间的送料，全线长约 53m，由微机控制运行，曲轴锻件重 140kg，生产率约为 90 件/h；又如安装于瑞典的以 160000kN 热模锻压力机为主机的模锻生产自动线，用于模锻重型柴油机的曲轴和载重汽车的前梁，生产节拍分别为 30s 和 38s，全线有八台机器人服役，各由微机控制，并有一台总微机对所有设备进行监控并与终端联系。

④ 模锻过程的计算机模拟和工艺、模具的 CAD/CAM。模锻过程的计算机模拟，主要采

用刚塑性和刚粘塑性有限元法，对于变形—温度和传热的耦合问题还同时采用热传导有限元法。通过数值模拟可确定变形体内部的位移场、温度场、应力场、应变场等，若与材料变形损伤或组织演化进行耦合分析，则可进一步预测工件的裂纹产生和晶粒组织分布，从而为工艺优化和质量控制提供科学的理论依据。应用反向模拟追踪中间瞬时金属的过渡形状，最终可复原出工件所需的毛坯或预成形坯的形状尺寸。现代制造工业对模锻（包括其他种类的体积成形）工艺设计和模具制造提出更高的要求，传统的手工设计和模具制造方法已无法适应，采用 CAD/CAM 技术成为解决这个矛盾的有效途径。由于模锻的 CAD 只有配合锻模的数控加工才能充分显示其巨大的优越性；而数控加工只有依据 CAD 产生的信息才能发挥其高效率，因此把二者结合起来，形成了计算机辅助设计和辅助制造系统（CAD/CAM 系统）。目前工业发达国家已研究开发了多种 CAD/CAM 系统，用于辊锻、模锻、挤压等成形加工。

3）特种成形技术的研究开发。常规变形条件下固态金属的成形性总是不尽理想，加之影响金属流动的因素比较复杂、不易控制，因此形状复杂精细的零件很难锻出；再者，固态金属的变形抗力较大，导致设备吨位增大，模具工作条件繁重。这些都是传统塑性加工的不利因素，而目前发展的一些特种塑性成形技术，对于克服这些不利因素具有明显的优越性。下面仅介绍其中的几种。

① 超塑性成形。将某些金属进行预处理，以获得稳定的超细晶粒组织（晶粒直径小于10μm），然后在恒定高温（$T\approx0.5\sim0.7T_m$，$T_m$ 为材料的绝对熔化温度）和低应变速率（$\dot{\varepsilon}\approx10^{-4}\sim10^{-2}/s$）条件下变形，则金属会表现出大伸长率（$\delta$ 可达百分之几百，甚至百分之几千）、无细颈、低应力（仅及常规变形时的几分之一到几十分之一）和易成形的特性，因而可以生产用常规塑性加工方法无法生产的具有薄壁、薄腹板、高肋和细微凸出部的精密复杂零件。图 1-20 为超塑性模锻生产的 TC4 钛合金整体蜗轮盘。图 1-21为超塑性气压成形与扩散连接复合工艺生产的板材结构件。

图 1-20 超塑性模锻生产的 TC4 钛合金整体涡轮盘

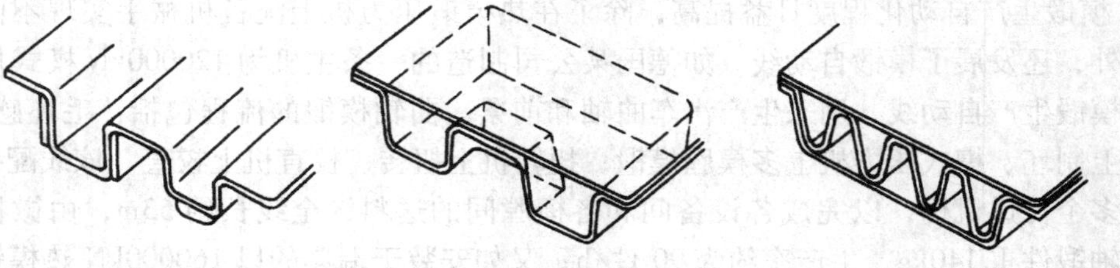

图 1-21 用超塑性气压成形与扩散连接复合工艺生产的板材结构件

② 粉末冶金锻造。与固态整体金属相比，颗粒（粉末）态的金属具有很好的充填性和成形性，且无偏析和便于合金化。因此，利用粉末冶金方法可以生产形状复杂、尺寸重量精

确的零件。但是，粉末冶金制件密度低、力学性能较差，实际用途受到限制。如果将粉末冶金与锻造相结合，则可使粉末件的密度提高到理论密度的98%以上，性能指标也接近普通锻件水平。这种将粉末冶金与锻造结合起来的工艺方法，就称为粉末冶金锻造，它兼备了二者的优点，被认为是一种很有发展前途的少无切屑成形工艺。鉴于目前金属粉末的成本较高，故这种工艺还较多地用于生产形状复杂而用料较少的零件，作为粉末冶金锻造的一个新发展是喷雾锻造，它由感应熔炼、氮气雾化、喷射充填、补充加热、模锻和切边等工序组成，进行连续生产，各工序产生的废料可以重熔回收，因此与一般粉末冶金锻造相比，成本可以降低。图1-22为喷雾锻造工艺流程示意。

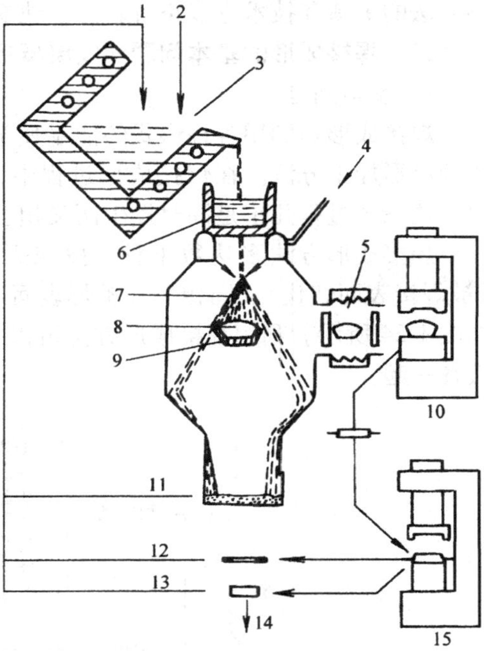

图1-22 喷雾锻造工艺流程示意
1—返回料 2—加料块 3—熔融金属 4—氮气
5—调温炉 6—坩埚 7—喷雾粉 8—预制坯
9—模具 10—锻压机 11—溢出粉 12—飞边
13—废料 14—成形件 15—切边压机

③ 省力成形。影响成形力的主要因素有应力状态系数、材料的流动应力和变形在主作用力方向上的投影面积。应力状态系数与塑性加工类型、接触摩擦及变形体几何参数等有关。前面图1-6所示的静液挤压，由于坯料与挤压筒之间充满高压液体，消除了外摩擦，加之挤压时坯料会将油液带入凹模孔内形成流体润滑，因此与普通挤压相比，力能消耗大为减小，而挤压变形程度却大为增加。

降低流动应力的方法除前述的超塑性成形外，还有液态模锻。它是一种铸锻结合的成形方法，将熔融金属直接注入金属模腔内，在压力作用下使液态金属充型、凝固，并发生少量的塑性变形。由于液态金属流动性好，充填容易，加之在近熔点高温下金属的流动应力低，因此可以成形形状复杂、轮廓清晰或带有薄壁的锻件，而模锻力仅及普通模锻的几分之一。

减小瞬时变形面积除能直接减小总成形力外，还由于应力状态系数的改变而使单位面积的成形力（即变形抗力）降低。为达此目的，可将整体成形改为局部变形的连续循环累积，旋压、辊锻、楔形横轧、摆动辗压等都是体现这一成形特点的工艺方法。图1-23为摆动辗压示意，其成形力仅及普通整体成形的1/5～1/20，适宜于加工各种饼盘类及带法兰的轴类零件。

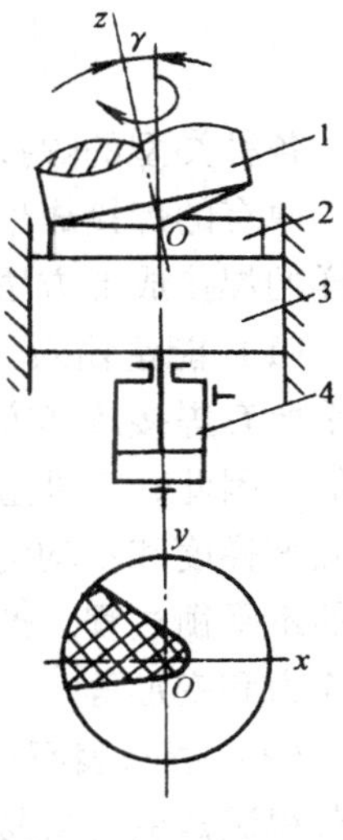

图1-23 摆动辗压示意图
1—摆头（上模） 2—毛坯
3—滑块 4—进给液压缸

④ 产品-工艺-材料的一体化。传统的塑性加工都是“来料加工”。随着复合材料的发展，人们可利用复合材料组织的可设计性和可控制性，根据产品的服役条件和性能要求，自配材料和设计制造工艺，直接生产所需的零件。在这方面已开发了粉末

体的热等静压，以及粉末冶金与二次塑性加工相结合等多种制造工艺。

人们对客观世界的认识在不断加深，改造客观世界的能力也在不断增强。因此，塑性成形方法的更新和技术进步正日新月异地变化，上面有关发展概况的介绍仅是其中的一部分。

**三、焊接成形的基本问题和发展概况**

1．基本问题

焊接成形是利用各种形式的能量使被连接的表面产生原子（分子）间的结合而成为一体的成形加工方法。在焊接成形过程中，包含有热过程、物理化学冶金过程和应力变形过程，这三个过程几乎是同时发生而又相互影响的。

焊接成形方法多达数十种。按照焊接成形过程的特点可将它们分为三大类，即熔焊（被焊接表面熔化）、固相焊（被焊表面不熔化）和钎焊（被焊表面之间填加低熔点材料），如图1-24所示。利用焊接成形方法可以将金属与金属、金属与非金属、非金属与非金属连接在一起。

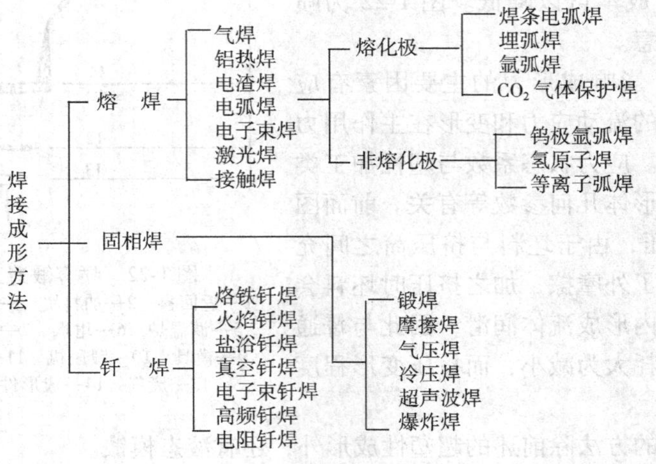


图1-24 焊接成形方法及其分类

各种类型的焊接成形方法都是为适应生产的需要而发展起来的。随着现代科学技术的发展，原有的焊接成形方法不断取得新的改进，而且出现了许多新的焊接成形方法。但不论什么样的焊接成形方法，都会涉及下面的一些共同性的基本问题。

（1）能量输入 任何一种焊接成形方法都需要向焊接部位提供某种形式的能量。而且，几乎所有焊接成形方法都是局部加热，特别是熔化焊时，是以集中的移动热源加热和熔化金属的。因此，工件上的温度分布是不均匀和不稳定的，焊接热源具有局部性、瞬时性、极高的温度梯度和不均匀的特点。正是由于这些特点，使得焊接过程的分析相当复杂，伴随着焊接的不平衡过程，产生一系列的焊接所独有的问题，如不平衡的焊接物理化学冶金过程、焊接应力和变形等。

（2）清除表面污染 两个被焊接的表面只有在不存在氧化物或其他污染的情况下，才能获得满意的焊接接头。虽然在焊接之前进行清理是有益的，但往往是不够的；而每种焊接成形方法均应使污染表层熔解或消散，这可由焊剂的化学反应、电弧飞溅或机械方式来完成。必须从焊接表面清除的污染物质为有机薄膜层、吸附的气体和氧化物等。

（3）组织性能不均匀　在熔化焊接过程中，随着热过程的进行，焊接熔池将伴随着极不平衡的各种冶金过程，这些过程不同于炼钢和铸造时的金属熔炼和结晶过程，虽然被焊材料在成分及性能上已满足了产品的设计和使用要求，但由于焊接接头部位的冶金作用，所形成的焊缝其化学成分和组织性能往往同母材金属有相当明显的差别。另外，在进行冶金过程的同时，焊缝两侧的不同位置也经历着不同的热循环，离焊缝边界越近，其加热的峰值温度越高，而且加热速率和冷却速率也越大。因此，在这些区域事实上进行着一个特殊的热处理过程，整个受热影响的区域会引起组织性能的不均匀变化，进而对整个结构的强度和断裂行为产生显著的影响。

（4）残余应力和残余变形　由于焊接过程是一个局部加热过程，其温度分布极端不均匀，这就使得焊接结构存在着很大的残余应力和残余变形。在焊接残余应力单独或者与其他因素的共同作用下，可能导致焊接结构中局部产生裂纹或改变形状，从而影响结构的承载能力和尺寸精度，焊接残余变形往往是造成焊接结构尺寸超差的主要因素之一。影响焊接残余应力和残余变形的主要因素有焊接热输入、焊接结构的形状尺寸以及拘束状态等。

（5）焊接缺陷及检测　在焊接过程中通常会产生诸如裂纹、未焊透、气孔和夹渣等缺陷，这些缺陷往往是焊接结构产生破坏的根源。因此，对焊接缺陷的成因及检测方法的研究仍是焊接成形的基本问题之一。所有重要的焊接结构在其制造和使用过程中，一般都必须进行无损检测以确定缺陷的性质和形貌。目前无损检测技术虽然已有了很大的进展，甚至采用了微机控制系统，但是既可靠又实用的无损检测技术仍有待于深入研究。

（6）焊接结构的制造问题　焊接结构是指以焊接技术为主要连接手段的金属构件。在桥梁、贮罐、压力容器、船舶等结构的制造过程中，焊接是不可缺少的加工技术。焊接结构制造过程中需要考虑的问题如图 1-25 所示。在确保结构部件上焊接接头质量的同时，为了满足加工条件，既要提高生产率，又要通过改善制造时的作业环境以增加安全性。对于焊接结构制造技术人员来说，选择适当的材料、充实加工设备和技术人员的加工技术能力是其重要的职责。

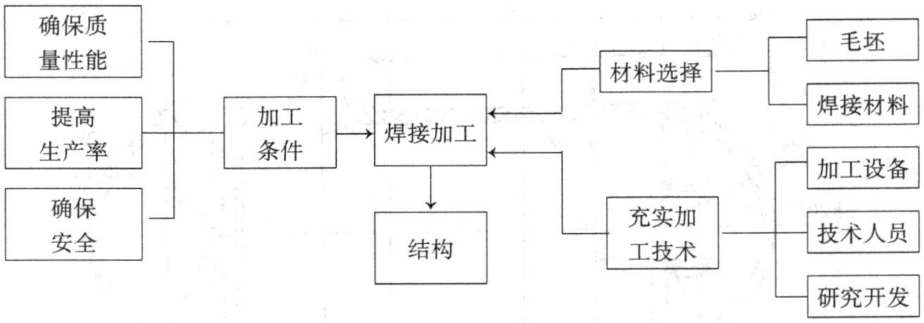


图 1-25　结构制造中焊接工作问题的示意

对焊接结构设计的要求，则是焊接结构的整体或各部分在其使用过程中不产生致命的破坏，这些破坏包括：弹性失效、失稳及断裂等。对焊接结构的破坏事故的调查分析表明，作为裂纹发生原因的制造缺陷，大多与焊接接头有关。图 1-26 左侧表示，对结构所要求的使用性能取决于以下因素：载荷的大小和种类、使用温度、使用环境以及由这些条件相应确定的设计原则的制约。而影响焊接接头性能的因素则如图1-26右侧表示，除材料选择外，还包括其他一些加工因素。总之，为了提高焊接结构的可靠性，应从设计、材料和加工诸方面综合考虑焊接结构件的焊接接头性能问题。

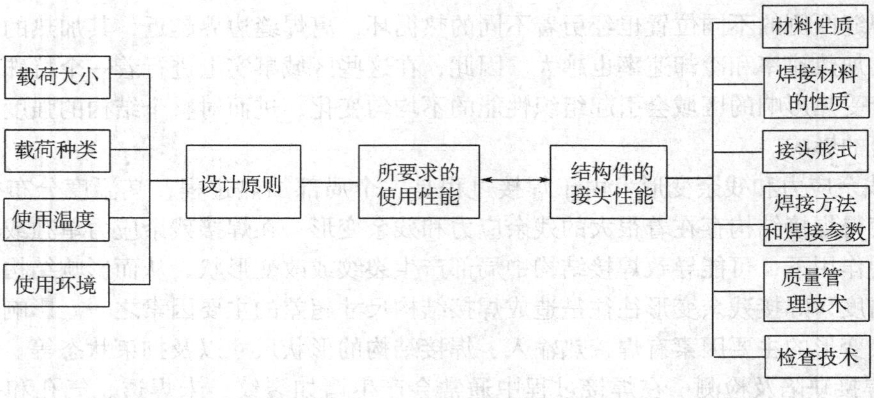


图1-26 焊接结构的设计与材料及加工的关系

2. 发展概况

（1）焊接结构的发展 焊接作为材料成形加工的主要手段之一正在向各个领域渗透。新的焊接结构正在不断出现和完善，并向着大型化和高参数方向发展，焊接结构的工作条件越来越苛刻，要求也越来越严格。图1-27、图1-28所示的核压力容器和6100m深海探测器就是典型的现代焊接结构，前者壁厚接近200mm，而后者则要求承受巨大的海水压力。又如50万t级的全焊接油轮，长382m、宽168m、高27m，采用低碳钢和普通低合金钢制造，钢板最大厚度达140mm。现代高层建筑的焊接钢屋架通常是在工厂内建成，然后运到工地安装，所用材料强度级别高于490MPa，厚度达100~150mm。

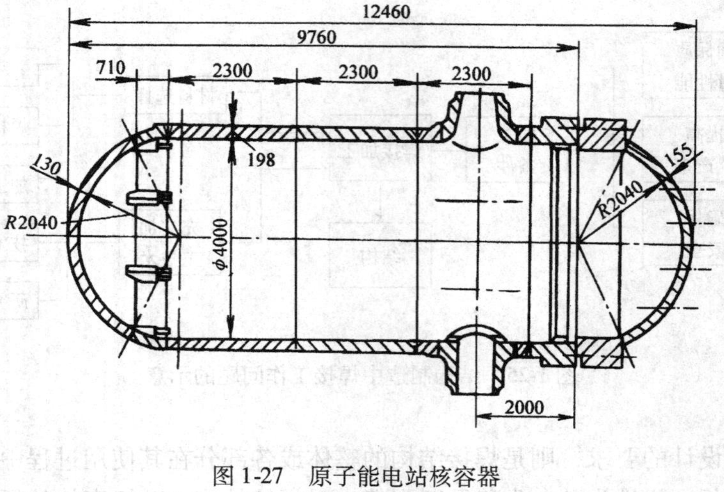


图1-27 原子能电站核容器

现代焊接结构除尺寸越来越大外，还往往是在高温、高压或低温、深冷环境下工作的，有的则是在动载或冲击条件下使用。例如，单机功率高达1.2GW的核电站锅炉（工作压力为32.4MPa、蒸汽温度为650℃）和汽轮机，及配套的高压容器；容积达5080m³的大型高炉；直径达33m、容积为100000m³的贮罐等，所有这些焊接结构都是在复杂苛刻的条件下工作的。

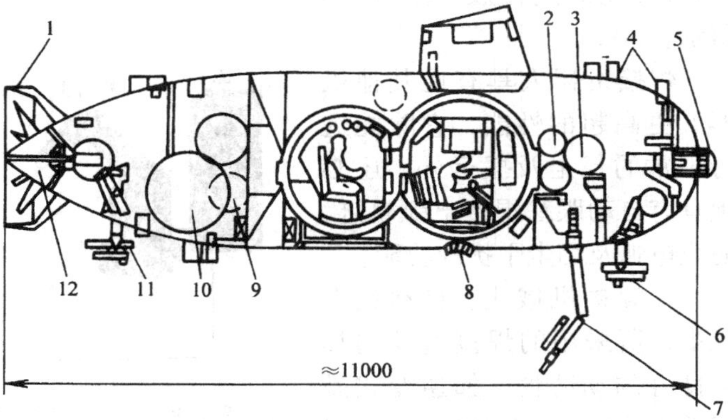

图1-28 6100m深海探测器（DSSV）示意
1—倾斜罩 2—液压系统 3—压力舱 4—声纳 5—螺旋桨系统 6—支承和摄影装置 7—操纵器 8—多普勒声纳 9—压水舱 10—燃料舱 11—支承和摄影装置 12—螺旋桨系统

（2）材料的发展 传统的焊接结构通常采用强度低、韧性良好的低碳钢或低合金钢制造。近几年来，随着焊接技术的不断完善，高强度钢在现代焊接结构中也获得了广泛的应用。图1-29为一些大型焊接结构所用钢材强度等级与板厚规格。抗拉强度为784MPa的高强度钢（HT80）已用于桥梁、高压水管、重型电机、海洋结构等。在航天、航海及机器制造业中，超高强度钢的应用也日趋广泛。用来制造固体燃料火箭发动机壳的4340钢，经过合适的淬火—回火处理后，其抗拉强度可达1765.3MPa。另一种常用的超高强度钢是不含碳的马氏体时效钢（如18Ni钢），这种钢在淬火状态下的韧性高，便于热处理，焊接性能良好，焊后经时效处理，可获得1373～2059.5MPa的高强度。而且，这种钢的抗脆性断裂及抗应力腐蚀能力也很高，在国外已用来制造某些结构，如飞机零件、大直径固体燃料火箭外壳，以及冷冻机和船体结构等。预计近年内还将有强度极限更高的马氏体时效钢用于工程实际。

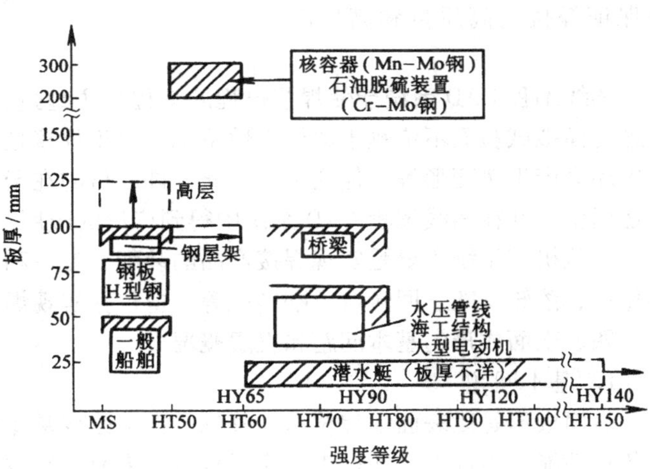


图1-29 一些大型结构所用钢材强度级别及板厚的范围

由于焊接结构的使用条件日益复杂和苛刻，各种抗腐蚀、抗高温及抗深冷脆断的合金钢（如$w_{Ni}$=9%钢、$w_{Ni}$=5.5%钢、$w_{Ni}$=3.5%钢、铬镍不锈钢、耐热钢等），以及铝及铝合金、钛及钛合金都已用来制造焊接结构。

（3）自动化焊接的发展 数十年来，焊接技术也和其他科学技术一样获得了迅猛的发展。激光、电子束、等离子及气体保护焊等焊接方法的出现，以及高质量、高性能焊接材料的不断出现和完善，使得几乎所有的工程材料都能实现焊接；而且自动化的焊接生产在许多工业部门已代替了传统的手工焊生产，以电子技术、信息技术及计算机技术综合应用为标志的焊接机械化、自动化系统，乃至焊接柔性制造系统已成为当今焊接技术的重要特点。

焊接柔性制造系统（单元）一般由焊接机器人、先进焊接电源、离线编程 CAD 系统、工装机械系统等组成，如图1-30所示。

焊接机器人具有比其他机器人更高超的性能，它除能进行正常的行走及搬运外，还必须具有自动跟踪焊接电弧轨迹、防止电弧及烟尘干扰的功能。

在焊接机械化、自动化系统中，所采用的焊接电源均具有良好的动特性，如逆变式晶闸管焊接电源、IGBT 逆变式焊接电源等；焊接方法则大多采用自动或半自动 $CO_2$ 焊、MIG/MAG 焊、TIG 焊及埋弧焊等，以保证焊接的高质量和高生产率。

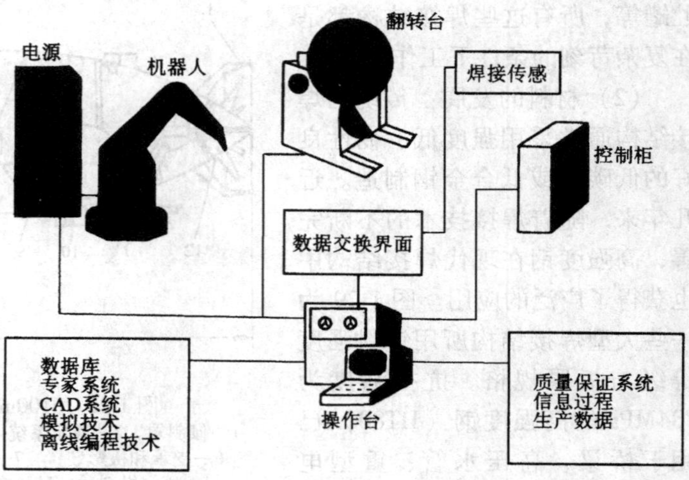

图 1-30　焊接柔性制造系统（单元）

离线编程 CAD 系统能使焊接过程的编程自主地进行，并能对整个焊接过程的大部分动作进行模拟试验而不依赖于整个柔性系统。由于焊接是一个多变量的复杂过程，且在焊接过程中还会产生热变形等其他变量，因此，许多目的在于预测这类变量情况的焊接工程软件已应运而生，并在离线编程 CAD 系统中得到广泛的应用。

工装机械系统主要是实现焊接产品的装配、变位和焊接等功能的，如焊接变位器、焊接操作机、滚轮支架、回转台及翻转机等，也包括实现焊接产品自动运输的辅助工装设备等。

**四、表面成形的基本问题和发展概况**

1．基本问题

表面成形是以表面工程技术为基础，在不改变基体组织结构和成分、不降低基体所具备的各种性能的条件下，通过表面涂层技术、表面改性技术及两者的复合技术，来设计零件表面，从而赋予表面具有基体材料本身所不具备的特殊性能及功能，如耐腐蚀、抗氧化、耐磨损、导电、电绝缘性能等。

由于表面成形是以材料表面为核心的成形过程，而且在使用过程中，与外界的各种作用也是从表面开始的，因此，研究材料表面物理和化学现象、材料的腐蚀与磨损及其基本规律，不论是对于表面涂层技术还是表面改性技术，都具有重要的作用。

表面涂层技术与表面改性技术有本质上的区别，因而所涉及的基本问题也不相同。就表面涂层技术而言，是在材料表面形成一层与基体材料不同的涂层，只有当这一涂层与基体具有足够的结合强度，才能使涂层发挥应有的作用。因而，涂层与基体的结合问题就构成了表面涂层技术中的一个重要问题。人们通过各种表面预处理来获得清洁且具有一定活性的表面；研究各种工艺条件的选择、控制以及不同的涂层组织结构等，以期获得满意的涂层与基体的结合。

表面涂层技术的另一个重要问题是涂层的材料及结构，因为它直接影响到涂层所具备的各种性能。如何通过合适的工艺来获得所希望的涂层材料及结构，乃是涂层技术研究的重要方面。

表面改性技术与表面涂层技术最大的不同点在于：前者所形成的表面在材料及组织上均与基体有一定的联系，而不像表面涂层技术那样，涂层的材料及组织与基体可以是截然不同的。因此，构成表面改性技术的基本问题是：首先针对材料的服役条件及损伤机理并结合基体材料，设计所希望的表面组织及结构；其次是针对所希望的表面组织及结构研究获得这一表面材料的方法。

2. 发展概况

材料表面工程技术作为材料科学的一个重要领域，在近20年来得到非常迅速的发展。传统的表面技术被革新，新的工艺方法不断被发现并在工业生产中广泛应用，使得金属及非金属制品的质量及外观得到大幅度的提高，产生了巨大的经济效益。

以表面渗碳淬火、电镀等为主的传统表面处理技术，在我国已有相当长的历史。随着真空渗碳、离子渗氮、高能密度束流表面强化、渗镀、物理气相和化学气相沉积以及热喷涂等表面涂层技术的发展，使得表面工程技术向着新的多学科性的边缘学科——表面工程学发展。

自20世纪60年代发明激光，特别是70年代研制出工业化大功率激光器后，人们即开始了将激光束用于表面改性技术的研究。利用这种具有能量集中的高能束，可以实现局部薄层加热，并靠自激冷却获得快速冷却的效果，因而可实现表面淬火、表面熔融合金化、表面熔化-结晶、表面熔化-细晶、表面熔化-微晶或非晶等过程，使表面层的结构和性能产生很大的变化。

物理气相沉积（PVD）技术经历了由最初的真空蒸镀到1963年离子镀技术的开发应用。20世纪70年代末磁控溅射技术的出现使溅射技术有了新的突破。近年来，各种复合技术，如离子注入与各种PVD方法的复合，已在新材料涂层、功能涂层、超硬涂层的开发制备中成为必不可少的工艺方法。

化学气相沉积（CVD）可以追溯到19世纪末，最早是用于高纯度金属的提炼，后来主要用于制造半导体和磁性薄膜，到20世纪50年代初期，才在钢基体上沉积TiC作为耐磨涂层使用。但普通CVD的化学反应所需温度过高，限制了CVD技术的应用。而后相继开发的等离子增强CVD（PACVD或PCVD）技术及激光化学气相沉积（LCVD）技术，由于降低了CVD的反应温度，可以使CVD在500～600℃的温度范围内进行，从而推动了CVD作为材料表面涂层技术的发展。20世纪80年代初期，用CVD法合成金刚石取得成功，随后在全世界范围内形成了CVD合成金刚石的热潮。

20世纪40年代末，由于航空航天工业对高质量涂层的需求以及自熔性合金粉末的研制成功，使热喷涂技术获得了长足的发展。由美国联合碳化钨公司研制成功的爆炸喷涂，为制备优质耐磨损涂层提供了方法。随后开发的等离子喷涂技术，使得包括无机陶瓷在内的几乎所有材料都能够被制成涂层供使用。20世纪80年代初开发的超声速火焰喷涂技术，极大地扩大了耐磨硬质合金涂层的应用领域。

表面工程作为边缘学科是在20世纪80年代初期由英国贝尔教授提出的，并创立了表面工程研究所，又于1985年创办了《表面工程》国际性杂志。在我国，表面工程近十几年来也有很大的发展，并于1993年成立了中国机械工程学会表面工程分会。目前，表面工程正以物理学、化学、冶金学、机械学、机械制造工艺学和材料科学等为基础，以表面科学和表面技术为主体，向着具有完整学科体系的学科发展。

## 第三节 材料成形技术基础课程的性质和任务

“材料成形技术基础”是机械工程及自动化专业的一门技术基础课。通过本课程的教学，使学生初步掌握各种材料成形技术的基本原理和工艺方法，并具有一定的综合分析和处理材料成形实际问题的能力，从而在更大的范围内拓宽学生的知识面，开阔视野，激发创造性思维。此外，本课程对于促进学科的交叉也是有好处的。

本课程的任务是：

1）阐明材料成形所涉及的一些基本理论问题，包括材料成形的热过程、金属的凝固理论、塑性成形的物理和力学基础，以及有关表面成形、粉末冶金和塑料成型的理论基础。

2）介绍有关凝固成形、塑性成形、焊接成形、表面成形及强化、粉末合金与陶瓷成形、塑料成型等的工艺方法、技术要点和相关的工艺装备及模具。

# 第二章　材料凝固理论

## 第一节　材料凝固概述

凝固是材料成形加工过程中一种非常重要的物理化学现象。它是将固体材料加热到液态，然后使其按人们预定的尺寸、形状及组织形态，再次冷却至固态的过程。材料在凝固过程中，既涉及到物理和物理化学变化，还涉及到化学变化过程，因此，对材料凝固现象的研究，渗透了多学科的知识，并处于当代材料研究领域的前沿。半导体工业中大规模集成电路的规模与效率，与凝固有关；复合材料制备时的界面问题，与凝固有关；高能束表面材料及梯度材料的获得，也与凝固有关。

在材料的成形加工中，铸造、焊接与粉末冶金过程，都与凝固现象须臾不可分离。其中金属的熔化、浇注和凝固构成了整个生产过程的主线，而凝固则是铸件成形过程的核心，它决定着铸件组织和铸造缺陷的形成，因而决定了产品最终性能与质量。

凝固过程是材料由液相向固相转化的过程。在这种液固转化过程中，材料的物理性质及晶体结构均发生了改变。概括地说，下列的几种改变，是我们在讨论与研究凝固问题时需要引起重视的。

（1）体积改变　大多数材料在经历液→固转变时，其体积将缩小3%～5%，即原子的平均间距减小1%～1.7%。这种简单的体积缩小，却会给凝固过程控制带来一系列凝固缺陷，如凝固时产生的缩孔、缩松；凝固应力引起的变形、裂纹等，使得凝固过程的控制成为一个非常复杂的系统工程问题。当然，并非所有的材料在经历液→固转变时体积都会缩小，比如水结冰时，体积反而增加；含有石墨的铸铁凝固时，由于析出石墨，体积也会有所增加，这就是我们常说的“石墨化膨胀”。

（2）外形改变　确切地说，材料处于液态时，其外形是不固定的，它可随容器的形状改变而改变。而当材料发生液→固转变后，其外形将保持发生液→固转变前容器的形状。这就为人类采用凝固成形——铸造，这一古老又年轻的工艺手段为人类服务创造了基本条件。

（3）凝固潜热的产生　采用温度传感元件——热电偶，测定液态金属凝固过程的冷却曲线（见图2-1），可以发现，在发生液→固转变期，温度—时间曲线反映出了一定的温度“回升”。这就是因凝固潜热的产生而引起的。从物理意义上讲，凝固潜热来自于材料内部部分原子间结合键的建立。表2-1为一些金属的凝

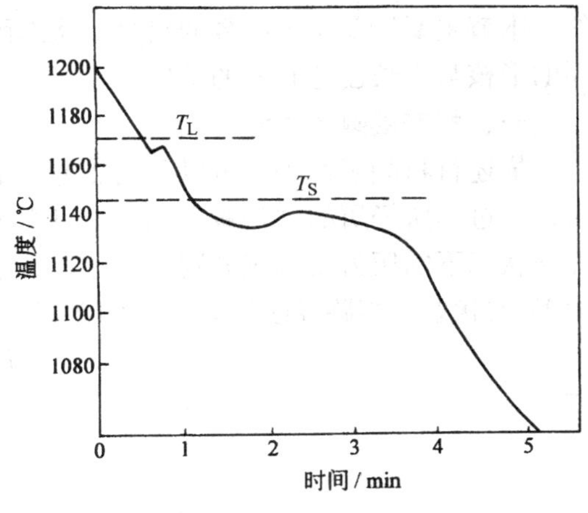

图2-1　亚共晶灰铸铁冷却曲线

固潜热（$Q_{凝}$）与冷凝潜热（$Q_{冷}$）的对比数据。如果说材料由气态直接冷凝至固态，原子间结合键的建立为100%的话，凝固时结合键的建立仅占百分之几。因此，可认为液态和固态的结构是极为相似的。

**表2-1 几种金属凝固潜热与冷凝潜热的比较**

| 金属 | Zn | Fe | Cr | Mn | Al | Cu |
| --- | --- | --- | --- | --- | --- | --- |
| $Q_{凝}/J\cdot mol^{-1}$ | 6657 | 14905 | 16955 | 14445 | 10467 | 13028 |
| $Q_{冷}/J\cdot mol^{-1}$ | 121515 | 393578 | 368456 | 309838 | 211443 | 347521 |
| $Q_{凝}/Q_{冷}$（%） | 5.5 | 3.8 | 4.5 | 4.7 | 5.0 | 3.7 |

（4）熵值改变 熵在热力学上是表征一个孤立体系混乱程度的量度。熵值越大，表示体系越混乱。当材料发生液→固转变时，其熵值将减小，说明固体比液体的结构更“整齐”。

（5）结构改变 从表2-1中的数据可以初步推断出，与气态相比，液态结构与固态结构应该非常相似。通过对液态金属X射线衍射分析，已证实液态金属中原子的排列在近程几个原子范围内，与固态的排列方式基本一致。只不过由于原子间距增大、空穴增多，使原子的配位数有一定的改变。因此，人们这样来描述液态金属的结构：液态金属由许多近程有序的“原子集团”组成，“原子集团”内部原子规则排列，其结构与原固体相似；有大的能量起伏，激烈的热运动和大量的空穴；所有原子集团和空穴时聚时散，时大时小，始终处于瞬息万变的状态。

而金属凝固成固态后，其晶体结构则被称为“远程有序”，与液态结构相比，各种不确定性的因素大为减少，使人们精确地研究晶体结构成为可能。

## 第二节 凝固的热力学基础

材料凝固过程可以用热力学原理来描述。热力学可以用于判断一个凝固过程是否可能发生，以及发生的程度如何。而对于凝固过程的判断，同样也是使用热力学状态函数来进行的。本节主要涉及状态函数的概念、状态函数之间的关系及自发过程的判据，为下面学习凝固的形核与生长创造必要的基础。

### 一、状态函数的概念

描述材料凝固过程，可以采用热力学函数。但某些热力学函数，在描述过程变化的状态时，与过程所经历的“历程”有关。比如功，在纯做体积功时，某容器内的气体由状态1，即该状态下的压力及体积分别为$p_1$、$V_1$，经过不同的路径，变到状态2，即压力为$p_2$，体积为$V_2$的状态。当路径改变时（见图2-2），虽然，始态与终态相同，压力所做的体积功

$$\delta W = p\mathrm{d}V \tag{2-1}$$

或

$$W = \int_{V_1}^{V_2} p(V)\mathrm{d}V \tag{2-2}$$

必然不同。

式中 $W$——功函数；

δ——与路径相关的热力学函数的微分。

还有一类热力学函数，与过程经历的“历程”无关，只与研究体系所处的状态有关。我们把这类热力学函数称为状态函数。讨论凝固过程常用的几个状态函数有：

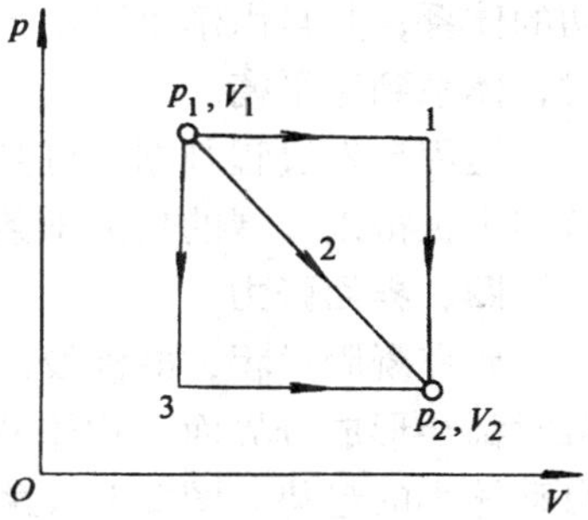


图 2-2　容器内气体压力做体积功的示意

- 内能　物质体系内部所有质点的动能和势能之和，用 $U$ 来表示。
- 焓　体系等压过程中热量的变化，用 $H$ 来表示。
- 熵　体系热量和温度的商值，用 $S$ 来表示。熵是体系混乱程度的量度，即组成体系的粒子越混乱，其熵值越大。

除上述三个基本状态函数外，还有另外两个常用的状态函数，可用于判断体系过程进行的方向与限度：

- 吉布斯（Gibbs）自由能，用 $G$ 来表示。
- 亥姆霍兹（Helmholtz）自由能，用 $A$ 来表示。

**二、状态函数间的关系**

1. 焓 $H$ 与内能 $U$ 的关系

$$H = U + pV \tag{2-3}$$

2. 吉布斯自由能 $G$、焓 $H$ 和熵 $S$ 的关系

$$G = H - TS \tag{2-4}$$

或

$$dG = dH - TdS \tag{2-5}$$

式中　$T$——热力学温度。

3. 亥姆霍兹自由能 $A$、内能 $U$ 和熵 $S$ 的关系

$$A = U - TS \tag{2-6}$$

或

$$dA = dU - TdS \tag{2-7}$$

根据

$$G = pV + A \tag{2-8}$$

得

$$dG = pdV + dA \tag{2-9}$$

**三、自发过程**

我们知道，当两种不同的气体相遇时，将自发地混合，直至形成完全均匀的混合气体；当不同温度的两个物体接触时，热将由高温的物体流向低温的物体，直到两个物体的温度相等，达到平衡态。因此，从不平衡态自发地移向平衡态的过程称为自发过程。在没有外界影响下，这个过程不可逆转，故自发过程又叫不可逆过程。

为判别系统的自发过程能否进行，有两个判据可供利用：

第一，自由能最低原理：$\Delta A_{T,V} \leqslant 0$

用文字来表述，即等温等容条件下体系的自由能永不增大；自发过程的方向力图减低体系的自由能，平衡的标志是体系的自由能为极小。

第二，自由焓判据：$\Delta G_{T,p} \leqslant 0$

有时我们把吉布斯自由能也叫自由焓。用文字表述，即等温等压条件下，一个只做体积功的体系，其自由焓永不增大；自发过程的方向是使体系自由焓降低，当自由焓减到极小值时，体系到达平衡。

运用自发过程判据，可判别一个凝固过程能否自发地进行，从而进一步了解使凝固的形核与生长得以开展的热力学条件。

**四、界面张力**

研究凝固过程，既涉及液固、固固界面，也可能涉及到气固、液固界面。物体与物体接触时都会形成分界面。物体分界面的原子受力不平衡，合力则指向物体内部，使接触面产生自动缩小的趋势。图 2-3 示意性地描绘了气液界面层某原子受力的情况。因气相中原子作用力远小于液相，故合力作用的方向指向液相内部。可以这样来理解界面张力：不同物体接触的界面如同一张具有弹性的膜，该膜总是力图使界面的面积减小。为了进一步理解界面张力，不妨来做一个简单的科学实验。如图 2-4 所示，在宽度为 $b$ 的框架内制备一块均匀的薄膜，并且将框架的右侧设计成可以自由、无摩擦滑动的边。为了保持薄膜的面积不减小，外部必须作用在框架右侧边上一个绷紧力 $F$，此力将与薄膜的弹性张力 $\sigma$（N/m）相平衡，即

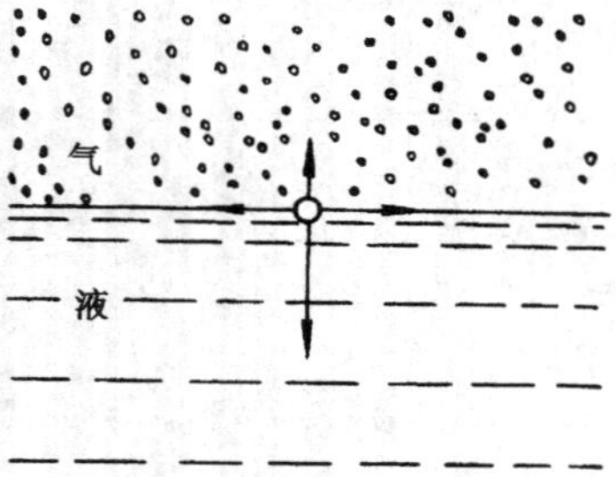


图 2-3 气液界面原子受力作用示意

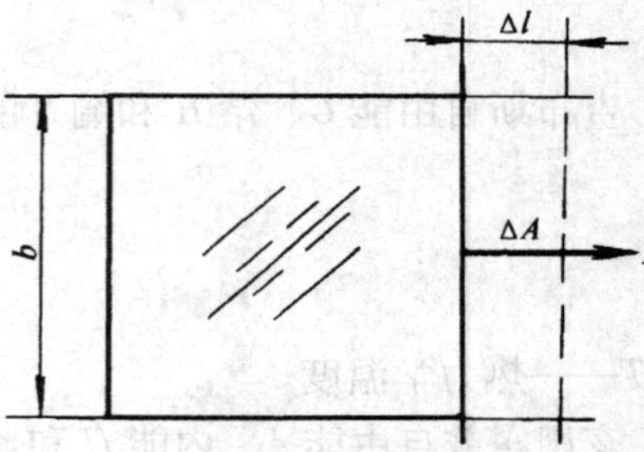


图 2-4 简单的薄膜拉伸试验

$$F - \sigma b = 0 \tag{2-10}$$

整理可得

$$\sigma = \frac{F}{b} \tag{2-11}$$

式中 $\sigma$——界面张力。

如果再从功和能量转换的角度去理解，若在外力 $F$ 作用下将薄膜拉长 $\Delta l$ 时，对薄膜所做的功为

$$\Delta W = F\Delta l = \sigma b \Delta l = \sigma \Delta A \tag{2-12}$$

另一方面，外力做功，使薄膜界面能量增加 $\Delta E$，即

$$\Delta W = \Delta E \tag{2-13}$$

故

$$\sigma = \frac{\Delta E}{\Delta A} \tag{2-14}$$

因此，界面张力又可以看作是单位面积界面所具有的能量，单位是 J/m$^2$。

日常生活中，我们常常观察到一个固体表面的液滴，因固体材料种类的不同，呈现出多

种多样的形态。概括来说，有四种形态：完全润湿、润湿、不润湿和完全不润湿，如图 2-5 所示。一般情况下，图 2-6 所示固体座上的液滴，在气、固、液三相交界的界面上存在有三类界面张力：气液界面张力 $\sigma_{LG}$、气固界面张力 $\sigma_{SG}$ 和液固界面张力 $\sigma_{LS}$。在水平方向，利用力平衡原理，有

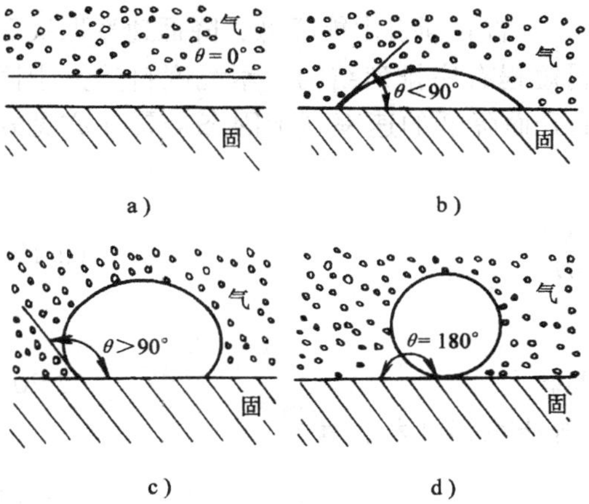


图 2-5　界面的润湿性

a）完全润湿　b）润湿　c）不润湿　d）完全不润湿

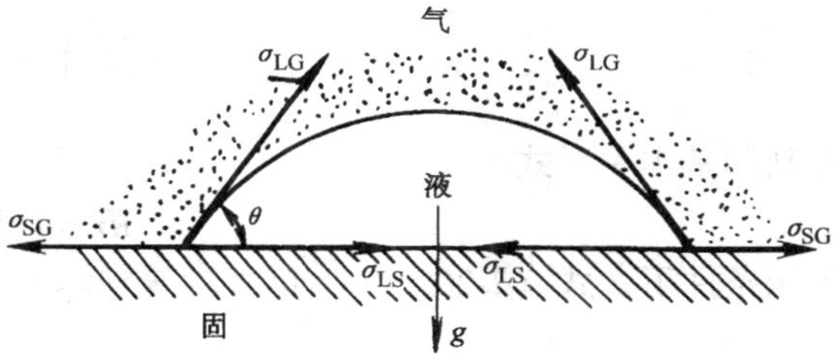


图 2-6　固体表面的液滴及表面张力作用的示意

$$\sigma_{SG} = \sigma_{LS} + \sigma_{LG}\cos\theta \tag{2-15}$$

即

$$\cos\theta = \frac{\sigma_{SG} - \sigma_{LS}}{\sigma_{LG}} \tag{2-16}$$

此式即为杨氏方程式，从它可以看出接触角 $\theta$ 与界面张力之间的关系：

$\sigma_{SG} > \sigma_{LS}$，$\cos\theta > 0$，$\theta < 90°$，表现为润湿情况。

$\sigma_{SG} < \sigma_{LS}$，$\cos\theta < 0$，$\theta > 90°$，表现为不润湿情况。

故 $\theta$ 又称为润湿角。实验中常用座滴法来测润湿角，即将液体滴落在光滑的固体表面，待达到平衡后，从液滴侧面记录其形态，然后测量出润湿角 $\theta$。

## 第三节　形　　核

材料的凝固过程大体上分为两类。一类没有固定的凝固温度，凝固后形成的固体为非晶态，如高分子材料、非晶态玻璃、非晶态金属玻璃等；另一类有固定的凝固温度，凝固时会放出凝固潜热，凝固后的固体为晶体，如通常冷却条件下的金属及某些非金属材料。形成晶体的凝固行为要远比不形成晶体的凝固复杂得多，其凝固过程需经历形核与长大等过程。下面，我们将把讨论的重点放在这方面。

### 一、金属凝固的热力学条件

水冷却到 0℃ 以下会结成冰，液态金属从高温冷却到低温，也会发生从液态向固态转变的凝固过程。那么，为什么这种凝固过程会自发地进行呢？现以纯金属为例，进行说明。

由热力学状态函数间的关系（见上节内容），可导出下列关系

$$\mathrm{d}G = V\mathrm{d}p - S\mathrm{d}T \tag{2-17}$$

金属凝固一般是在恒压下进行的，故上式又可简化为

$$\left(\frac{\partial G}{\partial T}\right)_p = -S \tag{2-18}$$

已知体系的熵恒为正值。对金属来说，温度升高时，其吉布斯自由能降低，降低速率取决于熵值大小［见式（2-18）］。另一方面，液态金属属短程有序排列结构，紊乱度自然大于固态金属，故有高的熵值，其吉布斯自由能随温度上升而降低的速率高于固态金属［亦见式(2-18)］。若对式（2-18）求二阶偏导数，有

$$\left(\frac{\partial^2 G}{\partial T^2}\right)_p = -\left(\frac{\partial S}{\partial T}\right)_p \tag{2-19}$$

并利用基本关系式

$$\mathrm{d}H = T\mathrm{d}S + V\mathrm{d}p \tag{2-20}$$

等压条件下，式（2-20）右边第二项等于零。又知等压热容可表示为

$$c_p = \left(\frac{\partial H}{\partial T}\right)_p \tag{2-21}$$

于是式（2-19）可写成

$$\left(\frac{\partial^2 G}{\partial T^2}\right)_p = -\frac{c_p}{T} < 0 \tag{2-22}$$

运用式（2-18）、式（2-22），可以描绘出纯金属液、固两相吉布斯自由能与温度的关系曲线，如图 2-7 所示。由图可见，在温度为 $T_m$ 时相交，液、固金属达到平衡，$T_m$ 即为纯金属的熔点。当温度 $T > T_m$ 时，液态金属比固态金属的吉布斯自由能低，根据吉布斯最小自由能原理，金属便自发地发生熔化过程，此时两相吉布斯自由能差 $\Delta G$ 即为熔化的驱动力；反之，当温度 $T < T_m$ 时，金属即发生凝固。

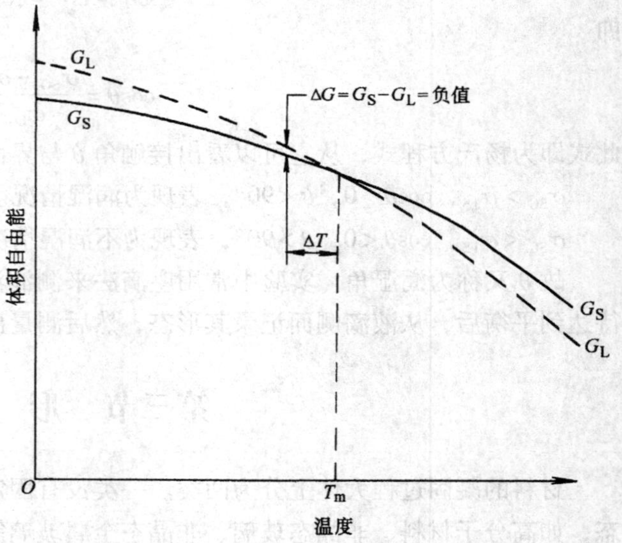


图 2-7 纯金属液、固两相吉布斯自由能与温度的关系

在熔点附近凝固时，焓和熵值随温度变化的数值可忽略不计。则有

$$\Delta G_m = \Delta H_m - T\Delta S_m \tag{2-23}$$

当 $T = T_m$ 时，式（2-23）等于零，故

$$\Delta S_m = \frac{\Delta H_m}{T_m} \tag{2-24}$$

代入式（2-23），有

$$\Delta G_m = \Delta H_m \left(1 - \frac{T}{T_m}\right) = \frac{\Delta H_m \Delta T}{T_m} \tag{2-25}$$

式中　$\Delta T = T_m - T$——过冷度。

可见，金属凝固的驱动力，主要取决于过冷度 $\Delta T$。过冷度越大，凝固的驱动力越大。因此，金属不可能在 $T = T_m$ 时凝固。

## 二、自发形核

根据经典相变动力学理论，液相原子在凝固驱动力 $\Delta G_m$ 作用下，从高自由能 $G_L$ 的液态结构转变为低自由能 $G_S$ 的固态晶体结构过程中，必须越过一个能垒 $\Delta G_d$，才能使凝固过程得以实现，如图 2-8 所示。而能垒的获得，是通过液态内部的温度起伏，即能量起伏来实现的。能量起伏需要越过的能垒 $\Delta G_d$ 也叫激活自由能。

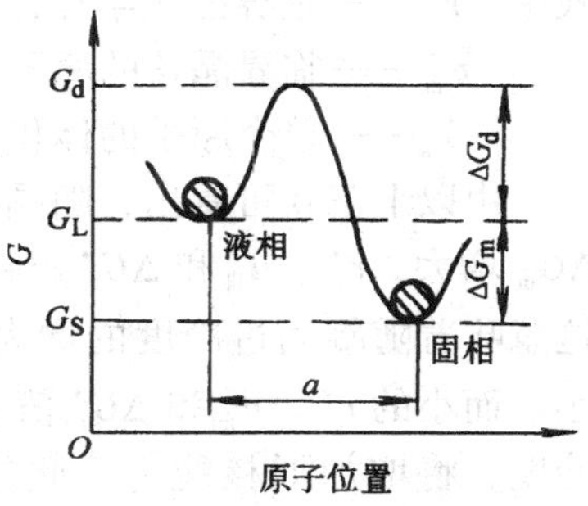

图 2-8　液相凝固成固相时吉布斯自由能的变化

整个液相的凝固过程，就是原子在相变驱动力 $\Delta G_m$ 驱使下，不断借助能量起伏以克服能垒 $\Delta G_d$，并通过形核和长大的方式而实现的转变过程。

形核是介稳定的液相通过温度起伏在一些微区内形成稳定存在的晶质质点的过程。共有两种形核方式，即自发形核和非自发形核。非自发形核是指在不均匀熔体中依靠外来杂质或容器壁面提供的衬底进行形核的过程；而自发形核则是指在没有任何外来界面的均匀熔体中形核的过程。

我们首先来讨论自发形核过程。当液体内部出现晶核时，系统吉布斯自由能的变化由两部分组成：一部分是液相和固相体积自由能差 $\Delta G_{体}$，它是相变的驱动力；另一部分是由于出现了液—固界面，使系统增加了界面能 $\Delta G_{界}$，它是相变的阻力。这样，系统总自由能变化为

$$\Delta G = \Delta G_{体} + \Delta G_{界} = \Delta G_m V + \sigma_{LS} A \tag{2-26}$$

式中　$\Delta G_m$——单位体积固、液自由能差；

$V$——晶核体积；

$\sigma_{LS}$——固、液界面张力；

$A$——晶核表面积。

当体系温度低于凝固温度，即 $T < T_m$ 时，$\Delta G_m$ 将小于零，而界面能项 $\Delta G_{界}$ 仍大于零。随晶核体积的增加，晶核表面张力对形核的阻力，变得越不显著。因此，只有在晶核较小时，表面张力的作用才相当明显。对比 $\Delta G_{体}$ 和 $\Delta G_{界}$ 消长的结果，$\Delta G$ 必存在某一极大值 $\Delta G^*$，$\Delta G^*$ 被称为临界形核功。形核自由能变化达到临界形核功 $\Delta G^*$ 时的晶核，叫临界晶核。

为简便起见，假定自发形核时晶核为球形，直接利用式（2-26）得

$$\Delta G_{自} = \frac{4}{3}\pi r^3 \Delta G_m + 4\pi r^2 \sigma_{LS}$$

式中　$r$——球半径。

将 $\Delta G_{自}$ 与 $r$ 的关系描成图 2-9 的曲线，可看出在 $r = r^*$ 时，$\Delta G_{自}$ 达到极大值 $\Delta G^*_{自}$。运用极值求解方法，可得出

$$r^* = \frac{2\sigma_{LS}}{\Delta G_m} \tag{2-27}$$

$$n^*_{自} = \frac{32\pi}{3V_a}\left(\frac{\sigma_{LS}}{\Delta G_m}\right)^3 \quad (2\text{-}28)$$

$$\Delta G^*_{自} = \frac{16\pi}{3}\frac{\sigma^3_{LS}}{\Delta G^2_m} = \frac{1}{3}A\sigma_{LS} \quad (2\text{-}29)$$

式中 $r^*$——临界晶核半径；

$n^*_{自}$——临界晶核的原子数；

$V_a$——单个原子的体积。

由以上三式可看出，随晶核单位体积液、固自由能差 $\Delta G_m$ 增大，$r^*$、$n^*_{自}$和 $\Delta G^*_{自}$都将减小。又知 $\Delta G_m = \Delta S_m \Delta T$，这意味着随凝固过冷度的增大，$r^*$、$n^*$ 和 $\Delta G^*_{自}$也随之减小。而小的 $r^*$、$n^*_{自}$和 $\Delta G^*_{自}$值有利于形核。故增大凝固过冷度，将增加形核能力。此外，由式（2-29）还可以看出，临界形核功 $\Delta G^*_{自}$等于临界晶核界面能的⅓。此即晶核体积自由能减小只能抵消表面能的⅔，剩下的⅓必需通过液相中能量起伏提供。

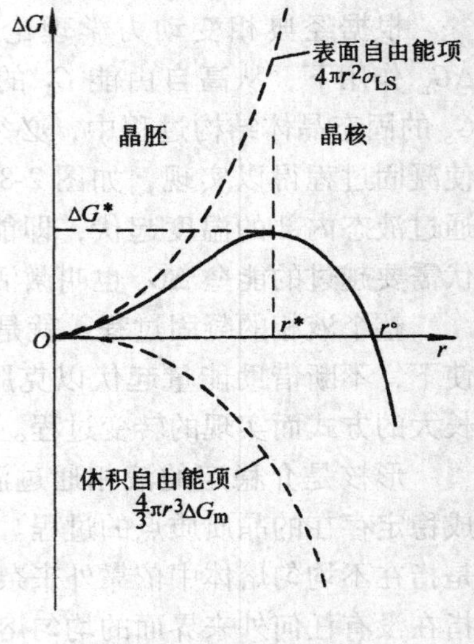


图 2-9 原子团半径与吉布斯自由能间的关系

仅依靠液相内部自发形核的过程，一般需要较大的过冷度才得以完成。经实际测量，当过冷度达到熔点温度的20%左右时，才能实现自发形核。而实际凝固过程中，往往依靠外来质点或容器壁面形核，这样，在过冷度较小时就能形核。这就是所谓的非自发形核过程。

## 三、非自发形核

假定在平面衬底上进行非自发形核的过程。类似于图 2-6，可将液相在平面衬底上形核示意为图 2-10。运用杨氏方程式（2-7）及球冠的体积与面积的计算公式，重新推导式（2-26），可得

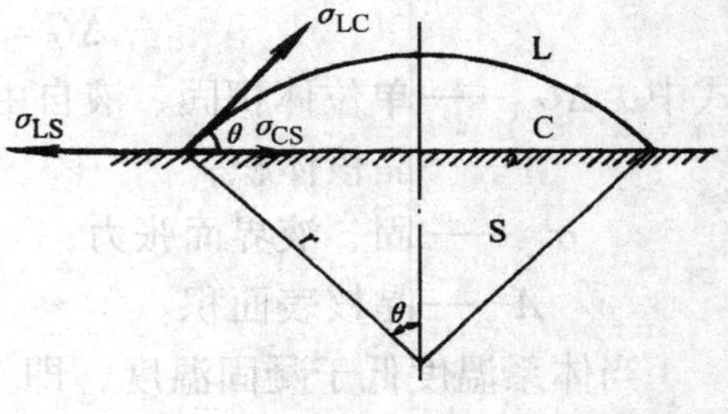


图 2-10 平面衬底上形核示意

$$r^* = \frac{2\sigma_{LC}}{\Delta G_m} \quad (2\text{-}30)$$

$$n^*_{非} = \frac{32\pi}{3V_a}\left(\frac{\sigma_{LC}}{\Delta G_m}\right)^3 f(\theta) \quad (2\text{-}31)$$

$$\Delta G^*_{非} = \frac{16\pi}{3}\frac{\sigma^3_{LC}}{\Delta G^2_m}f(\theta) \quad (2\text{-}32)$$

$$f(\theta) = \frac{2 - 3\cos\theta + \cos^3\theta}{4} \quad (2\text{-}33)$$

对比式（2-27）~式（2-29）知，非自发形核的临界晶核半径 $r^*$ 与自发形核的临界晶核半径相等［见式（2-27）］，但非自发形核的临界晶核原子数 $n^*_{非}$要少［见式（2-28）］，因为一般来说 $0° < \theta < 180°$，$0 < f(\theta) < 1$。非自发形核的临界形核功 $\Delta G^*_{非}$比自发形核的临界形核功 $\Delta G^*_{自}$亦多一个系数 $f(\theta)$，故 $\Delta G^*_{非}$一般也小于 $\Delta G^*_{自}$。

图 2-11 表示了几何学因子 $f(\theta)$ 与 $\theta$ 间的关系，可看出随润湿角 $\theta$ 减小，$f(\theta)$ 也相应减小。所以，晶核与衬底间越润湿，形成临界晶核所包容的原子也越少，标志着出现临界晶

核的几率越大。此外，非自发形核的临界形核功也就越小，因而对能量起伏的要求也越低，越容易形核。

特殊情况下，当 $\theta=180°$ 时，$f(\theta)=1$，$\Delta G^*_{自}=\Delta G^*_{非}$，$n^*_{自}=n^*_{非}$，即当衬底对晶核不湿润时，非自发形核同自发形核。从此意义上可以说，自发形核仅是非自发形核的一个特例。另一方面，当 $\theta=0°$时，$f(\theta)=0$，因此，$\Delta G^*_{非}=0$，$n^*_{非}=0$，即衬底本身就是现成的结晶面，其形核功亦为零。

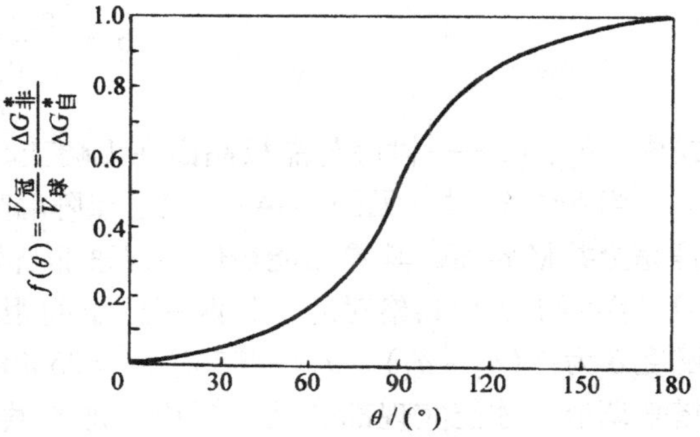


图 2-11　$f(\theta)$ 与润湿角 $\theta$ 之间的关系

以上的讨论是针对平界面衬底的非自发形核过程的，对于有一定曲率的衬底，计算过程较复杂。图 2-12 为在三个曲率不同衬底上形核的示意，它们具有相同的润湿角和晶核曲率半径，但晶核所包含的原子数 $n^*_{非}$ 不一样。凸面上形成的晶核原子数最多，平面次之，凹面上最少。可见即使是同一种物质的衬底，其促进非自发形核的能力也随界面曲率的方向和大小的不同而不同。凹界面衬底的形核能力比平界面衬底强；平界面衬底的形核能力又比凸界面衬底强。对凸界面衬底而言，促进非自发形核能力随界面曲率的增大而减小；对于凹界面，则随界面曲率的增大而增大。

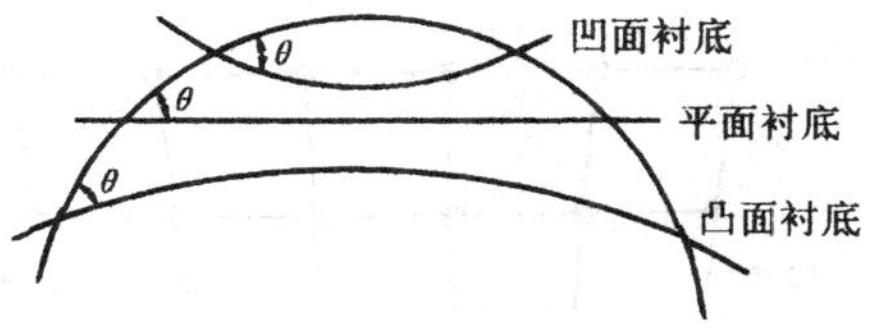


图 2-12　不同曲率衬底上形核的情况

衡量形核能力强弱，还有另一个参数，我们称之为形核率 $I$，即单位体积液相内每秒钟形成的晶核数。图 2-13 表示了过冷度 $\Delta T$ 对形核率 $I$ 的影响曲线。在一定范围内增加过冷度，无论是非自发形核还是非自发形核的形核率都会得到显著提高。其中非自发形核比自发形核需要小得多的过冷度，自发形核时，需要 $\Delta T^*_{自}\approx 0.2T_m$。

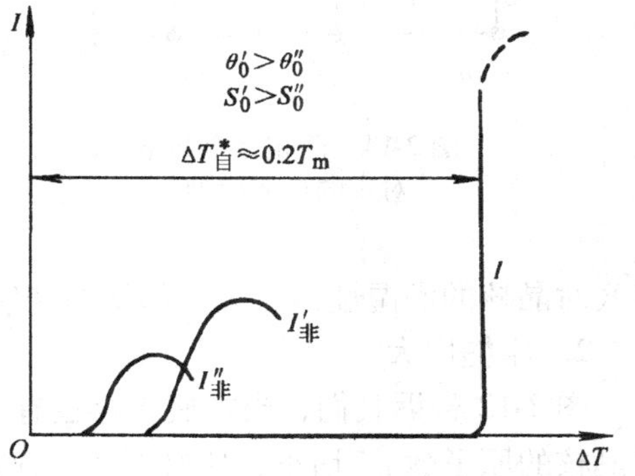


图 2-13　过冷度对形核率的影响曲线

## 四、形核剂

考虑上述事实，工业生产中往往通过添加某些晶粒细化剂——形核剂来提高形核率，以达到细化晶粒，改善材料性能的目的。这里，关键是形核剂的选择。那么，形核剂本身应该具备一些什么条件呢？

1. 失配度小

目前，在解释形核剂作用的理论中，较流行的是共格界面概念。在非自发形核时，衬底晶面总是力图与结晶相的某一具有最相近的晶格常数与键型的晶面相结合，以实现最低的界面能。结合形式可分为完全共格对应与半共格对应界面。界面原子间距对应程度可由点阵失

配度（$\delta$）来衡量

$$\delta = \left| \frac{a_s - a_c}{a_c} \right| \times 100\% \tag{2-34}$$

式中　$a_s$、$a_c$——衬底与晶核晶面在无畸变时的原子间距。

当$\delta \leqslant 5\%$时（见图2-14），通过点阵畸变，可以实现晶面两侧的原子对应，这种界面即是完全共格界面，其界面能最低，促进非自发形核能力最强，形核率最大。图中α、β两相通过界面Ⅰ实现共格对应，如两相原子间距分别为$a_1$、$a_2$，则总畸变能为$\varepsilon_1+\varepsilon_2$，点阵失配度$\delta$为：$(a_1-a_2)/a_2$。当$5\%<\delta<25\%$时（见图2-15），则需要同时通过点阵畸变和位错来调节，才能实现部分共格对应，即半共格界面。随$\delta$增大，基底的形核能力会逐渐降低，最终导致形核能力完全丧失。半共格界面条件下，界面能由共格畸变能$\sigma_\varepsilon$和位错能$\sigma_d$组成，等于$\sigma_\varepsilon+\sigma_d$。

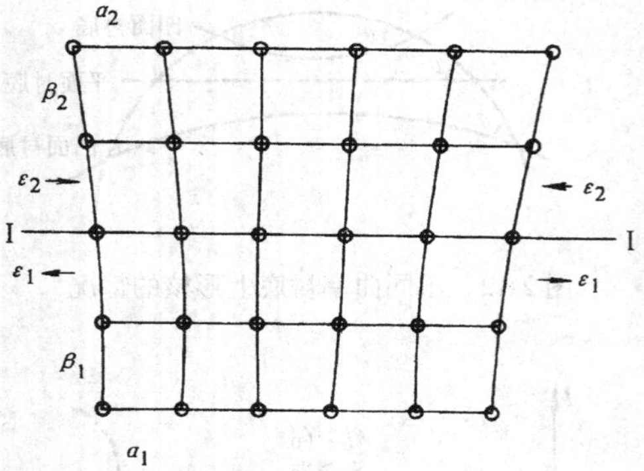


图2-14　两相完全共格对应的界面模型

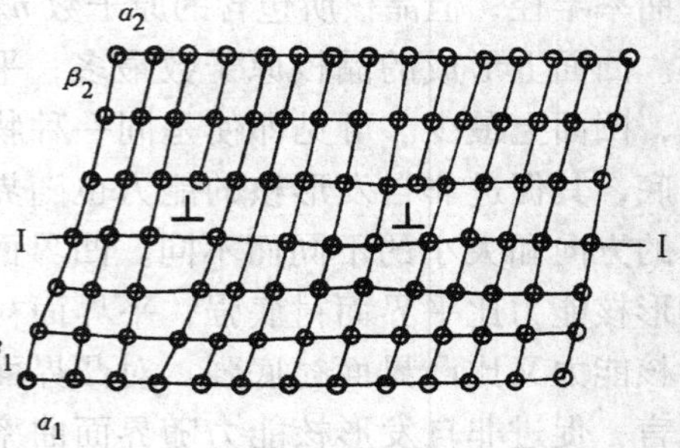


图2-15　半共格对应的界面模型

衬底对晶核的润湿性即取决于晶格畸变能，或失配度$\delta$大小。

2. 粗糙度大

图2-12告诉我们，当衬底上存在有许多“凹坑”时，该处形核时临界形核功$\Delta G^*_{非}$及临界晶核的原子数$n^*_{非}$均小，这时形核剂促进形核的“效率”就会较高。故粗糙度大的形核剂对形核比较有利。

3. 分散性好

形核剂在使用时往往处于颗粒或粉末状的形式，若分散性不好，使用时聚集成团，将会大大影响促进形核的效果。

4. 高温稳定性好

形核剂一般直接在高温熔体中使用。使用时若极易发生分解、氧化，或与熔体中的一些元素化合，形核剂的性质就会发生改变，从而起不到应有的作用，所以，生产中要求形核剂有好的高温稳定性。

需要提到的是，灰铸铁生产中常用到的FeSi孕育剂，能够显著细化晶粒，即是应用了孕育剂熔化后，在铁液中许多微区形成富硅区，促进石墨形核的原理，如图2-16所示。因此，形核剂使用时发生熔化，并不一定对促进形核带来不利影响。当然，生产中如果有目的地应用形核剂的分解、氧化和化合反应，也许能为新型形核剂的诞生提供途径。

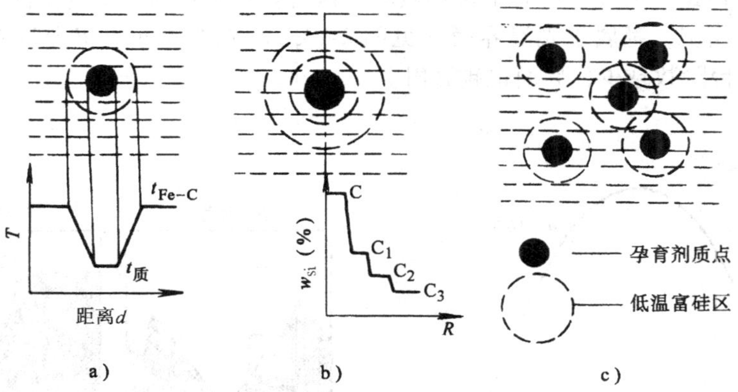


图 2-16　FeSi 孕育剂在铁液中促进石墨形核的原理
a）孕育剂质点附近温度分布　b）含硅量分布　c）石墨形核的最佳位置

# 第四节　生　　长

形核完成后，紧接着就是生长过程。生长是通过液相原子不断向晶核表面堆砌实现的。结果使固—液界面不断向液相推移，固相逐渐增多，液相逐渐减小。由此可以想象，晶体的生长过程必定和固—液相界面结构密切相关。

## 一、固—液界面的结构

从微观尺度考虑，人们自然将固—液界面划分为粗糙界面与光滑界面，或非小晶面及小晶面。Jackson 运用热力学方法分析了晶体固—液界面结构选择的原理。通过简便的推导，导出

$$\frac{\Delta G_S}{kT_m N}=\alpha x(1-x)+x\ln x+(1-x)\ln(1-x) \tag{2-35}$$

$$x=\frac{N_A}{N}$$

$$\alpha=\frac{\Delta H_0}{kT_m}\left(\frac{\eta}{\upsilon}\right)=\left(\frac{\Delta S_m}{R}\right)\left(\frac{\eta}{\upsilon}\right) \tag{2-36}$$

式中　$\Delta G_S$——固液界面原子取不同排列时吉布斯自由能的变化值；

$N_A$——固液界面所排列的原子数；

$N$——固液界完全排满原子、即完整光滑界面上能排列的原子数；

$\Delta H_0$——一个液态原子转变成固体原子释放出的结晶潜热；

$\upsilon$——固体内部原子的配位数；

$\eta$——界面固体原子与液态原子联系的配位数；

$\Delta S_m$——熔化熵。

将式（2-35）整理成图 2-17 可表示出 $\alpha$ 值变化，引起界面相对吉布斯自由能变化与界面固体原子所占位置分数曲线的关系。显然，曲线的最小值就是界面排列最稳定的状态。

当 $\alpha>2$ 时，界面相对自由能的最小值在 $x$ 接近 0 和 1 的两端处。这意味着界面上有很多空位未被原子占据，或几乎所有空位均被原子占有。这两种情况的自由能都最小。从原子尺度观察这两种情况，都属于光滑界面（见图 2-18a）。光滑界面上仍允许有一些小台阶存在。$\alpha$ 值越大，台阶数越少，界面也越光滑。

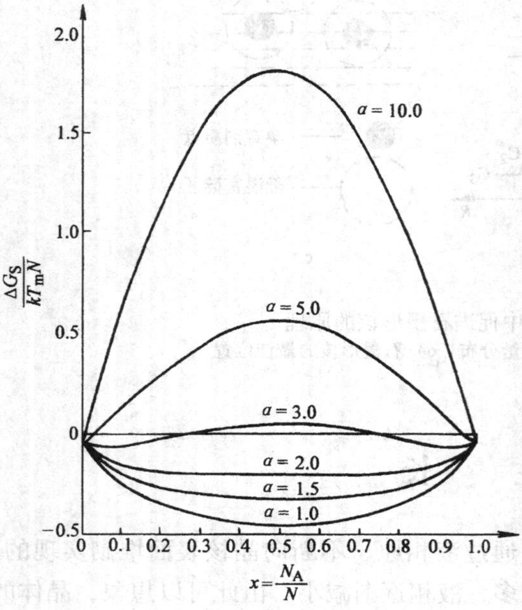


图 2-17　不同 $\alpha$ 值时 $\frac{\Delta G_S}{kT_mN}$ 与 $x$ 间的关系

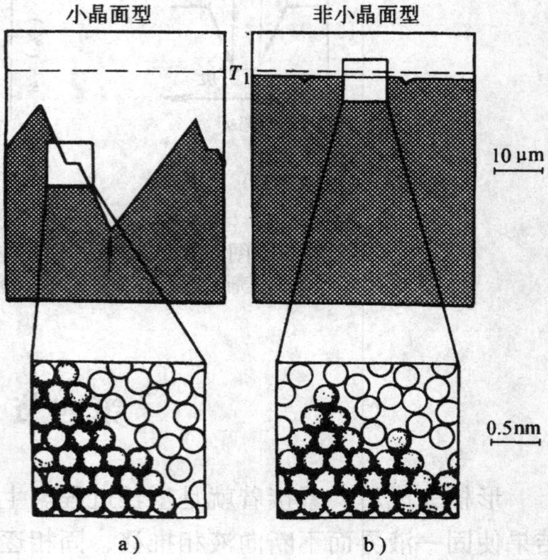


图 2-18　界面在原子尺度上的差别
a）光滑界面　b）粗糙界面

当 $\alpha\leqslant2$ 时，相对自由能的最小值在 $x=0.5$ 处，即界面有 50% 的阵点被固体原子占有。从原子尺度上看，界面是比较粗糙的，如图 2-18b 所示。但从宏观上看却是“光滑”的。$\alpha$ 值越小，界面越粗糙。

由式（2-36）知，$\alpha$ 值决定于熔化熵 $\Delta S_m$ 与原子排列结构（$\eta/\nu$）。大多数金属的熔化熵较小，且 $\eta/\nu\leqslant0.5$，使得 $\alpha\leqslant2$，属粗糙界面；对于非金属、亚金属，一般 $\alpha>2$，属光滑界面。粗糙界面和光滑界面生长的晶体宏观形态如图 2-19 所示。

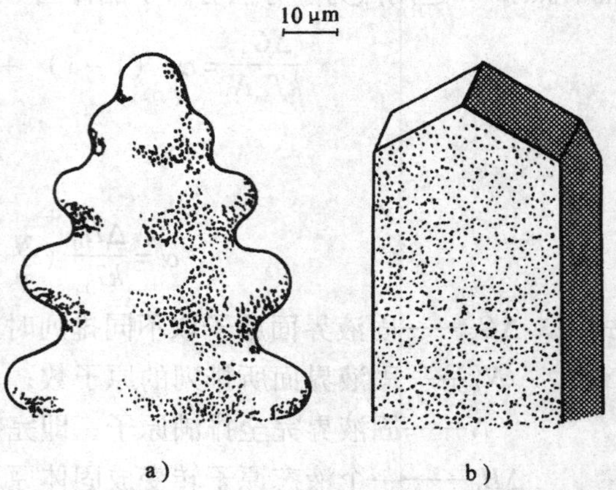


图 2-19　界面的宏观形态
a）粗糙界面　b）光滑界面

应该注意到，Jackson 的固—液界面结构分析是建立在双层结构的界面模型基础上的。实际上，对粗糙液—固界面来说，与液相原子接壤的上层固相原子仍有可能被新的固相原子所占据。如此发展下去，固—液界面间将没有一个十分明确的边界，故而形成了扩展型固—液界面模型，如图 2-20 所示。此模型是对 Jackson 双原子层界面模型的修正。

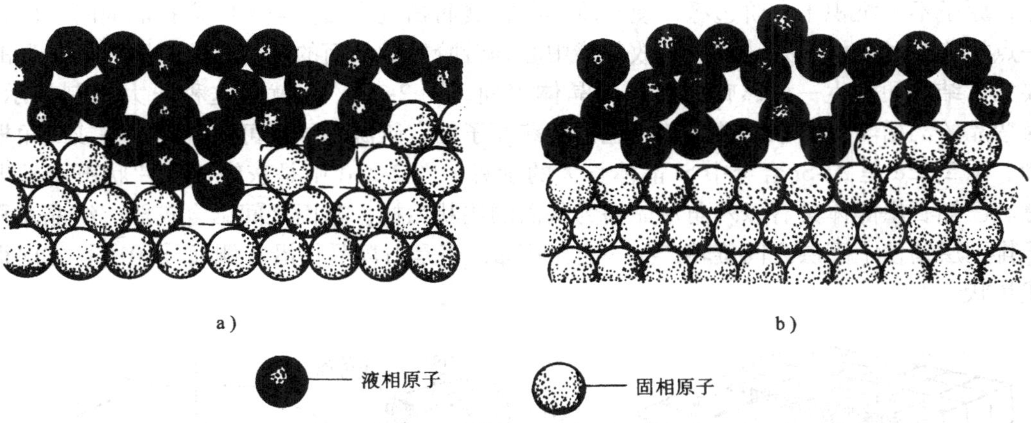


图 2-20　固—液界面模型示意
a）扩展型固—液界面　b）双原子层固—液界面

## 二、生长方式

前面已经提到，晶体生长方式决定于固—液界面结构。一般粗糙界面对应于连续长大；光滑界面对应于侧面长大。图 2-21 是一个简单立方晶体生长平面的例子。每个晶体原子有六个面，代表配位数是 6，当一个液态原子沉积在晶体生长平面上的 5 个不同位置时，仅考虑原子凝固前后表面能的变化，由图可知，当一个液态原子沉积到界面位置 1 处时，新增加的表面能为 $4a^2\sigma$；液态原子沉积到台阶侧面 2 处时，新增加的表面能已经降低了一半，即 $2a^2\sigma$；沉积到 3 处时，表面能没有增加；而当液态原子沉积到位置 4 或 5 处时，界面能反而降低。因此，界面越粗糙，原子沉积、长大过程越容易。对于光滑界面，原子主要依靠台阶长大。对比两种生长方式，粗糙界面的连续长大要比光滑界面的侧面长大容易得多。

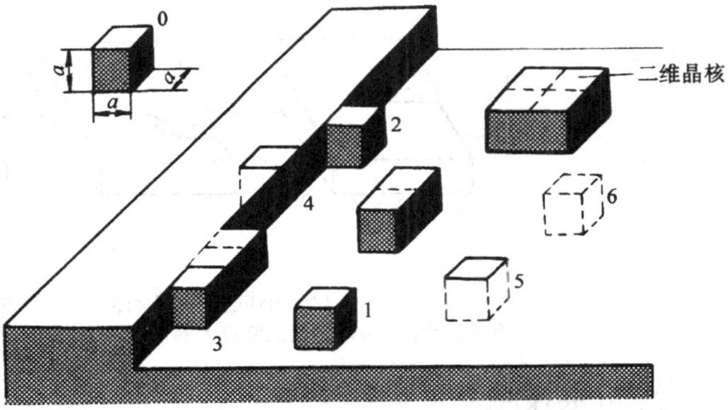


图 2-21　简单立方晶体的长大过程示意

连续长大的含义是长大过程可以连续不断地进行；而侧面长大则是其长大过程中，赖以长大的台阶一旦消失，长大必须依靠在界面形成新的台阶后才能持续进行。因此，侧面长大过程是非连续性的。

根据台阶来源不同，侧面长大又分为二维晶核台阶和缺陷形成的台阶长大。对于二维晶核台阶长大，首先要求在光滑界面上产生二维晶核，然后，原子再向二维晶核提供的台阶处沉积，一旦台阶消耗殆尽，必须再形成新的二维晶核，而这需要较大的过冷度，因此，依这种长大机制长大的可能性不大。对于依靠缺陷形成的台阶长大，如图 2-22 所示，可分为螺型位错台阶、反射孪晶沟槽台阶、旋转孪晶台阶等。螺型位错的台阶是最易沉积液相原子的地方，原子不断沉积于台阶边缘，使台阶不断扩展而扫过晶面。当台阶横扫晶面时，因台阶任一点捕获原子的机会是一样的，故位错中心处台阶扫过晶面的角速度比离开中心处远的地方要大，结果便产生一种螺旋塔尖状的晶体表面，图 2-22a、b 就是这种长大机制的示意。反射孪晶的沟槽与旋转孪晶的凹角，也是捕获原子的台阶源，原子可直接向沟槽或凹角根部堆砌。图 2-22c 是 Al-Si 合金中 Si 晶体长大的示意；图 2-22d 则是灰铸铁中片状石墨长大的示意。已知石墨晶体具有以六角形晶格为基面的层状结构，基面之间结合较弱。结晶过程中原子排列层错使上下层之间旋转产生一定角度 $\phi$，于是石墨晶体沿着侧面［$10\bar{1}0$］方向很快长成片状。

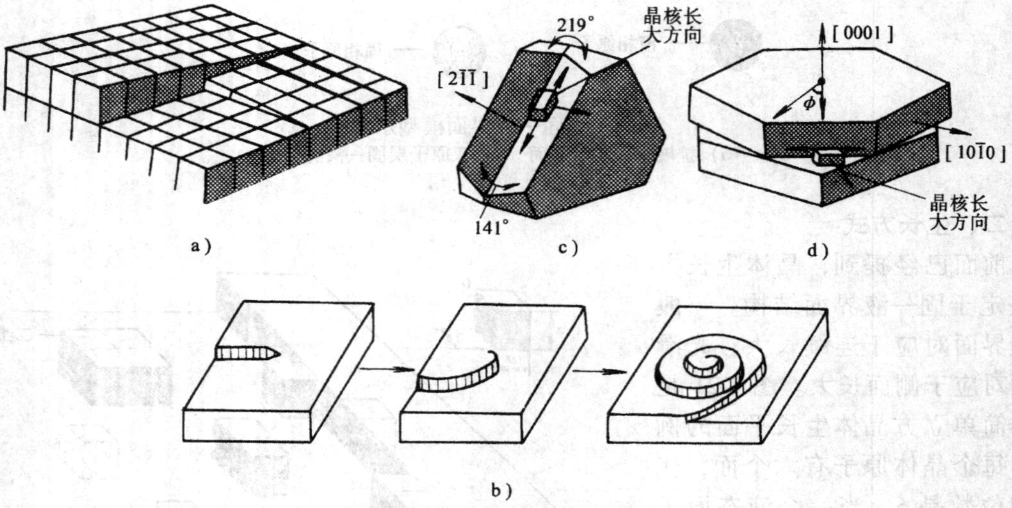


图 2-22　不同晶体缺陷提供的长大台阶示意图

a）螺型位错台阶　b）螺型位错长大的过程　c）反射孪晶沟槽台阶　d）旋转孪晶台阶

### 三、生长速度

从热力学方面考虑，同形核过程类似，生长过程也需要克服能垒，即需要一定的过冷度，此过冷度被称为动力学过冷度 $\Delta T^*$，即

$$\Delta T^* = T_m - T^* \tag{2-37}$$

式中　$T_m$——材料的熔点；

$T^*$——固一液界面温度。

生长所需动力学过冷度大小与晶体凝固的生长方式紧密相关。

在连续生长条件下，晶体长大的线速度 $R$ 与动力学过冷度 $\Delta T^*$ 成正比

$$R = \mu_1 \Delta T^* \tag{2-38}$$

式中　$\mu_1$——连续生长的动力学常数。

据估计：$\mu_1 \approx 10 \sim 1000$mm/（s·K），一般工业过程晶体凝固速度为 0.1mm/s，由此推算出的动力学过冷度 $\Delta T^* \approx 10^{-2} \sim 10^{-4}$K，小到无法测量的程度。

对于二维形核的侧面长大过程，界面生长速度可表示为

$$R = \mu_2 e^{-\frac{b}{\Delta T^*}} \tag{2-39}$$

式中　$\mu_2$、$b$——侧面长大的动力学常数。

对这种具有指数形式的晶体生长，动力学过冷度存在着一个临界值，低于此临界值时，$R$ 几乎为零；一旦超过它，$R$ 就迅速增大。据估计，此临界值约为 1～2K，比连续生长的动力学过冷度大 2～4 个数量级。

螺型位错生长时，其生长台阶在生长过程中始终不会消失，从而避免了二维形核的必要性，因此，生长速度大大加快。但因原子仍然只能在台阶部分堆砌，故生长速度要低于连续生长的情况。其生长速度为

$$R=\mu_3\Delta T^{*2} \tag{2-40}$$

式中　$\mu_3$——生长的动力学常数，$\mu_3\approx10^{-1}\sim10^{-3}$ mm/（s·K），比 $\mu_1$ 小 2～6 个数量级。

如把动力学过冷度 $\Delta T^*$ 及生长速度 $R$ 整理成同一张图上的三条曲线（图 2-23），可以看出：当过冷度较小时，光滑界面以螺型位错方式生长；过冷度较大时，则转为连续生长方式生长。二维形核生长的方式，对于光滑界面的晶体几乎是不可能的。在所有生长的方式中，连续生长的速度始终是最快的。

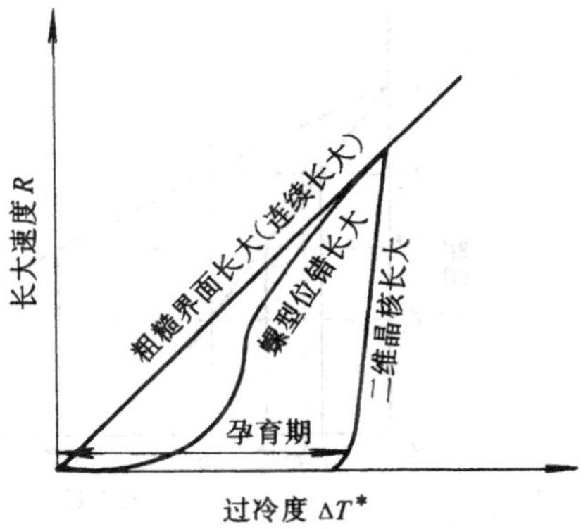

图 2-23　不同生长方式生长速率与动力学过冷度间的关系

根据缺陷种类，具有光滑界面的晶体可以有不同的宏观形态，如是线缺陷（螺型位错），晶体形态表现为针状；如是面缺陷（孪晶），晶体形态将表现为片状。所以晶体的生长机制对理解不规则共晶体形貌是很重要的。

## 第五节　溶质再分配

金属凝固时各组元会按一定规律分配，这是造成凝固偏析的原因。掌握金属凝固中溶质再分配的规律，是生产实践中控制各种凝固偏析的基础。根据凝固时晶体形成的特点，把凝固时只析出一个固相的合金，叫单相合金；而把凝固时同时析出两个以上新相的合金，叫多相合金。本节只讨论单相合金的凝固溶质再分配问题。

### 一、溶质再分配与平衡分配系数

除纯金属外，单相合金的凝固过程一般是在一个固液两相共存的温度区间内完成的。在平衡凝固过程中，这一温度区间是从平衡相图中液相线温度开始，至固相线温度结束。随温度的下降，固相成分沿固相线变化，液相成分沿液相线变化。可见，凝固过程中必有传质过程发生，固液界面两侧都将不断地发生溶质再分配的现象，其原因在于各组元在不同相中化学位不同。

为了分析的方便，均假设固液界面局部处于平衡状态，即凝固界面温度已知时，可由平衡图上直接确定界面两侧非常小的有限体积内的液相成分与固相成分。生产中常规的凝固速度 $R<10$mm/s，使得界面推进速率小于溶质原子析出速率，故界面局部平衡的假设是完全允许的。但对整个体系，因存在着温度梯度和溶质含量梯度，则不能看成是平衡体系，即采用金属学中的杠杆定律来描述凝固过程，会带来很大的偏差。

图 2-24 的平衡相图中，设界面的温度为 $T^*$，则固相侧薄层中的溶质含量为 $C_S^*$，液相

侧薄层中的溶质含量为 $C_L^*$，现把两者之比定义为平衡分配系数

$$k_0 = \frac{C_S^*}{C_L^*} \tag{2-41}$$

为突出凝固时的主要特征，假定固相线和液相线都是直线，意味着平衡分配系数 $k_0$ 和液相线斜率 $m$ 对一定的合金系统都是常数。在图 2-24a 中，$C_S^* < C_L^*$，$k_0 < 1$，在图 2-24b 中，$C_S^* > C_L^*$，$k_0 > 1$。对大多数单相合金来说，$k_0 < 1$。因此，以后只讨论 $k_0 < 1$ 的情况，其结论对 $k_0 > 1$ 的情况也能推断出来。

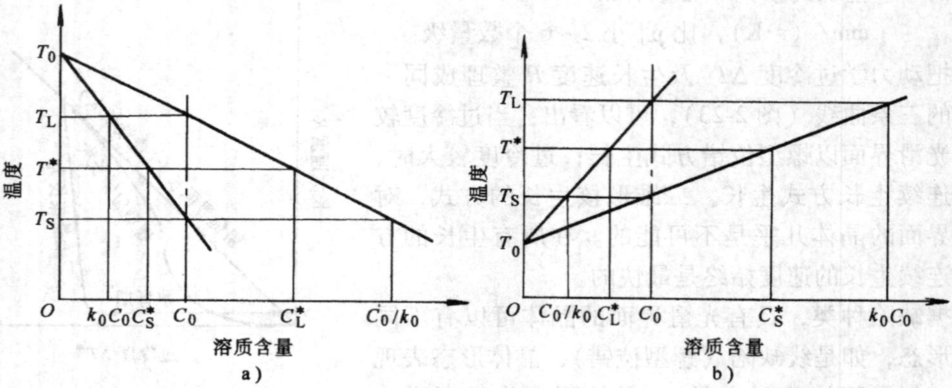


图 2-24　单相合金的平衡分配系数
a) $k_0 < 1$　b) $k_0 > 1$

## 二、非平衡凝固时的溶质再分配

生产中通常的冷却条件下，其热扩散率（导热系数）约为 $10^{-6}m^2/s$ 数量级，但溶质原子在液态合金中的热扩散率只有 $10^{-9}m^2/s$，特别在固态合金中的热扩散率只有 $10^{-12}m^2/s$ 数量级，可见溶质扩散进程远落后于凝固进程。因此，实现平衡凝固是十分困难的。实际上，合金的凝固过程除界面可假定为局部平衡状态外，均为非平衡凝固的过程。为了便于分析，采用质量为 1，单位等截面的微元体进行研究。凝固过程中，微元体由一个方向向另一个方向逐渐发生凝固，固相质量分数 $w_S$ 与液相质量分数 $w_L$ 在任何时刻都满足

$$w_S + w_L = 1 \tag{2-42}$$

的关系。此外，不计溶质在固相中的扩散。这里，仅讨论液相均匀混合时的溶质再分配的情况。

当凝固过程较为缓慢，且液相受到充分的对流搅拌时，液相在任何温度，或任何时刻都能保证溶质含量完全均匀。在这种传质条件下溶质分布规律可用图 2-25 来说明。

合金的原始成分为 $C_0$，其平衡相图如图 2-25a 所示，当微元体左端冷却到温度 $T_L$ 时，凝固便从左端开始，这时的固相成分为 $k_0C_0$，而液相成分接近于 $C_0$（见图 2-25b）。当界面温度冷却到 $T^*$ 时，界面已推进到某一距离，此时界面液相一侧的溶质含量为 $C_L$，固相一侧含量为 $C_S^*$（见图 2-25c）。如取平均值 $\overline{C}_S$，则固相平均成分将沿着点画线 1—2 变化，而与原来的平衡固相线偏离（见图 2-25a），从图 2-25a 可以看到，当温度下降到共晶转变温度 $T_E$ 时，剩余液体最后将凝固成共晶体，其成分为 $C_E$（见图 2-25d）。由此可知，合金液的原始成分 $C_0$ 虽然远离共晶成分 $C_E$，但由于非平衡结晶，而仍有一小部分共晶体析出。

设凝固过程某时刻，界面上固、液相成分各为 $C_S^*$、$C_L^*$，相应的质量分数为 $w_S$ 和 $w_L$；

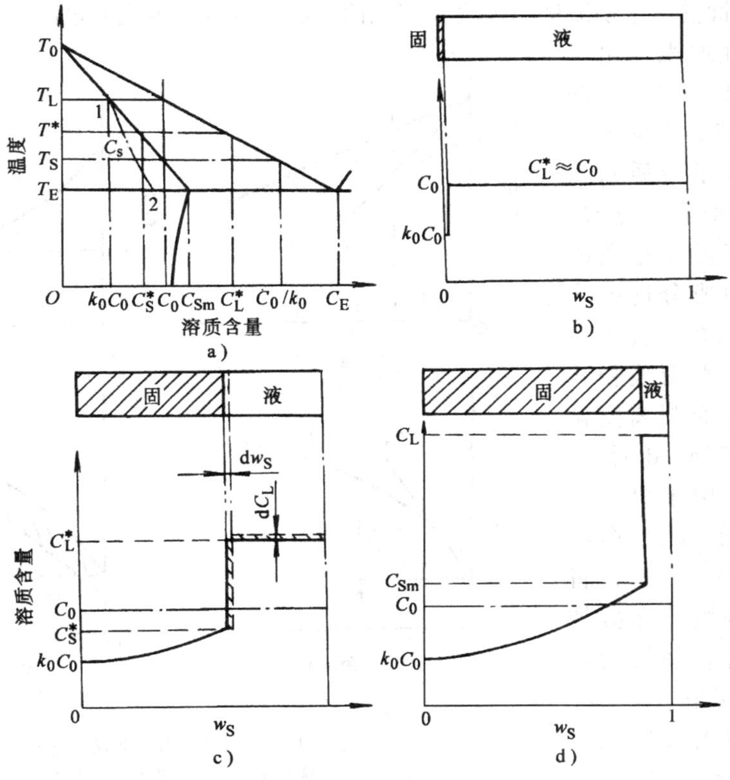


图 2-25　均匀混合时溶质的再分配

当固相增量为 $dw_S$ 时，有（$C_L^* - C_S^*$）$dw_S$ 的溶质排出而使剩余液相（$1 - w_S - dw_S$）的含量升高 $dC_L^*$，则有以下的质量平衡关系

$$(C_L^* - C_S^*)\,dw_S = (1 - w_S - dw_S)\,dC_L^* \tag{2-43}$$

由于 $k_0 = \dfrac{C_S^*}{C_L^*}$，且 $w_S = 0$ 时，$C_S^* = k_0C_0$，并略去高阶无穷小量，解此微分方程得

$$C_S^* = k_0C_0\,(1 - w_S)^{(k_0 - 1)} \tag{2-44}$$

此即著名的 Scheil 方程，或非平衡杠杆定理。

如果液相中溶质并不能均匀混合，固液界面前方将存在一个溶质边界层 $\delta$，如图 2-26 所示。此时 Scheil 方程仍然适用，只需对平衡分配系数 $k_0$ 加以修正，用有效平衡分配系数 $k_e$ 代替方程中的 $k_0$ 即可。系数 $k_e$ 的值与固液界面推进的速度、溶质边界层厚度及溶质液相扩散系数有关。

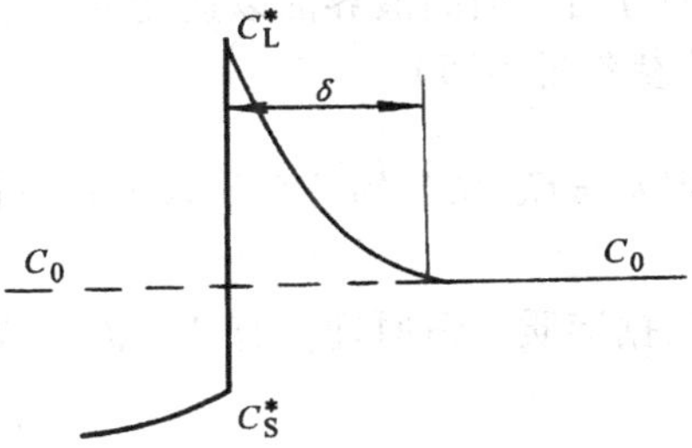


图 2-26　一般凝固条件下，固液界面液相侧形成溶质边界层

### 三、成分过冷与晶体生长形态

前面提到在一般凝固条件下，固液界面前沿液相溶质将形成一个溶质富集的边界层（$k_0 < 1$ 的合金）。这种溶质富集，将导致液相凝固温度 $T_L$ 发生改变，与界面前沿实际温度 $T_a$ 相比，产生差异，此差异将可能引起过冷。把这种由溶

质再分配导致界面前沿平衡凝固温度发生变化而引起的过冷称为成分过冷。

图2-27定性地表示出了成分过冷的形成过程。如图2-27b所示，固液界面前方在凝固过程中形成了溶质富集带，界面处液相溶质成分$C_L^*$最高，随相对于界面距离的增长，液相溶质成分逐渐降低。对照图2-27a的二元平衡相图，不难画出平衡液相线温度随相对于界面距离变化的曲线，如图2-27c、d所示。随距离的增加，由于界面液相溶质含量越低，故平衡液相线温度也越高。其次，将界面前沿实际温度分布叠加于图2-27c、d中，便可看出在图2-27a的情况下，固液界面液相前沿并没有过冷区存在，而在图2-27d的情况下，固液界面前沿存在有过冷区（如阴影区所示）。此时，界面在生长过程中一旦出现扰动，向液相中凸出，原保持平面生长的稳定状态便被打破，因为凸出部位液相中的过冷度更大，从而发展成胞状或树枝状的生长界面。

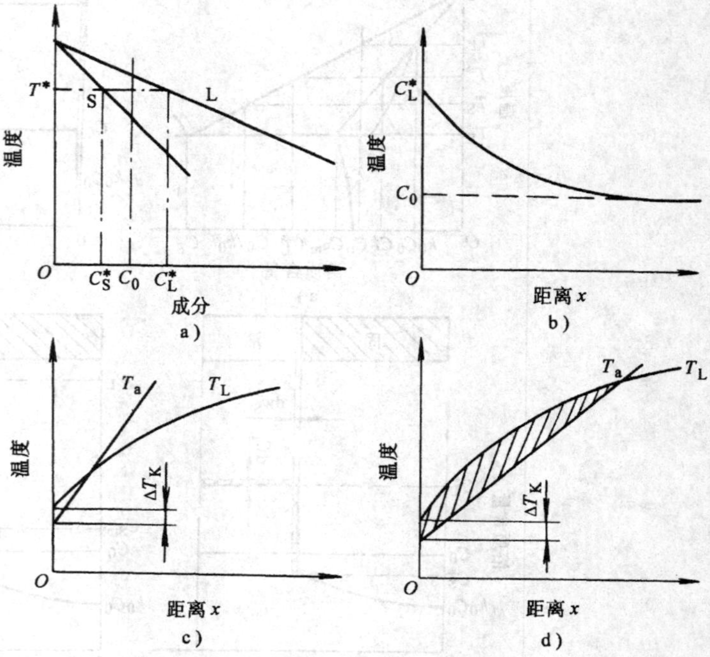


图2-27 合金凝固时的成分过冷
a）二元平衡相图 b）界面前沿液相溶质富集带
c）稳定界面 d）非稳定界面

现在来推导成分过冷的判据。在固液界面处，由Fick扩散定律，溶质再分配引起的扩散通量是

$$J_1 = -D_L\left(\frac{dC_L}{dx}\right)_{x=0} \tag{2-45}$$

它表示单位时间溶质通过单位面积的体积大小，液相溶质扩散系数$D_L$的量纲为$cm^2/s$。另一方面，当固液界面以速度$R$向前推进时，所形成的固相通过界面排出到液相的溶质量为（参考图2-25）

$$J_2 = R(C_L^* - C_S^*) \tag{2-46}$$

用$k_0 = C_S^*/C_L^*$的关系代入上式可得

$$J_2 = RC_L^*(1-k_0) \tag{2-47}$$

根据溶质守恒原理，有$J_1 = J_2$，故得

$$\left(\frac{dC_L}{dx}\right)_{x=0} = -\frac{R}{D_L}C_L^*(1-k_0) \tag{2-48}$$

在假定固液界面附近处于平衡态的条件下，液相成分梯度与平衡温度梯度间通过液相线斜率$m_L$，可建立起关系

$$\left(\frac{dT_L}{dx}\right)_{x=0} = m_L\left(\frac{dC_L}{dx}\right)_{x=0} \tag{2-49}$$

当界面前沿液相的实际温度梯度 $G_L$ 小于液相平衡温度梯度时，即

$$G_L < \left(\frac{dT_L}{dx}\right)_{x=0} \tag{2-50}$$

就会产生成分过冷。将式（2-48）、式（2-49）代入式（2-50）中，并利用 $C_S^* = k_0 C_L^*$ 的关系，可得

$$\frac{G_L}{R} < -\frac{m_L C_S^*(1-k_0)}{k_0 D_L} \tag{2-51}$$

此即为成分过冷的判据。

研究表明，凝固界面的形态可以分为平界面、胞状界面和树枝状界面三种类型，无论是光滑界面，还是粗糙界面，都可能有这三种类型的界面形态。当合金的原始成分一定时，随 $G_L/\sqrt{R}$值减小，晶体形态将由平面晶向着胞状晶、胞状树枝晶、柱状树枝晶和等轴树枝晶的方向转变。图 2-28 清晰地表达了 $G_L/\sqrt{R}$和 $C_0$ 对晶体形态影响的关系。

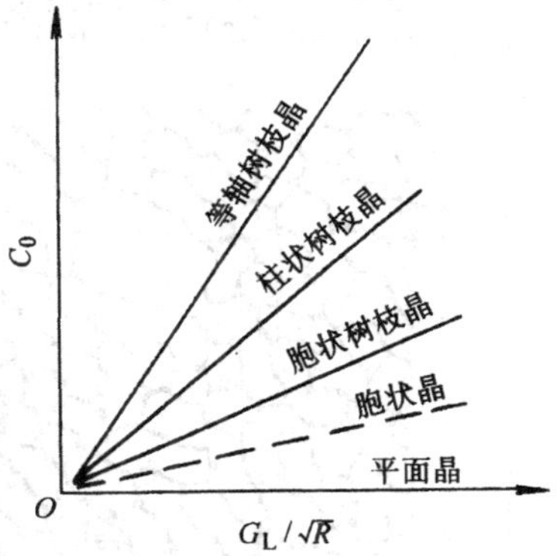


图 2-28 $G_L/\sqrt{R}$和 $C_0$ 对晶体形态的影响

在固液界面液相侧存在有一个非常狭窄的成分过冷区时，界面出现的任何凝固扰动，都将使产生的凸起面临较大的过冷，而以更快的速度进一步长大，结果使排出的溶质（$k_0<1$）汇集于凹谷部位，从而降低了该部位液体凝固温度，故凸起的晶体横向生长受到抑制，于是不稳定的平界面就破裂成一种稳定的、由许多近似于网络状的凸起圆胞或凹陷沟槽构成的新的界面形态，即胞状界面。图 2-29 是铅锡合金凝固亚组织随 $G_L/R$ 减小的演变过程。这是采用倾液法实验而得到的组织照片。

成分过冷区进一步加宽时，原胞状凸起的前端面临更大的成分过冷而向过冷区内伸得更远。同时，大量溶质进一步汇集在晶胞周围，晶胞逐渐呈现具有强烈晶体学特性的凸缘，甚至产生二次或三次分枝，结果就形成了柱状树枝晶。图 2-30 示意地表示了胞状生长向树枝晶生长的转变过程。

胞状晶与树枝晶的一个明显的区别，是树枝晶生长具有明显的晶体学特征：其主杆和各次分枝的生长方向均与特定的晶向相平行。不同晶系的择优生长晶向见表 2-2。

**表 2-2 树枝晶择优生长晶向**

| 晶　系 | 面心立方 | 体心立方 | 体心正方 | 密排六方 | |
|---|---|---|---|---|---|
| 生长晶向 | 〈100〉 | 〈100〉 | 〈110〉 | $\langle 10\bar{1}0\rangle$ | 〈0001〉 |
| 举例 | Al | δ-Fe | Sn | $H_2O$（雪） | $Co_{17}Sm_2$ |

由图 2-29f 可以看到，树枝晶具有非常散乱的结构。在显微镜下仔细观察一个完整的树枝晶可以发现，它像树枝一样可以延伸出一次臂、二次臂、三次臂等等。现代分形几何学指出，自然界许多貌似无序的结构，如果将其放大后，结构上却具备十分精细的图案，并显示出反复出现的细节。这是一种不充满空间的、在通常的几何变换下具有不变性的自相似结构。比较一下树枝晶与 Koch 曲线（见图2-31），很容易想到分形几何学可以用来解释金属

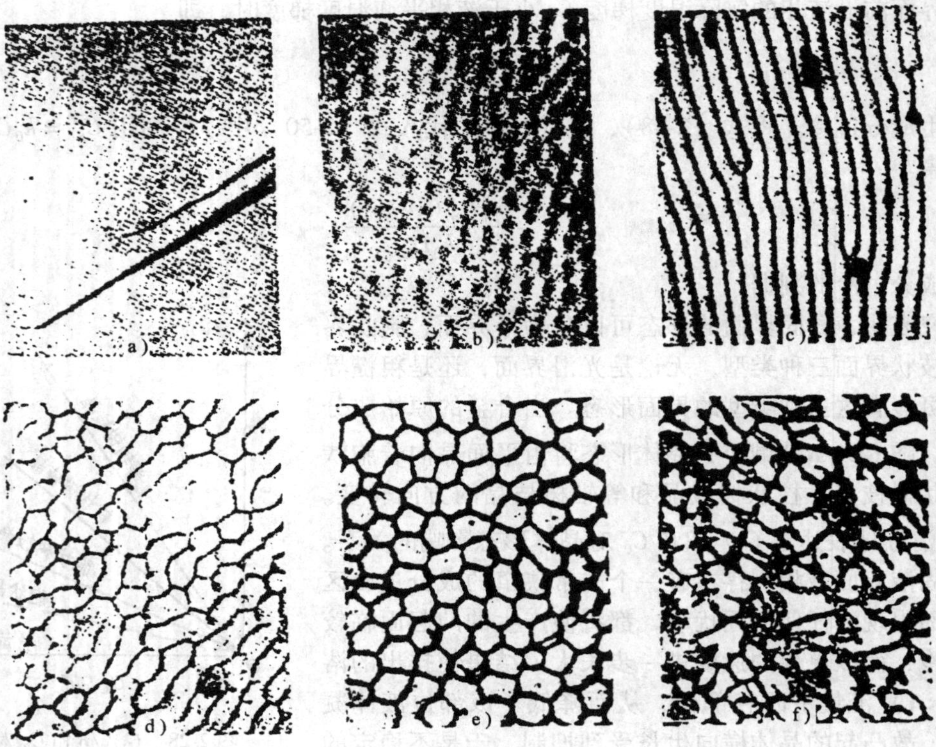


图 2-29 铅锡合金随成分过冷程度的增加，凝固界面的演变过程
a）平界面 b）“痘点”状界面 c）狭长胞状界面 d）不规则胞状界面 e）六角形胞晶 f）树枝晶

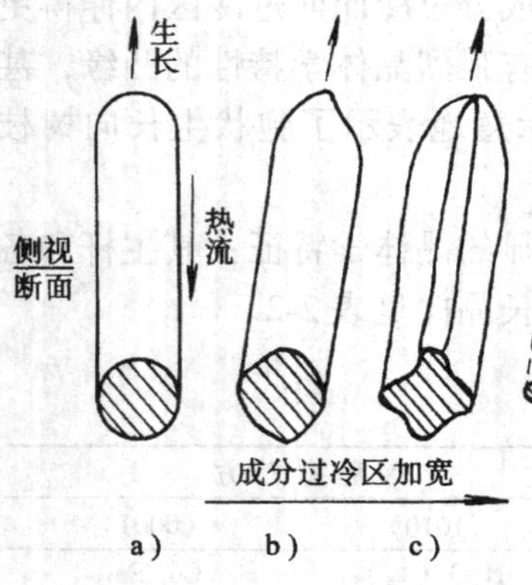


图 2-30 胞状生长向树枝晶生长转变的示意

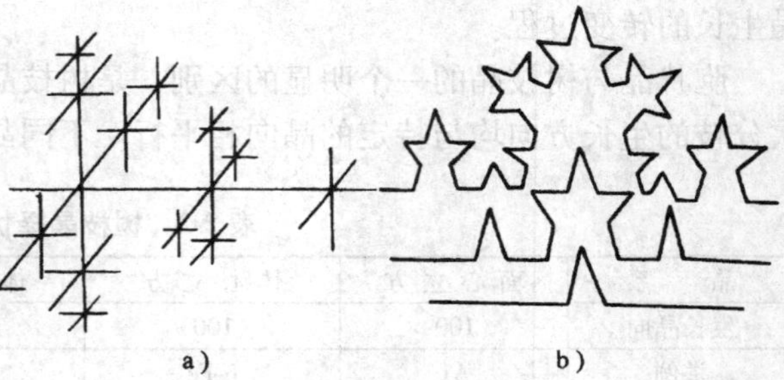


图 2-31 树枝晶与 Koch 曲线形态的比较
a）树枝晶 b）Koch 曲线

凝固的现象。Witten 和 Sander 在 1981 年提出了扩散有限聚合（Diffusion-limited aggregation 简称 DLA）模型，来解释晶体通过扩散有限聚合而生长的过程（见图 2-32）。生长开始时，常是一个光滑的聚集体，扩散粒子随后不断聚集在其上。当聚集体较小时，一些撞到它上面的粒子可能纯粹出于偶然而附着到其表面的某一部分上，在表面形成微小的隆起或凹洞。一

旦表面有了隆起或凹洞，隆起部位的生长就比凹洞快得多。其原因是当随机游动的粒子从液相中循着曲折的路径靠近表面时，在它们尚未来得及深入到凹洞之前，很可能就附着于隆起的峰上或其附近，结果使峰的隆起变得更为陡峭，而粒子填入到凹洞的可能性也就越来越小，这种峰的隆起及分裂最终可能就导致了分形的出现。

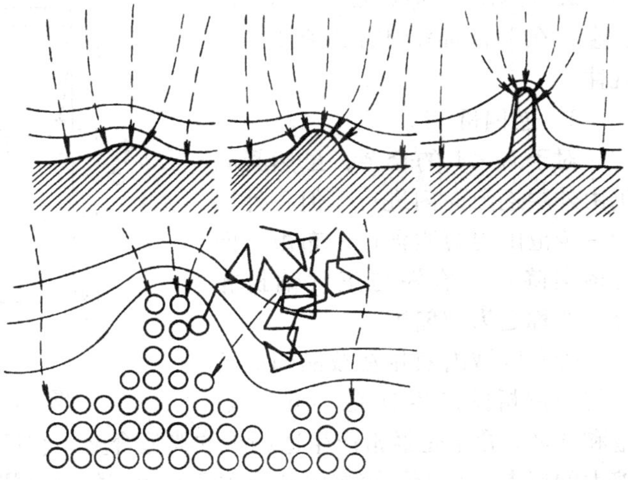

图 2-32　晶体通过扩散有限聚合过程生长的示意
（——表示一颗粒子进入的随机路径；——是粒子的平均等密度线；------表示平均流量的流线）

**四、微观偏析**

金属凝固过程中发生化学成分不均匀的现象称为偏析。根据偏析区域不同，可将偏析分为微观偏析和宏观偏析两种。微观偏析指树枝晶或胞状晶心部与晶间成分的差异。偏析程度用偏析比来表示，即

$$S_R = \frac{\text{组元在枝晶间的最大含量}}{\text{组元在枝晶干的最小含量}}$$

此比值可用电子探针微区成分测定的方法来确定。微观偏析对铸件性能的危害较大，它可造成材料本身的冲击韧度、塑性及耐蚀性的降低。

在许多情况下，晶界的偏析更加明显。当晶界与晶体生长方向平行时，在表面张力作用下，晶界处易出现凹槽（见图 2-33a），溶质富集程度很高。另一种情况是，当两个晶粒相对生长时，彼此相遇前，都将溶质排出到剩余液相中，使最后凝固部分含有很多溶质（见图 2-33b）。

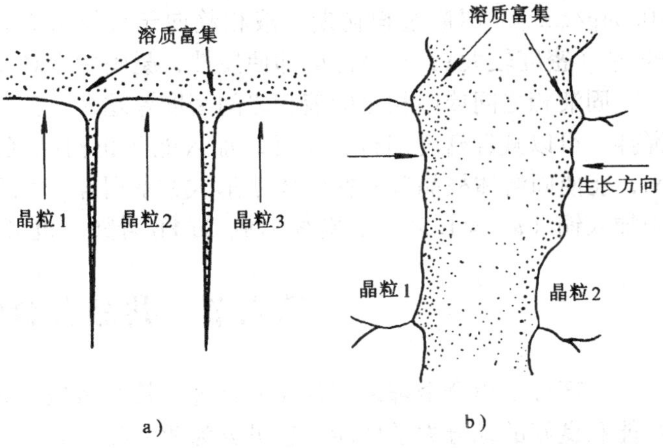


图 2-33　晶界偏析的示意

**五、宏观偏析**

宏观偏析通常指整个铸锭或铸件在大于晶粒尺度的大范围内产生的成分不均匀现象。造成宏观偏析的原因往往是液相在枝晶间和枝晶外的流动，以及游离或熔断固相的沉浮引起的，故宏观偏析的定量描述比微观偏析要复杂得多。这里仅简要地介绍正常偏析、逆偏析和密度偏析的特点。

1. 正常偏析

当铸锭或铸件为凝固区域很窄的单方向结晶时，常常形成单向的柱状晶，此时枝晶间液相流动的影响则降为次要的地位，宏观偏析主要由溶质再分配引起。对于 $k_0 < 1$ 的合金，先

凝固区域的溶质含量低于后凝固的区域，与正常溶质再分配规律一致，故被称为正常偏析。图 2-25 表示出了原始成分为 $C_0$ 的合金，在平界面凝固时的溶质分布规律。

2. 逆偏析

对于 $k_0<1$ 的合金，虽然凝固仍由外层逐渐向内进行，但在外层的一定范围内溶质含量分布由外向内逐渐降低，恰好与正常偏析相反，故称之为逆偏析。

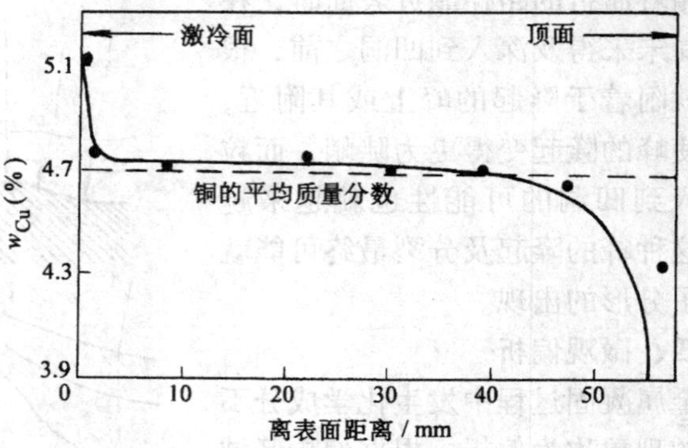

图 2-34 Al-4.7% Cu 合金铸件的逆偏析

凝固区域内液相在枝晶间的流动与逆偏析的产生有关。Cu-Sn 合金和 Al-Cu 合金是经常产生逆偏析的典型合金。它们具有凝固区域宽、树枝晶粗大和凝固收缩大的特点，从而给铸锭内部溶质含量较高的液相提供向表层流动的通道，结果使铸锭表层的溶质含量高于内部，如图 2-34 列举的Al－4.7% Cu 合金逆偏析分析实例。

有时铸件表面会产生“锡汗”。铸件产生逆偏析将使力学性能、耐压性能和切削性能变坏。增大凝固时温度梯度、向合金液中添加晶粒细化剂、减少凝固压力及合金的含气量，均有利于抑制枝晶液相流动，从而有助于减少逆偏析。

3. 密度偏析

当凝固中析出的晶体与周围液相有明显的密度差时，或液相中存在密度有明显差别的不相溶液相时，在重力作用下均会造成上下部位化学成分不均匀的现象，这种由于重力作用而产生的化学成分不均匀称为密度偏析。例如 Cu-Pb 合金（Cu 密度为 8.24g/cm$^3$，Pb 密度为 10.04g/cm$^3$），凝固过程初期，液相趋向于分层分布，上部含 Cu 多（密度较小），下部含 Pb 多（密度较大），在浇注前即使搅拌，凝固后也难免形成密度偏析。

固液相之间或不相溶的液相之间密度差越大，密度偏析也越严重。加快凝固和充分进行搅拌，可以减轻密度偏析，还可以加入能防止初晶沉浮的元素。如向 Cu-Pb 合金中加少量 Ni，能使固溶体枝晶首先在溶体中形成枝晶骨架，以阻止 Pb 下沉。再如向 Pb-17% Sn 合金中加入铜（$w_{Cu}=1.5\%$），首先形成 Cu-Pb 骨架，也可以减轻或消除密度偏析。

## 第六节　共晶合金的凝固

大部分工程合金都采用共晶型合金，其原因是共晶型合金具有与纯金属相近的优良铸造性能和良好的综合力学性能。它可分为两大类，即规则共晶和非规则共晶。规则共晶由金属-金属组成共晶体，属非小平面共晶；非规则共晶由金属–非金属组成共晶体，属非小平面-小平面共晶。如 Fe-C、Al-Si 共晶。图 2-35 是两种基本类型的共晶组织形态。

图 2-36a 是一个典型的共晶合金的平衡相图。当共晶成分 $C_E$ 的液态合金过冷到平衡共晶温度 $T_E$ 以下时，合金液就处于两条液相线围成的阴影线区域内，组元的过饱和状态为两相的同时析出提供了驱动力。图 2-36b、c 和 d 分别表示了随液相温度的降低，即 $T_1>T_2>T_E$，合金系吉布斯自由能变化的曲线。从图中可以看出，只有当液相温度达到 $T_E$ 以后，三

条自由能曲线共切于直线 $MN$，α、β 和 L 三相才可能达到平衡，即

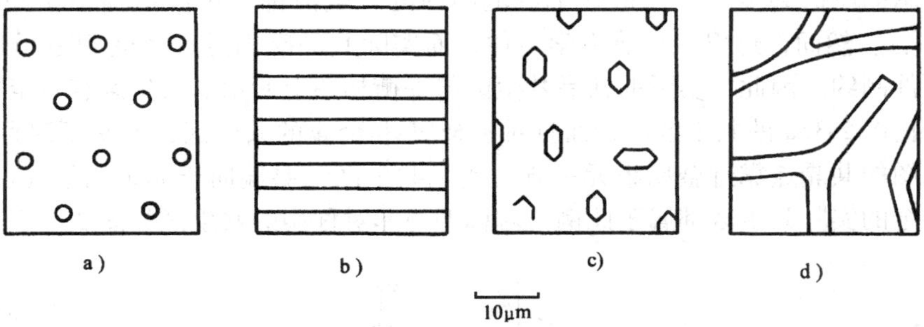


图 2-35　共晶组织形态的基本类型
a)、b) 规则共晶　c)、d) 非规则共晶

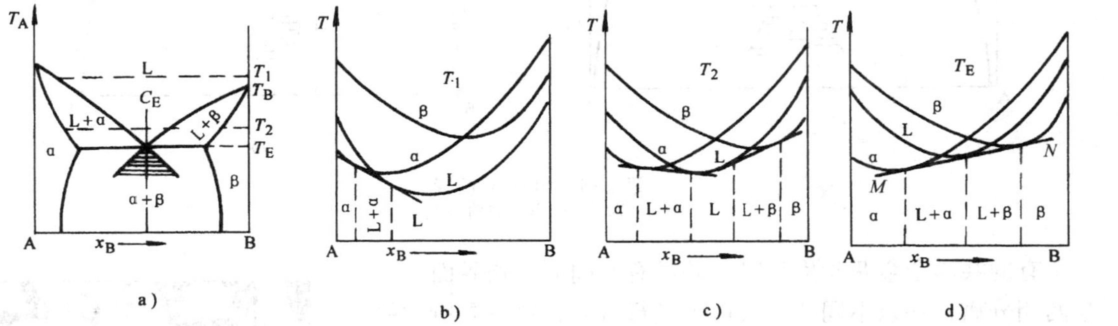


图 2-36　共晶系相图及吉布斯自由能随温度变化示意图

$$L \rightarrow \alpha + \beta$$

提供了热力学可能性。另一方面，同纯金属的凝固过程类似，在合金液相中形核，必须要有一定的过冷才行，故在共晶温度 $T_E$ 以下，两相中某一相先形核，而另一相则依附于先形核相形核，继而形成两相竞相析出和长大的过程。

研究表明，在不同的合金系中，由于共晶两相在析出过程中表现的相互关系不同，共晶凝固的方式可分为共生生长和离异生长两种。下面分别来讨论共晶合金的这两种凝固方式。

对于共晶合金共生生长的凝固方式，凝固时后析出相依附于领先析出相表面析出，形成具有两相共同生长界面的双相核心，然后依靠溶质原子在界面前沿两相间的横向扩散，互相不断地为相邻的另一相提供生长所需的组元，使两相协同生长。由图 2-36a 可以看出，在阴影线区域内的过冷液相凝固时，α 相要排出组元 B，同时需要溶入组元 A；而 β 相要排出组元 A，同时溶入组元 B，这恰巧是两相共同需要的条件，于是，α 相和 β 相的凝固过程，正好通过 A、B 两类原子在生长界面前沿的横向交互扩散，彼此为对方提供所需的组元而并肩向前生长。这种两相彼此合作生长的方式，就称为共生生长。

共生生长需要具备两个基本条件：一是两相生长能力要相近，且后析出相要容易在先析出相上形核和长大，先析出相一般称为领先相，它可能是初生相，也可能不是初生相；另一条件是 A、B 两组元在界面前沿的横向传输能保证两相等速生长的需要。实验指出，这两个

条件只有当合金过冷到一定温度和处于一定成分范围内时才能满足。这个范围就是图 2-36a 中阴影线表示的所谓共生区。凡是处于该范围内的合金液都有可能成为 100% 的共晶组织（伪共晶组织）。然而，这仅仅是热力学条件，而实际共晶凝固过程还受到原子迁移和堆砌的动力学条件制约。因此，实际的共晶共生区与平衡相图上所示的共生区有一定的差异。实际共生区要比图 2-36a 的共生区小，而且对于金属-非金属的共生区，通常不对称于共晶点。如果平衡相图的共晶点靠近金属组元一方，实际共生区常要偏向于非金属组元的一方。Al-Si、Fe-C 合金的实际共生区都属于此例。对称型与非对称型的共生区如图 2-37 所示。

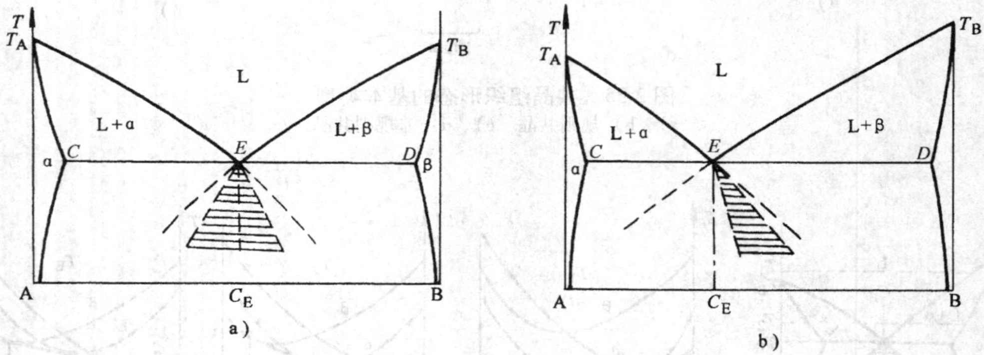


图 2-37 共生区示意
a）对称型 b）非对称型

有的共晶合金两相生长时，并没有共同的生长界面，而是两相分离，并以不同的生长速率进行凝固，这就是所谓的离异生长方式。其所得组织称为离异共晶体。离异共晶体又可分成晶间偏析型和领先相呈团球型的两类。前者的合金成分偏离共晶点很远，在初晶相长得很大且数量又很多的条件下，才发生共晶反应，结果一相就在初晶相的枝晶上继续长出，而把另一相单独留在了枝晶间（见图 2-38）；而后者因领先相往往属高熔点的非金属，且生长界面为各向异性，此时领先相形成团球形态，金属相只能围绕其表面生长，形成“晕圈”，其组织特征见图 2-39。

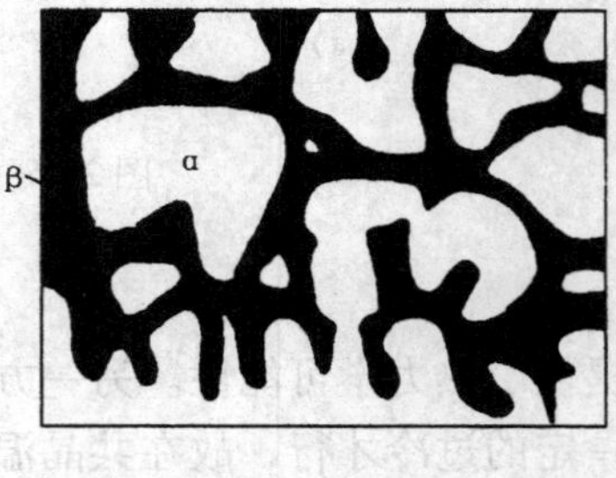


图 2-38 晶间偏析型离异共晶组织

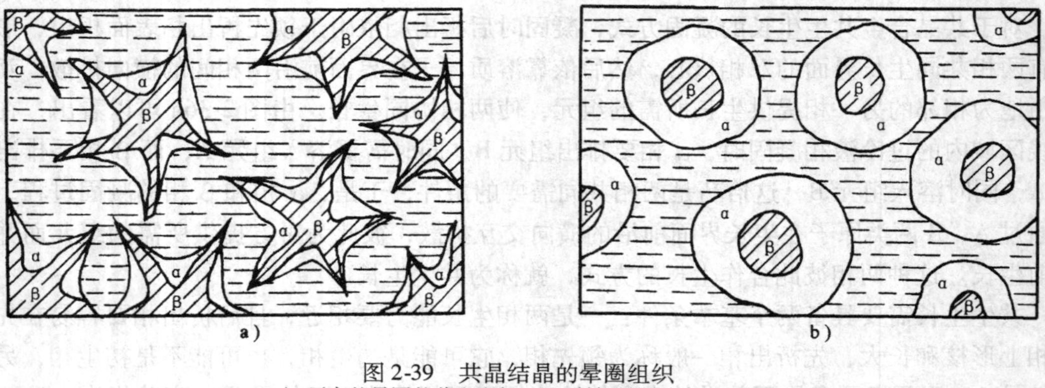


图 2-39 共晶结晶的晕圈组织
a）不完整晕圈的共生生长 b）封闭晕圈的离异生长

"晕圈"的成因可能与共晶两相的形核能力及生长速率差异有关。"晕圈"可分为完整的（封闭式）和不完整的两种。完整的"晕圈"，领先相 β 与液相之间被后析出的 α 相（"晕圈"）隔离，因此，领先相生长所需的原子只能通过 α 相的扩散来提供；而不完整的"晕圈"，领先相 β 中有一部分伸进液相，可使领先相与另一相（α 相）一起共生生长。球墨铸铁的共晶反应属于完整"晕圈"，灰铸铁的共晶反应属于不完整的"晕圈"。

## 第七节 金属及合金的凝固方式

金属及合金的凝固方式并不唯一地取决于相图，它还由凝固时的温度梯度所决定。下面就这一论题开展较详细的讨论。

金属或合金在铸型中凝固时，可以分为三个典型的区域，即：①液相区；②固液两相区；③固相区。图 2-40 示意地表示了凝固的分区情况。三个区域中，固液两相区的性质与凝固件最终的健全性关系最为密切。图 2-41 表示了固液两相区宽度对凝固液相补缩的影响。图 2-41a 为较窄的固液两相区，凝固液相补缩容易，凝固呈现出强烈的逐层凝固特征；图 2-41b则表示了较宽的固液两相区凝固的情况，液相补缩困难，逐层凝固的特征也变得不是很明显了。凡是液相补缩困难的凝固，凝固件的致密性就较差，容易出现缩孔、缩松缺陷。

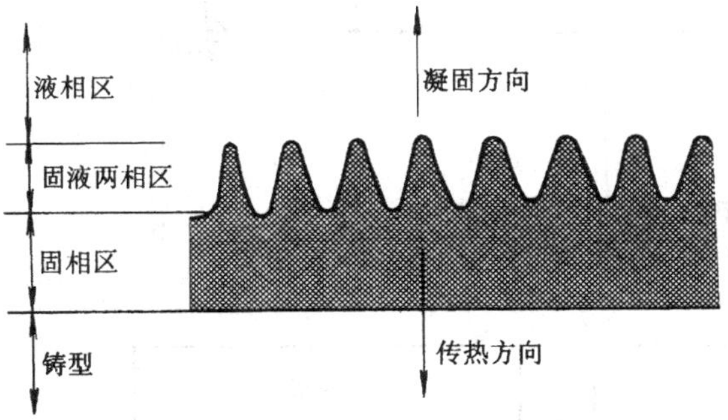


图 2-40 金属或合金凝固分区示意

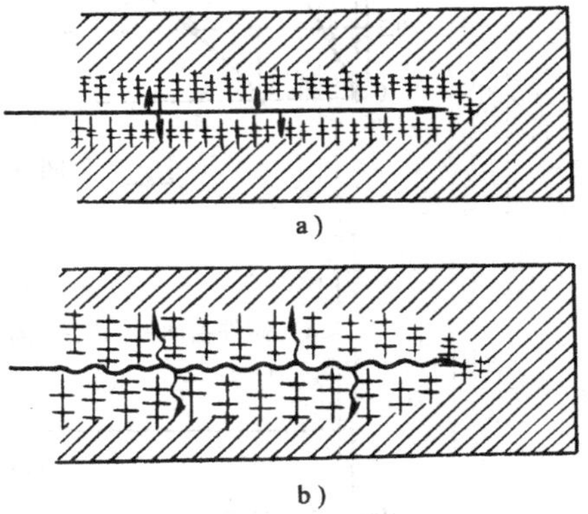


图 2-41 固液两相区宽度对液相补缩的影响
a）固液两相区宽度较窄
b）固液两相区宽度较宽

为决定铸件中合金的凝固方式，可在铸件横断面各处设置温度传感元件——热电偶，以测量冷却曲线，即温度-时间曲线。根据不同断面的冷却曲线，结合该合金的相图，便可以绘出铸件断面液相线、固相线与凝固时间的关系——凝固动态曲线。图 2-42 表示出了凝固动态曲线的绘制方法。

由铸件断面的凝固动态曲线，可以看出合金在铸件中的凝固方式。图 2-42b 中有两条曲线。一条曲线表示凝固时的固相边界，也叫"凝固终点波"；另一条曲线表示凝固时的液相边界，也叫"凝固始点波"。图 2-43 为工业纯铝铸件断面的凝固动态曲线。砂型铸造时，固-液相线的间距很宽，在很长一段凝固时间内，固液共存的两相凝固区几乎贯穿于整个铸件断面，这种凝固方式被称为糊状凝固；而用金属型铸造时，固-液相线间距很窄，凝固的自始至终，仅有很薄一层的两相共存凝固区，凝固壳由表面向中心逐渐加厚，这种凝固方式就是逐层凝固。

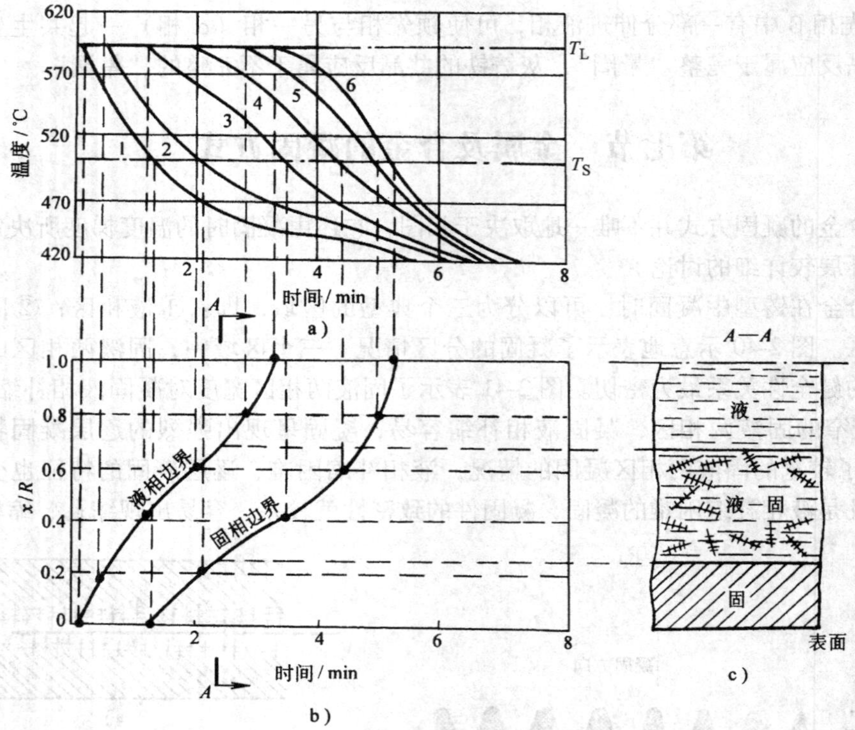


图 2-42 铸件凝固动态曲线的绘制

a）铸件断面的温度-时间曲线 b）凝固动态曲线 c）某时刻的凝固状况

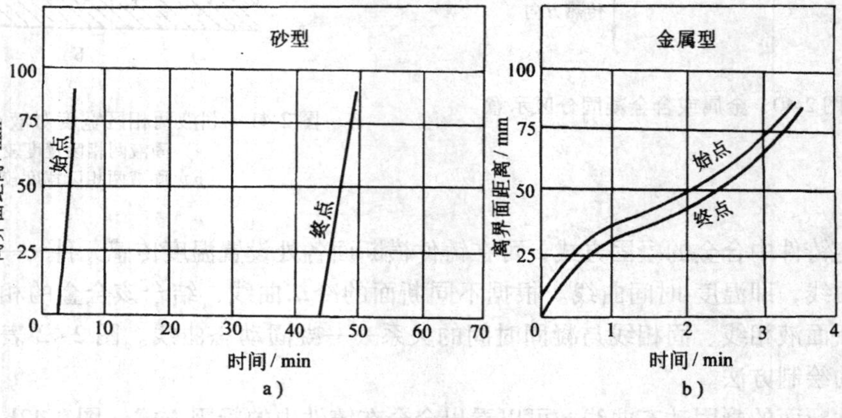


图 2-43 工业纯铝铸件断面的凝固动态曲线

a）砂型铸造 b）金属型铸造

一般逐层凝固与糊状凝固之间并无明显的界限，把介于两者之间的凝固方式称为中间凝固方式。

铸件的凝固方式由合金固液相线温度间隔和铸件断面温度梯度两个因素决定。一般凝固温度间隔大的合金，其铸件往往倾向于糊状凝固。图2-44所示为铁-碳合金的流动性与相图的关系，由图可以看出固液相线的温度间隔对流动性的影响是非常明显的。另一方面，温度梯度对铸件凝固方式的影响也相当显著。当温度梯度很大时，宽凝固温度间隔的合金甚至可以趋于中间凝固或逐层凝固。如工业纯铝在砂型和金属型的凝固方式截然不同（见图2-43），砂型铸造时原本以糊状凝固方式凝固的铸件，在金属型铸造时却以逐层凝固的方式进行。

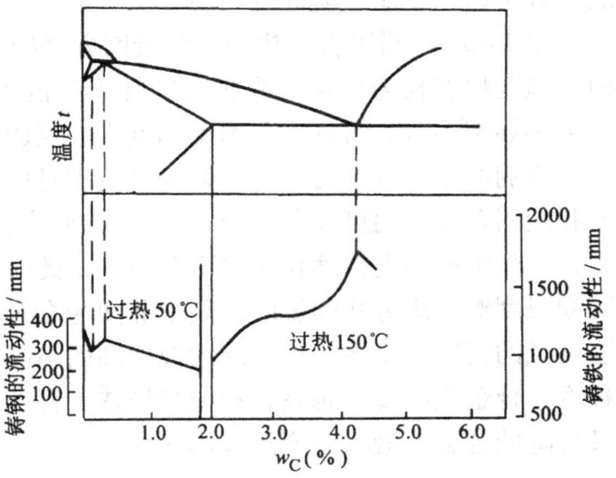


图2-44 铁-碳合金流动性和相图的关系

图2-45更详细地表示了各种凝固条件是怎样影响合金凝固方式的过程。冷却能力强的铸型，如金属型，不仅表现为单位体积吸收凝固合金热量大（即比热容值高），而且表现为导热能力强。因此，凝固合金与金属铸型的界面得以维持较低的温度和高的温度梯度，这导致合金的液固两相区窄，趋向于逐层凝固（见图2-45a）。

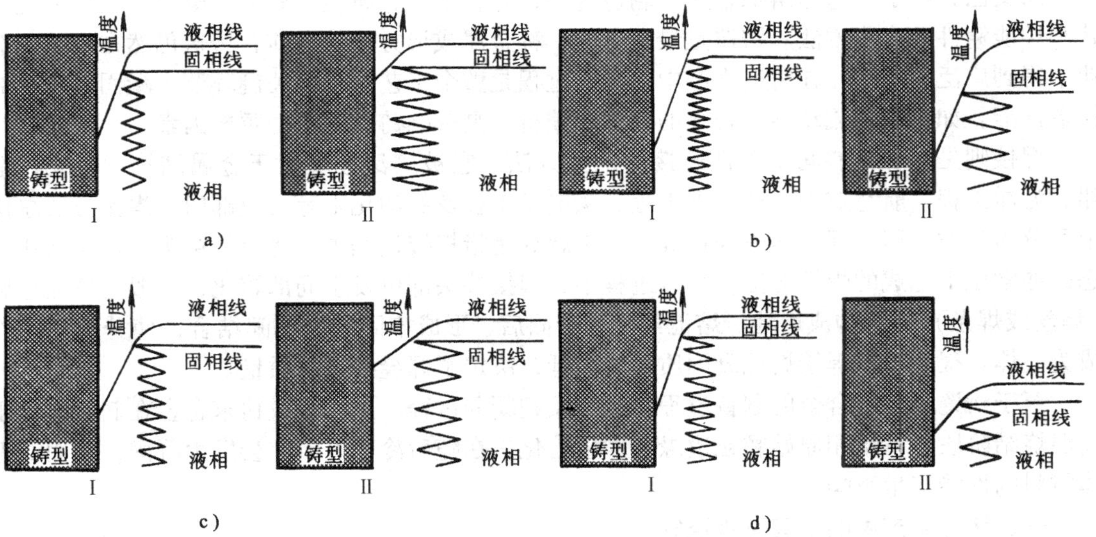


图2-45 凝固条件对合金凝固方式的影响
a）铸型条件 b）合金凝固温度范围 c）合金热导率 d）合金凝固温度

另一方面，使用冷却能力弱的铸型，如砂型，除吸热少（比热容值低）外，导热能力弱，使凝固合金与砂型界面温度很快升高，接近于合金的熔点，结果使合金的液固两相区较宽，逐层凝固的特征不强（见图2-45a中Ⅱ图）。

如前所述，合金凝固的温度范围大小也影响到凝固的方式。如图2-45b所示，尽管两种情况合金内部的温度梯度是一致的，但凝固温度范围窄的合金，其液相线和固相线之间的距离较短（见图2-45b中Ⅰ图），反映了固液两相区窄的特点，说明合金趋向于逐层凝固；反之，合金则趋于糊状凝固（见图2-45b中Ⅱ图）。

图2-45c说明了合金热导率对凝固方式的影响。合金的热导率大时，热流强度大，铸件内部温度梯度较为平缓，造成逐层凝固不占主导地位的特点（见图2-45c中Ⅱ图）；反之，合金热导率小时，铸件内部温度梯度大，凝固呈典型的逐层凝固方式（见图2-45c中Ⅰ图）。

影响凝固方式的另一个参数是合金本身的凝固温度。凝固合金的温度梯度可以表示成铸型和凝固合金间温度差的函数，显然，如果合金的凝固温度与铸型温度相比，差别不是太大，合金中的温度梯度自然也不会很大，此时合金也就倾向于糊状凝固。图2-45d示出合金凝固温度对凝固方式的影响，其中Ⅱ图为合金凝固与铸型温度差别不大的情况，即合金凝固温度低的情况，Ⅰ图为合金凝固温度高的情况。此外，合金的凝固温度还影响到铸型的蓄热程度，合金凝固温度越高，铸型被加热的程度也越高。从另一个观点考虑，加热铸型的效果又与降低合金的凝固温度是等同的。

## 第八节　凝固成形的应用

凝固成形是材料加工成形的一种重要的工艺方法。其中铸造、焊接、陶瓷及粉末合金的制备过程都与凝固过程相关。凝固成形的基本原理，或多或少在这些领域得到应用。

前文已介绍了铸造是熔炼金属、制造铸型，并将熔融金属浇入铸型，凝固后获得一定形状和性能铸件的成形方法。铸造是最古老的一种金属成形方法。目前，铸造仍然在机械制造业中得到广泛的应用，在铸造生产中，凝固过程是整个工艺过程的关键环节。凝固时合金的铸造性能，如合金的流动性、合金的收缩和偏析，是影响铸件质量的重要因素。

焊接则是一种材料间永久性连接的工艺方法。它被广泛地应用于金属结构、桥梁、造船、海洋工程、航空航天、核动力工程、微电子工程及石油化工等工业部门。焊接方法总体上可分为三类，即熔焊、压焊和钎焊。其中熔焊是指焊接过程中，将焊件接头加热至熔化状态，在常压下完成的焊接方法。焊接过程中，焊接接头部位发生局部熔化，一般与填充金属（焊丝或焊条）一起构成熔池。熔池经冷却凝固后，形成牢固的原子间结合，使分离的工件成为一体。很明显，焊接熔池凝固质量的高低，决定了焊缝的最终质量。

至于陶瓷与粉末合金的制备过程，也涉及到凝固过程。当陶瓷或粉末合金在制备时处于高温烧结阶段，粘结相原始颗粒边缘会发生熔化，在随后冷却时，亦会发生凝固，从而对整体材料的性能产生影响。

### 一、铸造生产中的凝固过程控制

从广义上来说，铸造过程的凝固控制，可包括工艺控制、设备控制、质量控制，等等。下面，主要讨论工艺控制中的充型能力控制、收缩控制与凝固组织控制几个方面内容。

1. 充型能力控制

液态金属充满铸型型腔，获得形状完整、轮廓清晰的铸件的能力，称为液态金属的充型能力。根据这个定义，液态金属的充型能力，与金属本身的流动能力、铸型性质、铸件结构及浇注条件有关。而金属本身的流动能力，又称为金属的流动性，是金属的铸造性能之一。它与金属的成分、温度和物理性质有关。衡量金属或合金的流动性，常用图2-46所示的“螺旋形试样”浇注后得到的长度值来衡量。在相同的铸型及浇注条件下，铸出的螺旋形试样越长，该金属或合金的流动性便越好。流动性好的金属或合金，充填铸型的能力就强，易于获得轮廓清晰的复杂薄壁铸件；易于补缩，防止产生缩孔或缩松；易于使液体中的气体与夹杂物上浮和排除，可防止气孔和渣眼等缺陷形成。

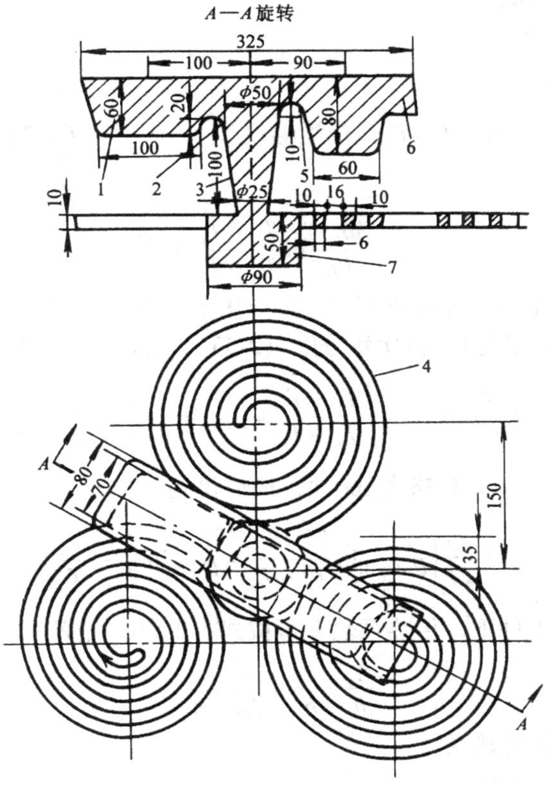


图 2-46　螺旋形流动性试样结构示意

1—浇口杯　2—低坝　3—直浇道　4—螺旋

5—高坝　6—溢流道　7—全压井

为了讨论影响液态金属及合金充型能力的因素，以一个水平棒形的流动性试样为例，通过计算金属流动长度 $l$，来分析各种因素对充型能力的影响情况，如图 2-47 所示。假定金属与铸型接触的表面温度在浇注过程中恒定不变；金属流速恒定；液流横断面温度为常数；热量仅沿垂直于型壁的方向导出。金属液的流动时间 $t$ 可分为过热热量散失时间 $t'$ 和从凝固开始到停止流动时间 $t''$ 两个阶段，即

$$t = t' + t'' \tag{2-52}$$

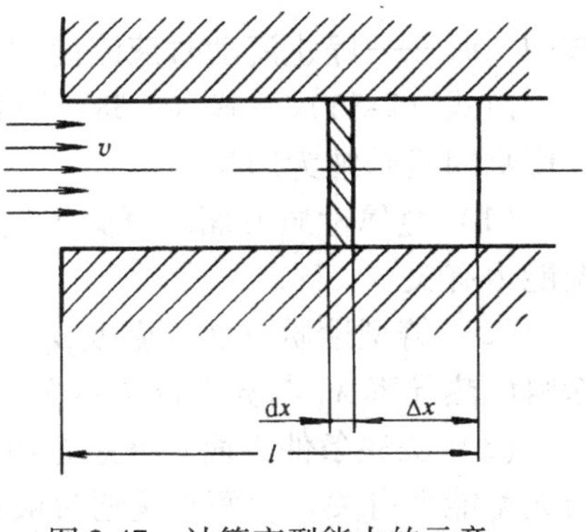


图 2-47　计算充型能力的示意

从图 2-47 所示的棒形流动通道中选定微元体 d$x$，在 d$t$ 时间内该微元体的热平衡关系为

$$h(T - T_{\mathrm{m}})P\mathrm{d}x\mathrm{d}t = -A\mathrm{d}x\rho_{\mathrm{L}}c_{\mathrm{L}}\mathrm{d}t \tag{2-53}$$

式中 $h$——金属与型壁间的传热系数；
$T_m$——铸型的初始温度；
$P$——棒横截面的周长；
$A$——棒的横截面积；
$\rho_L$——金属液的密度；
$c_L$——金属液的比热容。

将 $t=\dfrac{\Delta x}{v}$（$v$ 为流速）时，$T=T_p$（浇注温度）；$t=t'$时，$T=T_L$（凝固温度）的条件代入上式积分，得

$$t'=\frac{A\rho_L c_L}{Ph}\ln\frac{T_p-T_m}{T_L-T_m}+\frac{\Delta x}{v} \tag{2-54}$$

金属开始凝固时，其密度 $\rho'_L$ 与比热容 $c'_L$ 都变化了。用 $t=t'$时，$T=T_L$；$t=t$ 时，$T=T_k$（$T_k$ 为停止流动时液体的温度），再次积分式（2-53），并将式（2-54）代入，可得

$$t=\frac{A}{Ph}\left(\rho'_L c'_L\ln\frac{T_L-T_m}{T_k-T_m}+\rho_L c_L\ln\frac{T_p-T_m}{T_L-T_m}\right)+\frac{\Delta x}{v} \tag{2-55}$$

考虑到金属的充型能力 $l=vt$，且略去 $\Delta x$ 项，最后得到

$$l=\frac{vA}{Ph}\left(\rho'_L c'_L\ln\frac{T_L-T_m}{T_k-T_m}+\rho_L c_L\ln\frac{T_p-T_m}{T_L-T_m}\right) \tag{2-56}$$

在铸型表面涂有涂料的条件下，传热系数 $h$ 可按式（2-57）计算

$$\frac{1}{h}=\frac{1}{h_L}+\frac{x_T}{\lambda_T}+\frac{1}{h_m} \tag{2-57}$$

式中 $h_L$——液相金属的传热系数；
$h_m$——铸型的传热系数；
$x_T$ 与 $\lambda_T$——涂料层厚度和其热导率。

对 $c'_L$，又可以近似地取

$$c'_L=c_L+\frac{\Delta H_m w_S}{T_L-T_k} \tag{2-58}$$

式中 $w_S$——停止流动时液流前端的固相质量分数（或称固相率）。

由式（2-56）~式（2-58）可以看出，影响液态金属充型能力的因素是很多的，可将这些影响因素归纳为四类。

（1）金属性质方面 凝固潜热 $\Delta H_m$、密度 $\rho_L$、比热容 $c_L$、凝固温度 $T_L$、热导率 $\lambda_L$ 与充型能力有关。

（2）铸型性质方面 密度 $\rho_m$、比热容 $c_m$、热导率 $\lambda_m$、初始温度 $T_m$ 及涂料层厚度 $x_T$ 和涂料层热导率 $\lambda_T$ 与充型能力有关。

（3）浇注条件方面 液态金属浇注温度 $T_p$、浇注速度和浇注系统中压头阻力损失大小与充型能力有关。后两者是通过液态金属在流道内的平均流速 $v$ 反映出来的。

（4）铸件结构方面 铸件的模数，即

$$M=\frac{\text{铸件的体积}}{\text{铸件散热表面积}}$$

与充型能力有关。此外，因流道（铸件结构）复杂程度不同，引起压头阻力损失也不同，反映到液态金属的平均流速 $v$ 发生变化，使充型能力改变。

2. 收缩控制

铸件在凝固和冷却到室温的过程中，其体积和尺寸都将减少，这种现象被称为收缩。当液态合金转变为固态合金时，液相中原有的大量空穴减少；原子间距亦随温度降低而减小，最终使得合金发生收缩。合金的收缩可以分成三个明显的阶段。

（1）液态收缩　液态合金从浇注温度降低到凝固开始的温度时，所发生的体积收缩称为液态收缩。合金的液态收缩主要表现为液面的降低。

（2）凝固收缩　合金在凝固阶段的体积收缩就是凝固收缩。合金的凝固收缩取决于状态改变和凝固温度范围的大小。合金凝固温度范围增加，凝固收缩也相应加大。

（3）固态收缩　固态合金因温度降低发生的体积收缩，叫做固态收缩。合金的固态收缩对铸件尺寸精度的影响是相当大的。

液态收缩和凝固收缩是铸件产生缩孔、缩松的主要原因；而固态收缩则是铸件产生铸造应力、变形、裂纹的主要原因。因此，铸件的收缩控制对铸件的质量影响是很大的。

合金的收缩量可以用体收缩率和线收缩率来表示。它们的定义分别为

$$\varepsilon_V = \frac{V_0 - V_1}{V_0} \times 100\% = \alpha_V (T_0 - T_1) \times 100\% \tag{2-59}$$

$$\varepsilon_l = \frac{l_0 - l_1}{l_0} \times 100\% = \alpha_l (T_0 - T_1) \times 100\% \tag{2-60}$$

式中　$V_0$、$V_1$——合金在 $T_0$、$T_1$ 时的体积；

$l_0$、$l_1$——合金在 $T_0$、$T_1$ 时的长度；

$\alpha_V$ 和 $\alpha_l$——合金在（$T_0 - T_1$）温度范围内的体收缩系数和线收缩系数。

合金的体收缩系数和线收缩系数之间、体收缩率与线收缩率之间存在下列的关系

$$\alpha_V = 3\alpha_l \tag{2-61}$$

$$\varepsilon_V = 3\varepsilon_l \tag{2-62}$$

铸件凝固后，由于合金的收缩，在最后凝固部位往往出现孔洞。把体积大而集中的孔洞称为缩孔；把细小而分散的孔洞称为缩松。缩孔和缩松都会使铸件受力的有效截面积减小，在缩孔、缩松处还会产生应力集中，使铸件的强度降低。对于一些耐压的零件，缩孔、缩松还会使耐压指标降低而发生渗漏，故应防止或尽量减少缩孔和缩松。

以逐层凝固的圆柱体铸件为例。如图 2-48 所示，液态金属充满型腔后，铸件表面温度达到凝固温度，铸件表面便形成了凝固壳，内浇口随后被堵塞，缩孔的形成过程便开始了。此后，一方面固态收缩，使凝固壳外表尺寸缩小；另一方面，凝固壳内部的液态收缩和凝固收缩，使液面有脱离凝固壳降低的趋势，如图 2-48b 所示。一般合金的液态收缩与凝固收缩大于固态收缩，故液面将脱离凝固壳，在上部形成空腔，如图 2-48c 所示。随凝固过程的持续进行，凝固壳不断加厚，液面也不断下降，如图 2-48d 所示，金属全部凝固后，铸件上部便形成了一个倒锥形的孔，如图 2-48e 所示。

那么，铸件缩孔体积主要受哪些因素影响呢？

经过推导，得到缩孔的实际体积为

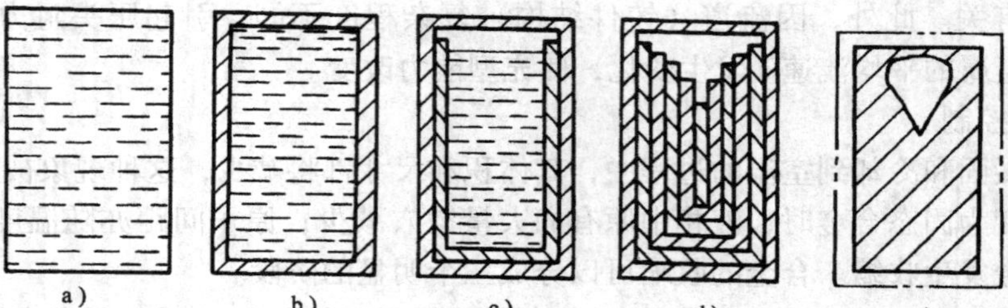


图 2-48 缩孔形成过程示意图

$$V_{缩}=V_L\left[1-\alpha_V^S\left(T_L-T_0\right)\right]\left\{1-\left(1-\varepsilon_V^F\right)\left[1-\alpha_V^L\left(T_{avL}-T_L\right)\right]\right\}\left(1-\frac{K\sqrt{t}}{M}\right) \quad (2\text{-}63)$$

式中 $V_L$——温度在 $T_L$ 时液态金属的体积；

$T_L$——凝固温度；

$T_{avL}$——平均液相温度；

$\alpha_V^S$——合金固态收缩的体收缩系数；

$\varepsilon_V^F$——合金凝固收缩率；

$\alpha_V^L$——合金液态收缩的体收缩系数；

$K$——凝固系数；

$M$——铸件模数；

$t$——凝固时间。

用此式即可分析影响铸件缩孔体积大小的各类因素。归纳起来，同样可以分成四类：

1） 金属性质方面：$\alpha_V^L$、$\alpha_V^S$、$\varepsilon_V^F$、$T_L$ 和 $K$。

2） 铸型性质方面：$K$ 和 $T_{avL}$。

3） 铸件结构方面：$M$ 和 $K$。

4） 浇注条件方面：$t$ 和 $T_{avL}$。

生产中常用画“凝固等温线”和画“内切圆”的方法来近似确定缩孔位置。将铸件断面上温度相同的点连接而成的曲线，就是凝固等温线。图 2-49 是用凝固等温线来确定缩孔位置的示意。图中涂黑的部分就是缩孔出现的实际位置。这种方法一般用于形状较简单的铸件。对于稍复杂的铸件，还可用画内切圆的方法来确定缩孔位置。由图 2-50 可以看出，铸件壁交接处的内切圆直径大于铸件壁厚，该处凝固较晚，缩孔可能在这些位置生成，如图中 $\phi$280mm、$\phi$335mm 等处。

图 2-49 用凝固等温线法确定缩孔位置

当铸件以糊状凝固方式凝固时，凝固在整个断面内几乎同时进行，凝固区的树枝晶骨架很容易就将残余的金属液分割开来，被分割成封闭区的残余液体收缩时，无法得到其他区域液相的补充，于是在铸件内许多类似的封闭区域内形成了分散的显微缩孔，即缩松。图 2-51 为缩松形成过程的示意。

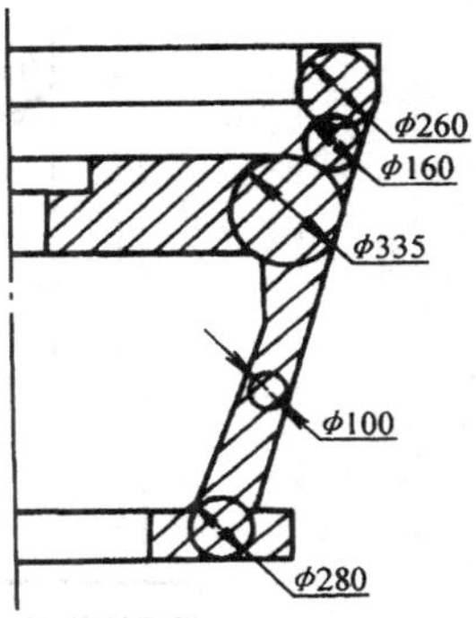

图 2-50　用内切圆法确定缩孔位置

缩松分为宏观缩松和显微缩松两种。宏观缩松是用肉眼或放大镜可以看出的小孔洞，多分布在铸件中心轴线处或缩孔下方。显微缩松是分布在晶粒之间的微小孔洞，需用显微镜才能观察到，有时波及整个截面，不易消除。

防止缩孔、缩松可利用冒口、冷铁和补贴工艺等措施，并结合运用顺序凝固或同时凝固的工艺设计原则来实现。有关铸造工艺设计方面的技术书籍中都有详尽的介绍，不再赘述。

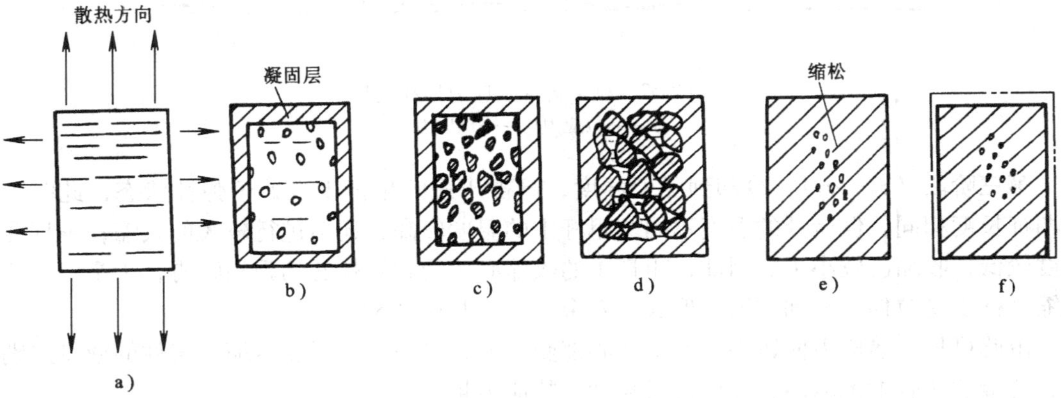

图 2-51　缩松形成过程示意

铸件凝固过程中发生的收缩，除产生缩孔、缩松缺陷外，还会导致凝固应力、变形，甚至裂纹。根据铸造应力产生的原因，可将其分成热应力、相变应力和机械阻碍应力。铸件冷却时因各部分冷却速度不同，造成在同一时刻各部分的收缩量不同，彼此相互制约的结果就产生了应力。这种因散热条件和冷却速度不同而形成的铸造应力称为热应力。具有固态相变的合金铸件，冷却过程中各部分发生相变的时间不一致，以及相变时比体积变化，导致各部分的体积和长度变化的时间也不一致，由此引起的应力称为相变应力。铸件收缩时，受铸件浇注系统、冒口和本身结构的机械阻碍而产生的应力，称为机械阻碍应力。

仅以应力框为例，讨论热应力的形成过程。图 2-52a 所示铸件由一根粗杆 Ⅰ 和两根细杆 Ⅱ 组成。热应力形成过程可根据图 2-52，分三个阶段来说明：

第一阶段（$\tau_0$—$\tau_1$）：在高于弹塑性转变温度的阶段，两杆均处于塑性状态，两杆冷却速度虽然不同，收缩也不一致，但该瞬时的应力均可通过塑性变形释放。

第二阶段（$\tau_1$—$\tau_2$）：继续冷却，冷却较快的杆 Ⅱ 已进入弹性状态，而粗杆 Ⅰ 仍处于塑性状态。由于细杆 Ⅱ 冷却快，收缩大于粗杆 Ⅰ，所以细杆 Ⅱ 受拉伸，粗杆 Ⅰ 受压缩（见图 2-52b），形成临时内应力，该应力随之会由于粗杆 Ⅰ 的微量塑性变形（压短）而消失（见图见 2-52c）。

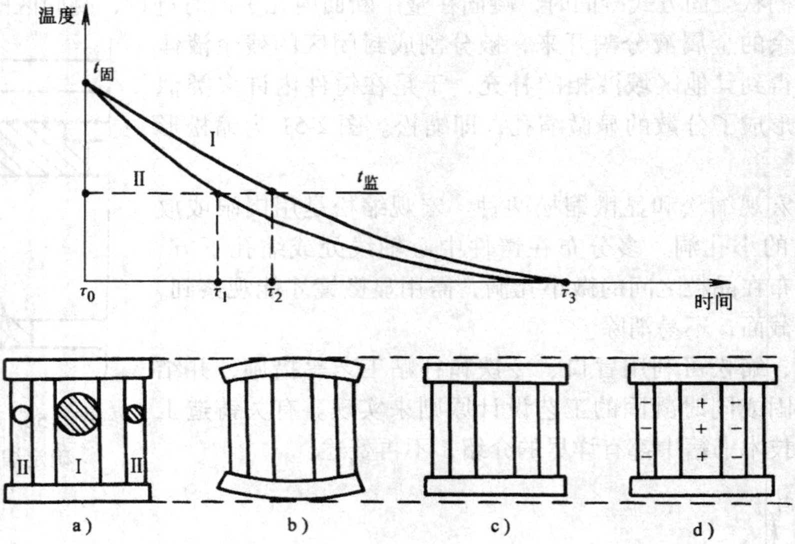


图 2-52　框形铸件热应力形成过程

+—拉应力　–—压应力

第三阶段（$\tau_2$—$\tau_3$）：冷却到更低温度，已被压短的粗杆Ⅰ也处于弹性状态，此时，尽管两杆长度相同，但所处的温度不同。粗杆Ⅰ的温度较高，还会进行较大的收缩；细杆Ⅱ的温度较低，收缩已较小了。因此，粗杆Ⅰ的收缩必然受到细杆Ⅱ的强烈阻碍，于是，杆Ⅱ受压缩，杆Ⅰ受拉伸，直到室温，形成了残余应力（见图 2-52d）。

由此可见，热应力使铸件的厚壁或心部受拉伸，薄壁或表层受压缩。铸件的壁厚差别越大，合金的线收缩率越高，弹性模量越大，热应力越大。

当铸造应力超过金属的屈服点后，铸件就会发生变形，以释放应力。图 2-53 所示为 T 形梁铸钢件。当板Ⅰ厚、板Ⅱ薄时，浇注后板Ⅰ受拉，板Ⅱ受压。各自都有力图恢复原状的趋势，板Ⅰ力图缩短一点，板Ⅱ力图伸长一点。若刚度不够时，将发生板Ⅰ内凹，板Ⅱ外凸的变形，如图 2-53a 所示。反之，当板Ⅰ薄，板Ⅱ厚时，将发生反向翘曲，如图 2-53b 所示。

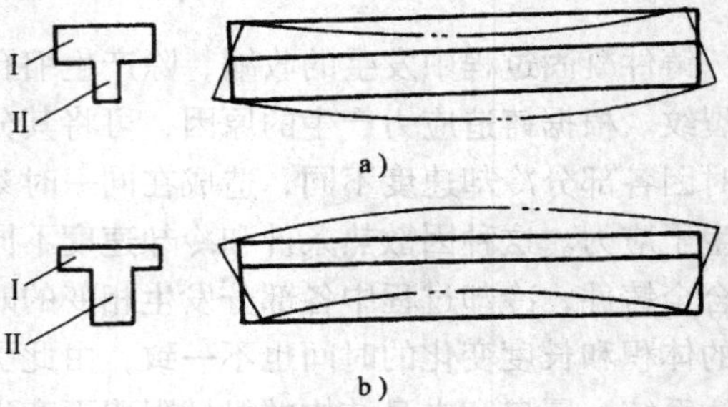


图 2-53　T 形梁铸钢件变形示意图

当铸造应力超过金属的抗拉强度时，铸件便会产生裂纹。按裂纹形成的温度范围，可分为冷裂和热裂两种类型。热裂是在凝固末期高温下形成的，其表面呈氧化色，裂纹沿晶粒边界发生和扩展，外形曲折而不规则。其形成因素主要是合金性质和铸型阻力。冷裂是铸件处于弹性状态，即在低温时形成的，其表面光滑，具有金属光泽或呈轻微氧化色。裂纹穿过晶粒发生，外形规则，常呈圆滑曲线或直线状。冷裂常出现在铸件受拉伸的部位，尤其是应力集中的地方。

很明显，要避免铸件发生变形和裂纹，最根本的办法是减小铸造残余应力。

3．凝固组织控制

铸件在凝固过程中，因凝固条件不可能始终保持一致，故凝固组织也是不同的。如图2-54所示，铸件的宏观组织一般可能存在有三个不同的晶区：表面细晶粒区，它是紧靠型壁的一个外壳层，由紊乱排列的细小等轴晶所组成；柱状晶区，由自外向内沿着热流方向彼此平行排列的柱状晶所组成；内部等轴晶区，由紊乱排列的粗大等轴晶所组成。铸件宏观组织中的晶区数目以及各晶区的相对宽度都随合金的性质和具体的凝固条件变化。在一定的条件下，甚至可以获得完全的柱状晶或等轴晶所组成的宏观凝固组织（见图2-54b、c）。

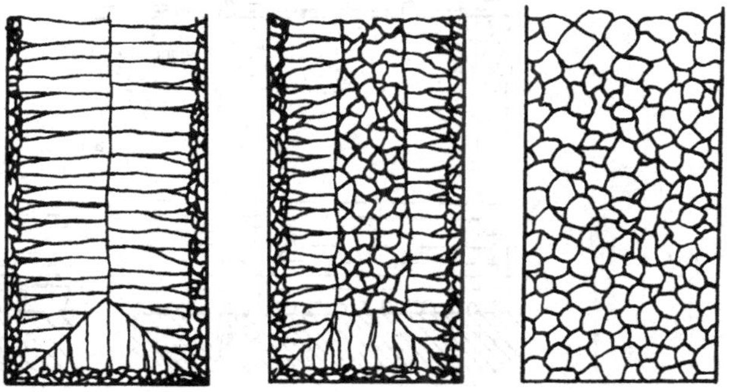


图2-54　铸件可能具有的几种组织
a）除激冷区外全为柱状晶
b）部分柱状晶部分等轴晶　c）全部等轴晶

这三个晶区生成的简单过程是：金属或合金液浇入铸件型腔后，晶核首先在温度低的铸型壁上形成与生长，同时又不断地从型壁上脱落与游移，从而在型壁附近沉积着细小的晶粒，构成表面细晶粒区；一旦表层由细晶粒连成一片牢固的凝固层后，液体对流强度大大减弱，固液界面前沿晶体在与型壁垂直的单向热流作用下，向液体中心延伸，形成柱状晶区。值得指出的是，最初各枝晶的取向是很乱的，只有那些主干平行于热流的枝晶才能向前延伸，而将取向不利于生长的枝晶逐渐淘汰，这样就使柱状晶的生长方向越来越一致。晶体的这种相互竞争、相互淘汰的生长过程称为择优生长。在柱状晶生长过程中，液体内部也将可能出现过冷，形成新的等轴晶，或从别处漂游到这个区域的游离晶生长成新的等轴晶，最终形成内部等轴晶区。

等轴晶与柱状晶相比，前者具有晶界面积大、杂质和缺陷分布分散、晶粒分布没有位向的特点，故其性能均匀稳定、没有方向性。若进一步加以细化，则能克服等轴树枝晶分枝发达、显微缩松多的缺点，可进一步提高综合力学性能。因此，细等轴晶是生产中优选的宏观组织形态。欲控制获得细等轴晶组织，只要通过强化非自发形核、促进晶粒游离、抑制柱状区的形成和发展，就能获得细等轴晶组织。工艺上可采取的措施有如下几条。

（1）适当降低浇注温度　一方面可以防止柱状晶生长和晶粒粗化；另一方面又可使游离晶粒在过热较小的液相中保留下来。

（2）合理运用铸型对液态合金的强烈激冷作用　当液态合金浇入冷却能力较弱的铸型中去时（比如砂型），型壁的形核率将低于冷却能力较强的铸型（比如金属型），使晶核在型壁表面分散地形成，如图2-55a所示。晶核长大成相互邻接的状态，需要花费较长一段时间，这就给液流分离晶粒创造了良好的机会。然而，当液态合金浇入冷却能力较强的金属中去时，大量的晶核依靠型壁密集地形成，如图2-55b所示。随着晶核的长大，在型壁表面很快形成一层稳固的凝固壳，即使附近有强烈的对流，也难以阻止型壁的晶粒长成柱状晶。

如果游离晶能在激冷型壁的其他部位形成，则激冷型壁反而有助于阻止带入的游离晶重熔，结果增加了细等轴晶区。

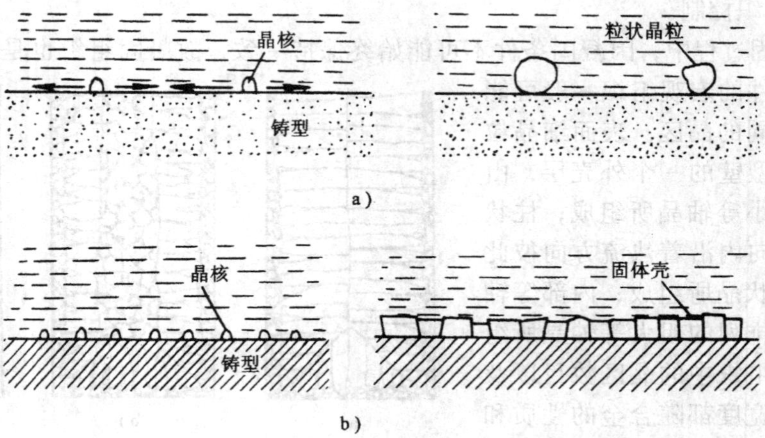


图 2-55　凝固初始阶段铸型表面形成激冷晶示意
a）砂型　b）金属型

（3）孕育处理　孕育处理是向液态合金中添加少量物质，以达到细化晶粒、改善组织的一种常用方法。习惯上向铸铁液中加添加剂的方法，称为孕育处理，而向有色合金中加添加剂的方法，则叫变质处理。比如在碳硅含量低的铁液中加入质量分数为 0.2% ~1.2% 的硅铁合金，可以得到尺寸非常细小的共晶晶粒，使机械强度和耐磨性比普通灰铸铁高出一倍。

（4）动态晶粒细化　在合金凝固初期，直接对合金液施以振动、搅拌或旋转，都可以在液相中产生大量的游离晶体，细化等轴晶。施力方式可分为机械、电磁及超声波三种。其机理无非是增强合金流对流强度，对凝固界面树枝晶进行有效的冲刷，加速晶粒的游离。

而柱状晶的晶界平行排列，有益于提高高温下工作零件的蠕变抗力，还能使磁性材料的性能大为提高，特别可以使航空发动机叶片的寿命和性能大幅度提高。获得柱状晶的理想途径是定向凝固技术。它是通过严格控制单向热流条件和足够大的温度梯度，使液态合金沿热流相反方向凝固的一种技术。

## 二、焊接生产中的凝固过程控制

熔焊时，焊接熔池的凝固过程与一般铸造时液态金属凝固过程没有本质区别，因此，它也服从凝固理论的一般规律。但焊接熔池的凝固过程还有自己的一些特点。

### 1. 焊接熔池特征

焊接时，在高温热源的作用下，母材发生局部熔化，并与熔化了的焊丝金属混合形成熔池，同时进行短暂而复杂的冶金反应。当热源离开后，熔池金属便开始了凝固，如图 2-56 所示。因此，熔池具有下面一些特殊性。

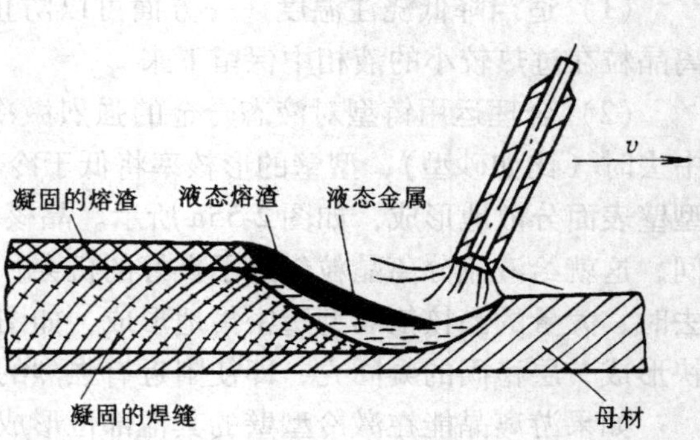


图 2-56　焊接熔池凝固及焊缝的形成

（1）体积小，冷却速度大　在一般电弧焊条件下，熔池体积最大仅可达到 $30cm^3$，质量不超过 100g。熔池的冷却速度一般可达4～100℃/s，远比一般铸件的冷却速度高。由于冷却很快，温度梯度大，故焊缝中柱状晶得到充分发展。

（2）过热温度高　对一般低碳钢或低合金钢，熔池平均温度可达（1770±100）℃，而熔滴温度更高，约为（2300±200）℃。而一般炼钢时，其浇注温度仅为1550℃左右。由于液态金属的过热度较大，非自发形核的原始质点数将大为减少，这也促使柱状晶的发展。

（3）动态下凝固　处于热源移动方向前端的母材不断熔化，连同过渡到熔池中的焊丝熔滴一起在电弧吹力作用下，对流至熔池后部。随热源的离去，熔池后部的液态金属立即开始凝固，形成焊缝（见图2-56）。

（4）对流强烈　熔池中存在各种作用力，如电弧的机械力、气流吹力、电磁力，以及液态金属中密度差别，使熔池中存在有强烈的搅拌和对流，其方向一般趋于从熔池头部向尾部流动。

2. 焊缝凝固特点

（1）外延生长　熔池中液态金属开始凝固时，熔池边界未熔的母材晶粒可以作为非自发形核的现成基底，从而可以在很小的过冷度下，依附于母材晶粒逆着热流方向生长，形成方向性很强的柱状晶，如图2-57所示。这种凝固特征就叫焊缝的外延生长。可以想象，焊接时过热的母材，其晶粒必然粗大，最终导致焊缝柱状晶亦粗大。故焊接操作时应避免母材过热的产生。

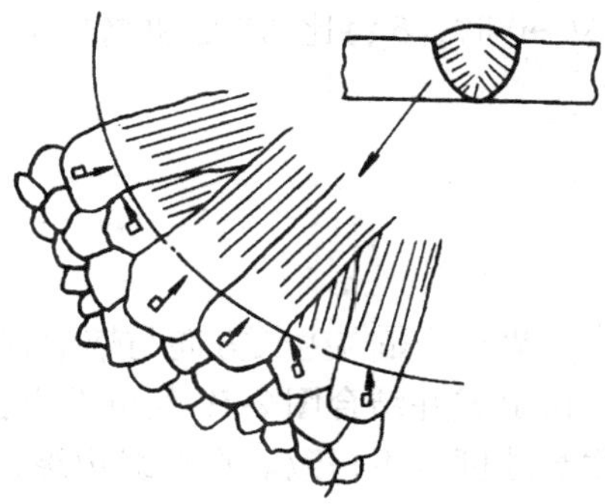

图2-57　熔池中柱状晶的形成

（2）弯曲柱状晶　熔池的形状和尺寸，受焊接时工艺参数的影响。典型的熔池形状如图2-58所示。熔池的轮廓即表示液相面，其形状很像不标准的椭球，熔池的宽度和深度沿 $x$ 轴连续变化。一般增大焊接电流，熔池的最大深度 $H_{max}$ 随之增大，而最大宽度 $B_{max}$ 则相对减小。增大电弧电压时，则恰恰相反。若增大电弧能量，熔池长度 $L$ 也随之增大。当焊接速度增大时，整个熔池除体积减小外，在焊接方向上将变得更为细长。

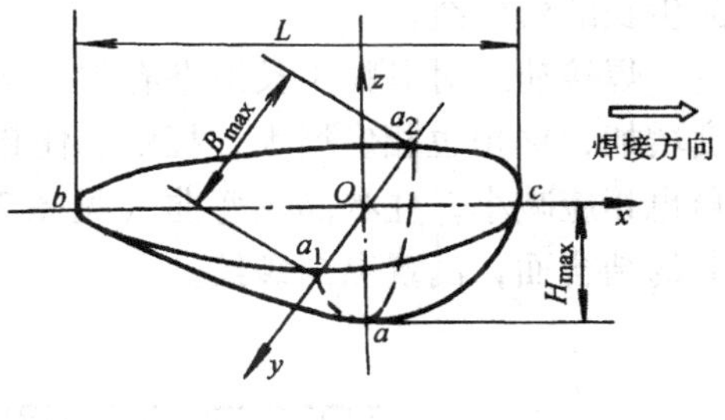


图2-58　典型熔池形状

如图2-59所示，熔池的最大散热方向就是液相等温线的法线方向。假定焊接时熔池形状稳定不变，可以按如下方式来分析晶粒生长方向与焊接方向间的关系。

在液相等温线上任一点 $A$ 的晶粒主轴沿等温线法线方向生长，设生长的线速度为 $R$。而焊接熔池则以速度 $v$ 沿 $x$ 方向移动。当经过 $\Delta t$ 时间后，焊接熔池移动距离为 $\Delta x$，$A$ 点便移至 $B$ 点。与此同时，$A$ 点晶粒长大至 $C$ 点，以保持熔池形状不变，$A$ 点晶粒的增长量就是 $\Delta S+\delta$。于是有

$$\Delta x = v\Delta t$$
$$\Delta S + \delta = R\Delta t$$

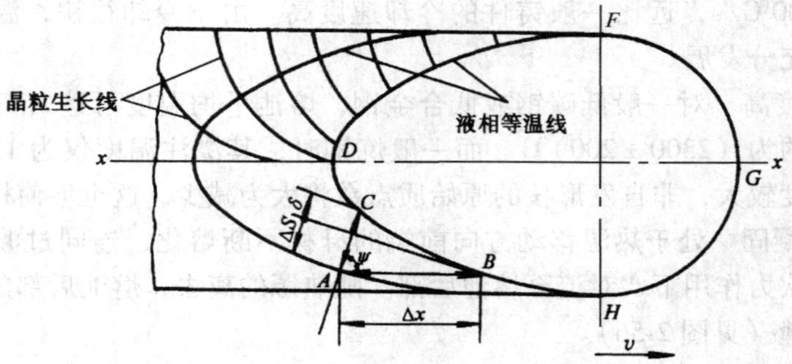


图 2-59 熔池的液相等温线与晶粒生长线示意

故
$$\frac{\Delta S+\delta}{\Delta x}=\frac{R}{v} \tag{2-64}$$

当 $\Delta t \to 0$ 时，$\delta$ 将比 $\Delta S$ 更快趋向于零，故可忽略不计。因此上式成为

$$R=v\frac{\mathrm{d}S}{\mathrm{d}x} \tag{2-65}$$

或

$$R=v\cos\Psi \tag{2-66}$$

式中 $\Psi$——晶粒生长方向与熔池移动方向间的夹角。

由上式并结合图 2-59 便可看出：等温线上各点的 $\Psi$ 角是变化的，故等温线上各点的晶粒生长速度也不一致。在焊缝边缘，$\Psi=90°$，$\cos\Psi=0$，故晶粒生长速度为零；而在焊缝中心，$\Psi=0°$，$\cos\Psi=1$，晶粒生长速度与焊接速度相等。由于等温线是弯曲的，晶粒在生长时也必须不断改变方向，形成了特有的弯曲柱状晶的形态。图 2-59 的晶粒生长线就是柱状晶生长的弯曲线。

焊接速度对晶粒生长形态有很大的影响。如图 2-60 所示，焊接速度大时，焊接熔池长度增加，$\Psi$ 角也相应增大，柱状晶便趋向垂直于焊缝生长（见图 2-60a）；焊接速度小时，$\Psi$ 角也相应减小，柱状晶越弯曲（见图 2-60b）。垂直于焊缝的柱状晶，易在焊缝中心形成脆弱的结合面，出现纵向裂纹。

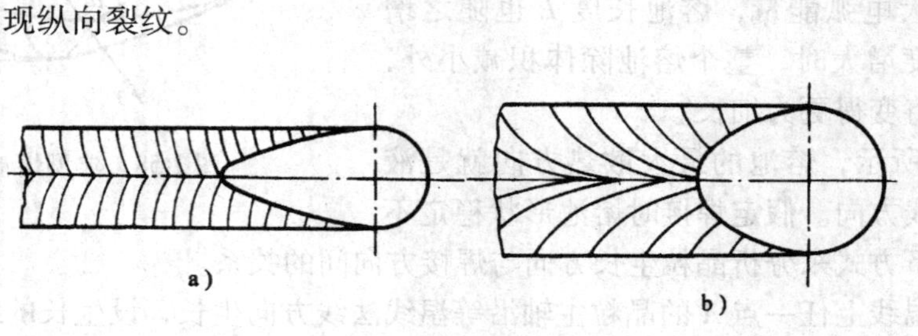

图 2-60 焊速对结晶形态的影响
a）焊接速度大 b）焊接速度小

（3）凝固界面生长形式多样性 焊接熔池中的温度梯度与凝固速度比值 $G/R$，在不同的凝固阶段是不同的，其凝固生长界面亦可以从平界面生长过渡到树枝晶生长的形式。在熔池尾端焊缝轴线上的 $D$ 点（见图 2-59），有

$$G=\frac{\partial T}{\partial x}=\frac{\partial T}{\partial t}\Big/\frac{\mathrm{d}x}{\mathrm{d}t}=\frac{1}{v}\frac{\partial T}{\partial t} \tag{2-67}$$

式中 $v$——焊接速度。

设 $x_1$ 为点 $D$ 距热源中心的距离。又点 $D$ 的温度为熔点 $T_m$，由焊接传热学知识可以推得

$$\frac{\partial T}{\partial t}=\frac{vT_m}{x_1} \tag{2-68}$$

代入式（2-67）得

$$G=\frac{T_m}{x_1} \tag{2-69}$$

在点 $D$ 处，$\theta=0°$，即 $\cos\theta=1$，故 $R=v\cos\theta=v$，用 $R$ 分别除上式两端，得

$$\frac{G}{R}=\frac{T_m}{vx_1} \tag{2-70}$$

已知 $x_1$ 随 $v$ 的提高而增大，因而 $G/R$ 将随 $v$ 增大而减小。同理，在熔池两侧翼边界（见图2-59 中点 $F$、$H$），由于 $\cos\theta=0$，故 $G/R\to\infty$。所以，对熔池的凝固过程的始终联系起来看，凝固开始时，$G/R$ 很大，满足平面生长的条件，随凝固的继续，$G/R$ 逐步减小，在某一时刻以后，将发生成分过冷，平面生长将转为胞状生长；随成分过冷的进一步加大，树枝晶生长的方式逐渐占主导地位，在到达熔池尾端结束凝固时，$G/R$ 最小，成分过冷度最大，有可能形成等轴树树枝晶区。图 2-61 示意表示了焊缝中不同部位凝固界面生长方式的大致情况。

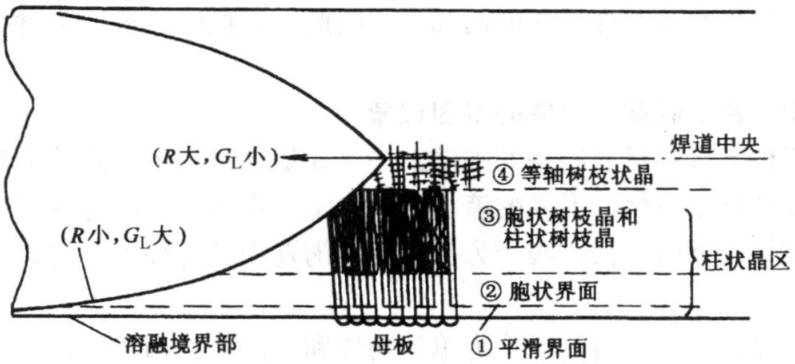


图 2-61 焊缝凝固时晶区划分示意

3. 熔池凝固组织控制

实际焊缝中，由于化学成分、板厚和接头形式不同，不一定具有上述全部的凝固组织形态。特别当焊接操作规范改变时，凝固组织亦将作较大的变化。当焊接速度增大时，焊缝中心往往容易出现大量等轴晶；当焊接速度较低时，主要为柱状树枝晶。焊接电流较小时，主要是胞状晶；焊接电流较大时，则转为粗大的树枝晶。

粗大的柱状晶会降低焊缝金属的强度和韧性。图 2-62 为低碳钢碱性焊条焊接的焊缝中，晶粒粗细对冲击韧度的影响。在稳定型奥氏体钢焊接时，粗大柱状晶还是造成热裂纹的原因之一。同时对抵抗晶间腐蚀也不利。

焊接过程中，改善凝固组织，防止粗晶产生的主要措施有：

（1）变质处理 焊接时可通过焊接材料向熔池加入一些能细化晶粒的元素，如钼、钒、钛、稀土等，达到使焊缝晶粒细化，提高强度和韧性的目的。

（2）振动结晶　焊接时可同时对焊件施以振动，通过振动，可使柱状树枝晶破碎，增大晶粒游离倾向，达到细化晶粒的目的。振动方式主要有机械振动、超声振动和电磁振动。

（3）优化焊接参数　对于不锈钢这类不发生相变重结晶的钢焊接时，在保持一定的电弧热功率的条件下，增大焊接速度 $v$，即降低了焊接的热输入，可以使晶粒变细。若热输入不变，提高焊接速度 $v$，也可以促使晶粒细化。因为焊接速度的提高，可使熔池在高温下停留时间缩短，熔池温度较低，焊缝冷却速度也提高了。对于低合金高强钢这类发生相变重结晶的钢，应尽量采用较小的热输入，减小熔池尺寸和过热度，同时加强焊缝的冷却，便可避免出现粗大的柱状晶组织。但冷却速度也不宜过高，过高会引起焊缝和热影响区产生淬火组织，在冷却过程中导致裂纹的发生。

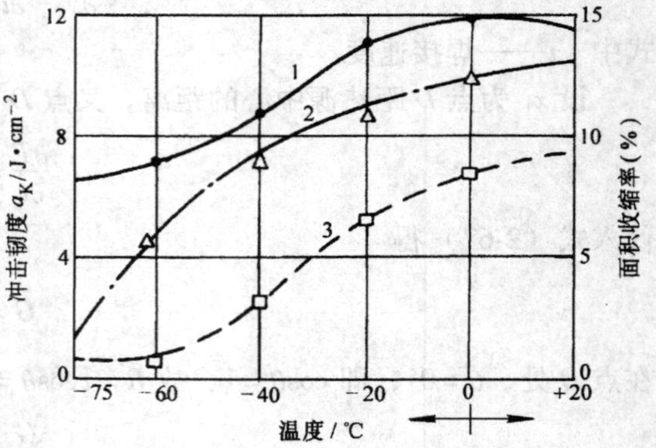

图 2-62　焊缝冲击韧度与晶粒粗细的关系
1—细晶组织　2—粗晶组织　3—粗大柱状晶

这里需要提出的是焊缝熔合区的特征。所谓熔合区是指焊缝金属与母材金属交界的地区。熔合区中存在着严重的物理、化学不均匀性，使整个熔合区成为接头中最薄弱的地带。它常常是冷裂纹、再热裂纹和脆性相的起源地。因此，焊接时应根据母材金属选用合适的焊条金属。

## 三、陶瓷与粉末合金制备过程中的凝固现象

烧结是陶瓷与粉末合金材料制备的关键工序。在烧结过程中，随着炉温的升高，材料中的一些低熔点组分将发生熔化，形成的液相参予烧结过程中发生的各种复杂变化，并在烧结结束时，凝固成固相。下面，仅以陶瓷为例，说明陶瓷制备过程中，与熔化和凝固有关的现象与特点。

从结构上来区分，陶瓷材料可以分为单晶陶瓷和多晶多相陶瓷。采用现代技术，可以直接从气相、溶液或熔体中获得这种单晶陶瓷（甚至是多晶陶瓷），它们往往具有一些特殊的电子学及光学性能，常称之为功能陶瓷材料。比如，借助于气-液传质，液相凝固的过程就可以获得纤维状的陶瓷单晶，也称为晶须。它是迄今所知材料中强度最高的一种。图 2-63 为晶须生长的示意。可以想象，只要涉及从熔体中获得陶瓷的过程，都与凝固过程有关。因此，所有凝固理论中的形核、长大及溶质再分配理论，都可以移植到陶瓷制备的凝固规律中来。对于采用传统工艺方法制备的多相陶瓷，其组成相一般由晶相、气孔和非晶玻璃相构成。陶瓷烧结过程中，液相在凝固时往往形成非晶玻璃，这与液相的结构有关。

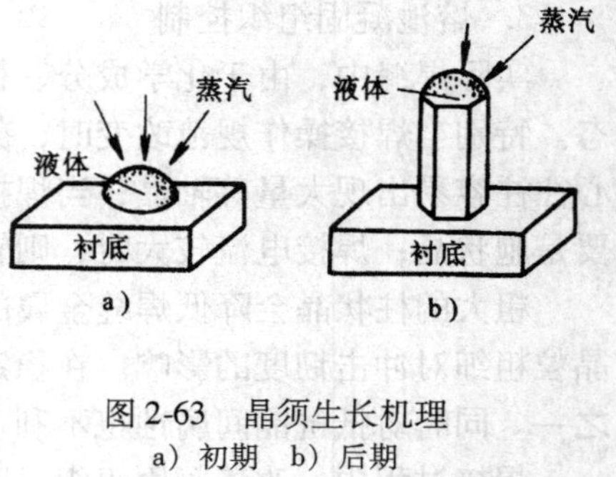

图 2-63　晶须生长机理
a）初期　b）后期

### 1. 硅酸盐熔体的特点

高温下硅酸盐熔体显著地倾向于形成相对大的、形状不规则的短程有序结构。其原因

为：硅-氧系统倾向于聚合，并形成开放网络。$Si^{4+}$离子具有高电荷、小半径的特征，因而有吸引尽可能多的氧离子的倾向。形成每个硅离子被4个氧离子所包围，氧离子配置在以硅离子为中心的四面体顶角上。Si—O键属于共价键的类型，当熔体中O∶Si=4∶1时，形成独立的硅氧四面体。随O∶Si的下降，会形成链接的硅氧四面体。O∶Si越低，聚合度越高。然而，当系统中有大半径低电价阳离子，如碱金属类$Na^+$、$K^+$的氧化物时，氧离子所受束缚比硅对氧的束缚要弱。因此，$Na^+$或$K^+$的引入，会使一定数量硅氧四面体链中的氧桥断开，如图2-64所示。由于某些氧桥的断开，熔体中的硅-氧离子团尺寸变小，粘度下降，聚合度降低，分布均匀。当$SiO_2$不充分溶解于熔体时，还会有$SiO_2$固态颗粒存在于其中。根据这些特征，硅酸盐熔体有着相当复杂的结构组成。熔体中共存着各种不同聚合度的硅酸盐短程有序的聚合体，从硅酸钠$Na_2SiO_4$到未熔$SiO_2$，构成极为复杂。在极端情况下，还可能形成两个或更多个互不相溶的液体。

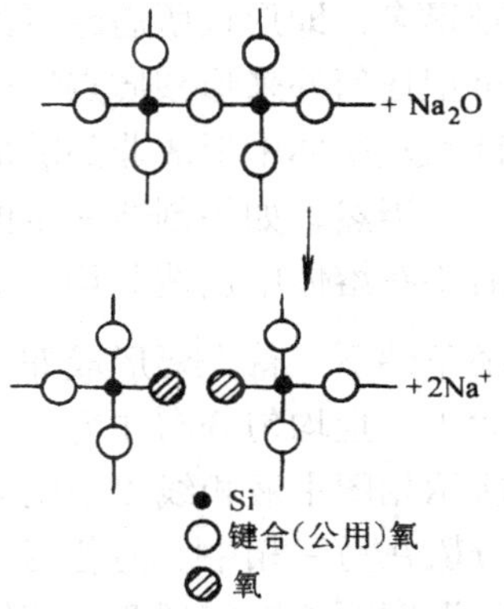

图2-64　$Na_2O$与硅氧网络的反应模型

正是由于硅酸盐熔体所具有的这些特点，使其凝固过程有着与金属不同的行为。

2. 硅酸盐熔体的凝固

对于凝固时液固相组成分别不变这样一种最简单的情况，其压力-温度的相平衡示于图2-65。图中$c$点相应于稳定相为固相时所处的条件。然而，当液相从$a$点冷却到$c$点时，并没有发生凝固，液相形成过冷。若此时向系统引入固相粒子时，就有可能非自发形核，从而发生凝固。与金属类似，图2-66表示出了形核率与温度的关系。在平衡温度$T_m$（相应于图2-65中的$b$点），形核率为零。随着温度降低到$c$点，图2-66中的形核率虽然不高，但晶核的生长速率却迅速提高（如图中的虚线所示）。说明$c$点时液相处于亚稳状态。图2-65中的阴影区域都属于液相亚稳区。系统过冷至该区域时，并不能自发形核。随着温度进一步降低至$d$点，将可能发生稳定的固态转变，形核率在$d$点达到最高值（对比图2-65与图2-66）。此后，随温度继续下降，系统的扩散率减小，形核率反而降低。

根据目前人们对硅酸盐熔体不易形成晶体的认识，有两个原因制约着微晶玻璃的形成：第一，熔体中存在的各种聚合硅氧四面体，进一步连结成更为大型的结构时，因硅氧间结合

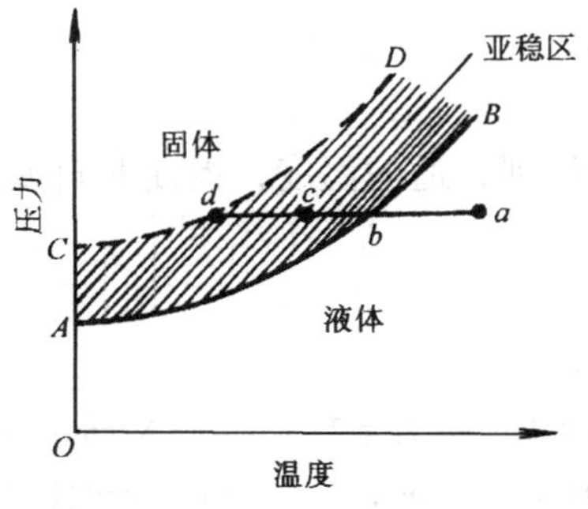

图2-65　凝固的压力-温度相平衡图

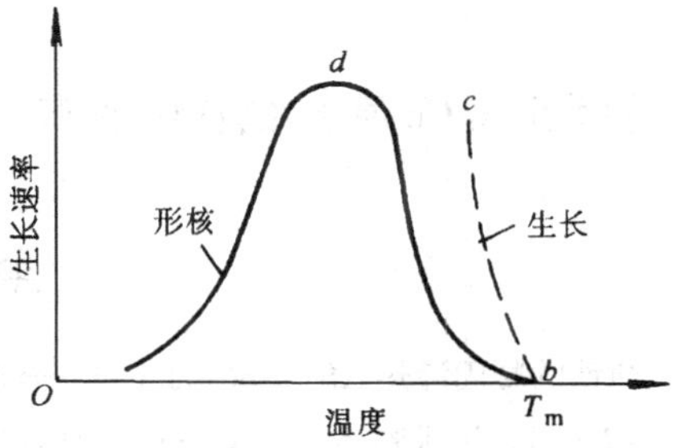

图2-66　新稳定相形核率与生长速率和温度之间的关系

键的键能很大，打开结合键需要很高的能量，这就使得硅酸盐熔体的结构重建比金属熔体困难得多，即形核所需越过的能量垫垒要高得多；第二，硅酸盐熔体有巨大的溶解能力，几乎可把任何外来形核质点溶解在本体之中，故非均匀形核亦变得非常困难。由于这两个原因，硅酸盐熔体中形成非晶玻璃，反而要容易得多。

当然，如果创造一定的条件，硅酸盐熔体还是具备形成晶体（析晶）的条件的。这就需要在熔体中创造非均匀形核的条件。在 $Li_2O-Al_2O_3-SiO_2$ 系统中就可以实现析晶。在熔融条件下，首先要形成非互溶的液相，其中一相形成的液滴非常细，约在 100Å[⊖] 的数量级大小，且均匀分布在另一相基质中。欲实现这一目的，就需要严格控制体系的成分。图 2-67 所示相图中液相线以上阴影部分为准均匀熔体，其中贫硅的低粘度相便可以微细液滴的形式分散在另一相中。但若两个亚稳过冷液共存区分界线 2 距固相线以下较远时，需要在非常低的温度下才能实现两种液体共存，但在如此低温下的形核，将困难得多。

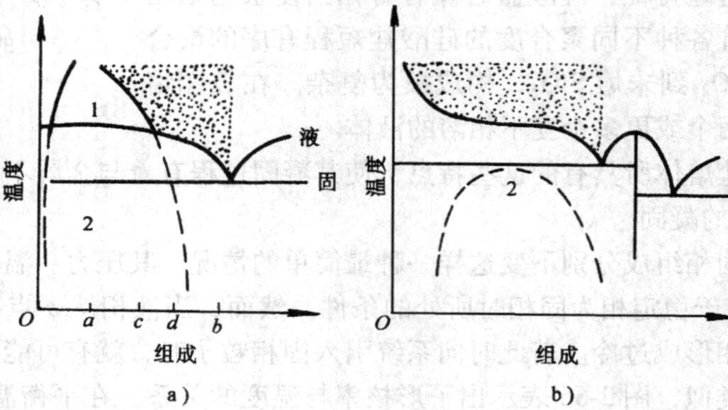


图 2-67 具有液相偏析的二元相图
1—两个不互溶液相区 2—两个亚稳过冷液区

另一种方法是使用固体颗粒形核剂。虽然硅酸盐熔体能溶解大多数固态杂质，但一些杂质的溶解度将随温度下降而显著降低，在冷却过程中析出，形成细小、弥散的固相颗粒，当系统再次被加热到稍高温度时，这些颗粒便可作为形核的衬底，有助于形成析晶。

还有一种方法是通过光化学反应获致。当 Li－Al－Si 玻璃系统中含有 Ce 和 Cu 时，在光子辐照（$h\nu$）下会发生

$$Ce^{3+}+h\nu=Ce^{4+}+e^{-} \tag{2-71}$$

$$Cu^{+}+e^{-}=Cu \tag{2-72}$$

反应，导致金属 Cu 原子在玻璃中淀析。然后将玻璃加热到合适的温度，促使非自发形核的完成。

## 思考与练习

1. 纯铁的凝固潜热 $\Delta H_m=6614J/mol$，熔点 $T_m=1809K$，固液界面张力为 $2.04\times10^{-5}N/cm^2$，临界过冷度 $\Delta T^*=276℃$，试求临界晶核半径 $r^*$；如铁原子的体积为 $1.02\times10^{-23}cm^3$，求临界晶核所包含的原子数。

⊖ Å 为非法定计量单位，$1Å=10^{-10}m$。

2. 单向凝固生长的 Ge-Ga 晶体，采取强制对流，边界层厚度 $\delta=0.005\text{cm}$，最初 Ga 成分为 $10^{-5}$（质量分数），设 $D_L=5\times10^{-5}\text{cm}^2/\text{s}$，$k_0=0.1$。问当凝固速度为 $8\times10^{-3}\text{cm/s}$ 时，凝固到 50%，形成的固体成分为多少（参考文献［5］来计算）？

3. 试导出平衡凝固及液相完全混合条件下，凝固时 $T_L$ 与 $w_S$ 的关系。

4. 图 2-68 为 Al-Cu 合金的相图，试求 $w_{Cu}=1\%$ 的铝合金铸锭中凝固后共晶体占整个铸锭的百分比？

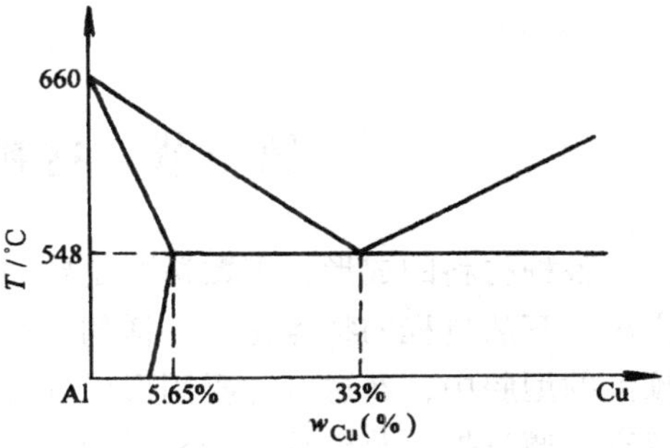


图 2-68　题 2-4 图

5. 什么是成分过冷判据？成分过冷大小受哪些因素影响？它又是如何影响着晶体的生长方式和晶体形态的？所有的生长方式都仅仅由成分过冷因素决定吗？

6. 从金属性质、铸型性质、浇注条件和铸件结构四个方面分析提高充型能力的措施，并给出具体的实例。

7. 计算圆球、正方体、板类和环类铸件的模数，并讨论它们产生集中缩孔倾向的大小。

8. 在内浇口附近采用冷铁激冷，是否有利于游离晶的产生？为什么？

9. 讨论分析影响焊接弯曲柱晶形态的因素。哪种形态的柱状晶最易于产生焊接纵向裂纹？为什么？

10. 工程陶瓷中的玻璃相为什么大多以非晶态的形式出现？

# 第三章　材料成形热过程

## 第一节　材料成形热过程的基本特点

各种材料的成形，多数情况是要通过加热来进行的。不同的材料成形方法、不同的加热方法，其热过程的特点是不一样的。例如，凝固成形是将金属材料加热到液态，然后浇注到预制的型腔中，经过冷却凝固形成各种形状尺寸的机器零件；塑性成形是将材料加热到塑性状态，通过外力及模具改变材料的形状，制造成各种机器零部件；焊接成形是将各种形状的零部件，通过局部加热，甚至熔化凝固，连接成各种金属结构。材料成形的不同的热过程对零部件及金属结构的质量以及缺陷的形成均有重要的影响。

**一、焊接热过程的基本特点**

从冶金角度出发，一般将焊接分为熔焊、固态焊接和固液相焊接三大类。各类焊接的热过程特点是不同的。熔焊是利用集中热源，对工件进行局部加热，使之产生局部熔化，再经过冷却凝固，形成一个牢固的接头；固态焊接是对工件进行局部加热至塑性状态，通过挤压使之成为一个牢固的接头；固液相焊接是在两工件连接处的中间加入低熔点的钎料和钎剂，通过加热使钎料和钎剂熔化，母材不熔化，然后经过冷却凝固，形成一个牢固的接头。

这里介绍的主要是熔焊，特别是电弧焊热过程的一般特点。

1）熔焊使用的热源比较集中，焊接热源的能量密度比较大，相对加热面积比较小。各种常用熔焊方法及其热源的最小加热面积、最大功率密度及正常规范下的热源温度如表 3-1 所示。

**表 3-1　常用熔焊方法及其热源的主要特性**

| 热　源 | 最小加热面积/$cm^2$ | 最大功率密度/$W \cdot cm^{-2}$ | 温　度/℃ |
|---|---|---|---|
| 氧乙炔火焰 | $10^{-2}$ | $2\times10^3$ | 3400～3500 |
| 金属极电弧 | $10^{-3}$ | $10^4$ | 6000 |
| 钨极氩弧焊（TIG） | $10^{-3}$ | $1.5\times10^4$ | 8000 |
| 埋弧焊 | $10^{-3}$ | $2\times10^4$ | 6400 |
| 电渣焊 | $10^{-2}$ | $10^4$ | 2300 |
| 熔化极氩弧焊（MIG） | $10^{-4}$ | $10^4\sim10^5$ | |
| $CO_2$ 气体保护焊 | $10^{-4}$ | $10^4\sim10^5$ | |
| 等离子焰 | $10^{-5}$ | $1.5\times10^5$ | 18000～24000 |
| 电子束焊 | $10^{-7}$ | $10^7\sim10^9$ | |
| 激光焊 | $10^{-8}$ | $10^7\sim10^9$ | |

2）焊接是一局部的不均的集中加热过程。在焊接处的温度梯度很大。加热的速度很快。例如钨极氩弧焊时，用热输入为 840J/cm 的热源焊接 1mm 的钢板，加热速度为 1700℃/s；焊接熔池的中心温度很高，远远超过了被焊金属材料的熔点，整个焊接熔池基本上处于过热状态，一般电弧焊熔池的平均温度在 1700～1800℃之间，熔滴的温度一般高达 1800

~2400℃，而熔合区的温度也达到了被焊金属的熔点，熔池的温度梯度较大。

3）一般焊接时热源是移动的，焊件上直接受到热源作用的区域在不断变化，因而各点的温度是随时间而变化的。当一个具有恒定功率的焊接热源，在一定尺寸大小的焊件上匀速直线移动时，焊件上各点的温度虽然都随时间而变化，但是，如果选择一个原点与热源中心重合的动坐标系，则发现经过一段时间后，焊件上各点的温度只取决于其空间位置，而与时间无关。因此，焊件上的传热过程被称为一种准稳态过程。

焊接热过程的这些特点，将影响焊接时的物理化学冶金反应；影响焊接接头的固态相变；影响焊接接头的残余应力和变形；影响焊接接头的质量。

## 二、凝固成形热过程的基本特点

凝固成形的基本热过程是将金属材料加热熔化到液态，然后浇注到与零件的形状、尺寸相适应的铸型空腔中，经过冷却凝固，获得毛坯或零件。因此，凝固成形的基本热过程包含加热熔化和冷却凝固两个部分。

液态金属由于加热熔化的方法不同，热交换的方式不同，其加热速度、液态金属的温度等特点也不一样。通常情况下，铸铁件采用冲天炉或三节炉加热熔化；铸钢件或非铁合金件一般采用电弧炉或感应电炉加热熔化。

冲天炉一般是通过焦炭的燃烧产生的热量来加热熔化铸铁的。根据铸铁的冶炼过程，冲天炉内可分为预热区、熔化区、过热区和炉缸区四个部分。

1. 预热区内的热交换特点

（1）炉气给热以对流传热为主　一般情况下，预热区内炉气的最高温度约为1300℃左右，而炉气离开预热区时的温度仅200~600℃，有的还不到100℃。由于这一区域内平均温度不高，平均温差也不大，加以炉气的黑度和炉气辐射的空间都较小，而炉气在料层内的实际流速则较大，因此炉气与炉料表面之间的传热方式主要是对流传热。

（2）传递热量大　铸铁在熔化温度时的平均热容约为0.67kJ/kg·℃，熔化温度约为1200℃，设炉料的初始温度为20℃，则预热区内所传递的热量为（1200－20）×0.67kJ/kg＝791kJ/kg。铸铁的熔化潜热约为230kJ/kg，铁液的平均热容为0.96kJ/kg·℃，则铁液过热至1400℃所需的总热量为：［791＋230＋0.96×(1400－1200)］kJ/kg＝1213kJ/kg。此时，由预热区传递的热量约占总热量的65%左右，可见预热区内传递热量之大。

（3）预热区高度的变动大　对于一定的炉子来说，预热区在炉内的延伸高度受到炉子的有效高度、底焦高度、炉内料面的实际位置、炉料块度、炉内料层的下移速度、炉气分布、铁焦比等诸多因素的影响。因此，预热区高度波动幅度大，熔化效果差异大。从传热观点看，金属炉料的块度特别重要。在预热区内，炉气的热量先传给金属料表面，再由表面传至料块中心。料块越大，预热所需的时间越长，预热区占据的炉身高度也就越大。当然，料块也不宜过小，以免造成严重氧化。

2. 熔化区的热交换特点

（1）炉气给热以对流传热为主　熔化区内炉气与铁料之间的热交换，与预热区内相仿，也是以对流传热为主，但在熔化区内，铁料不仅吸收209~251kJ/kg的熔化潜热，还要吸收为使铁料熔化所必需的一定的过热热量。铁料的熔化一般是由表及里的。当然，由于铸铁组织的不均匀性，积聚在铁块中心的低熔点相也有可能先行液化。

（2）熔化区呈凹形分布　冲天炉内的熔化区，由于炉气与温度分布的不均匀性，在炉内呈凹形分布。炉气分布越不均匀，熔化区下凹越严重。这种现象表明，熔化区内的传热在炉壁附近比较强烈。

（3）熔化区高度波动大　在正常情况下，冲天炉内铁料的熔化是从紧贴底焦顶面的那一批料开始的。在熔化过程中，底焦因燃烧消耗而下降，金属料也随之下移，逐步熔化。由于预热区的高度变动大，熔化区的开始位置也随之而有较大的波动。熔化区本身高度则还受到炉气与温度分布、焦炭烧失速度与批料量和炉料块度等许多因素的影响。这些因素的变动将使铁料的受热面积、受热时间和受热强度发生改变，从而造成熔化区高度较大的波动。

3. 过热区内热交换特点

（1）铁液的受热以与焦炭接触传导传热为主　根据有关资料介绍，过热区内各种传热方式的传热系数列于表 3-2。

**表 3-2　冲天炉过热区内各种传热方式的传热系数**

| 传热方式 | 传热系数/$W \cdot (m^2 \cdot ℃)^{-1}$ | 平均百分比（%） |
|---|---|---|
| 焦炭对铁液的传导 | 2900～3248 | 74.91 |
| 焦炭对铁液的辐射 | 696～812 | 18.38 |
| 炉气对铁液的对流 | 232～290 | 6.36 |
| 炉气对铁液的辐射 | 11.6～17.4 | 0.35 |

由表 3-2 可知，过热区内铁液的受热，以焦炭对铁液的接触传导传热为主，以焦炭对铁液的辐射热为辅。

（2）传热强度大　铁液在过热区内，以铁的小熔滴或小流股穿过炽热的底焦层，停留时间一般不到 30s，而温度升高则达 150～250℃以上，每千克铁液的受热量达 147～209kJ 以上。铁料在熔化区内的停留时间约为 5～7min，传递热量约为 230kJ/kg；在预热区内的停留时间约为 30min 左右，传递热量不到 837kJ/kg。正是由于过热区内传热的这一特点，所以提高铁液温度比较困难，必须耗费较多的焦炭。

（3）炉气最高温度与区域高度有关　铁液在过热区内的受热强度随炉气最高温度的提高而增大，而其受热时间则不再受下料速度的制约，直接取决于过热区的高度和铁液熔滴下落速度。在一般情况下，铁液熔滴的大小和下落速度的变动幅度不大，所以，通常将过热区内铁液温度的升高主要归结为炉气最高温度与过热区域高度，并得出以下经验公式

$$\Delta T = \alpha h (T_{max} - T_f) \tag{3-1}$$

式中　$\Delta T$——铁液的过热度（℃）；

$T_{max}$——过热区内炉气最高温度（℃）；

$T_f$——铁液的平均熔化温度（℃）；

$\alpha$——炉气温度曲线特性系数；

$h$——过热区实际起作用的高度。

4. 炉缸区内的热交换特点

在一般情况下，冲天炉炉缸内虽有焦炭，但基本上没有空气供给，几乎不燃烧发热，所以，对于高温铁液来说，炉缸是个冷却区。炉缸越深，冷却作用就越大。但是，如果在操作过程中打开渣口，或在前炉顶上开设放气口，则因部分空气进入炉缸，使炉缸内的焦炭燃烧发热，因而使炉缸成为过热区的一部分，从而有利于铁液的过热。此时，炉缸内热交换的特

点也与过热区相仿。

以上仅定性地介绍了冲天炉内四个区域热交换的特点。但必须指出，冲天炉内的热交换是一个复杂多变的不稳定的传热传质过程，深入细致的问题还有待于进一步的分析研究。

电弧炉和感应电炉的加热速度比冲天炉要快，液态金属的温度也较高。

凝固成形的冷却速度与浇注方式、铸模材料及零件大小和形状有关。通常情况下，采用砂型或陶瓷型浇注比较大型的铸件，其冷却速度要比采用金属型浇注小型铸件慢得多。

**三、塑性成形热过程的基本特点**

对于热塑性加工（如热锻、热轧、热挤压等）来说，成形之前的加热是一个不可缺少的重要环节。固态金属在加热过程中，将会发生以下的变化。

在组织结构方面，大多数金属不但会发生组织转变（固态相变），而且晶粒度及其形状也将发生变化，在加热温度不恰当的情况下，将会发生晶粒长大，严重时会造成过热或过烧。

在力学性能方面，加热除了提高金属材料的塑性、降低变形抗力外，加热不均匀还可能产生内应力，若内应力过大还会导致金属的开裂。

在物理性能方面，金属材料的一些热物理性能参数，例如热扩散率、膨胀系数等，会随温度的变化而变化。

在化学状态方面，在高温情况下金属表层会与周围介质发生氧化或脱碳等化学反应，生成氧化皮或脱碳层，导致金属的烧损，降低表层质量。

固态金属材料的加热过程，主要是热源通过对流和辐射的形式对金属加热，在金属内部主要是通过传导的形式传递热量，使金属材料的温度逐步均匀化。因此，热源的性质，也就是加热的方法，以及金属材料的热物理性能等对加热的效果均有直接的影响。

1. 钢在加热时热扩散性能的变化

所谓热扩散性，是指金属材料加热时温度在金属内部传播的能力。金属材料的热扩散性能好，即表明加热时温度在金属内部传播的速度快，因而在材料断面上的温差就小，由此产生的温差应力就小；同时，由于加热时，温度均匀化的速度快，因而可采用快速加热的方法提高生产率。反之，如果金属材料的热扩散性能差，则应采用缓慢加热的方法。

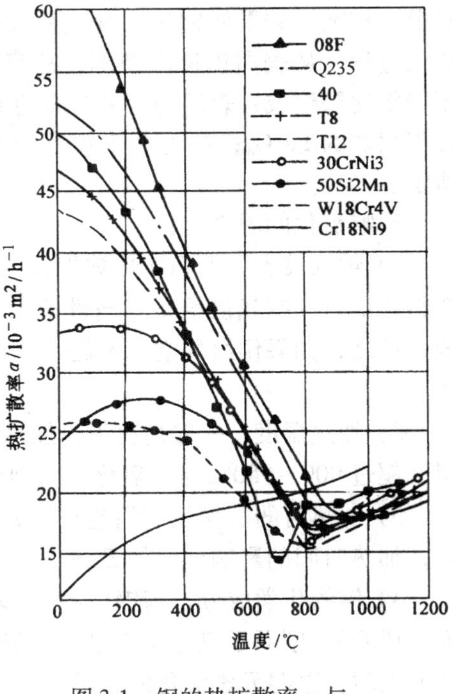


图 3-1　钢的热扩散率 $a$ 与温度 $T$ 的关系曲线

金属材料的热扩散率与温度有关，也就是热扩散率是温度的函数。图 3-1 示出了几种类型钢材的热扩散率与温度的关系曲线。

从图中可以看出，在加热的低温阶段，各种钢的热扩散率相差很大。碳钢和低合金钢的热扩散性较好；高合金钢的热扩散性较差，应该缓慢加热。但是在加热到高温阶段时，各种钢的热扩散率基本趋于一致，并且都较低。但是，因为处于高温阶段的钢具有良好的塑性，加热引起的内应力并无危险，所以此时各种钢均可快速加热。

2. 钢在加热过程中的氧化和脱碳

（1）氧化　钢材在高温下，其表层金属与炉气中的氧化性气体，如 $O_2$、$CO_2$、$H_2O$ 等发生氧化反应，结果使钢材表层金属被氧化，产生氧化皮。

对于碳钢来说，主要是铁被氧化。氧化过程的主要反应如下

$$Fe + \frac{1}{2}O_2 \rightleftharpoons FeO$$

$$3FeO + \frac{1}{2}O_2 \rightleftharpoons Fe_3O_4$$

$$2Fe_3O_4 + \frac{1}{2}O_2 \rightleftharpoons 3Fe_2O_3$$

$$Fe + CO_2 \rightleftharpoons FeO + CO$$

$$Fe + H_2O \rightleftharpoons FeO + H_2$$

氧化过程实际上也是个扩散过程，即炉气中的氧以原子状态吸附到钢的表面，然后向金属内部扩散，而钢表层中的铁，则以离子状态由内部向表面扩散，扩散的结果使钢表层变为氧化铁。由于氧化扩散过程是从表向里逐渐减弱，故氧化皮是由三层不同氧化铁组成：表层为含氧较高的 $Fe_2O_3$；中层为含氧次之的 $Fe_3O_4$；内为含氧较低的 FeO。如图 3-2 所示。

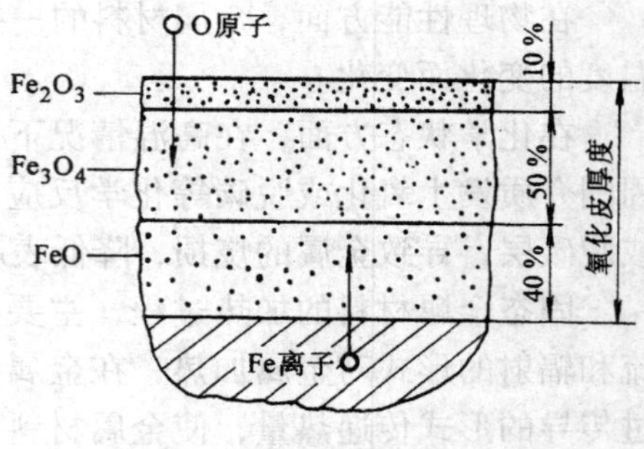


图 3-2　氧化铁皮形成过程

影响氧化的因素有：

1）炉气性质。火焰加热炉炉气的性质，取决于燃料燃烧时的空气供给量。当供给的空气过多时，炉气的性质呈氧化性，促使氧化皮的形成；反之，如果供给的空气不足时，炉气的性质则为还原性，此时氧化很少，甚至不发生氧化。

2）加热温度。一般情况下，加热温度低于 570～600℃时，几乎不产生氧化；而当加热温度超过 900～950℃时，氧化将急剧增加。

3）加热时间。加热时间越长，氧化扩散量便越大，氧化皮越厚。尤其是在高温加热阶段，加热时间的影响就更加显著。

4）钢的化学成分。当钢中的 $w_C > 0.3\%$ 时，随着含碳量的增加，由于 C 的氧化，在表面生成 CO，削弱了氧化扩散过程，氧化皮的形成将减缓；当钢中含有 Cr、Al、Mo、Ni 等合金元素时，这些元素氧化的结果在钢的表面形成致密的氧化薄膜，阻止氧化性气体向金属内部扩散，而且其氧化物的膨胀系数几乎与钢一致，能牢固地吸附在钢的表面不脱落，从而起到了防止进一步氧化的保护层作用。如果钢中 Cr、Ni 的质量分数大于 13%～20%时，则几乎不再产生氧化。

氧化引起的危害性很大：造成钢材的烧损；降低锻件的表面质量和尺寸精度；降低模具使用寿命；引起炉底的腐蚀损坏。为防止氧化，在加热工艺上可采取如下措施：

1）在保证锻件质量的前提下，尽量采用快速加热，缩短加热时间，尤其是缩短高温下

停留的时间；另外，采用电感应加热、接触加热亦能达到快速加热的目的。

2）控制炉气的性质，在保证燃料完全燃烧的条件下，尽可能减少空气的过剩量，并注意减少燃料中的水分。

3）采用介质保护加热，使钢的表面与氧化性炉气隔离，或降低炉气中的氧分压。常用的保护性介质有：气体保护介质，如惰性气体、石油液化气等；液体保护介质，如玻璃熔体、熔盐等；固体保护介质，如玻璃粉、珐琅粉、金属镀膜等。

（2）脱碳　钢在高温加热时，其表层中的碳和炉气中的氧化性气体，如 $O_2$、$CO_2$、$H_2O$ 等，以及某些还原性气体，如 $H_2$ 等，发生化学反应，造成钢表层的含碳量减小，这种现象称为脱碳。其化学反应式如下

$$2Fe_3C + O_2 \rightleftharpoons 6Fe + 2CO$$

$$Fe_3C + 2H_2 \rightleftharpoons 3Fe + CH_4$$

$$Fe_3C + H_2O \rightleftharpoons 3Fe + CO + H_2$$

$$Fe_3C + CO_2 \rightleftharpoons 3Fe + 2CO$$

影响脱碳的因素与氧化一样，主要有：

1）钢的化学成分。钢中含碳量越高，脱碳的倾向就越大；其他合金元素对钢的脱碳影响不一样：W、Al 等合金元素使钢脱碳增加；而 Cr、Mn 等合金元素能阻止钢的脱碳。

2）炉气成分。炉气成分中脱碳能力最强的是 $H_2O$（汽），其次是 $CO_2$ 和 $O_2$，再次是 $H_2$，而 CO 的含量增加，可以减少脱碳。一般在中性介质或弱氧化性介质中加热，可以减少脱碳。

3）加热温度。钢在氧化性气氛中加热时，既产生氧化，也产生脱碳。加热温度在 700～1000℃时，由于钢表面的氧化皮阻碍了碳的扩散，因此，脱碳过程比氧化慢。随着加热温度的升高，氧化速度加快，同时脱碳速度也加快，因为此时的氧化皮丧失了保护作用，因此，达到某一温度后，脱碳就比氧化更为剧烈。例如，GCr15 钢，在 1100～1200℃时，会产生强烈的脱碳现象。

4）加热时间。加热时间越长，脱碳层就越厚，但两者不成正比关系。当脱碳层达到一定厚度后，脱碳速度将逐渐减慢。例如，高速钢在 1000℃加热 0.5h，脱碳层的厚度约为 0.4mm；加热 4h，增至 1.0mm；加热 12h，则为 1.2mm。

脱碳使锻件表面变软，强度和耐磨性降低。对于高碳工具钢、轴承钢、高速钢及弹簧钢等，脱碳更是一种严重的缺陷。但是，如果脱碳层的厚度小于机械加工余量时，则对锻件没有什么危害。因此，在精密锻造时，锻前加热应避免脱碳。

一般用于防止氧化的措施，同样也可以用于防止脱碳。

## 第二节　材料加热过程的热效率

### 一、材料加热过程中的热效率

在材料加热过程中，能源所提供的热量，通常并不能全部被利用，其中一部分热量将不可避免地由于对流、辐射、传导以及热加工工艺方面的因素而损失，不能真正用于加热金属材料，因而就存在着热效率的问题。

假设能源提供的热量为 $Q_0$，而真正用于加热金属材料的热量为 $Q$，那么热效率 $\eta$ 的定

义为

$$\eta = \frac{Q}{Q_0}$$

影响热效率的因素很多，主要与热源的性质、热加工工艺方法、被加热材料的种类、性质及尺寸形状，以及周围介质环境等因素有关。现就几种典型的热加工工艺方法的热效率问题简要介绍如下。

## 二、焊接成形加热过程的热效率

焊接时的热效率与焊接方法有关，例如电弧焊时的热效率约在70%左右，电渣焊的热效率约为80%左右，电子束焊的热效率在90%以上。

以电弧焊为例，电弧焊时，电弧所产生的热能与电弧功率有关

$$P_0 = UI \tag{3-2}$$

式中　$U$——电弧电压（V）；

$I$——焊接电流（A）；

$P_0$——电弧功率，即电弧在单位时间内放出的能量（W）。

由于在电弧焊时，电弧所产生的热能不可能全部被利用，真正用于焊接的有效功率 $P$ 为

$$P = \eta UI \tag{3-3}$$

不同的电弧焊方法，其热效率 $\eta$ 值是不同的，见表3-3。

**表3-3　不同电弧焊方法的电弧热效率**

| 焊接方法 | 碳弧焊 | 厚皮焊条电弧焊 | 埋弧焊 | 钨极氩弧焊 | | 熔化极氩弧焊 | |
|---|---|---|---|---|---|---|---|
| | | | | 直流 | 交流 | 钢 | 铝 |
| η值 | 0.5~0.65 | 0.77~0.87 | 0.77~0.99 | 0.78~0.85 | 0.68~0.85 | 0.66~0.69 | 0.70~0.85 |

从表中可以看出，电弧热效率 $\eta$ 与电弧焊方法、电源种类以及被焊金属等因素有关。实际上，对于同一种电弧焊方法，电源种类、极性、焊接电流、电弧电压、焊接速度、焊接材料以及周围的介质环境等诸多因素都会影响电弧的热效率 $\eta$。图3-3形象地说明了电弧焊时热能的分配。

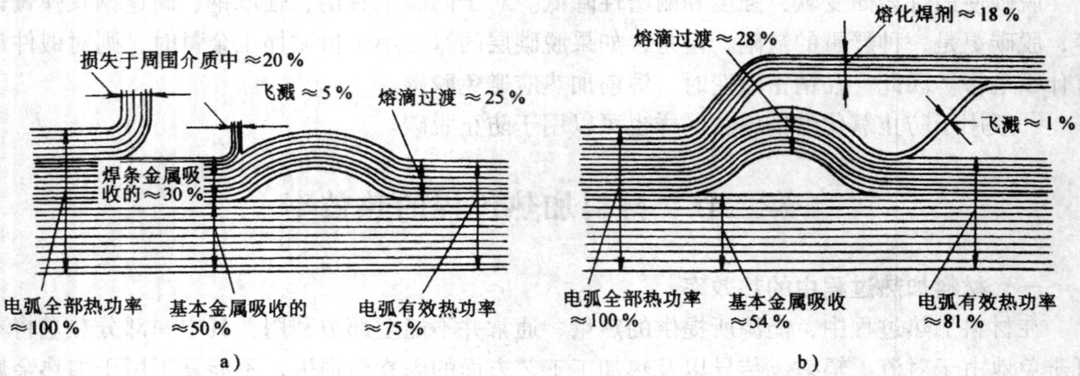


图3-3　电弧焊时的热量分配

a）厚皮焊条电弧焊（$I=150\sim250A$；$U=35V$）　b）埋弧焊（$I=1000A$；$U=36V$，$v=36m/h$）

这里所说的热效率 $\eta$，是指电弧的有效功率占电弧总功率的百分比。电弧的有效热功率应该包含两部分：一是被基本金属所吸收，用于加热熔化母材形成焊缝；二是被焊接材料所吸收，用于加热熔化焊接材料，填充焊缝。但是被母材吸收的那部分热能，除了部分热量用于熔化母材形成焊缝外，还有相当一部分热量被母材以热传导的方式而形成热影响区，这是我们所不希望的，然而也是不可避免的。

**三、凝固成形加热过程的热效率**

凝固成形加热过程的热效率与金属材料熔化冶炼的方式、采用的热源种类以及被熔化冶炼材料的性能等诸多因素有关。

以冲天炉为例，它是以焦炭燃烧时的发热量提供热源的。焦炭的发热量是按焦炭中各个元素的质量分数与该元素发热量的乘积之和进行计算的，焦炭发热量的计算公式为

$$Q_L = 34000C + 103000H + 10900(S - O) - 2500W \tag{3-4}$$

式中　$Q_L$——焦炭发热量（kJ/kg）；

C、S、O、H、W——焦炭中碳、硫、氧、氢和水的质量分数（%）。

由于焦炭中除灰分以外主要是固定碳，如不计其他元素的影响，则焦炭的发热量可按下式近似计算

$$Q_C = 34000(1 - A) \tag{3-5}$$

式中　$Q_C$——不计其他元素影响的焦炭发热量（kJ/kg）；

$A$——干焦炭中灰的质量分数（%）；

34000——碳发热量的近似值（kJ/kg）。

焦炭的发热量与焦炭的质量、送风的状况、炉型及操作工艺等因素有关。

焦炭燃烧时发出的热量，一部分用于加热炉料，一部分将通过各种途径被散失。据统计，冲天炉总的热效率约为30%～50%，其中预热区的热效率在20%以上，熔化区的热效率约为60%，而过热区的热效率仅为7%左右。

电弧炉及感应电炉炼钢的热效率要比冲天炉炼铁的热效率高得多。

**四、塑性成形加热过程的热效率**

锻前加热的热效率与加热的方法、热源的种类以及工件材料的热物理性能等多种因素有关。

金属坯料的加热方法，按所采用的热源种类不同，大体上可分为火焰加热与电加热两大类。

1. 火焰加热

火焰加热是利用燃料（煤、焦炭、重油、柴油和煤气）在火焰加热炉内燃烧产生含有大量热能的高温气体（火焰），通过对流、辐射把热能传给坯料表面，再由表面向中心热传导而使金属坯料加热。

在加热温度低于600～700℃时，坯料加热主要是靠对流传热；当加热温度超过700～800℃时，坯料加热则以辐射传热为主，一般普通锻造加热炉在高温加热时，辐射传热占90%以上，对流传热只占8%～10%。

一般情况下，火焰加热的热效率比较低。

2. 电加热

电加热是通过把电能转变为热能来加热金属，其中有感应电加热、接触电加热、电阻炉加热和盐浴炉加热等。

（1）感应电加热　感应电加热是在感应器通入交变电流产生交变磁场，在感应器内的金属坯料在交变磁场的作用下，金属内部产生交变涡流，由于涡流发热和磁化发热（在磁性范围内），直接使金属坯料加热。

按所用电流频率不同，感应加热可分为：高频加热（$f=10^5\sim10^6$Hz）、中频加热（$f=500\sim1000$Hz）和工频加热（$f=50$Hz）。

感应加热时有集肤效应，因而首先是金属坯料表层被加热，然后通过热传导向金属内部传递热量。对于大直径的坯料，为了提高加热速度，应选用较低电流频率，以增大电流透入深度；而对于小直径的坯料，可采用较高电流频率，这样能够提高电效率。

（2）接触电加热　接触电加热是以低压大电流直接通入金属坯料，依靠金属内部电阻产生热量。电流通过金属坯料所产生的热量 $Q$ 可按下式计算

$$Q=I^2Rt \tag{3-6}$$

式中　$Q$——电流通过金属坯料所产生的热量（J）；

$I$——通过坯料的电流（A）；

$R$——金属坯料的电阻（Ω）；

$t$——通电时间（s）。

通常情况下，接触电加热的热效率较高。

（3）电阻炉加热　电阻炉是利用电流通入炉内电热体所产生的热量，以辐射和对流传热方式来加热金属坯料。

采用的电热体有两种：一种是金属电热体，材料为铁铬铝合金和镍铬合金，加热温度一般在1100℃以下；另一种是非金属电热体，材料是碳化硅和二硅化钼，使用温度可达1350℃以上。

这种电加热方法的加热温度受到电热体的限制，热效率也比其他电加热法的低。

（4）盐浴炉加热　内热式电极盐浴炉是利用电流通入炉内电极产生的热量把导电介质熔融，通过高温介质的对流与传导传热，将埋在介质中的金属坯料加热。

常用的导电介质有 $BaCl_2$、NaCl、KCl、$CaCl_2$、$KNO_3$、$NaNO_3$ 等，浴盐由75% $BaCl_2$ 和25% NaCl组成（均指质量分数），最高使用温度为1050℃；浴盐为 $w_{BaCl_2}>98\%$ 时，最高使用温度可达1350℃。

这种电加热法的加热速度快，加热温度均匀，但其热效率较低。

上述各种电加热方法的应用范围及电能消耗见表3-4。

**表3-4　电加热的应用范围及电能消耗**

| 电加热类型 | 应用范围 | | | 单位电能消耗 /kW·h·kg⁻¹ |
|---|---|---|---|---|
| | 坯料规格 | 加热批量 | 适用工艺 | |
| 工频感应电加热 | 直径大于150mm | 成批、大量 | 模锻、热挤、轧锻 | 0.35～0.55 |
| 中频感应电加热 | 直径为20～150mm | 成批、大量 | 模锻、热挤、轧锻 | 0.40～0.55 |
| 高频感应电加热 | 直径小于20mm | 成批、大量 | 模锻、热挤、轧锻 | 0.60～0.70 |
| 接触电加热 | 直径小于80mm<br>长坯料的整体或局部加热 | 成批、大量 | 模锻、电镦、卷簧<br>轧锻、电热弯曲 | 0.30～0.45 |
| 电阻炉加热 | 中小型非铁金属及高合金钢 | 单件、成批 | 自由锻、模锻 | 0.50～1.0 |
| 盐浴炉加热 | 小件或局部无氧化加热 | 单件、成批 | 精密模锻 | 0.30～0.8 |

# 第三节　温　度　场

所谓温度场是加热和冷却过程中，某一瞬时的温度分布。它可以用实测的方法或数值模拟计算的方法来获得。

众所周知，热量传递的基本形式是传导、对流和辐射。不同的热加工工艺方法，其热交换的形式和温度场的特点是不一样的。

## 一、焊接温度场

所谓焊接温度场是指在焊接集中热源的作用下，被焊工件上（包括内部）各点在某一瞬时的温度分布。

### 1. 焊接传热的基本形式

前面已经介绍，焊接时焊件受集中热源的局部加热，焊件上各点的温差很大，因此，必然要发生不同形式和不同程度的热交换。对于焊接过程来说，传导、对流和辐射都存在。至于以哪一种传热方式为主，要根据具体的焊接工艺方法来确定。在电弧焊的条件下，电弧所产生的热能，主要是以辐射和对流的形式传给焊件，母材和焊条在获得热能以后，主要是以热传导的形式在内部进行扩散。

焊接热过程研究的主要对象是焊件上的温度分布及其随时间变化的规律，也就是研究焊接件的温度场及其热循环，因此，主要是以热传导为主，适当考虑辐射和对流的作用。

### 2. 焊接热传导的基本方程

众所周知，热总是从物体的高温部位向低温部位流动的，它的流动规律服从于傅里叶（Fourier）定律。

假设热流的方向为 $\boldsymbol{n}$，在与 $\boldsymbol{n}$ 垂直的单位面积的截面上，在单位时间内流出或流入的热量 $q_n$，与热流方向的温度梯度 $\frac{\mathrm{d}T}{\mathrm{d}n}$ 成正比（见图 3-4），这就是傅里叶定律

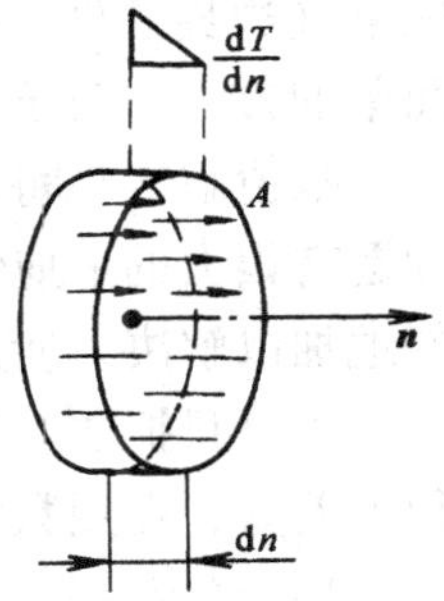

图 3-4　傅里叶定律的热流

$$q_n = \lambda \frac{\mathrm{d}T}{\mathrm{d}n} \tag{3-7}$$

式中　$\lambda$——热导率［J/（cm·s·℃）］，表示物体的导热能力。

根据傅里叶定律及能量守恒定律，可以导出任一无限大物体内部的热传导基本方程

$$c\rho \frac{\partial T}{\partial t} = \frac{\partial}{\partial x}\left(\lambda \frac{\partial T}{\partial x}\right) + \frac{\partial}{\partial y}\left(\lambda \frac{\partial T}{\partial y}\right) + \frac{\partial}{\partial z}\left(\lambda \frac{\partial T}{\partial z}\right) \tag{3-8}$$

假定 $\lambda$ 为常数，于是得到热传导的基本方程式

$$\frac{\partial T}{\partial t} = \frac{\lambda}{c\rho}\left(\frac{\partial^2 T}{\partial x^2} + \frac{\partial^2 T}{\partial y^2} + \frac{\partial^2 T}{\partial z^2}\right) = a \nabla^2 T \tag{3-9}$$

$$a = \frac{\lambda}{c\rho} \qquad \nabla^2 T = \frac{\partial^2 T}{\partial x^2} + \frac{\partial^2 T}{\partial y^2} + \frac{\partial^2 T}{\partial z^2}$$

式中　$c$——比热容［J/(g·℃)］；

$\rho$——密度（$g/cm^3$）；

$a$——热扩散率（$cm^2/s$）；

$\nabla$——拉普拉斯运算符号；

$\nabla^2 T$——沿 $x$、$y$、$z$ 轴三个二阶偏导函数 $T(x、y、z)$ 之和。

$\nabla^2 T$ 表示给定 $P(x、y、z)$ 的温度 $T$ 对于附近点的平均温度的偏差。$\nabla^2 T$ 具有正号时，意味着在给定时间 $t$ 内，热能是从邻近点进入给定点；若是负号时，则意味着热能是从给定点传出的。

式（3-9）表示给定点的温度变化速度同拉普拉斯运算符号成比例。也就是说，在某一时刻 $t$，物体上给定点 $P(x、y、z)$ 附近的温度分布越不均匀，则该点的温度变化也越快。导热的结果是使温度的不均匀性逐渐减小，温度变化速度也逐渐降低。

3. 焊接温度场的数学表述法及其数学解析的假定条件

焊接温度场的数学表达式为

$$T = f(x、y、z、t) \tag{3-10}$$

式中 $T$——焊件上某一点在某一瞬时的温度；

$x$、$y$、$z$——焊件上某一点的空间坐标；

$t$——时间。

式（3-10）是热传导基本方程的一个特解。通常求解热传导方程的方法分为两类：一类是精确解法，即数学分析求解；另一类是近似解法，如数值解法。

数学分析解法的优点是求解过程中物理概念与逻辑推理清晰，解的结果能清楚地表示各因素（边界条件、物性条件、时间条件等）对温度分布的影响。缺点是只能用于求解比较简单的方程，对于不规则及材料物性量不是常数等复杂情况，往往无法求解。

数值解法是将方程离散化后得到代数方程组，然后利用计算机进行求解，对于解决实际问题有很大的适应性。如对于复杂的几何形状、变化的热物性量等情况，用数值解法都能较好地加以解决。所采用的离散化方法主要有有限差分法和有限元素法。

本章只扼要介绍数学分析解法。由于焊件尺寸形状多种多样，焊接热源的作用情况也有很大差异，在用数学解析法求解焊接温度场时，必须做出如下基本假定。

1）对焊件的尺寸形状的假设，可概括为三种模型（见图 3-5）。

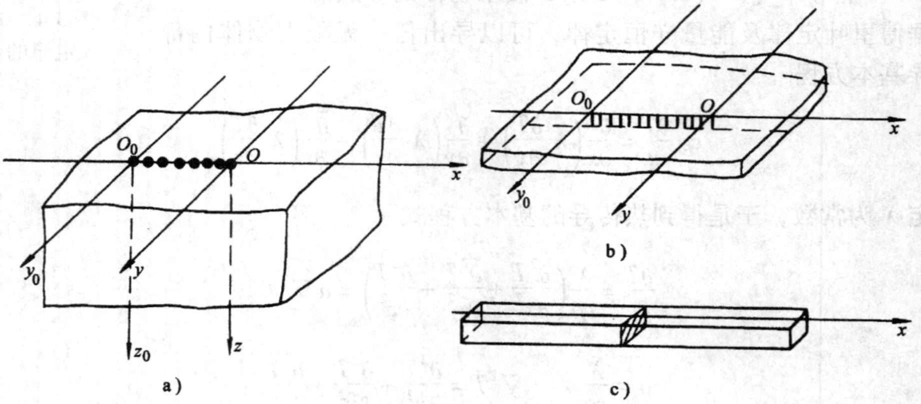


图 3-5 焊件及热源形式

a）半无限大物体，点状热源 b）无限大薄板，线状热源 c）无限大长杆，面状热源

① 半无限大物体(见图3-5a)：$x$、$y$、$z$ 三个方向空间导热，厚板表面堆焊可视为这种情况。

② 无限大薄板(见图3-5b)：$x$、$y$ 二个方向导热，薄板对接焊接属于此种情况。

③ 无限长细杆(见图3-5c)：只有在 $x$ 一个方向导热，钢筋类条棒状端面焊接属于此种情况。

2）假定焊接热源一律视为作用于微元体上的集中热源，对应于焊件形式，假定有三种典型热源。

① 点状热源：作用在半无限大物体中的三维导热的热源（见图3-5a），$T=f(x, y, z, t)$。

② 线状热源：作用在无限大薄板中的二维导热的热源（见图3-5b），$T=f(x, y, t)$。

③ 面状热源：作用在无限细长杆棒件中的一维导热的热源（见图3-5c），$T=f(x, t)$。

3）边界条件规定：半无限大物体的表面为绝热面，即热源的能量全部向物体内部传导；无限大薄板的上下表面及无限细长杆件的周边均与周围介质发生热交换，即表面传热。

4）假定材料在固态相变时，无相变潜热发生，也就是除焊接热源外，再无其他任何热的来源。

5）假定焊接热源在单位时间内供给的能量 $q$ 在整个焊接过程中保持恒定；除固定位置的补焊或定位焊外，焊接热源应保持直线等速运动。

6）假定热源在运动过程中所产生的热作用效果，可视为是相继瞬时作用于各不同点的无数集中热源连续作用的总和，而多个瞬时热源相互之间并不发生影响。瞬时热源是指热源作用时间 $\Delta t$ 与热的传播持续时间 $t$ 相比，极其微小，即 $\Delta t/t \to 0$。

7）假定金属材料的热物理性能，如 $\lambda$、$c$ 等与温度无关，为常数。

4. 瞬时热源的热传导过程

假定焊件的初始温度 $T_0=0$，利用瞬时热源法比较容易求得热传导基本方程的特解。其特解的一般表达式可写成下列形式

$$T(r, t)=\frac{Q}{c\rho\ (4\pi at)^{n/2}}\exp\left(-\frac{r^2}{4at}\right) \tag{3-11}$$

式中 $r$——所研究的给定点 $P$ 离热源作用点 $O$ 的距离；

$n$——常数，与热源种类有关；

$Q$——焊件瞬时获得的热能（J），见表3-5。

**表3-5 式（3-11）中的 $r$、$n$、$Q$ 值**

| 热 源 | $Q$ | $n$ | $r$ | 注 |
|---|---|---|---|---|
| 点热源 | $Q=q\Delta t$ | 3 | $\sqrt{x^2+y^2+z^2}$ | |
| 线热源 | $\frac{Q}{h}$ | 2 | $\sqrt{x^2+y^2}$ | $h$——薄板厚度 |
| 面热源 | $\frac{Q}{A}$ | 1 | $x$ | $A$——细长杆件横截面积 |

根据式（3-11）及表3-5不难求得三种典型热源的热传导基本方程的特解。

（1）点热源的特解

$$T(r, t)=\frac{q\Delta t}{c\rho\ (4\pi at)^{3/2}}\exp\left(-\frac{r^2}{4at}\right) \tag{3-12}$$

如果焊件的初始温度 $T_0 \neq 0$，则

$$T(r,\ t) - T_0 = \frac{q\Delta t}{c\rho\ (4\pi at)^{3/2}}\exp\left(-\frac{r^2}{4at}\right) \tag{3-13}$$

如果热源瞬时作用于半无限大物体的表面上，如图 3-6 中的 $abcd$ 上表面的 $O$ 点，并假定此表面为绝热面，则可视为该点受到热作用的温度将为无限大物体内部热源作用时的 2 倍，因而式（3-13）应改写成为

$$T(r,t) - T_0 = \frac{2q\Delta t}{c\rho(4\pi at)^{3/2}}\exp\left(-\frac{r^2}{4at}\right) \tag{3-14}$$

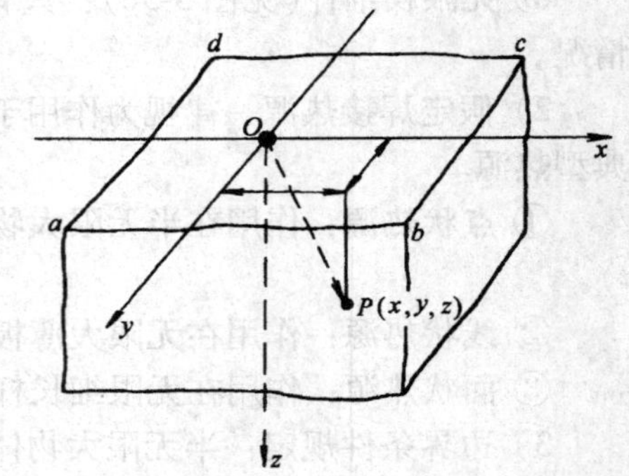

图 3-6 半无限大物体上表面的瞬时热源

根据式（3-14）的计算结果，其温度场及其变化如图 3-7 所示。可见，在 $r=0$ 的原点，即瞬时热源作用点，当 $t=0$ 时，$T\to\infty$（实际上等于热源的最高温度）；当 $t\neq 0$ 时，其温度按指数的规律降低，开始较快，以后逐步变慢。而在 $r\neq 0$ 的各点，在 $t=0$ 时，均为 $T=T_0$；在随后的热传导过程中，先是升温，经过最大值后又下降。其峰值温度 $T_{max}$，由 $\frac{\partial T}{\partial t}=0$ 来决定，并与 $r$ 值有关

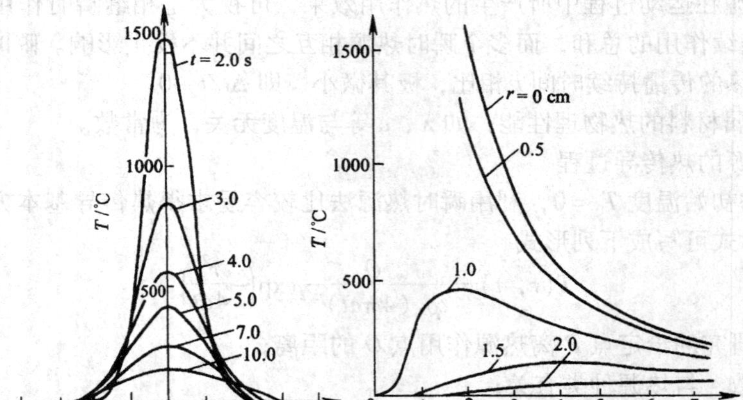

图 3-7 半无限大物体上表面 $O$ 点受点热源瞬时作用时，$P$ 点温度变化

$$T_{\max(r)} = \frac{2Q}{c\rho\left(\frac{2}{3}\pi t\right)^{3/2} r^3} + T_0 \tag{3-15}$$

达到峰值温度 $T_{max}$ 的时间 $t_m$ 为

$$t_m = \frac{r^3}{6a} \tag{3-16}$$

显然，离热源中心越近，峰值温度越高，且达到峰值温度的时间越短。

（2）线热源时的特解　线热源可以看作是在 $z$ 轴上存在无数点状热源同时作用的情况。

如果单位长度的热能为 $Q_1$(J/cm)，则 $Q=Q_1\mathrm{d}z$，于是沿 $z$ 轴对式（3-11）进行积分，即可求得线热源的特解。因为在有限厚度为 $h$（cm）时，$Q_1=\dfrac{Q}{h}$，其结果即为

$$T(r,\ t)=\frac{Q/h}{c\rho\ (4\pi at)}\exp\left(-\frac{\sqrt{x^2+y^2}}{4at}\right) \tag{3-17}$$

同样，当焊件的初始温度 $T_0\neq0$ 时，则

$$T(r,\ t)-T_0=\frac{Q/h}{c\rho\ (4\pi at)}\exp\left(-\frac{\sqrt{x^2+y^2}}{4at}\right) \tag{3-18}$$

当 $r\neq0$ 时，各点达到的峰值温度 $T_{\max}$ 及所需时间 $t_m$ 可用下式表示

$$T_{\max(r)}=\frac{Q/h}{c\rho\pi ar}+T_0 \tag{3-19}$$

$$t_m=\frac{\sqrt{x^2+y^2}}{4a} \tag{3-20}$$

（3）面热源时的特解　利用同样的方法，当焊件的初始温度 $T_0\neq0$、焊接端面积为 $A$ 时，面热源时的特解为

$$T(r,\ t)-T_0=\frac{Q/A}{c\rho\pi ar^{1/2}}\exp\left(-\frac{x^2}{4at}\right) \tag{3-21}$$

这里要说明的是，在上面的推导过程中，均未考虑焊件表面的传热问题。实验表明，许多情况下，忽略表面传热的影响是可以的，其误差并不显著。

5. 影响焊接温度场的因素

影响焊接温度场的因素很多，其中主要的有以下几个方面。

（1）热源的性质　焊接热源有许多种，如电弧、气体火焰、摩擦热、电渣焊的熔渣电阻热，等等。热源的性质不同，焊接时的温度场也不同。以电弧焊为例，由于自由电弧和压缩电弧的热能集中情况不一样，焊接温度场的形状也不一样。电子束焊接时，能量极其集中，所以它的温度场范围很小，温度梯度很大；而氧乙炔气焊时，热源作用面积较大，因此，温度场的范围也较大，相对温度梯度也较小。在电弧焊条件下，25mm 以上的钢板焊接时，就可以认为是点状热源；而 100mm 以上大厚度工件电渣焊时，也只能认为是线状热源。

（2）焊接参数　同样的焊接热源，由于焊接参数不同，焊接温度场也不同。

1）焊接速度 $v$ 的影响。如图 3-8a 所示，当热源能量（功率）$q=$ 常数时，随着焊接速度 $v$ 的增加，某一温度的等温线所包围的范围显著缩小，即其宽度和长度都变小，用等温线表示的温度场的形状变得细长。

2）热源能量 $q$ 的影响。如图 3-8b 所示，当 $v=$ 常数时，随着 $q$ 的增大，某一温度的等温线所包围的范围也随之增大。

当焊接热输入 $E=q/v$ 为常数时，同时增大 $q$ 和 $v$，则此时会使等温线稍加拉长，因而使等温线包围的范围被拉长，如图 3-8c 所示。

（3）被焊金属的热物理性质

1）热导率 $\lambda$。$\lambda$ 表示金属的导热能力，它的物理含义是沿法线方向在单位时间内，单位距离相差 1℃时，经过单位面积所传递的热能，即

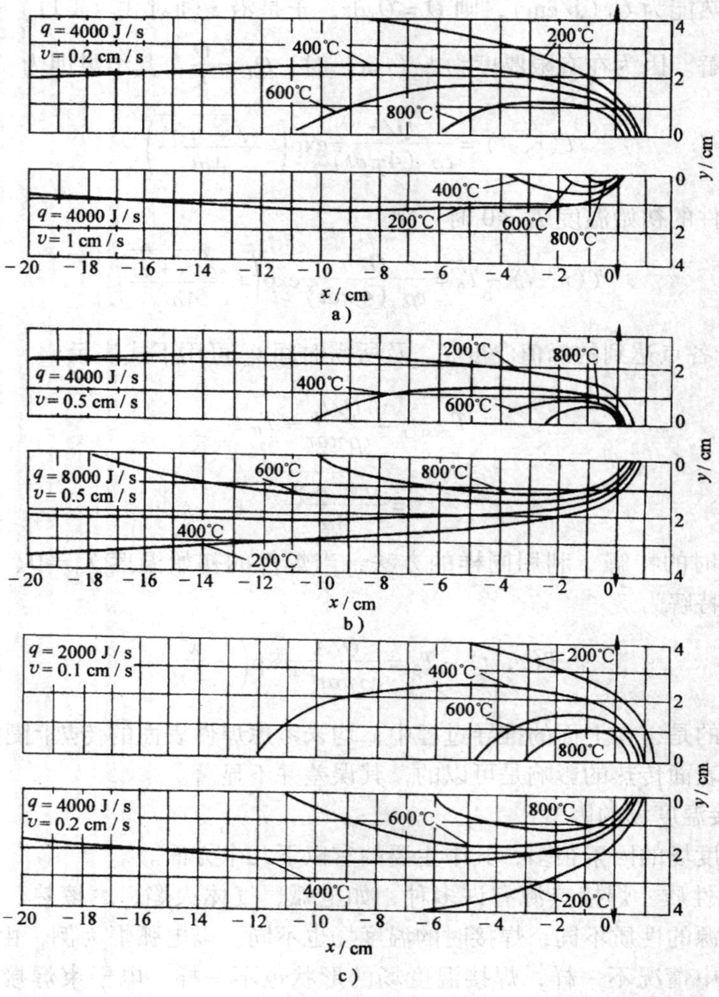


图 3-8 焊接参数对温度场的影响

$$\lambda = \frac{dQ}{dAdt\left(-\frac{\partial T}{\partial n}\right)} \tag{3-22}$$

式中 $\lambda$——热导率［W／（cm·℃）］；

$Q$——热能（J）；

$A$——传热面积（$cm^2$）；

$t$——传热时间（s）；

$T$——温度（℃）；

$\frac{\partial T}{\partial n}$——单位温度梯度，负号表示降温，即单位距离降低1℃时的温度梯度。

热导率 $\lambda$ 并不是一个不变的常数。当金属材料的化学成分、组织和温度不同时，则 $\lambda$ 也不同。对于纯铁、碳钢和低合金钢来说，随着温度的增加，$\lambda$ 是下降的；而高合金钢，如不锈钢、耐热钢等，随着温度的增加，$\lambda$ 是增加的，如图 3-9 所示。

在室温时，各种钢的 $\lambda$ 数值相差很大，但是随温度的上升，它们几乎趋向一致。当温度在 800℃以上时，各种钢的 $\lambda$ 值约在 0.25 ~ 0.34W/(cm·℃)之间。

2）比热容 $c$。1g 物质每升高 1℃时所需的热能称之为比热容 $c$。当温度上升 d$T$ 时，则

$$c = \frac{\mathrm{d}Q}{\mathrm{d}T} \tag{3-23}$$

式中　d$Q$——1g 物质温度上升 d$T$ 时所吸收的热能（J/g）。

不同材料具有不同的比热容，而同样材料当温度变化时，$c$ 也随之发生变化，特别是在磁性变态附近（例如低碳钢为 768℃左右）变化很大。

为了方便起见，在进行焊接温度场计算时，通常采用平均值。例如钢在 20 ~ 1500℃时，$c$ 的平均值为 0.67 ~ 0.76J/(g·℃)。当然，这样处理会带来一定的误差。

3）体积比热容 $c\rho$。单位体积的物质每升高 1℃时所需的热能，称之为体积比热容，用 $c\rho$ 表示，单位为 J/(cm³·℃)。同样，$c\rho$ 也是温度的函数。$c\rho$ 值大的金属，温度上升缓慢。一般钢铁材料的 $c\rho$ 值约为 4.62 ~ 5.46J/（cm³·℃）。

4）热扩散率 $a$。热扩散率又称导温系数，它是表示温度传播的速度。$a$ 与 $\lambda$ 和 $c\rho$ 的关系为 $a = \frac{\lambda}{c\rho}$。同样，$a$ 也是随温度变化的。低碳钢在焊接条件下，$a$ 的平均值约为 0.07 ~ 0.10cm²/s。

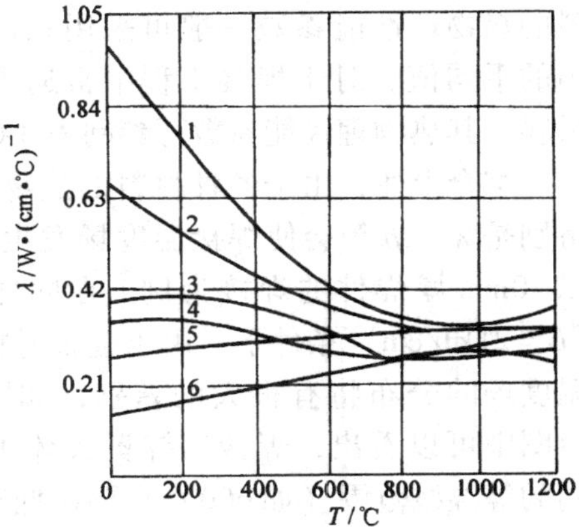


图 3-9　各种钢的热导率与温度的关系

1—纯铁　2—低碳钢（$w_C$ = 0.1%）　3—中碳钢（$w_C$ = 0.45%）　4—低合金钢（$w_{Cr}$ = 4.98%）　5—高铬钢（1Cr13）　6—不锈钢（18-8 型）

5）比焓 $h$。单位质量的物质所具有的全部热能称之为比焓 $h$，$h$ 也是与温度有关的。低碳钢加热到熔化温度时的 $h$ 大约为 1331.4J/g。

6）表面传热系数 $\alpha$。表面传热系数 $\alpha$ 是表示金属材料表面传热的能力，它的物理含义是传热表面与周围介质每相差 1℃时，在单位时间内单位面积所传递的热量。传热的方式有辐射和对流。实验证明，在静止的空气中，焊接过程所传递的热能主要是通过辐射，而对流的作用很小。

一般为计算方便起见，只考虑总的传热系数 $\alpha = \alpha_e + \alpha_c$。$\alpha_c$ 为表面对流传热系数；$\alpha_e$ 为表面辐射传热系数。由于传热而损失的热能，可由下式进行计算

$$q_s = \alpha(T - T_e) \tag{3-24}$$

式中　$q_s$——传递的热能；

$\alpha$——表面传热系数；

$T$——物体表面温度；

$T_e$——物体周围介质的温度。

由于传热而损失的热能，不但随温差增大而增加，而且温度越高，表面传热系数 $\alpha$ 也

越大，如图 3-10 所示。

因此，当焊件的传热面积较大时，如薄板的焊接，就需要考虑由于表面传热对温度场的影响。

从以上的介绍中可以看出，材料的各种热物理性能参数都是温度的函数。焊接时的温度变化很大，温度分布极不均匀，因此给焊接温度场的精确计算带来了一定的困难。

在焊接温度场的计算中，为使问题简化，材料的热物理性能参数一般可采用在温度变化范围内的平均值。对于焊接工程中常遇到的典型金属材料，其热物理性能参数可参阅表 3-6。

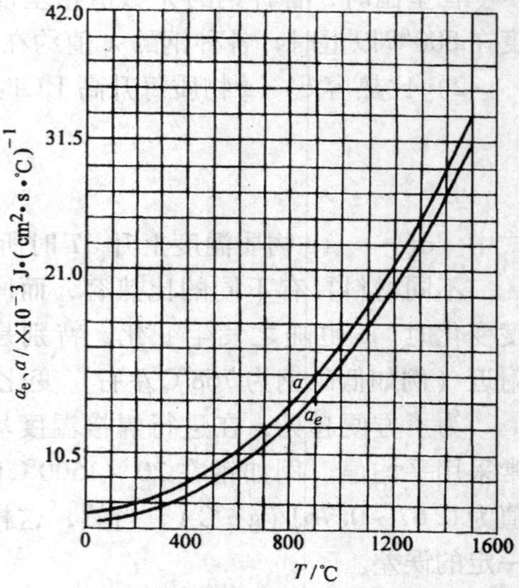


图 3-10　$\alpha$ 和 $\alpha_e$ 与温度的关系

综合上述，由于各种材料的热物理性能不同，特别是 $\lambda$、$c\rho$ 等会使焊接温度场发生很大的变化。以 10mm 厚焊件的焊接为例，在同样焊接热输入（$E=21\text{kJ/cm}$）条件下，由于金属材料不同，焊接温度场的分布将有很大的差别，如图 3-11 所示。由图中可以看出，焊接铬镍奥氏体不锈钢时，相同的等温线范围（如 600℃）要比低碳钢焊接时为大，这是因为奥氏体不锈钢的热扩散性能比低碳钢差［铬镍奥氏体不锈钢的 $\lambda=0.252\text{W/(cm·℃)}$；低碳钢的 $\lambda=0.42\text{W/(cm·℃)}$］，因此，焊接不锈钢和耐热钢时，所选用的焊接热输入 $E$ 应比焊接低碳钢时要小。相反，由于铜和铝的热扩散性极好，相同等温线的范围很小，因此焊接铜和铝时应选用比焊接低碳钢更大的热输入。

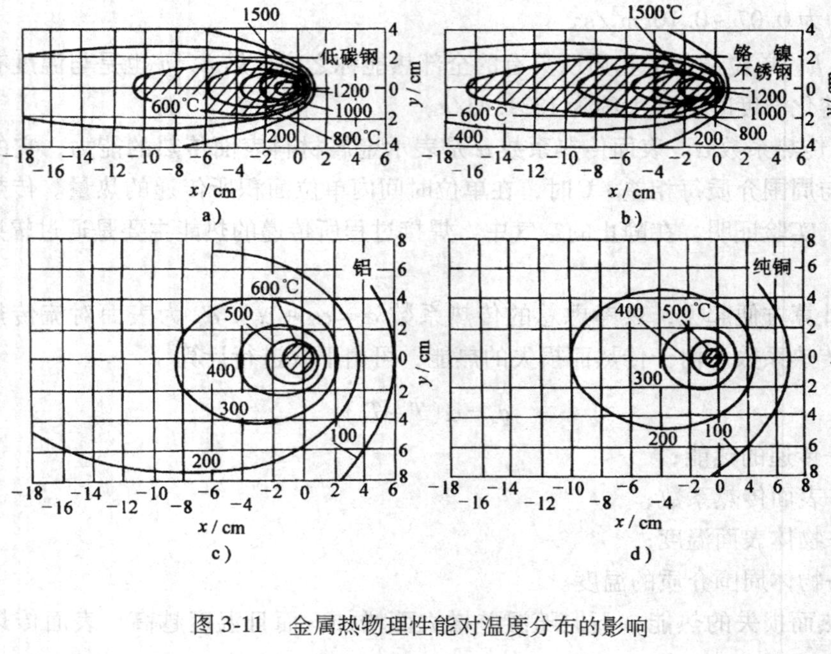


图 3-11　金属热物理性能对温度分布的影响

表 3-6　典型金属材料热物理性能参数的平均值

| 热物理性能参数 | 单　位 | 焊接条件下选取的平均值 | | | |
|---|---|---|---|---|---|
| | | 低碳钢、低合金钢 | 不 锈 钢 | 铝 | 纯　铜 |
| $\lambda$ | $W\cdot(cm\cdot℃)^{-1}$ | 0.378～0.504 | 0.168～0.336 | 2.65 | 3.78 |
| $c$ | $J\cdot(g\cdot℃)^{-1}$ | 0.652～0.756 | 0.42～0.50 | 1.0 | 1.32 |
| $c\rho$ | $J\cdot(cm^3\cdot℃)^{-1}$ | 4.83～5.46 | 3.36～4.2 | 2.63 | 3.99 |
| $a=\dfrac{\lambda}{c\rho}$ | $cm^2\cdot s^{-1}$ | 0.07～0.10 | 0.05～0.07 | 1.0 | 0.95 |
| $\alpha$ | $J\cdot(cm\cdot s\cdot℃)^{-1}$ | (0～1500℃) (0.63～37.8)　$\times10^{-3}$ | — | — | — |
| $h$ | $J\cdot g^{-1}$ | (0～1500℃) 1331.4 | — | — | — |

（4）焊件的板厚及形状　焊件的几何形状、尺寸及环境状态，如环境温度、湿度、介质、预热及后热等，对焊接温度场的分布也有很大的影响。

1）厚板焊接结构。在图 3-6 中，热源作用在 $z=0$ 的表面 $O$ 点上，传热方向为 $x$、$y$、$z$ 三维传热，从前面的分析已知，这种情况相当于点状热源，热的传播为半球体形，所以一般视为半无限大物体。根据大量实验显示，25mm 以上厚度的低碳钢焊件或 20mm 以上厚度的不锈钢焊件，在焊条电弧焊的条件下，都可视为半无限大物体，各个坐标系的温度场等温线分布如图 3-8 所示。

2）薄板焊接结构。热源的特征为线状，传热方向为 $x$、$y$ 二维传热。在焊条电弧焊的条件下，厚度在 8mm 以下的低碳钢板或厚度在 5mm 以下的不锈钢板，均可视为薄板结构。各坐标系的温度场分布如图 3-12 所示。

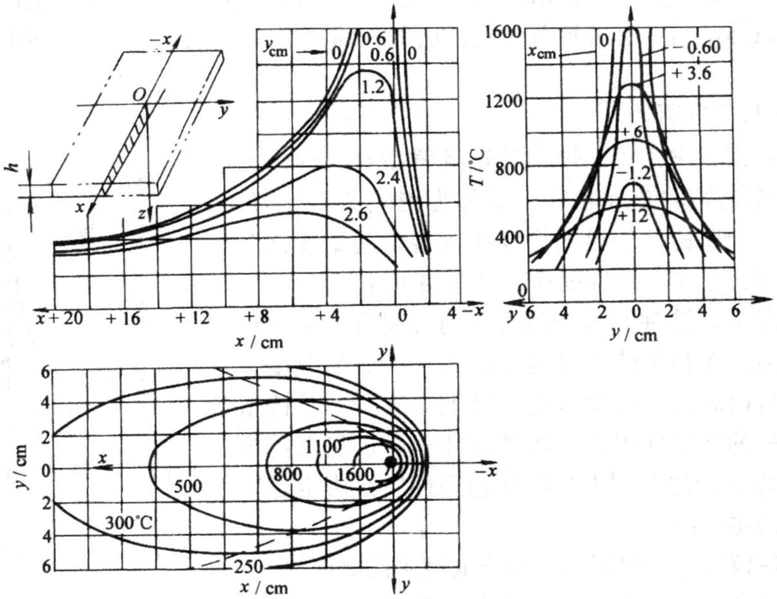


图 3-12　薄板焊接时的温度场分布

$q=4200J/s$，$v=0.1cm/s$，$\lambda=0.42J/(cm\cdot℃)$

3）接头形式。焊接接头形式不同，其温度场分布的特点也不一样，如图 3-13 所示。

## 二、凝固成形温度场

铸件凝固过程中，许多现象都是温度的函数。因此，研究凝固过程传热所要解决的主要问题是不同时刻，铸件和铸型中的温度场变化。

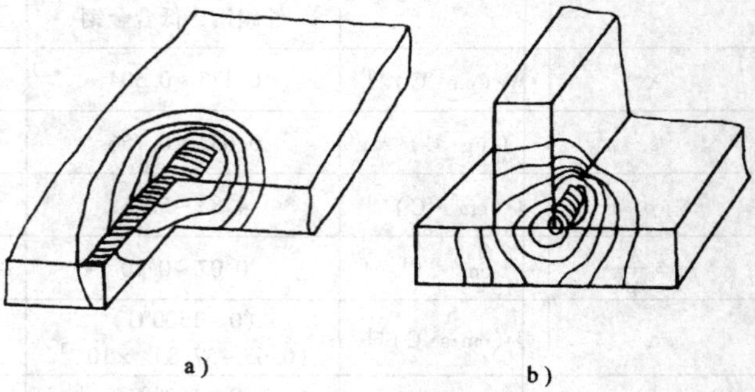


图 3-13　不同接头形式温度场分布

a）表面堆焊　b）丁字接头

根据铸件温度场随时间的变化，能够预测铸件凝固过程中其断面上各时刻的凝固区域大小及变化、凝固前沿向中心推进的速度、缩孔和疏松的位置、凝固时间等重要问题，为正确设计浇注系统，设置冒口、冷铁，以及采取其他工艺措施控制凝固过程提供可靠的依据。这对于消除铸造缺陷，获得健全铸件，改善铸件组织和性能都很重要。

应该指出，铸件在铸型中的凝固和冷却过程是非常复杂的。这是因为，它首先是一个不稳定的热扩散过程，铸件上各点的温度随时间而下降，而铸型的温度则随时间先上升而后下降；其次，铸件的形状各种各样，其中大多数为三维传热问题；铸件在凝固过程中又不断释放出结晶潜热；其断面上存在着已凝固的固态外壳、液固态并存的凝固区和液态区，在金属型中凝固时还可能出现中间层，因此，铸件与铸型的传热是通过若干个区域进行的；此外，铸型和铸件的热物理参数也都随温度而变化，不是固定的数值，等等。如果将这些因素都考虑进去，建立一个符合实际情况的微分方程是很困难的。因此，用数学分析法研究铸件的凝固过程时，必须对过程进行合理的简化。

在铸件和铸型的不稳定热扩散过程中，温度与时间和空间的关系仍可用傅里叶热扩散微分方程描述，具体的将在有关章节讨论，这里分别介绍四种情况下铸件和铸型的温度分布特点。

1. 绝热铸型中的凝固

砂型、石膏型、陶瓷型、熔模铸造等铸型材料的热扩散系数远小于凝固金属的热导率，可统称为绝热铸型。因此，在凝固传热中，金属铸件的温度梯度比铸型中的温度梯度小得多。相对而言，金属中的温度梯度可忽略不计。

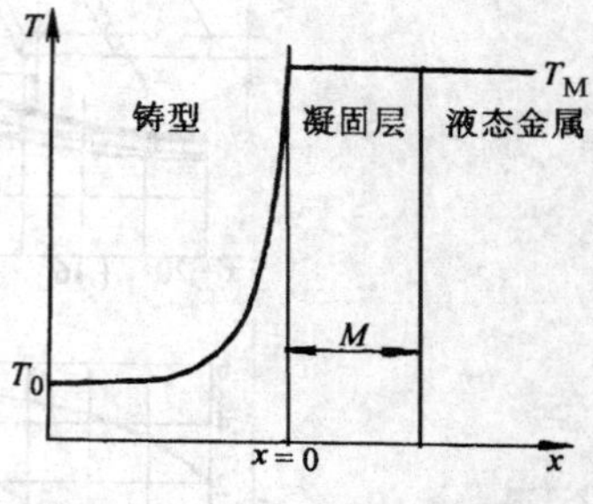


图 3-14　绝热铸型凝固温度分布

在这种情况下，铸件和铸型的温度分布如图 3-14 所示。因此，可以认为，在整个传热过程中，铸件断面的温度分布是均匀的，铸型内表面的温度接近铸件的温度。如果铸型足够厚，由于铸型的导热性很差，铸型的外表面仍然保持为初始温度 $T_0$。所以，绝热铸型本身的热物理性质是决定整个系统热扩散过程的主要因素。

2. 以金属–铸型界面热阻为主的金属型中的凝固

较薄的铸件在工作表面涂有涂料的金属型中铸造时，就属于这种情况。

金属–铸型界面处的热阻较铸件和铸型中的热阻大得多，这时，凝固金属和铸型中的温度梯度可以忽略不计，即认为温度分布是均匀的，热扩散过程取决于涂层的热物理性质。若金属是无过热浇注，则界面处铸件的温度就等于金属的凝固温度，铸型的温度保持为 $T_0$，如图 3-15 所示。

3. 厚壁金属型中的凝固

当金属型的涂料层很薄时，厚壁金属型中的凝固金属和铸型的热阻都不可忽略，因而都存在明显的温度梯度。由于此时金属–铸型界面的热阻相对很小，可以忽略不计，则铸型内表面和铸件表面温度相同。可以认为，厚壁金属型中凝固热扩散为两个相连接的半无限大物体的热扩散，整个系统的热扩散过程取决于铸件和铸型的热物理性质，其温度分布如图 3-16 所示。

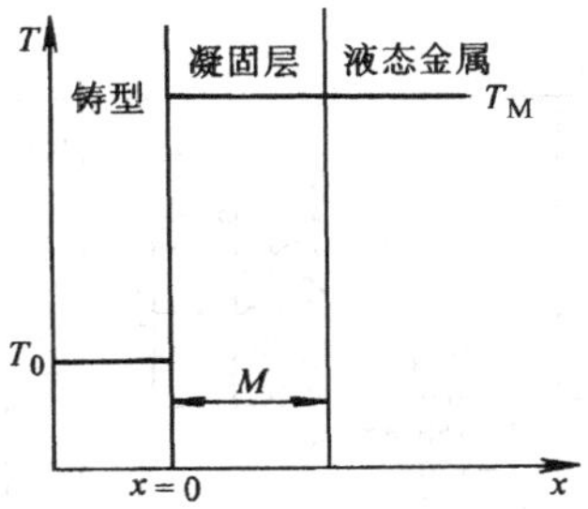


图 3-15　以界面热阻为主的温度分布

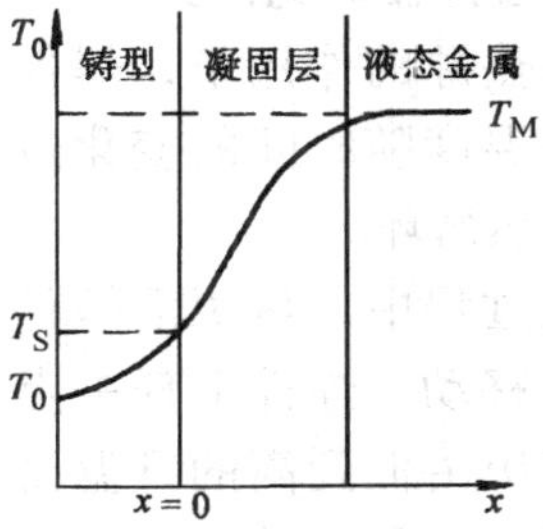


图 3-16　厚壁金属型时凝固的温度分布

4. 水冷金属型中的凝固

在水冷金属型中，是通过控制冷却水温度和流量，使铸型温度保持近似的恒定，在不考虑金属–铸型界面热阻的情况下，凝固金属表面的温度等于铸型的温度。在这种情况下，凝固传热的主要热阻是凝固金属的热阻，铸件中有较大的温度梯度。整个系统的温度分布，如图 3-17 所示。

**三、塑性成形温度场**

塑性成形在钢锭或钢材加热过程中，开始时总是表面的温度高于中心的温度，出现断面温度差，如图 3-18 所示。断面温度差 $\Delta T$ 的大小取决于钢材的热扩散性能、断面尺寸、加热

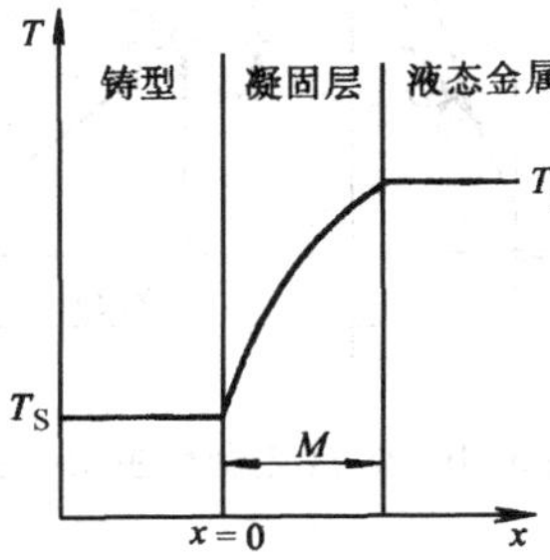


图 3-17　水冷薄壁金属型中凝固的温度分布

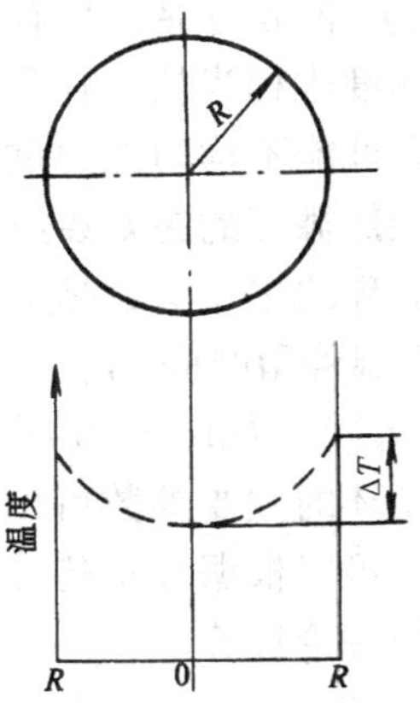


图 3-18　钢料加热过程瞬时温度沿断面分布示意

速度以及炉温与料温之间的温度差。如果钢材的热扩散性差、断面尺寸大、加热速度快、炉温与料温的温差又大，则其断面温度差就大；反之，断面温度差就小。

钢材在加热过程中形成的断面温度差，将会使锻件产生三向内应力。

随着加热时间的延长，断面温差将逐渐缩小。

锻件在冷却过程中，初期表面冷却速度较快，表面的温度低于中心的温度，同样也出现断面温度。

## 第四节 焊接热循环及冶金过程

### 一、焊接热循环的意义

在焊接热源的作用下，焊件上某一点的温度随时间的变化过程称为焊接热循环。

在焊接过程中，热源沿焊件的某一方向移动，焊件上任一点的温度都经历由低到高的升温阶段，当温度达到最大值后，又经历由高到低的降温阶段。在焊缝两侧不同距离的各点，所经历的这种热循环是不同的，如图 3-19 所示。

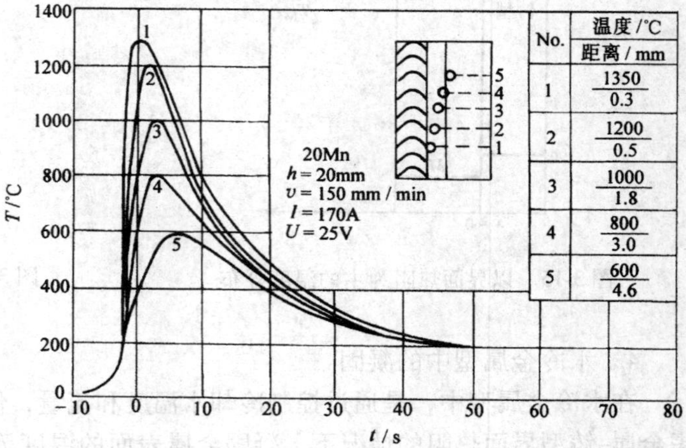


图 3-19 离焊缝不同距离的各点的焊接热循环

从图中可以看出，离焊缝越近的点，其加热速度越大，峰值温度越高，冷却速度也较大，并且加热速度和冷却速度均很快。也就是说，焊接是一个不均匀的加热和冷却过程，也可以说是一种特殊的热处理过程。与金属材料一般热处理相比，或与塑性成形或凝固成形热过程相比，焊接时的加热速度非常快，在相变点以上高温停留的时间（即保温时间）非常短促，只有几秒到十几秒的时间；冷却速度也相当快，这是造成焊接接头组织不均匀性和性能不均匀性的重要原因。

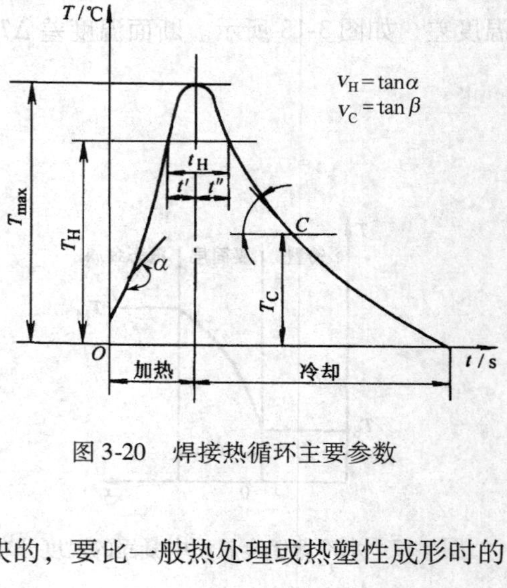


图 3-20 焊接热循环主要参数

### 二、焊接热循环的主要参数

焊接热循环的主要参数是加热速度 $v_H$、峰值温度 $T_{max}$、高温停留时间 $t_H$、冷却速度 $v_C$（或冷却时间 $t_{8/5}$ 或 $t_{8/3}$），如图 3-20 所示。

焊接热循环的主要参数可以用试验和实测的方法求得，也可以根据焊接传热学的理论建立数字模型，进行理论计算。

1. 加热速度 $v_H$

前面已经介绍，在焊接条件下的加热速度是很快的，要比一般热处理或热塑性成形时的加热速度快得多。

根据前面所推导的焊接温度场理论公式（3-8）或式（3-9），可以对 $v_H$ 进行理论计算。实际上就是焊接热循环曲线加热段上任一点（某一瞬时或某一温度）的切线斜率或微分。但理论计算的结果 $v_H \to \infty$，这实际上是没有意义的。

实际焊接时，加热速度 $v_H$ 与热源的种类、焊接方式、母材的性质、板厚及焊接热输入等因素有关。例如，采用不同的焊接方法和不同的热输入，焊接不同厚度的低碳钢或低合金结构钢，根据实测的结果，加热速度 $v_H$ 如表 3-7 所示。

**表 3-7　单层电弧焊和电渣焊低合金钢时近缝区热循环参数**

| 焊接方法 | 板厚/mm | 焊接热输入/J·cm$^{-1}$ | 900℃时的加热速度/℃·s$^{-1}$ | 900℃以上停留时间/s | | 冷却速度/℃·s$^{-1}$ | | 备　注 |
|---|---|---|---|---|---|---|---|---|
| | | | | 加热时 $t'$ | 冷却时 $t''$ | 900℃ | 550℃ | |
| 钨极氩弧焊 | 1 | 840 | 1700 | 0.4 | 1.2 | 240 | 60 | 对接不开坡口 |
| | 2 | 1680 | 1200 | 0.6 | 1.8 | 120 | 30 | |
| 埋弧焊 | 3 | 3780 | 700 | 2.0 | 5.5 | 54 | 12 | 对接不开坡口，有焊剂垫 |
| | 5 | 7140 | 400 | 2.5 | 7.0 | 40 | 9 | |
| | 10 | 19320 | 200 | 4.0 | 13.0 | 22 | 5 | |
| | 15 | 42000 | 100 | 9.0 | 22.0 | 9 | 2 | V 形坡口对接，有焊剂垫 |
| | 25 | 105000 | 60 | 25.0 | 75.0 | 5 | 1 | |
| 电渣焊 | 50 | 504000 | 4 | 162.0 | 335.0 | 1.0 | 0.3 | 双丝 |
| | 100 | 672000 | 7 | 36.0 | 168.0 | 2.3 | 0.7 | 三丝 |
| | 100 | 1176000 | 3.5 | 125.0 | 312.0 | 0.83 | 0.28 | 板极 |
| | 220 | 966000 | 3.0 | 144.0 | 395.0 | 0.8 | 0.25 | 双丝 |

加热速度 $v_H$ 将影响到材料的相变点，通常随着加热速度的提高，钢的固态相变温度 $Ac_1$ 和 $Ac_3$ 也相应地提高，而且 $Ac_1$ 和 $Ac_3$ 之间的温差也变大，如图 3-21 和表 3-8 所示。

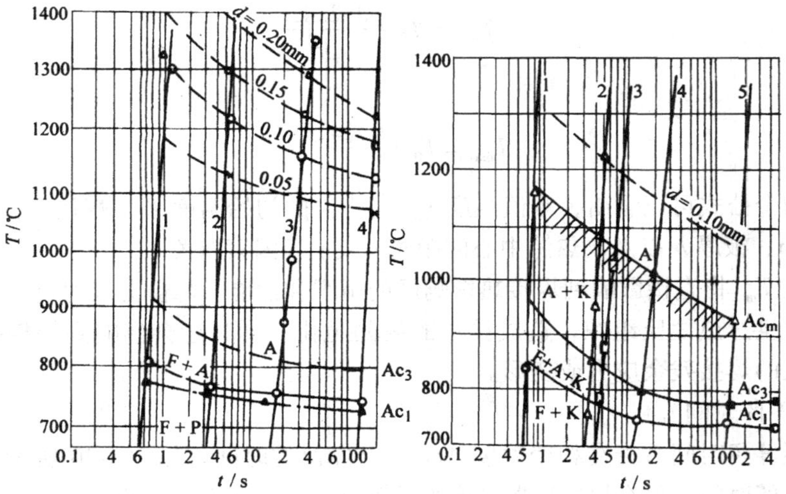


a)　　b)

图 3-21　焊接时加热速度对钢的 $Ac_1$、$Ac_3$ 和晶粒长大的影响

a）45 钢（$v_H$：1—400℃/s；2—270℃/s；3—35℃/s；4—7.5℃/s）

b）40Cr（$v_H$：1—1600℃/s；2—300℃/s；3—150℃/s；4—42℃/s；5—7.2℃/s）

$d$—晶粒平均直径　A—奥氏体　P—珠光体　F—铁素体　K—碳化物

**表 3-8 加热速度对相变点 $Ac_1$ 和 $Ac_3$ 及其温差的影响**

| 钢 种 | 相变点 | 平衡状态/℃ | 加热速度 $v_H$/℃·s$^{-1}$ | | | | $Ac_1$ 和 $Ac_3$ 的温差/℃ | | |
|---|---|---|---|---|---|---|---|---|---|
| | | | 6~8 | 40~50 | 250~300 | 1400~1700 | 40~50 | 250~300 | 1400~1700 |
| 45 | $Ac_1$ | 730 | 770 | 775 | 790 | 840 | 45 | 60 | 110 |
| | $Ac_3$ | 770 | 820 | 835 | 860 | 950 | 65 | 90 | 180 |
| 40Cr | $Ac_1$ | 740 | 735 | 750 | 770 | 840 | 15 | 35 | 105 |
| | $Ac_3$ | 780 | 775 | 800 | 850 | 940 | 25 | 75 | 165 |
| 23Mn | $Ac_1$ | 735 | 750 | 770 | 785 | 830 | 35 | 50 | 95 |
| | $Ac_3$ | 830 | 810 | 850 | 890 | 940 | 40 | 80 | 130 |
| 30CrMnSi | $Ac_1$ | 740 | 740 | 775 | 825 | 920 | 35 | 85 | 180 |
| | $Ac_3$ | 820 | 790 | 835 | 890 | 980 | 45 | 100 | 190 |
| 18Cr2WV | $Ac_1$ | 710 | 800 | 860 | 930 | 1000 | 60 | 130 | 200 |
| | $Ac_3$ | 810 | 860 | 930 | 1020 | 1120 | 70 | 160 | 260 |

从表 3-8 中可以看出，钢中含有较多的碳化物形成元素时，随着加热速度的提高，相变点温度 $Ac_1$ 和 $Ac_3$ 有更为显著的增高，例如 18Cr2WV 钢。

加热速度除对相变温度有影响之外，对已形成的奥氏体均质化过程也有影响。同时也使碳化物的分解重熔受到限制。

2. 峰值温度 $T_{max}$

峰值温度 $T_{max}$ 的计算，可以根据前面推导的温度场数学表达式（3-11）求解。假设焊接热输入为 $E$，焊件的初始温度为 $T_0$，当 $\frac{\partial T}{\partial t}=0$ 时，可以求得简化了的最高温度计算公式

点热源：

$$T_{max} = T_0 + \frac{0.234E}{c\rho r^2} \tag{3-25}$$

线热源：

$$T_{max} = T_0 + \frac{0.242E/h}{c\rho y} \tag{3-26}$$

从以上两个公式可以看出，峰值温度 $T_{max}$ 与焊件的初始温度 $T_0$、焊接热输入 $E$、母材的热物理性能 $c\rho$、板厚 $h$ 以及离热源中心的距离 $r$ 或 $y$ 等因素有关。

峰值温度 $T_{max}$ 将直接影响到焊接热影响区的组织和性能。峰值温度过高，将使晶粒严重长大，甚至产生过热魏氏组织，造成接头的粗晶脆化；同时还会影响到焊接接头的应力应变，形成较大的焊接残余应力或变形。

3. 高温停留时间 $t_H$

所谓高温停留时间系指在相变温度 $Ac_1$ 以上停留的时间。如图 3-20 所示，它包含了加热过程高温停留时间 $t'$ 和冷却过程高温停留时间 $t''$（参见表 3-7），即

$$t_H = t' + t'' \tag{3-27}$$

高温停留时间直接从理论上推导还有一定的困难，根据焊接温度场的计算公式和实验结果，可以求得高温停留时间 $t_H$ 的计算公式

点热源：
$$t_H = f_3 \frac{E}{\lambda(T_{max} - T_0)} \tag{3-28}$$

线热源：
$$t_H = f_2 \frac{(E/h)^2}{\lambda c\rho(T_{max} - T_0)^2} \tag{3-29}$$

式中　$f_3$、$f_2$——点热源和线热源的修正系数；同时，$f_3$ 和 $f_2$ 又是温度无因次系数 $\theta = \frac{T_M - T_0}{T_{max} - T_0}$ 的函数，可以从图 3-22 中查得。

从上式可以看出，高温停留时间 $t_H$ 与焊接热输入 $E$、被焊金属材料的热物理性能 $\lambda$ 与 $c\rho$、工件厚度 $h$、焊件的初始温度 $T_0$ 以及加热的最高温度 $T_{max}$ 等因素有关。

在相变温度以上的停留时间，对于相的溶解、奥氏体的扩散均质化以及晶粒度都有很大的影响。对于钢来说，一般在固态相变温度以上停留的时间越长，越有利于奥氏体的均质化，但温度太高，例如在 1100℃ 以上的停留时间过长，将会使奥氏体晶粒严重长大，造成粗晶脆化。

4．冷却速度 $v_C$

瞬时冷却速度 $v_C$ 是指焊接热循环曲线（图 3-20）的冷却段任一点的微分

$$v_C = \frac{\partial T}{\partial t} \tag{3-30}$$

根据焊接温度场数学表达式（3-11），如果欲求在某一温度 $T_C$ 的瞬时冷却速度 $v_C$，经过推导可用下列公式

点热源：
$$v_C = -2\pi\lambda \frac{(T_C - T_0)^2}{E} \tag{3-31}$$

线热源：
$$v_C = -2\pi\lambda c\rho \frac{(T_C - T_0)^3}{(E/h)^2} \tag{3-32}$$

式中　$T_C$——所求冷却速度的瞬时温度（℃）。

从上述两式可以看出，瞬时冷却速度 $v_C$ 与焊接热输入 $E$、被焊金属材料的热物理性能 $\lambda$ 和 $c\rho$、焊件的初始温度 $T_0$ 以及板厚有关。

关于板厚的影响，在热输入 $E$ 一定的条件下，当板厚大到一定程度时，板厚 $h$ 将对冷却速度 $v_C$ 不发生影响，相当于半无限大物体的点热源情况。如果假设对冷却速度不发生影响的板厚为临界板厚 $h_C$，则 $h_C$ 可由下式求得

$$h_C = \sqrt{\frac{E}{c\rho(T_C - T_0)}} \tag{3-33}$$

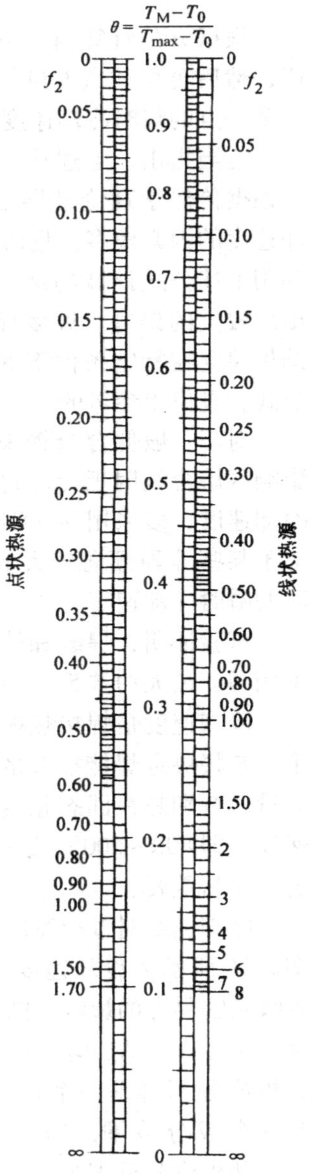


图3-22　$\theta$ 值与 $f_3$ 和 $f_2$ 的关系

如果实际板厚 $h \geqslant h_C$，则 $v_C$ 按点热源公式（3-31）计算。对于焊条电弧焊来说，一般认为：当 $h > 25$mm 时，可用式（3-31）来计算 $v_C$；当 $h < 8$mm 时，可用式（3-32）来计算 $v_C$。如果焊件厚度在 8～25mm 之间，计算 $v_C$ 时应将式（3-31）乘以修正系数 $K$，即

$$v_C = -K\frac{2\pi\lambda(T_C - T_0)^2}{E} \tag{3-34}$$

$K$ 是无因次系数 $\varepsilon$ 的函数，$K = f(\varepsilon)$。

$$\varepsilon = \frac{E}{\pi hc\rho(T_C - T_0)} \tag{3-35}$$

根据 $\varepsilon$ 的计算值，可在图 3-23 中查得 $K$ 值，然后再由式（3-34）计算中等厚度焊件上某一点的瞬时冷却速度。

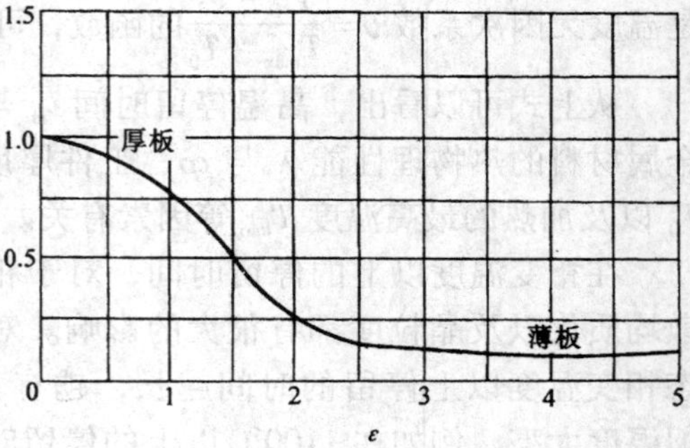


图 3-23　$K$ 与 $\varepsilon$ 的关系

应当指出，上述冷却速度计算公式主要是根据传热学理论推导出来的，由于影响冷却速度的因素较多，且情况比较复杂，因此，利用上述公式计算的结果与实际情况可能会出现较大的误差。许多焊接工作者根据试验结果建立在特定条件下的冷却速度经验计算公式，是值得参考的。

对于一般低合金钢来说，主要是研究热影响区熔合线附近冷却过程中某瞬时温度的冷却速度，多采用 540℃ 时的瞬时冷却速度；对于某些淬硬倾向较大的钢种多考虑 300℃ 时的瞬时冷却速度。

试验证明，焊缝和熔合区的冷却速度几乎相同，最大约差 5% ~10%。

冷却速度是焊接热循环中极其重要的参量，它将决定焊接接头的组织、性能及接头质量，特别是在固态相变温度范围内的冷却速度，即 800 ~500℃ 及 800 ~300℃ 时的冷却速度尤为重要。

冷却速度对过冷奥氏体的转变影响很大，图 3-24 所示为冷却速度对 Fe-C 相图上各临界线及临界点的影响。随着冷却速度 $v_C$ 的提高，$A_1$、$A_3$、$A_{cm}$ 均移向更低的温度，同时共析成分不再是一个点（$w_C = 0.77\%$），而是一个成分范围，当冷却速度 $v_C$ = 30℃/s 时，共析成分范围为 $w_C = 0.4\%$ ~$0.8\%$，这就意味着，$w_C = 0.4\%$ 的钢在快速冷却时有可能得到全部为珠光体的组织（伪共析组织）。

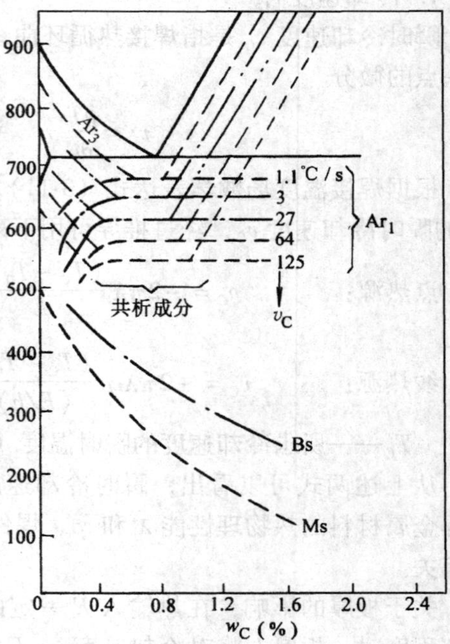


图 3-24　冷却速度 $v_C$ 对 Fe-C 相图的影响

$Ar_1$—珠光体开始形成温度
Ms—马氏体开始形成温度
Bs—贝氏体开始形成温度
$Ar_3$—魏氏组织开始形成温度

近年来的实验表明，淬火冷却速度相当大时，对 Ms 也有一定的影响，如图 3-25 所示。随着冷却速度的提高，Ms 点有所上升。从图中可以看出，对于 Fe + 0.5% C 钢，当 $v_C$ =

5 $\times 10^3$℃/s时，Ms = 360℃；当 $v_C = 20 \times 10^3$℃/s 时，Ms = 460℃。对于 Fe + 0.5% C + 2% Ni 钢，当 $v_C = 10 \times 10^3$℃/s 时，Ms = 300℃，当 $v_C = 30 \times 10^3$℃/s 时，Ms = 410℃。这是因为冷却速度增加，引起内应力增加，有助于马氏体相变，因而 Ms 上升；同时，冷却速度还会改变马氏体的形态，因为增大冷却速度使马氏体增大滑移的抗力，不均匀切变就会以孪晶方式进行，马氏体就会由条状变为片状。

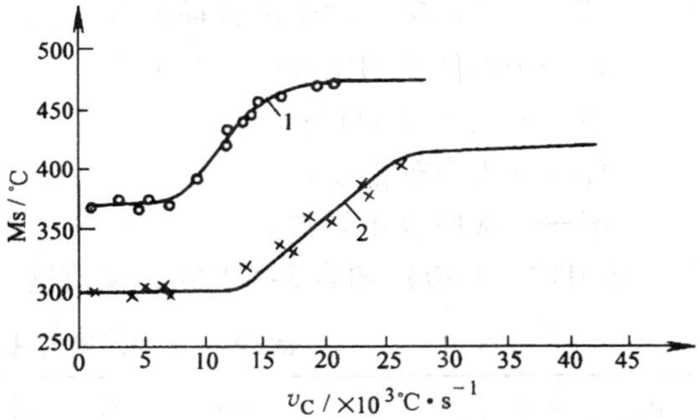

图 3-25　淬火冷却速度 $v_C$ 对 Ms 的影响
1—Fe + 0.5% C
2—Fe + 0.5% C + 2% Ni

5. 冷却时间 $t_C$（$t_{8/5}$、$t_{8/3}$及 $t_{100}$）

在试验研究工作中，准确地测量瞬时冷却速度有一定的困难，因此，目前多采用一定温度范围内的冷却时间来代替冷却速度，并以此作为研究焊接接头的组织、性能及抗裂性的重要参数。

对于一般碳钢及低合金钢常采用固态相变温度范围的 800 ~ 500℃冷却时间 $t_{8/5}$；而对淬硬倾向比较大的钢种有时采用 800 ~ 300℃冷却时间 $t_{8/3}$或由峰值温度冷至 100℃时的冷却时间 $t_{100}$。

点热源：

$$t_{8/5} = \frac{m_1 E}{2\pi\lambda}\left[\frac{1}{(500 - T_0)} - \frac{1}{(800 - T_0)}\right] \tag{3-36}$$

$$t_{8/3} = \frac{m_1 E}{2\pi\lambda}\left[\frac{1}{(300 - T_0)} - \frac{1}{(800 - T_0)}\right] \tag{3-37}$$

线热源：

$$t_{8/5} = \frac{m_2 (E/h)^2}{4\pi\lambda c\rho}\left[\frac{1}{(500 - T_0)^2} - \frac{1}{(800 - T_0)^2}\right] \tag{3-38}$$

$$t_{8/3} = \frac{m_2 (E/h)^2}{4\pi\lambda c\rho}\left[\frac{1}{(300 - T_0)^2} - \frac{1}{(800 - T_0)^2}\right] \tag{3-39}$$

日本稻垣道夫等人根据焊接传热学理论和大量试验结果建立了不同焊接方法的冷却时间 $t_C$ 的经验公式

$$t_C = \frac{KE^n}{\beta (T - T_0)^2\left[1 + \frac{2}{\pi}\arctan\left(\frac{h - h_0}{a'}\right)\right]} \tag{3-40}$$

$$E = 60UI/v$$

式中　$t_C$——$t_{8/5}$或 $t_{8/3}$冷却时间（s）；

$E$——焊接热输入（J/cm）；

$I$——焊接电流（A）；

$U$——电弧电压（V）；

$v$——焊接速度（cm/min）；

$n$——焊接热输入指数（由实验确定）；

$K$——焊接热输入系数（由实验确定）；

$\beta$——与接头形式有关的系数，平板堆焊或多层焊最后一层时，$\beta$ 取 1；丁字接头时，

$\beta$ 可近似地取 2；

$T$——冷却区间的温度特征值（℃）；

$T_0$——焊件的初始温度（℃）；

$h$——板厚（mm）；

$h_0$——板厚补偿项；

$a'$——板厚修正系数。

利用式（3-40）和表 3-9 中的有关数据，可以计算出不同条件下的 $t_{8/5}$ 及 $t_{8/3}$。

**表 3-9　不同焊接方法计算 $t_{8/5}$ 及 $t_{8/3}$ 的各系数值**

| 焊接方法 | 焊接热输入指数 $n$ | 800～500℃冷却时间 | | | | | 800～300℃冷却时间 | | | | |
|---|---|---|---|---|---|---|---|---|---|---|---|
| | | $K$ | $h_0$ | $a'$ | $T$ | $\beta$ | $K$ | $h_0$ | $a'$ | $T$ | $\beta$ |
| 焊条电弧焊 | 1.5 | 1.35 | 14.6 | 6 | 600 | 对焊 1<br>角焊 2 | 2 | 14.6 | 4.5 | 400 | 对焊 1<br>角焊 1.25 |
| $CO_2$ 气体保护焊 | 1.7 | 0.345 | 13 | 3.5 | 600 | — | 0.4 | 14 | 5 | 400 | — |
| 埋弧焊 | （$h<32$mm）<br>$2.5\sim0.05h$ | $\dfrac{9.5}{10^{5-0.22h}}$ | 12 | 3 | 600 | — | $\dfrac{7.3}{10^{5-0.22h}}$ | 20 | 7 | 400 | — |
| | （$h>32$mm）<br>0.95 | 950 | | | | | 730 | | | | |

上述公式计算比较繁琐，为了方便起见，在上述公式基础上可以建立不同条件下的图解法——线算图。对于焊条电弧焊、$CO_2$ 气体保护焊和埋弧焊时的 $t_{8/5}$ 和 $t_{8/3}$ 的线算图如图 3-26 所示。

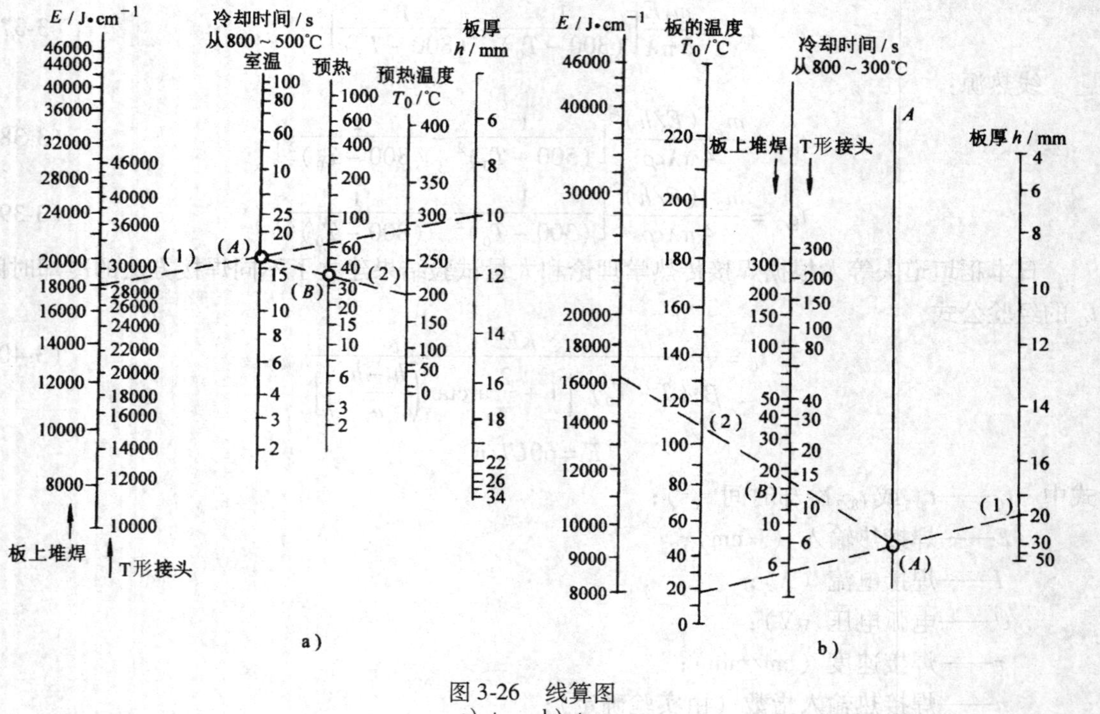


图 3-26　线算图

a）$t_{8/5}$　b）$t_{8/3}$

线算图的用法如下：

焊条电弧焊对接时，如图 3-26a 所示，如果不预热，可根据板厚（如 10mm）和所选用的焊接热输入（如 18000J/cm）连一直线（1），在（$A$）点可以直接得出 $t_{8/5}$；如果预热 200℃时，再由（$A$）点与预热 200℃连一直线（2），在（$B$）点可得出预热 200℃时的 $t_{8/5}$。用同样的方法可以根据图 3-26b 求得 $t_{8/3}$，首先根据板厚（$h=20$mm）和焊件的初始温度（如 $T_0=20$℃）连一直线（1），与辅助线交于（$A$）点，再根据所选用的焊接热输入（如 $E=16000$J/cm）与（$A$）点连一直线（2），在（$B$）可获得 $t_{8/3}$。

在研究高强钢焊接冷裂纹时发现，从峰值温度冷却到 100℃时的冷却时间对冷裂有重要的影响，为此常采用 $t_{100}$ 作为冷裂倾向的参数之一。由于影响因素比较复杂，目前尚未建立起可靠的计算公式，主要是通过实验的方法求得。根据实验的结果，由图 3-27 可以查出不同焊接热输入、不同板厚 $h$ 和不同预热温度 $T_0$ 时的 $t_{100}$。

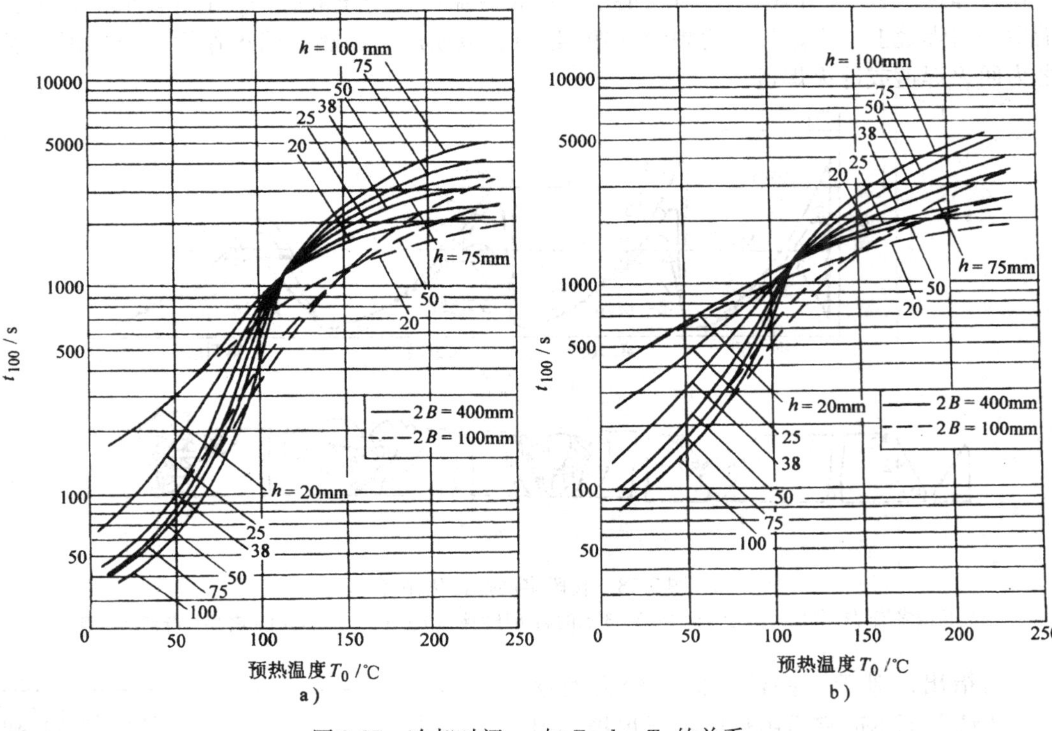


图 3-27　冷却时间 $t_{100}$ 与 $E$、$h$、$T_0$ 的关系

a）$E=17$kJ/cm　b）$E=30$kJ/cm

$B$—预热宽度

焊接热影响区的熔合区附近的冷却时间不同，将得到不同的组织和性能。根据不同条件下的 $t_{8/5}$、$t_{8/3}$ 及 $t_{100}$，配合不同钢种在焊接条件下的连续冷却组织转变图（SHCCT 图）可以比较准确地判断热影响区的组织、性能和抗裂性，因此，能预先求得不同焊接条件下的 $t_{8/5}$、$t_{8/3}$ 及 $t_{100}$ 具有十分重要的意义。

## 三、多层焊热循环的特点

在实际生产中，单层焊较少，多数是采用多层多道焊接，特别是厚度较大的焊接结构，有时要焊十几层甚至几十层，因此，研究多层焊接热循环特点更具有普遍意义。

多道焊或多层焊的热循环特性，实际上是由每一单道焊热循环综合作用的结果。每当开始焊接后一道焊缝时，前一道焊缝此时的温度（称为层间温度）起到预热的作用；而后一道焊缝对前一道焊缝起到后热作用，产生一定的热处理效应。所以，从提高焊接接头质量来看，多层焊比单层焊更为有利。

根据不同情况，多层焊可以分为长段多层焊和短段多层焊。

1. 长段多层焊接热循环

所谓长段多层焊，就是每道焊缝较长，例如 1m 以上，这样在焊完第一层再焊第二层时，第一层焊缝已基本上冷却到较低的温度，一般多在 100～200℃以下。

长段多层焊接热循环曲线变化情况如图 3-28 所示。三层焊时近缝区 1 点的冷却曲线的实测结果如图 3-29 所示。从图中可以看出，后层对前层有依次热处理作用。在焊接最后一道第三层焊缝时，近缝 3 点的热循环曲线，其峰值温度 $T_{max}$ 已超过其固态相变温度 $Ac_3$，因此，在冷却速度较快的情况下，有可能产生硬化现象。为防止最后一层的淬硬倾向，必要时在最后一道焊缝上，再附加一道焊缝（第四层），以便产生后热的回火作用，附加焊缝通常称之为回火焊道或退火焊道。

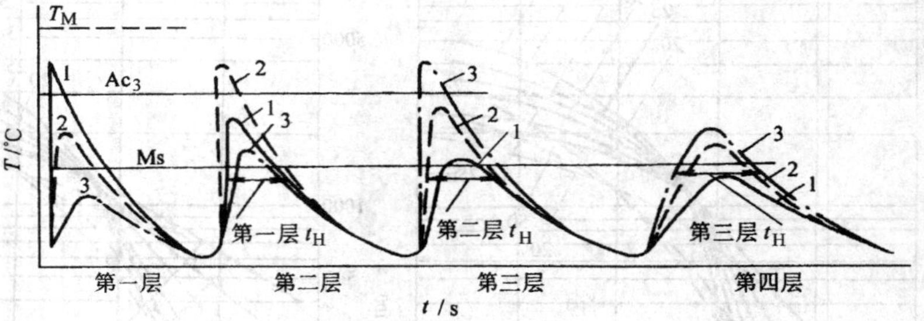

a）

b）

图 3-28 长段多层焊接热循环

a）长段多层焊接各层时，近缝区 1、2、3 点的热循环曲线 b）长段多层焊时，各层焊缝断面示意

应当指出，对于一些淬硬倾向较大的钢种，一般情况下不适宜采用长段多层焊接。因为这类钢在焊接第一层以后，焊接第二层以前，由于近缝区或焊缝区的淬硬倾向较大，在冷却速度较快和温度较低的情况下，有可能产生裂纹。为此，这类钢在必须采用长段多层焊时，一定要采取相应的工艺措施，如焊前预热、控制层间温度、焊后后热缓冷等。

2. 短段多层焊接热循环

所谓短段多层焊，系指每层焊缝的长度较短，一般约 50～400mm 左右，在这种情况下，未等前层焊缝冷却到较低温度（如 Ms 点）

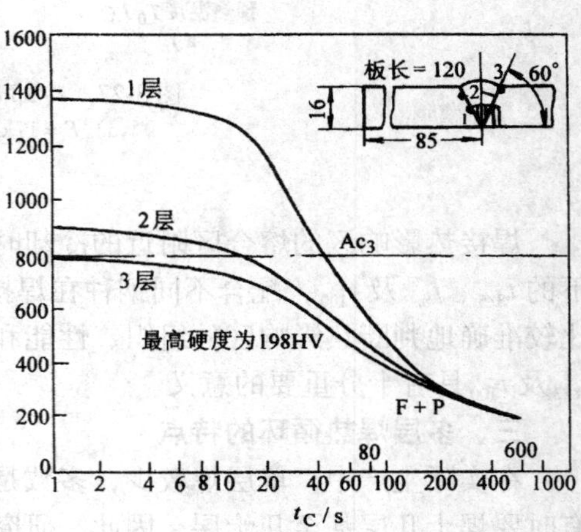

图 3-29 低合金钢 V 形坡口三层焊时 1 点的冷却曲线

时，就开始焊接下一层焊缝。短段多层焊时的焊接热循环曲线如图 3-30 所示。

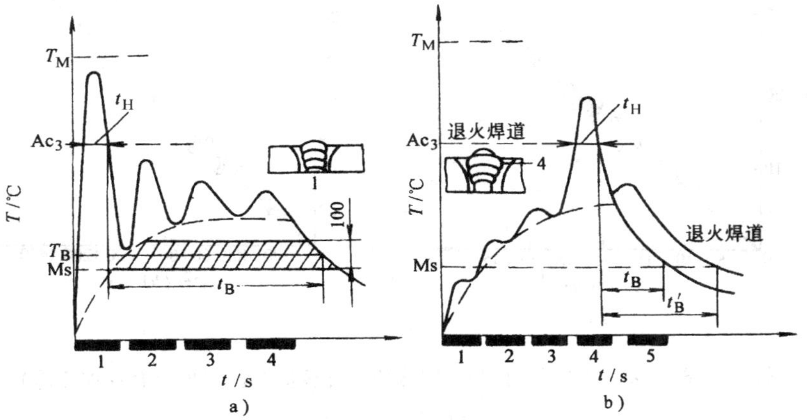


图 3-30　短段多层焊接热循环曲线
a) 1 点的热循环　b) 4 点的热循环

从图中可以看出，近缝区 1 点和 4 点所经历的焊接热循环是比较理想的。对于 1 点来说，一方面该点在 $Ac_3$ 以上停留的时间较短，避免了晶粒长大；另一方面减缓了 $Ac_3$ 以下的冷却速度，从而防止了淬硬组织的产生。对于 4 点来讲，由于层间温度较高，不易产生淬硬组织，只要焊缝长度控制合适，在 $Ac_3$ 以上停留时间也不会过长，晶粒也不易长大。生产上为进一步改善焊缝及热影响区的组织和性能，还常常多焊一层退火焊道，以便延长奥氏体分解时间，如图 3-30b 中由 $t_B$ 延长至 $t'_B$。

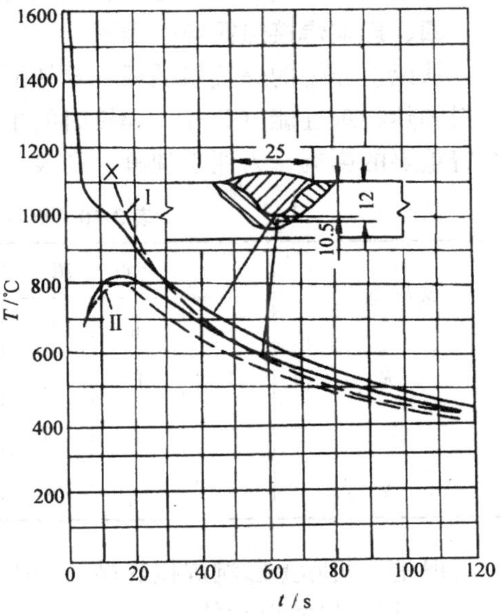


图 3-31　焊接热循环的实测值（实线）与计算值（虚线）比较（低碳钢埋弧焊）
Ⅰ—焊缝边界上　Ⅱ—焊缝边界外 1.5mm

短段多层焊对焊缝及热影响区的组织和性能都有一定的改善作用。但是操作工艺比较繁琐，生产率低。

多层焊热循环也可以通过理论计算的方法求得。但是由于在数学解析中忽略了某些影响因素，因而使计算结果带来一定的误差。但是从现有的实测资料和计算数据对比来看，还是比较吻合的，如图 3-31 及图 3-32 所示，说明焊接传热学解析的基本假设条件还是可以的。由此看来，焊接传热学对于研究近缝区组织和性能的变化以及应力场和变形等问题，有一定的实用价值。

如何利用焊接传热过程的数学解析来更加精确地反映焊接过程的实际情况，近几年来焊接工作者在这一方面做了很多工作，现在已经有可能按照焊件的实际尺寸和实际热源来进行研究，也不必假定金属材料的热物理性能是一个常数。

焊接传热学的理论计算用于焊缝金属还有一定的困难，这里牵涉到传热和传质问题，牵

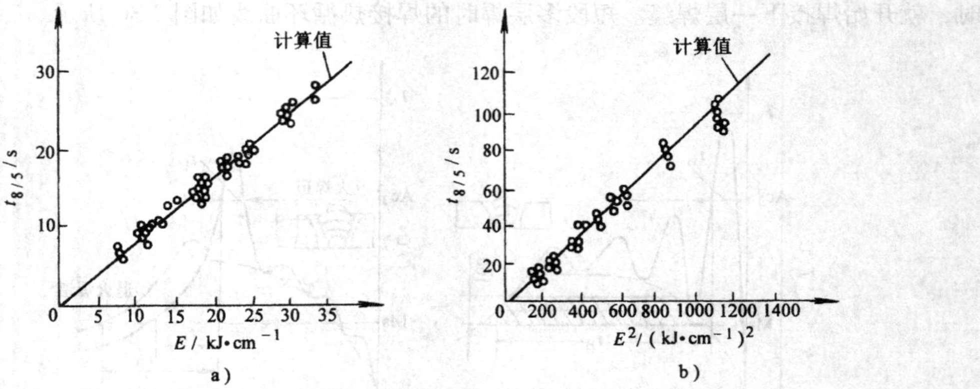


图 3-32　800→500℃冷却时间 $t_{8/5}$实测值与计算值对比（低合金钢埋弧焊）

a）点热源　b）线热源

涉到焊缝形状尺寸的确定及对传热的影响。但是，近几年来，由于计算机在焊接领域的应用，使焊接过程的传热和传质的研究工作有许多突破性的进展。现在已经可以通过计算机解析焊接接头的温度场、热循环、组织模拟和应力应变场及其动态过程。

## 四、影响焊接热循环的因素

从以上介绍的焊接热循环主要特征参数的数学表达式来看，焊接热循环除了与被焊金属材料的热物理性能有关外，焊接时的主要工艺参数 $E$、$T_0$ 及工件尺寸 $h$ 等，对焊接热循环也有着重要的影响，为便于理解，列表 3-10 定性地加以说明。

表 3-10　焊接条件对焊接热循环特性的影响

| 焊接条件 | 点热源 | | | | 线热源 | | | | 备　注 |
|---|---|---|---|---|---|---|---|---|---|
| | $T_{max}$ | $t_H$ | $t_C$ | $v_C$ | $T_{max}$ | $t_H$ | $t_C$ | $v_C$ | |
| $E$ | ⇑ | ⇑ | ⇑ | ⇓ | ⇑ | ⇑ | ⇑ | ⇓ | ⇑增加 |
| $T_0$ | ⇑ | ⇑ | ⇑ | ⇓ | ⇑ | ⇑ | ⇑ | ⇓ | ⇓减小 |
| $h$ | ~ | ~ | ~ | ~ | ⇓ | ⇓ | ⇓ | ⇑ | ~无影响 |

但是，实际上影响焊接热循环的因素很多，现举例说明如下。

1. 焊件尺寸形状的影响

在焊接热输入一定的条件下，焊件长度不变，改变焊件宽度 $b$ 和厚度 $h$ 时，对冷却时间 $t_C$ 的影响，如图 3-33 所示。试验条件为：$T_0=0$，焊条电弧焊堆焊，焊条直径 $\phi=4$mm，$I=140$A，$U=30$V，$v=14.5$cm/min，焊道长度等于焊件长度。可见，当板厚 $h$ 较小时，$b$ 对 $t_C$ 的影响很大；当 $h$ 较大时，$b$ 对 $t_C$ 的影响不明显；当 $b>150$mm 时，$b$ 几乎对 $t_C$ 没有影响，可以认为相当于“无限大”，冷却时间 $t_C$ 仅为板厚 $h$ 的函数。

板厚 $h$ 对冷却速度 $v_C$ 也有一定的影响，如图 3-34 所示。

图中，$h_C=\sqrt{\dfrac{E}{c\rho(T_C-T_0)}}$，见式（3-33），为对冷却速度不发生影响的临界板厚。

2. 接头形式的影响

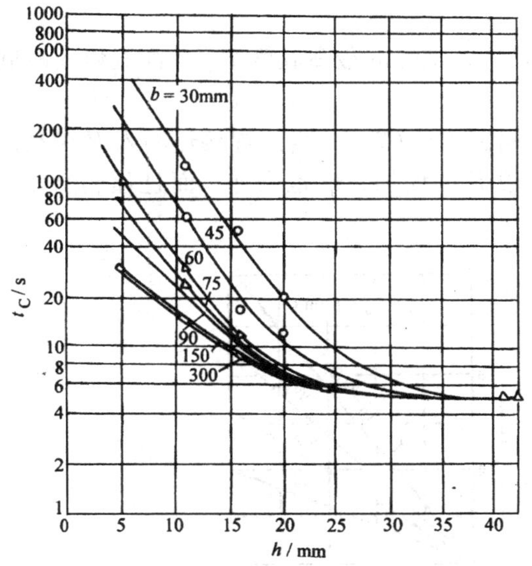


图 3-33　焊件宽度 $b$ 及厚度 $h$ 对冷却时间 $t_C$ 的影响
（焊件长度 110mm，$E$ = 17.5kJ/cm）

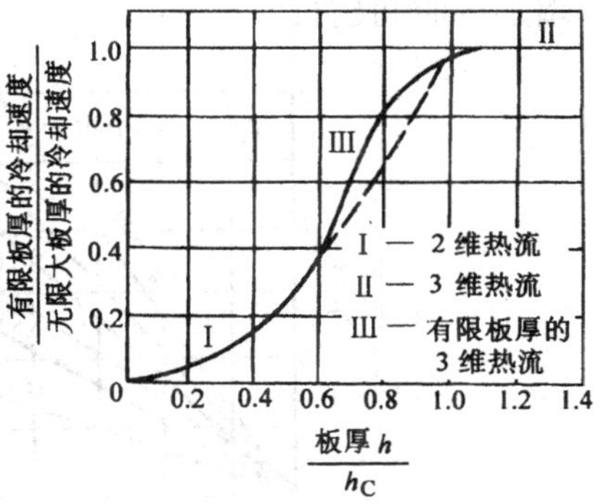


图 3-34　冷却速度与板厚的关系

接头形式不同，热扩散情况就有差异，因而对焊接热循环特性也有影响，图 3-35 所示为不同接头形式对冷却速度的影响。

从图中可以看出，在相同板厚的情况下，丁字接头的冷却速度要比 V 形坡口对接接头的冷却速度大 1.5 倍。

3．焊道长度的影响

在同样接头形式和焊接条件下，焊道越短，其冷却速度越大，如图 3-36 所示。

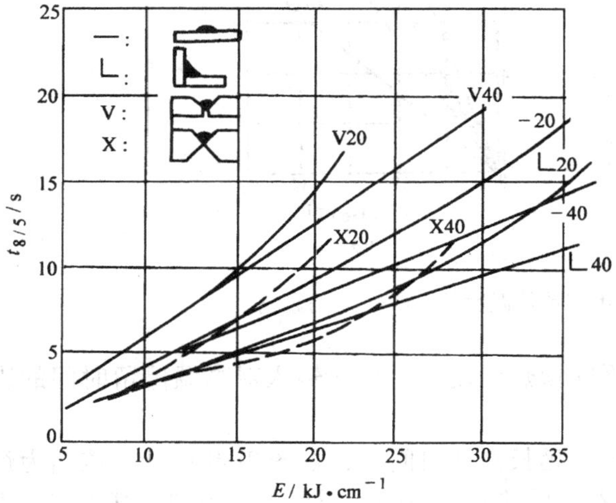


图 3-35　接头形式与冷却速度的关系

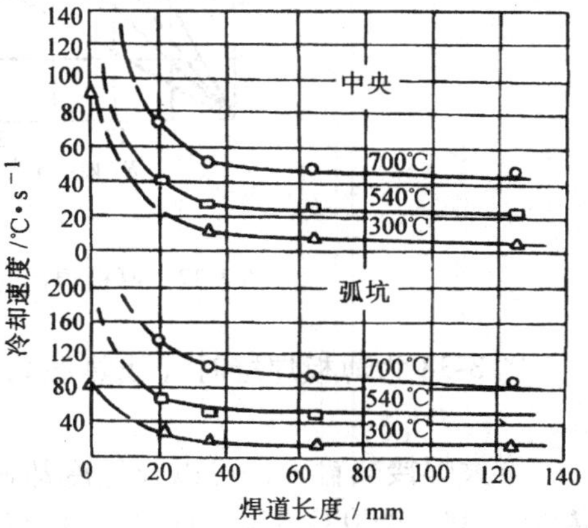


图 3-36　焊道长度对冷却速度的影响

从图中可以看出，当焊道长度短于 40mm 时，焊道越短，其冷却速度急剧增长；弧坑的冷却速度最大，约为焊缝中部的 2 倍，甚至还要比引弧端（弧头）大 20% 左右。

4．焊接热输入的影响

从前面的介绍已经知道，随着焊接热输入的增加，加热的最高温度 $T_{max}$、高温停留时间 $t_H$ 以及冷却时间 $t_C$ 也随之增大。

图 3-37 为厚板焊接时（点热源），在不同预热温度下（$T_{max}-T_0$）焊接热输入 $E$ 对高温停留时间 $t_H$ 的影响。从图中可以明显地看出，随着 $E$ 的增加，$t_H$ 也增加，而且预热温度越高，$t_H$ 增加的时间越长。

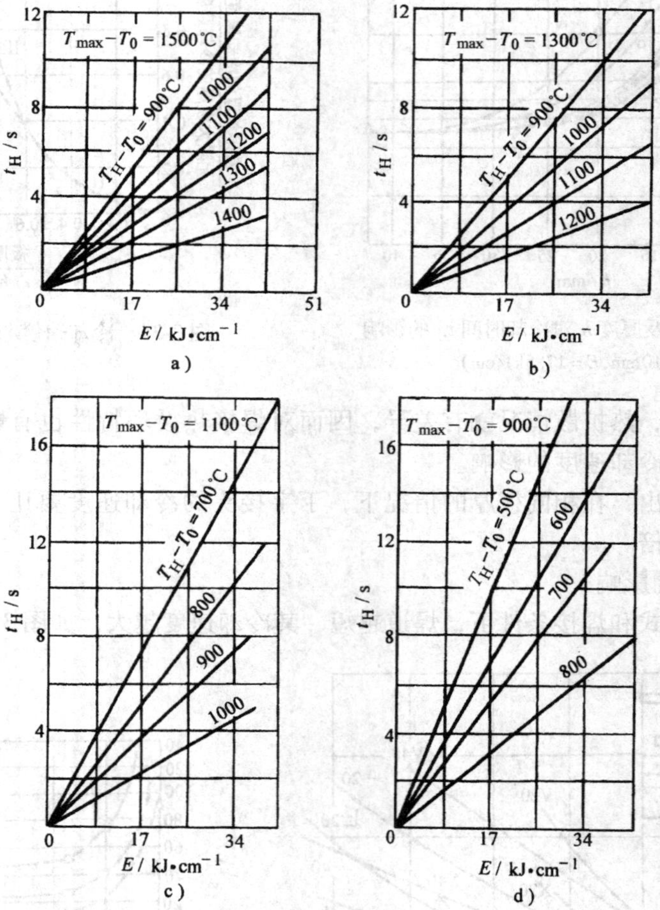


图 3-37　厚板焊接时，在不同预热温度下，$E$ 对 $t_H$ 的影响

图 3-38 为薄板焊接时（线热源），在不同预热温度下焊接热输入对高温停留时间的影响。

增大焊接热输入，可以降低冷却速度 $v_C$，延长冷却时间 $t_C$，如图 3-39 所示。该图为焊缝边界 800→500℃冷却时间（$t_{8/5}$）与热输入 $E$ 的关系。但是，焊接方法不同，其影响也不一样。在同样热输入时，埋弧焊冷却速度最慢，焊条电弧焊时冷却速度最快，而氩弧焊和 $CO_2+O_2$ 气保护焊时，两者的冷却速度基本相同，均比埋弧焊时的冷却速度要快一些。这是因为尽管焊接热输入相同，但是不同的焊接方法所选定的焊接电流和焊接速度数值可能相差很大，其结果是焊缝尺寸形状及熔深将明显不同，因而也就影响到焊件上的热传播过程。

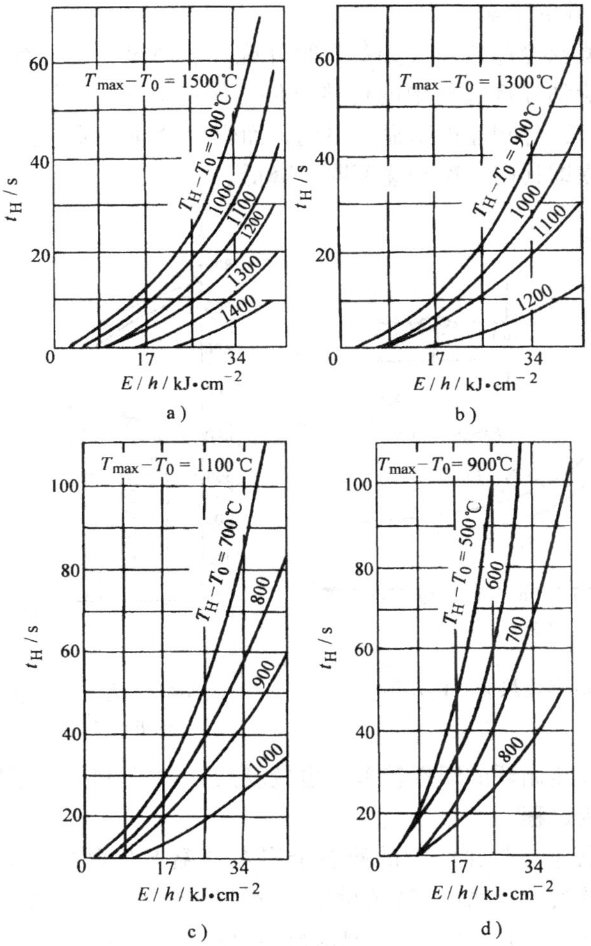


图 3-38 薄板焊接时，在不同预热温度下 $E/h$ 对 $t_H$ 的影响

实际上，在同样焊接方法下，即使焊接热输入相同，但是电源种类或极性不同时，冷却速度也会有一定的差异，例如，直流反接比交流时的冷却速度要小一些。

5. 预热温度的影响

预热温度的提高，可以降低冷却速度或增长冷却时间，同时也延长高温停留时间，如图 3-40 所示。即使低温预热，也会大大降低 600℃ 以下温度范围的冷却速度，但在高温阶段，冷却速度的降低，或高温停留时间的延长，则不十分显著。

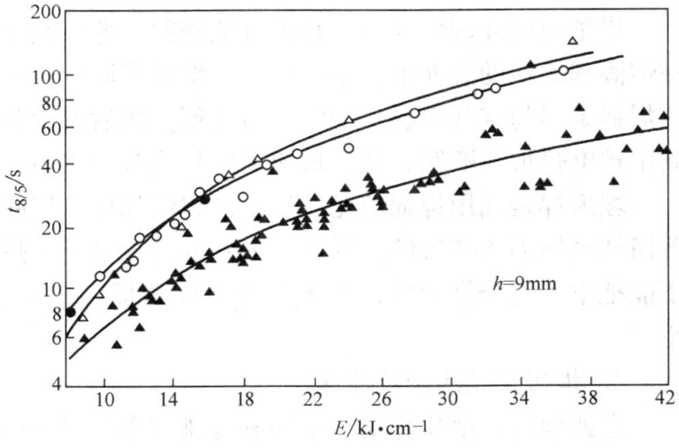


图 3-39 焊缝边界 $t_{8/5}$ 与 $E$ 的关系

（$h$ = 9mm，表面堆焊）

○—$CO_2+O_2$ 保护焊 ●——氩弧焊

Δ—埋弧焊 ▲—焊条电弧焊

6. 焊接时冷却条件的影响

焊接时的周围环境及冷却条件（如冬季野外施工、通风情况，等等），不仅影响到焊件的初始温度，也会影响到焊接过程中的传热条件。例如图 3-41 所示，试板焊接时，放在钢板上或放在石棉板上，其冷却速度明显地不同；而焊后冷却到某一温度时，再用石棉覆盖在试板上，其冷却曲线立即拐向，冷却速度明显降低。

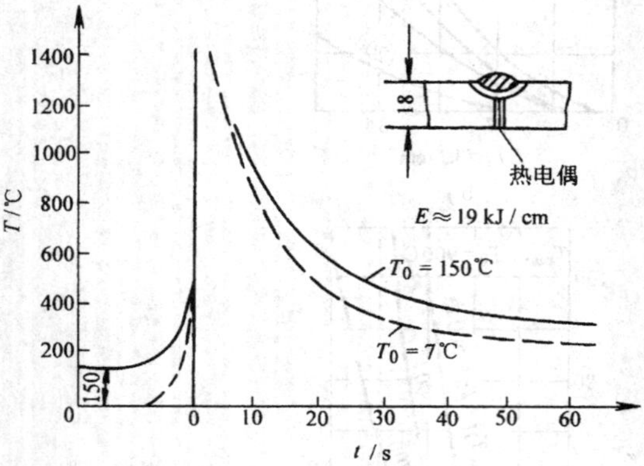


图 3-40 预热温度对焊接热循环的影响

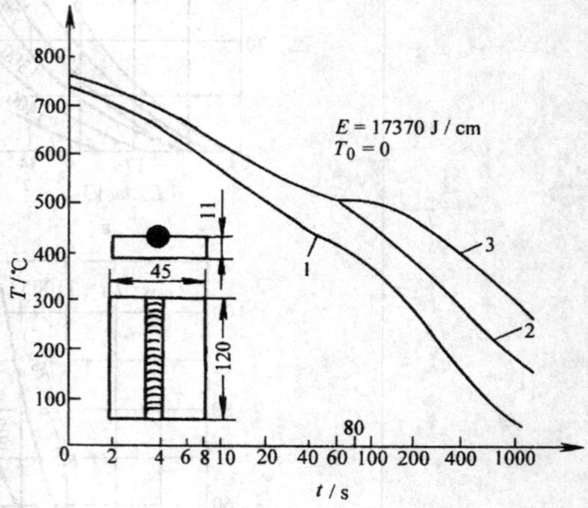


图 3-41 试板冷却条件对冷却过程的影响

1—钢板垫板 2—石棉垫板 3—覆盖石棉

焊接时，影响焊接热循环的因素较多，也较复杂，对于具体情况要作具体分析。

**五、焊接化学冶金过程**

焊接（熔焊）过程中，焊接区内的液态金属在高温下与焊接气氛、焊接熔渣之间的化学冶金反应过程，以及液态金属冷却后的凝固过程与焊缝的固态相变过程，决定了焊缝金属的化学成分、组织及性能，是决定焊缝和焊接接头质量的关键。

（一）焊接化学冶金的特点

1. 焊接时金属的保护

焊条药皮和焊丝药芯一般含有造渣剂、造气剂等物质。这些物质熔化后形成熔渣，覆盖在熔滴和熔池的表面上将空气隔开。熔渣凝固后，在焊缝上面形成渣壳，可以防止处于高温的焊缝金属与空气接触。同时，造气剂受热后发生分解，析出大量气体。这些气体在药皮套筒中被电弧加热膨胀，从而形成定向气流吹向熔池，将焊接区与空气隔开。

埋弧焊是利用焊剂熔化后形成的熔渣隔离空气的。惰性气体保护焊则是利用氩气或氦气等惰性气体隔离空气的。在真空度室内进行电子束焊接时，保护效果是最理想的，这时虽然不能把空气完全排除掉，但随着真空度的提高，可以使焊缝中的氧和氮的有害作用减至最小。

2. 焊接化学冶金反应区

电弧焊时，熔化金属、熔渣和电弧气氛三个相相互作用，从而使焊接冶金反应非常复杂。与普通的化学冶金不同，焊接冶金过程是分区域（阶段）连续进行的。不同的焊接方法有不同的反应区。焊条电弧焊时有三个反应区：药皮反应区、熔滴反应区和熔池反应区。

（1）药皮反应区 当焊条药皮被加热时，各种组成物之间会发生物理化学反应，主要是水分的蒸发，某些物质的分解和铁合金的氧化。

当药皮加热温度超过100℃时，其中的水分开始蒸发；温度超过200～250℃时，如果药皮中含有有机物（如木粉、纤维素、淀粉等）则开始发生分解，析出CO和$H_2$等气体；温度超过300～400℃，药皮内一些组成物中的结晶水和化合水开始蒸发；温度再升高则药皮中的碳酸盐和高价氧化物也会发生分解。

药皮加热阶段是焊接的准备性阶段。因为这一阶段反应的产物为熔滴和熔池阶段提供了反应物，所以它对整个焊接冶金过程和焊接质量有一定的影响。

（2）熔滴反应区　熔滴反应区包括熔滴形成、长大及熔滴过渡。其主要特点是：

1）温度高。用电弧焊焊接钢时，熔滴的最高温度接近于焊芯材料的沸点，约为2800℃，平均温度达1800～2400℃。

2）熔滴金属与气体、熔渣的接触面积大。一般情况下熔滴的尺寸是很小的，因此熔滴的比表面积极大，可达1000～10000$cm^2/kg$，约是炼钢时的1000倍。

3）各相之间的反应时间短。熔滴在焊条端停留的时间仅有0.01～0.1s，熔滴向熔池过渡的速度高达2.5～10m/s，因此熔滴阶段的反应主要是在焊条端部进行的。

4）熔滴金属和熔渣之间发生强烈的混合。在熔滴形成、长大和过渡的过程中，它不断地改变自己的形状，使它的表面受到局部的收缩和拉长，这时总有可能拉断覆盖在熔滴表面上的渣层，而被液体金属包围住。这种混合作用不仅增加了各相的接触面积，而且有利于反应物进入反应界面，产物离开反应界面，从而使反应速度加快。

由这些特点可知，在熔滴反应区反应的时间虽短，但因温度很高，反应相间接触面积很大，并发生强烈的混合作用，所以冶金反应最激烈，因而对焊缝的影响最大。该区的主要冶金反应是：金属的蒸发、气体的分解和溶解、金属的氧化还原以及合金化。

（3）熔池反应区　熔池反应区的物理条件与熔滴阶段不同。熔池的平均温度比较低，约为1600～1800℃；比表面积比较小，约为3～130$cm^2/kg$；反应时间稍长些，但也不超过几秒到几十秒。熔池中液态金属的运动有助于加快反应速度，同时也为熔池中不溶解的气体和熔渣质点的外逸创造了条件。熔池最突出的特点之一是温度分布极不均匀，因此，同一个过程在熔池的两个部分可能向相反的方向进行。如在熔池的前部发生金属的熔化和气体的吸收过程，而在后部发生金属的凝固和气体的析出过程。

（二）气体与金属的作用

焊接过程中，焊接区内充满了大量的气体，这些气体主要有CO、$CO_2$、$H_2O$、$O_2$、$H_2$、$N_2$以及金属和熔渣的蒸气等。其中对焊接质量影响最大的是$N_2$、$H_2$和$O_2$。

1．氮对金属的作用

焊接区周围的空气是焊接区内氮的主要来源。尽管焊接时采取了保护措施，但总是有或多或少的氮侵入到焊接区，与熔化金属发生作用。

根据氮与金属作用的特点，大致可以将金属材料分为两大类。一类是不与氮发生作用的金属，如铜和镍等，它们既不溶解氮，也不会与氮形成氮化物。因此焊接这类金属时，可用氮作为保护气体。另一类金属能与氮发生作用，如铁、锰、钛、硅、铬等，它们既能溶解氮，又能与氮形成稳定的氮化物。焊接这类金属及其合金时，防止焊缝金属的氮化是一个重要问题。

（1）氮在金属中的溶解　氮在液体铁中的溶解度随温度的升高而增大。当温度为

2200℃时，氮的溶解度达到最大值；继续升高温度，则溶解度会急剧下降，至铁的沸点（2750℃）溶解度变为零，这是金属的蒸气压急剧增加的结果。此外，当液体铁凝固时，氮的溶解度突然下降至1/4左右。

（2）氮对焊接质量的影响　在焊接碳钢时，氮是有害的杂质，它是促使焊缝产生气孔的主要原因之一。如上所述，液态金属在高温时可以溶解大量的氮，而在其凝固时氮的溶解度突然下降，这时过饱和的氮会以气泡的形式从熔池中向外逸出，当焊缝金属的结晶速度大于气泡的逸出速度时，就形成了气孔。

氮是提高低碳钢和低合金钢焊缝金属强度、降低塑性和韧性的元素。室温下氮在α-Fe中的溶解度很小，仅为0.001%。如熔池中含有较多的氮，则由于焊接时冷却速度很大，一部分氮将以过饱和的形式存在于固溶体中，还有一部分氮则以针状氮化物（$Fe_4N$）的形式析出，分布于晶界或晶内。因而使焊缝金属的强度、硬度升高，而塑性和韧性，特别是低温韧性急剧下降。

氮是促使焊缝金属时效脆化的元素。焊缝金属中过饱和的氮处于不稳定状态，随着时间的延长，过饱和的氮会逐渐析出，形成稳定的针状$Fe_4N$。这样就会使焊缝金属的强度上升，而塑性和韧性下降。在焊缝中加入能形成稳定氮化物的元素，如钛、铝和锆等，可以抑制或消除这种时效现象。

（3）控制焊缝含氮量的措施　为了消除氮对焊缝金属的有害作用，必须弄清影响焊缝含氮量的因素，从而达到控制氮的目的。

1）加强对焊接区的保护。氮一旦进入液态金属就很难去除。所以控制氮的主要办法是加强保护，防止空气与液态金属发生作用。不论是气保护、渣保护还是气-渣联合保护的焊接方法，目前均已解决了对焊接区金属的有效保护。

2）选用合适的焊接参数。焊接参数对电弧和金属的温度、气体的分解及其与金属间的作用时间和接触面积等都有较大的影响，因此必然会影响焊缝金属的含氮量。

增加电弧电压（即增加电弧长度），会导致保护变坏，氮与熔滴的作用时间增长，故使焊缝金属的含氮量增加。在熔渣保护不良的情况下，电弧长度对焊缝含氮量的影响尤其显著。为减少焊缝中的气体含量，应尽量采用短弧焊。

增加焊接电流，过渡频率会增加，氮与熔滴的作用时间缩短，焊缝金属含氮量下降。

3）添加合金元素。增加焊丝或药皮中的含碳量可降低焊缝中的含氮量。这是因为碳能够降低氮在铁中的溶解度；碳氧化生成CO、$CO_2$加强了保护，降低了氮的分压；碳氧化引起的熔池沸腾有利于氮的逸出。钛、铝、锆和稀土元素对氮有较大的亲和力，能形成稳定的氮化物，且它们不溶于液态钢而进入溶渣；这些元素对氧的亲和力也很大，可以减少气相中NO的含量，所以可在一定程度上减少焊缝含氮量。自保护焊丝就是根据这个原理设计的。

总之，加强保护是控制氮的最有效措施，而其他的办法都有一定的局限性。

2. 氢对金属的作用

对于多数金属来说，氢是有害的杂质。焊接时，氢主要来源于焊接材料中的水分、含氢物质，电弧周围空气中的水蒸气，焊丝和母材坡口表面上的铁锈、油污等杂质。一般熔焊时，总有或多或少的氢会与金属发生作用。

（1）氢在金属中的溶解　氢在固态钢中的溶解度与其组织结构有关。一般在面心立方晶格的奥氏体钢中的溶解度，比在体心立方晶格中的铁素体-珠光体钢中的溶解度大。

在焊接过程中，液态金属所吸收的大量氢，有一部分在熔池结晶过程中可以逸出。但熔池的结晶速度很大，还有相当多的氢来不及逸出，而被留在固态焊缝金属中，对焊缝的力学性能有很大的影响。

（2）氢对焊接质量的影响　许多金属及合金焊接时，氢是有害的。就结构钢的焊接而言，氢的有害作用可分为两类：一类是暂态现象，包括氢脆和白点等，这类现象的特点是，经过时效或热处理后，由于氢自接头中外逸，便可消除；另一类是永久现象，包括气孔和冷裂纹等，这类现象一旦出现是不可消除的。

1）氢脆。氢在室温附近使钢的塑性严重下降的现象称为氢脆。溶解在金属晶格中的氢会在晶格缺陷处聚集，结合成为分子氢，使缺陷内部的压力升高，从而导致金属脆化。

2）白点。碳钢或低合金钢焊缝，如含氢量高，则常常在其拉伸或弯曲试件的断口上出现银白色圆形局部脆断点，称之为白点。白点的直径一般为 0.5～3mm，其周围为韧性断口，故用肉眼可以辨认。在许多情况下，白点的中心有小夹杂物或气孔，好像鱼眼一样，故又称鱼眼。白点是在试件塑性变形过程中产生的。如焊缝中产生了白点，则其塑性将大大下降。

3）形成气孔。如果熔池吸收了大量的氢，那么在它结晶时由于溶解度的突然下降，使氢处于过饱和状态，促使其形成氢气泡。当气泡外逸的速度小于结晶速度时，就在焊缝中形成气孔。

4）产生冷裂纹。冷裂纹是焊接接头冷却到较低温度时产生的一种裂纹，其危害很大。氢是促使产生这种裂纹的主要原因之一。

（3）控制氢的措施　鉴于氢的上述有害作用，焊接时应尽量减少焊缝中的含氢量。

1）限制焊接材料中的含氢量。制造焊条、焊剂和药芯焊丝用的各种材料，如有机物、天然云母、白泥、长石、水玻璃、铁合金等，都程度不同地含有吸附水、结晶水、化合水或溶解的氢。

在制造焊条、焊剂和药芯焊丝时，适当提高烘焙温度可以降低焊接材料中的含水量，因而也就相应降低了焊缝中的含氢量。

焊接材料在使用前应再烘干，这是生产上去氢的最有效的方法，特别是使用低氢型焊条时。焊条、焊剂烘干后应立即使用，或放在低温（100℃）烘箱内，以免重新吸潮。

焊接用保护气体，如 Ar 和 $CO_2$ 等也常含有水分，对于含水量较高的保护气应采取去水、干燥等措施。

2）清除焊丝和焊件表面上的杂质。焊丝和焊件坡口表面上的铁锈、油污、吸附的水分以及其他含氢物质是增加焊缝含氢量的主要原因之一，甚至可能引起气孔的产生。因此，焊前应仔细清理。为防止焊丝生锈，许多国家都采用了表面镀铜处理。

3）冶金处理。在低氢型焊条及焊剂中加入 $CaF_2$、$MgF_2$、$BaF_2$、$Na_3AlF_6$ 等氟化物，它们可以与氢形成不溶于液态钢的 HF，从而去氢。

增加熔池中的含氧量及气相的氧化性时，氧及氧化性气体（如 $CO_2$）能与 H 形成稳定的且不溶于液态钢的 OH，从而去氢。但这是有一定限度的，因为焊缝中含氧量过高会使其性能变坏。

4）控制焊接参数。焊接参数对焊缝金属的含氢量有一定的影响。焊条电弧焊时，增大焊接电流使熔滴吸收的氢量增加；增加电弧电压使焊缝含氢量减少。

气体保护焊时，射流过渡比滴状过渡时熔滴含氢量低。因为射流过渡时金属的蒸气压急剧增大，使氢的分压大大下降；同时由于过渡频率高，使熔滴与氢的接触时间缩短。

5）焊后脱氢处理。焊后加热焊件，促使氢扩散外逸，从而减少接头中的含氢量的工艺叫脱氢处理。在生产上，对于易产生冷裂纹的焊件，常要求进行脱氢处理。

3. 氧对金属的作用

（1）氧在金属中的溶解　焊接区内的氧在电弧高温的作用下，会分解为原子氧。溶解在液态铁中的氧有原子氧和氧化亚铁（FeO）两种形式。

在铁的冷却过程中，氧的溶解度急剧下降。在凝固温度下，其溶解度为0.16%；在δ-Fe转变为γ-Fe时，溶解度下降到0.05%以下；在室温下α-Fe几乎不溶解氧。因此焊缝金属和钢中所含的氧几乎全部以氧化物（FeO、$SiO_2$、MnO、$Al_2O_3$等）和硅酸盐的形式存在。焊缝含氧量一般指的是总含氧量，它既包括溶解氧，也包括非金属夹杂物中的氧。

（2）氧对焊接质量的影响　氧在焊缝中不论以何种形式存在，对焊缝的性能都有很大的影响。随着焊缝含氧量的增加，其强度、塑性、韧性均明显下降，尤其是低温冲击韧性急剧下降。此外，氧还会引起热脆、冷脆和时效硬化，对焊缝金属的物理和化学性能也有影响，如降低焊缝的导电性、导磁性及耐蚀性等。在焊接有色金属、活性金属和难熔金属时，氧的有害作用则更加突出。

溶解在熔池中的氧与碳发生反应，生成不溶于金属的CO，在熔池结晶时CO气泡来不及逸出还会形成气孔。

氧烧损钢中的有益合金元素会使焊缝性能变坏。熔滴中含氧和碳多时，它们相互作用生成CO受热膨胀，使熔滴爆炸，造成飞溅，会影响焊接过程的稳定性。

（3）控制氧的措施　在正常焊接条件下，焊缝中氧的主要来源不是热源周围的空气，而是焊接材料、水分、工件和焊丝表面上的铁锈、氧化膜等。因此降低焊缝中的含氧量的主要措施有：

1）纯化焊接材料。在焊接某些要求比较高的合金钢、合金、活性金属时，应尽量用不含氧或含氧少的焊接材料。例如，采用高纯度的惰性气体作为保护气体，采用低氧或无氧焊条、焊剂，甚至在真空条件下进行焊接。

2）控制焊接参数。焊缝中的含氧量与焊接参数有密切关系。增加电弧电压，会使空气易于侵入电弧，并增加氧与熔滴的接触时间，所以焊缝含氧量会增加。为了减少焊缝含氧量应采用短弧焊。此外，焊接电流的种类和极性以及熔滴过渡的特性等也对焊缝中的含氧量有一定的影响。

3）脱氧。用控制焊接参数的方法减少焊缝含氧量是很受限制的，所以必须用冶金的方法进行脱氧。

（三）熔渣与金属的相互作用

1. 焊接熔渣的作用

（1）机械保护作用　焊接时形成的熔渣因密度比液态金属小，会覆盖在熔滴和熔池的表面上，把液态金属与空气隔开，削弱了空气对液态金属的氧化和氮化。液态熔渣凝固后所形成的渣壳覆盖在焊缝上，也可以防止高温的焊缝金属受到空气的有害作用。

（2）改善焊接工艺性能　良好的焊接工艺性能是保证焊接化学冶金过程顺利进行的前提。在熔渣中加入适当的物质可使电弧易于引燃、燃烧稳定，减少飞溅，保证焊条具有良好的操作性、脱渣性和焊缝成形等。

(3) 冶金处理作用 熔渣和液态金属能够发生一系列的物理化学反应，从而对焊缝金属的成分产生很大的影响。在一定的条件下熔渣可以去除焊缝中的有害杂质，如脱氧、脱硫、脱磷、去氢，还可以使焊缝金属合金化。总之，通过控制熔渣的成分和性能，可以在很大程度上调整和控制焊缝金属的成分和性能。

2. 焊缝金属的氧化及脱氧

气相中的氧化物气体、活性熔渣以及焊件表面的氧化物都会使金属发生氧化。

(1) 氧化性气体对金属的氧化 焊条电弧焊时，虽然采取了气-渣联合保护的措施，但空气中的氧总是或多或少地会侵入电弧，焊条药皮中的高价氧化物等物质受热分解也会产生氧气，从而使铁及钢液中其他对氧亲和力比铁大的元素发生氧化。

药皮中的碳酸盐受热分解会产生 $CO_2$ 气体，$CO_2$ 对铁及钢中的合金元素亦有很大的氧化性。如用药皮中含有较多碳酸盐的焊条或采用 $CO_2$ 保护焊焊接不锈钢时，$CO_2$ 气体会使钢中的 Cr 及 Al 等合金元素氧化，同时使焊缝中含碳量增加。因此，在不锈钢焊条药皮中应加入适量的 $Cr_2O_3$，并适当减少碳酸盐的含量。而在超低碳不锈钢焊条中，采用钛钙型药皮，不采用含碳酸盐的药皮和 $CO_2$ 气体保护焊。

焊接气氛中的水蒸气不仅会使焊缝增氢，而且会使铁和其他合金元素氧化。当气相中含有较多的 $H_2O$ 时，仅仅进行脱氧仍不能保证焊缝质量，因为焊缝增氢可能产生焊接缺陷或降低焊缝质量。低氢型药皮含有较多的脱氧剂，但如果用受潮的焊条焊接，则常常会产生气孔，其原因就是熔池中增氢所致。

(2) 熔渣对金属的氧化 活性熔渣对金属的氧化可分为两种基本形式：扩散氧化和置换氧化。

1) 扩散氧化。焊接钢时，FeO 既溶于液态钢又溶于熔渣。在一定温度下平衡时，FeO 在该两相中的含量之比等于一个常数。即

$$(FeO)/[FeO]=常数$$

式中 ( )——熔渣中的物质；

[ ]——熔池金属中的物质。

在温度不变时，增加熔渣中 FeO 的含量时，它将向熔池金属中扩散，使焊缝中的含氧量增加。温度越高，越利于 FeO 向钢中扩散，因此扩散氧化主要是在熔滴阶段和熔池高温区进行的。

在 FeO 量不变的情况下，用碱性渣时焊缝含氧量比用酸性渣时大。这就是所谓碱性焊条对铁锈和氧化皮敏感性大的基本道理，因此，在碱性焊条药皮中一般不加入含 FeO 的物质，并要求焊接时清除焊件表面上的氧化物和铁锈，否则，将使焊缝增氧并可能产生气孔等缺陷。在酸性渣中因为含有 SiO、$TiO_2$ 等酸性氧化物较多，它们与 FeO 会形成复合物（如 $FeO\cdot SiO_2$），而使 FeO 的活度减小，故在 FeO 含量相同的情况下，焊缝含氧量少。

但是，不应当由此误认为碱性焊条的焊缝含氧量比酸性焊条高，恰恰相反，因为碱性焊条药皮的氧化性小，所以碱性焊条焊缝含氧量比酸性焊条低。

2) 置换氧化。如果熔渣含有较多的易分解的氧化物，则可能与液态铁发生置换反应使铁氧化，另一个元素还原。置换氧化反应主要发生在熔滴阶段和熔池头部的高温区。

反应的结果使铁被氧化，生成的 FeO 大部分进入熔渣，小部分溶于液态钢，使焊缝

增氧。

当焊条药皮中含有对氧亲和力比铁大的元素（如 Al、Ti、Cr 等）时，它们将与熔渣中的氧化物发生更加激烈的置换反应。

（3）焊件表面的氧化物对金属的氧化　焊接时，焊件表面上的氧化皮和铁锈都对金属有氧化作用。

铁锈在高温下发生分解，反应生成的这些 FeO 大部分进入熔渣，一部分进入焊缝，使之增氧。因此，焊前应清理焊接边缘。

（4）先期脱氧　在焊丝或药皮中加入与氧的亲和力比铁大的某些元素，使这些元素在焊接过程中被氧化，从而保护被焊金属及其合金元素不被氧化的过程。这些用来进行脱氧的元素或铁合金称为脱氧剂。

脱氧的目的是尽量减少焊缝中的含氧量。一方面就要减少液态金属中溶解的氧，另一方面要排除脱氧的产物，因为它们是焊缝金属中金属氧化物夹杂的主要来源，而这些夹杂物会使焊缝含氧量增加。为满足这两条基本要求，选择脱氧剂应遵循以下原则：

脱氧剂在焊接温度下对氧的亲和力应比被焊金属对氧的亲和力大。焊接铁基合金时，C、Al、Ti、Si、Mn 等可作为脱氧剂。生产上常用这些元素的铁合金或金属粉，如锰铁、硅铁、钛铁、铝粉等。

脱氧的产物应不溶于液态金属，其密度要小于液态金属的密度，同时应尽量使脱氧产物处于液态。这样有利于脱氧产物在液态金属中聚合成大的质点，加快上浮到渣中去的速度，减少夹杂物的数量，提高脱氧效果。

选择脱氧剂时，还必须考虑脱氧剂对焊缝成分、性能以及焊接工艺性能的影响，在满足技术要求的前提下，还应考虑成本。

焊接时的脱氧反应是分阶段和区域进行的，按其进行的方式和特点分为先期脱氧、沉淀脱氧和扩散脱氧。

在药皮加热阶段，固态药皮中进行的脱氧反应叫先期脱氧，其特点是脱氧过程和脱氧产物与熔滴不发生直接关系。

含有脱氧剂（如 Mn、Si、Al、Ti 等）的药皮被加热时，会与高价氧化物或碳酸盐分解出的氧和 $CO_2$ 发生反应，结果使气相的氧化性减弱。Al 及 Ti 等元素与氧亲和力较大，在先期脱氧过程中大部分被烧损。

碳一般不作为脱氧剂使用，只有在某些堆焊焊条和铸铁焊条中才加入较多的碳。

（5）沉淀脱氧　沉淀脱氧是在熔滴和熔池阶段进行的。溶解在液态金属中的脱氧剂与 FeO 直接反应，把铁还原，脱氧产物浮出液态金属。这是减少焊缝含氧量的具有决定意义的一环。

锰和硅是理想的沉淀脱氧元素。

在药皮中加入适量的锰铁或焊丝中含有较多的锰时，可进行如下脱氧反应

$$[Mn] + [FeO] = [Fe] + (MnO)$$

脱氧产物 MnO 进入到熔渣中，增加金属中的含锰量，减少熔渣中的 MnO 可以提高脱氧效果。熔渣的性质对锰的脱氧效果有很大的影响，在酸性渣中含有较多的 $SiO_2$ 和 $TiO_2$，它们与脱氧产物 MnO 会生产复合物 $MnO \cdot SiO_2$ 和 MnO、$SiO_2$，因此脱氧效果好；而在碱性渣中含有较多的 MnO，不利于锰脱氧，且碱度越大，锰的脱氧效果越差。正是由于这个原因，

一般酸性焊条用锰铁作为脱氧剂，而碱性焊条不单独用锰铁作为脱氧剂。

硅亦可通过下述反应

$$[Si]+2[FeO]=2[Fe]+(SiO_2)$$

进行脱氧。显然，提高熔渣的碱度和金属中的含硅量，可以提高硅的脱氧效果。

硅对氧的亲和力虽比锰大，但生成的 $SiO_2$ 熔点高，易造成夹杂；同时 $SiO_2$ 过多会使熔渣的粘度增大，不利于化学反应的进行，所以一般不单独用硅脱氧。

当锰和硅按适当比例加入金属中进行联合脱氧时，可以得到很好的脱氧效果。实践表明，$[Mn]/[Si]=3\sim7$ 时，可形成复合硅酸盐 $MnO \cdot SiO_2$，其密度小，熔点低，在液态钢中处于液态，易聚集为大直径的质点浮于熔渣中，减少焊缝中的夹杂物，从而降低焊缝中的总含氧量。

（6）扩散脱氧　扩散脱氧是在液态金属与熔渣界面上进行的，是通过液态金属中的 [FeO] 向熔渣中扩散，从而降低焊缝金属中的含氧量。

温度降低时，利于扩散脱氧反应的进行，这就意味着扩散脱氧是在熔池尾部的低温区进行了。

在温度一定时，渣中的 FeO 活度越低越有利于扩散脱氧。在酸性渣中，由于 $SiO_2$ 和 $TiO_2$ 的存在，它们会与 FeO 生成复合物，降低 FeO 的活度，有利于扩散脱氧。而碱性渣的扩散脱氧能力比酸性渣差。

焊接时熔池和熔渣发生强烈的搅拌作用，并在气体吹力的作用下，熔渣不断向熔池尾部运动，"冲刷"熔池，把脱氧产物带到熔渣中去。这不仅有利于沉淀脱氧，而且有利于扩散脱氧。扩散脱氧的优点是不会因脱氧而产生夹杂。但是在焊接条件下，冷却速度大，扩散时间短，氧化物的扩散又慢，因此扩散脱氧是不充分的。

上面仅仅介绍了脱氧的方式，然而在具体的焊接条件下脱氧的效果究竟如何，则取决于许多因素，如：脱氧剂的种类和数量；氧化剂的性质和数量；熔渣的成分、性质和物理性能；焊丝和母材的成分；焊接参数等。

3．焊缝金属的脱硫、脱磷

硫和磷是金属中的有害杂质，会引起钢的热脆和冷脆，所以焊接时要设法降低焊缝金属中的硫、磷含量。

（1）脱硫　焊缝中的硫主要来源于三个方面：母材中的硫几乎可以全部过渡到焊缝中去，但母材中的含硫量是较低的；焊丝中的硫约有 70% ~80% 可以过渡到焊缝中去；药皮或焊剂中的硫约有 50% 可以过渡到焊缝中。可见严格控制焊接材料的含硫量是限制焊缝含硫量的关键。

制造焊接材料时，应严格按照有关标准选择原材料。低碳钢及低合金钢焊丝的含硫量 $w_S$ 应低于 0.03% ~0.04%；合金钢焊丝含硫量 $w_S$ 应低于 0.025% ~0.03%；不锈钢焊丝含硫量 $w_S$ 应低于 0.02%。药皮、药芯和焊剂的原材料，如锰矿、赤铁矿、钛铁矿、锰铁等都含有一定的硫，而且含量变化幅度较大，因此对焊缝含硫量有很大的影响。

如同脱氧一样，为了减少焊缝金属中的含硫量，可以选择对硫亲和力比铁大的元素进行脱硫，Ce、Ca、Mg 等元素在高温时对硫有很大的亲和力。然而在焊接条件下，这些元素对氧的亲和力比硫大，因此很容易被氧化。

在焊接中常用的脱硫剂是锰，其脱硫反应为

$$[FeS] + [Mn] = (MnS) + [Fe]$$

反应产物 MnS 不溶于钢液，大部分进入熔渣，少量残留在焊缝中形成硫化物夹杂。但因 MnS 熔点较高（1610℃），夹杂物呈点状弥散分布，故危害性较 FeS 小。

熔渣中的碱性金属氧化物，如 MnO、CaO 等亦可进行脱硫，因此酸性渣的脱硫能力比碱性渣差。增加熔渣的碱度可以提高脱硫能力。

（2）脱磷　为了减少焊缝的含磷量，首先必须限制母材、填充金属、药皮、焊剂中的含磷量。药皮和焊剂中的锰矿是焊缝中磷的主要来源。锰矿通常含有质量分数为 0.22% 左右的磷。高锰熔炼焊剂含磷量 $w_P$ 为 0.15%，而不含锰矿的熔炼和烧结焊剂一般含磷量 $w_P$ 不超过 0.05%。

一旦磷进入液态金属，就要采取脱磷的方法将其清除。脱磷反应分为两步：首先是将磷氧化生成 $P_2O_5$；第二步是使之与渣中的碱性氧化物反应生成稳定的磷酸盐。由此可知，增加熔渣的碱度有利于脱磷。在碱性焊条中加入 $CaF_2$ 有利于脱磷，这是因为 $CaF_2$ 可以降低熔渣中 $P_2O_5$ 的活性，同时能降低渣的粘度，有利于物质的扩散。

## 思考与练习

1. 试分析材料各种加热成形过程的基本特点。
2. 试分析材料不同加热成形过程中影响热效率的因素以及提高热效率的基本途径。
3. 何谓温度场？热量传递的基本形式有哪些？
4. 在解析焊接温度场时有哪些基本假设条件？
5. 试分析温度场对材料成形的内在质量有何影响？影响温度场的因素有哪些？
6. 何谓焊接热循环，焊接热循环的主要特征参数有哪些？它们对焊接接头的组织和性能有何影响？
7. 试分析焊接化学冶金的特点。
8. 试分析氮、氢、氧对焊缝金属性能的影响。
9. 焊接时脱氧的方式有哪些？
10. 为什么要对焊缝金属进行脱硫和脱磷处理？具体方法有哪些？

# 第四章 塑性成形理论基础

塑性成形是利用金属的塑性，在外力作用下使金属发生塑性变形，从而获得所需要形状和性能工件的一种加工方法，也称为塑性加工或压力加工。

根据加工时金属受力和变形特点的不同，塑性成形可分为体积成形和板料成形两大类。前者的典型加工方法有锻造、轧制、挤压和拉拔等；后者则有冲裁、弯曲、拉深和成形等。根据加工温度的不同，塑性成形又可分为热成形和冷（温）成形。生产实际中，这些加工方法可单独使用，亦可组合使用。通过各种加工方法的相互渗透与合理组合，还可开发出许多新的塑性成形方法，使塑性成形的应用范围进一步扩大。

塑性成形方法多种多样，且具有各自的特点，但它们都涉及一些共性问题，主要有：塑性变形的物理本质和机理；变形过程中金属的塑性行为、抗力行为和组织性能的变化规律；变形体内部的应力、应变分布和质点流动规律；所需变形力和变形功的合理评估等。研究和掌握这些共性问题，对于保证塑性加工顺利进行和推动工艺的改进具有重要的理论指导意义。本章将围绕这些问题作简单介绍，并以主应力法为例介绍如何运用所学理论来求解生产中的问题，为学习各种塑性成形技术奠定理论基础。

## 第一节 金属塑性变形的物理基础

塑性成形所应用的金属材料绝大部分是多晶体，其变形过程较单晶体复杂得多，这主要是与多晶体的结构特点有关。

多晶体是由许多结晶方向不同的晶粒组成，每个晶粒可看成是一个单晶体，相邻晶粒彼此位向不同，但晶体结构相同，化学组成也基本一样。就每个晶粒来说，其内部的结晶学取向并不完全严格一致，而是有亚结构存在，也即每个晶粒又是由一些更小的亚晶粒组成。

晶粒之间存在着厚度相当小的晶界，晶界的结构与相邻晶粒之间的位向差有关，一般可分为小角度晶界和大角度晶界。小角度晶界由位错组成，最简单的情况是由刃型位错垂直堆叠而构成的倾斜晶界。实际多晶体金属通常都是大角度晶界，其晶界结构很难用位错模型来描述，可以笼统地把它看成是原子排列混乱的区域，并在该区域内存在着较多的空位、位错及杂质等。正因为如此，晶界表现出许多不同于晶粒内部的性质，如室温时晶界的强度和硬度高于晶内，而高温时则可能相反；晶界中原子的扩散速度比晶内原子快得多；晶界的熔点低于晶内；晶界易被腐蚀等。

### 一、金属冷态下的塑性变形

1. 冷塑性变形机理

多晶体的塑性变形包括晶粒内部变形（亦称晶内变形）和晶界变形（亦称晶间变形）两种，下面分别介绍其变形机理。

（1）晶内变形　晶内变形的主要方式和单晶体一样为滑移和孪生。其中滑移变形是主要的，而孪生变形是次要的，一般仅起调节作用。但对于密排六方金属，孪生变形也起着重要作用。

1）滑移。是指在力的作用下，晶体的一部分沿一定的晶面和晶向相对于晶体的另一部分发生相对移动。这些晶面和晶向分别称为滑移面和滑移方向。滑移的结果使大量原子逐步地从一个稳定位置移到另一个稳定位置，产生宏观的塑性变形。

一般地说，滑移总是沿着原子密度最大的晶面和晶向发生，因为原子密度最大的晶面和晶向，原子间距小，原子间结合力强；而其晶面间的距离则较大，晶面与晶面之间的结合力较弱，滑移阻力当然也就较小。

通常每一种晶胞可能存在几个滑移面，而每一滑移面又同时存在几个滑移方向，一个滑移面和其上的一个滑移方向，构成一个滑移系。

滑移系多的金属要比滑移系少的金属变形协调性好、塑性高，如面心立方金属比密排六方金属的塑性好；体心立方金属和面心立方金属同样具有 12 个滑移系。但就金属的塑性变形能力来说，滑移方向的作用大于滑移面的作用，体心立方金属每个晶胞滑移面上的滑移方向只有两个，而面心立方金属的却有三个，因此后者的塑性明显优于前者。

滑移系的存在只说明金属晶体产生滑移的可能性。要使滑移能够发生，需要沿滑移面的滑移方向上作用有一定大小的切应力，称为临界切应力。临界切应力的大小，取决于金属的类型、纯度、晶体结构的完整性、变形温度、应变速率和预先变形程度等因素。

当晶体受力时，由于各个滑移系相对于外力的空间位向不同，其上所作用的切应力分量的大小也必然不同。现设某一晶体作用有由拉力 $F$ 引起的拉伸应力 $\sigma$，其滑移面的法线方向与拉伸轴的夹角为 $\phi$，面上的滑移方向与拉伸轴的夹角为 $\lambda$（见图 4-1），通过简单的静力学分析可知，在此滑移方向上的切应力分量为

$$\tau = \sigma\cos\phi\cos\lambda \tag{4-1}$$

令 $\mu = \cos\phi\cos\lambda$，称为取向因子。由式可见，当 $\sigma$ 为定值时，滑移系上的切应力分量取决于取向因子。若 $\phi = \lambda = 45°$，则 $\mu = \mu_{max} = 0.5$，$\tau = \tau_{max} = \sigma/2$。此意味着该滑移系处于最佳取向，其上的切应力分量最有利于优先达到临界值而发生滑移。而当 $\phi = 90°$、$\lambda = 0°$ 或 $\phi = 0°$、$\lambda = 90°$ 时，则 $\mu = \tau = 0$，此时无论 $\sigma$ 多大，滑移的驱动力恒等于零，处于此位向的滑移系不能发生滑移。通常把 $\mu$ 为 0.5 或接近于 0.5 的取向称为软取向，而把 $\mu$ 为零或接近于零的取向称为硬取向。

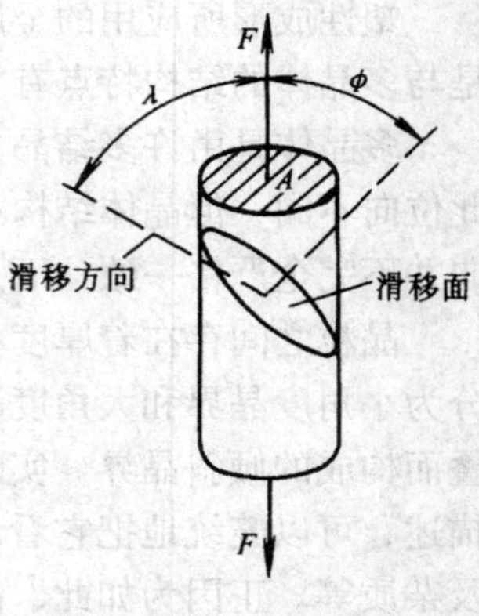

图 4-1　晶体滑移时的应力分析

晶体在滑移过程中，由于受到外界的约束作用会发生转动。就单晶体拉伸变形来说，滑移面会力图向拉力方向转动，而滑移方向则力图向最大切应力分量方向转动。同样，对于多晶体的晶内变形，晶粒在被拉长的同时，其滑移面和滑移方向也会朝一定方向转动，这种转动由于晶界和相邻晶粒的影响，情况会比较复杂。转动的结果使原来任意取向的各个晶粒，逐渐调整其方位而趋于一致。

下面从微观角度分析滑移过程的实质。最初认为滑移是理想完整的晶体沿着滑移面发生刚性的相对滑动，但基于此所计算的临界切应力却比实验值大 $10^3 \sim 10^4$ 倍，这就迫使人们放弃完整晶体刚性滑动的假设。1934 年 G. I. 泰勒等人把位错概念引入晶体中，并把它和滑移变形联系起来，使人们对滑移过程的物理本质有了明确的认识。滑移过程不是沿着滑移面

上所有原子同时产生刚性的相对滑动，而是在其局部区域首先产生滑移，并逐步扩大，直至最后整个滑移面上都完成滑移。此局部区域所以首先产生滑移，是因为该处存在着位错，引起很大的应力集中。虽然整个滑移面上作用的应力相当低，但在此局部区域的应力却可能已大到足以引起晶体的滑移。当一个位错沿滑移面移过后，便使晶体产生一个原子间距大小的相对位移。由于晶体产生一个滑移带的位移量需要上千个位错的移动，且当位错移至晶体表面产生一个原子间距的位移后，位错便消失。这样，为使塑性变形能不断地进行，就必须有大量新的位错出现，这就是位错理论中所说的位错增殖。因此，晶体的滑移过程实质上是位错移动和增殖的过程。图 4-2 和图 4-3 分别给出了刃型位错和螺型位错运动造成晶体滑移变形的示意。

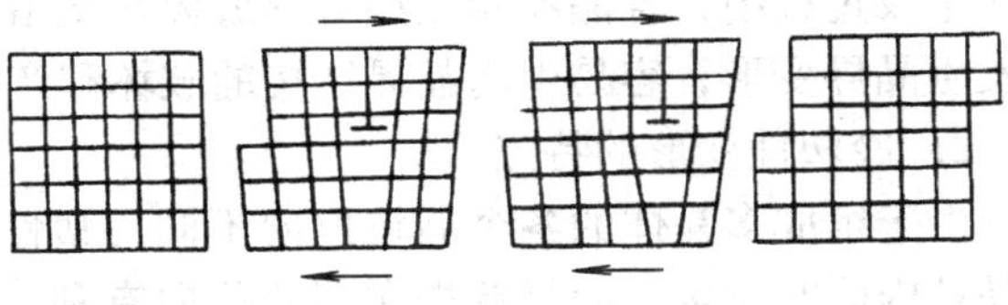

图 4-2 刃型位错运动造成晶体滑移变形的示意

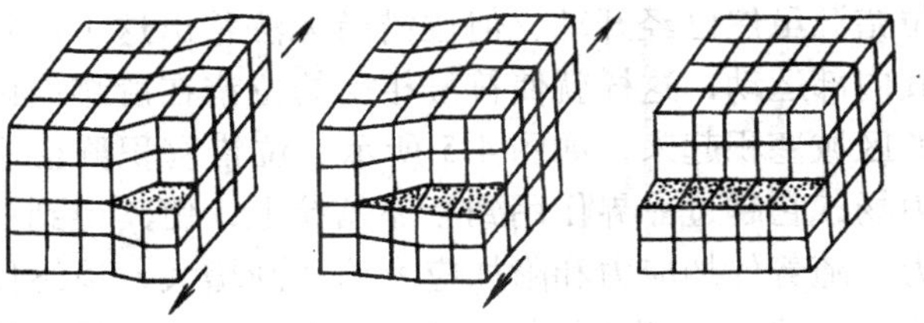

图 4-3 螺型位错运动造成晶体滑移变形的示意

2）孪生。是指在切应力作用下，晶体的一部分沿着一定的晶面（称为孪生面）和一定的晶向（称为孪生方向）发生的均匀切变。孪生变形后，晶体的变形部分与未变形部分构成了镜面对称关系，镜面两侧晶体的相对位向发生了改变，但不改变晶体的点阵类型。晶体的孪生变形部分称为“形变孪晶”。

孪生也是通过位错运动来实现的，但是产生孪生的位错，其柏氏矢量要小于一个原子间距，这种位错称为部分位错，所以孪生是由部分位错横扫孪生面而进行的。

金属晶体究竟以何种方式进行塑性变形，取决于哪种方式变形所需的切应力低。在常温下大多数体心立方金属滑移的临界切应力小于孪生的临界切应力，所以滑移是优先的变形方式。对于面心立方金属，孪生的临界切应力远比滑移的大，所以一般不发生孪生变形，但在极低温度（4～78K）或高速冲击载荷下，也不排除这种变形方式。再者，当金属滑移变形剧烈进行并受到阻碍时，往往在高度应力集中处会诱发孪生变形，孪生变形后由于变形部分位向改变，可能变得有利于滑移，于是晶体又开始滑移，二者交替地进行。至于密排六方金属，由于滑移系少，滑移变形难以进行，所以这类金属主要靠孪生方式变形。

（2）晶间变形　晶间变形的主要方式是晶粒之间相互滑动和转动，如图 4-4 所示。多晶体受力变形时，沿晶界处可能产生切应力，当此切应力足以克服晶粒彼此间相对滑动的阻力时，便发生相对滑动。另外，由于各晶粒所处位向不同，其变形情况及难易程度亦不相同，这样，在相邻晶粒间必然引起力的相互作用而可能产生一对力偶，造成晶粒间的相互转动。

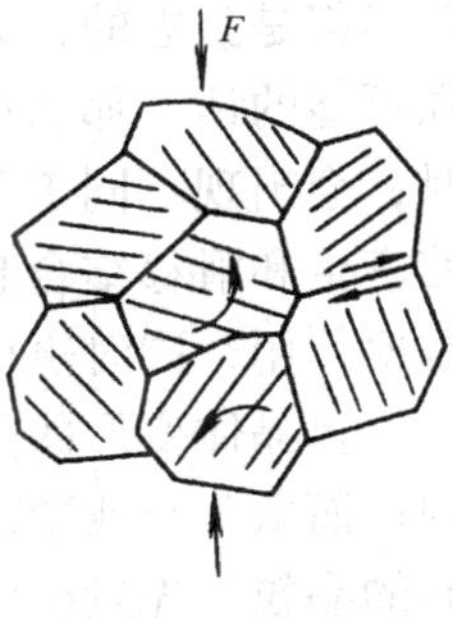

图 4-4 晶粒之间的滑动和转动

晶间变形不能简单地看成是晶界处的相对机械滑移，而是晶界附近具有一定厚度的区域内发生应变的结果。这一应变是晶界沿最大切应力方向进行的切应变，切变量沿晶界不同点是不同的，即使在同一点，不同的变形时间，其切变量亦是不同的。

在冷态变形条件下，多晶体的塑性变形主要是晶内变形，晶间变形只起次要作用，而且需要有其他变形机制相协调。这是由于晶界强度高于晶内，其变形比晶内的困难。还由于晶粒在生成过程中，各晶粒相互接触形成犬牙交错状态，造成对晶界滑移的机械阻碍作用。如果发生晶界变形，容易引起晶界结构的破坏和产生裂纹，因此晶间变形量只能是很小的。

2. 冷塑性变形的特点

由于组成多晶体的各个晶粒位向不同，塑性变形不是在所有晶粒内同时发生，而是首先在那些位向有利、滑移系上的切应力分量已优先达到临界值的晶粒内进行。对于周围位向不利的晶粒，由于滑移系上的切应力分量尚未达到临界值，所以还不能发生塑性变形。此时已经开始变形的晶粒，其滑移面上的位错源虽然已经开动，但位错尚无法移出这个晶粒，仅局限在其内部运动，这样就使符号相反的位错在滑移面两端接近晶界的区域塞积起来，如图 4-5 所示。位错塞积群会产生很强的应力场，它越过晶界作用到相邻晶粒上，使其得到一个附加的应力。随着外加应力和附加应力的逐渐增大，最终使位向不利的相邻晶粒（如图 4-5 中的 *B*、*C* 晶粒）中的某些取向因子较小的滑移系的位错源也开动起来，从而发生相应的滑移。而晶粒 *B*、*C* 的滑移会使位错塞积群前端的应力松弛，促使晶粒 *A* 的位错源继续开动，进而位错移出晶粒，发生形状的改变，并与晶粒 *B*、*C* 的滑移以某种关系连接起来。这就意味着越来越多的晶粒参与塑性变形，塑性变形量也越来越大。

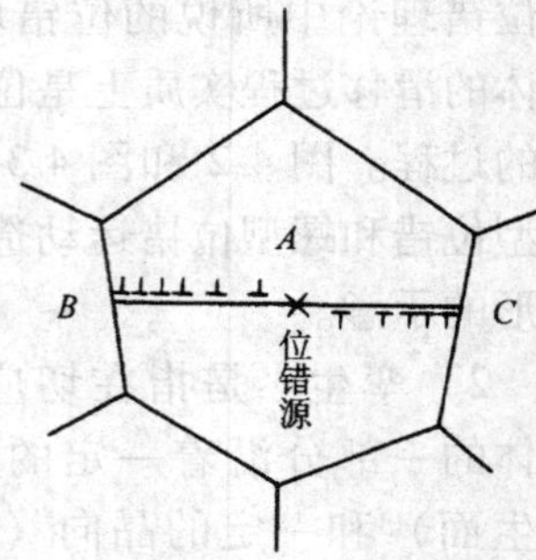

图 4-5 多晶体滑移示意

由于多晶体中的每个晶粒都是处于其他晶粒的包围之中，它们的变形不是孤立和任意的，而是需要相互协调配合，否则无法保持晶粒之间的连续性。故此，要求每个晶粒进行多系滑移，即除了在取向有利的滑移系中进行滑移外，还要求其他取向并非很有利的滑移系也参与滑移。只有这样，才能保证其形状作各种相应的改变，而与相邻晶粒的形变相协调。理论上的推算表明，为保证变形的连续性，每个晶粒至少要求有五个独立的滑移系启动。所谓“独立”，可理解为每一个这样的滑移系所引起的晶粒形变效果，不能由其他滑移系获得。如前所述，面心和体心立方晶体有 12 个滑移系，而六方晶体只有 3 个滑移系。这些滑移系并不都是独立的，如果要在面心和体心立方晶体的上述滑移系中找出 5 个独立的滑移系还勉强可能的话，那么在仅有 3 个滑移系的六方晶体中简直就是不可能的事。因此，多晶体变形时，会出现不同于单晶体变形时的滑移系，特别是六方晶体的变形更是如此。此外，还必须使孪生和滑移结合起来，才有可能连续地进行变形，这也正显示了孪生在六方晶体变形中的重要作用，同时也说明了六方系金属的塑性总是比面心和体心立方金属差的原因所在。

多晶体变形的另一个特点是变形的不均匀性。宏观变形的不均匀性是由外部条件所造成的；而微观与亚微观变形的不均匀性则是由多晶体的结构特点所决定的。前面已提到，软位向的晶粒首先发生滑移变形，而硬位向的晶粒继之变形。尽管它们的变形要相互协调，但最终必然表现出各个晶粒变形量的不同。另外，由于晶界的存在，考虑到晶界的结构、性能不同于晶内的特点，其变形不如晶内容易。且由于晶界处于不同位向晶粒的中间区域，要维持变形的连续性，晶界势必要起折衷调和作用。也就是说，晶界一方面要抑制那些易于变形的晶粒变形；另一方面又要促进那些不利于变形的晶粒进行变形。所有这些，最终也必然表现出晶内和晶界之间变形的不均匀性。

综上所述，多晶体塑性变形的特点；一是各晶粒变形的不同时性；二是各晶粒变形的相互协调性；三是晶粒与晶粒之间和晶粒内部与晶界附近区域之间变形的不均匀性。

据此，可以进一步分析晶粒大小对金属的塑性和变形抗力的影响。如前所述，滑移由一个晶粒转移到另一个晶粒，主要取决于晶界附近位错塞积群所产生的应力场能否激发相邻晶粒中的位错源开动，以进行协调性的次滑移。而位错塞积群应力场的强弱与塞积的位错数目 $n$ 有关，$n$ 越大，应力场就越强；但 $n$ 的大小又和位错塞积群到晶内位错源的距离相关。晶粒越大，这个距离也越大，位错源开动的时间就越长，$n$ 也就越大。由此可见，粗晶粒金属的变形由一个晶粒转移到另一个晶粒会容易些，而细晶粒时则需要在更大的外力作用下才能使相邻晶粒发生塑性变形。这就是为什么晶粒越细小金属屈服点越大的原因。

实验研究表明，晶粒平均直径 $d$ 和屈服点 $\sigma_s$ 的关系可表达为

$$\sigma_s = \sigma_0 + K_y d^{-\frac{1}{2}} \tag{4-2}$$

式中　$\sigma_0$ 和 $K_y$——常数，前者表征晶内的变形抗力，约为单晶体临界切应力的 2 ~ 3 倍；后者表征晶界对变形的影响。

再者，晶粒越细小，金属的塑性也越好。因为在一定体积内，细晶粒金属的晶粒数目比粗晶粒金属的多，因而塑性变形时位向有利的晶粒也较多，变形能较均匀地分散到各个晶粒上；又从每个晶粒的应变分布来看，细晶粒时晶界的影响区域相对加大，使得晶粒心部的应变和晶界处的应变差异减小。由于细晶粒金属的变形不均匀性较小，由此引起的应力集中必然也较小，内应力分布较均匀，因而金属断裂前可承受的塑性变形量就较大。上述关于晶粒大小对金属塑性的影响得到了实验的证实，图 4-6 给出了几种钢的平均晶粒直径和断面收缩率的关系曲线。

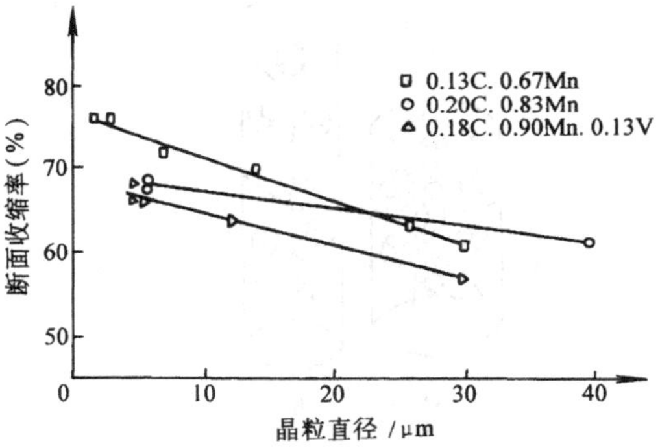


图 4-6　晶粒大小与断面收缩率的关系

此外，晶粒细化对提高塑性成形件表面质量也是有利的。例如，粗晶粒的金属板材冲压成形时，冲压件表面会呈现凹凸不平，即所谓“桔皮”现象，而细晶粒板材则不易看到；又如粗晶粒金属的冷挤压件表面粗糙，甚至出现伤痕和微裂纹等。

3. 冷塑性变形对金属组织和性能的影响

（1）组织的变化　多晶体金属经冷态塑性变形后，除了在晶粒内部出现滑移带和孪生带等组织特征外，还具有下列的组织变化。

1）晶粒形状的变化。金属经冷加工变形后，其晶粒形状发生变化，变化趋势大体与金属宏观变形一致。例如，轧制变形时，原来等轴的晶粒沿延伸变形方向伸长。若变形程度很大，则晶粒呈现为一片如纤维状的条纹，称为纤维组织。当金属中有夹杂或第二相质点时，则它们会沿变形方向拉长成细带状（对塑性杂质而言）或粉碎成链状（对脆性杂质而言）。

2）晶粒内产生亚结构。在塑性变形过程中，晶体内的位错不断增殖，经很大的冷变形

后，位错密度可从原先退火状态的$10^6 \sim 10^7 cm^{-2}$增加到$10^{11} \sim 10^{12} cm^{-2}$。由于位错运动及位错交互作用的结果，金属变形后的位错分布是不均匀的。它们先是比较纷乱地纠缠成群，形成“位错缠结”。如果变形量增大，就形成胞状亚结构。这时变形的晶粒是由许多称为“胞”的小单元组成，各个胞之间有微小的取向差，高密度的缠结位错主要集中在胞的周围地带，构成胞壁；而胞内体积中的位错密度甚低。随着变形量进一步增大，胞的数量会增多、尺寸减小，胞壁的位错更加稠密，胞间的取向差也增大，胞的形状甚至还会随着晶粒外形的改变而改变，形成排列甚密的呈长条状的“形变胞”。

需要指出，对于像奥氏体钢、铜及铜合金等所谓低层错能的金属，由于位错交滑移困难，因此这类金属变形后位错的分布会比较均匀和分散，构成复杂的网络，尽管位错密度增加了，但不倾向于形成胞状亚结构。

3）晶粒位向改变（变形织构）。多晶体塑性变形时伴随有晶粒的转动，当变形量很大时，多晶体中原为任意取向的各个晶粒，会逐渐调整其取向而彼此趋于一致，这种由于塑性变形的结果而使晶粒具有择优取向的组织称为“变形织构”。

图 4-7 是金属或合金经轴对称拉拔或挤压变形后形成的丝织构，其特征是所有晶粒的某一晶向趋于与最大主应变方向平行。图 4-8 是经轧制变形后形成的板织构，其特征是各个晶粒的某一晶向趋于与轧制方向平行，而某一晶面趋于与轧制平面平行。

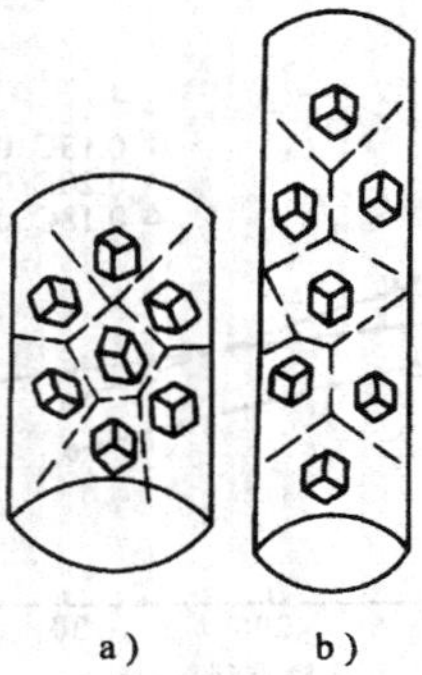

图 4-7　丝织构示意
a）拉拔前　b）拉拔后

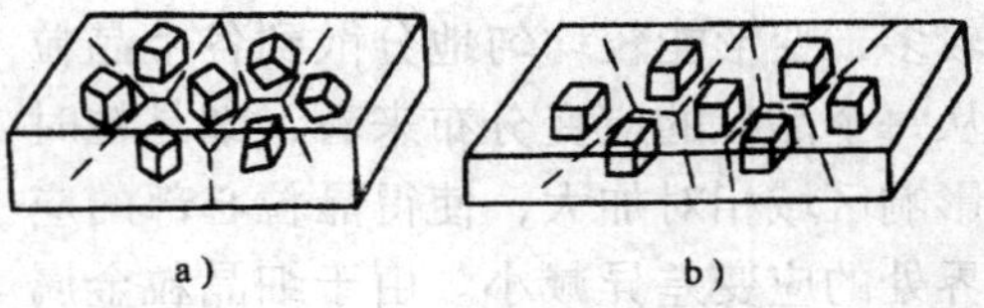

图 4-8　板织构示意
a）轧制前　b）轧制后

由于变形织构的形成，金属的性能将显示各向异性，且经退火后，织构和各向异性仍然存在。用具有织构的板材冲出的拉深件，其壁厚不均、沿口不齐，出现所谓的“制耳”，如图 4-9 所示。

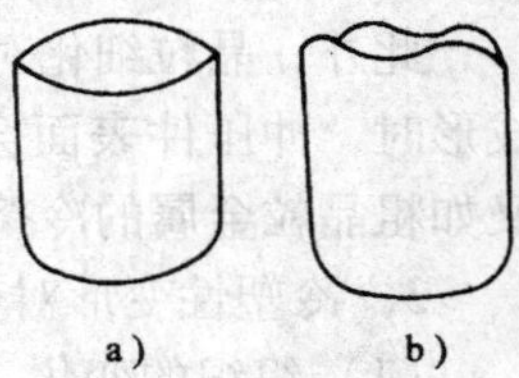

图 4-9　因板织构所造成的“制耳”
a）无制耳　b）有制耳

（2）性能的变化　由于上述组织的变化，必然导致金属性能的变化，其中变化最显著的是金属的力学性能，即随着变形程度的增加，金属的强度、硬度增加，而塑性、韧性降低，这种现象称为加工硬化（又称形变硬化）。图 4-10 示出了 45 钢经不同程度的冷拔变形后，制成拉伸试样所测出的力学性能指标与冷拔变形程度的关系曲线。

关于加工硬化的成因，普遍认为与位错的交互作用有关。随着塑性变形的进行，位错密度不断增加，位错反应和相互交割加剧，结果产生固定割阶、位错缠结等障碍，以致形成胞状亚结构，使位错难以越过这些障碍而被限制在一定范围内运动。这样，要使金属继续变形，就需要不断增加外力，才能克服位错间强大的交互作用力。

加工硬化是金属塑性变形时的一个重要特征，也是强化金属的重要手段。例如，自行车链条的链片是用 Q345（16Mn）钢带冲裁制成，该钢带先经五道冷轧，厚度由 3.5mm 减至 1.2mm，由于加工硬化，材料的硬度、抗拉强度及链条的负荷能力都可成倍提高；又如冷挤压成形，由于金属的加工硬化，加之金属纤维的合理分布，可使冷挤压件的强度提高，并有可能用低强度材料替代高强度材料。

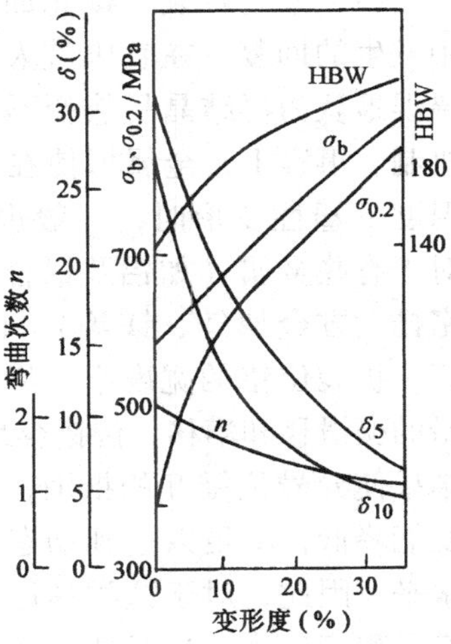


图 4-10 45 钢力学性能与变形程度的关系曲线

对于不能用热处理方法强化的材料，借助冷塑性变形来提高其力学性能就显得更为重要，发电机护环的变形强化即是其中一例。由于护环是在定子产生的强大磁场中工作，为防止漏磁与涡流损失，要求护环钢无磁性，目前多采用高锰奥氏体无磁钢锻制。但这类钢在加热冷却过程中无相变，淬火后强度不能提高，远不能满足对护环的高综合力学性能要求。故此，生产中常再采用某种冷变形强化方法来提高其强度，如液压胀形、楔块扩孔、芯轴扩孔、爆炸变形强化等。

需要指出，加工硬化对塑性成形也有不利的一面。它使金属塑性下降、变形抗力升高，继续变形困难，对于高硬化速率金属的多道次成形更是如此。因此，有时需要增加中间退火来消除加工硬化，以使成形加工能继续进行下去，其结果降低了生产率，增加了成本。

**二、金属热态下的塑性变形**

从金属学的角度看，在再结晶温度以上进行的塑性变形称为热塑性变形或热塑性加工。生产实际中的热塑性加工，为了保证再结晶过程的顺利完成以及操作上的需要等，其变形温度远比再结晶温度高。材料成形中广泛采用的热锻、热轧和热挤压等即属于这类加工。

在热塑性变形过程中，回复、再结晶与加工硬化同时发生，加工硬化不断被回复或再结晶所抵消，使金属处于高塑性、低变形抗力的软化状态。

1. 热塑性变形时的软化过程

热塑性变形时的软化过程比较复杂，它与变形温度、应变速率、变形程度以及金属本身的性质等因素密切相关。按其性质可分为以下几种：动态回复、动态再结晶、静态回复、静态再结晶、亚动态再结晶等。动态回复和动态再结晶是在热塑性变形过程中发生的；而静态回复、静态再结晶和亚动态再结晶则是在热变形的间歇或热变形后，利用金属的高温余热进行的。图 4-11 给出了热轧和热挤时，动、静态回复和再结晶的示意。其中图 4-11a 表示高层错能金属（如铝及铝合金、铁素体钢及密排六方金属等）在热轧变形程度较小时，只发生动态回复，随后发生静态回复；图 4-11b 表示低层错能金属（如奥氏体钢、铜及铜合金等）在热轧变形程度较小时，只发生动态回复，随后发生静态回复和静态再结晶；图 4-11c 表示高层错能金属在热挤压变形程度很大时，发生动态回复，出模孔后发生静态回复和静态再结晶；图 4-11d 表示低层错能金属在热挤压变形程度很大时，发生动态再结晶，出模孔后发生亚动态再结晶。

静态和动态回复或再结晶在机理上无本质差别，下面从物理概念出发作简要介绍。

（1）动态回复　动态回复是在热变形过程中发生的回复。在它未被人们认识之前，一直错误地认为再结晶是热变形过程中惟一的软化机制。事实上，金属即使在远高于静态再结晶温度下塑性变形时，一般也只发生动态回复。对于有些金属（如铝及铝合金、铁素体钢以及密排六方金属锌、镁等），由于它们的层错能高，扩展位错的宽度窄、集束容易，有利于位错的交滑移和攀移，位错容易在滑移面间转移，结果使异号位错互相抵消，位错密度下降，畸变能降低，不足以达到动态再结晶所需的能量水平。因此，对于这类高层错能的金属，即使变形程度很大，也只能发生动态回复，而不发生动态再结晶。至于如奥氏体钢、铜及铜合金一类的低层错能金属的热变形，实验表明，如果变形程度较小，通常也只发生动态回复。因此，可以说，动态回复在热塑性变形的软化过程中占有很重要的地位。

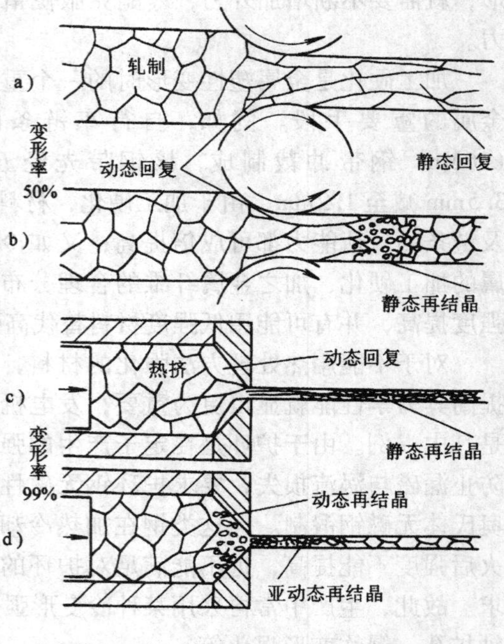

图 4-11　动、静态回复和再结晶示意

金属经动态回复后，其显微组织仍为沿变形方向拉长的晶粒，而其亚晶仍保持等轴状；金属的位错密度一般高于相应的冷变形后经静态回复的位错密度，而亚晶的尺寸一般小于相应的冷变形后经静态回复的亚晶尺寸。

（2）动态再结晶　动态再结晶是在热变形过程中发生的再结晶。动态再结晶和静态再结晶基本一样，也是通过形核和生长来完成。动态再结晶容易发生在层错能较低的金属，且当热变形程度很大时。这是因为层错能低，其扩展位错宽度就大，集束困难，不易进行位错的交滑移和攀移；而动态回复主要是通过位错的交滑移和攀移来完成的。这就意味着这类金属动态回复的速率和程度都很低，金属中的一些局部区域会积累足够高的位错密度差（也即畸变能差），且由于动态回复很不充分，所形成的胞状亚组织的尺寸较小，边界较不规整，胞壁还有较多的位错缠结。这种不完整的亚组织正好有利于再结晶形核，所有这些都有利于动态再结晶的发生。至于为什么需要更大的变形程度，是因为动态再结晶需要一定的驱动力（畸变能差），这类金属在热变形过程中，动态回复尽管很不充分但毕竟随时在进行，畸变能也随时在释放。因此，只有当变形程度远高于静态再结晶所需的临界变形程度时，畸变能差才能积累到再结晶所需的水平，动态再结晶才能启动，否则也只能发生动态回复。

在动态再结晶过程中，由于塑性变形还在进行，生长中的再结晶晶粒随即发生变形，而静态再结晶的晶粒却是无应变的。因此，动态再结晶晶粒与同等大小的静态再结晶晶粒相比，具有更高的强度和硬度。

（3）热变形后的软化过程　在热变形的间歇或者热变形完成之后，由于金属仍处于高温状态，一般会发生以下三种软化过程：静态回复、静态再结晶和亚动态再结晶。

金属热变形时除少数发生动态再结晶情况外，会形成亚晶组织，使内能提高，处于热力学不稳定状态。因此在变形停止后，若热变形程度不大，将发生静态回复；若热变形程度较大，且变形后金属仍保持在再结晶温度以上时，则将发生静态再结晶。静态再结晶进行得比较缓慢，需要有一定的孕育期才能完成，在孕育期内发生静态回复。再结晶完成后，重新形成无畸变的等轴晶。

对于在热变形时发生动态再结晶的金属，热变形后迅即发生亚动态再结晶。所谓亚动态再结晶，是指热变形过程中已经形成的、但尚未长大的动态再结晶晶核，以及长大到中途的再结晶晶粒被遗留下来，当变形停止后而温度又足够高时，这些晶核和晶粒会继续长大，此软化过程即称为亚动态再结晶。由于这类再结晶不需要形核时间，没有孕育期，所以热变形后进行得很迅速。

2. 热塑性变形机理

金属热塑性变形机理主要有：晶内滑移、晶内孪生、晶界滑移和扩散蠕变等。

（1）晶内滑移　在通常条件下（一般晶粒大于10μm时），热变形的主要机理仍然是晶内滑移。这是由于高温时原子间距加大，原子的热振动和扩散速度增加，位错的滑移、攀移、交滑移及位错结点脱锚比低温时来得容易；滑移系增多，滑移的灵便性提高，改善了各晶粒之间变形的协调性；晶界对位错运动的阻碍作用减弱。

（2）晶界滑移　热塑性变形时，由于晶界强度较低，使得晶界滑动易于进行；又由于扩散作用的增强，及时消除了晶界滑动所引起的破坏。因此，与冷变形相比晶界滑动的变形量要大得多；但在常规热变形条件下，晶界滑动相对于晶内滑移变形量还是小的。只有在微细晶粒的超塑性变形条件下，晶界滑动机理才起主要作用，并且晶界滑动是在扩散蠕变调节下进行的。

（3）扩散蠕变　扩散蠕变是在应力场作用下，由空位的定向移动所引起的。在应力场作用下，受拉应力的晶界（特别是与拉应力相垂直的晶界）的空位浓度高于其他部位的晶界。由于各部位空位的化学势能差，引起空位的定向移动，即空位从垂直于拉应力的晶界放出，被平行于拉应力的晶界所吸收。空位移动的实质就是原子的定向转移，从而发生了物质的迁移，引起晶粒形状的改变，产生了塑性变形。图4-12为扩散蠕变的示意。图4-12a中虚箭头表示空位移动的方向，实箭头表示原子的移动方向；图4-12b表示晶内扩散引起晶粒在拉应力方向上的伸长变形（若为受压方向则引起缩短变形）；图4-12c表示晶界扩散引起晶粒的"转动"。

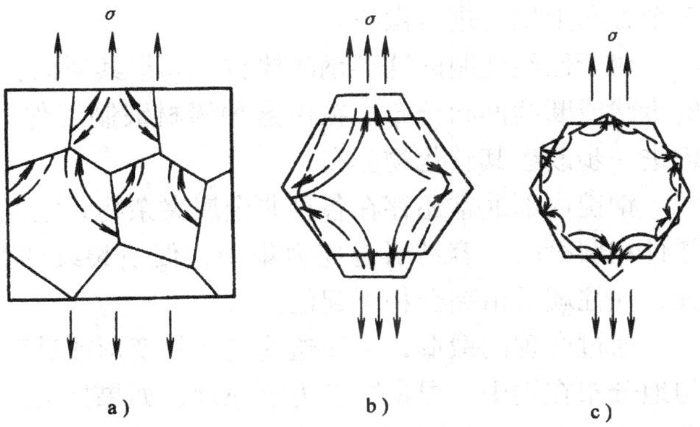


图4-12　扩散蠕变示意

a）空位和原子的移动方向　b）晶内扩散　c）晶界扩散

扩散蠕变既直接为塑性变形作贡献，也对晶界滑移起调节作用。变形温度越高、晶粒越细和应变速率越低，扩散蠕变所起的作用就越大。因为温度越高，原子的动能和扩散能力就越大；晶粒越细则意味着有越多的晶界及原子扩散的路程越短；而应变速率越低表明有更充足的时间进行扩散。在回复温度以下的塑性变形，这种变形机理所起的作用不明显，只在很低的应变速率下才有考虑的必要；而在高温变形时，特别是在超塑性变形和等温锻造中，扩散蠕变则起着非常重要的作用。

综合以上所有的分析可以看出，热态下金属塑性变形能力（即塑性）要比冷态下的高，而变形抗力则低。这也是热成形加工的一个优点。

3. 热塑性变形对金属组织和性能的影响

（1）改善晶粒组织　对于铸态金属，粗大的树枝状晶经塑性变形及再结晶而变成等轴（细）晶粒组织；对于经轧制、锻造或挤压的钢坯或型材，在以后的热加工中通过塑性变形与再结晶，其晶粒组织一般也可得到改善。

（2）锻合内部缺陷　铸态金属中的疏松、空隙和微裂纹等内部缺陷被压实，从而提高了金属的致密度。内部缺陷的锻合效果，与变形温度、变形程度、应力状态及缺陷表面的纯洁度等因素有关。宏观缺陷的锻合通常经历两个阶段：首先是缺陷区发生塑性变形，使空隙变形、两壁靠合，此称闭合阶段；然后在三向压应力作用下，加上高温条件，使空隙两壁金属焊合成一体，此称焊合阶段。如果没有足够大的变形程度，不能实现空隙的闭合，虽有三向压应力作用，也很难达到宏观缺陷的焊合。对于微观缺陷，则只要有足够大的三向压应力，就能实现锻合。

（3）破碎并改善碳化物和非金属夹杂物在钢中的分布　对于高速钢、高铬钢、高碳工具钢等，其内部含有大量的碳化物。这些碳化物有的呈粗大的鱼骨状，有的呈网状包围在晶粒周围。通过锻造或轧制，可使这些碳化物被打碎并均匀分布，从而改善了它们对金属基体的削弱作用，并使由这类钢锻制的工件在以后的热处理时硬度分布均匀，提高了工件的使用性能和寿命。为了使碳化物能被充分击碎并均匀分布，通常采用“变向锻造”，即沿毛坯的三个方向上反复进行镦拔。

对于已经轧制的这类钢的棒材，如果其断面直径较大，内部的碳化物仍可能呈不同程度的带状或断续网状分布。在由这种棒材锻制工件时，除了具有“成形”的目的外，还应考虑进一步改善其碳化物分布。

钢锭内部通常还存在各种非金属夹杂物，它们破坏了基体金属的连续性。含有夹杂物的零件在服役时，容易引起应力集中，促使裂纹的产生，因而是有害的，许多大型锻件的报废，往往就是由夹杂物引起的。

通过合理的锻造，可使这些夹杂物变形或破碎，加之高温下的扩散溶解作用，使其较均匀地分布在钢中。根据断裂力学原理，如果把夹杂物作为一种裂纹来看待，则夹杂物被破碎和均匀分布，就相当于减小裂纹的尺寸和改善其分布，从而能大大降低其有害作用。

（4）形成纤维组织　在热塑性变形过程中，随着变形程度的增加，钢锭内部粗大的树枝状晶逐渐沿主变形方向伸长，与此同时，晶间富集的杂质和非金属夹杂物的走向也逐渐与主变形方向一致。其中脆性夹杂物（如氧化物、氮化物和部分硅酸盐等）被破碎呈链状分布；而塑性夹杂物（如硫化物和多数硅酸盐等）则被拉成条带状、线状或薄片状。于是在磨面腐蚀的试样上便可以看到顺主变形方向上一条条断断续续的细线，称为“流线”，具有流线的组织就称为“纤维组织”。需要指出的是在热变形过程中，由于再结晶的结果，被拉长的晶粒变成细小的等轴晶，而流线却很稳定地保留下来直至室温。因此，这种纤维组织与冷变形时由于晶粒被拉长而形成的纤维组织是不同的。图 4-13 为钢锭锻造时，随变形程度增大形成纤维组织的示意。

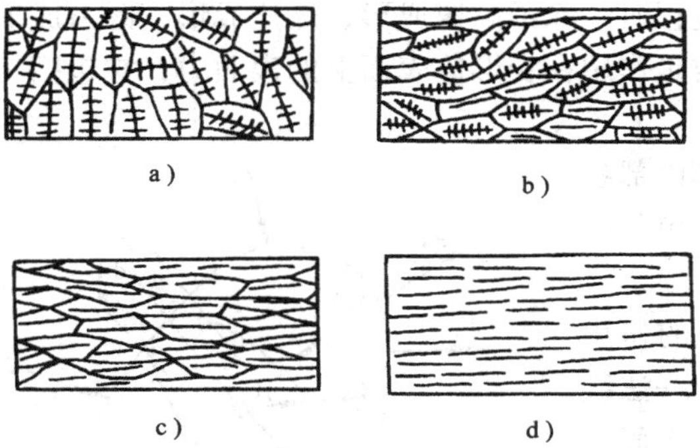


图 4-13 钢锭锻造过程中纤维组织形成的示意

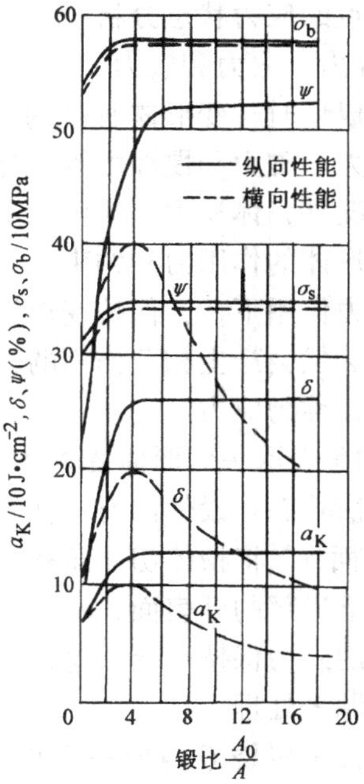


图 4-14 45 钢钢锭不同锻比对室温力学性能的影响

纤维组织的形成使金属力学性能呈现各向异性，沿流线方向比垂直流线方向具有较高的力学性能，其中尤以塑性、韧性指标最为显著。图 4-14 为 45 钢经不同锻比拔长后，沿纵向和横向室温力学性能的变化曲线。图中 $A_0$、$A$ 分别为拔长前、后钢件的横截面积。

由于纤维组织对金属性能具有上述的影响，在制定热成形工艺时，应根据零件服役条件，正确控制金属的流动和流线在锻件中的分布。对于受力比较简单的零件，如立柱、曲轴等，在锻造时应尽量避免切断纤维，并使流线方向与最大拉应力方向一致，大型曲轴全纤维锻造就是其中一例。对于容易疲劳剥损的零件，如轴承套圈、搓丝板等，应尽量使流线与零件工作表面平行，避免流线在工作表面露头。因为纤维露头处本身就是一个微观缺陷，在交变载荷作用下容易引起应力集中，成为疲劳断裂源。对于受力比较复杂的零件，因各方向都有性能要求，多采用镦拔结合的方法，使锻件没有明显的流线分布，并使总锻比达到最佳值。

## 第二节 应力状态和应变状态分析

塑性成形理论的基本任务之一，是确定金属坯料在给定边界条件下发生塑性变形时，其内部的位移（速度）场、应变场和应力场。掌握这些物理变量场，就能进一步预测金属坯料形状尺寸的变化，计算成形力、功能消耗和工模具接触面上的压力分布，分析工件内部的变形分布、工件质量和可能出现的缺陷，从而为合理制定成形工艺、设计成形模具、选用成形设备和控制产品质量提供科学的理论依据。为了确定这些物理变量场，需要具备关于变形体内点的应力状态和应变状态分析的基础知识。

## 一、点的应力状态分析

1. 外力、内力和应力

塑性成形时，变形体所受的外力可分为两类。一类是作用在变形体内每一质点的体积力，如重力、磁力和惯性力等。分析塑性成形过程时，除了高速成形、爆炸成形、磁力成形等少数情况外，体积力一般可以不考虑。另一类是作用在变形体表面上的表面力，它包括工模具对变形体的作用力和约束反力等。

在外力作用下，为保持变形体的连续性，其内部各质点之间必然会产生相互作用的力，叫做内力。单位面积的内力，称为应力。

图 4-15 表示一变形体受外力系 $F_1$、$F_2$、…的作用而处于平衡状态。设体内有一任意点 $Q$，过 $Q$ 作一法线为 $N$ 的平面 $A$，将物体切开而移去上半部，这时 $A$ 面即可看成是下半部的外表面，$A$ 面上作用的内力应该与下半部其余的外力保持平衡。这样，内力问题就可以转化为外力问题来处理。

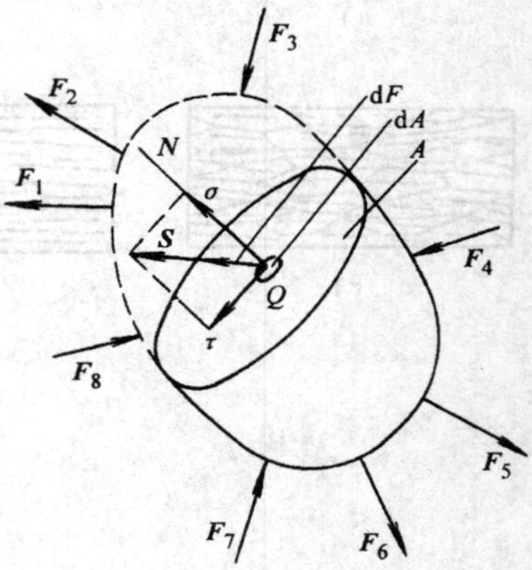

图 4-15 外力、内力和应力

在 $A$ 面上围绕 $Q$ 点取一很小的平面 $\Delta A$，设该面积上内力的合力为 $\Delta F$，则定义

$$S=\lim_{\Delta F\to 0}\frac{\Delta F}{\Delta A}=\frac{dF}{dA}$$

为 $A$ 面上 $Q$ 点的全应力，它是一个矢量，称为应力矢量。显然过 $Q$ 点可以作无数个不同截面，例如 $A_1$、$A_2$、…，就有无数个相对应的应力矢量 $S_1$、$S_2$、…。这就提出一问题，即如何完整地描述变形体内一点的受力情况也即应力状态呢？可以证明，只要知道过该点的三个相互垂直截面上的三个应力矢量，则过该点的任意截面上的应力矢量均可求出，也即该点的应力状态完全确定。由此可以看出，点的应力状态不同于物理量中的标量和矢量，它需要用过该点的三个相互垂直截面上的三个应力矢量才能完整地确定。这样的物理量又称为二阶张量。因此点的应力状态是二阶张量。

2. 直角坐标系中一点的应力状态

设在直角坐标系中有一承受任意力系作用的物体，物体中有一任意点 $Q$，围绕着 $Q$ 切取一无限小的正六面体（又称单元体），其棱边分别平行于三根坐标轴。在一般情况下，单元体各个微分面上均有应力矢量作用（图 4-16a），这些应力矢量沿坐标轴分解为三个分量，一个是正应力分量（又称法向应力分量），另两个为切应力分量，共有九个应力分量。因此一般情况下，一点的应力状态需用九个应力分量来描述（图 4-16b）。每个应力分量的符号带有两个下角标，第一个下角标表示该应力分量作用面的法线方向，

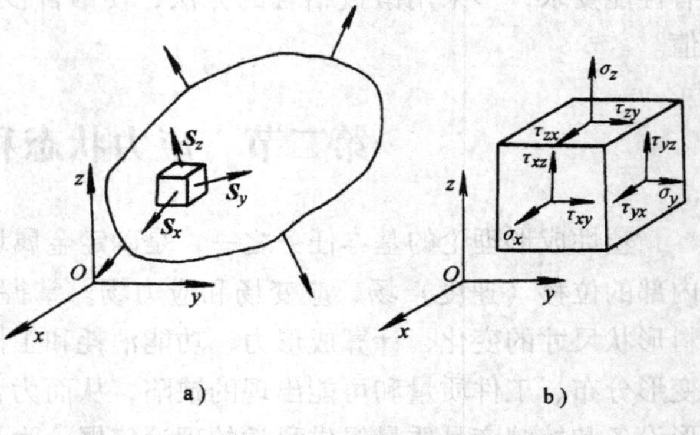

图 4-16 单元体的受力情况

a）物体内的单元体 b）单元体上的应力状态

第二个下角标表示它的作用方向。显然，两个下角标相同的是正应力分量，例如 $\sigma_{xx}$ 即表示 $x$ 面上平行于 $x$ 轴的正应力分量，一般简写为 $\sigma_x$；而两个下角标不同的是切应力分量，例如 $\tau_{xy}$ 即表示 $x$ 面上平行于 $y$ 轴的切应力分量。

应力分量的正负号规定如下：在单元体上外法线指向坐标轴正向的微分面叫做正面，反之，称为负面；对于正面，指向坐标轴正向的应力分量为正，指向负向的为负；对于负面，情况正好相反。按此规定，正应力分量以拉为正，以压为负，而图 4-16b 中的各切应力分量均为正。

单元体处于静力平衡状态，故绕单元体各轴的合力矩必为零。由此可导出切应力互等关系式

$$\tau_{xy}=\tau_{yx};\ \tau_{yz}=\tau_{zy};\ \tau_{zx}=\tau_{xz}$$

可见，表示点的应力状态的九个应力分量中只要六个是独立的，也即点的应力状态是二阶对称张量。

上述应力分量可用符号 $\sigma_{ij}$（$i$、$j=x$、$y$、$z$）表示，使下角标 $i$、$j$ 分别依次等于 $x$、$y$、$z$，即可得到九个应力分量，表示成矩阵形式为

$$\sigma_{ij}=\begin{pmatrix}\sigma_x & \tau_{xy} & \tau_{xz}\\ \tau_{yx} & \sigma_y & \tau_{yz}\\ \tau_{zx} & \tau_{zy} & \sigma_z\end{pmatrix}=\begin{pmatrix}\sigma_x & \tau_{xy} & \tau_{xz}\\ \cdot & \sigma_y & \tau_{yz}\\ \cdot & \cdot & \sigma_z\end{pmatrix}$$

3. 主应力和应力不变量

如果单元体上的九个应力分量 $\sigma_{ij}$ 已知，则与其斜切的任意斜面上的应力分量亦可求出。现设该斜面的法线为 $N$，$N$ 的方向余弦为

$$l=\cos(N,x);\ m=\cos(N,y);\ n=\cos(N,z)$$

斜面面积为 $\mathrm{d}F$，斜面上的全应力 $S$ 在 $x$、$y$、$z$ 轴方向的分量为 $S_x$、$S_y$、$S_z$（图 4-17），则由静力平衡条件 $\sum F_x=0$、$\sum F_y=0$、$\sum F_z=0$ 可得

$$\left.\begin{aligned}S_x&=\sigma_x l+\tau_{yx}m+\tau_{zx}n\\ S_y&=\tau_{xy}l+\sigma_y m+\tau_{zy}n\\ S_z&=\tau_{xz}l+\tau_{yz}m+\sigma_z n\end{aligned}\right\}\tag{4-3}$$

于是

$$S^2=S_x^2+S_y^2+S_z^2\tag{4-4}$$

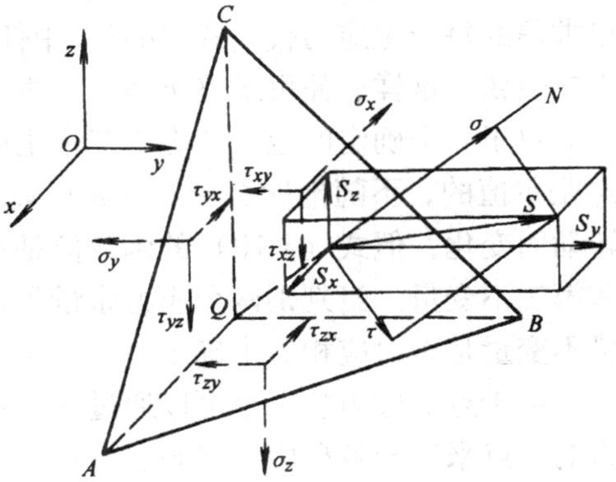


图 4-17　斜切微分面上的应力

将 $S_x$、$S_y$、$S_z$ 沿斜面的法向和切向分解，可得正应力 $\sigma$ 和切应力 $\tau$ 分别为

$$\begin{aligned}\sigma&=S_x l+S_y m+S_z n\\ &=\sigma_x l^2+\sigma_y m^2+\sigma_z n^2+2\ (\tau_{xy}lm+\tau_{yz}mn+\tau_{zx}nl)\end{aligned}\tag{4-5}$$

$$\tau=(S^2-\sigma^2)^{\frac{1}{2}}\tag{4-6}$$

由式（4-5）和式（4-6）可见，如果点的应力状态已定，则过该点任意斜面上的正应力 $\sigma$ 和切应力 $\tau$ 都将随该斜面的法线方向余弦 $l$、$m$、$n$ 的数值而变化。可以证明，必然存在惟一的三个相互垂直的方向，与此三个方向相垂直的微分面上的切应力恰为零，只存在着正应力。此正应力称为主应力，一般用 $\sigma_1$、$\sigma_2$、$\sigma_3$ 表示，而相应的三个相互垂直的方向则称为主方向，与主方向一致的坐标轴叫作主轴。

下面讨论如何由已知的 $\sigma_{ij}$ 求主应力和主方向。假定图 4-17 中法线方向余弦为 $l$、$m$、$n$ 的斜切微分面 $ABC$ 正好就是主平面，面上的切应力 $\tau=0$，则由式（4-6）可得 $\sigma=S$。于是主应力 $\sigma$ 在三个坐标轴方向上的投影 $S_x$、$S_y$、$S_z$ 分别为

$$S_x=\sigma l;\ S_y=\sigma m;\ S_z=\sigma n$$

将式（4-3）代入上列诸式，经整理后可得

$$\left.\begin{aligned}(\sigma_x-\sigma)\ l+\tau_{yx}m+\tau_{zx}n=0\\ \tau_{xy}l+(\sigma_y-\sigma)\ m+\tau_{zy}n=0\\ \tau_{xz}l+\tau_{yz}m+(\sigma_z-\sigma)\ n=0\end{aligned}\right\}\tag{4-7}$$

式（4-7）是以 $l$、$m$、$n$ 为未知数的齐次线性方程组，其解就是主应力的方向，即应力主轴。此方程组的一组解为 $l=m=n=0$，但由解析几何可知，方向余弦之间必须保持

$$l^2+m^2+n^2=1\tag{4-8}$$

它们不可能同时为零，因此 $l=m=n=0$ 并非方程组的解。式（4-7）存在非零解的条件是方程组的系数所组成的行列式等于零。展开行列式并考虑应力张量的对称性，则得

$$\sigma^3-J_1\sigma^2-J_2\sigma-J_3=0\tag{4-9}$$

式中

$$\left.\begin{aligned}&J_1=\sigma_x+\sigma_y+\sigma_z\\ &J_2=-\ (\sigma_x\sigma_y+\sigma_y\sigma_z+\sigma_z\sigma_x)+\tau_{xy}^2+\tau_{yz}^2+\tau_{zx}^2\\ &J_3=\sigma_x\sigma_y\sigma_z+2\tau_{xy}\tau_{yz}\tau_{zx}-(\sigma_x\tau_{yz}^2+\sigma_y\tau_{zx}^2+\sigma_z\tau_{xy}^2)\end{aligned}\right\}\tag{4-10}$$

式（4-9）称为应力状态的特征方程。可以证明，它存在三个实根，即主应力 $\sigma_1$、$\sigma_2$、$\sigma_3$。将求得的每个主应力代入式（4-7）中任意两个方程与式（4-8）联解，即可求得该主应力的方向余弦。这样，便可最终求得三个主方向。可以证明，这三个主方向是彼此正交的。

对于一个确定的应力状态，三个主应力是惟一的。因此特征方程（6-9）的系数 $J_1$、$J_2$、$J_3$ 是单值的，不随坐标而变。由此可以得出结论：尽管应力张量中的各个分量会随坐标的转动而变化，但式（4-10）的函数值是不变的。把 $J_1$、$J_2$、$J_3$ 分别称为应力张量第一、第二和第三不变量。当判别两个应力张量是否代表同一应力状态时，可以通过它们的三个应力张量不变量是否对应相等来确定。

由于点的应力状态也可以通过三个主方向上的主应力来表示，因此人们常根据三个主应力的特点来区分各种应力状态。当三个主应力中有两个为零时，称为单向应力状态，通常的试样拉伸就属于这种应力状态；如只有一个主应力为零，则称为平面应力状态，大多数板料成形工序可看成为这种应力状态；若三个主应力都不为零，就叫三向应力状态，所有体积成形均属于此种应力状态。另外，如果三个主应力中有两个相等，则称为轴对称应力状态。在分析各种成形过程质点的受力情况时，若能判断其主方向，则单元体上用主应力表示更为直观，也便于分析应力状态对变形金属的工艺塑性和变形抗力的影响。

4. 主切应力和最大切应力

物体的塑性变形是由切应力产生的，当最大切应力达到某个临界值时，物体便由弹性状态进入塑性（屈服）状态。下面讨论如何由点的应力状态求切应力的极值。

设某点的三个主应力为 $\sigma_1$、$\sigma_2$、$\sigma_3$，参照式（4-3）~式（4-6）和式（4-8）可导出任意斜面上的切应力为

$$\tau^2=(\sigma_1^2-\sigma_3^2)l^2+(\sigma_2^2-\sigma_3^2)m^2+\sigma_3^2-[(\sigma_1-\sigma_3)l^2+(\sigma_2-\sigma_3)m^2+\sigma_3]^2\tag{4-11}$$

或 $$\tau^2=(\sigma_2^2-\sigma_1^2)m^2+(\sigma_3^2-\sigma_1^2)n^2+\sigma_1^2-[(\sigma_2-\sigma_1)m^2+(\sigma_3-\sigma_1)n^2+\sigma_1]^2 \tag{4-12}$$

为求切应力 $\tau$ 的极值，将式（4-11）和式（4-12）分别对 $l$、$m$、$n$ 求偏导数并令其等于零，除去重复解，最终可得如下三组解

$$l=0 \quad m=\pm\frac{1}{\sqrt{2}} \quad n=\pm\frac{1}{\sqrt{2}}$$

$$l=\pm\frac{1}{\sqrt{2}} \quad m=0 \quad n=\pm\frac{1}{\sqrt{2}}$$

$$l=\pm\frac{1}{\sqrt{2}} \quad m=\pm\frac{1}{\sqrt{2}} \quad n=0$$

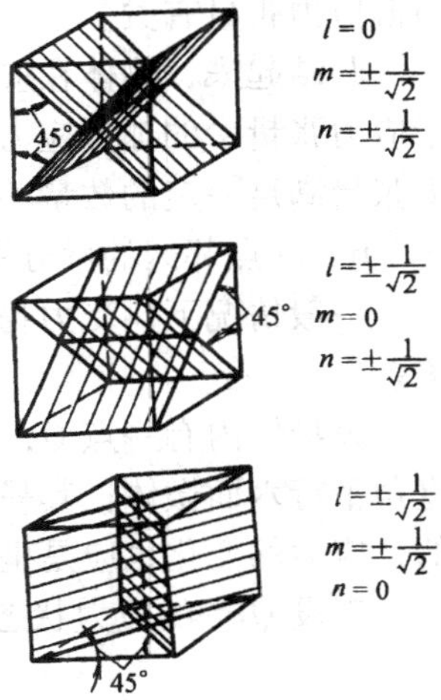

图 4-18　主切应力平面

上列各组解分别表示一对相互垂直的主切应力平面，它们与某一主平面垂直，而与另两个主平面成45°交角（见图4-18）。

将上列三组方向余弦代入式（4-11）和式（4-12），可得主切应力

$$\tau_{23}=\pm\frac{\sigma_2-\sigma_3}{2} \quad \tau_{31}=\pm\frac{\sigma_3-\sigma_1}{2} \quad \tau_{12}=\pm\frac{\sigma_1-\sigma_2}{2}$$

主切应力中绝对值最大的一个，就是受力质点所有方向的切面上切应力的最大值，以 $\tau_{max}$ 表示，称为最大切应力。如 $\sigma_1>\sigma_2>\sigma_3$，则

$$\tau_{max}=\frac{\sigma_1-\sigma_3}{2} \tag{4-13}$$

需要指出，主平面上只有法向应力即主应力，而无切应力；一般而言，主切应力平面上既有切应力又有正应力。将上述三组方向余弦代入式（4-5），即可求得主切应力平面上的正应力为

$$\sigma_{23}=\frac{1}{2}(\sigma_2+\sigma_3) \quad \sigma_{31}=\frac{1}{2}(\sigma_3+\sigma_1) \quad \sigma_{12}=\frac{1}{2}(\sigma_1+\sigma_2)$$

5. 球形应力张量与偏应力张量

点的应力状态可以分解成以下两部分：

$$\sigma_{ij}=\begin{pmatrix}\sigma_x & \tau_{xy} & \tau_{xz}\\ \tau_{yx} & \sigma_y & \tau_{yz}\\ \tau_{zx} & \tau_{zy} & \sigma_z\end{pmatrix}=\begin{pmatrix}(\sigma_x-\sigma_m) & \tau_{xy} & \tau_{xz}\\ \tau_{yx} & (\sigma_y-\sigma_m) & \tau_{yz}\\ \tau_{zx} & \tau_{zy} & (\sigma_z-\sigma_m)\end{pmatrix}+\begin{pmatrix}\sigma_m & 0 & 0\\ 0 & \sigma_m & 0\\ 0 & 0 & \sigma_m\end{pmatrix} \tag{4-14}$$

式中 $\sigma_m=\frac{1}{3}(\sigma_x+\sigma_y+\sigma_z)=\frac{1}{3}(\sigma_1+\sigma_2+\sigma_3)$，称为平均应力，又称静水应力；而“$-\sigma_m$”则通常称为静水压力。

式（4-14）右边第二个张量表示一种球应力状态，称为球形应力张量。当质点处于球应力状态下，过该点的任意方向均为主方向，且各方向的主应力相等，而任何切面上的切应力均为零。所以球形应力张量的作用与静水压力相同，它只能引起物体的体积变化，而不能使物体发生形状变化。对于一般金属而言，球形应力张量所引起的体积变化是弹性的，当应力去除后，体积变化便消失。需要指出，球形应力张量虽然不能使物体发生形状变化和塑性变形，但对物体的塑性变形能力（即塑性）却有重大的影响。

式（4-14）右边第一个张量称为偏应力张量，记为 $\sigma'_{ij}$。在偏应力张量中不再包含有各

向等应力的成分（因为偏应力张量的平均应力为零），因此偏应力张量不会引起物体的体积变化。再者，偏应力张量中的切应力成分与整个应力张量中的切应力成分完全相同，因此偏应力张量完全包含了应力张量作用下的形状变化因素，也就是说，物体是否发生塑性变形只与偏应力张量有关。

归结起来，物体在应力张量作用下所发生的变形，包括体积变化和形状变化。前者取决于应力张量中的球形应力张量；而后者取决于偏应力张量。体积变化只能是弹性的，当偏应力张量满足一定的数量关系时，则物体发生塑性变形。

6. 一点邻区的微分平衡方程

一般情况下，受力物体内各点的应力状态是不同的，下面讨论相邻各点之间的应力变化关系。

设物体内有一点 $Q$，其坐标为（$x$，$y$，$z$）。以 $Q$ 为顶点切取一个边长为 d$x$、d$y$、d$z$ 的直角平行六面微体，其另一个顶点 $Q'$的坐标为（$x+\mathrm{d}x$，$y+\mathrm{d}y$，$z+\mathrm{d}z$）。由于物体是连续的，应力的变化也应是坐标的连续函数。

现设 $Q$ 点的应力状态为 $\sigma_{ij}$，其 $x$ 面上的正应力分量为

$$\sigma_x = f(x, y, z)$$

在 $Q'$点的 $x$ 面上，由于坐标变化了 d$x$，其正应力分量将为

$$\sigma_x = f(x+\mathrm{d}x, y, z) \approx f(x, y, z) + \frac{\partial f}{\partial x}\mathrm{d}x = \sigma_x + \frac{\partial \sigma_x}{\partial x}\mathrm{d}x$$

$Q'$点的其余八个应力分量可用同样方法推出，参见图 4-19。

当该微体处于静力平衡状态，且不考虑体积力，则由平衡条件 $\sum F_x = 0$，有

$$\left(\sigma_x + \frac{\partial \sigma_x}{\partial x}\mathrm{d}x\right)\mathrm{d}y\mathrm{d}z + \left(\tau_{yx} + \frac{\partial \tau_{yx}}{\partial y}\mathrm{d}y\right)\mathrm{d}z\mathrm{d}x + \left(\tau_{zx} + \frac{\partial \tau_{zx}}{\partial z}\right)\mathrm{d}x\mathrm{d}y - \sigma_x\mathrm{d}y\mathrm{d}z - \tau_{yx}\mathrm{d}z\mathrm{d}x - \tau_{zx}\mathrm{d}x\mathrm{d}y = 0$$

整理后得

$$\frac{\partial \sigma_x}{\partial x} + \frac{\partial \tau_{yx}}{\partial y} + \frac{\partial \tau_{zx}}{\partial z} = 0$$

根据 $\sum F_y = 0$ 和 $\sum F_z = 0$，还可推得两个式子，最后求得一点邻区微分平衡方程为

$$\left.\begin{aligned} \frac{\partial \sigma_x}{\partial x} + \frac{\partial \tau_{yx}}{\partial y} + \frac{\partial \tau_{zx}}{\partial z} = 0 \\ \frac{\partial \tau_{xy}}{\partial x} + \frac{\partial \sigma_y}{\partial y} + \frac{\partial \tau_{zy}}{\partial z} = 0 \\ \frac{\partial \tau_{xz}}{\partial x} + \frac{\partial \tau_{yz}}{\partial y} + \frac{\partial \sigma_z}{\partial z} = 0 \end{aligned}\right\} \quad (4\text{-}15)$$

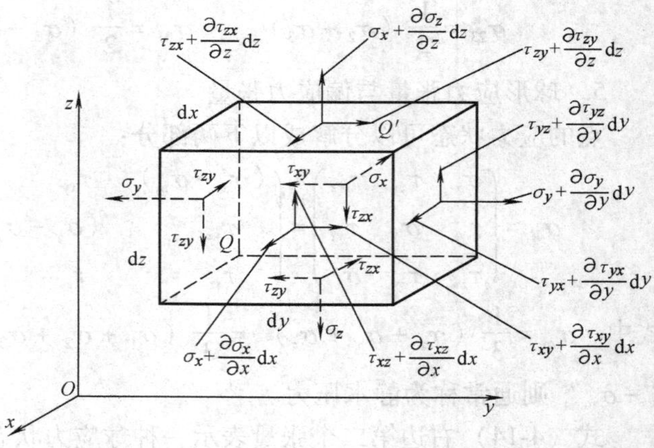


图 4-19 直角坐标系一点邻区的应力分量

式（4-15）是求解塑性成形问题的基本方程。但该方程组包含有六个未知数，是超静定的。为使方程能解，还应寻找补充方程，或对方程作适当简化。

对于平面应力状态和平面应变状态，前者 $\sigma_z = \tau_{zx} = \tau_{zy} = 0$，后者 $\tau_{zx} = \tau_{zy} = 0$，$\sigma_z$ 与 $z$ 轴无关，故式（4-15）简化成

$$\left.\begin{aligned}\frac{\partial \sigma_x}{\partial x}+\frac{\partial \tau_{yx}}{\partial y}=0\\ \frac{\partial \tau_{xy}}{\partial x}+\frac{\partial \sigma_y}{\partial y}=0\end{aligned}\right\} \tag{4-16}$$

## 二、点的应变状态分析

### 1. 位移与应变

物体受力作用发生变形时，其内部质点将产生位移。设某一质点的位移矢量为 $\boldsymbol{u}$，它在三个坐标轴上的投影用 $u$、$v$、$w$ 表示，称为位移分量。由于物体在变形后仍保持连续，故位移分量应为坐标的连续函数，即

$$u=u(x、y、z);\ v=v(x、y、z);\ w=w(x、y、z)$$

当物体中任意两个质点之间发生相对位移时，该物体已发生变形，即存在应变，应变用位移的相对变化表示。这纯粹是几何学的问题，所以应变分析不论对弹性问题还是塑性问题均适用。

如同应力有正应力和切应力之分，应变也有正应变和切应变两种基本方式。

正应变以线元长度的相对变化来表示，而切应变以两个相互垂直线元之间的角度变化来定义。现设有边长为 $dx$、$dy$ 的微面素 $ABCD$ 仅在 $xy$ 坐标平面发生很小的正变形（图 4-20a，暂不考虑其刚性位移），此时线元 $AB$ 伸长 $du$，线元 $AD$ 缩短 $dv$，则其正应变分别为

$$\varepsilon_x=\frac{du}{dx};\ \varepsilon_y=-\frac{dv}{dy}$$

前者为正，称为拉应变；后者为负，称为压应变。又若该微面素发生了切变形（图 4-20b），此时线元 $AB$ 与 $AD$ 的夹角缩小了 $\gamma$，此角度变化即为切应变。显然 $\gamma=\alpha_{xy}+\alpha_{yx}$。在一般情况下，$\alpha_{xy}\neq\alpha_{yx}$，但如将微面素加一刚性转动（图 4-20c），使 $\frac{1}{2}\gamma_{xy}=\frac{1}{2}\gamma_{yx}=\frac{1}{2}\gamma$，则切应变的大小不变，纯变形效果仍然相同，$\frac{1}{2}\gamma_{xy}$ 和 $\frac{1}{2}\gamma_{yx}$ 分别表示 $x$ 和 $y$ 方向的线元各向 $y$ 方向和 $x$ 方向偏转的角度。

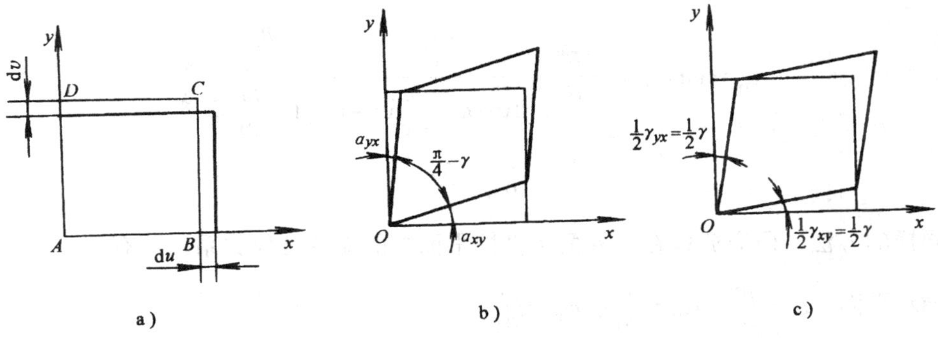


图 4-20　微面素在 $xy$ 坐标平面内的纯变形

### 2. 点的应变状态和小变形几何方程

在变形体中过无限接近的两点 $A$ 和 $G$ 作一单元体，其边长为 $dx$、$dy$、$dz$。变形前 $A$ 点的坐标为 $(x,\ y,\ z)$，$G$ 点的坐标为 $(x+dx,\ y+dy,\ z+dz)$。微体变形后，$A$ 点移至 $A'$

点，$G$ 点移至 $G'$ 点，$A$ 点的位移矢量在各坐标轴上的分量为 $u$、$v$、$w$，而 $G$ 点的位移分量为 $u+du$、$v+dv$、$w+dw$。于是 $A'$ 点的坐标为（$x+u$，$y+v$，$z+w$），$G'$ 点的坐标为［（$x+dx$）+（$u+du$）、（$y+dy$）+（$v+dv$），（$z+dz$）+（$w+dw$）］，如图 4-21 所示。

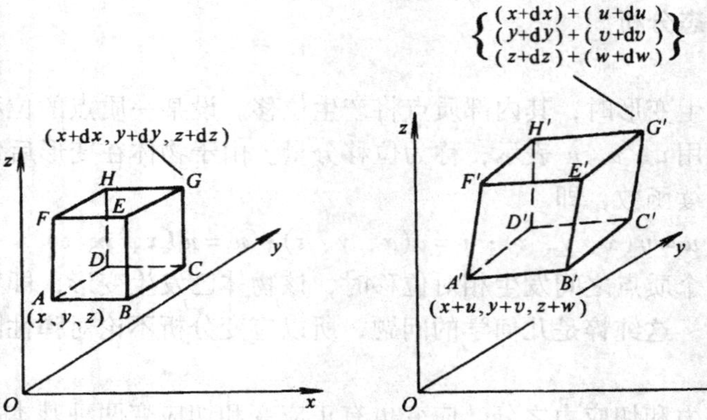


图 4-21　微体的变形

将变形前后的微体投影于各坐标平面。图 4-22 示出其在 $xOy$ 面上的投影 $ABCD$ 的变形情形。

由图可见，原长 $dx$ 的 $AB$ 边，在 $x$ 方向的正应变为

$$\varepsilon_x=\frac{A'B''-AB}{AB}=\frac{\left(dx+u+\frac{\partial u}{\partial x}dx-u\right)-dx}{dx}=\frac{\partial u}{\partial x}$$

$AB$ 边在 $xOy$ 面内的转角，考虑到 $\frac{\partial u}{\partial x}$ 与 1 相比为微小量可以忽略，故有

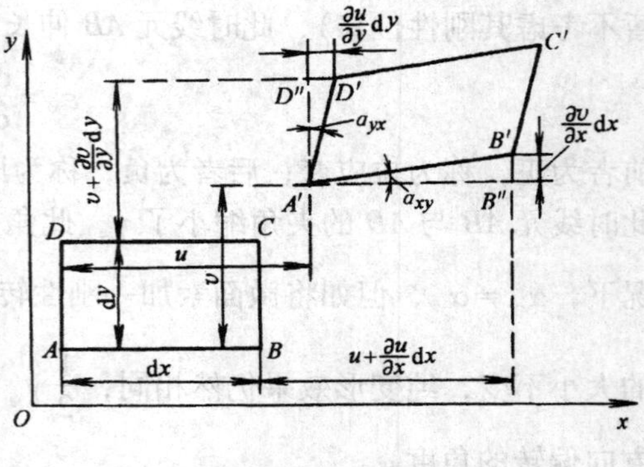


图 4-22　微体在 $xOy$ 面上的投影

$$\alpha_{xy}\approx\tan\alpha_{xy}=\frac{B'B''}{A'B''}=\frac{\frac{\partial v}{\partial x}dx}{dx+u+\frac{\partial u}{\partial x}dx-u}=\frac{\frac{\partial v}{\partial x}}{1+\frac{\partial u}{\partial x}}\approx\frac{\partial v}{\partial x}$$

同理

$$\alpha_{yx}=\frac{\partial u}{\partial y}$$

按同样的方法，研究微体在另外两个坐标平面内的应变几何关系，可有

在 $yOz$ 平面　$\varepsilon_y=\frac{\partial v}{\partial y}$；$\alpha_{yz}=\frac{\partial w}{\partial y}$；$\alpha_{zy}=\frac{\partial v}{\partial z}$

在 $zOx$ 平面　$\varepsilon_z=\frac{\partial w}{\partial z}$；$\alpha_{zx}=\frac{\partial u}{\partial z}$；$\alpha_{xz}=\frac{\partial w}{\partial x}$

由此可见，微体的应变共有九个分量：三个正应变，六个切应变。在一般情况下 $\alpha_{xy}\neq\alpha_{yx}$、$\alpha_{yz}\neq\alpha_{zy}$、$\alpha_{zx}\neq\alpha_{xz}$。为了使应变分量与应力分量在形式上取得一致，令 $\frac{1}{2}\gamma_{xy}=\frac{1}{2}\gamma_{yx}=$

$\frac{1}{2}(\alpha_{xy}+\alpha_{yx})$、$\frac{1}{2}\gamma_{yz}=\frac{1}{2}\gamma_{zy}=\frac{1}{2}(\alpha_{yz}+\alpha_{zy})$、$\frac{1}{2}\gamma_{zx}=\frac{1}{2}\gamma_{xz}=\frac{1}{2}(\alpha_{zx}+\alpha_{xz})$，这对微体的角度变化并无影响。于是，微体的应变状态，也可仿照应力张量的形式表示为

$$\varepsilon_{ij}=\begin{pmatrix}\varepsilon_x & \frac{1}{2}\gamma_{xy} & \frac{1}{2}\gamma_{xz}\\ \frac{1}{2}\gamma_{yx} & \varepsilon_y & \frac{1}{2}\gamma_{yz}\\ \frac{1}{2}\gamma_{zx} & \frac{1}{2}\gamma_{zy} & \varepsilon_z\end{pmatrix}=\begin{pmatrix}\varepsilon_x & \frac{1}{2}\gamma_{xy} & \frac{1}{2}\gamma_{xz}\\ \cdot & \varepsilon_y & \frac{1}{2}\gamma_{yz}\\ \cdot & \cdot & \varepsilon_z\end{pmatrix}$$

式中

$$\left.\begin{aligned}&\varepsilon_x=\frac{\partial u}{\partial x};\ \frac{1}{2}\gamma_{xy}=\frac{1}{2}\gamma_{yx}=\frac{1}{2}\left(\frac{\partial u}{\partial y}+\frac{\partial v}{\partial x}\right)\\&\varepsilon_y=\frac{\partial v}{\partial y};\ \frac{1}{2}\gamma_{yz}=\frac{1}{2}\gamma_{zy}=\frac{1}{2}\left(\frac{\partial w}{\partial y}+\frac{\partial v}{\partial z}\right)\\&\varepsilon_z=\frac{\partial w}{\partial z};\ \frac{1}{2}\gamma_{zx}=\frac{1}{2}\gamma_{xz}=\frac{1}{2}\left(\frac{\partial u}{\partial z}+\frac{\partial w}{\partial x}\right)\end{aligned}\right\}\tag{4-17}$$

式（4-17）称为小变形几何方程。如变形体内的位移场 $u_i$ 已知，则可由此几何方程求得应变场，再根据塑性变形时的应力应变关系求得应力场。因此，上述几何方程是求解塑性成形问题的重要基本方程。

3. 应变张量的一些主要结论

分析研究表明，应变张量和应力张量十分相似，应力理论中的某些结论和公式，也可类推于应变理论，只要把 $\sigma$ 换成 $\varepsilon$、$\tau$ 换成 $\frac{1}{2}\gamma$ 即可。

1）微体的应变状态存在着三个相互垂直的主方向和主轴，在主方向上的线元没有角度偏转，只有正应变，称为主应变，一般以 $\varepsilon_1$、$\varepsilon_2$、$\varepsilon_3$ 表示，它们是惟一的。对于小变形而言，可认为应变主轴和应力主轴对应重合，且如果主应力中 $\sigma_1>\sigma_2>\sigma_3$，则主应变的次序亦为 $\varepsilon_1>\varepsilon_2>\varepsilon_3$。

2）与应力张量相似，在同一应变状态下，无论坐标系统如何选择，各应变分量如何随之变化，各应变分量之间的下列关系式恒为定值。

$$I_1=\varepsilon_x+\varepsilon_y+\varepsilon_z=\varepsilon_1+\varepsilon_2+\varepsilon_3$$

$$I_2=-(\varepsilon_x\varepsilon_y+\varepsilon_y\varepsilon_z+\varepsilon_z\varepsilon_x)+\frac{1}{4}(\gamma_{xy}^2+\gamma_{yz}^2+\gamma_{zx}^2)=-(\varepsilon_1\varepsilon_2+\varepsilon_2\varepsilon_3+\varepsilon_3\varepsilon_1)$$

$$I_3=\varepsilon_x\varepsilon_y\varepsilon_z+\frac{1}{4}\gamma_{xy}\gamma_{yz}\gamma_{zx}-\frac{1}{4}(\varepsilon_x\gamma_{yz}^2+\varepsilon_y\gamma_{zx}^2+\varepsilon_z\gamma_{xy}^2)=\varepsilon_1\varepsilon_2\varepsilon_3$$

$I_1$、$I_2$、$I_3$ 分别称为应变张量第一、第二和第三不变量。

3）与主切应力相似，主切应变发生于通过一个应变主轴而与其他两个主轴成 ±45°的一对平面内，其几何意义为该对平面的法线在变形后偏转的角度最大。这种相互垂直的平面共有三对，主切应变与主应变之间的关系，可以仿照主切应力与主应力的关系写出。三个主切应变中的最大者，称为最大切应变，如果 $\varepsilon_1>\varepsilon_2>\varepsilon_3$，则最大切应变为

$$\frac{1}{2}\gamma_{\max}=\frac{1}{2}\ (\varepsilon_1-\varepsilon_3) \tag{4-18}$$

4）和应力张量一样，应变张量也可分解为偏应变张量和球形应变张量，即

$$\varepsilon_{ij}=\begin{pmatrix}\varepsilon_x & \frac{1}{2}\gamma_{xy} & \frac{1}{2}\gamma_{xz}\\ \cdot & \varepsilon_y & \frac{1}{2}\gamma_{yz}\\ \cdot & \cdot & \varepsilon_z\end{pmatrix}=\begin{pmatrix}(\varepsilon_x-\varepsilon_m) & \frac{1}{2}\gamma_{xy} & \frac{1}{2}\gamma_{xz}\\ \cdot & (\varepsilon_y-\varepsilon_m) & \frac{1}{2}\gamma_{yz}\\ \cdot & \cdot & (\varepsilon_z-\varepsilon_m)\end{pmatrix}+\begin{pmatrix}\varepsilon_m & 0 & 0\\ \cdot & \varepsilon_m & 0\\ \cdot & \cdot & \varepsilon_m\end{pmatrix}$$

式中 $\varepsilon_m=\frac{1}{3}\ (\varepsilon_x+\varepsilon_y+\varepsilon_z)$

等号右边第一项为偏应变张量，表示单元体的形状变化；等号右边第二项为球形应变张量，表示单元体的体积变化。

需要指出，上述所有应变分析都是针对小变形情况的，但所得结论仍可推广应用于大变形。因为大变形是由小变形积累而成，若将大塑性变形过程分成若干很小的变形阶段，则每阶段的变形仍可看成是小变形。

4. 塑性变形时的体积不变条件

设单元体的初始边长为 dx、dy、dz，体积为 $V_0=\mathrm{d}x\mathrm{d}y\mathrm{d}z$。小变形时，可以认为单元体的边长和体积变化完全由正应变引起。因此变形后单元体的体积为

$$\begin{aligned}V_1&=(1+\varepsilon_x)\mathrm{d}x(1+\varepsilon_y)\mathrm{d}y(1+\varepsilon_z)\mathrm{d}z\\&\approx(1+\varepsilon_x+\varepsilon_y+\varepsilon_z)\mathrm{d}x\mathrm{d}y\mathrm{d}z\end{aligned}$$

于是单元体的体积变化率为

$$\Delta=\frac{V_1-V_0}{V_0}=\varepsilon_x+\varepsilon_y+\varepsilon_z$$

弹性变形时，体积变化率必须考虑。塑性变形时，虽然体积也有微量变化，但与塑性应变相比是很小的，可以忽略不计。因此，一般认为塑性变形时体积不变，故有

$$\varepsilon_x+\varepsilon_y+\varepsilon_z=0 \tag{4-19}$$

式（4-19）即为塑性变形时的体积不变条件，它常作为对塑性成形过程进行力学分析的一个前提条件，也可用于工艺设计中计算原毛坯的体积。该式还表明：塑性变形时，应变球张量为零，应变张量即为应变偏张量；三个正应变分量或三个主应变分量不可能全部同号，而且如果其中的两个分量已知，则第三个正应变分量或主应变分量即可确定。

5. 变形力学简图

用主应力表示质点受力情况的示意图形，称为主应力简图。它共有九种类型，其中单向应力状态两种，平面应力状态三种，体应力状态四种。同样，用主应变表示质点变形情况的示意图形，称为主应变简图。根据塑性变形时的体积不变条件，它只能有三种类型，即两拉一压、两压一拉和一拉一压。

主应力简图和主应变简图合称为变形力学简图，应用变形力学简图分析塑性成形过程，既直观又方便。表 4-1 给出了各种塑性成形过程变形区内有代表性的质点的变形力学简图。

**表 4-1　各种塑性成形过程变形区的变形力学简图**

| 序号 | 成形方法名　称 | 工 序 简 图 | 变形区域（阴影区） | 变形区变形力学简图 主应力图 | 变形区变形力学简图 主变形图 | 变形区塑性流动性质 |
|---|---|---|---|---|---|---|
| 1 | 轧制（纵轧） | 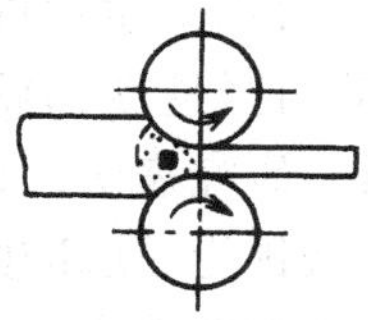 | 轧辊间 |  | 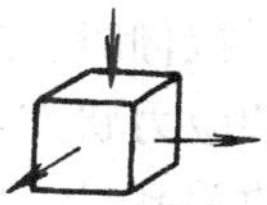 | 变形区不变稳定流动 |
| 2 | 拉拔 | 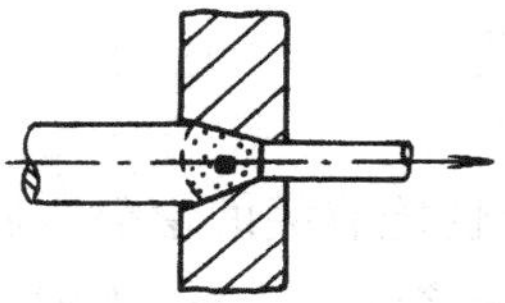 | 模子锥形腔 | 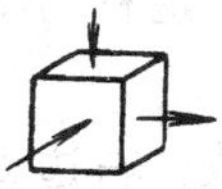 | 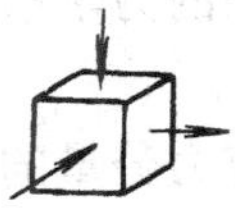 | 变形区不变稳定流动 |
| 3 | 正挤压 | 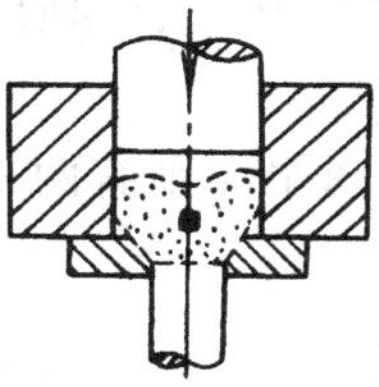 | 接近凹模口 | 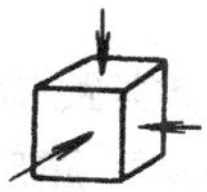 | 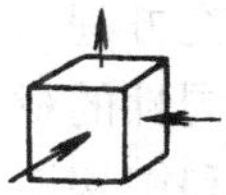 | 变形区不变稳定流动 |
| 4 | 反挤压 | 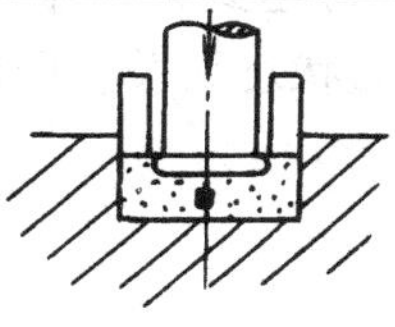 | 冲头下部分 |  | 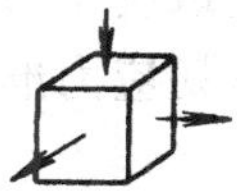 | 变形区变化非稳定流动 |
| 5 | 镦粗 | 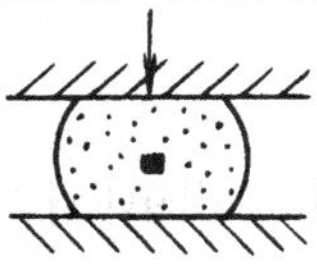 | 全部体积 | 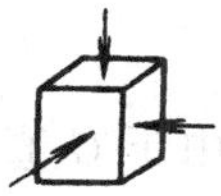 | 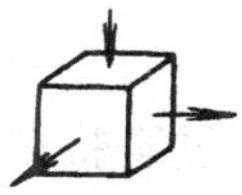 | 变形区变化非稳定流动 |
| 6 | 开式模锻 | 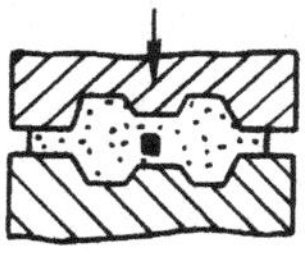 | 全部体积 | 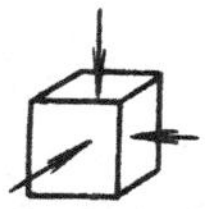 | 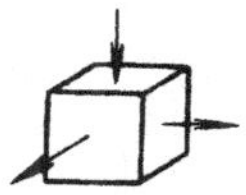 | 变形区变化非稳定流动 |
| 7 | 闭式模锻 | 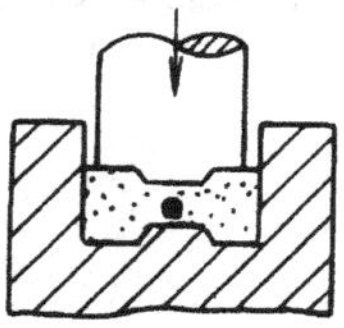 | 全部体积 |  | 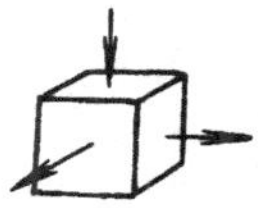 | 变形区变化非稳定流动 |
| 8 | 拉深 | 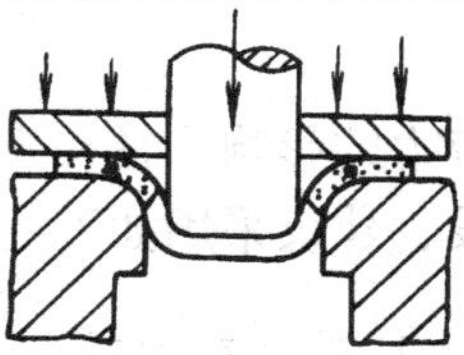 | 压边圈下板料 |  |  | 变形区变化非稳定流动 |

## 第三节 屈服准则

质点处于单向应力状态时，只要该单向应力达到某一数值，质点即进入塑性状态。例如，标准试样拉伸时，若拉伸应力达到屈服点，则试样就由弹性变形状态转为塑性变形状态。但在复杂应力状态下，必须同时考虑所有的应力分量。研究表明，只有当各应力分量之间符合一定的关系时，质点才能进入塑性状态，这种关系就称为屈服准则，也称塑性条件或塑性方程。它是描述受力物体中不同应力状态下的质点进入塑性状态，并使塑性变形继续进行所必须遵循的力学条件，这种力学条件一般可表示为

$$f(\sigma_{ij}) = C$$

式中左边是应力分量的函数，右边 $C$ 为与材料的力学性能有关的常数。屈服准则是针对质点而言的，质点在整个塑性变形过程中，上述应力分量之间的关系应始终保持着，而对于塑性成形，变形体或变形区内的所有质点都应符合屈服准则。因此，屈服准则是求解塑性成形问题必要的补充方程。

对于各向同性的材料，经实践检验并被普遍接受的屈服准则有两个：屈雷斯加（Tresca）屈服准则和密塞斯（Mises）屈服准则。

### 一、屈雷斯加屈服准则

该准则可表述如下：当材料（质点）中的最大切应力达到某一临界值时，材料发生屈服；该临界值取决于材料在变形条件下的性质，而与应力状态无关。因此，屈雷斯加屈服准则又称为最大切应力准则，其表达式为

$$\tau_{max} = C$$

设 $\sigma_1 > \sigma_2 > \sigma_3$，则根据式（4-13）可得

$$\tau_{max} = \frac{1}{2}(\sigma_1 - \sigma_3) = C \tag{4-20}$$

式中，$C$ 可通过实验求得。由于 $C$ 值与应力状态无关，故常采用单向拉伸试验确定。当试样屈服时，$\sigma_2 = \sigma_3 = 0$、$\sigma_1 = \sigma_s$，代入式（4-20）得 $C = \frac{1}{2}\sigma_s$。于是，屈雷斯加屈服准则的数学表达式为

$$\sigma_1 - \sigma_3 = \sigma_s \tag{4-21}$$

在事先不知道主应力的大小次序时，屈雷斯加屈服准则的普遍表达式为

$$\left.\begin{aligned} |\sigma_1 - \sigma_2| &= \sigma_s \\ |\sigma_2 - \sigma_3| &= \sigma_s \\ |\sigma_3 - \sigma_1| &= \sigma_s \end{aligned}\right\} \tag{4-22}$$

只要式（4-22）中任何一式得到满足，材料即屈服。

### 二、密塞斯屈服准则

密塞斯注意到屈雷斯加屈服准则未考虑到中间主应力的影响，且在主应力的大小次序不明确的情况下难以正确选用，于是从纯数学的观点出发，建议采用如下的屈服准则

$$\frac{1}{6}\left[(\sigma_x - \sigma_y)^2 + (\sigma_y - \sigma_z)^2 + (\sigma_z - \sigma_x)^2 + 6(\tau_{xy}^2 + \tau_{yz}^2 + \tau_{zx}^2)\right] = C_1$$

若用主应力表示，则为

$$\frac{1}{6}[(\sigma_1-\sigma_2)^2+(\sigma_2-\sigma_3)^2+(\sigma_3-\sigma_1)^2]=C_1$$

式中，$C_1$ 取决于材料在变形条件下的性质，而与应力状态无关。已知拉伸试样屈服时，$\sigma_2=\sigma_3=0$、$\sigma_1=\sigma_s$，将此条件代入上式，得 $C_1=\frac{1}{3}\sigma_s^2$。于是，密塞斯屈服准则的表达式为

$$\left.\begin{aligned}&(\sigma_x-\sigma_y)^2+(\sigma_y-\sigma_z)^2+(\sigma_z-\sigma_x)^2+6(\tau_{xy}^2+\tau_{yz}^2+\tau_{zx}^2)=2\sigma_s^2\\ \text{或}\quad&(\sigma_1-\sigma_2)^2+(\sigma_2-\sigma_3)^2+(\sigma_3-\sigma_1)^2=2\sigma_s^2\end{aligned}\right\}\quad(4\text{-}23)$$

显然，式（4-23）既考虑了中间主应力的影响，也无需事先区分主应力的大小次序。

密塞斯在提出上述准则时，并没有考虑到它所代表的物理意义。但实验结果却表明，对于塑性金属材料，这个准则更符合实际。

为了说明密塞斯屈服准则的物理意义，汉基（Henky）将式（4-23）两边各乘以$\frac{1+\mu}{6E}$，其中，$E$ 为弹性模量、$\mu$ 为泊松比，于是得

$$\frac{1+\mu}{6E}[(\sigma_1-\sigma_2)^2+(\sigma_2-\sigma_3)^2+(\sigma_3-\sigma_1)^2]=\frac{1+\mu}{3E}\sigma_s^2$$

可证明，上式等号左边项即为材料单位体积弹性形状变化能，而右边项即为单向拉伸屈服时，单位体积的形状变化能。

按照汉基的上述分析，密塞斯屈服准则又可以表述为：材料质点屈服的条件是其单位体积的弹性形状变化能达到某一临界值；该临界值只取决于材料在变形条件下的性质，而与应力状态无关。故此，密塞斯屈服准则又称为弹性形状变化能准则。

**三、屈雷斯加屈服准则和密塞斯屈服准则的比较**

对于屈雷斯加屈服准则，中间应力 $\sigma_2$ 在 $\sigma_1$ 和 $\sigma_3$ 之间任意变化也不影响材料的屈服。但在密塞斯屈服准则中，中间应力 $\sigma_2$ 是有影响的。为了评价其影响，引入如下参数

$$\mu_\sigma=\frac{\sigma_2-\dfrac{\sigma_1+\sigma_3}{2}}{\dfrac{\sigma_1-\sigma_3}{2}}\quad(4\text{-}24)$$

式中　$\mu_\sigma$——罗代应力参数。

将式（4-24）代入式（4-23），经整理后得

$$\sigma_1-\sigma_3=\frac{2}{\sqrt{3+\mu_\sigma^2}}=\beta\sigma_s\quad(4\text{-}25)$$

式（4-25）即为密塞斯屈服准则的简化形式。

显然，当 $\sigma_2=\sigma_1$ 时，$\mu_\sigma=1$、$\beta=1$；当 $\sigma_2=\sigma_3$ 时，$\mu_\sigma=-1$、$\beta=1$；当 $\sigma_2=\frac{1}{2}(\sigma_1+\sigma_3)$ 时，$\mu_\sigma=0$、$\beta=\frac{2}{\sqrt{3}}$。也即当 $\sigma_2$ 由 $\sigma_1$ 变化至 $\sigma_3$ 时，相应的 $\beta$ 值的变化范围为 $1\sim\frac{2}{\sqrt{3}}$。现以 $\beta$ 为纵坐标，$\mu_\sigma$ 为横坐标，可得 $\beta$

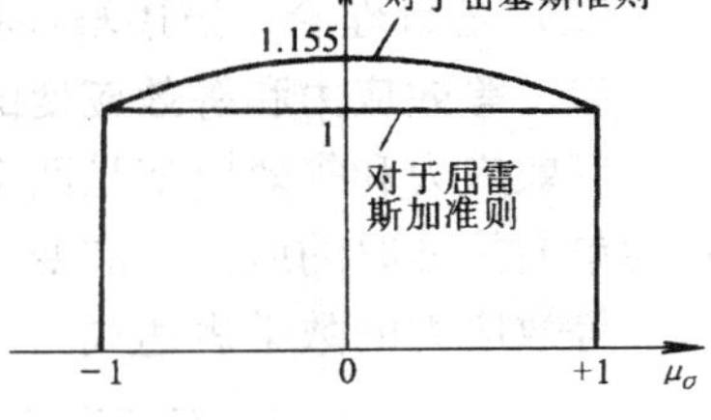

图 4-23　$\beta$ 与 $\mu_\sigma$ 的关系

随 $\mu_\sigma$ 变化的几何图形，如图 4-23 所示。

而对于屈雷斯加屈服准则，正如前述，不论 $\sigma_2$ 在 $\sigma_1$ 和 $\sigma_3$ 之间如何变化，其 $\beta\equiv1$。因此，在图 4-23 中为一水平线。

综合上述可知，当 $\sigma_2=\sigma_1$ 或 $\sigma_2=\sigma_3$（即轴对称应力状态）时，两个屈服准则是一致的；当 $\sigma_2=\frac{1}{2}(\sigma_1+\sigma_3)$（即平面应变状态）时，两个屈服准则的差别最大，达 15.5%；而在其余应力状态下，两个屈服准则的差别小于 15.5%，视中间应力 $\sigma_2$ 的相对大小而定。

## 第四节 塑性变形时应力应变关系

为了分析塑性成形问题，需要知道塑性变形时，应力状态和应变状态之间的关系，这种关系的数学表达式叫做本构方程，也称物理方程。

### 一、塑性变形时应力应变关系的特点

与弹性变形相比，塑性变形时的应力应变关系较为复杂。在弹性变形时，应力与应变呈线性关系，而且弹性变形是可逆的，所以应变由应力状态惟一地确定，和应力状态如何达到的历史无关。应力应变之间的这种线性关系，可由广义胡克定律来描述。

塑性变形时，应力应变关系是非线性的，这一点由后述的真实应力-应变曲线可以看出。再者，塑性变形是不可逆的。当外力去除后，塑性变形部分仍然保留下来。就一个质点来说，设质点先受到某种应力状态的作用而发生一定的塑性应变，然后，将应力状态改变为另一种塑性应力状态，这时质点的塑性应变既有和新的应力状态相对应的应变，又有应力状态改变前保留下来的应变，最终的应变应是两者之和。但是，如果该质点的加载情况不变，一直是受到后一种应力状态的作用，则相应产生的塑性应变必然和前种加载情况下的结果不同。这就是说，上述两种情况下，尽管质点最终的应力状态都是一样的，但由于加载的历史过程不同，最终的塑性应变状态却是不同的。

可见，离开了加载历史来建立应力和全量塑性应变的普遍关系是不可能的。一般而言，只能建立应力与应变增量之间的关系。对于某瞬时的应力状态，与之相对应的只是塑性应变增量。要求得塑性应变全量，需根据加载过程各段的增量，依次进行积分。但是，如果加载过程中，各应力分量始终保持比例关系，且主轴的方向、顺序不变，则塑性应变分量也按比例增加。这时，塑性应变全量与应力状态，就有相对应的函数关系。这种加载状态称为简单加载状态。

到目前为止，所有描述塑性应力应变关系的理论可分为两大类：

（1）增量理论　描述塑性状态下应力和应变增量（或应变速率）之间的关系。

（2）全量理论　描述塑性状态下应力和应变全量之间的关系。

### 二、等效应力和等效应变的概念

等效应力和等效应变是两个具有特征意义的参数，它们使复杂的三维应力、应变状态等效为单向拉伸时的应力、应变状态。

等效应力的数学表达式为

$$\overline{\sigma}=\frac{1}{\sqrt{2}}\sqrt{(\sigma_x-\sigma_y)^2+(\sigma_y-\sigma_z)^2+(\sigma_z-\sigma_x)^2+6(\tau_{xy}^2+\tau_{yz}^2+\tau_{zx}^2)}$$

$$=\frac{1}{2}\sqrt{(\sigma_1-\sigma_2)^2+(\sigma_2-\sigma_3)^2+(\sigma_3-\sigma_1)^2} \tag{4-26}$$

在单向拉伸时，$\sigma_1=\sigma$，$\sigma_2=\sigma_3=0$，代入式（4-26），得 $\overline{\sigma}=\sigma$。显然，等效应力和单向拉伸时的应力是等效的。

等效应变的数学表达式为

$$\overline{\varepsilon}=\sqrt{\frac{2}{9}[(\varepsilon_x-\varepsilon_y)^2+(\varepsilon_y-\varepsilon_z)^2+(\varepsilon_z-\varepsilon_x)^2+\frac{3}{2}(\gamma_{xy}^2+\gamma_{yz}^2+\gamma_{zx}^2)]}$$

$$=\sqrt{\frac{2}{9}[(\varepsilon_1-\varepsilon_2)^2+(\varepsilon_2-\varepsilon_3)^2+(\varepsilon_3-\varepsilon_1)^2]} \tag{4-27}$$

在单向拉伸时，$\varepsilon_1=\varepsilon$，$\varepsilon_2=\varepsilon_3=-\frac{1}{2}\varepsilon_1$，代入式（4-27），得 $\overline{\varepsilon}=\varepsilon$。可见，等效应变与单向拉伸时的应变也是等效的。

这样，由单向拉伸所建立的应力应变曲线，便可和复杂应力状态下以等效应力和等效应变表示的曲线联系起来，而且实验结果表明，它们可认为是同一曲线。

## 三、增量理论

### 1. 列维–密塞斯方程

该方程建立在以下假设的基础上：

（1）材料为理想刚塑性材料　即弹性应变增量为零，塑性应变增量就是总应变增量。

（2）材料服从密塞斯屈服准则　即 $\overline{\sigma}=\sigma_s$。

（3）塑性变形时体积不变　即

$$d\varepsilon_x+d\varepsilon_y+d\varepsilon_z=d\varepsilon_1+d\varepsilon_2+d\varepsilon_3=0$$

方程的表达式为

$$\frac{d\varepsilon_x}{\sigma'_x}=\frac{d\varepsilon_y}{\sigma'_y}=\frac{d\varepsilon_z}{\sigma'_z}=\frac{d\gamma_{xy}}{2\tau_{xy}}=\frac{d\gamma_{yz}}{2\tau_{yz}}=\frac{d\gamma_{zx}}{2\tau_{zx}}=d\lambda \tag{4-28}$$

简记为

$$d\varepsilon_{ij}=\sigma'_{ij}\cdot d\lambda \tag{4-29}$$

式中　$\sigma'_{ij}$——应力偏张量；

$d\lambda$——正的瞬时比例系数。

式（4-28）和式（4-29）反映了如下概念：

1）应变增量主轴与应力偏量主轴（即应力主轴）重合。

2）应变增量与应力偏张量成正比。

比例系数 $d\lambda$ 可利用式（4-28），并对照式（4-26）和式（4-27）写成

$$d\lambda=\frac{3}{2}\frac{d\overline{\varepsilon}}{\overline{\sigma}} \tag{4-30}$$

式中　$d\overline{\varepsilon}$——增量形式的等效应变，称为等效应变增量；

$\overline{\sigma}$——等效应力，根据密塞斯屈服准则可知，$\overline{\sigma}=\sigma_s$。

### 2. 圣维南塑性流动方程

如果应变增量在很短的时间内发生，则单位时间的应变增量即为应变速率。

现将式（4-29）两边各除以 $dt$，则得

$$\frac{d\varepsilon_{ij}}{dt}=\sigma'_{ij}\frac{d\lambda}{dt}$$

改写为
$$\dot{\varepsilon}_{ij} = \sigma'_{ij}\dot{\lambda} \tag{4-31}$$

式中 $\dot{\varepsilon}_{ij}$——应变速率张量；

$\dot{\lambda} = \frac{d\lambda}{dt} = \frac{3}{2}\frac{\dot{\bar{\varepsilon}}}{\bar{\sigma}}$；

$\dot{\bar{\varepsilon}}$——等效应变速率。

式（4-31）即为圣维南塑性流动方程。在采用速度场求解塑性成形问题时，用该方程比较方便。

3. 普朗特–路埃斯方程

该方程与列维–密塞斯方程的区别在于，考虑了总应变增量中的弹性应变增量，即

$$d\varepsilon_{ij} = d\varepsilon_{ij}^{p} + d\varepsilon_{ij}^{e}$$

其中，塑性应变增量 $d\varepsilon_{ij}^{p}$ 与应力之间的关系和密塞斯方程相同；而弹性应变增量 $d\varepsilon_{ij}^{e}$ 由广义胡克定律的微分形式确定。最后可得普朗特–路埃斯方程如下

$$d\varepsilon_{ij} = d\lambda\sigma'_{ij} + \frac{1}{2G}d\sigma'_{ij} + \frac{1-2\mu}{E}d\sigma_{m}\delta_{ij} \tag{4-32}$$

式中 $\delta_{ij}$——克氏符号，当 $i=j$ 时，$\delta_{ij}=1$，当 $i \neq j$ 时，$\delta_{ij}=0$；

$G = \frac{E}{2(1+\mu)}$；

$\mu$——泊松比；

$E$——弹性模量。

**四、全量理论**

上述的增量理论虽然比较严密，但对于实际变形过程，要由每一瞬时的应变增量积分到整个变形过程的应变全量是困难的，而人们感兴趣的又往往是应变全量。由于塑性应变的不可逆性，应力与应变关系完全取决于加载过程。只有对加载过程加以限制，才可能寻求到应力与应变全量的统一规律。目前有关确定应变全量的理论有多个，下面只简要介绍伊留申理论。

伊留申理论认为，如果加载过程符合简单加载条件，则应力偏张量的各个分量与应变偏张量的各个分量成正比，即

$$\varepsilon'_{ij} = \lambda\sigma'_{ij} \tag{4-33}$$

式中 $\lambda = \frac{3}{2}\frac{\bar{\varepsilon}}{\bar{\sigma}}$

对于刚塑性材料，考虑到塑性变形时体积不变，所以 $\varepsilon'_{ij} = \varepsilon_{ij}$。上述关系的正确性，在小变形中已被实验所证实，在大变形中也近似正确。

对于实际的塑性成形过程，加载情况很难严格满足简单加载条件。因此，该理论的应用受到限制。但是，如果将简单加载条件适当放宽，例如只满足主轴方向不变，主轴次序基本不变，而各应力分量并不严格按比例增加，则实践表明，上述全量理论亦可近似应用。

## 第五节 应力状态对塑性和变形抗力的影响

塑性是指金属在外力作用下，能稳定地发生永久变形而不破坏其完整性的能力。塑性越

高，则金属具有更好的塑性成形适应能力，允许产生更大的塑性变形量。塑性成形时，必须对金属施加外力，此力称为变形力；而金属抵抗变形的力，则称为变形抗力。它们大小相等、方向相反。变形抗力反映金属变形的难易程度。从工艺角度出发，希望变形金属具有良好的塑性和低的变形抗力。随着科学技术的发展，有越来越多的低塑性、高强度的难变形金属材料需要进行塑性加工，如何改善其塑性和降低变形抗力就更具有重要意义。

金属塑性成形时所表现出来的塑性行为和抗力行为，除与金属的性质、变形时的温度-速度条件有关外，还与变形体的受力状态有关。而变形体受力状态的不同，必然反映在其内部质点的应力状态的不同。下面研究应力状态对塑性和变形抗力的影响。

## 一、应力状态对塑性的影响

从长期的实践中知道，同一金属在不同的受力条件下所表现出的塑性是不同的。例如，单向压缩比单向拉伸变形时塑性要好，挤压变形比拉拔变形时塑性好。早期德国学者卡尔曼对大理石、砂石所做的压缩试验，也证实了这一点。当圆柱形大理石和砂石试样只受轴向压力作用时，大理石和砂石均显示出完全脆性；而在轴向和侧向压力同时作用下，却表现出一定的塑性。侧向压力越大，变形所需的轴向压力和材料的压缩变形程度也越大。

这些说明，变形体的受力情况、也即质点的应力状态不同时，材料所表现的塑性行为也不相同。已知质点的应力状态可以用三个主应力来表示，在满足屈服准则的条件下，它们的有无、正负和数值的大小可以千变万化，构成无限多的情况。那么应力状态对塑性的影响通过什么来体现呢？研究表明，应力状态对塑性的影响起实际作用的是其球形应力张量这一部分，它反映了质点三向均等受压或受拉的程度。当 $\sigma_m$ 正值越大时，材料所受各向等拉作用越强；反之，当 $\sigma_m$ 负值越大时，则材料所受各向等压作用越强。显然，在后者情况下，材料的塑性状态会比前者的好。这是因为：拉应力会促进晶间变形，加速晶界的破坏，而压应力则能阻止或减少晶间变形，随着三向等压作用的增强，晶间变形越加困难；三向等压作用有利于塑性变形过程中形成的各种损伤的愈合，而拉应力则相反，会促使损伤的发展；三向等压作用能抑制材料中原先存在各种缺陷的发展，部分或全部消除其危害；三向等压作用可抵消由于不均匀变形所引起的附加拉应力，从而有利于防止裂纹的产生。

基于上述原因，在生产实践中，人们通过改变应力状态（也即改变其中的球形应力张量）来提高金属的塑性，以保证生产的顺利进行，并促进工艺的更新。这方面的实例很多，如加反压力的挤压、包套挤压、带齿圈压板的精密冲裁、施加轴向压力的棒料精密剪切等。

## 二、应力状态对变形抗力的影响

塑性成形时材料的变形抗力与应力状态有着密切的关系。例如，用相同的材料在相同模具上分别进行挤压成形和拉拔成形，发现前者的变形抗力远比后者的大，此乃挤压时的应力状态与拉拔时的不同所致。

应力状态对变形抗力的影响，可用屈服准则来解释。

设有两个同材质的单元体，其应力状态分别为三向压缩和两压一拉（见图4-24），$\sigma_1$ 为外力所产生的主应力，$\sigma_2$、$\sigma_3$ 为模壁约束作用所产生的主应力，并假设 $\sigma_2=\sigma_3$。根据屈服准则可知，为了使该单元体发生塑性变形，对于三向压应力状态时应满足

$$|\sigma_1| - |\sigma_3| = \sigma_s$$

即

$$|\sigma_1| = \sigma_s + |\sigma_3|$$

而对于二压一拉应力状态时应满足

$$\sigma_1 + |\sigma_3| = \sigma_s$$

即

$$\sigma_1 = \sigma_s - |\sigma_3|$$

显然，第一种情况下 $\sigma_1$ 的绝对值要比第二种情况下的大。还可以这样理解：为使滑移发生，滑移面上的切应力应达到某一临界值。在同号主应力状态下，各主应力在滑移面上所引起的切应力分量要相互抵消一部分；而在异号主应力状态下却是相互叠加的。因此，对于第一种情况，需要施加更大的外力方能使该面上的切应力达到临界值而发生滑移。

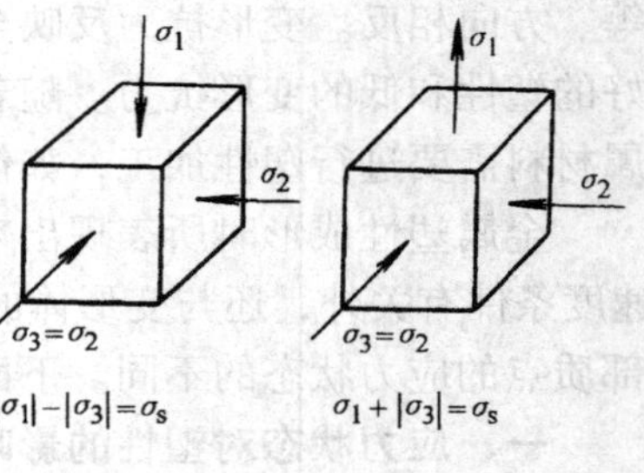


图 4-24 三向同号和异号应力状态下的屈服准则

在塑性成形加工中，为了减小变形抗力，宜采用具有异号主应力图的变形方式，但这对提高金属的塑性是不利的。反之，为了提高金属的塑性，则应采用具有三向不等压缩主应力图（即具有较大的静水压力）的变形方式，但这会使变形抗力增加。如果这两种变形方式都能获得所需的工件，那么在生产实际中究竟应采用何种变形方式，需视具体情况而定。由于金属的塑性是塑性加工的前提条件，因此，对于塑性差的金属，一般应采用后者的变形方式，以提高金属的塑性变形能力，避免塑性成形过程中工件的开裂。

## 第六节 真实应力–应变曲线

金属在单向应力状态下单位面积的变形力，称为真实应力或流动应力，通常以 $S$ 表示；而真实应力–应变曲线，即为金属在单向应力状态下真实应力与变形程度（应变）之间的关系曲线。由于该曲线反映了金属变形时的加工硬化情况，故也称硬化曲线。同一材料，由于变形温度和应变速率的不同，其真实应力–应变曲线亦不同。

真实应力–应变曲线通常采用拉伸试验来获得，它是研究材料的抗力行为和塑性行为、应力–应变关系，以及求解塑性成形问题所不可缺少的基本实验资料。

### 一、用拉伸试验绘制真实应力–应变曲线

将标准的圆柱形试样，在拉伸试验机上进行拉伸，记录下各瞬时的变形力 $F$。当试样未出现缩颈时，材料处于单向应力状态，因此将瞬时变形力除以该瞬时试样的横截面积 $A$，即得该瞬时材料的真实应力

$$S = \frac{F}{A} \tag{4-34}$$

但当试样出现缩颈后，缩颈处断面上已不再承受均布的单向拉伸应力，而是处于不均布的三向拉伸应力状态，如图 4-25 所示。根据屈服准则可知，此时所记录的变形力 $F$ 由于三向拉应力的存在必然有一额外的增加值，此称“形状硬化”。为了消除形状硬化的影响，以获得此时单向应力状态下的真实应力，可采用如下的修正公式

$$S = \frac{F}{A\left(1 + \frac{d}{8\rho}\right)} \tag{4-35}$$

式中 $A$——试样缩颈处的最小横截面积；

$d$——试样缩颈处的直径；

$\rho$——缩颈处外形的曲率半径，见图 4-25。

关于拉伸试样的变形程度（应变），可有下列三种表示方法

$$\left.\begin{aligned}&\text{伸长率}\quad \delta=\frac{l_1-l_0}{l_0}\\&\text{断面收缩率}\quad \psi=\frac{A_0-A_1}{A_0}\\&\text{对数应变}\quad \varepsilon=\int_{l_0}^{l_1}\frac{\mathrm{d}l}{l}=\ln\frac{l_1}{l_0}\end{aligned}\right\}\tag{4-36}$$

式中　$l_0$、$l_1$——分别为试样原始标距长度和拉伸后瞬时标距长度；

$A_0$、$A_1$——分别为试样原始断面积和拉伸后瞬时最小断面积。

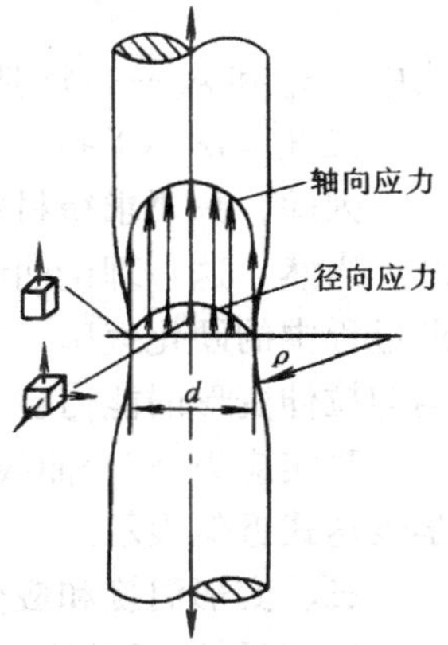


图 4-25　缩颈处断面上的应力分布

在未产生缩颈的均匀拉伸阶段，$A_0l_0=A_1l_1$，故对数应变亦可写成 $\varepsilon=\ln\frac{A_0}{A_1}$。但当出现缩颈以后，显然 $A_0l_0\neq A_1l_1$，因此 $\varepsilon$ 只能用 $\ln\frac{A_0}{A_1}$ 表示，而不能用 $\ln\frac{l_1}{l_0}$ 表示。

在这三种变形程度的表示方法中，由于对数应变是由试样瞬时变形程度积分求得，它具有可加性、可比性，因此最能真实地反映试样的变形程度，故又称真实应变。

现以真实应力 $S$ 为纵坐标，以 $\delta$ 或 $\psi$ 或 $\varepsilon$ 为横坐标，将拉伸试验所得结果进行整理计算，即可绘出真实应力-应变曲线。曲线可分三类：第一类为 $S-\delta$ 曲线，第二类为 $S-\psi$ 曲线，第三类为 $S-\varepsilon$ 曲线。由于前述原因，第三类真实应力-应变曲线更具普遍意义，应用最为广泛。图 4-26 给出了几种金属材料室温拉伸试验所得的第三类真实应力-应变曲线。

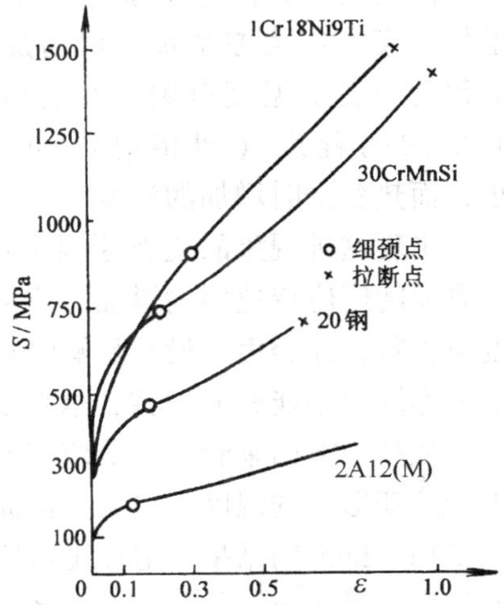


图 4-26　几种金属材料室温下的真实应力-应变曲线

## 二、真实应力-应变曲线的近似数学表达式

为了计算上的方便，需要将试验所得的真实应力-应变曲线用某一数学表达式来近似描述。研究表明，很多金属材料的真实应力-应变曲线可以简化成幂强化模型，用幂次式表示为

$$S=B\varepsilon^n\tag{4-37}$$

式中　$B$——与材料有关的常数；

$n$——硬化指数。

式（4-37）所代表的几何图形随 $B$、$n$ 的不同而变化，不同材料的试验曲线也必然各不一样。为使理论曲线较好地拟合实际曲线，必须合理确定 $B$ 和 $n$ 值。根据理论曲线必须通过实际曲线的失稳对应点，以及使两条曲线在失稳对应点处斜率相等的条件，可以导出

$$B = \frac{S_b}{\varepsilon_b^{\varepsilon_b}};\ n = \varepsilon_b \tag{4-38}$$

式中　$S_b$ 和 $\varepsilon_b$——分别为试验曲线失稳对应点的真实应力和对数应变。

又 $S_b = \sigma_b\ (1 + \delta_b)$，$\varepsilon_b = \ln\ (1 + \delta_b)$。

因此，只要求得材料的抗拉强度 $\sigma_b$ 及相应的伸长率 $\delta_b$，即可绘出真实应力-应变理论曲线。当然，这一理论曲线并不能保证与试验曲线处处重合。式中的硬化指数 $n$ 表征材料在变形过程中的硬化速率，并反映材料在拉伸时抗局部变形（失稳）的能力。$n$ 值大的材料，其均匀拉伸变形的能力也大，这对于以拉伸为主的冷塑性成形是有利的。

真实应力-应变曲线除了用上述的幂次式表示外，还可以用其他的简化模型及相应的数学表达式近似表示。

### 三、变形温度和应变速率对真实应力-应变曲线的影响

1. 变形温度的影响

随着变形温度的升高，真实应力 $S$ 和加工硬化速率均降低；当温度达到材料发生再结晶时，真实应力-应变曲线趋于一水平线（见图 4-27）。其主要原因是：随着温度的升高，原子的动能增加，原子间的结合力减弱，使临界切应力降低；发生回复或再结晶，部分或全部消除加工硬化效果；晶界性质发生变化，使晶界滑移易于发生，并减小晶界对晶内变形的阻碍作用；扩散性蠕变作用加强。

2. 应变速率的影响

图 4-27 示出不同温度下应变速率对真实应力-应变曲线的影响。由图可见，随着应变速率的增加，真实应力亦增加，但增加的程度与变形温度有关，冷变形时增加的程度（即相对增加）小，而热变形时增加的程度大。

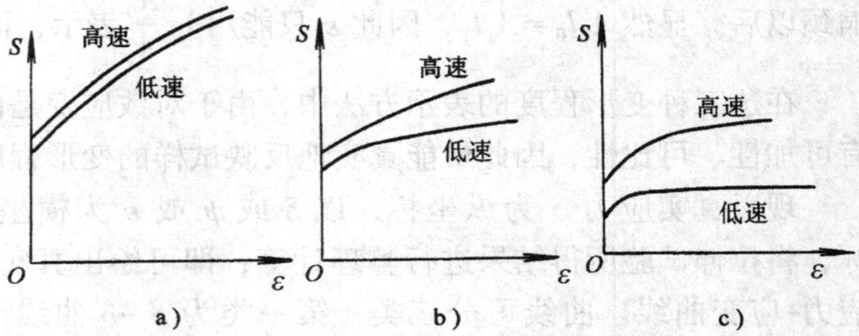


图 4-27　不同温度下应变速率对真实应力-应变曲线的影响
a) 冷变形　b) 温变形　c) 热变形

出现这种现象的主要原因是：一方面随着应变速率的增加，位错运动速度加快，它使临界切应力增加；若变形是在较高温度下进行，还会由于没有足够时间进行回复或再结晶，而影响金属的软化效果，再者扩散性蠕变作用也不能充分发挥；这些都导致真实应力的增加，且热变形时增加的效果大于冷变形。从另一方面来看，随着应变速率的增加，温度效应亦增加，它导致真实应力的降低；但由于冷变形时的温度效应大，由此引起的真实应力的降低比热变形时的降低显著。这两方面因素相互抵消的结果，造成随着应变速率的增加，真实应力亦增加，且冷变形时的增加程度比热变形时的小。某一应变速率下材料的真实应力与准静载下的真实应力的比值，称为速度系数 $\omega$，它总是大于 1，且冷变形时的 $\omega$ 小，热变形时的 $\omega$ 大，具体数值可查有关文献。

## 第七节　主应力法

### 一、主应力法的实质

主应力法的实质是静力平衡方程和屈服方程联解。为使计算简化，采用下列基本假设。

1. 把问题简化为平面问题或轴对称问题

对于形状复杂的变形体，可根据金属流动的情况，将其划分成若干部分，每一部分分别按平面问题或轴对称问题处理，最后“拼合”起来，即得整个问题的解。

2. 假设变形体内正应力分布与一个坐标轴无关

这样不仅使平衡微分方程因式减少，而且可将偏微分方程改为常微分方程。例如，对于平面应变镦粗（图 4-28），假设 $\sigma_x$ 与 $y$ 轴无关，并注意到当 $y$ 从零变化到 $h/2$ 时，切应力 $\tau_{yx}$ 由零增至 $\tau$（接触面上切应力数值）。于是，将式（4-16）的第一式沿 $y$ 轴由 0 到 $h/2$ 积分

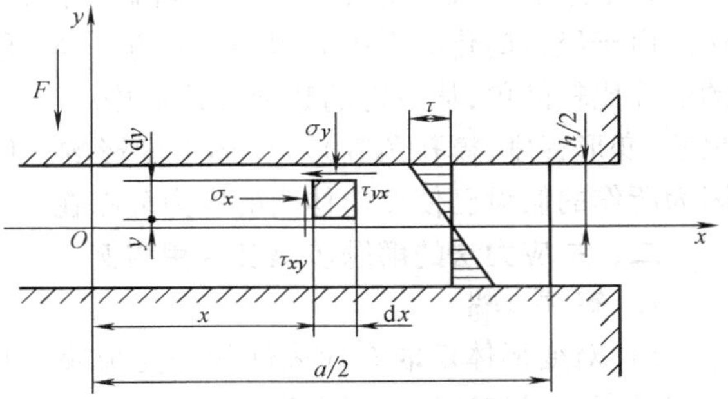

图 4-28　平面应变镦粗时基元体受力分析

$$\int_0^{h/2}\frac{\partial\sigma_x}{\partial x}\mathrm{d}y+\int_0^{h/2}\frac{\partial\tau_{yx}}{\partial y}\mathrm{d}y=0$$

得
$$\frac{\mathrm{d}\sigma_x}{\mathrm{d}x}+\frac{2\tau}{h}=0 \tag{4-39}$$

式（4-39）称为近似平衡方程。它的求解要比原来的偏微分方程组简便得多。

正应力与一个坐标轴无关的假设，在本例中即表示正应力沿变形体高度方向均匀分布。既然这样，也可以直接沿变形体整个高度截取基元体（也称基元板块），建立其平衡方程，而无需通过对已有的精确平衡微分方程进行简化，来获得近似平衡方程。现直接对图 4-29 中的基元板块求静力平衡方程，可得

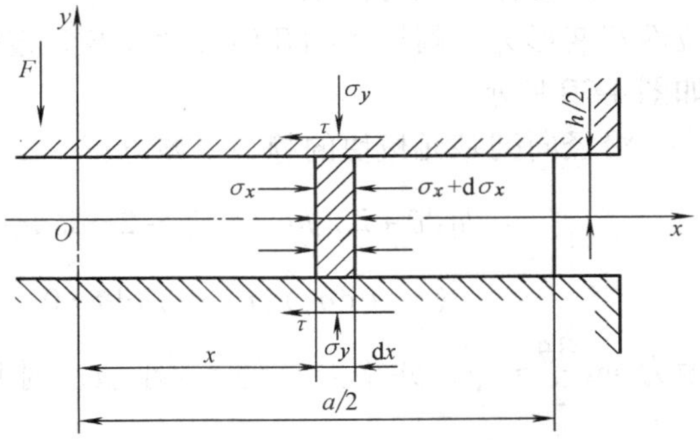

图 4-29　平面应变镦粗时基元板块受力分析

$$\sigma_x h-(\sigma_x+\mathrm{d}\sigma_x)h-2\tau\mathrm{d}x=0$$

也即
$$\frac{\mathrm{d}\sigma_x}{\mathrm{d}x}+\frac{2\tau}{h}=0$$

显然上式与式（4-39）完全一样。实际上目前所讲的主应力法，大都是这样处理的，并形象化地称为切块法或板块法。

3. 主应力的假设

由于以任意应力分量表示的屈服方程是非线性的，即使在平面问题或轴对称问题时，也难将其与平衡方程联解。因此，在对基元板块列屈服方程时，假设其上的正应力即为主应力，而忽略切应力的影响。这样，就使屈服方程简化成线性方程。例如，对于平面应变状态，$\tau_{zx}=\tau_{zy}=0$，$\sigma_z=\frac{1}{2}$（$\sigma_x+\sigma_y$），则密塞斯屈服方程应为

$$(\sigma_x-\sigma_y)^2+4\tau_{xy}^2=\frac{4}{3}\sigma_s^2$$

现因假设 $\tau_{xy}=0$，则上式便简化成线性方程

$$(\sigma_x - \sigma_y) = \pm \frac{2}{\sqrt{3}}\sigma_s \tag{4-40}$$

式(4-40)称为近似屈服方程。

将上述的近似平衡方程和近似屈服方程联解，以求接触面上的应力分布，这就是主应力法。由于经过简化的平衡方程和屈服方程，实质上都是以主应力表示的，故此得名。主应力法的演算比较简单，从所得的数学表达式中，可以分析各有关参数（如摩擦系数、变形体的几何尺寸、变形程度、模孔角等）对变形力的影响。但主应力法无法确定变形体内部的应力分布，因为所作的假设已使变形体内的应力分布在一个坐标方向上平均化了。

## 二、主应力法的解题步骤及应用实例

1. 解题步骤

1）对变形体切取有代表性的基元板块，对该板块列近似平衡方程和近似屈服方程。

2）对近似平衡方程和近似屈服方程进行联解，积分常数根据应力边界条件确定。

3）求解接触面上的应力分布、总变形力、单位变形力。如有必要，还可进一步求合力中心、水平错移力等。

2. 应用实例

求圆柱体镦粗时接触面上的压力分布、总变形力和单位面积变形力。圆柱体的几何尺寸及基元板块的受力情况如图 4-30 所示。

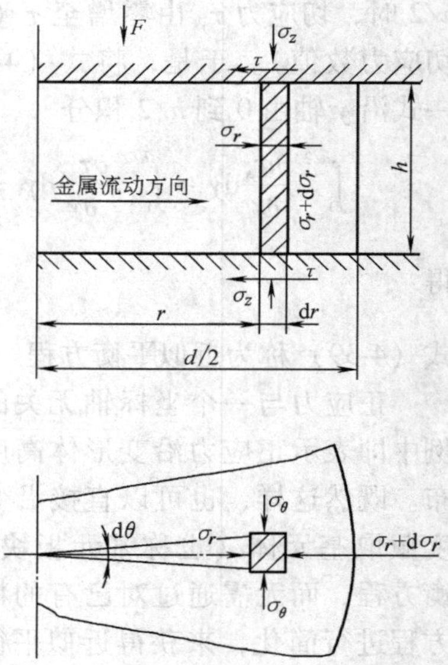


图 4-30 圆柱体镦粗

沿径向列基元板块的静力平衡方程

$$\sigma_r hr\mathrm{d}\theta + 2\sigma_\theta h\mathrm{d}r\sin\frac{\mathrm{d}\theta}{2} - 2\tau r\mathrm{d}\theta\mathrm{d}r -$$
$$(\sigma_r + \mathrm{d}\sigma_r)(r + \mathrm{d}r)h\mathrm{d}\theta = 0$$

因为 $\sin\frac{\mathrm{d}\theta}{2} \approx \frac{\mathrm{d}\theta}{2}$，并略去二次无穷小项，则上式化简成

$$\sigma_\theta h\mathrm{d}r - 2\tau r\mathrm{d}r - \sigma_r h\mathrm{d}r - rh\mathrm{d}\sigma_r = 0$$

假设为轴对称应力状态，故 $\sigma_r = \sigma_\theta$；又设 $\tau = m\frac{\sigma_s}{2}$；另按密塞斯屈服准则列近似屈服方程，可得

$$\sigma_z - \sigma_r = \sigma_s；\ \mathrm{d}\sigma_z = \mathrm{d}\sigma_r$$

式中，$\sigma_z$ 和 $\sigma_r$ 均代表绝对值。将上述条件代入，联解后得

$$\mathrm{d}\sigma_z = -\frac{m\sigma_s}{h}\mathrm{d}r；\ \sigma_z = -\frac{m\sigma_s}{h}r + C$$

由应力边界条件：当 $r = d/2$，$\sigma_z = \sigma_s$，求得积分常数 $C = \sigma_s + \frac{m\sigma_s}{h}\frac{d}{2}$

最后得
$$\sigma_z = \sigma_s\left[1 + \frac{m}{h}\left(\frac{d}{2} - r\right)\right]$$

总变形力
$$F = \int_0^{d/2}\sigma_z 2\pi r\mathrm{d}r = \sigma_s\frac{\pi}{4}d^2\left(1 + \frac{m}{6}\frac{d}{h}\right)$$

单位面积变形力
$$p=\sigma_s\left(1+\frac{m}{6}\frac{d}{h}\right)$$

由上列三式可以看出：

（1）接触面上 $\sigma_z$ 的分布是不均匀的　在 $r=\frac{d}{2}$ 处，$\sigma_z=\sigma_s$，而在 $r=0$ 处，$\sigma_z=\sigma_s\left(1+\frac{md}{2h}\right)$，其间按线性规律变化。之所以如此，是因为在本例题中假定接触面上的 $\tau$ 恒为 $m\frac{\sigma_s}{2}$。如果改变 $\tau$ 的分布规律，则 $\sigma_z$ 的分布规律亦将随之变化。但不管如何变化，在 $r=0$ 处的 $\sigma_z$ 总是最大。

（2）$F$ 和 $p$ 除了与金属的性质 $\sigma_s$ 有关外，还与摩擦状况 $m$（摩擦因子）及变形体的几何参数 $d/h$ 有关　$m$ 越大，$F$ 和 $p$ 也越大；$m$ 不变时，$d/h$ 越大，则 $F$ 和 $p$ 也越大。这也说明，当塑性变形体或变形区的相对厚度很小时，即使其他参数不变，其变形力和单位变形力（又称变形抗力）也会变得很大。这些结论，对于分析某些工艺问题很有帮助。

## 思考与练习

1. 简述滑移和孪生两种塑性变形机理的主要区别。
2. 试分析多晶体塑性变形的特点。
3. 试分析晶粒大小对金属塑性和变形抗力的影响。
4. 什么是加工硬化？产生加工硬化的原因是什么？加工硬化对塑性加工生产有何利弊？
5. 什么是动态回复？什么是动态再结晶？为什么说动态回复是热塑性变形的主要软化机制？
6. 什么是扩散蠕变？为什么在高温和低速条件下这种塑性变形机理所起的作用越大？
7. 冷、热塑性变形对金属组织和性能有何影响？
8. 什么是点的应力状态？为什么说点的应力状态是二阶对称张量？
9. 已知变形体中某点的应力状态为

$$\sigma_{ij}=\begin{pmatrix}10 & 0 & -10\\ 0 & -10 & 0\\ -10 & 0 & 10\end{pmatrix}\ (\mathrm{MPa})$$

试求该点的三个主应力及其主方向、主切应力和最大切应力？

10. 什么是点的应变状态？如何表示点的应变状态？
11. 设变形体的瞬时位移场为

$$u=(10+0.1xy+0.05z)\times10^{-3}$$
$$v=(5-0.05x+0.1yz)\times10^{-3}$$
$$w=(10-0.1xyz)\times10^{-3}$$

试求点 $A$（1，1，1）的各应变分量。

12. 试分析球形应力张量对金属塑性行为的影响。
13. 何谓屈服准则？试分别表述屈雷斯加屈服准则和密塞斯屈服准则，并写出其数学表达式。
14. 某理想塑性材料的屈服应力 $\sigma_s=100\mathrm{MPa}$，试分别用屈雷斯加及密塞斯屈服准则判断下列应力状态的质点处于弹性状态或塑性状态（应力单位：MPa）。

$$\sigma_{ij}=\begin{pmatrix}100 & 0 & 0\\ 0 & 0 & 0\\ 0 & 0 & 100\end{pmatrix},\quad \sigma_{ij}=\begin{pmatrix}50 & 0 & 0\\ 0 & 0 & 0\\ 0 & 0 & -50\end{pmatrix}$$

15. 试用屈服准则解释应力状态对变形抗力的影响。

16. 什么是真实应力？什么是对数应变？什么是形状硬化？

17. 已知材料的真实应力-应变曲线方程为 $S = B\varepsilon^{0.4}$，若试样已有伸长率 $\delta = 0.25$，试问试样还要再增加多少 $\delta$ 才会发生缩颈？

18. 不同变形温度下应变速率对正应力的影响有何不同？

19. 在外力作用下某物体发生塑性变形，变形区内质点处于平面应变状态（$\varepsilon_z = 0$）。试证明：该物体变形区内各质点的应力满足方程 $\sigma_z = \frac{1}{2}(\sigma_x + \sigma_y)$。

20. 平面应变镦粗时基元板块受力情况如图 4-29 所示。试用主应力法求解变形体接触面上的压力分布、总变形力和单位面积的变形力。（提示：设 $\tau = m\frac{\sigma_s}{\sqrt{3}}$）

# 第五章　凝固成形技术

凝固成形俗称“铸造”，是将金属材料熔化成液态后浇注入与拟成形的零件形状及尺寸相适应的模型空腔（称为铸型）中，待液态金属冷却凝固后将铸型打开（或破坏）取出所形成的铸件毛坯，清理掉由于工艺需要而添加的部分（如浇口、冒口等）后，即可得到所需的铸件。这种成形方法能够制成形状复杂（特别是具有复杂内腔）的零件，而且其大小几乎不受限制，重量可从几克到上百吨。由于铸型制造、金属液的凝固收缩、金属液与铸型表面的相互作用以及工艺需要等方面的原因，往往使得所获得的铸件较实际零件的尺寸、形状有一些差别，因此凝固成形所提供的铸件往往是半成品的坯件，需要进一步进行机械加工。但随着制造业的不断进步，凝固成形技术也在不断发展，目前所谓“近净成形”技术已可为制造业提供少、无切削的精密液态成形铸件，从而使零件的生产工序、生产周期及生产成本减少，提高了产品的竞争能力。

凝固成形具有极高的随意性及综合经济性，这是其他成形方法所不及的。在进一步提高凝固成形零件的精密性、可靠性，满足用户日益挑剔的要求以及在与其他成形技术的激烈竞争、互代中，凝固成形技术不断从“经验”走向“定量”，从“技艺”走向“科学”。凝固成形是机械工业毛坯的主要提供者。铸件在机械产品中所占的比例极大，例如内燃机关键零件（如缸体、缸盖、曲轴、进排气管等）都是铸件，占内燃机质量的80%～90%，汽车中铸件质量为19%（轿车）～23%（货车）；机床、拖拉机、液压泵、阀和通用机械中铸件质量占65%～80%，等等。此外，矿冶（钢、铁、有色）、能源（火、水、核电等）、海洋和航空航天等工业的重大装备中铸件均占很大比重，并起着重要作用。

铸件质量既影响机械加工效率，且制约产品质量、寿命和效益。随着制造业的发展，凝固成形技术面临更深层次的要求和严峻的挑战，要求铸件向精（近无切削）、强（强韧、可靠）、秀（薄、轻、光洁）和特（特殊使用功能）的综合优质方向发展已成为趋势。因此，凝固成形方法也必须向高效率、高智能化（定量、信息化）、高柔性（灵活、多品种、变批量）、清洁和集约型，具有竞争力的经济规模发展。

本章主要介绍凝固成形的基本方法，在此之后，结合凝固成形技术的发展介绍一些特殊凝固成形方法的原理和最新进展。

## 第一节　凝固成形的基本方法

凝固成形的基本原理是将液态金属充填到与欲成形零件的形状和尺寸相适应的铸型空腔中，待其冷却凝固，而后获得所需形状的零件或零件毛坯。由于液态金属的温度较高，因此构成铸型的材料要求有较高的耐热温度。凝固成形的方法很多，根据形成铸型材料的不同，可分为一次型（如砂型、陶瓷型）及永久型（如金属型）。所谓一次型是指铸型使用一次即毁坏的铸型；所谓永久型是指可反复使用多次（乃至上千次）的铸型。根据金属液充填进铸型方法的不同，又可分为重力铸造、低压铸造和压力铸造等。此外，对于一些特殊的凝固成形件，还可采用如连续铸造（等截面长铸件）、离心铸造（圆筒型铸件）、实型铸造等。对于砂型铸型而言，根据型砂所使用粘结剂的不同，又有粘土砂、树脂砂、水玻璃砂等。根据铸型制造方法的不同，又可分为手工造型与机械化造型等。由于铸型材料及液态金属引入铸型方法的不同，会导致凝固条件的不同，最终会对成形件的性能产生差异。

尽管凝固成形是一种历史悠久的材料成形方法，早在夏朝（公元前两千多年）即已开始采用凝固成形的方法进行锡青铜的铸造成形，随着人类科学技术的进步，这一成形方法的科学性、可控性和生产效率都有了长足的进步，但这一方法的基本思想是相同的。

凝固成形在材料成形方法中占有非常重要的地位，在一般的机械设备中，凝固成形件的质量占到机械总质量的40%～80%，而制造成本仅占机械总成本的24%～30%。它是机械产品制造中非常重要的材料成形方法。

本节从凝固成形材料的工艺性能出发，以目前使用最为普遍的砂型铸造为主，介绍几种主要凝固成形方法的步骤、特点及适用范围。

## 一、凝固成形材料的工艺性能

从凝固成形的特点出发，要求凝固成形材料具有一定的工艺性能，材料工艺性能的优劣会直接影响到凝固成形件的质量。评价凝固成形材料工艺性能优劣的主要指标为流动性、收缩性以及铸造应力等。

### 1. 流动性

流动性是指液态金属本身的流动能力，它直接影响到凝固成形件的尺寸和形状精度，因而是凝固成形材料的重要工艺性能指标。

“流动性”与液态金属的“充型能力”是两个既有一定联系又不相同的概念。流动性与合金的种类、成分、杂质含量及其物理性质有关；而充型能力的优劣首先取决于液态金属的流动性，同时又受外界条件如铸型性质、浇注条件、铸件结构等因素的影响。

流动性好的液态金属在浇注时能迅速充满铸型型腔，易于获得形状完整、轮廓清晰的铸件；同时可使液态金属中的气体、夹杂物易于浮出，获得高质量的铸件。

液态金属的流动性一般用浇注“流动性试样”的方法来测定。目前应用较普遍的流动性试样为“螺旋线形流动性试样”，如图5-1所示，其流动性指标按其螺旋线长度来表示。

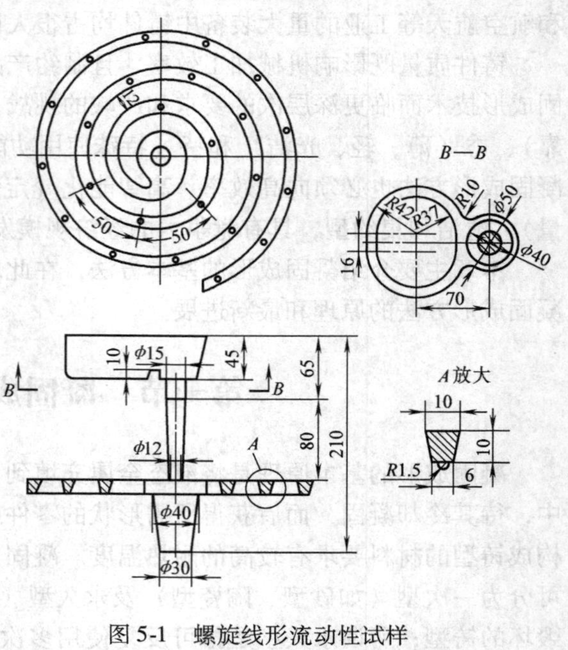


图5-1 螺旋线形流动性试样

影响液态金属流动性的主要因素有以下几点。

（1）液态金属的化学成分及结晶特点 液态金属的化学成分及结晶特点与其流动性之间存在一定的规律性。图5-2所示是通常具有共晶凝固特性的某合金相图中成分与流动性的关系。由图中可见，对应于纯金属和共晶成分的合金，流动性出现最大值；对应于有一定结晶温度范围的合金，流动性变差，且合金的结晶温度范围越大流动性越差。这是由于结晶温度范围大的合金凝固时初生树树枝晶较发达，结晶时液-固界面不平滑，使得未凝固金属的流动阻力增大所致。

（2）合金结晶潜热和晶粒形状　合金在结晶过程中放出的潜热越多，则在凝固过程中保持液态的时间就越长，流动性就越好。但这一特点受到合金结晶温度范围的影响，对于结晶温度范围较宽的合金，结晶潜热对提高流动性的作用影响较小。

（3）合金的物理性质　合金的密度（$\rho$）和比热容（$c$）较大、热导率（$\lambda$）较小时，因其本身含有较多的热量且热量的损失又较慢，因此流动性好。此外，在相同条件下，一般液态金属的表面张力越大流动性越差；液态金属的粘度越大，流动性就越差，而液态金属的粘度与其化学成分、温度和夹杂物含量有关。

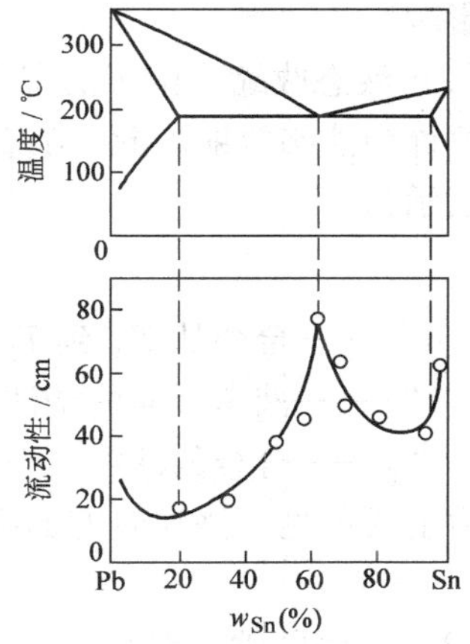


图 5-2　合金的化学成分与流动性的关系

除流动性以外，影响液态金属充型能力的因素还有：铸型的蓄热系数、铸型温度、液态金属的浇注温度、充型压头、浇注系统的结构、型腔的复杂程度等。

2. 收缩性

当进入铸型的液态金属温度下降由液态转变为固态时，金属原子由近程有序转变为远程有序以及空穴的减少或消失，一般都会伴随有体积的减小。转变为固态后随温度下降，原子间的间距还要缩短，造成体积减小。合金在上述液态、液固转变和固态冷却过程中由于温度的下降而发生的体积减小现象称为合金的收缩性。它是合金本身的物理性质，也是铸件中许多缺陷如缩孔、缩松、热裂、变形、应力和裂纹等产生的基本原因。

合金由液态到常温的收缩可用体积改变量来表示，称为体收缩。合金在固态时的收缩除用体积改变量来表示外还可用长度改变量来表示，称为线收缩。线收缩对于设计和制造模样时更有实用意义。

图 5-3 为合金由液态冷却到室温时体收缩随温度的变化。由图可见，合金收缩经历了液

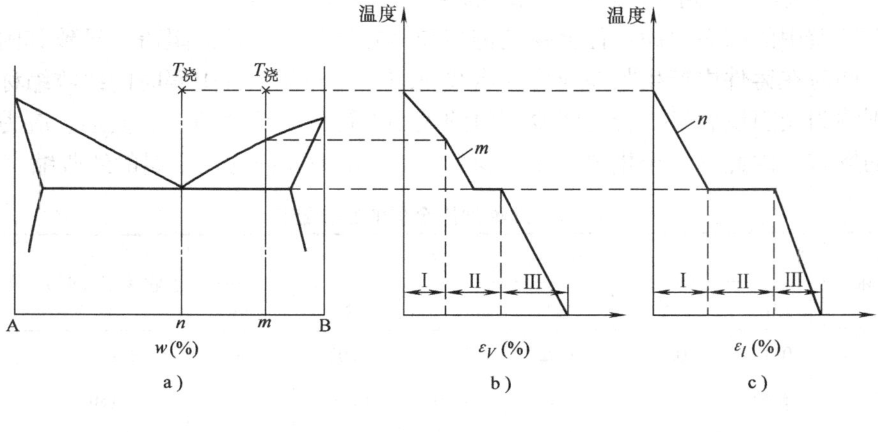


图 5-3　合金收缩过程示意图

a）合金相图　b）具有结晶温度范围合金（$w_B = m$）的收缩过程　c）共晶合金（$w_B = n$）的收缩过程

态收缩、凝固收缩和固态收缩三个相互联系的阶段，它们在不同阶段的收缩对铸件质量有不同的影响。

(1) 液态收缩　由于液态金属从浇注温度 $T_{浇}$ 冷却至开始凝固温度 $T_{液}$时合金还处于液态，故称为液态收缩。此时随着温度的降低，表现为型腔内液面的下降，此时的液态体收缩率可表示为

$$\varepsilon_{V液} = \alpha_{V液}(T_{浇} - T_{液}) \times 100\% \quad (5\text{-}1)$$

式中　$\alpha_{V液}$——合金从 $T_{浇}$ 到 $T_{液}$ 温度范围内的液态体积收缩系数（1/℃）；

$T_{浇}$——液态金属的浇注温度（℃）；

$T_{液}$——合金的液相线温度（℃）。

由上式可见，浇注温度的提高和改变成分使液相线温度下降，都会导致液态收缩值增加。

(2) 凝固收缩　对具有一定结晶温度范围的合金，温度由液态 $T_{液}$ 转变为固态 $T_{固}$ 时的收缩由于处于凝固阶段，故称为凝固收缩。这类合金的凝固收缩率主要与温度降低和状态改变有关。而对于纯金属和共晶合金，凝固期间的收缩率只和状态改变有关，故对于一种合金它为一个定值。对于少数合金，由于凝固时某组相的体积变大会导致凝固收缩为负值（例如灰铸铁、Bi-Sb 合金等），使体积变大。

(3) 固态收缩　固态收缩是指合金凝固完成后从固相线温度 $T_{固}$ 冷却到室温 $T_{室}$ 时的收缩，由于合金处于固体状态，固称为固态收缩。固态体收缩率可表示为

$$\varepsilon_{V固} = \alpha_{V固}(T_{固} - T_{室}) \times 100\% \quad (5\text{-}2)$$

式中　$\alpha_{V固}$——合金在 $T_{固}$ 到 $T_{室}$ 温度范围内的体收缩系数（1/℃）；

$T_{固}$——合金的固相线温度（℃）；

$T_{室}$——室温（℃）。

在生产实际中，由于固态收缩往往表现为铸件外形尺寸的减小，因此一般采用线收缩率来表示，即

$$\varepsilon_{l} = \alpha_{l}(T_{固} - T_{室}) \times 100\% \quad (5\text{-}3)$$

式中　$\alpha_{l}$——合金从 $T_{固}$ 到 $T_{室}$ 温度范围内的线收缩系数（1/℃）。

铸件在铸型中的固态收缩往往会受到铸型和型芯等外部条件的阻碍，导致其固态收缩值产生变化，同时在铸件中产生收缩应力。当线收缩不受外部条件阻碍时的线收缩称为自由线收缩，否则称为受阻线收缩。合金线收缩值的大小对铸件的尺寸精度、变形、应力、裂纹等产生直接的影响，因此是一个重要的工艺参数。表 5-1 为几种常用金属的线收缩率。

**表 5-1　几种常用金属的线收缩率**

| 材料名称 | 化学成分 $w$（%） | | | | | | 总收缩率（%） | 浇注温度/℃ |
|---|---|---|---|---|---|---|---|---|
| | C | Si | Mn | P | S | Mg | | |
| 碳钢 | 0.14 | 0.15 | 0.02 | 0.05 | 0.02 | — | 2.165 | 1530 |
| 白口铸铁 | 2.65 | 1.00 | 0.48 | 0.06 | 0.26 | — | 2.180 | 1300 |
| 灰铸铁 | 3.30 | 3.14 | 0.66 | 0.10 | 0.02 | — | 1.08 | 1270 |
| 球墨铸铁 | 3.40 | 2.96 | 0.69 | 0.11 | — | 0.05 | 0.807 | 1250 |

由于液态收缩和凝固收缩的存在，在铸件最后凝固的地方往往会出现孔洞，孔洞尺寸比较大且集中的称之为缩孔，细小而分散的称之为缩松。缩孔的形状不规则，尤其表面比较粗糙，可与气孔明显地区别。

缩孔和缩松的存在对于铸件的性能将带来不利的影响，因此应该尽力消除。对于集中性缩孔可通过设置冒口的方式将缩孔迁移至冒口，而对于分散性的缩松往往消除比较困难。除合金的凝固特性（结晶温度范围的宽窄）会影响到缩孔和缩松的形成倾向外，合金的凝固方式也会使得缩孔和缩松的形式发生转化。当铸型的冷却能力较弱，固液界面的温度梯度较小时，合金趋向于糊状凝固，则易于形成分散的缩松；而铸型导热能力较强，固液界面温度梯度较大而趋向于逐层凝固时，易于形成集中缩孔。

3．铸造应力

铸件在凝固以后的冷却过程中，由于温度下降而产生的收缩（有些合金还会由于固态相变而产生膨胀和收缩）将使铸件的体积和长度发生变化，若这些变化受到阻碍，便会在铸件中产生应力。这一应力称为铸造应力。

铸造应力按其产生的原因可分为三种：热应力、相变应力和收缩应力。它们可以是拉应力也可以是压应力，在铸件中通常几种应力可能同时累加存在。此外，如若产生应力的原因消除后应力依然存在则称之为剩余应力；如若应力产生的原因消除后应力即告消失，这种应力称之为临时应力。当铸件中的总应力值小于合金的弹性极限时，则以剩余应力的形式存在于铸件中；当总应力值超过合金的屈服点时，铸件将发生变形；而当总应力值超过合金的强度极限时，铸件将产生裂纹，根据裂纹产生的温度范围又可将裂纹分为热裂和冷裂。

铸件中的剩余应力不仅会降低其在某一方向上的承载能力，还会导致在机械加工后或使用过程中部件产生变形，对于在腐蚀环境中工作的铸件还会导致应力腐蚀的发生，因此必须减小和消除。在铸件结构设计和工艺设计时，减小各部分成形时的温度差、改善铸型和型芯的退让性，可以适当降低铸造应力的产生。此外，铸件中的剩余应力可通过人工时效、自然时效、转动时效等方法消除。

合金剩余应力大小的测定方法很多，通常采用应力框方法来测定。其基本原理为将应力框中的试样以内拉、压两种相互平衡的应力加以破坏，然后测量变形量，求得剩余应力的大小。

应力框的测试方法为：在砂型中浇注出如图 5-4 所示的试样，冷却后从铸型中取出并切断中间杆，测量其伸长量，近似地算出中间杆内应力的大小，即

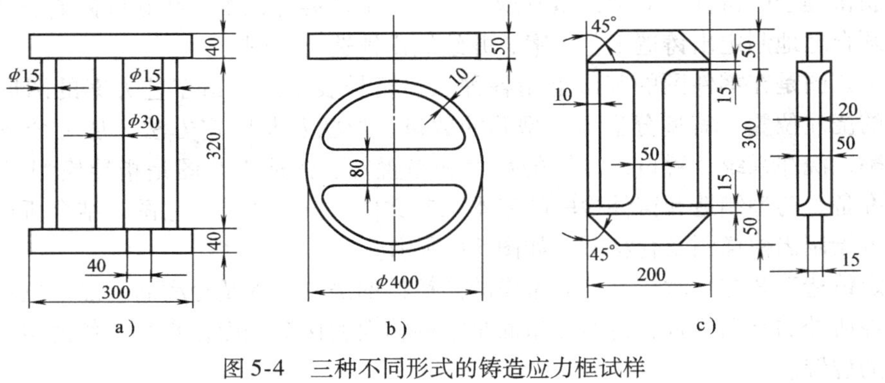


图 5-4　三种不同形式的铸造应力框试样

$$\sigma = E\frac{e_1 - e_2}{l}\frac{f_2}{f_1 + f_2} \tag{5-4}$$

式中 $\sigma$——应力值（MPa）；

$E$——金属的弹性模量（MPa）；

$e_1 - e_2$——绝对变形量，即中间杆切断后两测点杆长的变化（mm）；

$l$——试样杆长度（mm）；

$f_1$——中间杆的断面积（$mm^2$）；

$f_2$——两侧杆的断面积之和（$mm^2$）。

## 二、砂型铸造

砂型铸造是传统的也是目前使用最普遍的凝固成形方法。它适用于各种形状、大小及各类合金的铸造生产。根据砂型所用粘结剂的不同，砂型又可分为粘土砂、水玻璃砂和有机粘结剂砂等。它们各自具有不同的铸型特点，因而适用于不同的凝固成形件，但最为常用的是粘土砂型铸造方法，其生产的铸件大约占所用砂型生产铸件的60%～70%。掌握砂型铸造的基本特点是合理选择铸造方法和正确设计铸件的基础。图5-5为铸造用砂型的分类。

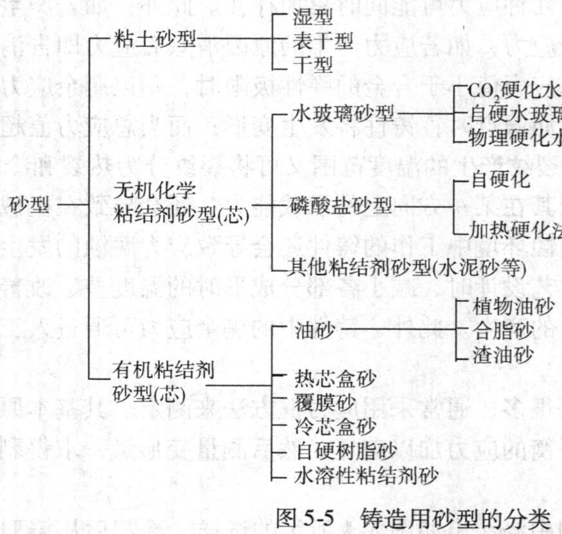


图5-5 铸造用砂型的分类

1．砂型铸造的基本步骤

为了获得健全的铸件，减少铸型制造工作量，降低铸件成本，在砂型铸造的生产准备过程中，必须合理地制定出铸造工艺方案，并绘制出铸造工艺图。

铸造工艺图是在零件图的基础上用各种工艺符号表示出铸造工艺方案的图形，其中包括：铸件的浇注位置，铸型分型面，型芯的数量、形状及其固定方法，加工余量，起模斜度，收缩率，浇注系统，冒口，冷铁的尺寸和布置等。铸造工艺图是指导模型（芯盒）设计、生产准备、铸型制造和铸件检验的基本工艺文件。依据铸造工艺图，结合所选定的造型方法，便可绘制出模样图及合箱图，如图5-6所示。

在确定铸造工艺方案时，首先应考虑的是铸件的浇注位置及分型面。浇注位置是指金属浇注时铸件所处的空间位置；铸型分型面是指砂箱间的接触表面，它是制作铸型时从铸型中取出模样的位置。

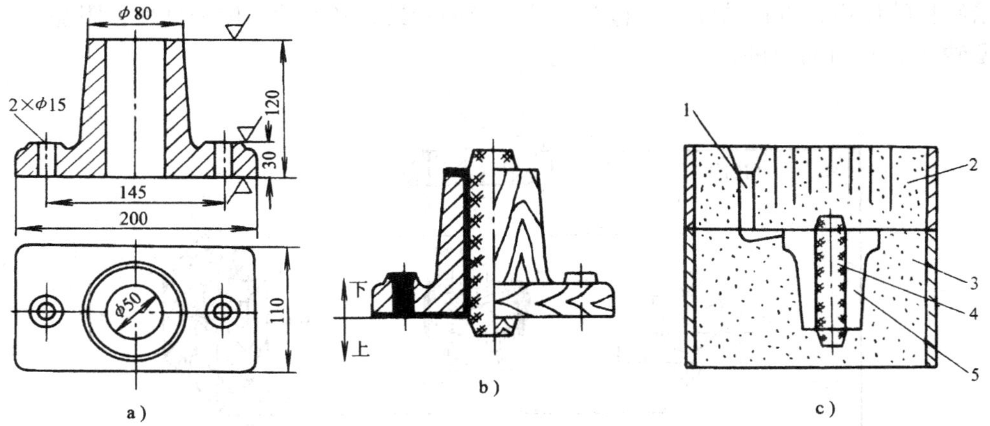


图 5-6 支座的铸造工艺图、模样图及合箱图

a) 零件图 b) 铸造工艺图(左)和木型图(右) c) 合箱图

1—浇注系统 2—上箱 3—下箱 4—型芯 5—铸件

浇注位置的选择原则为:

1) 铸件的重要加工面或工作面应朝下。如果难以做到朝下,则应尽力使其位于侧面。因为铸件浇注时的上表面容易产生气孔、夹渣等铸造缺陷,组织也不如下表面致密。

2) 铸件的大平面应尽量朝下。这是由于在浇注过程中金属液对型腔上表面有强烈的热辐射,铸型因急剧热膨胀和强度下降易拱起开裂,从而形成夹砂缺陷。

3) 应将铸件的大部分薄壁部分位于铸型下部或使其处于垂直或倾斜位置,以防止产生浇不足或冷隔缺陷。

4) 铸件较厚实部位应尽量放在分型面附近的上部或侧面,以便在该处安置冒口进行补缩。

铸型分型面的选择原则为:

1) 应便于起模,使造型工艺简化。如应尽量使铸型只有一个分型面,以便采用工艺简便的两箱造型。多一个分型面,铸型就增加一些误差,使铸件精度降低。此外,应尽量使分型面平直,避免不必要的活块和型芯等。

2) 应尽量使铸件的全部或大部置于同一箱铸型内,以保证铸件精度。

3) 为便于造型、下芯、合箱及检验铸件壁厚,应尽量使型腔及主要型芯位于下箱。

上述这些原则,对于某个具体铸件大多难以全面满足,有时甚至互相矛盾,因此,必须抓主要矛盾,全面综合考虑,在确定了浇注位置及分型面后,还应确定铸件的机械加工余量、起模斜度、铸件收缩率、浇注系统、补缩冒口的位置及尺寸、型芯头尺寸等。整个铸造工艺确定以后,砂型铸造的工艺过程如图 5-7 所示。

2. 造型和制芯材料

用来制作粘土砂型(芯)的粘土砂主要由原砂、粘土(湿型砂为膨润土,干砂型为普通粘土和膨润土)、附加物(粘土砂中为煤粉)和水组成。

在造型过程中,型砂在外力作用下成形并达到一定的紧实度而成为砂型(芯)。图 5-8 是型砂紧实后的结构示意图,它是由原砂和粘结剂(必要时还加入一些附加物)组成的一种具有一定强度的微孔-多孔隙体系。原砂是骨干材料,占型砂总量的 82% ~99%;粘结剂起粘结砂粒的作用，以粘结膜形式包覆砂粒，使型砂具有必要的强度和韧性；附加物是为了改善型砂（芯）所需要的性能而加入的物质。

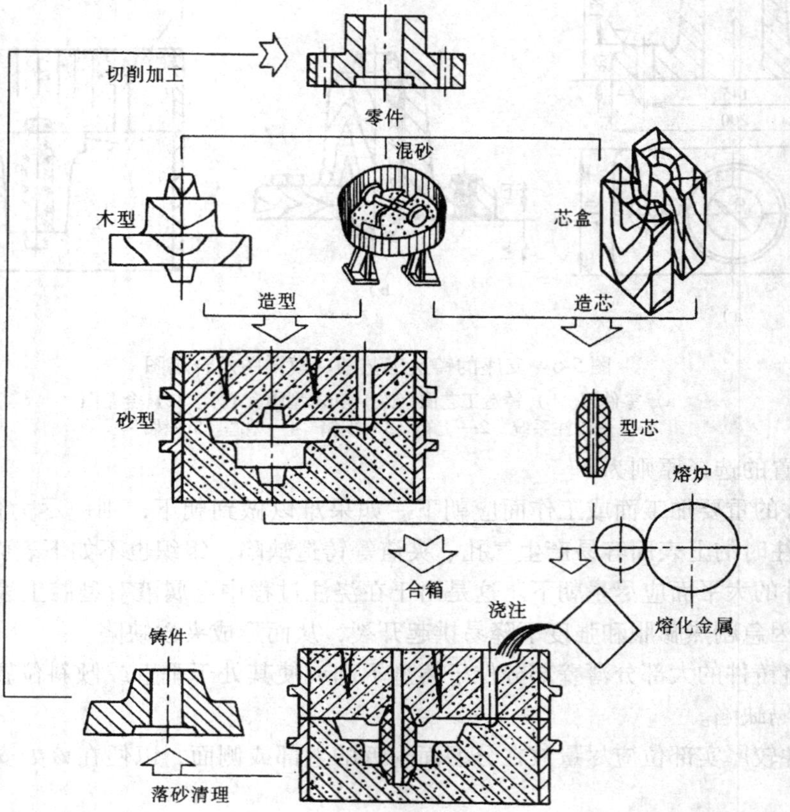


图 5-7 砂型铸造工艺过程

原砂的主要成分是 $SiO_2$，用其作为型砂（芯）的骨干材料不只是因为其来源广范，更重要的是它能满足优质铸件生产的最基本的要求。一方面它为砂型（型）提供了必要的耐高温环境，使金属液能够顺利充型以及使金属液在型腔中冷却、凝固，并得到所要求形状和性能的铸件；另一方面，原砂砂粒能为砂型（芯）提供众多孔隙，保证铸型具有一定透气性，使得在浇注过程中型腔内受热急剧膨胀形成的气体和铸型受热产生的大量气体能顺利逸出。但孔隙大小要适当，孔隙过大将恶化铸件的表面质量，不仅会增大铸件表面粗糙度，降低铸件尺寸精度，甚至会引起铸件严重粘砂。通常使用的原砂为石英质硅砂，为了提高某些合金铸钢件特别是大型铸钢件的表面质量，也采用非石英质原砂，例如铬铁矿砂、镁橄榄石砂、锆砂等。

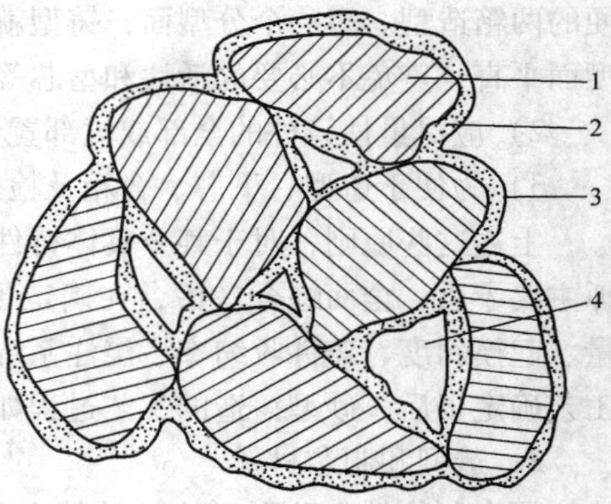


图 5-8 粘土砂结构示意图
1—原砂砂粒 2—粘结剂 3—附加物 4—孔隙

粘土砂型根据在合箱和浇注时的状态不同，可分为湿砂型（湿型）、干砂型（干型）和表面烘干砂型（表干型）三种。三者之间的主要差别在于：湿型是造好的砂型不经烘干，直接合箱浇注使用；干型是在合箱和浇注前将整个砂型送入具有一定温度的烘窑中烘干；表干型只在浇注前对型腔表层用适当方法烘干一定深度（一般 5 ~ 10mm，大件 20mm 以上）再合箱浇注使用。

湿型砂按造型时的情况可分为面砂、背砂和单一砂。面砂是指特殊配制的在造型时铺覆在模样表面上构成型腔表面层的型砂；背砂是在模样上覆盖面砂的背后，填充砂箱用的型砂。在砂型浇注时，面砂直接与高温金属液直接接触，它对铸件质量有重要影响。一般中小件造型时，往往不分面砂与背砂而只用一种型砂，称为单一砂。使用单一砂能够简化型砂的管理和造型的操作过程，从而提高造型生产率。但是，如对铸件质量要求较高，单一砂的性能不能满足要求时，通常仍使用面砂。

目前，湿型砂是使用最广泛、最方便的造型方法，大约占所有砂型使用量的 60% ~ 70%，但是这种方法对于生产很大或很厚实的铸件还不适合，通常用于生产质量小于 500kg 以下的薄壁铸铁件，例如汽车、拖拉机、机床等产品中的铸件。为了得到所需要的湿态强度和韧性，粘土砂必须含有适量水分，太干或太湿均不适于造型，也难于生产出合格铸件。因此，型砂的干湿程度必须保持在一个适宜的范围内，通常含水为 4% ~6%（质量分数）。

干型主要用于重型铸铁件和某些铸钢件，为了防止烘干时铸型开裂，一般在加入膨润土的同时还加入普通粘土。干型主要靠涂料保证铸件表面质量。其型砂和砂型的质量比较容易控制，但是砂型生产周期长，需要专门的烘干设备，铸件尺寸精度较差，因此，近年来干型（包括表干型）粘土砂型大部分已被用化学粘结剂的自硬砂型所取代。

湿型粘土砂的主要性能包括透气性、湿态强度、流动性、可塑性与韧性、发气量和有效煤粉含量等。

（1）透气性　紧实后的型砂能让气体通过而逸出的能力称为透气性。在液体金属充填铸型时，型腔的气体以及在液态金属的热作用下铸型产生的大量气体都需要通过铸型排出，如果砂型不具备良好的透气性，浇注过程中就有可能发生呛火，使铸件产生气孔、浇不足等缺陷。砂型的排气能力，一方面靠冒口和穿透或不穿透的出气孔来提高，另一方面取决于型砂的透气性。而型砂透气性的高低主要受砂粒的大小、粒度分布、粒形、含泥量、粘结剂种类及加入量、混砂时粘结剂在砂粒上的分布状况以及型砂紧实度的影响。但是，不应误解为型砂透气性越高越好，因为不涂敷涂料的砂型的透气性高，表明砂粒间孔隙直径较大，金属液易于渗入砂粒间孔隙中，造成铸件表面粗糙或发生机械粘砂。

（2）湿态强度　铸型必须具备一定的强度以承受各种外力的作用。如果强度不够，则在起模、搬动砂型、下芯、合箱等过程中铸型就有可能破损塌落，浇注时亦有可能承受不住金属液的冲刷和冲击，冲坏砂型而造成砂眼缺陷。但是型砂的强度也不是越高越好，因为高强度的型砂需要加入更多的粘土，不但增加了水分、降低了透气性，同时也增加了铸件的生产成本，而且给混砂、紧实和后续的落砂等工序带来困难。

湿型铸造时，往往主要检查型砂的湿态抗压强度，有时也检测湿态抗剪强度或湿态抗拉强度。湿态抗压强度可表明起模后砂型本身及其受外力作用时能保持型腔形状的能力。

对于粘土干型砂和使用其他无机或有机粘结剂的型砂和芯砂，还可能检测其“干态”抗压、抗剪、抗弯和抗拉强度。图 5-9 是几种型砂强度试验方法示意图。

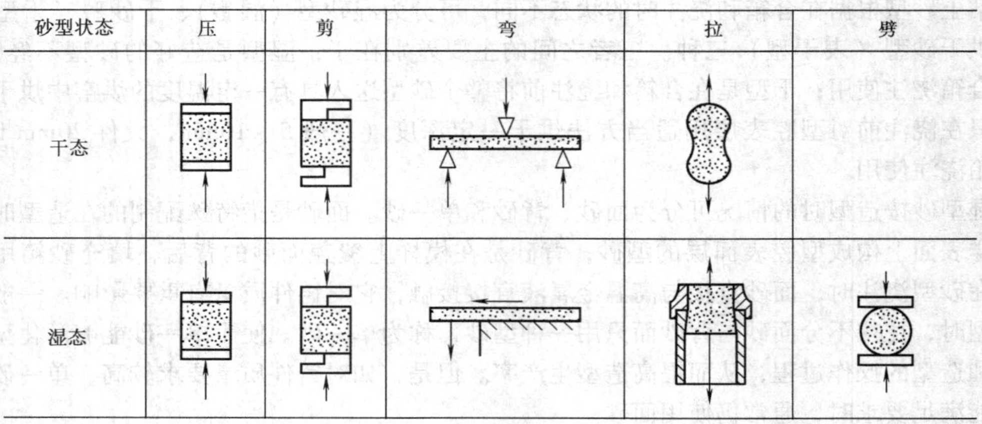


图 5-9 几种型砂强度试验方法示意图

（3）流动性 型砂在外力或自重作用下，沿模样与砂粒之间相对移动的能力称为流动性。流动性良好的型砂易于形成紧实均匀、轮廓清晰、表面光洁的型腔，这有助于防止机械粘砂，获得表面光洁的铸件。此外，还能减轻造型时紧实砂的劳动强度，提高生产率和便于实现造型机械化。

（4）可塑性与韧性 可塑性是指型砂在外力作用下变形，当外力去除后仍保持原来形状的能力。用可塑性好的型砂造型、起模、修型方便，所获得的铸件表面质量较高。型砂可塑性的获得是由于粘土被水湿润后在砂粒表面形成一层薄膜，外力作用使砂粒沿薄膜产生滑移的结果。型砂中粘土含量越多、砂粒越细可塑性就越好。一般来说，凡是增加型砂湿强度的因素均可使可塑性提高。

型砂的韧性是指型砂抵抗外力破坏的性能。韧性差的型砂在起模时铸型容易损坏，使得造型效率降低。增加粘土和水的含量可明显提高型砂的韧性。

（5）发气量和有效煤粉含量 为了使湿型砂铸造的铸铁件具有良好的抗机械粘砂性能并获得表面光洁的铸件，型砂除应具有适宜的透气性以外，还应含有一定量的煤粉或其他有机附加物（如重油、沥青、聚苯乙烯等）。这些物质在浇注受热后将进行气相分解，产生大量挥发组分，高温状态时在砂粒表面沉积形成“光泽碳”，从而可以防止铸铁件表面机械粘砂，提高铸件表面光洁程度。如果型砂的发气量太大（因为型砂的含水量或粘结剂含量过高），则可能在铸件中产生气孔缺陷。

3. 铸型的制备

在完成铸造工艺设计、工艺装备的制造后，即可根据铸造工艺图制备铸型。铸型的制备过程主要分为型砂的充填、紧实、起模和合箱过程。

型砂的紧实方法有许多种，例如手工紧实、机器压实、震实、气流冲击或射压等。型砂或芯砂在放置有模样的砂箱（芯盒）中经过紧实、起模后即成为砂型或砂芯。型砂（或芯砂）被紧实的程度通常称为紧实度，用单位体积内型砂的质量表示。型砂紧实度和物理学中物体的密度单位相同而概念不同，因为型砂体积中包括了砂粒间的空隙。

砂型紧实后要有一定的强度，最低的要求是要能经受住搬运或翻转过程中的振动而不脱落。其次，要求型腔表面能抵抗住浇注时铁液的冲刷和压力。在铸件浇注和凝固过程中，铁液及铸件对砂型型壁有一种膨胀压力，这种压力有时可以达到很大。如果砂型的紧实度不足，往往会产生较大的型壁移动，造成铸件尺寸偏差；如果砂型的紧实度较高，能抵抗住这种膨胀压力就能减少型壁移动，提高铸件的尺寸精确度。此外，紧实后的砂型应使起模容易，起模后能够保持铸型的精确度，特别是不发生损坏、脱落等现象。但紧实度过高的砂型会造成起模困难、透气性降低。因此，对于紧实度的具体要求应根据造型的实际情况以及铸件的复杂程度而定。

（1）压实紧实　压实造型就是用直接加压的方法使型砂紧实（图 5-10）。压实时压板压入辅助框中使砂柱高度降低，型砂得以紧实。压实时，砂型的平均紧实度与砂型单位面积上的压实力（压实比压）的大小有关。图 5-11 是三种性能不同型砂的压实紧实曲线，表示了砂型平均紧实度 $\delta$ 与压实比压 $p$ 的变化关系。由图可见，不论哪一种型砂，在压实开始时 $p$ 增加很小就引起 $\delta$ 很大的变化，但当压实比压逐渐增高时 $\delta$ 的增长减慢，在高比压阶段虽然 $p$ 增大很多，但 $\delta$ 的增加很小。

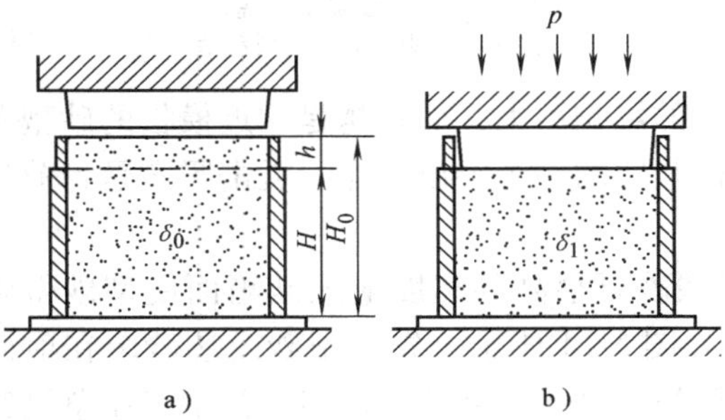


图 5-10　压实造型示意图
a）压实前　b）压实后

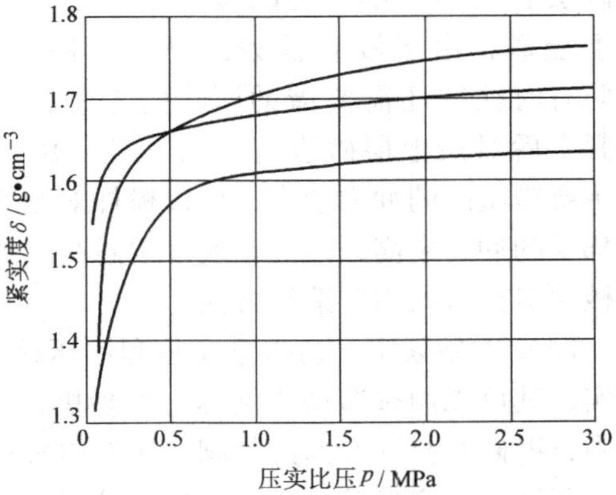


图 5-11　三种型砂的压实紧实曲线示意图

在用机械进行高压紧实型砂时，由于型板上模样表面往往高低不平，整块的平压板不能适应模样上不同的压缩比，往往会造成型砂紧实度不同。为了使不同高度模样上的型砂获得基本相同的紧实度，可将压射冲头分成许多小块（图 5-12），每个小压射冲头的后面是一个油路相通的油缸（因此称作浮动触头），这样在压砂型时每个小压射冲头的压力大致相等，从而使得对应于模样高点的一些压射冲头被顶住也不妨碍其他压射冲头继续下压，所以压实时各个触头能随着模样的高低压入不同的深度，使砂型的压缩比均匀化（见图

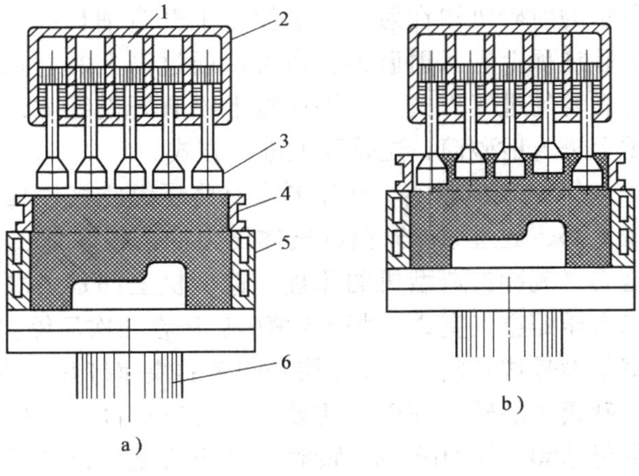


图 5-12　多触头压射冲头的紧砂示意图
a）原始位置　b）压实后压头位置
1—压力油　2—箱体　3—浮动触头
4—余砂框　5—砂箱　6—压实活塞

5-12b)，因而对于比较复杂的模样，多触头压射冲头一次压实可以得到紧实度大体均匀的砂型。多触头压射冲头能自行调整砂型各部分的实砂压力，不需要为每一种模板设计和制造专用成形压板，用于成批生产比较合适。多触头高压造型机是目前自动化铸造车间中应用较多的造型机，这种紧实方法也可以与气流紧实方法结合，使砂型紧实效果更好。

(2) 震击紧实　震击紧实是工作台将砂箱连同型砂举升到一定高度，然后让其下落与机体发生撞击。撞击时，型砂的下落速度变成很大的冲击力作用在下面的砂层上，使型砂层得到紧实（见图5-13）。震击若干次后，砂型可以达到很大的紧实度。在震击过程中，由于砂箱下层的型砂受到上面各层型砂的作用，受力较大，紧实度亦较大；而上层砂层受的力较小，所以紧实度较小。对于最上层砂，由于没有受力，仍呈疏松状态，因此有时往往还需要借助压实的方法，在震击紧实后对最上层砂进行一次压实。由于震击主要借型砂的冲力紧实，所以模样对紧实度分布的影响不大，而且越是靠近模板的砂型深凹部受的冲力越高，因而紧实度也越高，这是震击紧实的一个突出优点。震击紧实是目前半机械化造型机的主要造型方法。

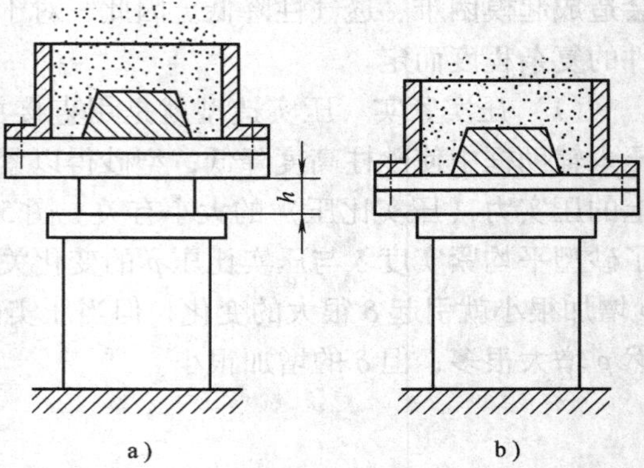

图5-13　震击紧实示意图
a) 造型台升起　b) 造型台落下

(3) 射砂紧实　射砂紧实是利用压缩空气将型砂以很高的速度射入砂箱而使型砂得到紧实，其可以用来造型或制芯。射砂机构的原理如图5-14所示，先将型砂或芯砂装在射砂筒中，射砂时打开快速进气阀，压缩空气从贮气筒快速进入射砂筒，使射砂筒中气压急剧升高，压缩空气穿过砂层空隙推动砂粒通过射孔射入砂箱或芯盒中，将芯盒填满，同时在气压的作用下将砂紧实。

射砂筒的进气方式有两种，即顶上进气及均匀进气。图5-14所示的射砂机构在射砂筒的筒壁上开有细长的窄缝，空气既可以从砂柱顶上进入射砂筒，也可以通过筒上的缝隙进入射砂筒，故称做均匀进气方式。如果筒壁上没有开设缝隙，空气只能从砂柱顶上进入射砂筒，这是顶上进气方式。

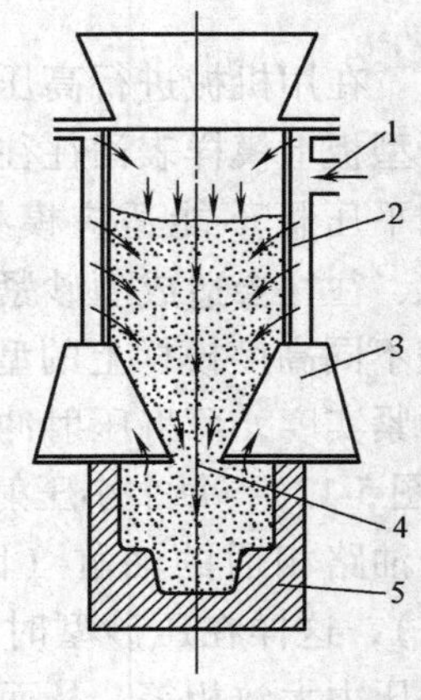

图5-14　射砂紧实原理图
1—压缩空腔进口
2—射砂筒　3—射砂头
4—射孔　5—芯盒

(4) 气流紧实　气流紧实是将压缩空气以极高的速度引入砂型上部，通过急剧升高的气体压力冲击将砂紧实，图5-15是一种这类气流冲击造型机的原理。造型机上部是一次压缩空气室1和二次压缩空气室2，砂箱4填砂后压在二次压缩空气室下面。贮气室下面是快开阀3。通过快开阀3的快速打开，使压缩空气迅速到达砂箱中的砂层顶面，使砂型上部以极高的速度升压，升压的速度可达80～100MPa/s。瞬时的升压将型砂迅速下压，高速运动的砂层在模板上滞止，砂粒的动能产生冲击作用使型砂紧实。

气流紧实时，处在最底层的砂层由于受到上面各层砂的冲击，所受的力最大（冲击力可几倍于工作气压），所以其紧实度最高。越高的砂层所受的冲击力越小，所以紧实度较低。气流冲击紧实作用时间很短，全部紧实过程约在 10～20ms 之间完成，因此生产效率较高。

（5）无箱射压紧实　通常造型都用砂箱以便于砂型的合箱及搬运。但砂箱存在的同时也使砂型质量增大，且在浇注完成后的落砂过程中需将砂箱送回造型机，增加了造型生产线的复杂性，并使生产效率降低。20 世纪 70 年代，无箱和脱箱造型机发展很快，尤其在中小型铸件的成批或大批生产中得到了广泛应用，用来代替原来的一些小型造型机（如震压造型机等）。无箱和脱箱造型机的类型很多，按其砂型分型情况不同可以分成垂直分型和水平分型两大类。

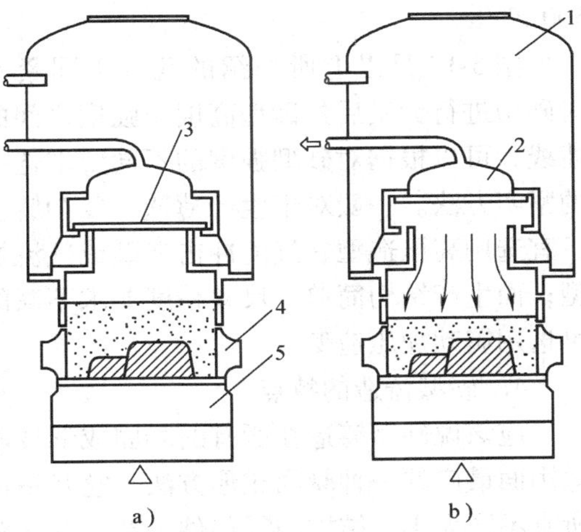


图 5-15　气流冲击紧实原理图
1—一次压缩空气室　2—二次压缩空气室
3—快开阀　4—砂箱　5—垫板

垂直分型无箱射压造型机的造型原理如图 5-16 所示。造型室由造型框及正压板（A）、反压板（B）组成。正、反压板上附有模样，封住造型室后由上面射砂填砂（图 5-16a）；再由正、反压板两面加压紧实成两面有型腔的型块（图 5-16b）；然后反压板（B）退出造型室并向上翻起让出型块通道（图 5-16c）；接着正压板（A）将造好的型块从造型室推出，且一直前推使其与前一块型块推合，并且还将整个型块列向前推过一个型块的厚度，然后在一定位置处进行浇注（图 5-16d）；最后正压板（A）退回，反压板（B）放下并封闭造型室，机器即进入另一个造型循环（图 5-16a）。

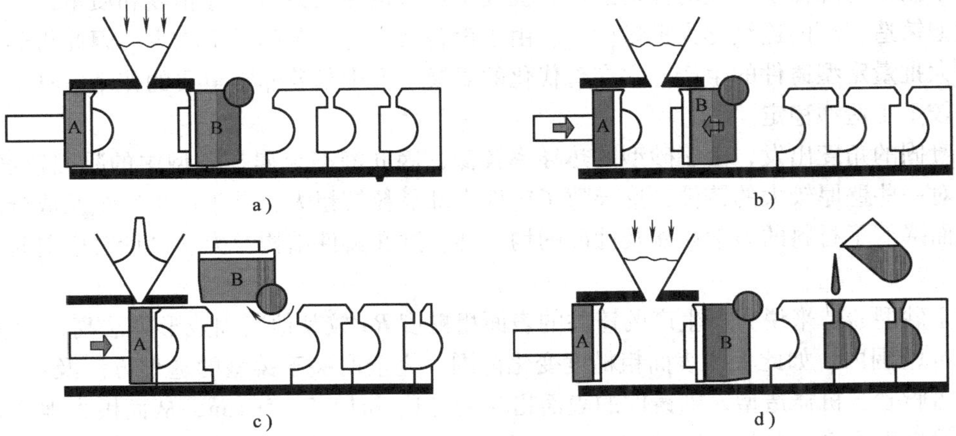


图 5-16　垂直分型无箱射压造型机造型原理
a）射砂　b）压实　c）砂块推出　d）浇注

这种造型方法的特点是：①砂型块紧实度高而均匀；②砂型块的两面都有型腔，铸型由两个型块间的型腔组成，分型面是垂直的；③连续造出的型块互相推合，形成一个很长的型列，浇注系统设在垂直分型面上，由于型块互相推住，在型列浇注时几块型块与浇注平台之间的摩擦力可以抵住浇注压力，型块之间仍保持密合而不需卡紧装置；④一个型块即相当于一个铸型，而射压是快速造型方法，所以造型机的生产率很高，造小型铸件时，生产率可达500 型/h。

图 5-17 是以上所介绍的几种不同紧实方法对砂型进行紧实后的砂型高度与强度之间的关系曲线，可以根据对砂型强度的不同要求选择相应的紧实方法。一般对于生产薄壁、复杂铸件的工厂宜选用高压造型、气流冲击造型或气流加压造型；而生产结构简单、尺寸精度要求不高的铸件可选用震动加压造型。

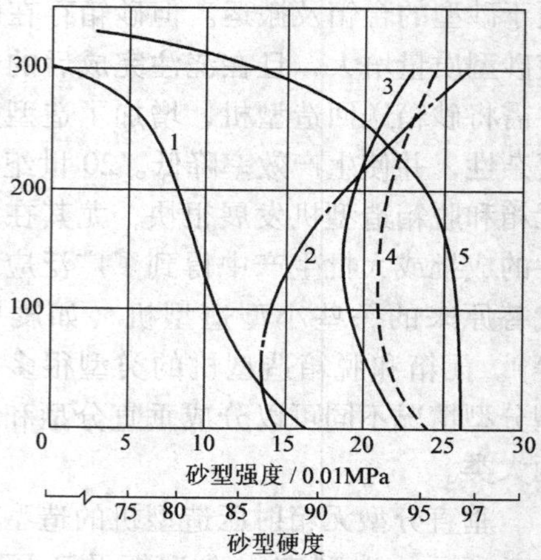

图 5-17　几种不同造型方法砂型的紧实度曲线
1—震击造型　2—高压造型
3—微震加高压造型　4—气流加压造型
5—气冲造型

4. 砂型铸造的特点

应该说砂型铸造在所有的凝固成形技术中是适用面最广的一种凝固成形方法。它几乎适用于所有不同大小、结构的零部件生产，尽管对于一些特殊结构的零件（如圆筒状零件）它不是最好的凝固成形方法，但对于小批量多品种生产来说，砂型铸造仍不失其可取性。

砂型铸造从铸型的制造方法来分，可以分为手工造型及机器造型两大类。手工造型以其组织生产灵活，所需设备投资低，对零件结构无特殊的工艺要求等优点而广泛用于大量的中、小型铸造工厂，对于一些大型铸件，或是单件、小批量的铸件生产，手工造型更是一种首选的铸型制造方法。但相对于机器造型来说，手工造型的劳动强度较大，工人的操作技术要求较高，铸型的尺寸精度及质量也较差。机器造型由于极大地降低了工人的劳动强度，提高了造型速度及铸型尺寸精度和质量，因而特别适合大型铸造工厂的连续化大批量生产。由于设备及工艺装备的投资较大，因此机器造型只适合于大批量定型铸件的生产，它在现代化的规模生产中起着非常重要的作用，且生产的铸件质量较手工造型稳定。

从凝固的角度出发，由于砂型的热导率较低，因此液态金属在砂型中的凝固速度较慢，特别是对一些壁厚较大的铸件，这导致了铸件内部晶粒较粗大，易于产生组织及成分的偏析等，从而降低了材料的力学性能及性能的均一性。这在铸件结构及力学设计时应引起充分的注意。

对于砂型铸造来说，所生产的铸件的表面粗糙度 $Ra$ 较其他凝固成形方法高，约在 12.5 ~400μm 范围内。如此大的表面粗糙度变化范围，完全取决于铸型的造型方法及造型材料，如采用树脂砂、机器造型，则铸件的表面粗糙度可达 $Ra$12.5 ~50μm，从而极大地改善了砂型铸件的外观质量。此外，砂型铸造件的尺寸精度 CT（GB/T 6414—1999）约在 8 ~15 级范围内，亦较其他凝固成形方法的尺寸精度差。

## 三、金属型铸造

金属型铸造就是将液态金属浇入金属铸型，以获得铸件的一种凝固成形方法。由于金属型可以反复使用，故有永久型铸造之称。

1. 金属型构造及铸造工艺

金属型的结构主要取决于铸件的形状、尺寸、合金的种类及生产批量等。

按照分型面的方位，金属型可分为整体式、垂直分型式、水平分型式和复合分型式四种。其中，垂直分型式便于开设浇口和取出铸件，也易于实现机械化生产，所以应用最广。由于金属型本身没有透气性，因此浇注时的排气主要依靠设置在所需部位的出气孔及分布在分型面上的许多通气槽，为便于浇注后将灼热的铸件从型腔中推出，多数金属型设有推杆机构。

金属型一般用铸铁制成，也可采用铸钢。铸件的内腔可用金属型芯或砂芯来形成。为了便于金属型芯从铸件中取出，除在金属型芯上设有抽芯机构外，对于一些特殊形状（如有侧凹）的内腔，金属型芯就必须采用分块组合的形式。图 5-18 为铸造铝活塞金属型的典型结构简图。由图可见，它是垂直和水平分型相结合的复合结构，其左右半型用铰链联接，以开合铸型。由于活塞内腔有凸台，整体型芯无法取出，故采用组合型芯，铸件凝固后，先抽出 5，然后再取出 4、6。

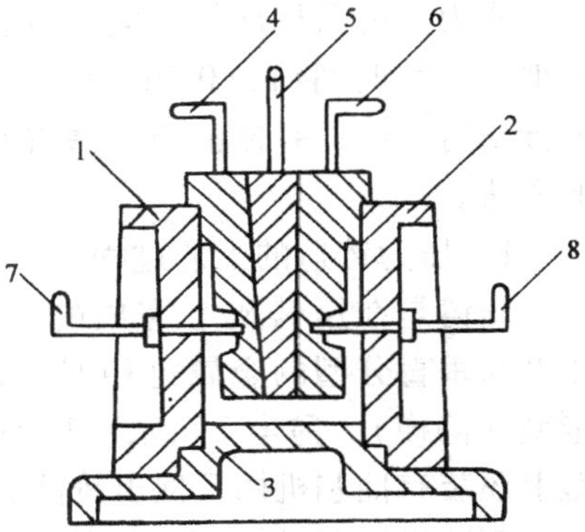

图 5-18　铸造铝活塞金属型典型结构示意图

1、2—左右半型　3—底型　4、5、6—分块金属型芯　7、8—销孔金属型芯

由于金属型导热快，且没有退让性和透气性，为获得合格的铸件和延长金属型的使用寿命，必须严格控制其生产工艺。

（1）喷刷涂料　金属型型腔及型芯表面在使用前必须喷刷涂料以减缓铸件的凝固冷却速度，防止高温金属液体对型壁直接的冲刷，并利用涂料有一定的排气及蓄气能力来防止铸件表面产生气孔。涂料厚度约为 0.1 ~ 0.2mm。

（2）使金属型保持一定的工作温度　其目的是减缓铸型对金属液的激冷作用，防止铸铁件产生白口。同时，合适的型温也降低了铸型与金属的温差，以利提高金属型的寿命。通常浇注铸铁件的金属型的工作温度约为 250 ~ 350℃，有色金属件约 100 ~ 250℃。

（3）控制合适的出型时间　浇注以后，铸件在金属型内停留的时间越长，由于不断的冷却收缩，使铸件的出型及抽芯越困难，铸件产生裂纹的倾向也加大。为此，铸件凝固后应尽早从铸型中取出。

（4）防止铸铁件产生白口　用金属型浇注灰铸铁件时，由于金属型热导率高，金属液在凝固时冷却速度大，因此极易产生白口组织，为此在铁液成分设计、铁液的处理方面应充分注意，铸件的壁厚也不应太薄。

2. 金属型铸造的特点及适用范围

金属型铸造具有如下优点：

1）实现了一型多铸，简化了配砂、造型、落砂等许多砂型铸造必不可少的工序，使生产率大大提高，并便于实现机械化、自动化生产。

2）铸件尺寸精度高，可达 CT5 ~ CT9，且表面光洁，表面粗糙度达到 *Ra*6.3 ~ 12.5μm。此外，由于铸件的凝固冷却速度快，晶粒细密，使铸件的力学性能较砂型铸造高。

3）节省生产场地，改善了劳动条件，节省造型材料的消耗。

但金属型铸造的应用也有如下的限制：

1）由于金属型的制造成本高、周期长，因此不适合于单件、小批量生产。

2）铸件的外形，尤其是内腔不宜过于复杂。

3）铸件不宜过薄，否则会产生浇不足等缺陷。

4）用于铸造铸钢等高熔点合金时，金属型的寿命低。

目前金属型铸造主要用于铝、铜、镁等有色合金铸件的大批量生产，也少量用于一些铸铁件的生产。

## 四、压力铸造

压力铸造简称压铸，它是在高压下（30～70MPa）快速地（充型时间约为0.01～0.2s）将液态或半液态金属压入金属铸型中，并使液态金属在压力下结晶，以获得铸件的方法。

### 1．压力铸造的工艺过程

压铸是在压铸机上完成的，它所用的铸型称为压型。压型与垂直分型的金属型相似，其半个型是固定的，称为定型（静模），另半个可水平移动，称为动型（动模）。压型上还装有抽芯机构及顶出铸件的机构。

压铸机主要是由压射机构和合型机构所组成。压射机构的作用是将液态金属压入型腔；合型机构用于开合压型，并在压射金属时顶住动型，以防金属液自分型面喷出。压铸机的规格以合型力的大小表示。

图5-19为卧式压铸机的工作过程示意。

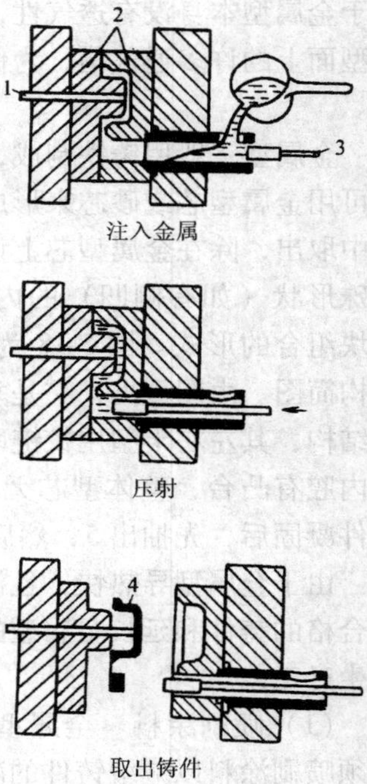


图5-19 卧式压铸机的工作过程

1—顶杆 2—压型

3—冲头 4—铸件

（1）注入金属 先闭合压型，将定量的金属液通过压室上的注液孔向压室内注入。

（2）压射 压射冲头向前推进，金属液被压入压型中。

（3）取出铸件 铸件凝固之后，右半压型（亦称动型）右移开型，铸件借顶杆的前伸动作与左半压型（亦称静型）脱离。此后，在动型继续打开过程中，由于顶杆停止移动，故在顶杆作用下铸件脱离动型。

压型是压铸的重要而关键的工艺装备，型腔的尺寸精度及表面粗糙度直接影响到铸件的尺寸精度及表面粗糙度。此外，由于压铸时，型腔内受到液体金属的热冲击，因此压型必须用合金工具钢来制造，并需进行严格的热处理，以防工作过程中的变形。另外，压型工作时应保持120～280℃的工作温度，并定期喷刷涂料。

### 2．压力铸造的特点及适用范围

压力铸造具有如下优点：

1）生产率高，如每小时可压铸50～150次，最高可达500次，且便于实现自动化、半自动化生产。

2）铸件尺寸精度高，表面光洁（CT6～CT9，*Ra*0.4～3.2μm），并可铸出形状复杂的极薄件或带有小孔、螺纹的铸件。这是由于压型精密，金属液在高压下填充压型，极大地提高了流动性及复型能力所致。因此，压铸是凝固成形中生产近净形零件的有效方法。

3）铸件冷却快，又是在压力下结晶，故铸件晶粒细小，合金的强度、硬度较高。

4）便于采用镶嵌法铸造，不仅可使一些复杂的零件经多次压铸而使压铸模及制造过程简化，而且便于将不同材料镶嵌在一起，实现一件多材质，改善铸件某些部位的性能。

压铸虽是实现少、无切削加工生产精密铸件的有效途径，但也存在许多不足。主要是：

1）压铸设备投资大，压型的制造费用高、周期长，只有在大量生产的条件下经济上才合算。

2）压铸合金的种类有局限性，对于一些高熔点合金（如钢、铸铁），压型及压铸室的寿命很低，难以适应。

3）由于金属液的充型及凝固速度过快，使壁厚处难以补缩而易于出现缩松缺陷。因此，压铸件的壁厚应尽量均匀，且不宜过厚，以不超过3～4mm的薄壁件为宜。

4）由于压铸的速度极高，压型型腔内的气体很难排除，致使铸件内部存在有大量弥散分布的微细气泡。而这些气泡是在高压下形成的，在热处理加热时，泡内气体膨胀将导致铸件表面起泡，所以压铸件通常不能进行热处理。但随着科学技术的不断进步，加氧压铸、真空压铸及半流态压铸技术的运用，使克服压铸的某些缺点有了可能性，其应用范围也在逐步扩大。

**五、低压铸造**

低压铸造是介于金属型铸造和压力铸造之间的一种铸造方法。它是在20～70kPa压力的作用下，将金属液注入型腔，并在压力下凝固以获得铸件的一种方法。

1．低压铸造的工艺过程

低压铸造装置如图5-20a所示。其下部为一密闭的保温坩埚，用于储存熔炼好的金属液。坩埚的顶部紧固着铸型（通常为金属型），垂直的升液管，使金属液与朝下的浇口相通。

金属型在浇注之前必须预热到工作温度，并喷刷涂料。压铸时，先缓缓地向坩埚内通入压缩空气，迫使金属液从升液管平稳上升。直到注满型腔（图5-20b），才使气压上升到规定的工作压力，使金属在压力下结晶。当铸件凝固之后，使坩埚与大气相通，由于撤消了压力，于是，升液管和浇口中尚未凝固的金属液在重力作用下流回坩埚（图5-20c）。最后，开启上型，取出铸件（图5-20d）。

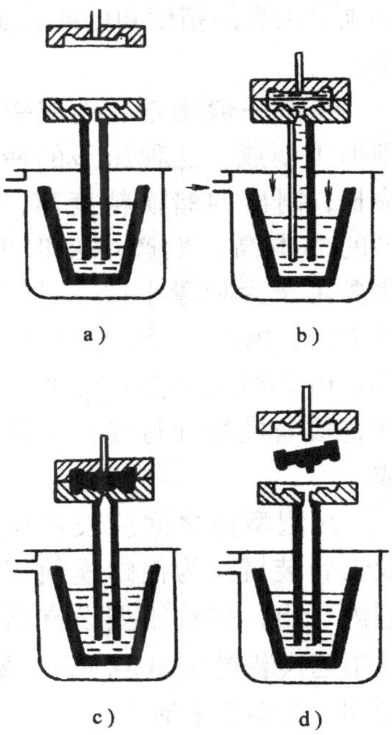

图5-20　低压铸造

低压铸造时，铸件不需另设冒口，而由浇口兼起补缩作用。为使铸件实现自上而下的顺序凝固，浇口的截面尺寸必须足够大，且应开在铸件的厚壁处。

选择适合的增压速度、工作压力及保持压力时间，对于保证铸件质量是非常重要的。

2．低压铸造的特点及适用范围

低压铸造是近些年发展起来的铸造新工艺，这种铸造方法便于获得优质铸件，并可弥补压力铸造的某些不足。其主要优点如下：

1）浇注时的压力和速度便于调节，故可适应各种不同的铸型（如金属型、砂型、熔模型壳等）。同时，充型平稳，对铸型的冲刷力小，气体较易排除。

2）便于实现顺序凝固，以防止缩孔和缩松，尤能有效地克服铝合金的针孔缺陷。

3）铸件的表面质量高于金属型（精度 CT6 ~ CT9，表面粗糙度 *Ra*12.5 ~ 3.2μm），可生产出壁厚为 1.5 ~2mm 薄壁铸件。

4）由于不用冒口，金属的利用率可提高到90% ~98%。

此外，设备费用远较压铸低。

低压铸造现已广泛用于许多部门，目前主要用于铝合金铸件的大批量生产。如气缸体、缸盖、活塞、曲轴箱、壳体等，也可用于球墨铸铁、铜合金等较大铸件。

**六、熔模铸造**

熔模铸造是用易熔材料制成模样，然后在模样上涂挂耐火材料，经硬化之后，再将模样熔化、排出型外，从而获得无分型面的铸型。由于熔模广泛采用蜡质材料来制造，故又常把它称为“失蜡铸造”。

1. 熔模铸造的工艺过程

熔模铸造的工艺过程包括：蜡模制造、结壳、脱蜡、焙烧、浇注等。

（1）蜡模制造 为制出蜡模要经过如下步骤：

1）压型制造。压型（图5-21）是用来制造蜡模的专用模具。为了保证蜡模质量，压型必须有很高的精度和低的表面粗糙度值，而且型腔尺寸必须包括蜡料和铸造合金的双重收缩率。

压型一般用钢、铜或铝经切削加工制成，这种压型的使用寿命长，制出的蜡模精度高，但压型的成本高，生产准备时间长，主要用于大批量生产。对于小批量生产，则可采用易熔合金（Sn、Pb、Bi 等组成的合金）、塑料或石膏直接向模样（母模）上浇注而成。

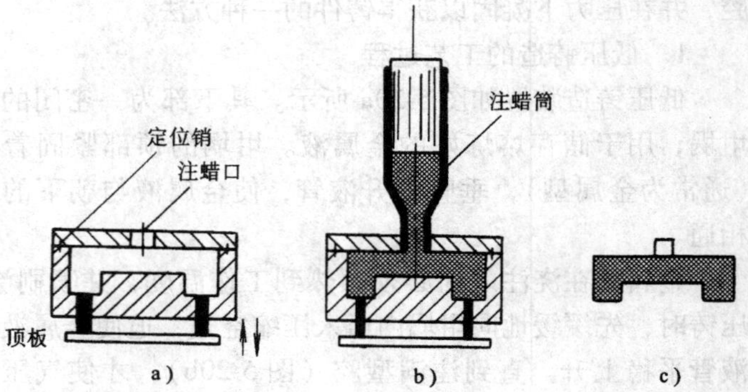


图 5-21 蜡模的制造
a）压型 b）注蜡 c）蜡模

压型型体之间应设定位装置及锁紧装置。为使蜡模便于从压型内取出，多数压型设有顶杆或顶板起模装置（图5-21a）。蜡模上的凸台、沟槽等妨碍起模的部分要用活块制出，而内腔则用金属型芯来形成。

2）蜡模的压制。制造蜡模的材料有石蜡、蜂蜡、硬脂酸、松香等，常采用的为50%石蜡和50%硬脂酸的混合料（均为质量分数）。

压制时，将蜡料加热至糊状后，在2~3个大气压[㊀]力下，将蜡料压入到压型内（图5-21b），待蜡料冷却凝固后便可从压型内取出，然后修去分型面上的毛刺，即得单个蜡模（图5-21c）。

3）蜡模组装。熔模铸件一般均较小，为提高生产率、降低铸件成本，通常将若干个蜡模焊在一个预先制好的直浇口棒上构成蜡模组（图5-22），从而实现一箱多铸。

---

㊀ 大气压为非法定计量单位，1atm = 101.325kPa。

（2）结壳 它是在蜡模组上涂挂耐火材料，以制成一定强度的耐火型壳过程。由于型壳质量对铸件的精度和表面粗糙度有着决定性的影响，因此，结壳是熔模铸造的关键环节。结壳要经过几次浸挂涂料、撒砂、硬化、干燥等工序。

1）浸挂涂料。将蜡模组置于涂料中浸渍，使涂料均匀地覆盖在模组表层。涂料是由耐火材料（如硅粉）、粘结剂（如水玻璃、硅酸乙酯）组成的糊状混合物，这种涂料可使型腔获得光洁的面层。

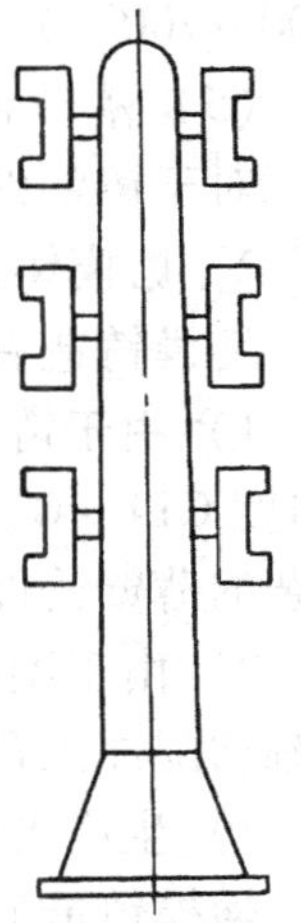

图 5-22 蜡模组

2）撒砂。它是使浸渍涂料的蜡模组均匀地粘附一层较粗的硅砂，其主要目的是迅速增厚型壳。小批生产时采用手工撒砂，而大批量生产时则在专门的撒砂设备上进行。

3）硬化。为使耐火材料层结成坚固的型壳，撒砂之后，应进行化学硬化和干燥。

当以水玻璃为粘结剂时，经在空气中干燥一段时间后，将蜡模组浸在饱和浓度（质量分数约 25%）的 $NH_4Cl$ 溶液中 1～3min。由于氯化铵与水玻璃发生化学反应，使分解出来的 $SiO_2$ 迅速以胶态析出，将硅砂粘得十分牢固。此后，在空气中干燥 7～10min，形成 1～2mm 厚的薄壳。

为了使型壳具有较高的强度，上述结壳过程要重复进行 4～6 次，最后制成 5～12mm 厚的耐火型壳。在上述各层中，面层所用的硅粉和硅砂均较以后的各加固层细小，以获得高质量的型腔表面。

（3）脱蜡和造型 结壳之后便进行脱蜡和造型。

1）脱蜡。为了取出蜡模以形成铸型空腔，必须进行脱蜡。最简便的脱蜡方法是将附有型壳的蜡模组浸泡于 85～95℃的热水中，使蜡料熔化并经朝上的浇口上浮而脱除（图 5-23a）。脱出的蜡料经过回收处理仍可重复使用。

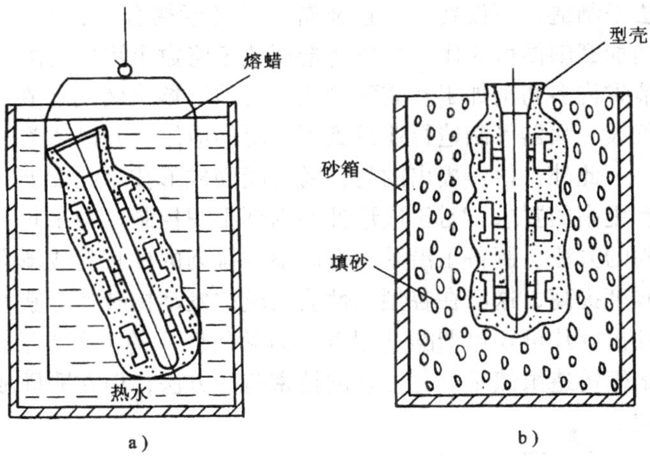


图 5-23 脱蜡和造型
a）脱蜡 b）装箱造型

除热水法外，还可采用高压蒸汽法。此外，将蜡模组倒置于高压釜内，通以 2～5 个大气压高压蒸汽，使蜡料熔出。

2）造型。造型又称填砂。它是为加固型壳、防止浇注时变形或破裂，而将脱蜡后的型壳置于铁箱之中，周围用粗砂填充的过程（图 5-23b）。

实践证明，若在加固层涂料中加入一定比例的粘土制成高强度型壳，则可不经造型填砂便可直接进行浇注，因而缩短了生产周期、降低了铸件成本。

（4）焙烧和浇注 其工艺如下：

1）焙烧。为进一步去除型壳中的水分、残余蜡料和其他杂质，在浇注金属之前，必须将型壳送入加热炉内，加热到800~1000℃进行焙烧。通过焙烧，可使型壳的强度增高、型腔更为干净。

2）浇注。为提高合金的充型能力，防止浇不足、冷隔等缺陷，要在焙烧出炉后趁热（600~700℃）进行浇注。

（5）落砂和清理　冷却之后，将型壳破坏，取出铸件，然后去掉浇口、清理毛刺。

对于铸钢件还需进行退火或正火，以便获得所需的力学性能。

2. 熔模铸造的特点及适用范围

熔模铸造有如下优点：

1）由于铸型精密、没有分型面，型腔表面极为光洁，故铸件的精度及表面质量均优（精度CT4~CT7，表面粗糙度 $Ra$25~3.2μm）。同时，铸型在预热后浇注，故可生产出形状复杂的薄壁铸件（最小壁厚0.7mm）。

2）由于型壳用高级耐火材料制成，故能适应各种合金的铸造，这对于那些高熔点合金及难切削加工合金（如高锰钢、磁钢、耐热合金）的铸造尤为可贵。

3）生产批量不受限制，除适于成批、大量生产外，也可用于单件生产。

熔模铸造的主要缺点是材料昂贵、工艺过程繁杂、生产周期长（4~15天），铸件成本比砂型铸造高数倍。此外，难以实现全盘机械化和自动化生产，且铸件不能太大（或太长），一般为几十克到几千克。

综前所述，熔模铸造最适于高熔点合金精密铸件的成批、大量生产。它主要适用于形状复杂、难以切削加工的小零件。例如汽轮机叶片，其几何形状非常复杂，若采用切削加工方法来制造，不仅费工，且金属材料（耐热合金钢）的利用率甚低；若采用熔模铸造件，则稍加磨削便可应用。熔模铸造还适于将数个零件装配而成的组件改为整铸件一次制出，从而节省许多切削加工及装配费用。目前，熔模铸造已在汽车、拖拉机、机床、刀具、汽轮机、仪表、兵器等制造行业得到了广泛的应用，并已成为少、无屑加工中最重要的工艺方法。

此外，值得提出的是，随着凝固成形技术的发展，人们不仅对成形件的形状、表面质量有更高的要求，对于成形件的内部组织控制也越来越重视。采用熔模铸造的模壳，用定向凝固的方法，制备出沿受力方向整齐排列的柱状晶或单晶铸件，使得其力学性能及使用温度大幅度提高，这已在各型高性能的航空发动机叶片上获得了广泛的应用。由于这样生产出的发动机叶片可在更严酷（温度、力学条件）的工况下运行，从而使发动机的推力增加。因此，熔模铸造虽然是一种古老的精密铸造方法，但在凝固成形的高技术领域中，仍具有重要的地位。

## 七、离心铸造

将液态金属浇入高速旋转（250~1500r/min）的铸型中，使金属液在离心力作用下充填铸型并凝固，这种铸造方法称为离心铸造。

1. 离心铸造的基本方式

离心铸造特别适用于生产圆筒形（如管、缸体）类铸件。为使铸型旋转，离心铸造必须在离心铸造机上进行。根据铸型旋转轴空间位置的不同，离心铸造机可分为立式和卧式两大类。

在立式离心铸造机上铸型是绕垂直轴旋转的，当浇注圆筒型铸件时（图5-24a），金属液并不填满型腔，而在离心力的作用下紧靠在铸型的内表面并冷凝，而铸件的壁厚则取决于浇入的金属量。这种方式的优点是便于铸型的固定及金属的浇注，但铸件的自由表面（即内表面）由于重力的作用而呈抛物线状，使铸件上薄下厚。显然在其他条件不变的前提下，铸件的高度越大，壁厚的差别越大。因此，主要用于高度小于直径的圆环类铸件。

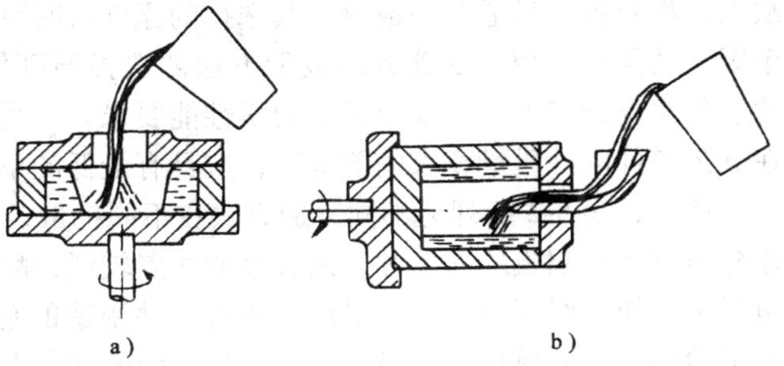

图 5-24　圆筒件的离心铸造

在卧式离心铸造机上铸型是绕水平轴旋转的（图 5-24b）。在离心力的作用下，液体金属贴在铸型内表面，而形成中空铸件。这种方法铸出的圆筒型铸件无论在轴向还是径向壁厚都是相同的，因此适合于生产长度较大的管类铸件，这也是最常用的离心铸造方法。

离心铸造也可用于生产成形铸件，此时多在立式离心铸造机上进行，如图 5-25 所示。铸型紧固于旋转工作台上，浇注时金属液充满铸型，故不形成自由表面。成形铸件的离心铸造虽未省去型芯，但在离心力作用下，提高了金属液的充型能力，便于薄壁铸件的成形，而且浇口可起补缩作用，使铸件组织致密。

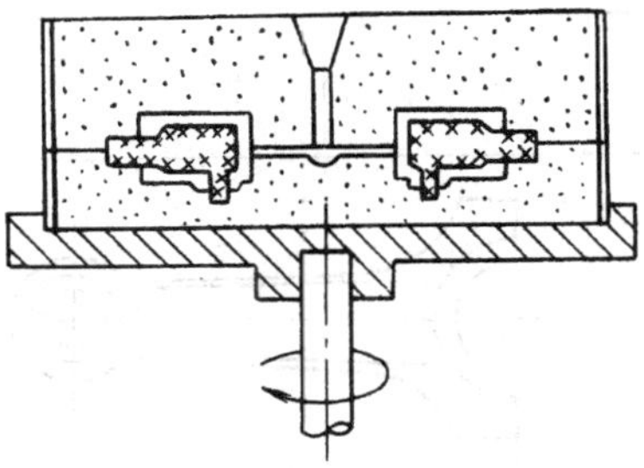

图 5-25　成形铸件的离心铸造

2. 离心铸造的特点及适用范围

离心铸造具有如下优点：

1）利用自由表面生产圆筒形铸件时，可省去型芯和浇注系统，因而省工、省料，降低了铸件成本。

2）在离心力的作用下，铸件呈由外向内的顺序凝固，而气体和熔渣因密度小向内腔（自由表面）移动而排除，故铸件组织致密，极少存有缩孔、气孔、夹渣等缺陷。

3）合金的充型能力强，便于流动性差的合金及薄件的生产。

4）便于制造双金属铸件。如在滑动轴承制造中，可在钢套上镶铸薄层铜衬，因而节省铜料、降低了成本。

离心铸造不足之处是：

1）依靠自由表面所形成的内孔尺寸偏差大而内表面粗糙，若需切削加工，必须增大加工余量。

2）不适于铸造比重偏析大的合金及轻合金，如铅青铜、铝合金、镁合金等。此外，因需要较多的设备投资，故不适宜单件、小批生产。

离心铸造是铸铁管、气缸套、铜套、双金属轴承的主要生产方法，铸件的最大质量可达几十吨。在耐热钢辊道、特殊钢的无缝管坯、造纸机烘缸等铸件生产中，离心铸造已被采用。

**八、对各种凝固成形方法的评价**

以上介绍了一些工业中常用的凝固成形方法。总的来说，铸造是一种不受尺寸、形状、合金种类和重量限制的成形方法，但在成形某一铸件时，首先需选定铸造方法。从上述各种凝固成形方法的介绍中可知，没有哪一种方法可满足或适合所有的情况，每一种方法都有优缺点，都有各自最适合的情况，其选择的原则有时可能只取决于某一因素，而有时又会是几个因素共同起作用。尽管凝固成形方法的选择原则依赖于许多因素，如合金种类、铸件尺寸、形状复杂程度、需求数量、力学性能要求、尺寸精度和表面粗糙度等，但总的原则是：在满足铸件内外质量要求的前提下，应具有最低的单件生产成本和高的生产率。

例如，表 5-2 所列为不同铸造方法在不同批量条件下，铸铝小连杆成本的比较。由于该连杆属于较易起模的简单件，而合金的熔点较低，故在大量生产时，以压铸的成本最低。若包括机械加工费用等因素，采用压铸时零件制造的总成本也将最低。在单件、小批生产中，由于砂型铸造的模具和设备费用低，故最为经济。在大批量生产中，尽管金属型铸造的成本略高于砂型铸造，但铸件的力学性能和表面质量皆优，可推荐采用。在本例中熔模铸造的优越性无法显示，故不宜采用。若上述连杆改为铸钢件，则金属型铸造和压力铸造均不适宜，必须根据零件生产的总体经济性出发，另行选定。

**表 5-2 铸铝小连杆成本比较**

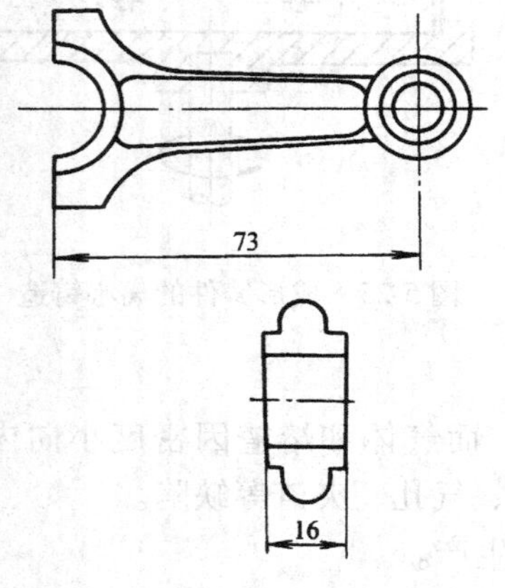


| 简图 | 产量/件 | 铸件成本/（元/件） | | | |
|---|---|---|---|---|---|
| | | 砂型铸造 | 金属型铸造 | 熔模铸造 | 压力铸造 |
| | 100 | 1.75 | 6.02 | 6.25 | 18.75 |
| | 1000 | 0.62 | 1.23 | 2.67 | 1.95 |
| | 10000 | 0.33 | 0.37 | 1.93 | 0.50 |
| | 100000 | 0.30 | 0.29 | 1.80 | 0.16 |

注：本表仅指铸件成本，未包括机械加工费用。

表 5-3 列出几种铸造方法的综合比较。可以看出，砂型铸造尽管有着许多缺点，但其适应性最强，因此，在铸造方法的选择中应优先考虑，而特种铸造仅是在相应的条件下，才能显示其优越性。

某种铸造方法所能铸出的铸件最小壁厚，是另一重要因素。它与型腔成形方面所受到的一些限制有关，即与铸型表面粗糙度及液态金属导入方法有关。生产薄壁铸件能力最好的几种铸造方法，是将金属液压入铸型（如压铸），或对很薄的复杂截面亦能造型（如熔模铸造）。而在后一种情况下，为保证完全充满铸型，需使金属液在充填铸型的过程中保持液态的时间长些（如加热铸型）或施加某种形式的压力。

采用不同的铸造方法时，铸件尺寸精度和表面粗糙度差别很大。使用永久性金属型的所有铸造方法，均可获得高尺寸精度和低表面粗糙度值的铸件。采用耐火材料铸型时，铸件的外观质量主要取决于铸型的刚度及所用耐火材料的粒度。使用较细的耐火材料，铸型刚度又较好时（如熔模铸造），铸件比较精致，而普通砂型铸造的铸件外观质量较低。但对于大型铸件，总是采用简单的砂型铸造，最多是在造型材料及粘结剂方面作些改动。

**表 5-3　几种铸造方法的比较**

| 比较项目＼铸造方法 | 砂型铸造 | 熔模铸造 | 金属型铸造 | 压力铸造 | 低压铸造 |
|---|---|---|---|---|---|
| 适用金属 | 任意 | 不限制，以铸钢为主 | 不限制，以有色合金为主 | 铝、锌、镁等低熔点合金 | 以有色合金为主，也可用于黑色金属 |
| 适用铸件大小 | 任意 | 小于 25kg，以小铸件为主 | 以中、小铸件为主 | 一般为 10kg 以下，也可用于中型铸件 | 以中、小铸件为主 |
| 批量 | 不限制 | 一般用于成批、大量生产，也可用于小批量 | 大批、大量 | 大批、大量 | 成批、大量 |
| 铸件尺寸公差/mm | 100±1.0 | 100±0.3 | 100±0.4 | 100±0.3 | 100±0.4 |
| 铸件表面粗糙度 $Ra$/μm | 粗糙 | 25～3.2 | 25～12.5 | 6.3～1.6 | 25～6.3 |
| 铸件内部质量 | 结晶粗 | 结晶粗 | 结晶细 | 表层结晶细，内部多有气孔 | 结晶细 |
| 铸件加工余量 | 大 | 小或不加工 | 小 | 小或不加工 | 较小 |
| 生产率（一般机械化程度） | 中 | 低、中 | 中、高 | 最高 | 中 |
| 铸件最小壁厚/mm | 3.0 | 通常 0.7 | 铝合金 2～3，铸铁 4.0 | 0.5～1.0 | 一般 2.0 |

## 第二节　先进凝固成形方法

在金属材料的凝固成形过程中，成形件凝固组织、形态、尺寸及位向对性能有很大的影响。这不仅是由于不同类型的凝固组织具有不同的性能，还由于凝固组织的类型在很大程度上决定了凝固缺陷，如缩松、偏析的分布及程度。因而，研究形成理想凝固组织的先进凝固成形方法是凝固理论研究及凝固成形技术研究的一个重要领域。目前已发展的先进凝固成形方法很多，本节主要介绍定向凝固及半固态凝固的成形方法及其原理。

### 一、定向凝固成形

定向凝固成形技术是伴随高温合金的发展而逐渐发展起来的。由于该技术较好地控制了凝固组织的晶粒取向，消除了横向晶界，大大提高了材料的纵向力学性能。因此，将该技术用于燃气涡轮发动机叶片的生产，所获得的柱状晶组织具有优良的抗热冲击性能、长的疲劳寿命、高的高温蠕变抗力和中温塑性，进而提高了叶片的使用寿命和使用温度。

目前，定向凝固成形技术已发展成为富有生命力的工业生产手段，代表着航空涡轮发动机叶片生产的现代水平。该技术的进一步发展是单晶生产，它除了用于高温合金单晶叶片的研制外，还逐渐推广到半导体材料、磁性材料、复合材料的研究中，成为现代凝固成形的重要手段之一。

热流控制是定向凝固成形技术的重要环节，获得并保持单向热流是定向凝固成形技术的重要保证。根据成分过冷理论，要使合金定向凝固获得平面凝固组织，主要取决于合金的性质和工艺参数的选择。前者包括溶质的数量、液相线斜率和溶质在液相中的扩散系数；后者包括温度梯度和凝固速率。如果合金成分已定，则工艺参数是控制凝固组织的惟一手段，而其中固液界面液相一侧的温度梯度又是最为关键的。因此，可以说定向凝固成形技术的发展历史是不断提高控制设备温度梯度的历史。大的温度梯度一方面可以得到理想的合金凝固组织和性能，另一方面又可以允许加快凝固速率，提高设备效率。由此，定向凝固技术经历了发热剂（EP）法、功率降低（PD）法、高速凝固（HRS）法、液态金属冷却（LMC）法和区域熔化液态金属冷却（ZMLMC）法等。

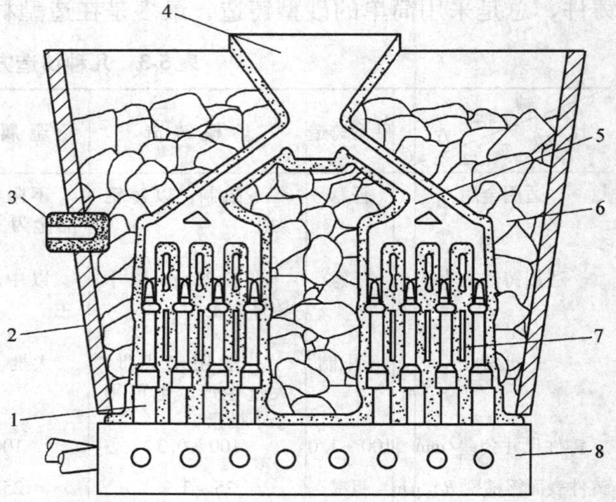

图 5-26 发热剂法定向凝固装置示意图
1—起始段 2—隔热层 3—光学测温架 4—浇口杯 5—浇道 6—发热剂 7—成形零件 8—水冷底座

1. 发热剂法（EP 法）

发热剂法是最原始的一种定向凝固工艺，为了在液固界面造成一个温度梯度，成形零件的模壳放在一个水冷底座上，并在模壳的顶部加发热剂，如图5-26所示。这种工艺的生产成本低，但无法保证重复性，而且随液固界面距水冷底座距离的增加，定向效果越来越差，难以制备出高质量的定向凝固部件。

2. 功率降低法（PD 法）

图 5-27 为功率降低法定向凝固装置的示意图。将一个开底的模壳放在水冷底座上，石墨感应发热器放在分上下两部分（或多部分）的感应圈内。加热时全部感应圈同时通电，在模壳内建立起所要求的温度场，然后浇入液态金属。此时下部的感应圈逐个停止供电，并调节上部感应圈的输入功率，使之产生一个由上而下的温度场。在功率降低法中成形件的热量主要通过已凝固部分和水冷底座由冷却水带走。

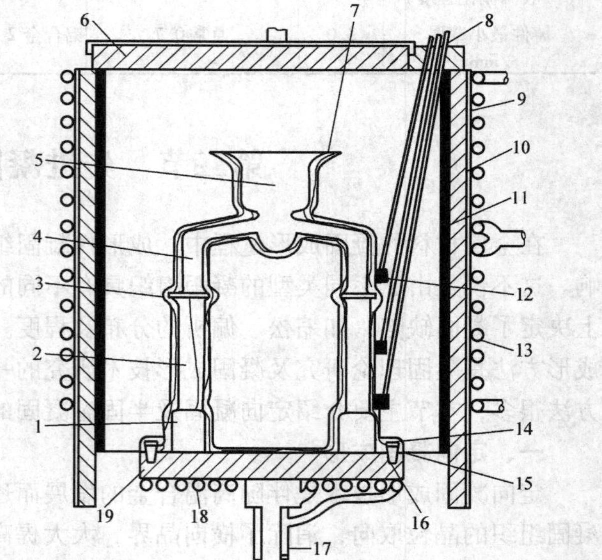

图 5-27 功率降低法定向凝固装置示意图
1—叶片根部 2—叶身 3—叶冠 4—浇道 5—浇口杯 6—模盖 7—模壳 8—热电偶 9—轴套 10—炭毡 11—石墨感应发热器 12—热电偶套管 13—感应圈 14—泥封 15—模壳盘 16—螺栓 17—轴 18—冷却水管 19—水冷底座

功率降低法定向凝固所能达到的液固界面温度梯度（$G_{TL}$）较小，通常在10℃/cm 左右，而且随液固界面与水冷底座距离的增加，热量的导出能力逐渐下降，导致温度梯度下降，因此，制备出的成形件在长度方向上随液固界面逐渐远离水冷底座其组织的定向效果变差，柱状晶平行度下降且组织逐渐变粗，甚至产生放射状凝固组织。因而，此方法目前仅用于一些对定向组织要求不高的部件。

3. 高速凝固法（HRS 法）

高速凝固法是为了改善功率降低法定向凝固过程中热量的导出能力随液固界面与水冷底座的距离增加而下降的缺点而提出的。与功率降低法相比，在高速凝固法中多了一个拉锭机构，可使模壳按一定的速度向下移动（或模壳加热器向上移动），用移动模壳（或移动加热器）来加强散热条件。图 5-28 为高速凝固法定向凝固装置示意图。将底部开口的模壳置于水冷底座上并置于加热器中，加热模壳后注入过热的液态金属，底部的液态金属和水冷底座直接接触，使热量通过冷却板导出。而后，模壳以一定的速度通过加热器底部的辐射挡板从加热器中移出。为了达到较好的定向效果，在模壳移动时应注意控制液固界面处于挡板附近。由此可见，在凝固的初期阶段，热量的导出主要通过水冷底座的接触传热为主，而随凝固过程的进行，接触传热方式导出的热量逐渐减少，转为以辐射传热为主，这样就使得凝固仍可以较快的速度进行。

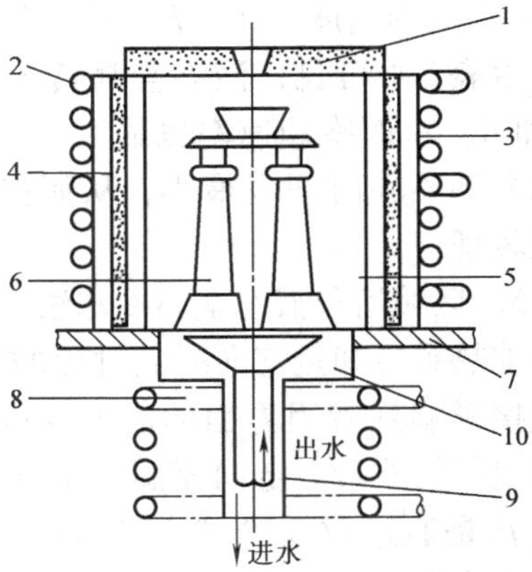


图 5-28　高速凝固法定向凝固装置示意图
1—保温盖　2—感应圈　3—绝缘层　4—保温层
5—石墨套　6—模壳　7—辐射挡板　8—冷却器
9—移动机构　10—水冷底座

为了增加液固界面的温度梯度 $G_{TL}$，提高冷却底座的冷却能力、增强已凝固部分的辐射散热能力以及提高液态金属的温度等措施均具有一定的效果。增加液固界面温度梯度的另一个方法是在加热器的底部增加一个防辐射挡板，将高温区和低温区隔开，从而使模壳移动时高温区的辐射热损失减小，可使加热区内维持较为均匀的温度场。与功率降低法相比，高速凝固法具有下述优点：

1）有较高的液固界面温度梯度 $G_{TL}$，能改善柱状晶质量和补缩条件，在约 300mm 的高度内可全部获得柱状晶组织。

2）由于液固界面温度梯度的提高，使凝固时的液固两相区高度变小，从而使得显微组织致密，偏析减小。

3）提高了凝固速率（约 2～3 倍）。

4. 液态金属冷却法（LMC 法）

在提高导热能力和增大液固界面温度梯度 $G_{TL}$ 方面，功率降低法和高速凝固法都受到一定的限制，为了进一步增加热量的导出速度，液态金属冷却法以低熔点的液态金属代替水来作为冷却介质，将部件的冷却端（或模壳的冷却端）直接浸入液态金属冷却剂中，由于液态金属的导热能力远大于水，因此大大增强了部件凝固潜热的导出速率，可造成很高的 $G_{TL}$。图 5-29 为液态金属冷却法定向凝固装置示意图。冷却剂的温度，模壳的导热性、厚度和形状，挡板的位置，液态金属温度等因素都会影响到 $G_{TL}$。

液态金属冷却剂的选择要求为：有低的蒸气压，可在真空中使用；熔点低、热容量大，热导率高；不溶解于合金中；价格便宜。

液态金属冷却法的工艺过程与高速凝固法相似，当金属溶液浇注入模壳后，按一定的速度将模壳逐渐浸入液态金属冷却剂中，使液面始终保持在合金液固界面附近，使热导率不因凝固的进行而减小，同时也不受模壳形状的影响。

液态金属冷却法与功率降低法、高速凝固法在 $G_{TL}$ 和凝固速度（$R$）方面的比较见表5-4。

由表5-4可见，液态金属冷却法具有最大的 $G_{TL}$ 和 $R$，从而冷却速率也最大，此外液固相区宽度和局部凝固时间也最小，从而保证了定向凝固组织较理想。

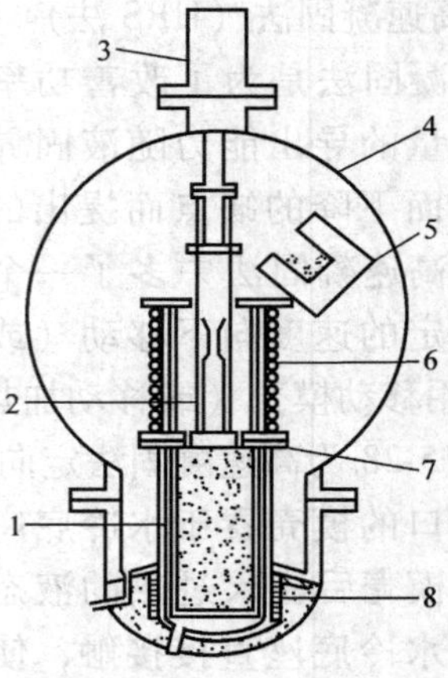


图5-29 液态金属冷却法定向凝固装置示意图
1—液态Sn 2—模壳 3—浸入液滴机构
4—真空室 5—坩埚 6—炉高温区
7—挡板 8—温度控制线圈

5. 区域熔化液态金属冷却法（ZMLMC法）

加热和冷却是定向凝固过程的两个重要环节，并直接影响到液固界面的温度梯度，从而决定了凝固组织的质量。定向凝固技术从HRS法发展到LMC法是通过改变冷却方式来提高温度梯度的。要进一步提高定向凝固的温度梯度，改变加热方式是另一个重要的途径。

为了进一步提高液固界面液相侧的温度梯度 $G_{TL}$，在冷却强度一定的条件下，提高液相侧的液体温度是区域熔化液态金属冷却法的基本思想。因此，该方法采用在距液固界面极近的位置处设置感应线圈进行强制加热，使液相中的最高温度区域尽量靠近液固界面，从而使界面前沿液相中的温度分布变陡，进一步提高了液固界面的温度梯度。如果冷却方式采用液态金属冷却的方法就构成了区域熔化液态金属冷却法，其装置示意图如图5-30所示。其冷却部分与LMC法相同，加热部分可以是电子束和高频感应电场，两部分相对固定但距离很近，充分发挥了过热度对固液界面温度梯度的贡献，这种方法的 $G_{TL}$ 可达1300K/cm左右。

**表5-4 生产某合金的三种定向凝固工艺比较**

| 工艺参数 | 功率降低法 | 高速凝固法 | 液态金属冷却法 |
|---|---|---|---|
| 合金过热温度/℃ | 120 | 120 | 140 |
| 模壳直径/cm | 3.2 | 3.2 | 1.42 |
| $G_{TL}$/（℃·$cm^{-1}$） | 7~11 | 26~30 | 73~103 |
| $R$/（cm·$h^{-1}$） | 3~12 | 23~30 | 53~61 |
| 液固相区宽度/cm | 10~15 | 3.8~5.6 | 1.5~2.5 |
| 局部凝固时间/min | 85~88 | 8~12 | 1.2~1.6 |
| 冷却速率/（℃·$h^{-1}$） | 90 | 700 | 4700 |

利用ZMLMC法可在较快的生长速度下进行定向凝固，获得侧向分枝生长受限、一次树枝晶间距超细化（约达22μm）的定向凝固组织。具有上述超细晶定向凝固组织的K10高温合金性能与普通凝固成形组织相比，在1073K的持久强度提高了18%，166.6MPa的持久寿命提高300%，断面收缩率和持久伸长率分别提高420%和270%。

目前，定向凝固技术主要用于涡轮发动机叶片的生产，已成为高性能涡轮发动机叶片生产的关键技术，对航空、航天领域的发展具有重要的意义。

## 二、半固态凝固成形

20 世纪 70 年代初，美国麻省理工学院 D. B. Spencer 等研究人员在自制的高温粘度计中测量 Sn-15% Pb 合金高温粘度时，发现了金属在凝固过程中的特殊力学行为，如金属在凝固过程中，进行强烈搅拌，即使在较高固相体积分数时，半固态金属仍具有相当低的切应力。美国麻省理工学院的研究人员很快意识到金属凝固的这一特征将具有许多潜在的利用价值，随即对此进行了广泛深入的研究，并发展成为半固态金属成形技术（Semi-Solid Metal forming，简称 SSM）。半固态金属成形技术，就是在金属凝固过程中进行剧烈搅拌，或控制固-液态温度区间，得到一种液态金属母液中均匀地悬浮着一定固相组分的固液混合浆料（固相组分甚至可高达 60%），这种半固态金属浆料具有很好的流动性，易于通过普通加工方法制成产品。采用这种既非完全液态又非完全固态的金属浆料加工成形的方法，称为半固态金属成形技术。

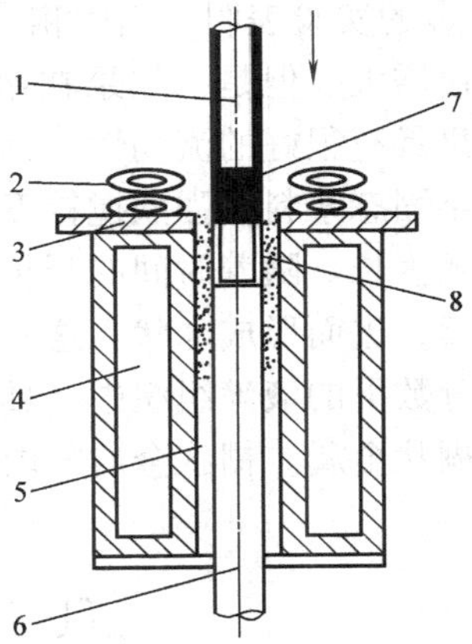

图 5-30　区域熔化液态金属冷却法定向凝固装置示意图
1—试样　2—感应圈　3—隔热板　4—冷却水　5—液态金属　6—拉锭机构　7—熔区　8—坩埚

与普通成形方法相比，半固态金属成形具有以下优点：

1）应用范围广泛，凡具有固液两相区的合金均可实现半固态成形。可适用于多种成形工艺，如铸造、挤压、锻压和焊接等。

2）半固态金属充形平稳，成形温度低，凝固收缩小，因而铸件尺寸精度高。半固态金属成形件尺寸与成品零件几乎相同，极大地减少了机械加工量，可以做到少或无屑加工，从而节约了资源。

3）半固态合金已释放了部分结晶潜热，因而减轻了对成形装置，尤其是模具的热冲击，使其寿命大幅度提高。

4）半固态金属成形件表面平整光滑，铸件内部组织致密，内部气孔、偏析等缺陷少，晶粒细小，力学性能高，可接近或达到变形材料的力学性能。

5）应用半固态成形工艺可改善制备复合材料中非金属材料的飘浮、偏析以及与金属基体不润湿的技术难题，这为复合材料的制备和成形提供了有利条件。

6）与固态金属模锻相比，半固态金属的流动应力显著降低，因此其模锻成形速度更高，而且可以成形十分复杂的零件。

7）节约能源。以生产单位质量零件为例，半固态成形与普通铝合金铸造相比，节约能源 35% 左右。

由于半固态铸造的以上优点，它已成为生产高质量铸件的新技术，并在发达的工业化国家中得到应用。对半固态金属特性的研究是发展半固态铸造技术的基础，自 20 世纪 70 年代以来，引起了人们的广泛兴趣。

1. 连续搅拌对半固态金属凝固的影响

与半固态铸造技术相关的性质是半固态金属的流变学特性。

在等轴晶凝固过程中，开始析出的固相随机地分布在液相中并可自由运动，合金表现出液态的特性，其屈服强度几乎为零。当固相体积分数达到 10% ~20% 时，自由生长的枝晶互相搭接，形成骨架，获得一定的强度。Flemings 等对铝合金的实验及 Spencer 等对 Sn-15% Pb 合金的实验表明，当固相体积分数大于 20% 时，半固态合金的切应力随固相分数的增大而迅速增大。但是，如果在熔体冷却时进行连续搅拌，发现当固体体积分数达到 40% 时，合金仍具有很好的流动性，其表观动力粘度仅为枝晶凝固时的 1/1000。

半固态浆料在强烈搅拌下枝晶形态变化过程如图 5-31 所示，枝晶被破碎，并开始以枝晶方式生长。随着时间的延长并在切应力作用下发生熟化，形成菊花状枝晶。随着熟化过程的继续，进而形成球状。这一变化过程清楚地表现在图 5-32 所示的 Sn-15% Pb 合金在不同固相分数下的液淬组织中。具有这样内部组织的合金表现出高粘度流体的流体力学特性，可称为糊状金属。糊状金属的内部组织参数是固相的尺寸，表观参数则是其变形过程中的动力粘度。

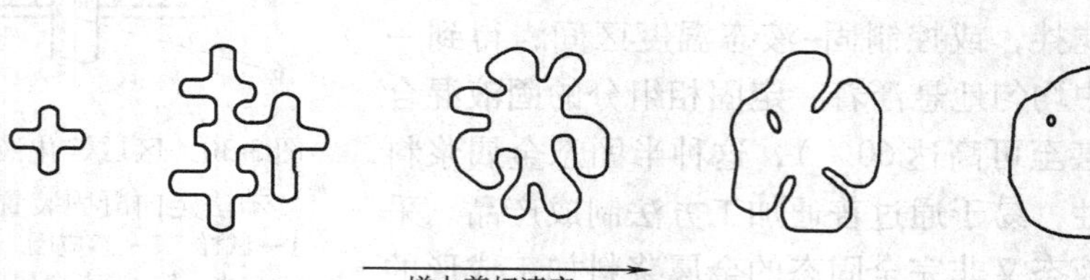


图 5-31　强烈搅拌下枝晶形态变化示意图

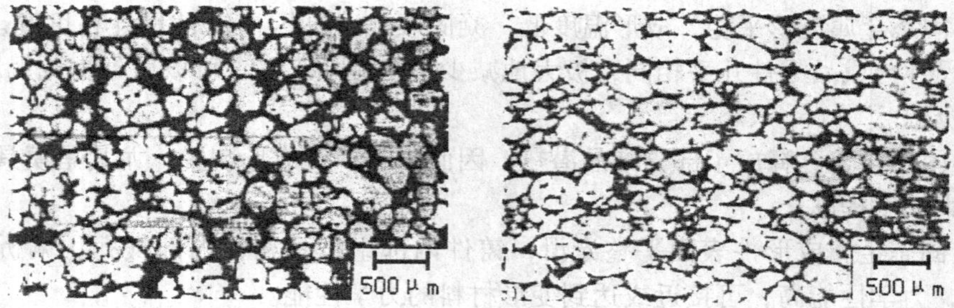


a)　b)

图 5-32　Sn-15% Pb 合金在剪切变形过程中的液淬组织
a）剪切速率 $20s^{-1}$　b）剪切速率 $200s^{-1}$

糊状金属中的固相尺寸主要取决于冷却速率，随冷却速率的增大而减小，但还需要一定的搅拌强度来保证。表观动力粘度取决于合金的冷却速率和剪切速率。随着剪切速率的增大，表观动力粘度减小，并且糊状金属可在更大的固相分数下维持较好的流动性。减小冷却速率可获得与增大剪切速率相似的结果。典型实验结果如图 5-33 所示。

2. 半固态金属坯料的制备

半固态铸造技术以对半固态金属流变学特性的研究为基础，通过各种方法保证合金中的固相球化，使其在较大固相体积分数下仍表现出很好的流动性，然后用此糊状金属进行铸造。半固态铸造的第一步是获得流动性好的糊状金属，它是通过从凝固过程一开始就施加强制对流实现的。

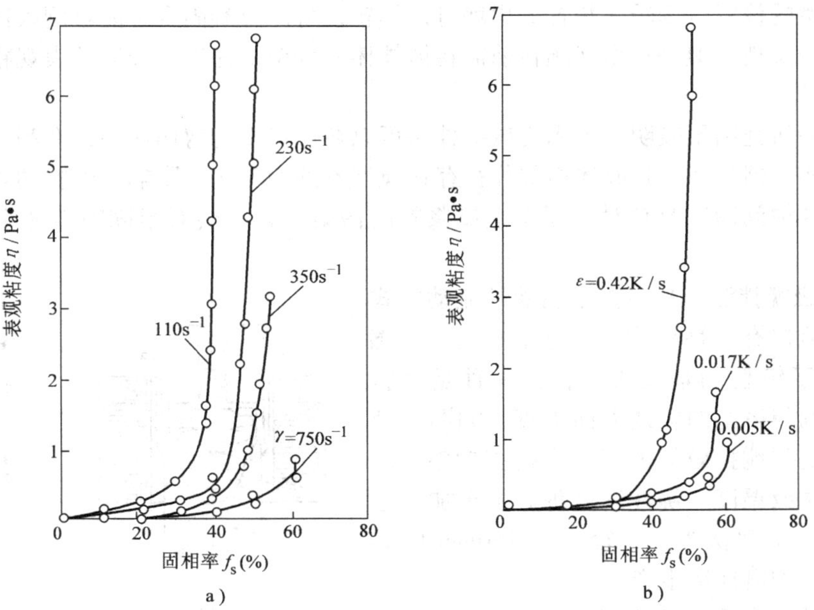


图 5-33　剪切速率和冷却速率对 Sn-15% Pb 半固态合金表观动力粘度的影响
a）剪切速率 $\gamma$　b）冷却速率 $\varepsilon$

为了使金属浆料具有流变性，搅拌技术是关键。通常，半固态金属浆料的制备方法有机械搅拌法、电磁搅拌法和变形诱发熔化激活技术。此外还有喷射沉积法、紊流效应法和粉末法等。

(1) 机械搅拌法　机械搅拌法是最早采用的方法，其设备构造简单，它可以通过控制搅拌温度、搅拌速度和冷却速度等工艺参数，使初生树枝状晶破碎而成为颗粒结构。

机械搅拌装置一般分为连续式和间歇式两种类型，如图 5-34 所示。

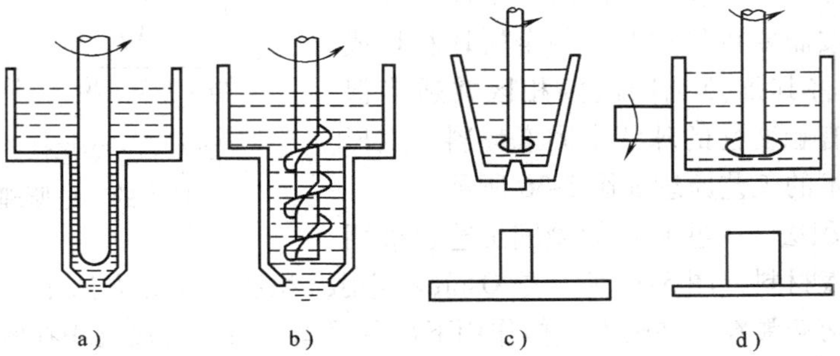


图 5-34　几种机械搅拌装置示意图
a）棒式　b）螺旋式　c）底浇式　d）倾转式

连续式装置包括棒式和螺旋式。棒式装置具有金属液不易氧化、固相分数易控制、能连续生产的优点；其缺点是出料速度较慢，搅拌棒易损耗。螺旋式装置具有向下挤压流体的作用，使出料速度加快。

间歇式装置包括底浇式和倾转式。底浇式装置的最大特点是结构简单，但是它的底部密封塞影响铸型的设置。倾转式装置的坩埚可以倾转，将部分凝固合金能够倒入铸型，这有利于浇注过程的实现。但是在坩埚倾转前需将搅拌棒从合金中提出，金属的表观粘度会因为停止搅拌而上升。

根据实验研究结果表明，采用机械搅拌法可以获得很高的剪切速率，有利于形成细小的球形微观结构，但是在搅拌腔体内部往往存在搅拌不到的死区，影响了浆料的均匀性，而且搅拌叶片的腐蚀问题以及它对半固态金属浆料的污染问题都会对半固态铸坯带来不利的影响。

（2）电磁搅拌法　从搅拌金属液的流动方式来分，电磁搅拌有两种形式：一是水平式，即感应线圈平行于铸型的轴线方向；另一种是垂直式，感应线圈与铸型的轴线方向垂直，如图 5-35 所示。影响电磁搅拌效果的因素有搅拌功率、冷却速度、金属液温度、浇注速度等。由于加工过程的局限性，通常认为，直径大于 150mm 的铸坯不宜采用电磁搅拌法生产。

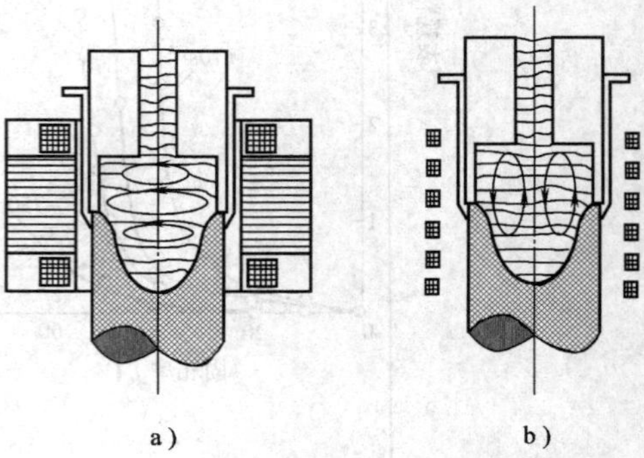


图 5-35　不同的电磁搅拌方式示意图
a）水平式　b）垂直式

电磁搅拌法在国外已应用于工业化生产半固态原材料铸锭，并有一些公司能够进行商品化生产，譬如美国 Alumax 公司、瑞士 Alusuisse-Lonza 公司、德国的 EFU 公司和法国 Pechiney 公司。

（3）变形诱发熔化激活技术　变形诱发熔化激活技术的工艺要点是：利用传统连铸方法预先连续铸造出晶粒细小的金属坯料，将该金属坯料在回复再结晶的温度范围内进行大变形量的热态挤压，通过变形破碎铸态组织，然后再对热态挤压变形过的坯料加以少量的冷变形，在坯料的组织中储存部分变形能量，最后按需要将经过变形的金属坯料切成一定大小，迅速将其加热到固液两相区并适当保温，即可获得具有触变性的球状半固态坯料。变形诱发熔化激活技术的工艺原理如图 5-36 所示。

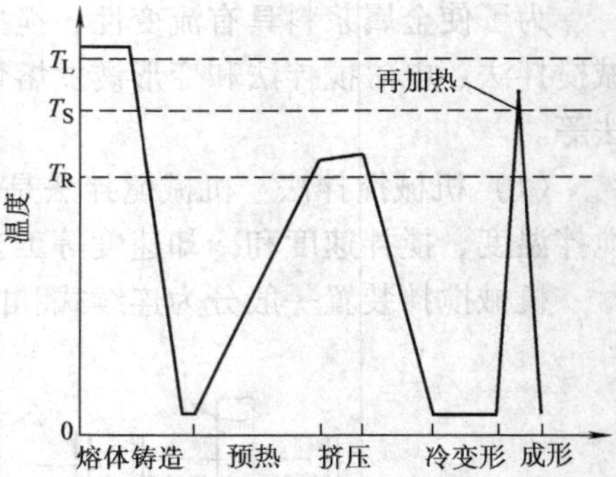


图 5-36　变形诱发熔化激活技术的工艺原理示意图

（4）喷射沉积法　一些独特的凝固工艺也被用来生产半固态金属材料，图 5-37 所示是 Osprey 喷射沉积法。在此方法中，金属熔化成液态金属后，雾化为熔滴颗粒，在喷射气体作用下部分凝固的微滴直接沉积在收集基板上。当每个熔滴的冲击能够产生足够的剪切力打碎熔滴内部形成的树枝晶时，凝固后便成为颗粒状组织，经加热到局部熔化时，也可得到具有球形颗粒固相的半固态金属浆料。目前用这种方法已对铝合金、黑色金属以及金属基复合材料进行了成功的试验。与其他方法相比，该方法成本较高，只适用于制备特殊要求的大尺寸坯料。

（5）紊流效应法和粉末法　紊流效应法是指在金属液通过特制的多流装置时，使金属液的流动产生紊流效应，打碎形成的树枝晶，从而获得具有流变特性金属浆料的方法，如图 5-38 所示。粉末法是指先将金属粉末混合、压块，然后再加热使一种粉末熔化或不同成分粉末相互扩散形成合金后熔化而得到液相，形成固液混合金属浆料的方法。譬如用该方法制备 Ti-20% Co 金属浆料，冷却后再加热可以触变成形。

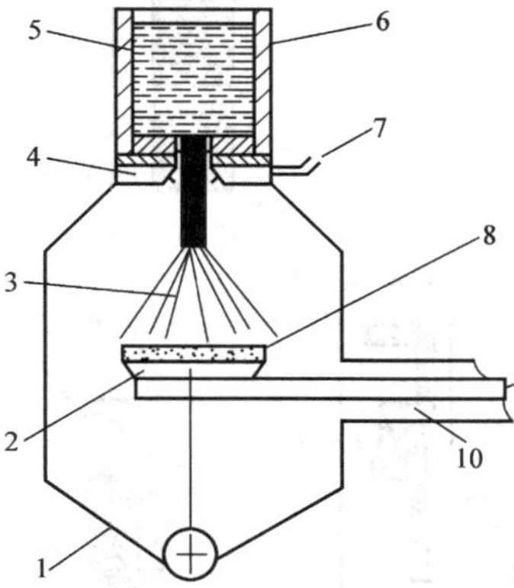


图 5-37　喷射沉积法制备半固态浆料示意图
1—沉积室　2—基板　3—喷射粒子流
4—气体雾化器　5—合金液　6—坩埚
7—雾化气体　8—沉积体　9—运动机构
10—排气及取料室

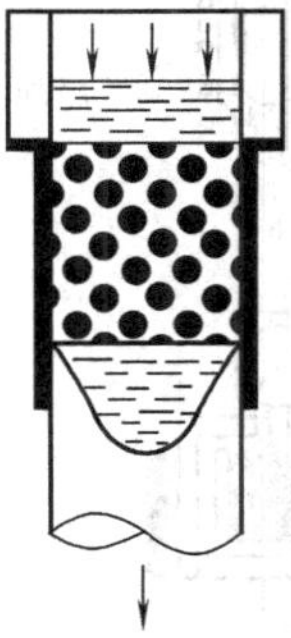

图 5-38　紊流效应法制备半固态浆料示意图

在众多的制备方法中，电磁搅拌法是制备半固态金属浆料的一种最成功的方法。因此，电磁搅拌制备的半固态金属坯料在实际半固态成形应用中占据了主导地位。

3. 半固态金属成形方法

半固态金属成形方法主要分两大类，即流变成形和触变成形。

(1) 半固态金属的流变成形　利用剧烈搅拌等方法制备出预定固相分数的半固态金属浆料，并将其直接送往成形设备进行铸造或锻造成形，这种成形过程称为半固态金属的流变成形。根据成形设备的种类，半固态金属流变成形又可分为流变压铸（如图 5-39 所示）、流变锻造、流变轧制和流变挤压等。

(2) 半固态金属的触变成形　利用剧烈搅拌等方法制备出球状晶的半固态金属浆料，并凝固成锭坯或坯料，再按需要将金属坯料分切成一定大小。将这种切分的固态坯料重新加热至固液两相区，然后利用机械搬运将该半固态坯料送往成形设备（如压铸机、锻造机等）进行铸造或锻造成形，这种成形过程称为半固态金属的触变成形，如图 5-40 所示。根据成形设备的种类，半固态金属触变成形又可分为触变压铸、触变锻造、触变轧制和触变挤压等。

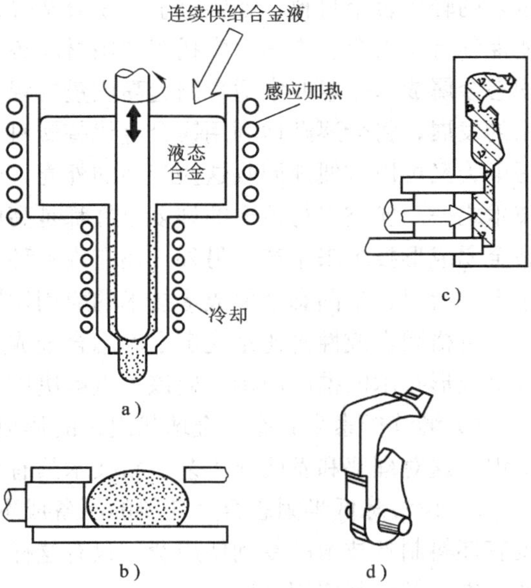


图 5-39　半固态金属流变压铸示意图
a) 连续流变器　b) 半固态金属浆料放入压铸机压射室
c) 压射成形　d) 成品

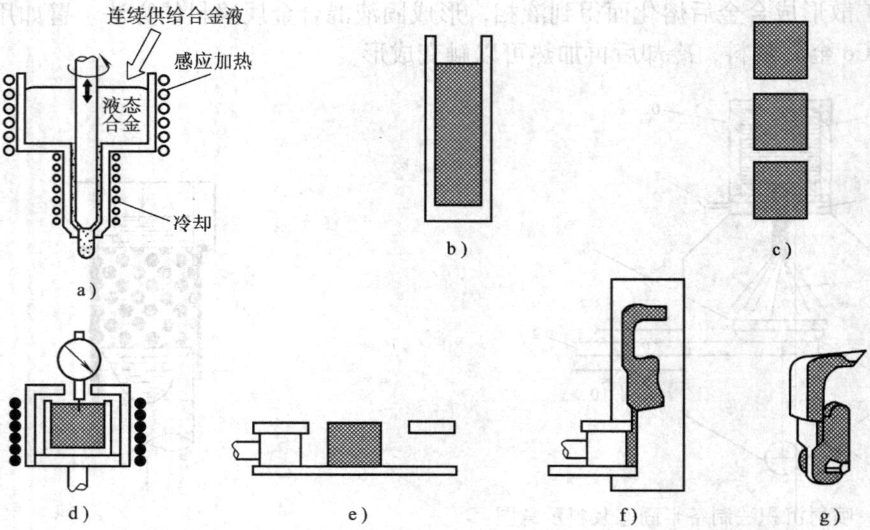


图 5-40 半固态金属触变压铸示意图

a）连续流变器 b）制备半固态锭坯 c）定量分割锭坯 d）重新加热至半固态 e）送至压射室 f）压射成形 g）成品

4. 半固态金属成形技术的研究和应用发展趋势

随着地球环境的日益恶化和矿物燃料的不断减少，加强环境保护和节约矿物能源的呼声越来越高，这种要求促使了汽车、摩托车的轻量化发展。因此，汽车、摩托车将会采用越来越多的轻质合金材料，如铝合金、镁合金等，但要求这些零件必须具有很高的内在质量，才能保证行车安全。汽车、摩托车的用材趋势必然会促进半固态金属成形技术的应用，因为半固态金属成形技术非常适合制造高质量的轻合金零件。随着电子信息产品及消费类电子消费品的发展，将会逐渐地利用镁合金代替塑料来生产这些产品的外壳，既减少了塑料对环境的污染，又可以方便地回收这些产品的外壳，而半固态镁合金成形技术是可供选择的优异成形技术之一。航空飞行器上的许多零件都是高质量的轻质金属零件，这些零件也可以采用半固态金属成形技术来生产。另外，还有许多种类的机械零件也可以采用半固态金属成形技术来生产。所以，半固态金属成形技术的应用发展前景非常光明。

价格因素或性价比是决定半固态合金成形技术应用的关键所在，为了更好地促使半固态合金成形技术的推广应用，应该重点解决以下几个方面的问题：

1）继续探索半固态合金球状组织的形成机制，从根本上加深对半固态合金成形技术的认识，这对理解和发明新工艺、新技术具有重要的指导意义。

2）设法降低半固态合金坯料的制备成本，这需要发明新的低成本坯料制备技术或降低现有坯料制备技术的专利使用费，只有这样，才能从根本上降低半固态合金触变成形件的生产成本，扩大其应用领域。

3）开发和扩大适合半固态成形的合金种类，提高半固态合金成形件的性价比，才可能灵活地选用材料以成形合适的零件，也可以降低生产成本。

4）缩短半固态合金成形技术的工艺流程，即采用流变成形技术，可以大幅度降低生产成本，将会有利地促进半固态合金成形技术的应用。

5）继续开展半固态金属流变性能的研究和建立更准确的数学模型，以便更科学地掌握和模拟半固态金属的成形过程，为生产高质量的零件服务。

6）模具寿命短是限制高熔点半固态合金成形应用的瓶颈，必须设法研究出适合高熔点半固态合金成形的模具材料，才可能显著降低高熔点半固态合金成形的成本，这对于黑色合金的高质量近终成形尤其具有重要意义。

## 第三节　凝固成形件的结构设计

进行铸件设计时，不仅要保证其工作性能和力学性能要求，还必须认真考虑铸造工艺和合金铸造性能对铸件结构的要求，并使铸件的具体结构与这些要求相适应。铸件的结构是否合理，即其结构工艺性是否良好，对铸件的质量、生产率及其成本有很大的影响。当产品是大批量生产时，铸件的结构应便于采用机器造型；当产品是单件、小批生产时，则应使所设计的铸件尽可能地在现有条件下生产出来。若某些铸件需要采用金属型铸造、压力铸造或熔模铸造等特种铸造方法时，还必须考虑这些方法对铸件结构的特殊要求。下面以砂型铸造为例，讨论铸件结构设计中的一些问题。

### 一、铸造工艺对铸件结构的要求

进行铸件设计时，必须使铸件结构能使制模、造型、制芯、合箱和清理等过程简化，以便保证铸件质量，降低成本，并为铸件的机械化生产创造条件。

1. 铸件外形应便于取出模型

铸件的外形应能满足使用要求、外形美观，但又能简化造型工艺，尽量避免操作费时的三箱、挖砂、活块造型以及使用外部型芯。

（1）避免外部侧凹　铸件侧壁若有凹入部分必将妨碍起模，增加了铸造工艺的复杂性，故应力求避免。图 5-41a 所示的端盖，由于上部法兰边缘伸出而形成了侧凹，使铸件形成了两个分型面，通常要采用三箱造型。图 5-41b 改进了设计，使其仅有一个分型面，故造型简便。

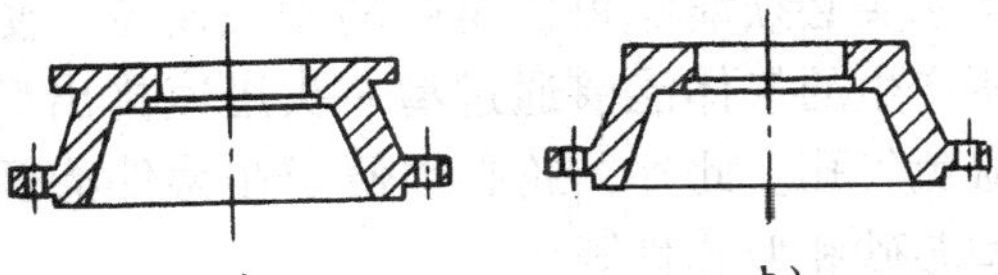


图 5-41　端盖铸件

（2）分型面尽量平直　平直的分型面不仅使造型省工、铸件误差小，且铸件的飞边、毛刺少，减轻了铸件清理的工作量。

图 5-42a 所示的支臂铸件，其最大截面在中间，而带长孔的支臂厚度甚小。由于木模的强度所限，所以在单件、小批生产时，不能采用较为简便的分模造型，必须进行挖砂造型。若按图 5-42b 改进设计，则可采用最为简便的整模造型。

（3）改进凸台、肋条结构　铸件立壁上的凸台常常妨碍起模，因此必须采用活块造型，或者增加外部型芯（图 5-43a）。若凸台与分型面距离较近，则应将凸台延伸到分型面（图 5-43b），这样便可顺利地取出模型，简化了工艺。有的设计人员在凸台、肋条设计中，忽略了起模的可能性，使得造型困难。

2. 铸件内腔结构应使型芯数量少，并有利于型芯的固定和排气

铸件的内腔通常要由外加型芯来形成，这样就增加了型芯盒和型芯骨的制造、型芯砂制

备、制芯、烘干、下芯等许多工序，这不仅增加了铸件成本，还延长了生产周期，这在单件、小批生产中影响尤为显著。因此，铸件的内腔结构应少用、甚至不用型芯。图 5-44a 所示的圆盖铸件是在凸边内部加厚，这就必须采用大的型芯；若能将凸边移到外廓（图 5-44b），则该深度不大的内腔可由砂垛（自带型芯）来形成。

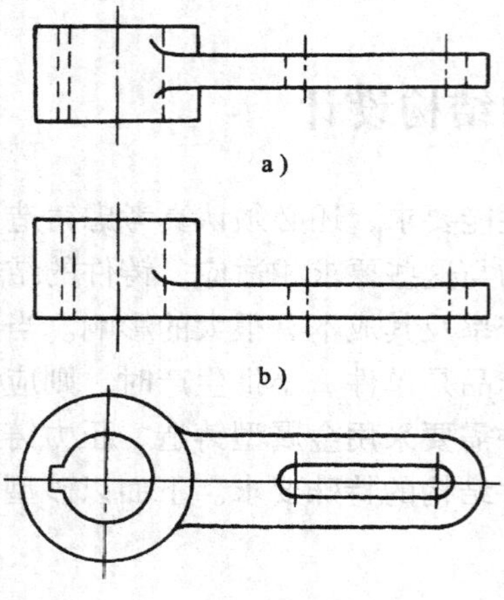


图 5-42 支臂分型面的简化

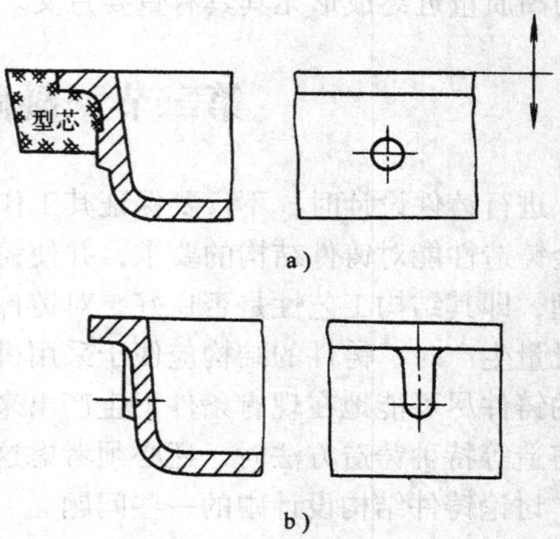


图 5-43 凸台的改进

良好的铸件结构，除应能减少型芯数量外，还应使型芯在铸型中的位置牢固，以防型芯在金属液的冲击和浮力作用下发生上飘或错移。同时，型芯头必须能够提供足够的排气通道，使浇注时所产生的气体能够通过型芯头迅速排出型外，以避免气孔。此外，还必须便于在铸件清理时取出型芯砂和型芯骨等。

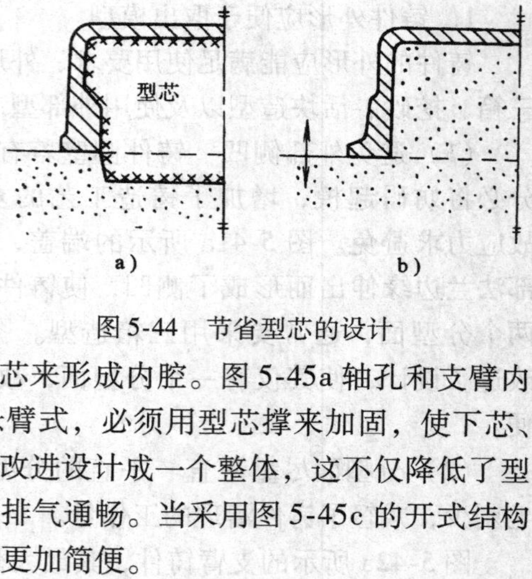


图 5-44 节省型芯的设计

图 5-45 为一轴承座，它可设计成不同的结构。图 5-45a 和 b 为封闭式结构，其支臂必须采用型芯来形成内腔。图 5-45a 轴孔和支臂内腔必须分别采用两个型芯来形成，其中支臂型芯呈悬臂式，必须用型芯撑来加固，使下芯、合箱费工。若按图 5-45b 所示结构，将上述两个型芯改进设计成一个整体，这不仅降低了型芯成本，而且型芯位置牢固，下芯、合箱简便，型芯排气通畅。当采用图 5-45c 的开式结构来取代前述之闭式结构，则可省去支臂型芯，使铸造更加简便。

在某些情况下，型芯呈较大的悬臂（图 5-46a）或呈悬空状，缺乏必要的型芯头。此时，若过多地依靠型芯撑来加固，不仅增加了下芯、合箱的困难，而且，型芯难以排气，铸后型芯砂和型芯骨也难以脱出。为克服上述困难，可在铸件上设计出适当的孔洞（图 5-46b），以增加型芯头。由于上述孔洞并非工件工作所需，仅是为便于铸造而设，故称工艺孔。

铸件上的工艺孔铸后是否保留，要视具体情况而定。如果铸件不允许有此孔洞，则可用螺钉和塞柱来堵死，铸钢件还可焊死。

3. 铸件应有结构斜度

许多铸件在设计过程中，便可初步确定其分型面。在此前提下，应使垂直于分型面的不加工表面留有一定斜度（图5-47），这种斜度称为结构斜度。

具有结构斜度的外壁，不仅使造型时便于起模，还可美化铸件的外观。具有结构斜度的内腔，有利于形成自带型芯，因此，在一定条件下可减少型芯的数量。

铸件结构斜度的大小，视铸件立壁的高度而定，高度愈小、斜度愈大。

铸件的结构斜度与起模斜度不同。前者直接在零件图上示出，且斜度值较大，主要用于不加工表面；后者是在设计和制造模型时，对于零件图上没有结构斜度的立壁给予很小的角度。

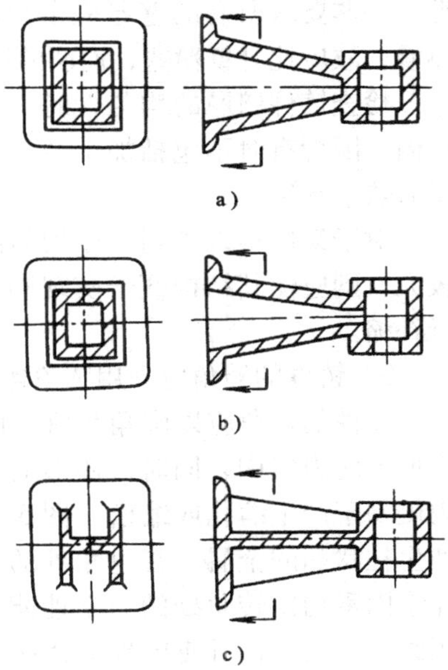


图5-45　轴承座

## 二、合金的铸造性能对铸件结构的要求

铸件的一些主要缺陷，如缩孔、缩松、裂纹、变形、浇不足、冷隔等，有时是由于铸件的结构设计不够合理，未能充分考虑合金的铸造性能所致。因此，设计铸件时，应考虑以下几个方面。

1．合理设计铸件壁厚

每种铸造合金都有其适合的壁厚范围，如果选择适当，既能满足铸件力学性能的要求，又便于铸造生产。

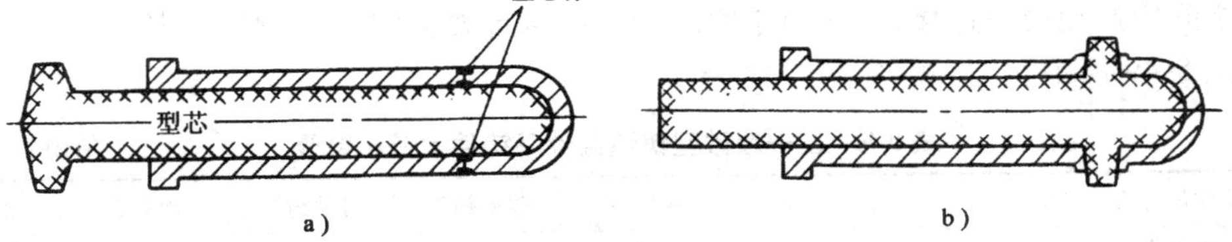


图5-46　用工艺孔取代型芯撑

a）不良的设计　b）良好的设计

由于各种铸造合金的流动性不同，所以在相同的铸造条件下，所能浇注出来的铸件最小壁厚不同。如果所设计铸件的壁厚小于铸件的“最小壁厚”，则易于产生浇不足、冷隔等缺陷。铸件的最小壁厚主要取决于合金的种类、铸件大小和复杂程度等。表5-5所示为在一般砂型铸造条件下铸件的最小壁厚。

铸件设计时，还必须考虑到厚大的截面因心部晶粒粗大，且易存有缩孔和缩松等缺陷，因此，其承载能力并非按铸件截面积成比例地增加，尤其是灰铸铁更为明显。所以，不应单纯以增加厚度来提高铸件的承载能力。为了充分发挥合金的效能，避免厚大截面，同时又能满足铸件的强度、刚度要求，可根据载荷的性质和大小选择合理的截面形状，如T形、工形槽形或箱形等，并在脆弱部分安置加强肋。

2．铸件壁厚应尽可能均匀

若铸件各部分的厚度差别过大，则厚壁处形成金属积聚的热节，致使厚壁处易于产生缩孔、缩松等缺陷。同时，由于铸件各部分的冷却速度差别较大，还将形成热应力，这种热应力有时可使铸件薄厚连接处产生裂纹。如果铸件的壁厚均匀，则上述缺陷常可避免。必须指出，所谓铸件壁厚的均匀性是使铸件各壁厚处的冷却速度相近，并非要求所有的壁厚完全相同。例如，铸件的内壁因散热慢，故应比外壁薄些，而肋的厚度则应更薄。

检查铸件壁厚的均匀性时，必须将铸件的加工余量考虑在内，因为有时不包括加工余量时似较均匀，但包括加工余量后热节却很大。

对于某些难以做到壁厚均匀的铸件，若合金的缩孔倾向较大，则应使其结构便于实现顺序凝固，以便安置冒口，进行补缩。

3．铸件的转角应采用圆角连接

铸件的转角应以圆角为宜。因直角连接的转角处承载时将形成应力集中，同时，还形成了热节，使冷却速度较慢的内侧易于产生缩孔或缩松（图5-48a）。此外，对于某些容易产生柱状晶的金属，在直角处的晶间结合力较弱。显然，上述诸因素均使转角处的力学性能下降，易于产生热裂。当采用圆角结构时，可使热节减少或消除（图5-48b），并使应力集中现象大为缓和。因此，圆角是铸件结构的基本特征，不容忽视。

此外，对于薄、厚壁之间的连接也应逐步过渡（注意：铸件壁之间应避免锐角连接），这对于收缩较大的合金尤应注意，如图5-49所示。

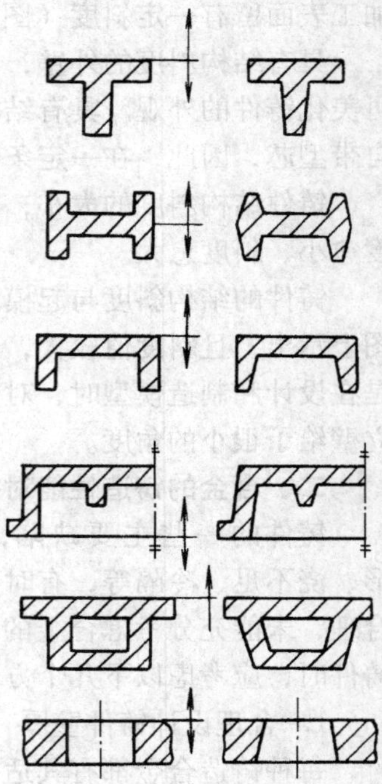

a）　b）

图5-47　结构斜度

a）无斜度　b）有斜度

**表5-5　在一般砂型铸造条件下铸件的最小壁厚**　（单位：mm）

| 铸件尺寸/mm×mm | 铸　钢 | 灰铸铁 | 球墨铸铁 | 可锻铸铁 | 铝合金 | 铜合金 |
|---|---|---|---|---|---|---|
| <200×200 | 5~8 | 3~8 | 4~6 | 3~5 | 3~3.5 | 3~5 |
| 200×200~500×500 | 10~12 | 4~10 | 8~12 | 6~8 | 4~6 | 6~8 |
| >500×500 | 15~20 | 10~15 | 12~20 | — | — | — |

注：如有特殊需要，在改善铸造条件下，铸件的最小壁厚可比表中所列数值小。

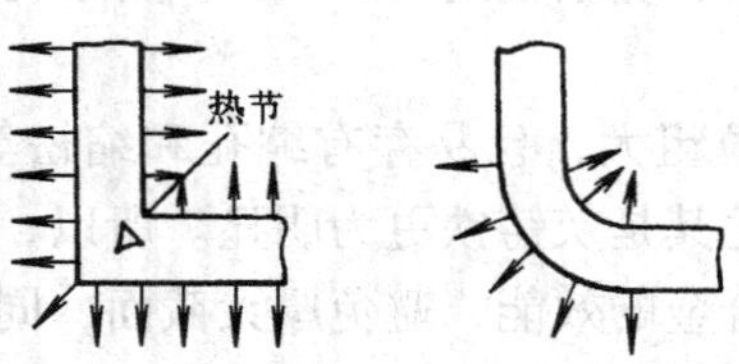


a）　b）

图5-48　不同转角的热节

a）直角　b）圆角

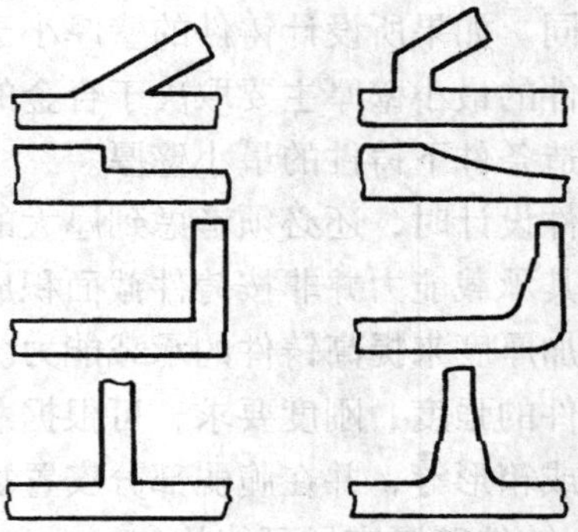

a）　b）

图5-49　壁间的过渡形式

a）不良　b）良好

4．增设防裂肋

为防止热裂，可在铸件易裂处增设防裂肋（亦称割肋或拉肋），如图 5-50 所示。为了使防裂肋起到应有的防裂效果，其方向必须与机械应力方向相一致，厚度约为所连接壁厚的 1/4～1/3。由于防裂肋很薄，凝固迅速，故在冷却过程中防裂肋很快达到较高强度，从而增强了壁间的连接力，防止了热裂的产生。

防裂肋可在铸件清理时予以去除，若不影响使用，也可保留。

5．注意缓解收缩应力

铸件（特别是带有肋、辐的铸件）在凝固和随后的冷却过程中，会产生不同程度的收缩。如在收缩时受到强烈的阻碍，则会由于应力过大而产生裂纹。这在设计铸件时应予以充分考虑。

例如，对于轮形铸件（如带轮、齿轮、飞轮等），不同形式的轮辐抗裂效果不同。当轮辐呈偶数时（图 5-51a），因制模和刮板造型时分割轮辐简便，故较为常用。但当合金的收缩较大、轮缘和轮辐尺寸比例不当、形成较大内应力时，对称的轮辐使铸件无法通过变形自行缓解，因此，易于产生裂纹。为克服偶数轮辐抗裂能力不足的缺点，可采用图 5-51b 的奇数轮辐。此时，若内应力很大，可通过轮缘的微量变形来缓解。此外，还可采用图 5-51c 所示的弯曲轮辐，此时，铸件的内应力可通过轮辐本身的微量变形来缓解，从而避免裂纹的产生。

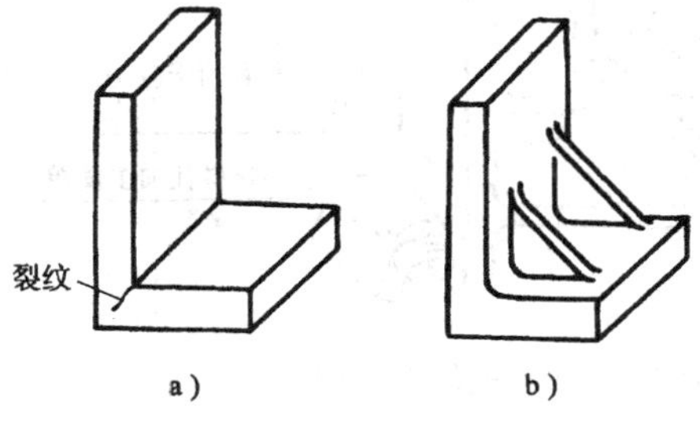


图 5-50　铸钢件的防裂肋

a）无防裂肋　b）有防裂肋

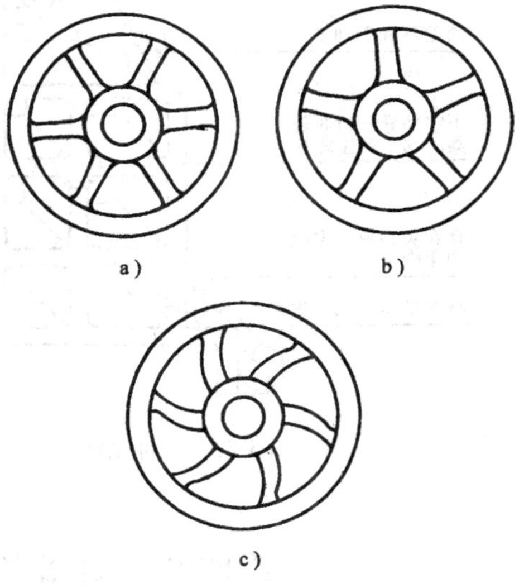


图 5-51　不同形式的轮辐

总之，进行铸件设计时，为最大限度地防止铸造缺陷产生，必须充分考虑合金铸造性能的要求。如低牌号灰铸铁，由于流动性好，缩孔、缩松和裂纹的倾向都较小，所以对前边铸件结构的诸项要求可低些。另一方面，灰铸铁的力学性能随铸件壁厚的增加而显著降低，因此应以薄壁结构最为适宜。又如，钢的铸造性能较差，特别是合金含量高的钢更差，因此对铸件的结构要求更严，必须认真考虑其收缩、变形、裂纹等缺陷产生的可能性。

图 5-52 综合示出铸件结构设计中易于产生的一些不良结构设计以及改进后的合理结构。

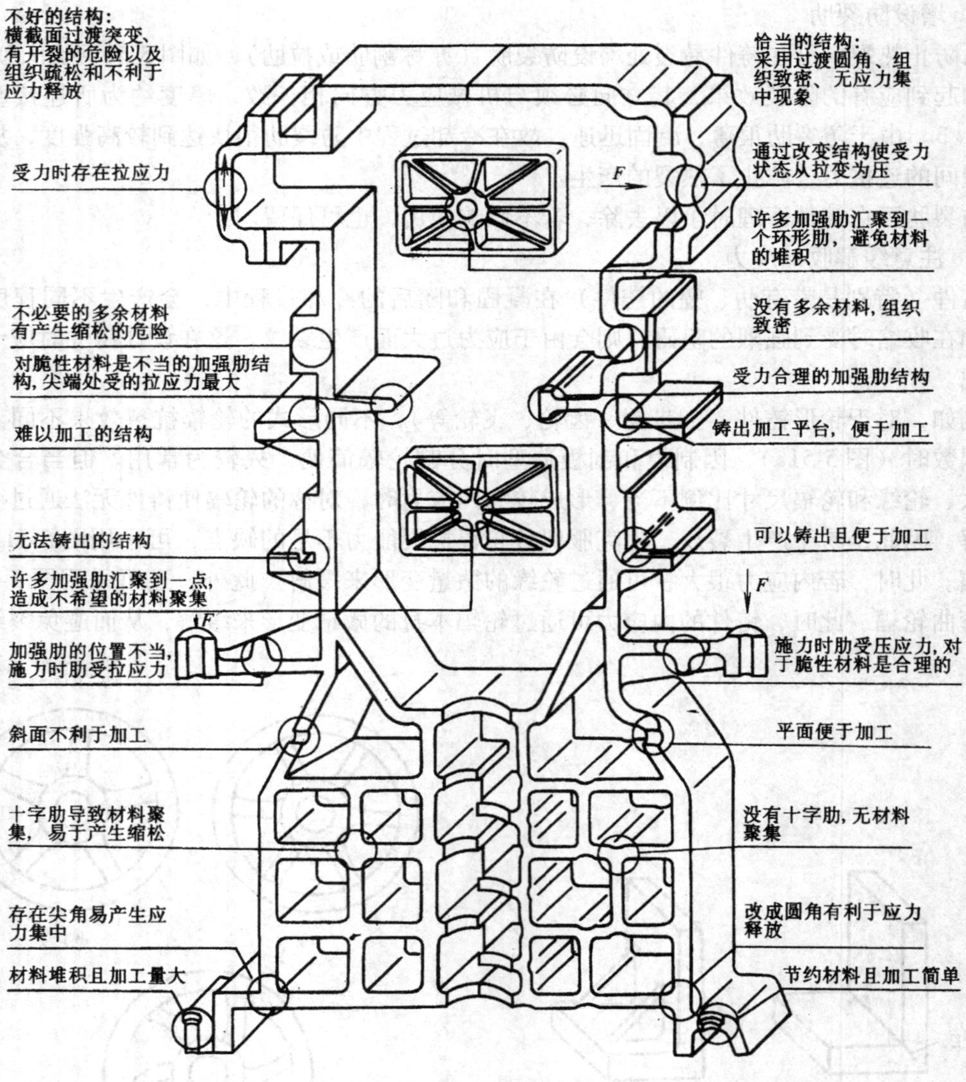


图 5-52　铸件结构设计中不合理的结构及其改进的综合示例

## 第四节　计算机在凝固成形中的应用

随着计算机应用技术的飞速发展，计算机在凝固成形中的应用也从无到有，并越来越广泛，几乎遍及到凝固成形过程中的每一个环节。除了在生产的管理、仪器设备的控制及有关参数的测试、记录外，在凝固成形过程中计算机的应用主要体现在铸件的辅助工艺设计及成形过程的数值模拟两方面。

### 一、凝固成形中的计算机辅助设计

目前计算机辅助设计技术在凝固成形领域的应用重点是：零件设计、模样制造与铸型设计。

首先是凝固成形件的结构设计，应用凝固成形件的结构参数，如最小壁厚、最小铸孔、铸件圆角半径、最小起模斜度、热节处的合理形状、肋的合理布置等，运用 CAD 作出铸件图。

在完成产品设计图后，需要进行的第二步是从产品设计模型（零件图）到铸件模型的转换。这中间将涉及到分型面的合理确定、起模斜度、加工余量、铸件浇注位置、型芯的数量及形状、浇注系统、冷铁的布置等一系列复杂的工作。最终自动生成铸造工艺图及有关的工艺装备图。

在完成上述工作后，利用 CAM 制造技术，可将铸型及型板图直接借助于高效计算机数控机床将所需程序（型板）直接制造出来。

此外，对于一些典型零件，如轮形类、机架类、叶片类部件，通过将实际铸件图样输入根据长期生产经验而编制的典型铸造工艺数据与专家系统，即可自动输出铸造工艺图及模样工艺图。这些系统将多年的经验积累继承下来，并经优化和总结、综合提高到一定的理论高度，使铸件生产达到稳定优质。

**二、凝固成形过程的数值模拟**

凝固成形过程的计算机数值模拟包括热模拟（含温度场、应力场、铸件组织的模拟）和流场（含速度场、压力场）的模拟。在热场模拟中，温度场的模拟是最基本的。通过数值模拟技术的研究，可使凝固成形件的生产不断向清洁、高效、近净成形及优质方面发展，使凝固成形这一古老的生产技术不断地由经验走向科学理论指导。

1. 金属液充型过程的数值模拟

金属液充填型腔的过程在凝固成形生产中具有重要的影响。许多凝固成形件的缺陷，如卷气、夹渣、冷隔等都与金属液的充型过程有关。为控制和掌握金属液充型过程及流动方式，获得优质的铸件，对充型过程进行模拟以优化充型过程就显得尤其重要。对铸件充型过程流场的研究，过去是以水力模拟为主要手段。随着计算机应用技术的发展，逐步形成了以流场数值模拟为主，水力模拟为辅的局面。

在对金属液充型过程数值模拟的研究中，多数采用 SOLA-VOF（Solution Algorithm）法为基础，引入体积函数处理自由表面，并在传热计算和流量修正等方面进行研究改进。有的研究在对层流模型进行大量实验验证之后，用 $K$-$\varepsilon$ 双方程模型模拟充型过程的湍流现象。到目前为止，虽然已研究了许多算法，如：并行算法、三维有限单元法、三维有限差分法、数值方法与解析方法混合的算法等，但尚没有最好的算法，各种算法各有优劣，应用的侧重点不同。

目前对充型过程的数值模拟以砂型铸造占主导地位，但对其他铸造方法的充型模拟工作也正开展。对于充型过程模拟的最终结果是辅助设计浇注系统，并选择最优的浇注方案，在这方面也进行了尝试，并取得了一定的成果。

2. 凝固过程的数值模拟

铸件凝固过程的数值模拟是计算机在凝固成形技术中研究最早、应用较成熟同时也是最核心的内容。由于诸多铸造缺陷，如缩孔、缩松、热裂、偏析等都是在凝固过程中产生的。因此，认识铸件的凝固规律，研究和掌握铸件在铸型中的凝固过程，对于防止铸造缺陷、改善铸件质量、提高铸件性能，从而获得健全的铸件具有十分重要的意义。

研究铸件凝固过程的关键是了解不同时刻铸件中温度场的变化。铸件温度场的研究方法有实测法和数字法两大类。数字法又可分为解析法和数值模拟法两种。解析法只能用于解决简单形状铸件温度场的计算。随着计算机应用和计算数学的发展，用数值模拟法求解铸件凝固冷却温度场的优点越来越明显。

进行铸件凝固过程数值模拟的基本理论基础是傅里叶导热微分方程。而数值计算则都是把连续解变成离散解，从而把偏微分方程变成代数方程进行求解。数值模拟的基本方法主要是有限差分法、有限元法和边界元法。

通过铸件凝固过程数值模拟的计算，确定了铸件内的温度场后，就可以画出铸件在任意断面上的等温线分布、凝固前沿进程以及等时线分布，或者以动态的方式显示铸件在三维方向上的凝固进程，以确定最后凝固的部位和分析产生缩孔、缩松缺陷的位置及大小。

图 5-53 是对某一“T”形铸件断面经凝固模拟后显示的等温线分布。用等温曲线法预计铸件的缩孔和缩松是基于顺序凝固原则。在凝固过程中铸件各部位始终存在着与冒口相连的补缩通道，且冒口为最后凝固的区域，则铸件就不会产生缩孔和缩松；如果在铸件凝固完毕以前，某部位的补缩通道被截断，则该部位就会产生缩孔或缩松。

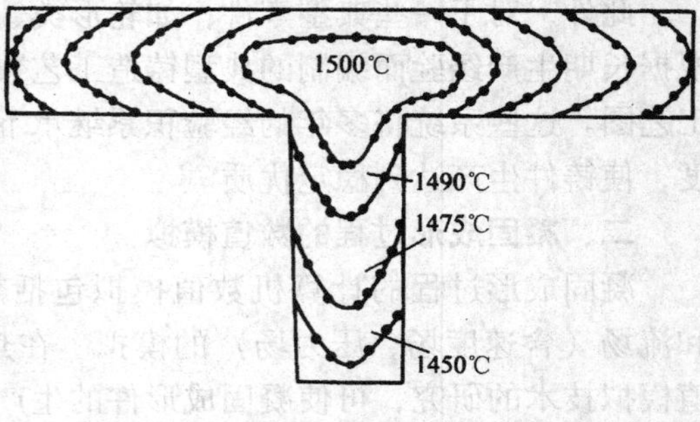

图 5-53　“T”形铸钢件等温线分布

铸件凝固过程数值模拟获得温度场后，以合金的固相线温度或某一临界固相率作为宏观停止流动和停止补缩温度界线，描绘出该界限下铸件内凝固时间变化曲线，即等温（等固相率）曲线，如果曲线形成封闭回路，则在此封闭区内产生缩孔。图 5-54 为等凝固时间为 80s 时的封闭曲线，其内部产生缩孔。通常以固相线为补缩界线的等温曲线法适合于纯金属、共晶合金以及结晶范围窄的合金；以临界固相率（$f_s \approx 0.7 \sim 0.8$）为补缩界线的等温曲线法适用于结晶温度范围较宽的合金。

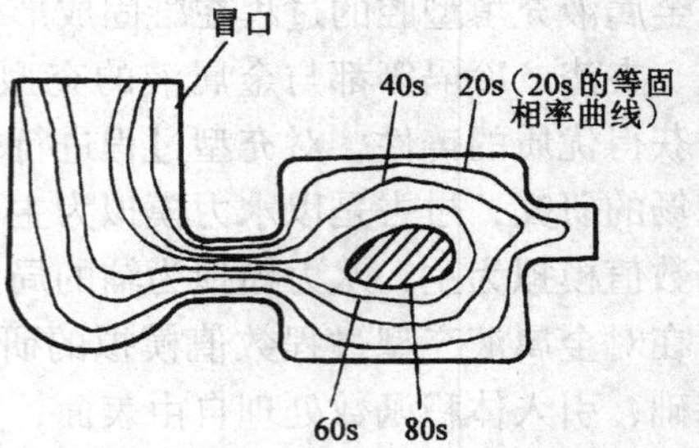

图 5-54　等温曲线法预计缩孔的位置

除等温曲线法外，预计铸件的缩孔、缩松的方法还有温度梯度法、固相率梯度法、时间梯度参数法和压力梯度法等。

3. 应力场的数值模拟

凝固成形过程应力场的模拟计算能够帮助预测和分析铸件的裂纹、变形及残余应力，为控制由应力应变造成的缺陷、优化铸造工艺、提高铸件尺寸精度及稳定性提供科学依据。

铸件凝固过程应力场的分析模拟，也是建立在传热学的基础上的。应力分析采用的模型有热弹塑性模型、热弹粘塑性模型、热弹性模型及弹性–理想塑性模型等。采用的方法多为有限元法，同时也有人采用有限体积法、控制体积有限差分法等。在关于热–力耦合分析的研究中，大多采用一些商品化的软件包，如 ABAQUS、CASTS、ANSYS 及 PHYSICA 等。关于应力分析中边界条件的改进，由于铸型与铸件之间的相互作用，而且砂型并非刚性，因此采用接触单元算法。

目前关于应力分析的数值模拟工作国内外均有一定的研究，由于涉及面宽，研究难度较大，因此其实用程度较温度场的数值模拟差，尚处于研究、开发阶段。

4. 微观组织模拟

微观组织模拟是一个较新的研究领域，通过计算机模拟来预测铸件的微观组织形成，进而预测力学性能，最终达到控制凝固成形件的质量。微观组织模拟虽然是一个较新的研究领域，但目前发展较快，并已取得了显著的成果。现已能够模拟枝晶生长、共晶生长以及柱状晶、等轴晶转变等。微观组织形成的模拟可以分为三个层次，即毫米、微米及纳米量级。宏观量如温度、速度、变形等可利用相应的方程计算，通常采用有限元法或有限差分法求解。在微观范围内采用解析的方法分析枝晶端部或共晶薄层或球粒的动力学生长，并且考虑到扩散、曲率及吸附动力学等因素。近年来，随机方法如 Monte Carlo 法或 Cellular Automaton 法被用于晶粒组织形成及生长的模拟中，这些技术综合考虑了非均质形核、生长动力学、优先生长方向和晶粒间的碰撞等因素对组织形成的影响。

## 思考与练习

1. 为什么说凝固成形是一种非常重要的零件成形方法？
2. 砂型铸造有什么优越性？为什么说它是凝固成形技术中最基本的方法？
3. 金属型铸造有何特点？为什么金属型铸造未能广泛取代砂型铸造？
4. 什么是离心铸造？它在圆筒件铸造中有哪些优越性？
5. 低压铸造的工艺原理与压铸有何不同？
6. 下列铸件在大批量生产时采用什么铸造方式为好？为什么？

   铝活塞　车床床身　气缸套　大口径铸铁管

   缝纫机头　汽轮机叶片　摩托车气缸体
7. 先进凝固成形方法与传统的凝固成形方法相比具有哪些特点？
8. 分析定向凝固成形技术的优越性，它特别适合哪一类成形件？为什么？
9. 除了目前的定向凝固技术外你还能进一步提出提高 $G_{TL}$ 的方法吗？并简单介绍之。
10. 试述半固态成形技术的技术要点和工艺方法。
11. 半固态浆料有哪几种制备技术，它们各有什么优、缺点？
12. 什么是铸件的结构斜度？它与起模斜度有何不同？
13. 试述分型面的选择原则，它与浇注位置选择原则的关系如何？
14. 为什么要规定铸件的最小壁厚？灰铸铁件的壁厚过大或局部过薄会出现哪些问题？
15. 什么叫热节？热节有什么不好？它一般出现在铸件的什么位置？如何定出？
16. 铸造圆角起什么作用？试举例说明之。
17. 铸件为何会产生变形和开裂？如何减少变形和防止开裂？
18. 木模、铸件和零件在形状和尺寸上有何不同？
19. 对型砂和芯砂有什么不同的要求？其组成有何不同？

# 第六章　塑性成形技术

塑性成形技术可分为板料成形和体积成形两大类。板料成形是指使用成形设备通过模具对金属板料在室温下加压以获得所需形状和尺寸零件的成形方法，习惯上也称为冲压或冷冲压。板料成形可分为分离工序与成形工序。分离工序俗称冲裁，包括落料、冲孔、修边等。成形工序包括弯曲、拉深、胀形、翻边等。体积成形是指对金属块料、棒料或厚板在高温或室温下进行成形加工的方法，包括锻造、轧制、挤压和拉拔等。塑性成形方法分类见表6-1。

**表6-1　基本塑性成形方法分类**

| 分类 | | 成形方法 | 简　图 | 特点及应用范围 |
|---|---|---|---|---|
| 板料成形 | 分离工序 | 落　料 | 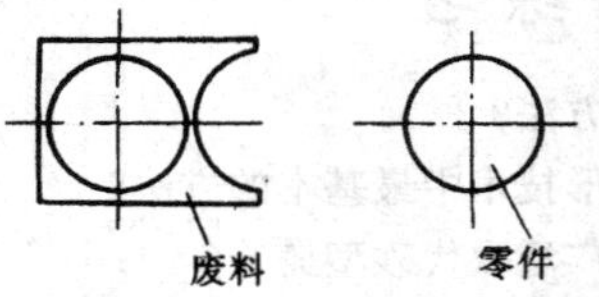 | 用模具沿封闭轮廓曲线冲切，冲下部分是零件。用于制造各种平板零件或为成形工序制坯 |
| | | 冲　孔 | 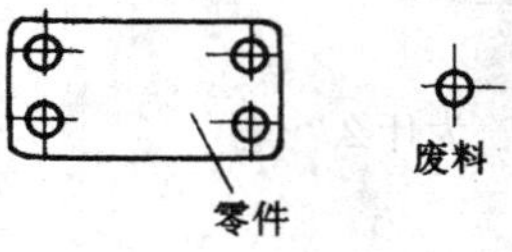 | 用模具沿封闭轮廓曲线冲切，冲下部分是废料。用于冲制各类零件的孔形 |
| | 成形工序 | 弯　曲 | 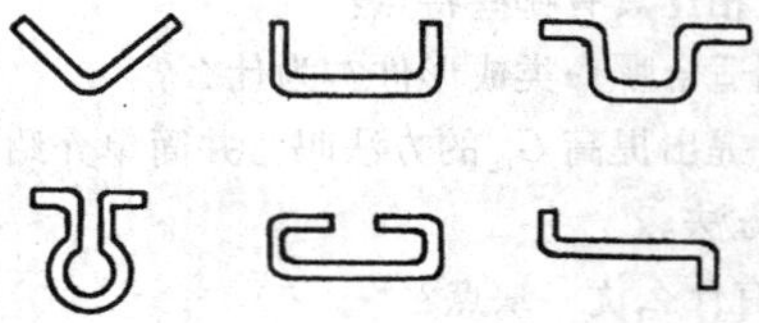 | 把板料沿直线弯曲成各种形状，板料外层受拉伸长，内层受压缩短。可加工形状复杂的零件 |
| | | 拉　深 | 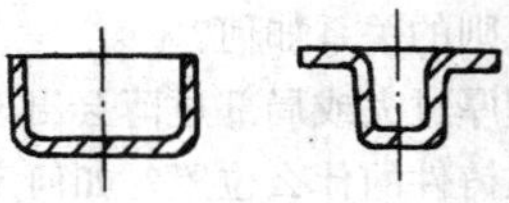 | 法兰区坯料在切向压应力、径向拉应力作用下向直壁流动，制成筒形或带法兰的筒形零件 |
| | | 胀　形 | 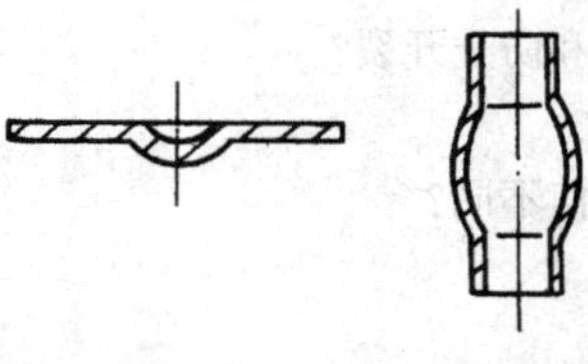 | 平板毛坯或管坯在双向拉应力作用下产生双向伸长变形。用于成形凸包、凸肋或鼓凸空心零件 |
| | | 翻　边 | 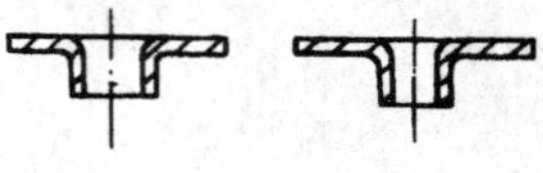 | 在预先冲孔的板料或未经冲孔的板料上，在双向拉应力作用下产生切向伸长变形，冲制带有竖直边的空心零件 |

（续）

| 分类 | 成形方法 | 简　图 | 特点及应用范围 |
|---|---|---|---|
| 体积成形 | 锻　造 |  | 用通用工具或模具对金属加压，通过金属体积的转移和分配来获得零件或毛坯的成形方法。自由锻主要用于单件、小批量或大锻件生产；模锻适用于大批量生产 |
| | 轧　制 | 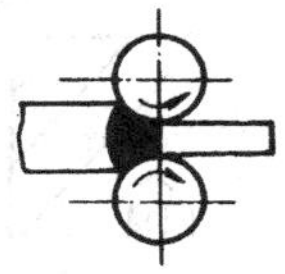 | 通过一对旋转的轧辊对坯料局部加压连续成形的加工方法。可生产型材、板材和管材，也可利用其原理来生产零件或毛坯 |
| | 挤　压 | 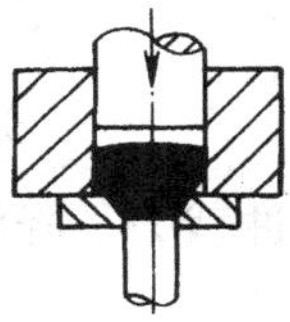 | 通过模具使坯料在强烈压应力作用下从模孔中挤出以获得所需尺寸、形状和性能的制件。可生产各种型材或直接加工零件 |
| | 拉　拔 | 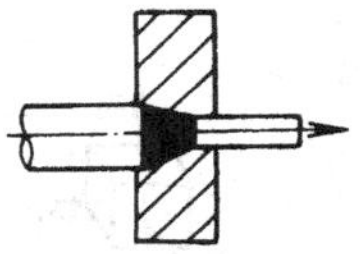 | 使金属通过凹模进行拉伸，得到其截面与凹模孔截面相同的棒料、管材或线材 |

# 第一节　板料成形方法及其模具

## 一、冲裁

1．冲裁加工特点

（1）冲裁过程　如图6-1所示，冲裁包括弹性变形、塑性变形和断裂分离三个阶段。当凸模与板料接触时，板料首先产生弹性变形并弯曲。随后，刃口附近材料屈服并产生滑移变形。随刃口的切入，塑性变形区延至整个料厚。加工继续进行，当材料变形达到极限时，便产生裂纹。裂纹产生后，沿最大切应变速率方向扩展，直至上、下裂纹汇合，板料最后分离。

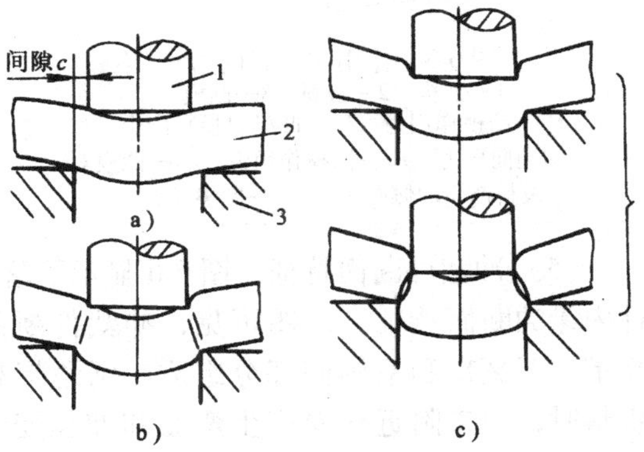


图6-1　冲裁变形过程
a）弹性变形阶段　b）塑性变形阶段　c）断裂分离阶段
1—凸模　2—板料　3—凹模

（2）主要变形区　如图6-2所示，冲裁加工时，板料的主要变形区是以凸模与凹模刃口连线为中心的纺锤形区域。变形区的大小与材料特性、模具间隙和约束条件等因素有关。凸模压入板料一定深度以后，主要变形区仍为纺锤形区域。此时，变形区已被加工硬化了的区域所包围。在纺锤形区域中央部位，变形性质以剪切变形为主。在纺锤形区域外围及刃口附近存在镦粗、挤压、弯曲和拉伸变形。

（3）变形区应力状态　如图6-3所示，冲裁加工时板料受到凸、凹模端面的作用力。此力产生的力矩使板料弯曲，模具作用于板料的垂直压力分布不均匀，向刃口方向压力急剧增大。图6-4显示了无压料冲裁变形区的应力状态，由于刃口侧面的轴向应力为拉应力，故裂纹往往先从侧面产生，形成毛刺。

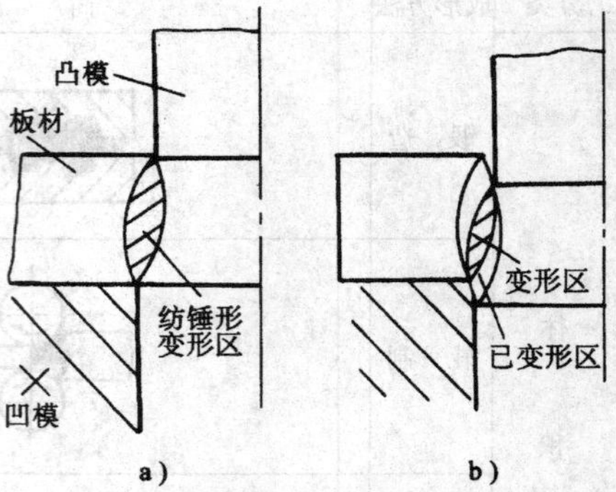


图6-2　冲裁变形区
a）变形初期　b）变形中期

（4）冲裁力-行程曲线　图6-5显示了冲裁时的力-行程曲线。从曲线可以看出，塑性材料在最大剪切力之后才产生裂纹，低塑性材料则在剪切力上升阶段就产生了裂纹。在合理间隙（$c_{合理}$）条件下，从裂纹的产生到断裂，冲裁力急剧下降。在小间隙时，由于上、下裂纹不重合会产生二次剪切，从而使冲裁力下降缓慢，严重时会在力的下降阶段产生局部回升。

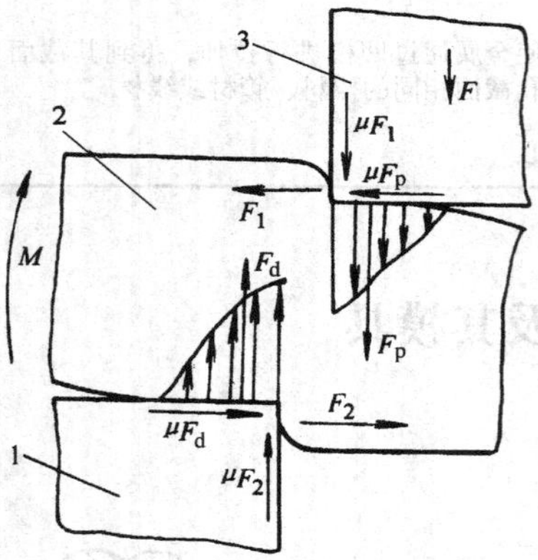


图6-3　作用在板料的力
1—凹模　2—板料　3—凸模
$F_p$—凸模作用力　$F_1$—凸模对板料产生的侧向压力　$F_d$—凹模作用力　$F_2$—凹模对板料产生的侧向压力　$\mu$—摩擦因数

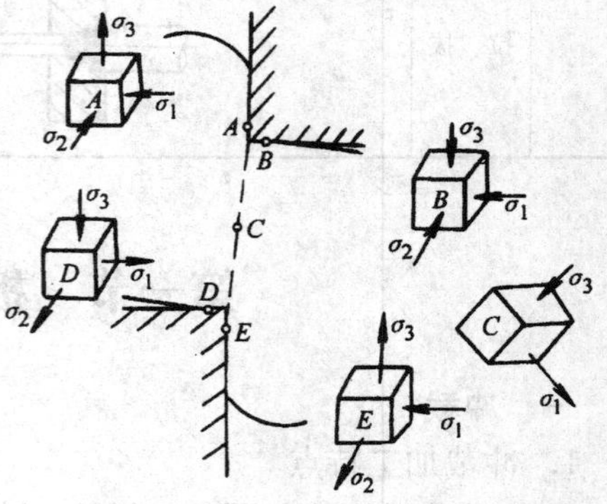


图6-4　变形区应力状态图

（5）冲裁件断面特征　图6-6显示了落料件外缘和冲孔件内缘的断面特征。由图可见，冲裁件断面由圆角带、光亮带、断裂带和毛刺四部分组成。圆角带是模具刃口压入板料时，刃口附近板料产生弯曲和伸长变形的结果，是纺锤形变形区对这部分坯料作用而产生的。软材料和加工硬化指数大的材料，其变形区对周围材料影响大，圆角也大。光亮带是在侧压力作用下板料相对滑移的结果，一般占全断面的1/3～1/2。塑性好的材料光亮带大。断裂带是由刃口处的微裂纹在拉应力作用下不断扩展而形成的撕裂面，断面粗糙且有斜度。塑性差的材料断裂带大。由于裂纹的

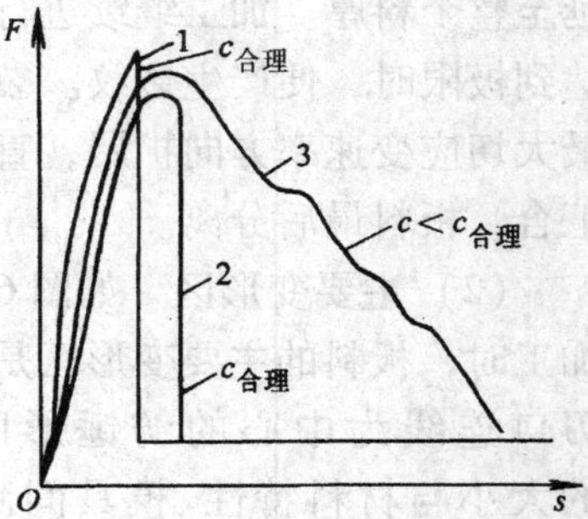


图6-5　冲裁力-行程曲线
1—低塑性材料　2、3—塑性材料

产生一般在刃口侧面，故在普通冲裁加工中总有毛刺产生。

2. 主要工艺参数

在冲裁加工时，板料的变形区集中在凸模与凹模刃口连线为中心的狭窄区域内。凸模与凹模间隙的微小变化对变形区的大小及变形区内材料所受应力状态都有很大的影响。因此，图6-1所示凸、凹模间隙 $c$（简称冲裁间隙）是冲裁工艺计算及模具设计的最主要工艺参数。一般而言，合理间隙值为材料厚度的5%～10%，薄、软材料，断面质量和尺寸精度要求高时取小值；厚、硬材料，要求模具寿命长时取大值。

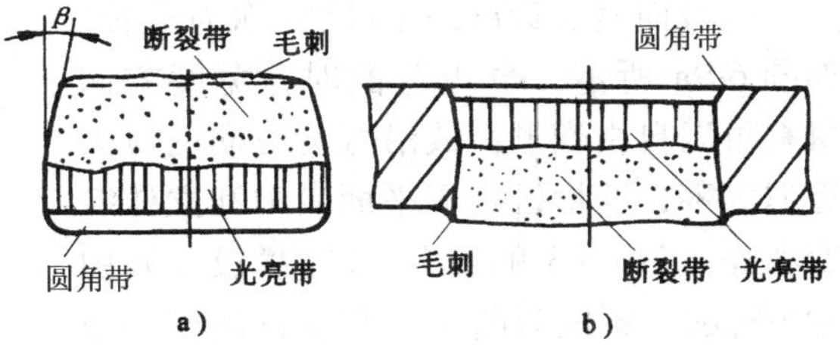


图6-6　冲裁件的断面特征

a）落料件　b 冲孔件

## 二、弯曲

1. 弯曲变形特点

（1）弯曲变形过程　图6-7显示了V形件的弯曲变形过程，它包括弹性弯曲、弹-塑性弯曲和塑性弯曲三个阶段。如图6-7a所示，开始弯曲时，相对弯曲半径 $r/t$ 较大，板料内部仅发生弹性变形，若凸模回程，卸载后板料将完全恢复到初始状态。如图6-7b所示，凸模下行，$r/t$ 值不断减小，内、外表层的应力首先达到屈服点，开始产生塑性变形并逐步向板料中心扩展。此时，板料内部处于弹-塑性变形状态，若凸模回程，卸载后板料已不能完全恢复。由于板料内部尚未全部进入塑性变形，回弹很大。如图6-7c所示，凸模继续下行，$r/t$ 值继续减小，变形程度增大到一定程度，变形区内、外层和中心部分全部进入塑性变形，直至弯曲结束，板料与凸、凹模贴合。若此时凸模继续对板料和凹模施力，则变形由自由弯曲进入校正弯曲阶段。

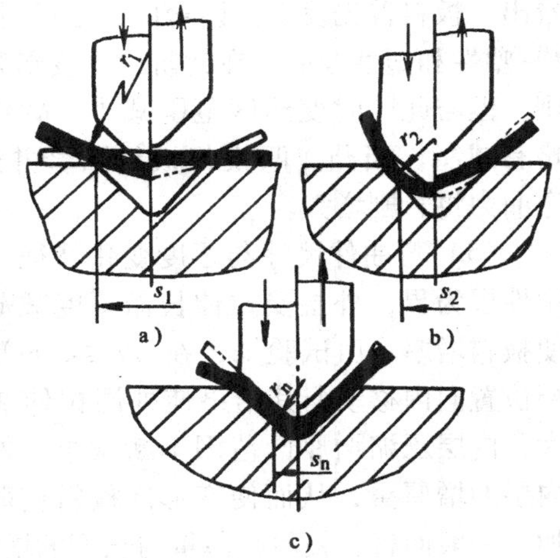


图6-7　V形件的弯曲变形过程

a）弹性弯曲　b）弹-塑性弯曲　c）塑性弯曲

（2）主要变形区　如图6-8所示，弯曲加工时，板料的主要变形区是曲率发生变化的圆角部分。在此处，原正方形网格变成了扇形。由于直边部分的板料对圆角部分板料的变形有抑制和补偿作用，靠近直边的板料变形比远离直边的板料变形小。此外，在圆角区，板料内层受压缩短，外层受拉伸长。由内、外层表面至板料中心，各层的缩短和伸长程度不同，变形是极不均匀的。在缩短和伸长层之间存在一层长度不变层，这一层被称为应变中性层。

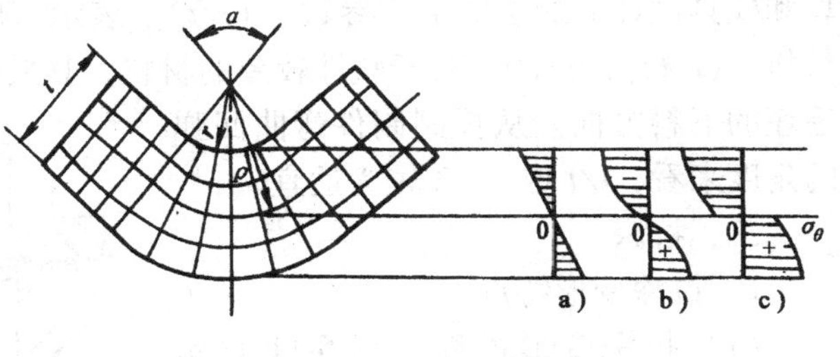


图6-8　弯曲变形区及其应力状态变化

a）弹性弯曲　b）弹-塑性弯曲　c）塑性弯曲

（3）变形区应力、应变状态　弯曲变形时，变形区应力、应变状态与板料相对宽度有关。一般而言，$b/t \leqslant 3$ 的板料称为窄板。如图 6-9a 所示，窄板弯曲时，宽度方向材料可以自由变形，故沿宽度方向的应力近似为零，变形区处于平面应力和立体应变状态。$b/t > 3$ 的板料称为宽板。如图 6-9b所示，宽板弯曲时，宽度方向变形阻力较大，材料流动困难，弯曲后板宽基本不变，故沿宽度方向应变近似为零，变形区处于平面应变和立体应力状态。

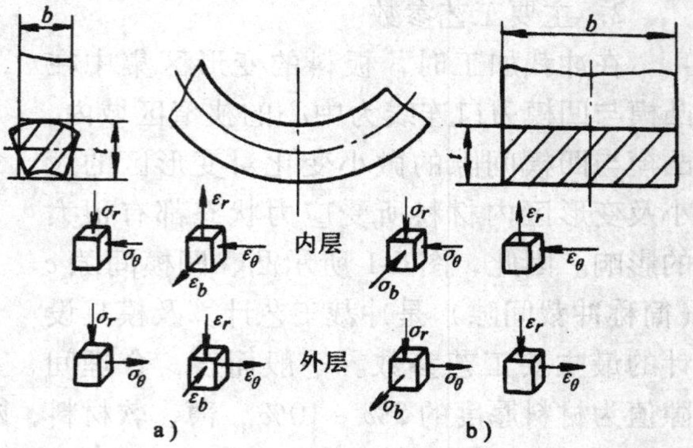


图 6-9　弯曲变形的应力与应变状态

a）窄板弯曲　b）宽板弯曲

（4）弯曲力–行程曲线　图 6-10 显示了弯曲时的力–行程曲线。从曲线中可以看出，板料首先发生弹性弯曲，之后进入弹–塑性和塑性弯曲。在此阶段，变形程度增大、硬化加剧，但与此同时变形区范围减小，故弯曲力基本不变或略有减小。当凸、凹模与板料贴合并进行校正弯曲时，弯曲力将急剧增大。

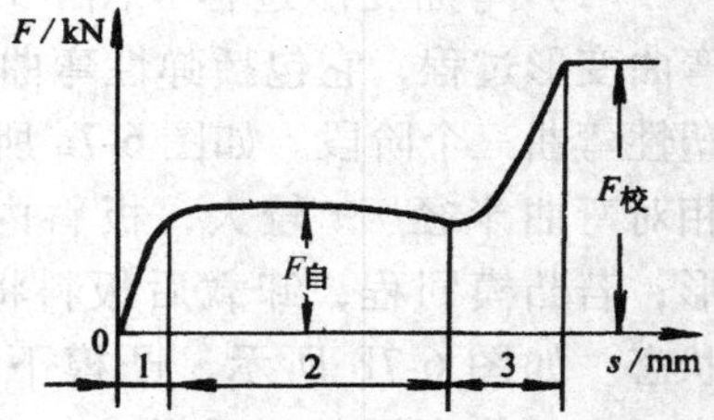


图 6-10　弯曲力-行程曲线

1—弹性弯曲　2—弹-塑性与塑性弯曲　3—校正弯曲

（5）弯曲件尺寸与厚度变化特征　板料弯曲时，以中性层为界，外层受拉伸长而厚度减薄，内层受压缩短使板料增厚。由试验知，在 $r/t \leqslant 4$ 的塑性弯曲时，中性层位置向内移动。其结果使外层拉伸变薄区范围逐步扩大，内层压缩增厚区范围不断减小，外层的减薄量大于内层的增厚量，从而使变形区板料变薄，总长度有所增加。一般而言，板厚减薄量与长度的增加量主要取决于弯曲变形程度，即取决于相对弯曲半径 $r/t$。$r/t$ 越小，减薄量越大，弯曲长度的增加量也越大。

2. 主要工艺参数

弯曲加工中，相对弯曲半径 $r/t$ 反映了弯曲的变形程度，当 $r/t \leqslant (r/t)_{min}$ 时，弯曲件会开裂；而 $r/t$ 较大时，回弹严重，制件的形状与尺寸难以控制。在生产中，$r/t$ 是弯曲工艺计算和模具设计的最主要工艺参数。$(r/t)_{min}$ 表示弯曲加工极限。一般而言，对于塑性较好的材料，$(r/t)_{min} < 1.0$。对于塑性较差的材料，其最小相对弯曲半径要大一些，而且还要考虑毛坯的下料方向。从控制制件弯曲回弹的角度来看，$r/t$ 取 1 ~2 较为适宜。

## 三、拉深

1. 拉深变形特点

（1）拉深变形过程　图 6-11 显示了圆筒形件的拉深变形过程。当凸模下降与毛坯接触时，毛坯首先弯曲，在与凸模圆角接触处的材料发生胀形变形。凸模继续下降，法兰部分坯料在切向压

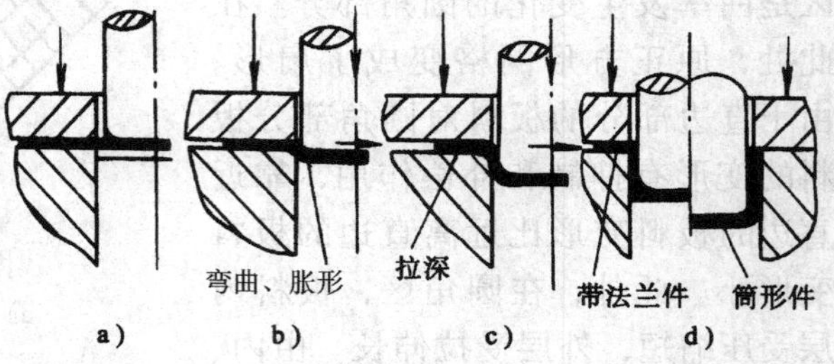


图 6-11　圆筒形件拉深变形过程

a）原始状态　b）弯曲、胀形　c）拉深　d）拉深结束

应力、径向拉应力作用下通过凹模圆角向直壁流动，形成筒部，进行拉深变形。故普通的拉深是弯曲、胀形、拉深的变形过程。

（2）主要变形区　如图 6-12 所示，拉深成形件可分为底部、壁部和法兰三个部分。在拉深过程中，底部为承力区，很少发生变形。壁部为传力区，也是已变形区。法兰部分是拉深的主要变形区。

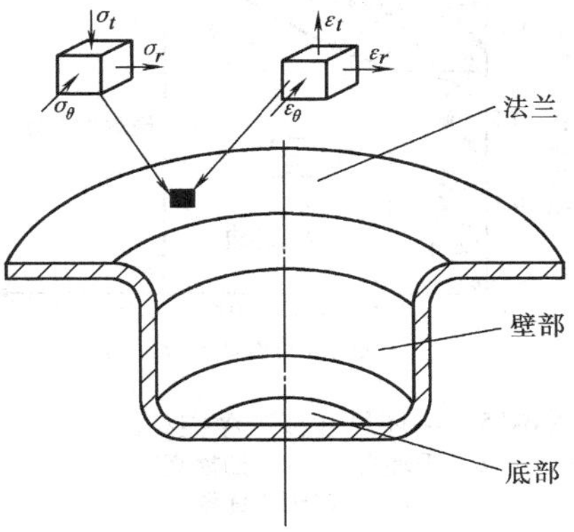


图 6-12　筒形拉深件区域划分及主要变形区的应力、应变状态

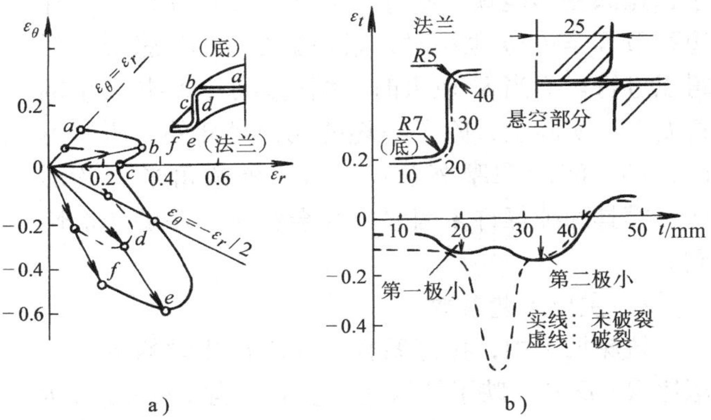


图 6-13　拉深件各部分应变与厚度分布

a）应变状态图　b）板厚应变分布

（3）变形区应力、应变状态及拉深件各部分的应变分布　如图 6-12 所示，在拉深过程中，主要变形区坯料所受的应力、应变状态为：切向应力和应变均为负；径向应力和应变均为正；在有压边存在时，厚向应力为负，应变为正。

图 6-13 显示了拉深件各部分的应变和板厚分布。由图中可见，在凸模圆角靠直壁处和凹模圆角靠直壁处存在材料厚度变薄的两个极小值点，制件容易在这两处破裂。在变形过程中，这两个极值点会发生不同程度的变化。试验表明，当凹模圆角半径足够大时，第二个极小值点会消失。当凸、凹模圆角半径过小，模具表面粗糙、润滑不良，压边力过大时，第一个极小值点会凸出、下移（图中虚线所示），制件易在凸模圆角靠直壁处破裂。

（4）拉深力-行程曲线　图 6-14 是拉深加工的力-行程曲线。由图中可见，从变形的初期到中期，加工硬化使拉深力增大的速度超过因法兰面积减小而使拉深力降低的速度，拉深力逐渐增加。当二者对于拉深力增、减速度的影响处于均衡的瞬时，拉深力达到最大值。此后，法兰面积减小使拉深力降低的速度超过了加工硬化使拉深力增大的速度，于是拉深力下降。若毛坯直径 $D$ 增大而凸模直径 $d$ 不变，则拉深力曲线上升，拉深高度增大。因侧壁的承载能力基本不变，故当 $D$ 增大到一定值时，就会因壁部材料强度不足而使拉深件破裂，此时 $F_{拉} \geqslant F_{承}$。这种破裂被称之为强度破裂。

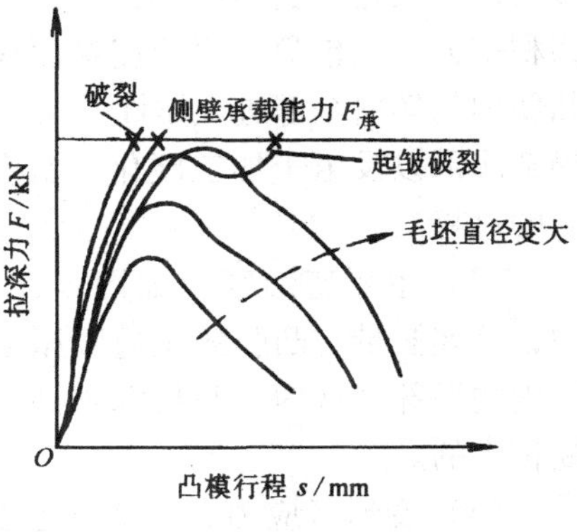


图 6-14　拉深力-行程曲线

（5）拉深变形与毛坯尺寸的关系　图 6-15 显示

了毛坯几何尺寸和板料成形工序类型的关系。由图可见，若毛坯底部带有底孔时，坯料在外力作用下可能产生拉深、胀形和内孔翻边三种形式的变形。坯料进行哪种形式的变形由金属的变形规律所决定，即金属的变形对应于最低的载荷值。具体而言，当拉深系数 $m=d/D$ 较大时，拉深变形力小，拉深变形能顺利进行。当拉深系数 $m$ 较小，翻边系数 $K_f=d_0/d$ 也小时，胀形变形力小，胀形变形得以进行。而当 $K_f$ 较大时，翻边力小，坯料发生翻边变形。实际上，除了毛坯的几何尺寸外，压边力的大小、润滑和摩擦条件、凸凹模圆角半径及形状、模具间隙等许多因素也都会影响工序的变形性质。

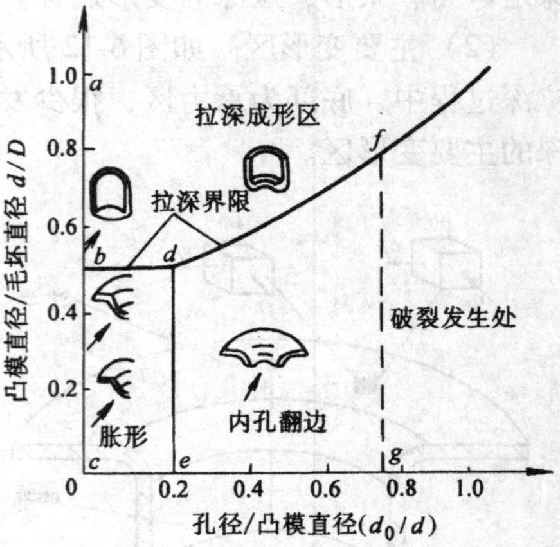


图 6-15　毛坯尺寸和工序类型的关系
$D$—毛坯直径　$d$—凸模直径
$d_0$—毛坯底孔直径

2. 主要工艺参数

拉深加工中，拉深系数 $m=d/D$ 或它的倒数拉深比 $R=D/d$ 反映了拉深变形程度。当 $m \leqslant m_{min}$ 或 $R \geqslant R_{max}$ 时，制件会开裂。在生产中，$m$ 或 $R$ 是进行工艺计算和模具设计的最主要工艺参数。$m_{min}$ 或 $R_{max}$ 表示拉深的加工极限。一般而言，圆筒形件的首次极限拉深系数 $m_{min}$ 为 0.5 左右。当 $m \leqslant m_{min}$ 时，可采取多次拉深来成形所需的制件。由于 $m_{min}$ 受材料性能、毛坯相对厚度 $t/D$、压边力大小以及凸、凹模圆角半径和润滑与摩擦条件等多种因素的影响，首次拉深系数 $m_1$ 的确定具有一定的经验性。

**四、胀形**

1. 胀形变形特点

（1）胀形变形过程　图 6-16 显示了平板毛坯的局部胀形变形过程。当凸模下降与毛坯接触时，在弯矩和拉应力作用下，凹模圆角处的坯料发生弯曲变形。与此同时，球形凸模底部的少量毛坯承受了全部的胀形变形力，当此处材料所受应力达到屈服点时，便产生了胀形变形。坯料屈服后产生硬化，变形向外扩展，贴模的坯料逐渐增加，表面积扩大。当包敷凸模的坯料面积足够大时，凹模圆角及凸肋内的坯料全部进入塑性变形。可见，胀形变形是弯曲、局部胀形以及由于加工硬化，贴模面积增加，胀形向外扩展的过程。

（2）主要变形区　如图 6-16 所示，在胀形变形过程中，毛坯被带有凸肋的压边圈压紧，变形区被限制在凸肋以内的局部区域内。与拉深不同，胀形时，变形区是在不断扩大的。

（3）变形区应力、应变状态及应变分布　图 6-16c 显示了平板毛坯局部胀形变形时，变形区（图中 $A$ 点处）内的应力–应变状态。在变形区内，坯料在双向拉应力作用

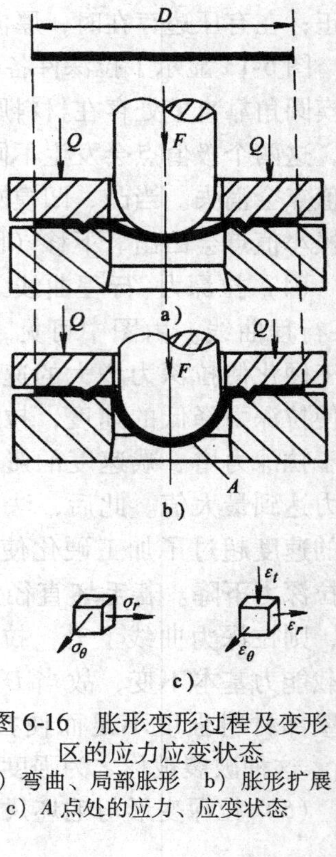


图 6-16　胀形变形过程及变形区的应力应变状态
a）弯曲、局部胀形　b）胀形扩展
c）$A$ 点处的应力、应变状态

下，沿切向和径向产生伸长变形，厚度变薄，表面积增大。

图 6-17 是平板毛坯局部胀形时的应变分布与应变状态图。由图中可见，变形区内径向应变和切向应变全部大于零，而厚向应变小于零。采用球形凸模胀形，变形比较均匀，胀形深度较大时，才在离球头底部一定距离处产生较大伸长变形。理论和实践证明，变形的均匀程度对胀形加工极限影响很大。

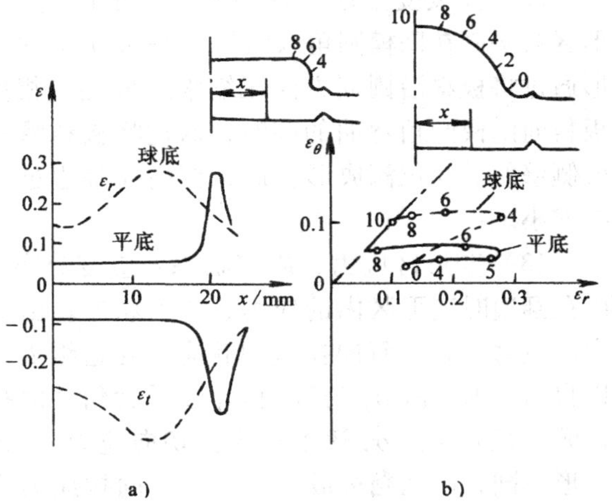


图 6-17　胀形件的应变分布和应变状态图

a）应变分布　b）应变状态图

（4）胀形力-行程曲线　与拉深不同，胀形时变形区是在不断扩大的。因此，胀形变形的力-行程曲线是单调增曲线，产生破裂时，胀形力达到最大值。胀形破裂也属于强度破裂。

（5）胀形变形与毛坯几何尺寸的关系　如图 6-15 所示，在无凸肋强制压边的条件下，坯料也会产生胀形变形。此时，胀形变形的性质和胀形在整个工序中所占的比例与毛坯尺寸有关。当毛坯的外径足够大、内径较小时，拉深与内孔翻边变形阻力大于胀形变形阻力，变形的性质由胀形来决定。如图 6-18 所示的带法兰圆筒形零件，当相对法兰直径比 $d_f/d \geqslant 2.5$ 时，法兰处进行拉深变形的阻力大于底部胀形变形所需的力，故工序性质属于胀形。与拉深加工相同，除了毛坯的几何尺寸外，压边力的大小、润滑和摩擦条件、模具的形状与几何尺寸等因素也会在不同程度上影响到工序的变形性质。

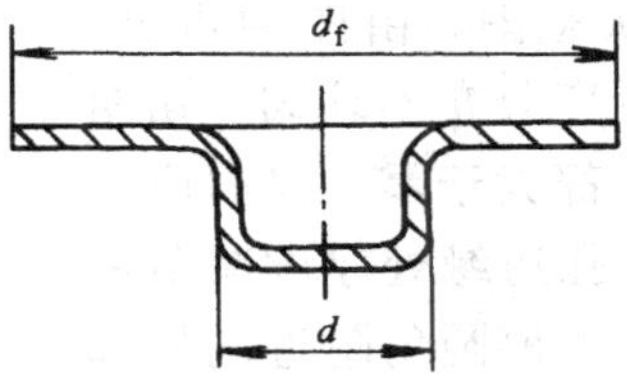


图 6-18　带法兰的圆筒形件

2. 主要工艺参数

由于胀形工序种类繁多，故表示胀形变形程度的参数也不相同。在生产中，常用具有代表性的某一线段的工程应变 $\varepsilon = (l - l_0)/l_0 \times 100\%$（压肋：$l_0$——原始长度，$l$——变形后弧长）、胀形深度 $h$（压凸包）和胀形系数 $K = d_{max}/d$（圆柱空心件胀形，$d_{max}$——胀形后最大直径，$d$——圆筒毛坯直径）等参数来表示胀形变形程度，用制件出现裂纹或缩颈时的最大参数 $\varepsilon_{max}$、$h_{max}$ 和 $K_{max}$ 作为胀形变形的加工极限。一般而言，$\varepsilon_{max} \leqslant (0.70 \sim 0.75)\delta$（$\delta$——材料伸长率）；$h_{max} \leqslant (0.15 \sim 0.22) d$（$d$——凸包直径）；$K_{max} \leqslant (1.20 \sim 1.40)$。除材料因素外，胀形加工极限还受模具几何形状、润滑条件和胀形方式的影响。

**五、翻边**

1. 内孔翻边变形特点

（1）翻边变形过程　图 6-19a 显示了内孔翻边的变形过程。翻边加工时，带有圆孔的环形毛坯被压边圈压紧，当压力机滑块下行时，板料在凸模作用下产生弯曲的同时，毛坯底孔不断扩大，凸模下的材料向侧面转移，直到完全贴靠凹模侧壁形成直立的竖边。因此，内孔翻边的变形过程实质上是弯曲、扩孔和翻边的变形的过程。

(2) 主要变形区　如图 6-19a 所示，内孔翻边时，主要变形区被限制在凹模圆角以内的（$d—d_0$）环形区域内。与拉深成形通过将板料沿圆周方向压缩来形成侧壁相反，内孔翻边是在板料向凹模圆角弯曲的同时，通过将板料沿圆周方向拉长来形成侧壁的。与拉深成形相同，在内孔翻边过程中，变形区在不断缩小。

(3) 变形区应力、应变状态及应变分布　图 6-19b 显示了内孔翻边时变形区内的应力、应变状态。由图中可见，变形区内的应力状态为双向拉应力状态。孔边缘处，由于板料径向可以自由变形，故 $\sigma_r$ 为零而 $\sigma_\theta$ 达最大值。由孔边缘向凹模圆角过渡，径向应力 $\sigma_r$ 逐渐增大而切向应力 $\sigma_\theta$ 逐渐减小。与胀形变形不同，内孔翻边成形时，在双向拉应力作用下，板料沿圆周方向伸长，板厚减薄，但因厚度减薄量小于圆周方向的伸长量，故径向收缩。

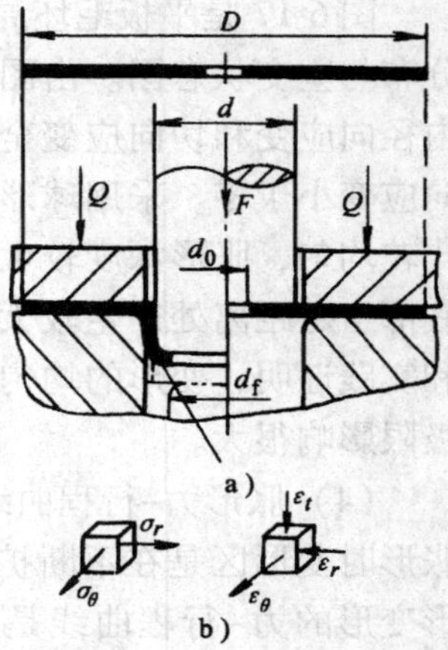


图 6-19　内孔翻边
a) 翻边过程　b) 变形区应力、应变状态

图 6-20 是内孔翻边的应变分布和应变状态图。由图中可见，变形区内应变分布不均匀，切向应变基本上都大于零，厚向应变均小于零，孔边缘处厚度减薄最严重。图中凹模圆角附近的局部区域具有胀形变形的性质，$\varepsilon_r>0$，$\varepsilon_\theta>0$。再往外去，出现 $\varepsilon_r>0$，$\varepsilon_\theta<0$ 的现象，这主要是压边力不足而导致法兰部分材料向凹模处流动的结果。此处 $\varepsilon_t<0$，仍属伸长类变形。

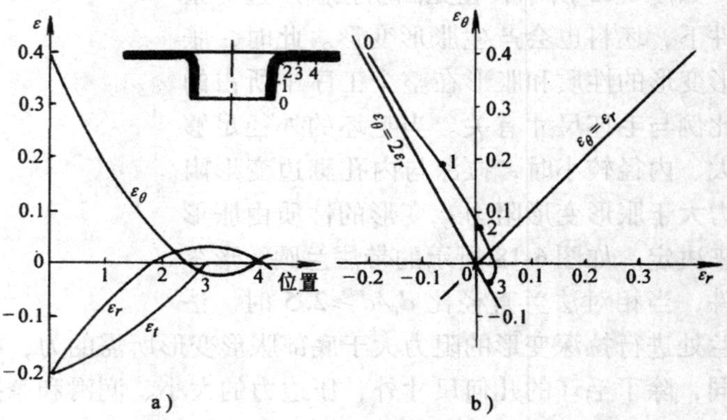


图 6-20　内孔翻边的应变分布与应变状态
a) 应变分布　b) 应变状态

(4) 内孔翻边力-行程曲线　如图 6-21 所示，在翻边变形过程中，由于变形区的减少和加工硬化对扩孔、翻边力的相反效果，力-行程曲线与拉深时类似，也会出现由上升到下降的起伏形状。由图中可见，翻边力还受到凸模底部形状的很大影响，平底凸模成形力比较大，球形凸模的成形力小。与拉深和胀形不同的是，翻边破裂不取决于成形力的大小，而是受翻边口部塑性变形程度的限制。当塑性变形达到材料的加工极限时，口部首先产生纵向裂纹，然后向外部扩展，裂纹产生于最大力出现之后。这种破裂被称为塑性破裂，与拉深和胀形产生的强度破裂不仅在时间上，而且

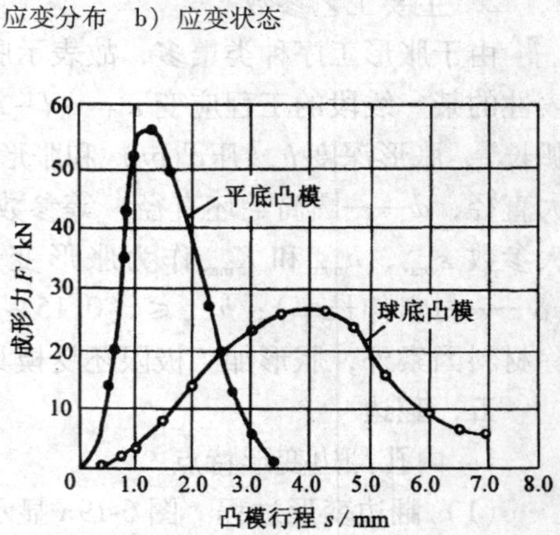


图 6-21　内孔翻边力-行程曲线
$t=1.0\text{mm}$，$d_0=52.6\text{mm}$，$d=99.6\text{mm}$

在破裂出现的位置和走向上都不相同。

（5）翻边变形与毛坯几何尺寸的关系　如图6-15所示，内孔翻边的变形性质和其在整个工序中所占比例也与毛坯尺寸有关。当毛坯外径足够大，预制孔径也较大时，拉深变形和胀形变形阻力大于扩孔变形阻力。在这种情况下，变形的性质由扩孔和翻边来决定。同样，摩擦与润滑条件、压边力的大小、模具的几何形状等因素也会在不同程度上影响到工序的变形性质及翻边在整个成形过程中所占的比例。

2. 主要工艺参数

内孔翻边加工中，翻边系数 $K_f = d_0/d$ 反映了翻边加工的变形程度。当 $K_f \leqslant K_{fmin}$ 时，翻边件会产生破裂。在生产中，翻边系数 $K_f$ 是进行翻边工艺计算和模具设计的最主要工艺参数。$K_{fmin}$ 表示内孔翻边的加工极限。对冲孔件而言，$K_{fmin} \geqslant 0.4 \sim 0.8$。内孔翻边加工极限范围较宽，这主要受材料性能、孔缘状况、凸模形状、板料相对厚度等因素的影响。

**六、冲压工艺与模具设计**

1. 典型冲压工艺设计的内容和步骤

图6-22显示了玻璃升降器外壳冲压件的形状和尺寸，该零件的材料为08钢，板厚1.5mm，中批量生产。现以此零件为例简要介绍其冲压工艺设计的内容和步骤。

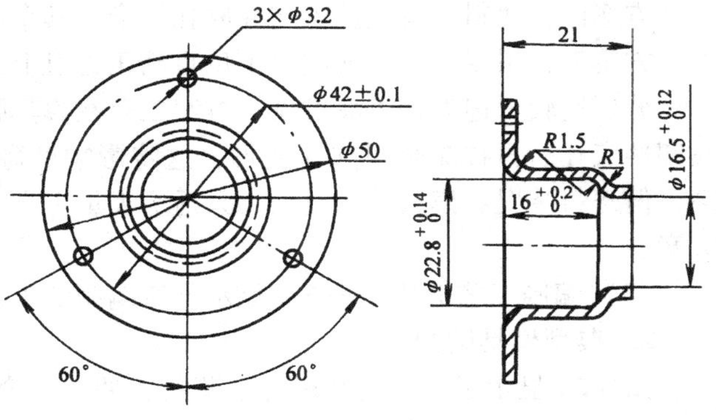

图6-22　玻璃升降器外壳

（1）冲压件工艺性分析　该零件为一带法兰的成形件，其主要形状和尺寸可由拉深、冲孔和翻边等工序获得。作为拉深成形件，其相对法兰直径比 $d_f/d$ 和相对高度比 $h/d$ 都比较合适。主要配合尺寸 $\phi22.8^{+0.14}_{0}$mm、$16^{+0.2}_{0}$mm 的公差等级偏高，为IT11～IT12级，拉深件底部及口部的圆角半径 $R1.5$mm 也偏小，故应在拉深之后加整形工序，并采用制造精度高、间隙较小的模具。$\phi16.5^{+0.12}_{0}$mm 区段可用多种冲压方法成形，由于高度尺寸21mm的公差等级较低，故可采用简单的冲孔、翻边来实现。翻边孔的尺寸公差要求较高，故翻边模的精度应相应提高。此外，由于三个 $\phi3.2$mm 小孔与翻边孔之间有形位公差要求，故从冲裁工艺性来看，应以 $\phi22.8^{+0.14}_{0}$mm 内径定位，用高精度（IT7级以上）冲裁模在一道工序中同时冲出。

（2）工艺方案的确定

1）工艺方案分析。该件的基本工序为拉深工序。法兰上的三个小孔由冲孔工序完成。$\phi16.5^{+0.12}_{0}$mm 区段既可由拉深、切底获得，又可由预冲孔、翻边来实现，这需由工艺计算来确定。计算翻边系数 $K_f$ 的公式为

$$K_f = 1 - \frac{2\ (h - 0.43r - 0.72t)}{d_m}$$

式中，$h = 5$mm，$r = 1$mm，$d_m = 18$mm（$d_m$——翻边孔的中径）。代入后可求得 $K_f = 0.61$。于是可求得预冲孔直径 $d_0 = d_m K_f = 11$mm。又由工艺参数 $d_0/t = 7.33$ 查得 $K_{fmin} = 0.5 < 0.61$，故此件能由冲孔后直接翻边成形。

2）毛坯直径计算及拉深次数的确定。由相对法兰直径比 $d_f/d=2.1$ 查相关资料，确定法兰修边余量 $\delta=2$mm，由此得到修边前法兰直径为 $\phi$54mm。根据表面积不变的原则，算得毛坯直径 $D=65$mm。计算出其他相关参数，查资料可知该件需两次拉深，考虑到需要整形的具体情况，确定采用三道拉深。第三道拉深兼作整形工序。

3）工艺方案的比较与确定。根据上述工艺分析与计算，该零件需经落料、三次拉深（兼整形）、冲底孔、翻边、冲三小孔和修边等八道工序才能完成。若将这些工序进行组合，可排出以下几种方案。

方案一：落料与首次拉深复合，其余按单工序加工。

方案二：落料与首次拉深复合，冲 $\phi$11mm 底孔与翻边复合，冲三个 $\phi$3.2mm 小孔与切边复合，其余按单工序加工。

方案三：落料与首次拉深复合，冲 $\phi$11mm 底孔与冲三个 $\phi$3.2mm 小孔复合，翻边与切边复合，其余按单工序加工。

方案四：落料、首次拉深与冲底孔复合，其余按单工序加工。

方案五：采用连续模或在多工位自动压力机上冲压。

分析比较上述五种方案可见：方案二存在模具强度问题；方案三会给修模带来不便；方案四冲底孔后再拉深会引起孔变形，这将影响到翻边的高度尺寸和口缘质量；方案五效率高，但送料装置和模具结构复杂，只适应大量生产。根据工厂条件和生产批量决定采用第一方案。

（3）编制工艺卡片　表6-2显示了所编制的工艺卡片。

2. 典型模具结构

图6-23显示了一套电动机定子落料、冲孔复合模的模具结构。所谓复合模是在冲压设备的一次行程内，在模具的同一工位上完成两道或两道以上成形工序的模具。图6-24显示了一套电视机高频插头外套冲孔、拉深、翻边、落料11工位级进模的模具结构。所谓级进模是在冲压设备的一次行程内，在模具的不同工位上完成多道成形工序的模具。由这两套模具可见，典型的冲压模具结构由工作零件，定位零件，压料、卸料和出料零件，导向零件和固定、紧固零件五大部分组成，分别简介如下。

（1）工作零件　指那些对毛坯直接进行加工的零件，其中主要包括凸模、凹模、凸凹模等。由于受力条件苛刻、磨损严重，故工作零件一般多采用碳素工具钢、高铬合金钢、高速钢、硬质合金等具有高强度、高耐冲击性、高耐磨性的材料。所谓模具材料一般多指工作零件的材料。

（2）定位零件　指那些用来确定加工中毛坯正确位置的零件。其中主要包括挡料销和导正销、导尺、定位销或定位板、侧压板和侧刃等。这类零件在连续模中具有特殊地位，它们确定了被加工零件的位置和尺寸精度。因工作时要和被加工件反复接触，磨损较严重，故定位零件一般多采用碳素工具钢和合金钢，对硬度也有一定要求。

（3）压料、卸料和出料零件　指那些对板料增加约束或由凸、凹模中将被加工零件和废料顶出、推出、卸下的零件，其中主要包括压料板、卸料板、打料杆、打料板、顶杆、托板及相关的弹性零件，如橡胶和弹簧等。这类零件除压料板有耐磨要求，需用碳素工具钢或低合金钢外，其他零件可采用低、中碳钢，生产中常用的是45钢。

（4）导向零件　指那些用来保证模具上、下部分精确位置的零件，其中主要包括导柱、

**表 6-2　工艺卡片**

| 厂<br>车间 | 冷冲压工艺卡片 |
|---|---|
| 零件草图 | 材料排样 |

零件草图

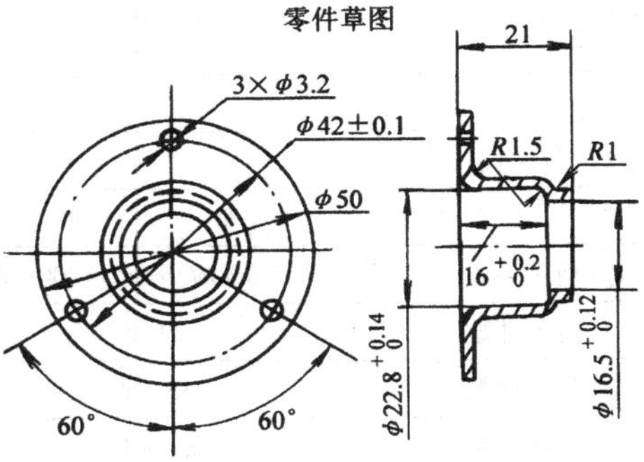


材料排样

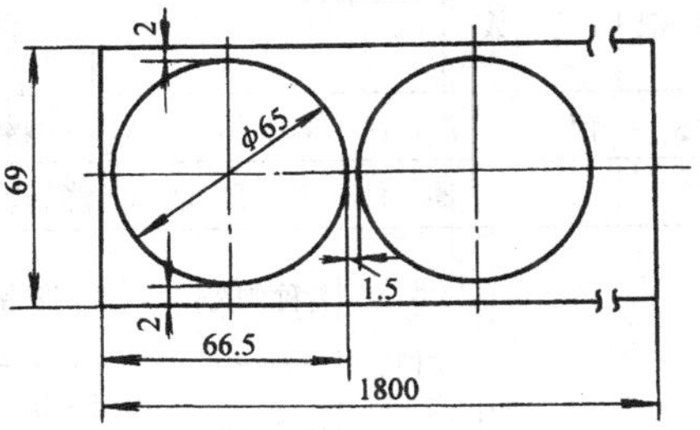


| 工序 | 工序说明 | 加工草图 | 设备编号 | 设备名称 |
|---|---|---|---|---|
| 0 | 剪床下料 | 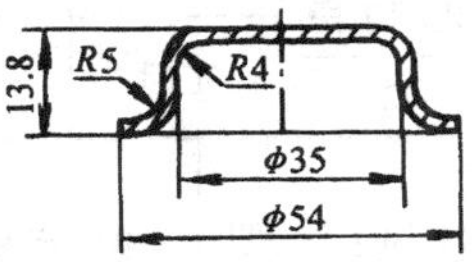 | | |
| 1 | 落料与首次拉深 | | | 350kN 压力机 |
| 2 | 二次拉深 | 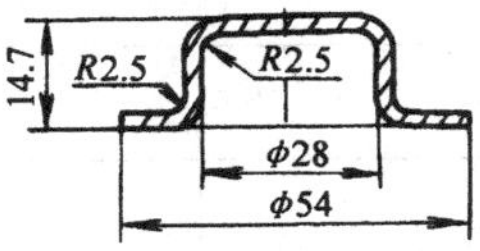 | | 250kN 压力机 |
| 3 | 三次拉深（带整形） | 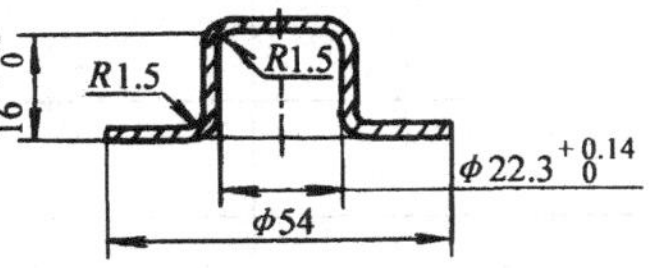 | | 600kN 压力机 |
| 4 | 冲 ϕ11mm 底孔 | 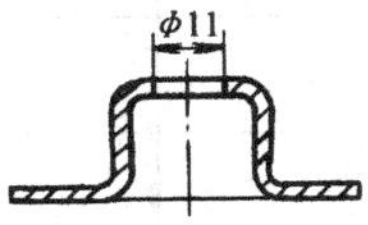 | | 250kN 压力机 |
| 5 | 翻边（带整形） | 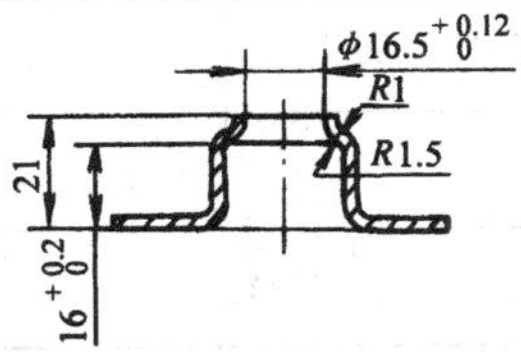 | | 250kN 压力机 |
| 6 | 冲三个小孔 ϕ3. 2mm | 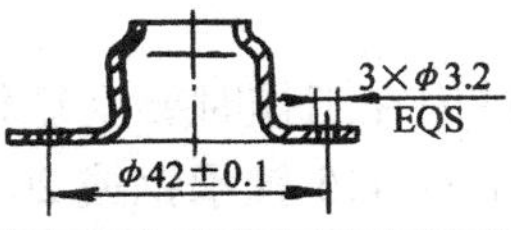 | | 250kN 压力机 |
| 7 | 切边 | 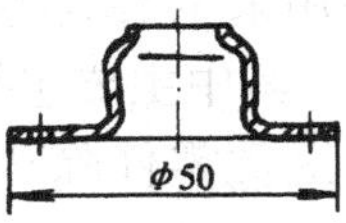 | | 350kN 压力机 |
| 8 | 检验 | | | |

（续）

| | | | | | | |
|---|---|---|---|---|---|---|
| | | | | | | 设计： |
| 更改标记 | 处　数 | 文件号 | 签　字 | 日期 | | |

| | | | | | |
|---|---|---|---|---|---|
| 标　记 | | 产品名称 | CA10B 型载重汽车 | 文件代号 | |
| | | 零件名称 | 玻璃升降制动机构外壳 | 共　页 | 第　页 |

| | | | | | |
|---|---|---|---|---|---|
| | 材料 | 名称牌号 | 08 钢 | 剪后毛坯 | 1.5mm×69mm×1800mm |
| | | | | 每条件数 | 27 个 |
| | | 形状尺寸 | （1.5±0.11）mm ×1800mm×900mm | 每张件数 | 351 个 |
| | | | | 消耗定额 | 0.054kg |

| | | | | | | |
|---|---|---|---|---|---|---|
| 零件送来部门 | 备料工段 | 工种 | 冲 | 钳 | | 总计 |
| 零件送往部门 | 装配工段 | | | | | |
| 每产品零件数 | 2 | 工时 | | | | |

| 模　具 名称图号 | 工具量具 名称编号 | 每小时生产量 | 单件定额（分） | 工人数量 | 备　注 |
|---|---|---|---|---|---|
| | | | | | |
| 落料拉深复合模 | | | | | |
| 拉深模 | | | | | |
| 拉深模 | | | | | |
| 冲孔模 | | | | | |
| 翻边模 | | | | | |
| 冲孔模 | | | | | |
| 切边模 | | | | | |
| | | | | | |

| | | | |
|---|---|---|---|
| | 校对： | 审核： | 批准： |

导套、导板和导筒等。这类零件因在工作时要反复相对滑动或滚动，故要求表面耐磨，且内部具有好的韧性。生产中常采用 GCr15 轴承钢或 20 钢经渗碳淬火处理。

（5）固定、紧固零件　指那些用来承装其他模具零件，将模具安装固定到成形设备上和连接紧固其他模具零部件的零件。其中主要包括上模板、下模板、模柄、凸模固定板、凹模固定板、垫板、螺钉及销钉等。这类零件除垫板要求较高外，其他零件多采用 Q235-A、45 钢或一般铸钢、铸铁等。

在这五大部分零件中，工作零件、定位零件和压料、卸料及出料零件直接参与完成冲压

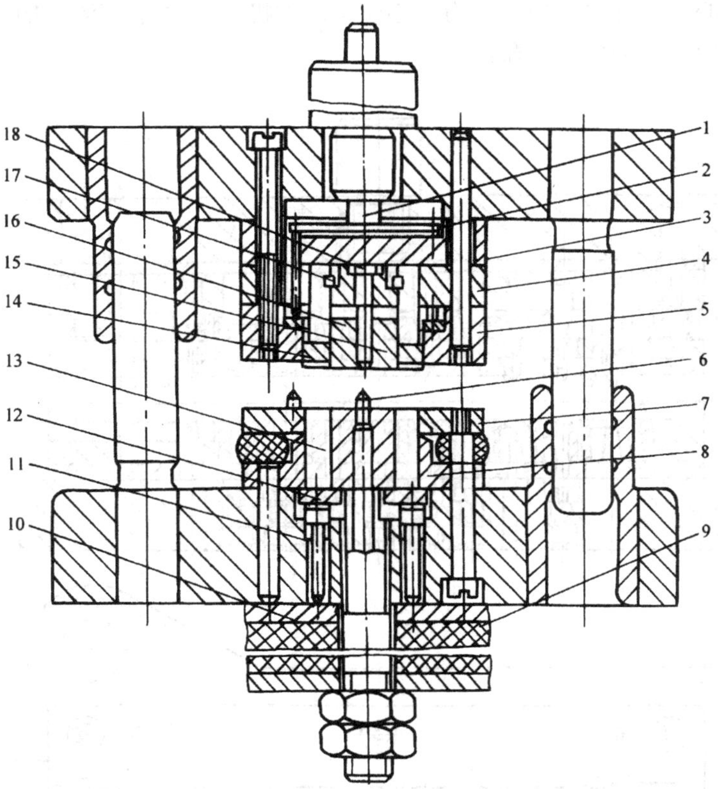


图 6-23　电动机定子落料冲孔复合模
1—打料杆　2—打料板　3—垫板　4—固定板　5—凹模　6—挡料销
7—卸料板　8—凸凹模　9—橡皮　10—压板　11—顶杆　12—托板
13—顶料销　14—凸模　15—冲缺口凸模　16—打料板
17—卡环　18—凸模

过程并和坯料直接接触，称为工艺结构零件。其他两部分不直接参与完成冲压过程，不和坯料接触，只起到加工过程的保证作用或对模具功能起完善作用，故称为辅助结构零件。

3. 冲压模具设计的步骤和内容

在模具设计之前，必须作好设计资料的准备和审查工作。这些资料主要包括：冲压件的图样及技术条件；原材料尺寸规格、力学性能和成形性能；生产纲领（批量）；设备型号、规格、主要技术参数及使用说明书；模具制造条件及技术水平；各种技术标准、模具标准、工艺文件和设计手册等。资料齐全后方可着手进行模具设计，其主要设计内容和步骤如下：

1）根据冲压工艺设计选定模具种类，确定模具结构形式。在零件成形工艺性分析基础上，根据最佳工艺方案选定模具种类（如简单模、级进模或复合模）。根据零件形状、尺寸、精度要求和生产批量确定模具的结构形式。设计时，必须合理确定模具的导向方式，压料、卸料或推件方法，进、出料和定位装置以及模具固定和安装方法等。

2）确定模具压力中心。冲压时的合力作用点或多工序模各工序成形力的合力作用点称为模具的压力中心。设计时，模具压力中心应与压力机滑块中心一致，否则会影响成形件质量，降低模具和压力机的使用寿命。

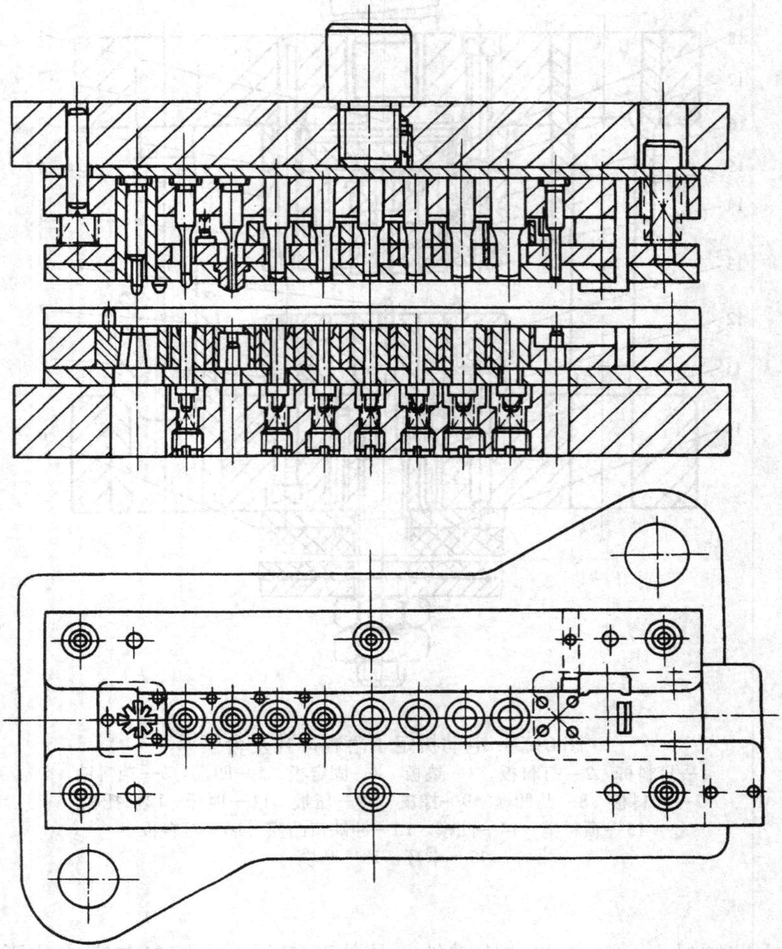

图 6-24 电视机高频头外套冲孔、拉深、缩颈、整形、翻边、落料 11 工位级进模

3）确定模具闭合高度。模具闭合高度是模具在最后工作位置时，上模板上平面与下模板下平面间的距离。为了使模具正常工作，模具闭合高度必须与压力机的装模高度相适应。

4）凸、凹模和垫板等零件的强度计算以及弹簧、橡皮等弹性零件的计算和选用。

5）选择冲压设备。

6）绘制模具总图，列出模具零件明细表，绘制模具零件图，提出各项技术要求。

## 第二节 体积成形方法及其模具

### 一、锻造

1. 锻造成形方法分类及工艺流程

（1）锻造成形方法分类　在加压设备及工（模）具的作用下，通过金属体积的转移和分配来获得机器零件或毛坯的塑性成形方法称为锻造。锻造多在热态下进行，故也常称为热锻。按所用工具，锻造可分为自由锻和模锻。

使用自由锻设备及通用工具，如砧子、型砧、胎模等，使坯料变形获得所需几何形状及内部质量锻件的锻造方法称为自由锻。其基本工序有镦粗、拔长、冲孔和错移等。

利用模具使坯料变形获得锻件的锻造方法称为模锻。按采用设备的不同，模锻可分为锤上模锻和压力机上模锻。此外，模锻还有开式模锻与闭式模锻、普通模锻和精密模锻之分。锤上模锻包括制坯、预锻和终锻等工步，而制坯工步又可分为镦粗、拔长、滚挤、弯曲、卡压和成形等。

（2）锻造工艺流程　锻造工艺流程是指生产一个锻件所经过的锻造生产过程。不同类型的锻件，锻造工艺流程是不一样的。同一锻件，使用不同设备时，工艺流程也往往有所不同。以模锻为例，其锻造工艺流程是：下料、加热、模锻、切边、冲孔热校正、热处理、清理、冷校正和检验。其中模锻是基本工序。

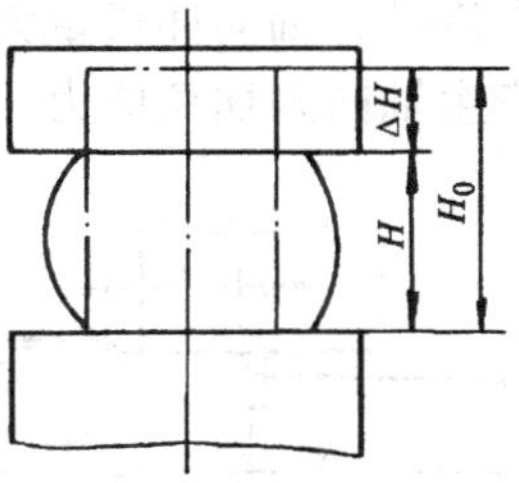

图 6-25　平砧镦粗

2. 自由锻基本工序及其主要工艺参数

（1）镦粗　镦粗是使毛坯高度减少，截面增大的工序。镦粗工序主要用于锻制齿轮、法兰等饼类锻件。图 6-25显示了坯料在平砧间镦粗的情况。由图中可见，镦粗时，平砧对坯料整体加载。如图 6-26 所示，由于砧面与坯料表面之间存在摩擦，坯料内部变形不均匀，镦粗后坯料呈鼓形。根据子午面上网格变化情况，可将镦粗毛坯分成三个区域。Ⅰ区由于变形很小，被称为难变形区；Ⅱ区由于受摩擦影响小，应力状态比较均匀，变形程度最大，称为大变形区；Ⅲ区变形程度界于两者之间，称为小变形区。由于不均匀变形的结果，Ⅲ区鼓形部分产生切向附加拉应力，坯料表面容易产生纵向裂纹。

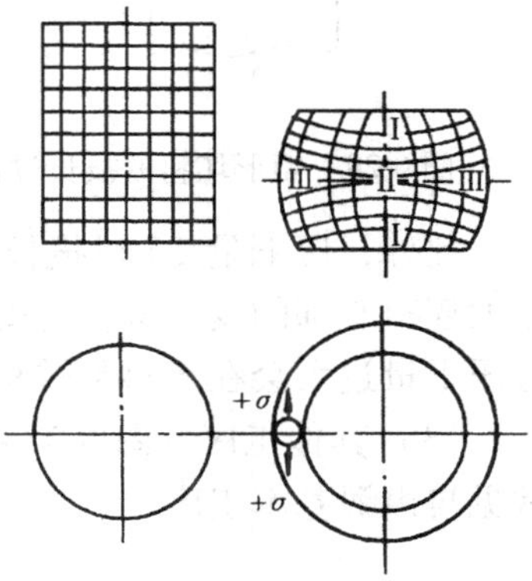

图 6-26　镦粗毛坯的区域划分

如图 6-27 所示，高径比不同的坯料镦粗时的变形情况不同。当高径比 $H_0/D_0 \geqslant 3$ 时，坯料容易失稳弯曲；当 $2 < H_0/D_0 < 3$ 时，容易形成双鼓形；当 $0.5 < H_0/D_0 \leqslant 2$ 时，坯料变形较均匀；当 $H_0/D_0 \leqslant 0.5$ 时，两难变形区相遇，变形抗力急增，镦粗过程难以进行。

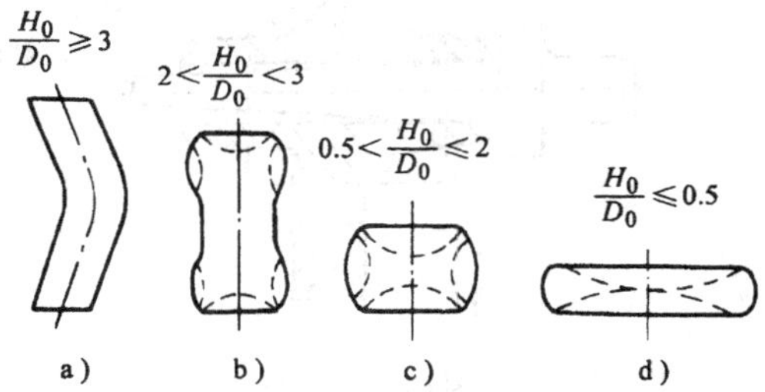

图 6-27　高径比对镦粗变形的影响
a）失稳弯曲　b）双鼓形
c）较均匀变形　d）难变形区相遇

（2）拔长　拔长是使毛坯横截面减小，长度增加的工序。该工序主要用于制造轴类锻件或为后道工序制坯。图 6-28 显示了拔长操作过程。由图中可见，拔长工序由坯料送进、局部变形和沿轴线旋转 90°等操作完成。

图 6-29 显示了矩形截面坯料的拔长过程。由图中可见，拔长时对坯料局部加载，其变

形区的变形和金属的流动与镦粗相近，但又有区别。除受工具影响外，其变形还受两端不变形金属的影响。当送进量 $l<0.5h$ 时，上部和下部变形大，中部变形小，中间部分锻不透。由于不均匀变形的结果，轴心部分沿轴向产生附加拉应力，使锻件质量下降。

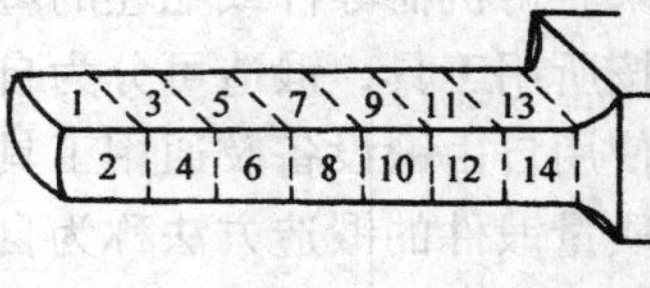


图 6-28 拔长操作

图 6-30 显示了矩形截面坯料拔长时宽度方向和长度方向（送进方向）金属的流动特点。由图中可见，当送进量 $l$ 大于坯料宽度 $a$ 时，金属多沿宽度方向流动，长度增加得少；当 $l$ 小于 $a$ 时，金属多沿轴向流动，轴向伸长量大。因此，适当减小送进量可提高拔长效率。但送进量太小时，轴心会产生轴向附加拉应力，又会影响锻件质量。

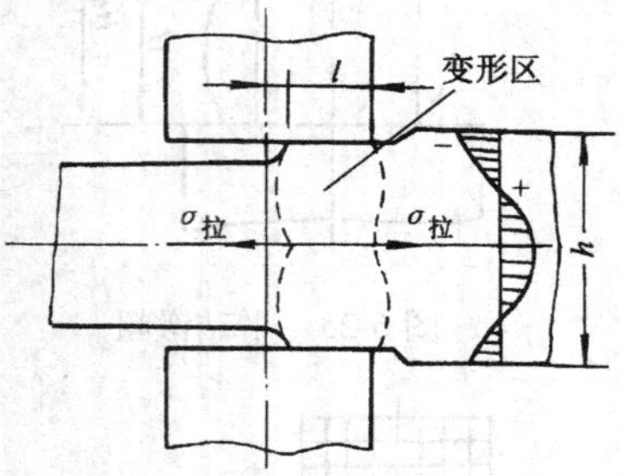


图 6-29 矩形坯料的拔长过程

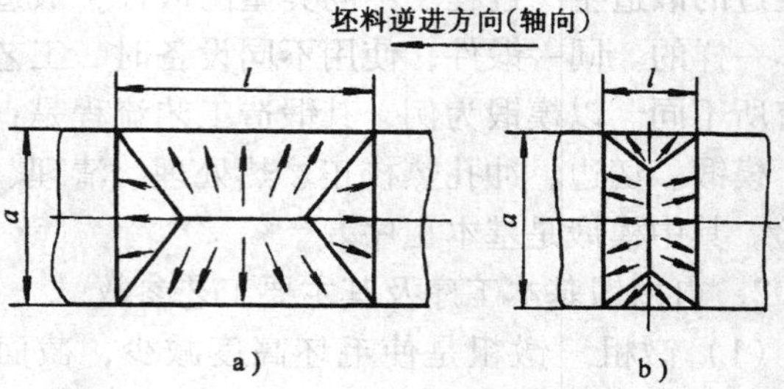


图 6-30 矩形坯料拔长时金属的流动特点

a）大送进量 $l>a$ b）小送进量 $l<a$

此外，压下量 $\Delta h$ 对拔长变形也有影响，增大压下量不但可以提高生产效率，而且还可增大坯料心部的变形量，有助于内部缺陷的锻合。但压下量的增大受到坯料塑性的限制，而且压下量过大会在坯料翻转 90°时出现高宽比超过 2.5～3 的情况，使继续变形难以进行。

（3）其他工序 图 6-31～图 6-34 显示了芯轴拔长、马架扩孔、错移和冲孔等其他几种常见自由锻基本工序。

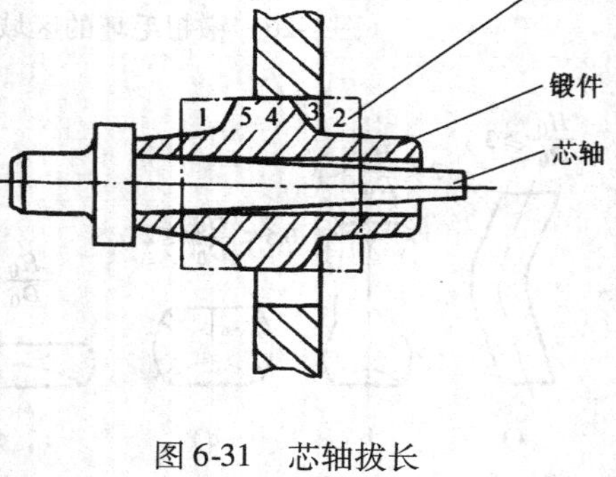


图 6-31 芯轴拔长

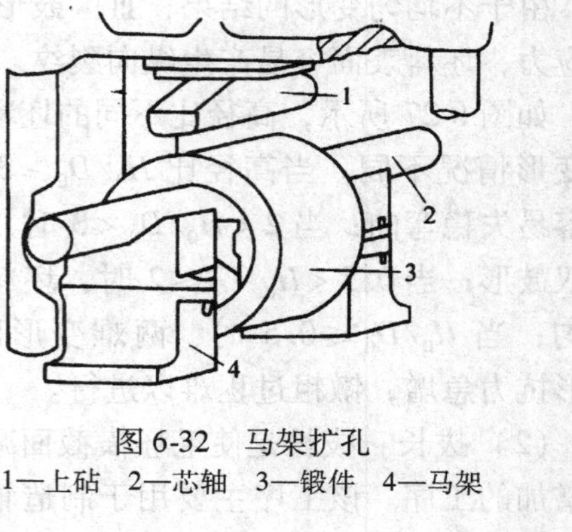


图 6-32 马架扩孔

1—上砧 2—芯轴 3—锻件 4—马架

（4）主要工艺参数 在镦粗工序中，锻件的变形程度常用相对压下量 $\varepsilon$ 来表示

$$\varepsilon=\frac{H_0-H_1}{H_0}\times 100\%$$

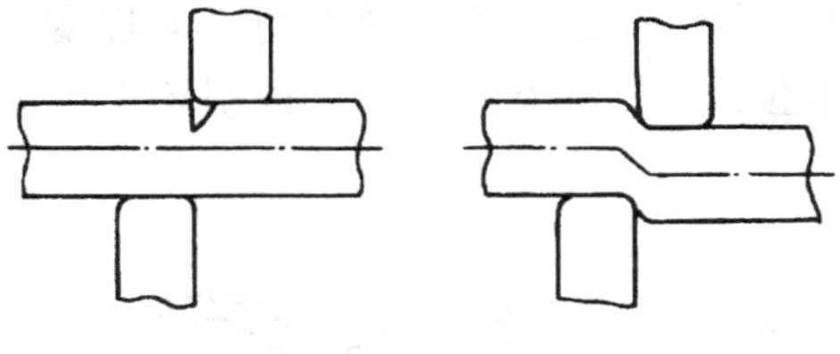

图 6-33　错移

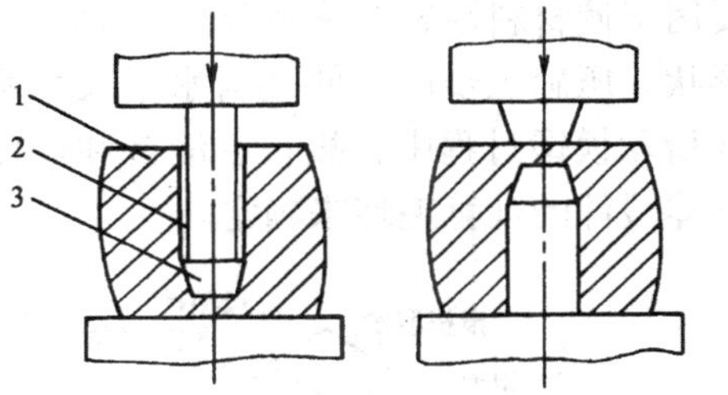


图 6-34　实心冲子冲孔
1—坯料　2—冲垫　3—冲子

式中　$H_0$——原始坯料高度（mm）；

$H_1$——变形后锻件高度（mm）。

在开坯或坯料拔长时，变形程度用锻造比 $K$ 表示

$$K=\frac{A_0}{A_1}$$

式中　$A_0$——钢锭的平均截面积（$mm^2$）；

$A_1$——锻坯的平均截面积（$mm^2$）。

除此之外，生产中还常用高径比 $H_0/D_0$（镦粗），相对送进量 $l/h$（拔长）等工艺参数来判断成形的难易程度，控制锻造质量和生产效率。其中：$D_0$ 为原始坯料直径（mm）；$l$ 为拔长时一次送进长度（mm）；$h$ 为拔长坯料高度（mm）。

3．模锻变形工步及模锻变形特点

（1）模锻变形工步　模锻时，坯料在锻模的一系列模膛中变形，坯料在每一模膛中的变形过程称为模锻工步。工步的名称和所用的模膛名称一致。例如，拔长工步所用的模膛叫拔长模膛。

根据锻件形状的不同，锻件可分为饼类锻件和轴类锻件。在锻造过程中，饼类锻件的轴线与打击方向平行，而轴类锻件的轴线与打击方向垂直。图 6-35 显示了这两类锻件的模锻过程。在模锻过程中，模锻工步根据其作用的不同可分为制坯工步、模锻工步和切断工步三类。

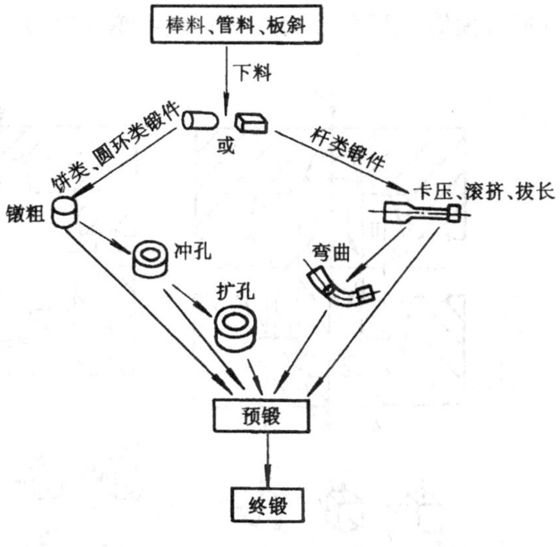


图 6-35　模锻工艺过程

1）制坯工步。制坯工步的作用是改变原毛坯的形状，合理地分配材料以适应锻件横截面的要求，使金属能较好地充满模膛。

饼类锻件的制坯工步只有镦粗工步，用于减小坯料高度和减少终锻型槽的磨损。

轴类锻件的制坯工步有卡压、滚挤、拔长、弯曲、成形及压扁工步。其中，前三种工步

主要用于使材料沿轴线重新分配。弯曲和成形工步用于使坯料轴线形状符合锻件在分模面上的形状。压扁工步用于使坯料水平尺寸增大，以减小坯料在模锻型槽中的变形程度。在图6-36所示模锻过程中，拔长、滚挤和弯曲均属制坯工步。至于选用哪一种制坯工步需要根据具体锻件的计算毛坯来确定。

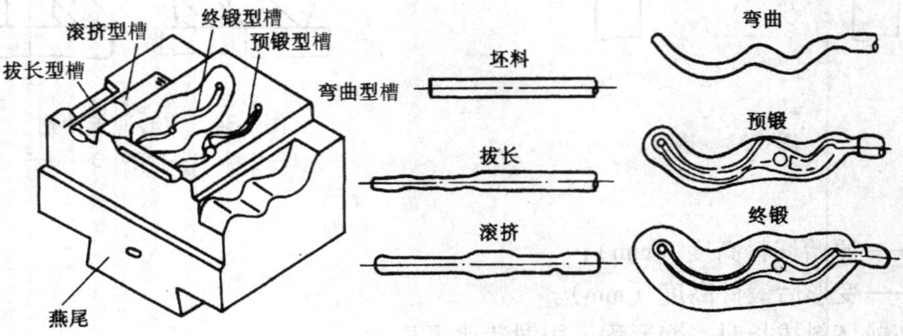


图 6-36 轴类锻件的模锻过程

2）模锻工步。模锻工步包括预锻工步和终锻工步，其作用是使坯料形成最终锻件所要求的形状和尺寸。每类锻件都需要终锻工步，而预锻工步则应根据具体情况来决定其取舍。预锻工步主要用于减小金属对终锻型槽的磨损。模锻件容易产生折叠和不易充满时常采用预锻工步。

3）切断工步。切断工步常用于多件模锻。其作用是将带毛边的锻件从棒料上分离，或切断夹钳部位料头。

（2）锤上模锻的变形特点 图6-37是圆饼类锻件开式模锻变形过程的示意图。由图中可见，模锻过程可分为三个阶段：第一阶段为镦挤阶段，如图6-37a所示，在此阶段一部分

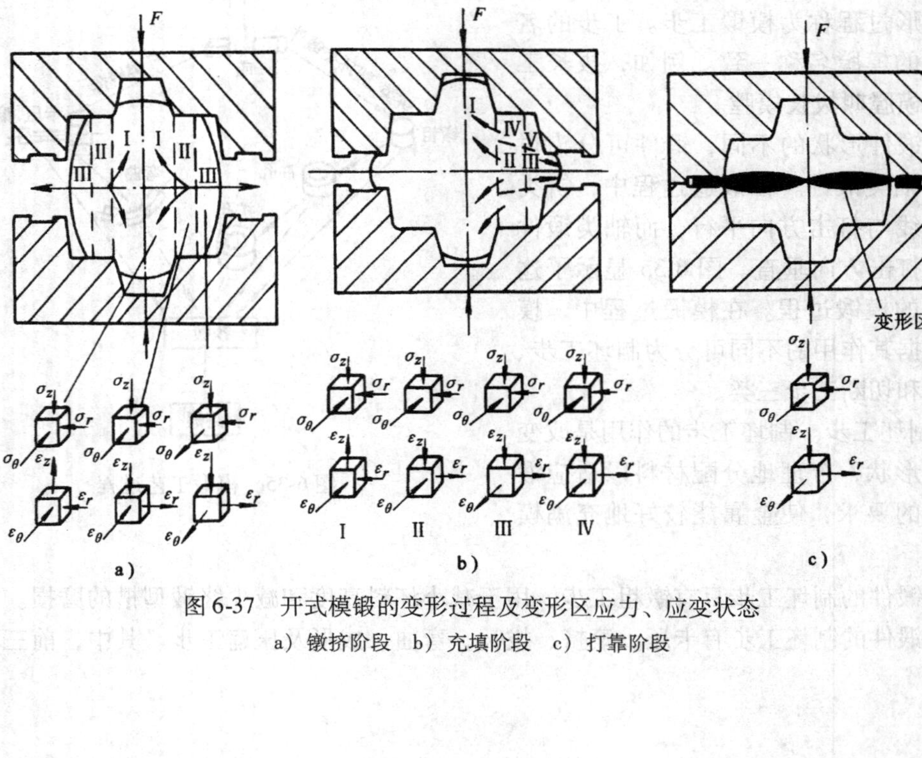


图 6-37 开式模锻的变形过程及变形区应力、应变状态
a）镦挤阶段 b）充填阶段 c）打靠阶段

金属挤入模腔中的凹槽，另一部分金属镦粗向外侧流动，Ⅱ、Ⅲ区之间存在一分流层；第二阶段为充填阶段，如图6-37b所示，在此阶段坯料与模壁接触，部分金属通过飞边桥部向外流动，由于模膛侧壁阻力和飞边桥部摩擦阻力的作用，使分流层位置外移，迫使金属挤入模腔凹槽充满模膛；第三阶段为打靠阶段，如图6-37c所示，在此阶段多余金属流入飞边仓部，上下模打靠。

与自由锻造不同的是，模锻的变形过程可以通过模具提供材料成形的形状和尺寸变化信息来控制金属的流动方向。锻模侧壁或模腔以及飞边的设置增加了金属向外流动的阻力，从而控制金属充满模膛，保证了锻件的形状和尺寸精度。在开式模锻中设置飞边槽的作用主要就在于造成足够大的水平方向阻力、控制金属的流动；容纳多余金属和缓冲锤击。

图6-38显示了锻造成形的力-行程曲线。由图可见，锻造过程中金属的承载面积是不断增加的，故力-行程曲线呈单调增趋势，锻造结束时，成形力达到最大值。如图6-38b所示，模锻时力-行程曲线呈现出明显的阶段性特征，后期成形力急剧增大。

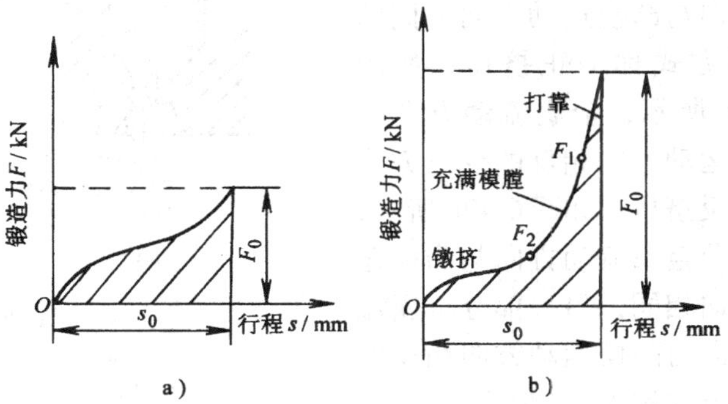


图6-38　锻造成形力-行程曲线

a）自由锻　$E \approx \frac{1}{2}F_0 s_0$　b）模锻　$E = \frac{1}{4}F_0 s_0$

（3）压力机上模锻的变形特点　图6-39显示了金属在模锻压力机和模锻锤上进行锻造时的变形情况。由图6-37可见，两者变形的阶段性特征是相同的。不同的是，锤上模锻时，金属沿高度方向的流动和充填能力较强；而压力机上模锻时，金属沿水平方向的流动强烈。锤上模锻时，设备工作速度高、金属流动速度快，这将使摩擦因数降低、金属流动的惯性和变形的热效应作用突出，对靠挤入方式成形的锻件成形有利。在压力机上模锻时，由于滑块工作速度低、惯性作用不明显，对主要靠挤入方式成形的锻件，应采用多模膛模锻使坯料逐步成形。

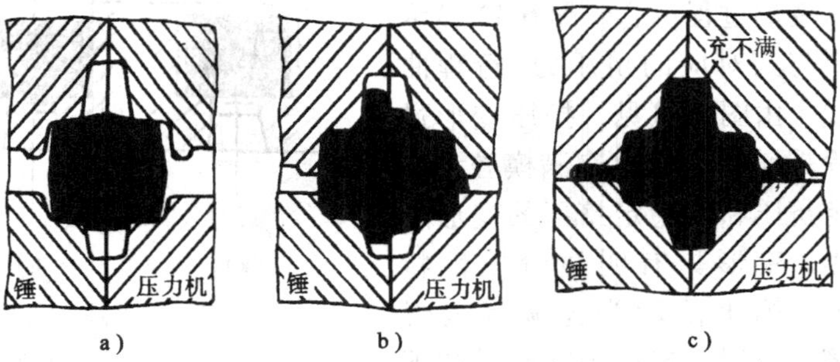


图6-39　金属在热模锻压力机及模锻锤上的变形情况

a）镦挤阶段　b）充填阶段　c）打靠阶段

压力机上模锻具有静压力特征，金属在模膛内流动缓慢，这对变形速度敏感的低塑性合金材料的成形十分有利。此外，由于金属变形在滑块一次行程中完成，坯料内外层几乎同时变形，因此，变形深透均匀、流线分布连续、锻件各处力学性能一致性较好。这有利于提高锻件的内部质量，锻件的尺寸精度也高。

## 二、挤压

1. 挤压成形方法及其分类

坯料在封闭模腔内受三向不均匀压应力作用，从模具的孔口或缝隙挤出，使之横截面积减小，形成所需制品的加工方法称为挤压。

按成形温度，挤压分为热挤压、温挤压和冷挤压三类。其中，热挤压主要用于大型钢锭，以获得具有相当长度的棒材或各种型材的半成品；温挤压和冷挤压则主要采用小型坯料，可获得成品零件或只需进行少量机加工的半成品。

根据金属流动方向与凸模运动方向的关系，挤压又可分为正挤压、反挤压和复合挤压等。如图6-40a所示，金属流动方向与凸模运动方向相同的变形方式称为正挤压；如图6-40b所示，金属流动方向与凸模运动方向相反的变形方式称为反挤压；如图6-40c所示，一部分金属流动方向与凸模运动方向相同，另一部分金属流动方向与凸模运动方向相反的变形方式称为复合挤压。

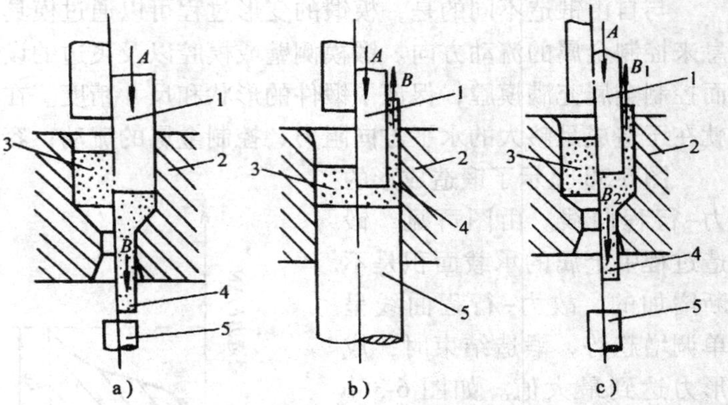


图6-40 基本挤压方式示意
a）正挤压 b）反挤压 c）复合挤压
1—凸模 2—凹模 3—毛坯 4—挤压件 5—顶料杆

2. 挤压成形的特点

（1）挤压变形过程及挤压力-行程曲线 图6-41是正挤压变形过程示意。图6-42显示了与其对应的挤压力-行程曲线。由图中可见，挤压变形过程是坯料被镦粗充满模腔，稳定挤压和不稳定挤压的变形过程，变形具有明显阶段性特征。第Ⅰ阶段为充满（或镦挤）阶段，挤压力随凸模的下降而上升，到最大挤压力出现为止。第Ⅱ阶段为稳定挤压阶段，对于无润滑或润滑不良的正挤压（图6-42a），由于坯料长度缩短、摩擦力减少，该阶段变形力逐渐下降；在反挤压或很有效润滑正挤压时(图6-42b)，该阶段挤压力几乎保持不变。第Ⅲ阶段为不稳定挤压阶段，当变形进入此阶段时，凸模下部金属全部进入塑性变形，可参与变形的金属逐渐减少，凸模与凹模底面靠近，挤压力急剧增加。

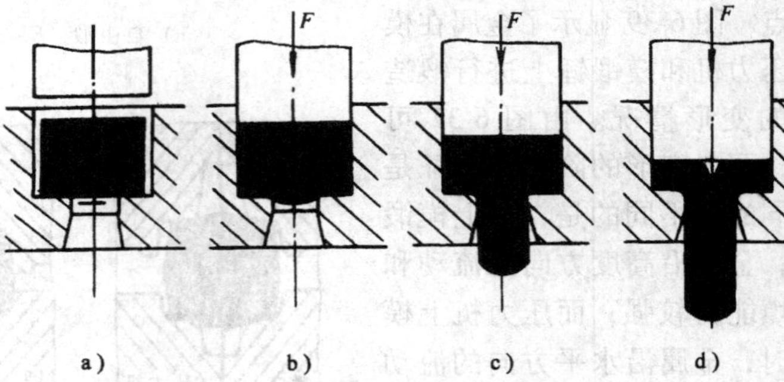


图6-41 正挤压变形过程
a）初始状态 b）充满阶段
c）稳定挤压阶段 d）非稳定挤压阶段

（2）区域划分及主要变形区应力、应变状态 图6-43显示了正挤压坯料区域划分及主要变形区应力、应变状态。图中扇形点划线，按变形情况将坯料分为Ⅰ、Ⅱ、Ⅲ、Ⅳ四个区域。Ⅰ区为弹性变形区，凸模下降时，Ⅰ区金属将逐渐进入塑性变形；Ⅱ区为塑性变形区，也是正挤压的主要变形区；Ⅲ区被称作“死区”，当摩擦阻力很大或金属温度降低较多时，该区变形阻力较大，不参与塑性变形，在与Ⅱ区交界处产生速度间断和很大的切应力。当坯料高度较小、摩擦阻力小时，该区也可进行少量变形；Ⅳ区被称作已变形区，该区虽已完成塑性成形过程，但由于与凹模出口有摩擦作用，故对Ⅱ区的变形会有影响。图中虚线，按受力情况将坯料分为 $A$ 和 $B$ 两个区。$A$ 区是直接受力区；$B$ 区为间接受力区，其受力主要是由 $A$ 区的变形引起的。可见，挤压变形也是极不均匀的，这种变形的不均匀性会在变形体内产生附加应力。

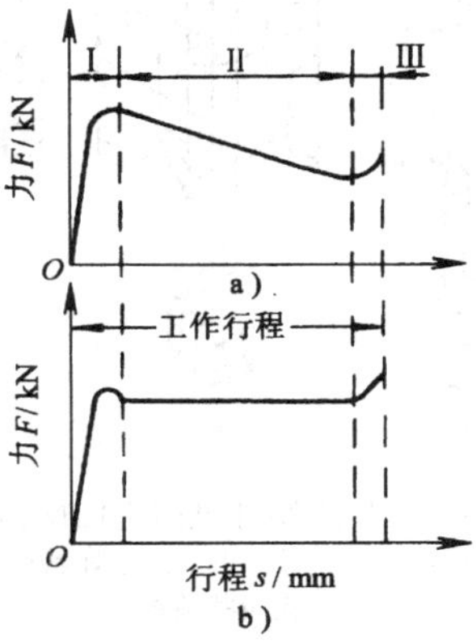


图 6-42　挤压力-行程曲线
a）无润滑或润滑不良正挤压
b）有效润滑正挤压或反挤压

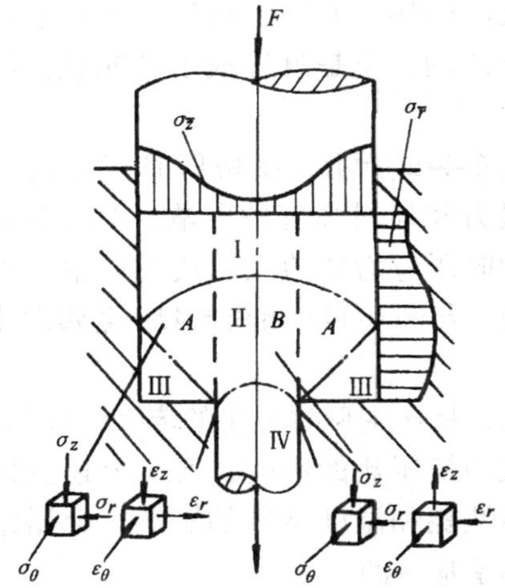


图 6-43　正挤压区域划分及主要变形区内的应力、应变状态

由图 6-43 还可看出，挤压成形时，坯料在三向压应力作用下产生一向伸长双向压缩变形。压应力状态提高了材料的塑性，但也增大了变形抗力。挤压成形与其他成形方法本质上的区别就在于挤压成形是在很高的静水压力下进行的，单位挤压力很高。

（3）正、反挤压金属的流动特点　图 6-44 和图 6-45 显示了正、反挤压成形时金属的流动特点。正挤压时，金属的流动可分为三种情况：如图中6-44a和图6-45a所示，当坯料很

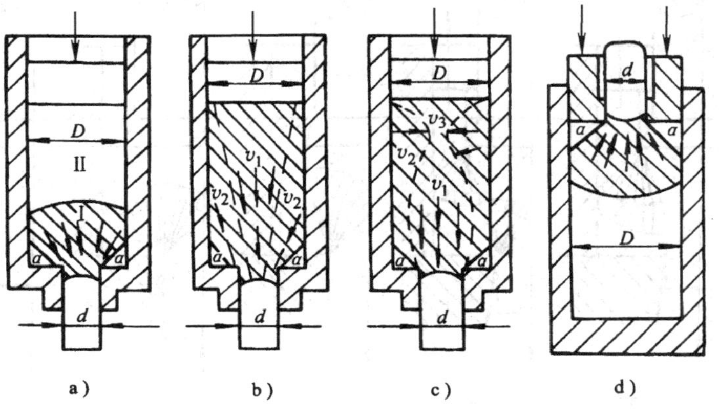


图 6-44　正、反挤压金属的流动情况
a）高坯料、小摩擦因数　b）高坯料、大摩擦因数
c）很高坯料、很大摩擦因数　d）反挤压

高但摩擦因数较小或挤压比较小时，变形主要集中在孔口附近，死区相对较小；如图6-44b和图6-45b所示，当坯料较高且摩擦因数较大时，由于受筒壁摩擦阻力的影响，轴心区金属比外周金属流动快，除死区外几乎整个坯料都参与了塑性变形，死区较前一种情况要大些；如图6-44c和图6-45c所示，当坯料很高、摩擦因数也很大且挤压比较大时，由于沿高度方向挤压力损失大，使$A$区轴向压应力的数值在凸模附近比其他部位大，此处较易满足塑性条件，便产生了第三种金属的流动。因轴心部分金属流动很快，$A$区金属变形先从上部开始并向轴心流动，于是就形成了花瓶状流线，死区也较大。

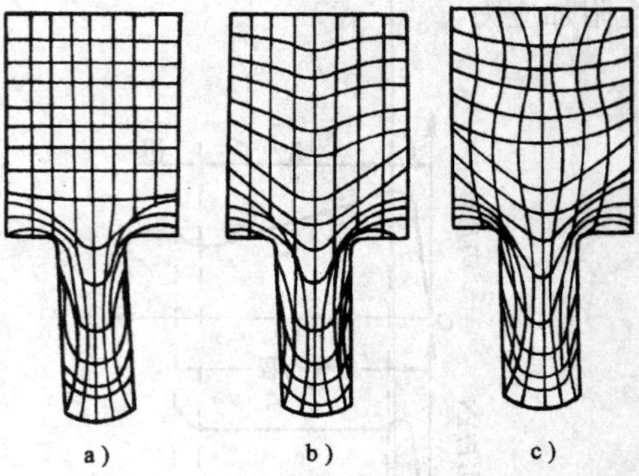


图6-45 正挤压制件纵向剖面网格变化
a）孔口集中变形 b）整个坯料变形
c）花瓶状流线

如图6-44d所示，反挤压时因金属流动不受摩擦阻力和坯料高度的影响，$A$区金属在孔口处的轴向压应力数值大，故变形主要集中在孔口附近，与图6-44a和图6-45a金属的流动相似。

可见，挤压变形时金属的流动受坯料高度、摩擦因数和挤压比的影响，实际上还受模具形状、坯料性能和温度条件的影响，金属塑性流动模式不是唯一的。

（4）复合挤压金属的流动特点 复合挤压变形过程中，金属有两个通道可以自由流动。因此，金属的流动比单纯正挤压和反挤压要复杂得多。图6-46显示了杯-杆型复合挤压可能出现的金属流动模式。理论计算和实验证明，在杯-杆型复合挤压变形过程中，可能出现纯反挤、反挤/剪切、反挤/正挤（复合挤）、剪切/正挤，纯正挤和纯剪切等多种金属的流动模式。在实际生产中，金属的变形主要受模具的几何参数、变形毛坯的相对高度、相对压下行程、外摩擦和材料硬化程度等因素的影响。在进行理论研究和金属塑性变形的数值模拟时，

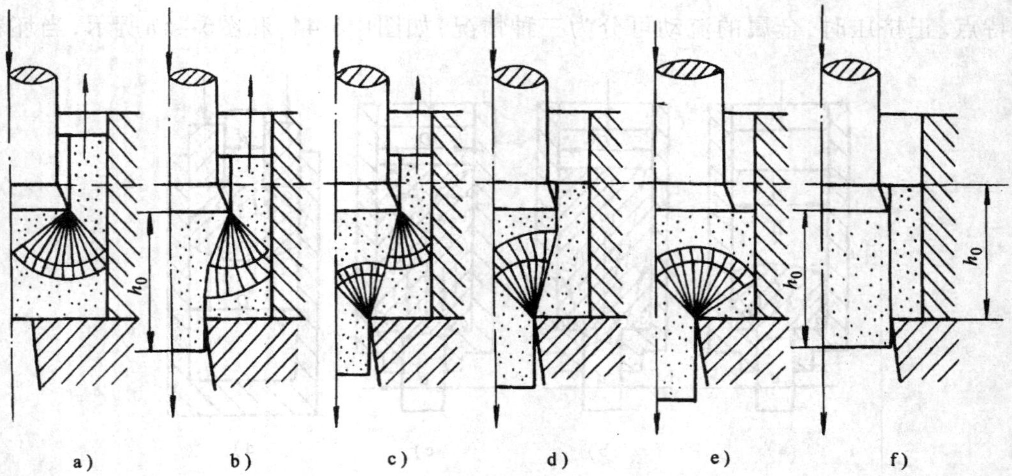


图6-46 杯-杆型复合挤压金属的流动情况
a）反挤 b）反挤/剪切 c）反挤/正挤 d）剪切/正挤 e）正挤 f）剪切

可用选择准则来判断，即最适当的解对应于最低的载荷值。

（5）挤压坯料的软化处理和润滑　挤压成形时，单位压力和摩擦阻力都很大。因此，坯料的软化处理和良好的润滑在挤压成形中占有非常重要的地位。

对冷挤压而言，为达到充分软化的目的，毛坯必须进行退火处理。需要进行多次挤压的工件，一般要在各道挤压工序之间进行中间退火。对于有色金属，如铝合金和黄铜等，要求退火软化后的硬度控制在70HBW以下，低碳钢则以110～130HBW为宜。

挤压成形中，良好的润滑可以降低模具与变形金属之间的摩擦和挤压变形力、减少模具磨损、延长模具的使用寿命。从变形角度看，合理的润滑可以控制金属流动、使变形相对均匀，减少不均匀变形产生的附加应力和残余应力从而提高产品质量。目前，钢的冷挤压主要采用磷化-皂化处理；硬铝则广泛采用氧化处理和涂覆硬脂酸锌粉末的润滑方法。

3. 主要工艺参数

生产中，常用断面减缩率 $\varepsilon$ 或挤压比 $R$ 来表示挤压变形程度。

断面减缩率：
$$\varepsilon=\frac{A_0-A}{A_0}\times 100\%$$

挤压比：
$$R=\frac{A_0}{A}$$

式中　$A_0$——挤压变形前毛坯横截面积（$mm^2$）；

$A$——挤压变形后制件的横截面积（$mm^2$）。

挤压比与断面减缩率之间有如下关系

$$\varepsilon=1-\frac{1}{R}$$

在挤压加工中，$\varepsilon$ 或 $R$ 是进行工艺计算、挤压力估算和模具设计的最主要工艺参数。$\varepsilon$ 或 $R$ 越大，单位挤压力越大。单位挤压力超过模具所能承受的单位压力时，就会导致模具的损坏。生产中将一次挤压加工所容许的变形程度，称为许用变形程度。

**三、典型体积成形模具结构及模具设计**

1. 锤用锻模结构及模具设计的步骤和内容

（1）汽车连杆的锤锻模具设计　图6-47是汽车连杆的零件图。现以此零件为例简要介绍轴类锻件锤用锻模的设计步骤和内容。

1）锻件图设计。模锻件图是确定模锻生产过程、制定工艺、设计和制造锻模、检验锻件的依据。锻件图分为热锻件图和冷锻件图。图6-48是根据产品零件图设计的冷锻件图。冷锻件图用于锻件检验，也是机械加工部门制定加工工艺的依据，一般简称锻件图。锻件图设计的内容包括：选择分模面的位置和形状；确定加工余量和公差；确定模锻斜度和圆角半径；制定锻件技术条件；绘制锻件图。

2）计算锻件的基本参数。包括锻件在水平面或分模面上的投影面积、锻件周边长度、锻件体积和质量等。

3）确定锻锤的吨位。根据锻件在水平面上的投影面积与假定飞边水平投影面积之和，按经验公式计算打击力并选用锻锤。

4）确定飞边槽的形式和尺寸。根据所确定锻锤的吨位，分析连杆锻件图的结构特点即可选定飞边槽的形式，确定其基本尺寸。

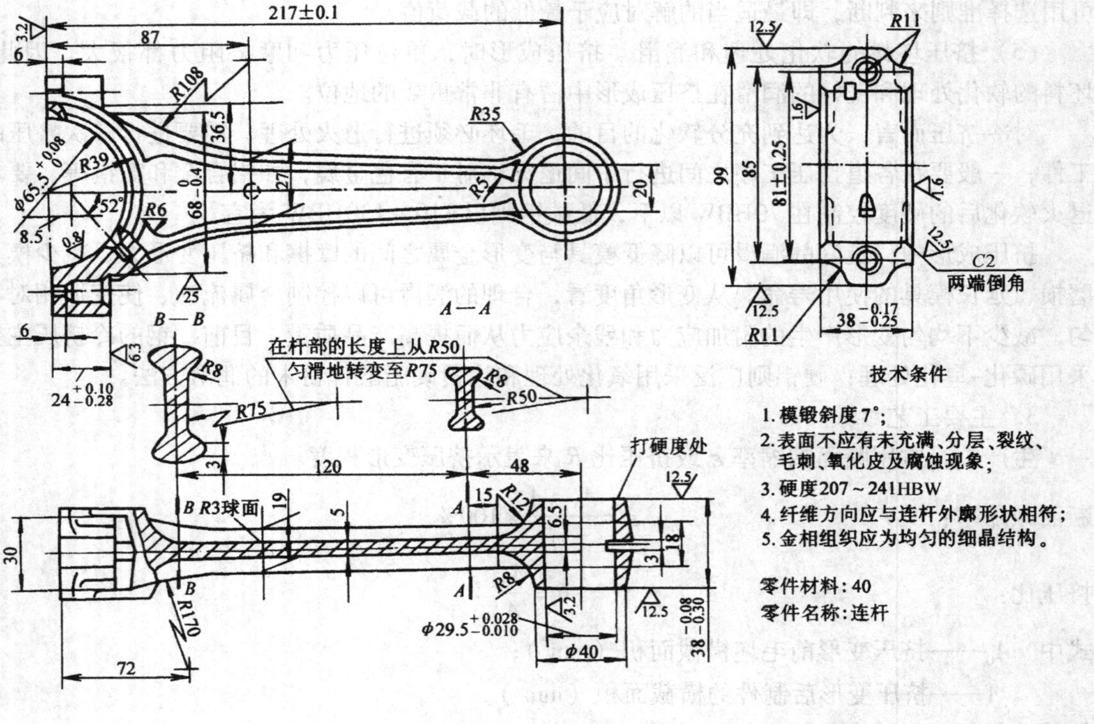


图 6-47 连杆零件图

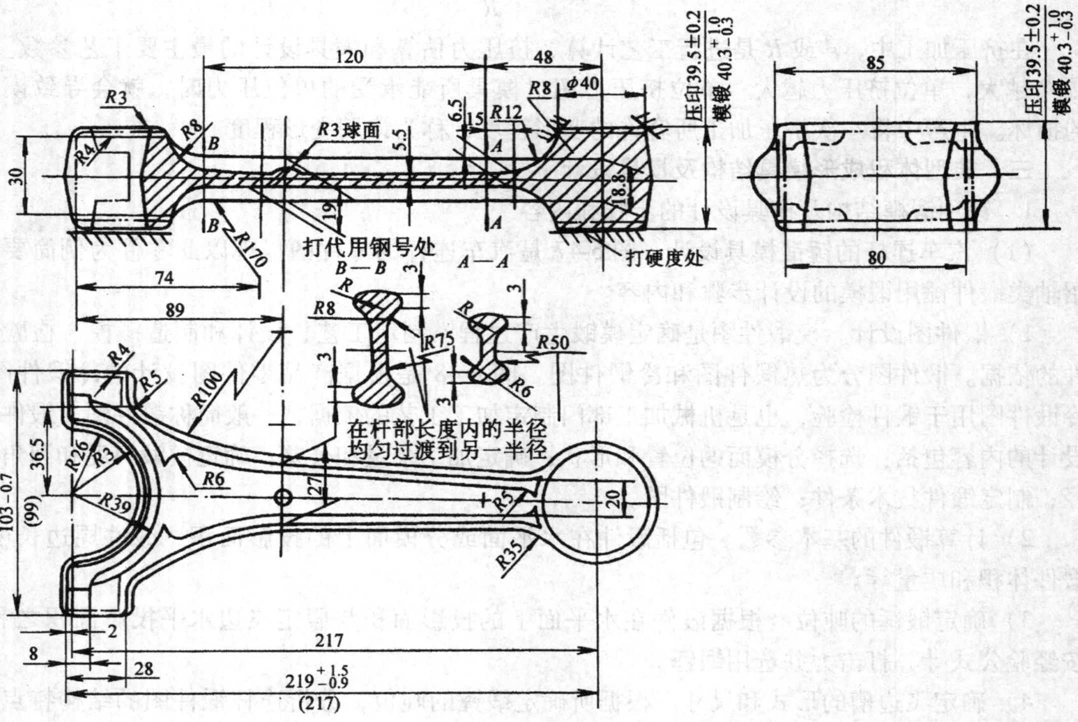


图 6-48 连杆锻件图

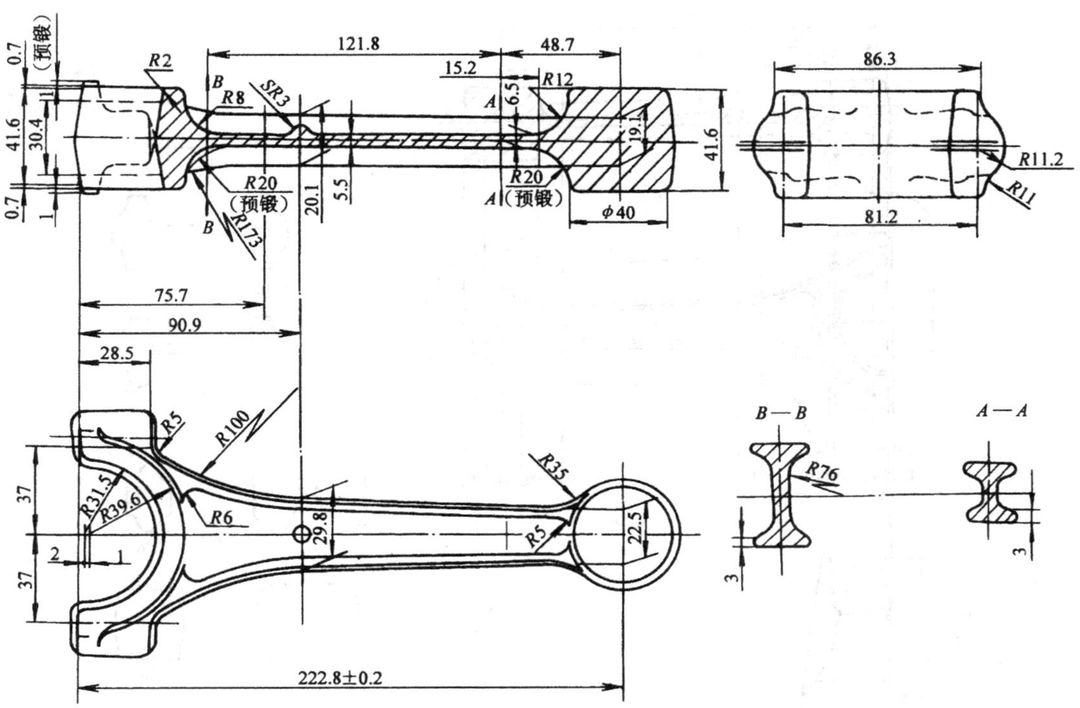

图 6-49　连杆热锻件图

5）终锻模膛设计。主要内容是绘制热锻件图或称制模用锻件图。图 6-49 是根据锻件图增加 1.5% 冷缩率绘制而成的连杆热锻件图。

6）预锻模膛设计。由于锻件形状复杂，需设置预锻模膛。预锻模膛在叉部采用了劈料台。预锻模膛与终锻模膛不同之处均在热锻件图上作了注明。

7）绘制计算毛坯图。图 6-50 是根据零件的形状特点，选取 13 个截面，分别计算锻件截面积 $S_{锻}$、毛坯截面积 $S_{计}$ 和毛坯上任一截面的边长 $a_{计}$（采用圆形棒料时为直径 $d_{计}$）后绘出的连杆截面图和计算毛坯图。一般根据冷锻件图作计算毛坯图。截面图和计算毛坯图是选用制坯工步的依据。

8）选择制坯工步。本例中计算毛坯为两头一杆，简化成两个简单的计算毛坯，由制坯工步的设计和参数确定采用拔长——开式滚压制坯工步。模锻工艺方案确定为拔长——开式滚压——预锻——终锻。

9）确定坯料尺寸。由截面图和计算毛坯图确定坯料（方坯）的边长 $a_{坯}=45\text{mm}$，根据坯料体积即可计算出坯料长度 $L_{坯}=123\text{mm}$。由实际生产情况，根据坯料的质量和长度选用调头模锻，一料两件，料长取为 246mm。

10）制坯模膛设计。参考有关文献和设计资料，根据计算毛坯图来设计滚压模膛和拔长模膛。根据实际生产情况和经验对个别尺寸和模具参数作适当修改。

11）锤锻模结构设计。上述工作进行完后即可进行锻模的结构设计并绘制锻模图。锤锻模的结构设计一般包括：模具紧固方式的选择、模膛的布置、错移力平衡与导向设计、模

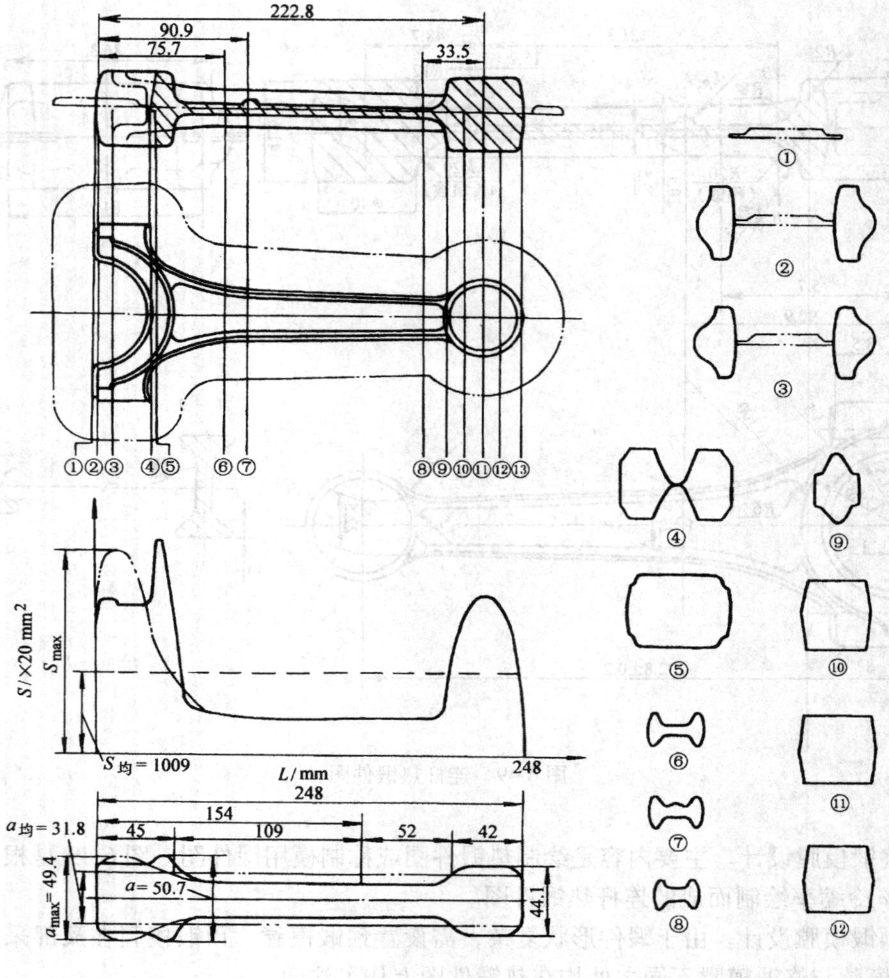


图 6-50 连杆的截面图和计算毛坯图

具强度校核、模具尺寸确定等几方面的内容。图 6-51 显示了一套典型的汽车连杆锤用锻模图。

（2）锤用锻模的结构特点及模具材料 分析图 6-51 可见，锤用锻模由上模和下模两部分组成，其结构具有以下特点：上、下模采用楔和键分别紧固在锤头和模座上；因加热炉在锤的右方，故拔长模膛布置在右边，滚压模膛在左边，预锻及终锻工步从左到右；采用纵向锁扣来平衡错移力和导向；为保证滚压和拔长模膛处上模锁扣强度，将两模膛中心线分别下移 5mm 和 4. 5mm；锻模有足够的承击面以保证模具的强度；因采用调头模锻，将预锻钳口口颈尺寸加大。

锤锻要求模具材料具有较高的冲击韧度和耐热疲劳性。目前常用的模具钢为 5CrNiMo、5CrMnMo 和 6SiMnV。

2. 热模锻压力机用锻模结构及其特点

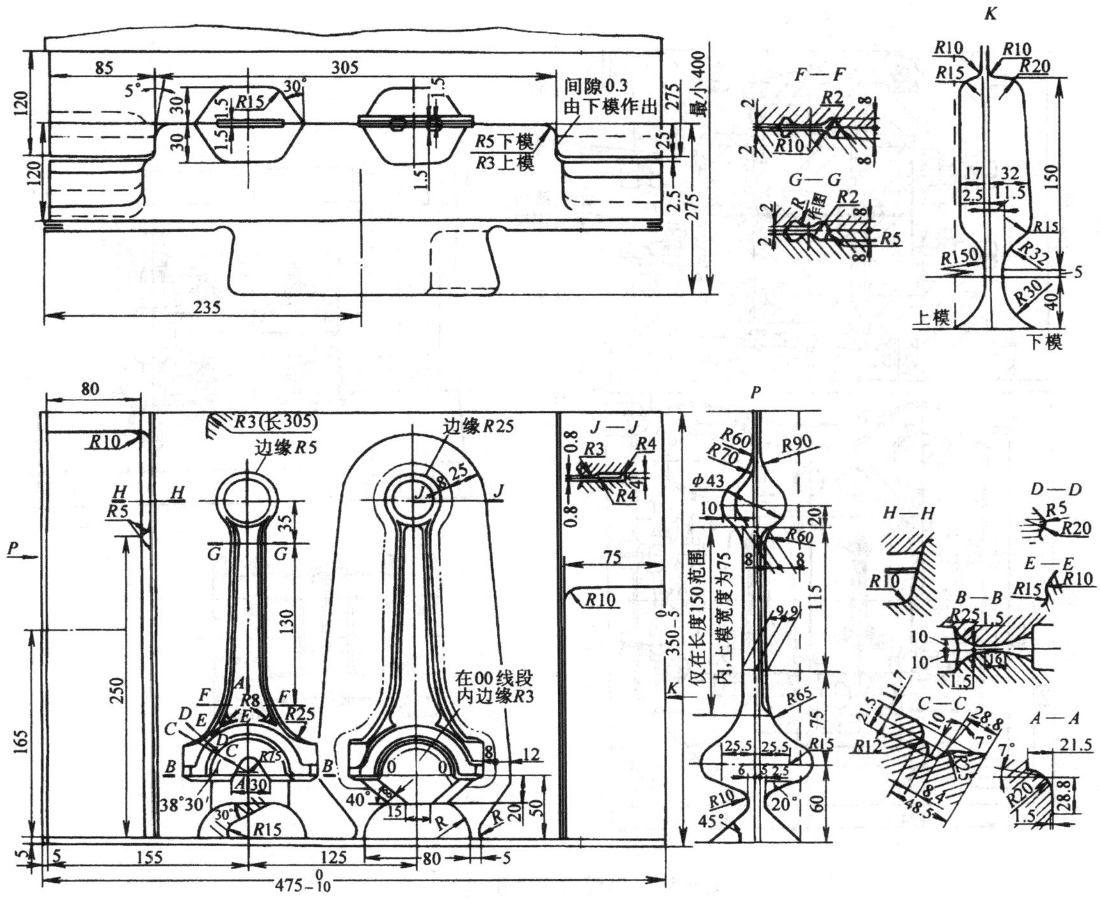

图 6-51 连杆锤用锻模图

图 6-52 是热模锻压力机连杆锻模。由图中可见压力机用锻模由模架（上、下模板，紧固零件，定位调整零件，垫板和压板等）、模块、导向装置和顶出器 4 部分组成。

与锤上锻模相比，热模锻压力机用锻模结构有如下特点：

1）采用通用模架内装模膛镶块的组合结构锻模。常用的模架有压板式模架和键式模架两种。键式模架通用性强，折装、调整方便，但垫板、键等零件加工精度高。模块分整体式和镶块式两种。上、下模块可分为两块或其中一个分为两块，一块为模座，一块为加工出模膛的镶块。

2）采用多模膛模锻使坯料逐步成形。由于行程固定，只能完成截面变化不大（≤10%）的制坯操作。拔长和滚压等制坯工步需在其他设备上进行。

3）设有导向装置。多数锻模采用双导柱、导套装置。

4）终锻模膛设有排气孔和顶出装置。

5）模具闭合高度受压力机装模高度限制。

压力机模锻靠静压力使金属变形，模具工作条件较好，对模具材料在韧性上要求比锤用锻模稍低。常用模块材料有 5CrNiMo、5CrMnMo、3Cr2W8V 和 H13 等。

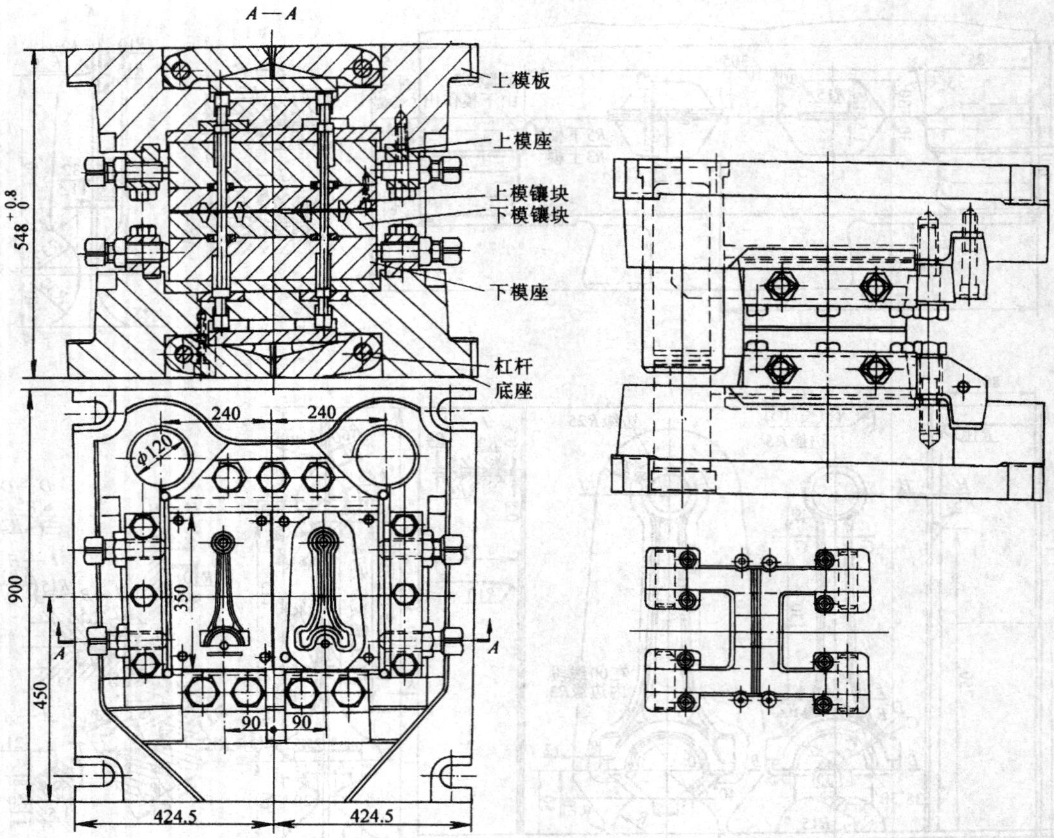


图 6-52 热模锻压力机连杆锻模

# 第三节 数字化塑性成形技术

## 一、数字化塑性成形技术体系和关键技术

塑性成形技术与科学发展的总趋势是交叉-综合化、数字-智能化、清洁-高效化和柔性-集成化。一方面，它将在与材料科学、信息科学、管理科学、生命科学等学科的交叉中得到发展；另一方面，它将在解决塑性成形实际的关键问题中不断得到完善。数字化是塑性成形技术发展的核心。从制造业的角度看，就是要实现产品设计、分析、制造、管理和服务咨询的数字化。数字化技术的应用，导致了制造信息的表述、存储、处理、传递等方法的深刻变革，使制造业由传统的能量驱动型逐步转向为信息驱动型，数字化已逐渐成为产品生命周期中不可缺少的驱动因素，从而使数字化制造技术的发展成为必然。

如图 6-53 所示，数字化塑性成形技术是一项在塑性成形全过程（塑性成形产品设计、分析和制造过程）中融合数字化技术，且以系统工程为理论基础的技术体系。

1. 设计数字化技术

设计虽然只占产品生命周期成本的 5% ~15%，但决定了 70% ~75% 以上的产品成本和 80% 左右的产品质量和性能，上游的设计失误将以 1:10 的比例向下游逐级放大。可见，设

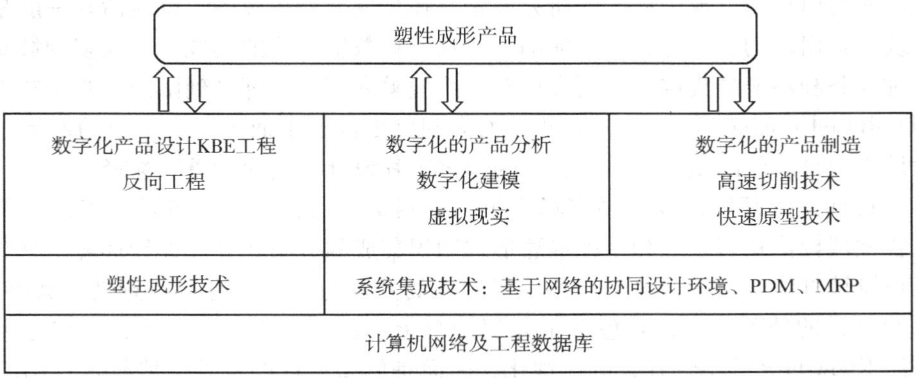


注：PDM——Product Data Management，产品数据管理；MRP——Material Requirement Planning，物料需求计划。

图 6-53　数字化塑性成形技术体系

计尤其是早期概念设计是产品开发中最为重要的一环。近年来，学术界提出了并行设计、协同设计、大批量定制设计等新的设计理论与方法，其核心思想是：借助专家知识，采用并行工程方法和产品族的设计思想进行产品设计，以便能够有效地满足客户需求。实施这些设计理论与方法的基础是数字化技术，其中反向设计和基于知识的工程设计是两项重要支撑技术。

（1）反向设计　以实物模型为依据来生成数字化几何模型的设计方法即为反向设计。反向设计不是一种创造性的设计思路，但是通过对多种方案的筛选和评估，有可能使其设计方案优于现有方案，缩短方案的设计时间，提高设计方案的可靠性。反向设计是产品数字化的重要手段之一，这种思想对于消化吸收国外的先进技术，提高我国的设计水平具有重要的意义。目前，反向设计的研究重点在于：

1）数据采集设备与方法。数据采集设备与方法是数据获取的保证，研制快速、精确和能够测量具有复杂内外形状的新设备是发展方向。

2）数据前处理。包括对测量所得数据点进行测头半径补偿、数据噪声点的有效滤除以及测量数据的合理分布。此外，还包括建立统一的数据格式转化标准，减少数据丢失和失真等。

3）数据优化。测量所得的数据文件通常非常庞大，需要对测量数据进行优化处理。主要问题有：如何合理地分布数据点，在尽量保有各种特征信息的基础上合理简化数据；如何使数据真实反映形面的保凸特性；如何减少人工交互，提高数据区域划分中的自动化与效果。

4）曲面重构研究。主要问题有：反算控制点时，存在反算标准及精度的问题；对于起伏剧烈的数据点群，使用单块曲面描述会有较大差异；如何解决有关曲面重构算法的有效性、效率以及误差问题；曲面在三角离散和层切时的不确定性问题等。

在今后的研究中应当注重反向设计和具体应用领域的有机结合。

（2）基于知识的工程设计　设计是一个知识驱动的创造性过程，它包含了对知识的继承、集成、创新和管理。随着世界制造业竞争的加剧，创新产品的开发已成为竞争的关键，而竞争的优势在于其所拥有的知识含量。随着智能技术的发展与完善，如何将人类知识作为改造传统产业的原动力已成为重要的研究课题。在早期智能系统中，智能活动一般是以设计型专家系统形式出现的，但存在许多缺陷，如缺乏对数值计算的集成、对众多领域知识的集成、对多种任务和功能的集成，因而设计对象的规模和复杂性都受到限制。基于知识的工程（Knowledge-Based Engineering，KBE）正是面向现代设计要求而产生、发展的新型智能设计方法和设计决策自动化的重要工具，已成为促进工程设计智能化的重要途径。

KBE 是面向工程开发，以提高市场竞争力为目标，通过知识的继承、繁衍、集成和管理，建立各领域异构知识系统和多种描述形式知识集成的分布式开放设计环境，是获得创新能力的工程设计方法。KBE 技术对塑性成形领域的开发与实施具有重要意义，其特点在于：KBE 是一个知识的处理过程，它包含了知识的继承、繁衍、集成和管理，不仅处理显性知识，更关注 Know-how 等隐性知识的显性化，因而是创新设计的重要使能技术；KBE 是集成化的大规模知识处理环境，它可处理多领域和多种描述形式的知识；KBE 是面向整个设计的过程，它是产品全生命周期各异构系统的集成，是一种开放的体系结构；KBE 系统涉及多领域、多学科知识范畴，它模拟和协助人类专家群体的推理决策活动，往往具有分布、分层、并行的特点。

KBE 关键技术包括知识建模、知识表示和推理、知识获取和繁衍、知识管理和集成等内容。目前 KBE 研究的重点在于：

1）基于知识的产品建模。将专家的设计经验和设计过程的有关知识，表示在产品信息模型中，为实现产品设计智能化、自动化提供有力的信息。

2）工程知识的融合和繁衍技术。用数据库管理系统来存储数据，用机器学习的方法来分析数据，挖掘大量数据背后的知识，即 KDD（Knowledge Discovery in Database）。从数据库中发现出来的知识可以应用于信息管理、过程控制、决策支持和工程设计等领域。目前大多数的研究都集中在数据挖掘算法和模式的选取上。

3）工程知识的表示和推理技术。从追求效果和不追求知识统一表示的目的出发，存在多种知识表示方法，如经验公式、规则、神经网络和事例等。单一知识表示形式是无法描述复杂模具设计和塑性加工过程的，KBE 摒弃了在传统专家系统中常用的单一产生式表示模式，代之以集成多种模式的知识表示方法，从而最大限度地提高知识利用的质量与知识创新的层次；同时，多种推理方式的集成应用将使工程知识能真正应用于模具创新设计的实践中。

2. 分析数字化技术

（1）数值模拟技术　研究金属塑性变形规律的传统方法主要有物理实验法和理论分析法，而基于非线性塑性有限元数值模拟的方法则可以同时考虑材料的硬化效应、不同的本构模型和摩擦力边界条件。数值模拟不仅可以全面预测金属的流动规律，如位移场、速度场、应力应变场、温度场和成形载荷曲线，还可以预测成形过程中缺陷的产生和演化过程，如体积成形过程中的折叠、充不满和裂纹，以及板料成形过程中的拉裂、起皱和回弹等。

金属体积成形过程模拟多采用刚(粘)塑性材料模型，板料成形过程的数值模拟多采用弹塑性材料模型。每一种方法数值模拟的精度和效率是不同的，如刚塑性有限元法中拉格朗日乘子法预测应力应变场最为准确，弹塑性有限元法中静态隐式算法预测回弹最准确。无论是金属体积成形过程还是板料成形过程的数值模拟，共性的关键技术主要包括：材料的力学性能模型、边界摩擦力模型及边界约束、模具的几何模型表示、增量加载步长的确定、动态边界处理和缺陷预测技术等。图 6-54 显示了塑性成形过程数值模拟的流程。

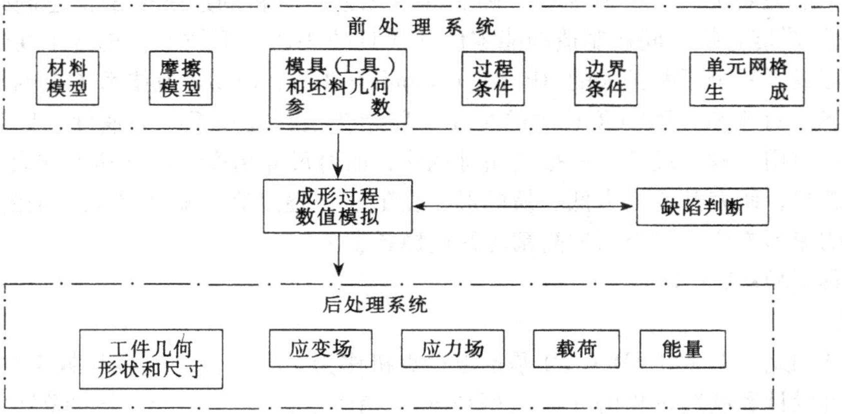


图 6-54　塑性成形过程数值模拟流程

目前，体积成形过程的数值模拟研究的热点主要有应力应变场、温度场和组织结构场的多物理场耦合技术，可以避开三维网格再划分这一瓶颈问题的基于任意的拉格朗日-欧拉描述的有限元法和无网格分析法。板料成形过程的数值模拟侧重于采用更为准确的材料性能模型和单元类型，提高预测缺陷，尤其是预测回弹的能力，越来越多的研究人员开始考虑材料的晶体塑性对成形质量的影响。

（2）虚拟现实　虚拟现实技术是实际制造过程在计算机上的本质实现，即采用计算机仿真与虚拟现实技术，在计算机上群组协同工作，实现产品的设计、工艺规划、加工制造、性能分析、质量检验，以及企业各级过程的管理与控制等产品制造的本质过程，以增强制造过程各级的决策与控制能力。由于应用环境和对象的不同要求而存在不同的侧重点，虚拟制造可分为以设计为中心的虚拟制造、以生产为中心的虚拟制造和以控制为中心的虚拟制造。

虚拟环境下的产品主模型是一个核心，以此为中心通向设计、制造和生产管理等各个环节并为其提供服务。主模型具有统一的数据结构和分布式数据管理系统，它是一个可视化的数字产品模型，拥有所代表对象具有的各种性能和特征，并能并行地处理设计分析、加工制造、生产组织与调度等各种生产环节所面临的诸多问题。

3. 制造数字化技术

在塑性成形制造中，数字化还包括辅助制造，实现用计算机的最后辅助生产、控制。当前比较新的制造数字化技术有高速加工技术和快速原型技术。

（1）高速加工技术　高速加工技术是自 20 世纪 80 年代发展起来的一项高新技术，其研究应用的一个重要目标是缩短加工时的切削与非切削时间，对于复杂形状和难加工材料及高硬度材料减少加工工序，最大限度地实现产品的高精度和高质量。由于不同加工工艺和工件材料有不同的切削速度范围，因而很难就高速加工给出一个确切的定义。目前，一般的理解为切削速度达到普通加工切削速度的 5～10 倍即可认为是高速加工。

（2）快速原型技术　现代意义上的快速原型技术始于 20 世纪 70 年代末期出现的立体光刻技术（SLA），它是汹涌而来的数字化浪潮在加工领域中不可避免的延拓：连续的曲面被离散成用 STL 文件表达的三角面片，零件在加工方向上被离散成若干层。这种离散化使得任意复杂的零件原型都可以加工出来，加工过程也大大简化了。在快速原型（RP）出现的初期，其用途主要是加工产品原型，随着成形工艺、材料的进步以及快速制模技术的发展，RP 已发展成能直接或间接制造功能零件和模具的快速成形技术，奠定了在制造业中的位置，并且形成了一个不断扩大的 RP/RT（Rapid Tooling，以 RP 为技术支撑的快速模具制造技术）市场。近年来，RP/RT 技术的主要发展趋势是：提高系统的速度、控制精度和可靠性；开发专门用于检验设计、模拟制品可视化，而对尺寸精度、形状精度和表面粗糙度要求不高的概念机；研究开发成本低、易成形、变形小、强度高、耐久及无污染的成形材料；研究开发新的成形方法；研究新的高精度快速模具工艺。

**二、模具 CAD/CAM**

1. 概述

（1）基本概念　模具 CAD/CAM 是指以计算机作为主要手段处理各种数字与图形信息，辅助完成模具设计和制造过程的先进应用技术。CAD 是人和计算机结合的设计方法。在设计过程中，人进行创造性的思维活动，将实际问题转换成计算机能处理的数学模型和解析这些模型的程序，并控制其执行过程，对设计结果做出评价；计算机则发挥其计算和存储信息的能力，完成信息管理、绘图、模拟、优化和其他数值分析任务。CAM 是人和计算机、数控加工设备相结合的加工制造方法，是利用计算机辅助实现从图样到产品制造全过程的直接和间接的活动。

在实际应用中，CAD 和 CAM 很自然地结合起来，形成了计算机辅助设计和制造系统，即 CAD/CAM 系统。在 CAD/CAM 系统中，设计和制造的各个阶段利用公共数据库的数据将两者联系成一个整体。目前，CAD/CAM 系统已不限于设计和制造两个方面，而是计算机辅助设计、分析、工艺制定、检测和制造等的综合，已成为计算机集成制造系统的重要组成部分。

（2）模具 CAD/CAM 系统的组成　模具 CAD/CAM 系统由硬件和软件两部分组成。

1）模具 CAD/CAM 系统的硬件组成。指组成 CAD/CAM 系统的物质设备，包括计算机和数控加工与检测设备。

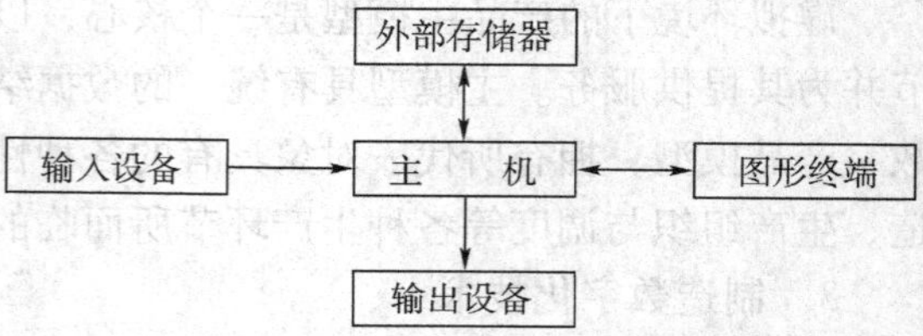


图 6-55　集中式 CAD/CAM 系统

计算机的配置按其类型的不同，可分为大型主机、小型机、工作站和微机系统；按照是否连网，可分为集中式和分布式系统。集中式系统的硬件配置如图 6-55 所示。这种系统自成体系，由主机、输入与输出设备、外部存储器和图形终端组成，不与其他计算机系统相连。计算机与一台图形终端相连，称为单用户系统；与多台图形终端相连，则为分时系统。利用局域网络技术，将多个独立的 CAD/CAM 工作站组织在局域网中，便形成了分布式 CAD/CAM 系统。局域网可通过网关与其他局域网或大型主机相连，构成远程广域网。目前，模具 CAD/CAM 工作站常作为一个结点连在本部门的计算机网络中使用。

数控加工设备是 CAD/CAM 系统中投资最大的部分。常用的数控加工设备有：加工中心、数控电火花机、数控线切割机、CNC 坐标磨和数控铣床等。目前，先进的三坐标检测仪也逐渐成为模具 CAD/CAM 系统的重要组成部分。

2）模具 CAD/CAM 系统的软件组成。系统的软件可分为系统软件、支撑软件和应用软件三个层次。

系统软件是保证用户正确方便工作的软件，包括操作、汇编、编译和诊断系统等。操作系统全面管理计算机的软硬件资源，是用户与计算机间的接口。

支撑软件是解决某些特定领域问题的通用软件，如图形处理、几何造型及数据库管理软件等。在此基础上开发应用软件可避免低层次重复，提高效率。目前，常用的支撑软件有AutoCAD绘图软件和dBASEⅢ数据库管理软件。

应用软件是用于特定目的的软件，如冲裁模CAD/CAM、锻模CAD/CAM和注射模CAD/CAM软件等。这类软件多采用交互式系统，菜单作为功能选择的工具，在交互式模具CAD/CAM系统中发挥着重要的作用。

（3）建立CAD/CAM系统的过程和方法　按照软件工程学的方法，CAD/CAM系统的生命期可分为系统分析、系统设计、程序设计、系统测试和维护五个阶段。前四个阶段为开发期，后一个阶段为维护期。工程化研制CAD/CAM系统可照此顺序进行。但实际上并非完全按直线进行，常会交叉、反复，也存在并行设计和逆设计的过程和方法。

1）系统分析。主要任务是对工作流程进行调查，收集分析有关资料，了解用户需求，进而确定系统总目标、功能和接口，建立总体逻辑模型。数据流程图（DFD）是系统分析常用的工具。图6-56显示了数据流程图的基本形式和符号。由图中可见，该图可以表达系统的逻辑功能、数据的逻辑转换和流向。系统分析的主要文档包括系统的目标、信息描述、功能描述和质量评审要求。

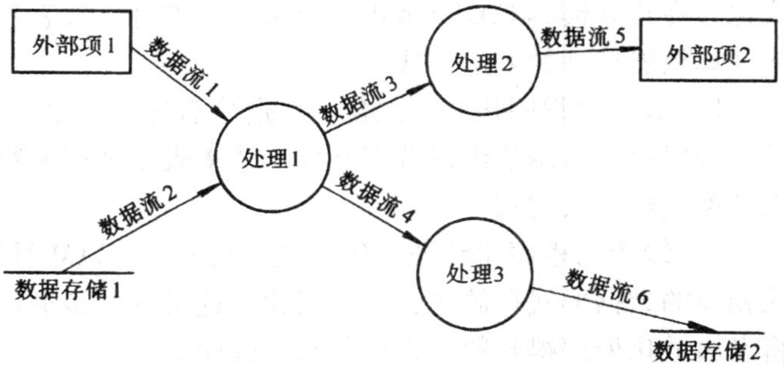

图6-56　数据流程图的基本形式和符号

2）系统设计。目前，模具CAD/CAM系统多采用结构化系统设计，即指用一组标准工具和准则进行系统设计。图6-57显示的结构是其主要工具。在设计复杂的CAD/CAM系统时，设计过程可分为概要设计和详细设计两个阶段。概要设计是确定系统的总体结构和模块间的关系；详细设计则主要是描述概要设计的功能模块，设计功能模块的内部细节。系统设计形成的文档资料是系统设计说明书。

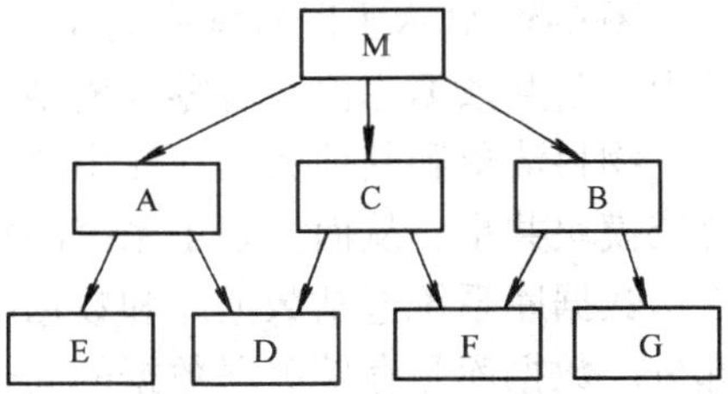

图6-57　结构

3）程序设计。主要任务是根据系统设计说明书进行程序设计，用某种语言来实现各功能模块。如图6-58所示，任何一个程序都可以用顺序、判断和循环这三种基本逻辑结构来编制。

4）系统测试。指对系统分析、系统设计和程序设计的审查。测试（或称为调试）实际包括测试和纠错两方面内容。系统测试所用的有黑盒和白盒两种方法。黑盒法着眼于程序外部特征，检查程序是否符合其功能说明；白盒法则需了解程序的内部结构，对程序的所有逻辑进行测试。

5）系统维护。主要包括改正性维护、适应性维护和完善性维护等内容。在系统使用期间发现错误，诊断和改正错误的过程称为改正性维护；为了适应计算机硬件和操作系统新版本等环境变化，对系统进行的修改称为适应性维护；为了满足用户对系统提出的新要求而进行的修改或维护称为完善性维护。要减少维护工作量、提高维护质量，必须在系统开发过程中保证文档齐全，格式规范。

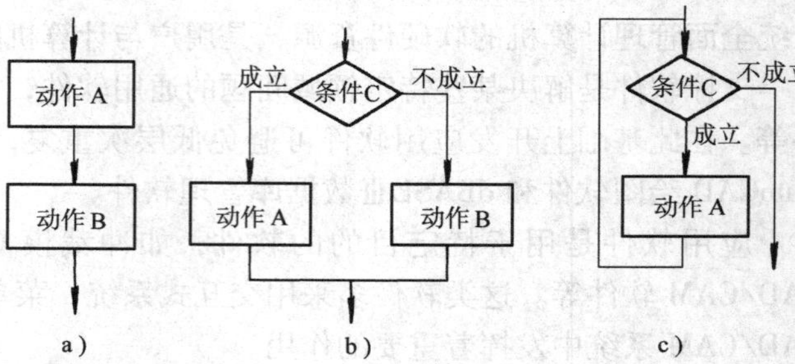


图 6-58　结构化程序设计的基本结构
a）顺序结构　b）判断结构　c）循环结构

2. 数据的处理方法

（1）数表、线图的程序化和公式化　在建立模具 CAD/CAM 系统时，必须将以数表和线图形式给出的设计准则和规范转换成计算机能处理的表达方式。

1）数表的程序化和公式化。手册中有些设计准则是以数表形式给出的，这就是列表函数。程序化是指用数组或数据文件形式来表示列表函数；公式化则是采用数理统计方法将数表转换为解析表达式。

2）线图的程序化和公式化。在模具 CAD/CAM 系统中，必须将设计手册中的线图变换成相应的数据形式存储或将其公式化。这可分两步进行：第一步先将线图离散化；第二步再将经离散化处理得到数表程序化和公式化。

（2）模具 CAD/CAM 系统的数据库　CAD/CAM 系统的数据管理有文件系统和数据库系统两种方式。在文件系统中，因存在数据的独立性差、数据余冗和缺乏对数据进行控制等缺点，妨碍了 CAD/CAM 的集成。实践证明，以数据库为中心的 CAD/CAM 系统是实现信息集成的最佳系统。

图 6-59 显示了以数据库为中心的集成系统。其中，公共数据库保存着零件模型、模具设计结果、物料清单和其他数据。库中的数据为各子系统或模块共享，从而实现了系统的集成。

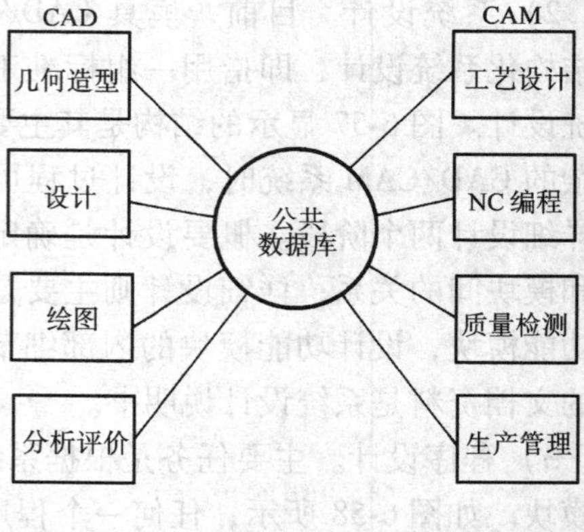


图 6-59　以数据库为中心的 CAD/CAM 系统

数据库系统包括数据库和数据库管理系统两部分。数据库是存储关联数据的集合。根据数据模型的不同，数据库可分为关系型数据库、层次型数据库和网络型数据库。数据库管理系统是管理数据库的软件，起着应用程序和数据库间的接口作用，通过它对数据进行处理不必了解数据库的物理结构。

目前，商用数据库管理系统应用已较广泛。但由于其静态的数据模式而不完全适合工程数据管理的需要，在 CAD/CAM 应用环境下暴露出了一些不足。因此，有必要针对工程应用的特点，发展工程数据库管理系统（EDBMS）。对 EDBMS 的主要要求是：必须能管理多种类型数据；使传统的数据模型适合 CAD/CAM 的应用要求；数据库模式具有动态变化能力；

能支持设计的版本化，具有存储和管理多种设计和工艺方案的能力；具有交互用户接口、适合分布式工作环境、支持工程性事务处理等。目前，开发 EDBMS 的通常做法是：将商用数据库管理系统与图形文件相结合，扩展已有的数据库管理系统和开发新的 EDBMS。

3．模具 CAD/CAM 系统中的几何造型与图形处理

（1）几何造型　利用计算机系统描述物体几何形状，建立几何模型的技术称为几何造型。它是 CAD/CAM 的第一步。存储在数据库中的几何模型既可用于模具设计，也可用于模具制造，是 CAD/CAM 系统集成化的基础。几何造型主要涉及几何造型方法和形体表示模式两个问题。

1）几何造型方法。目前采用较多的三维形状的几何模型是：线框模型、表面模型和实体模型。

① 线框模型。图 6-60 所示的长方体可用 8 个顶点和 12 条棱线表示，这样的几何模型称作线框模型。由于缺少表面信息，这种模型会产生二义性。

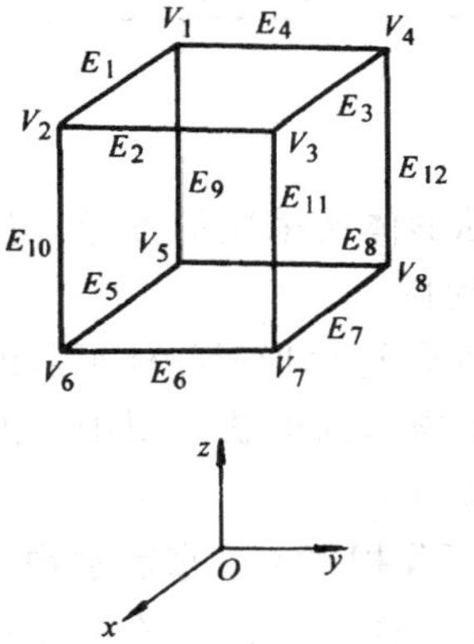


顶点表

| 顶点 | 坐标值 |
|---|---|
| | x，y，z |
| 1 | 0，0，1 |
| 2 | 1，0，1 |
| ⋮ | ⋮ ⋮ ⋮ |
| 7 | 1，1，0 |
| 8 | 0，1，0 |

棱线表

| 棱线 | 顶点号 |
|---|---|
| 1 | 1，2 |
| 2 | 2，3 |
| ⋮ | ⋮ ⋮ |
| 10 | 2，6 |
| 11 | 3，7 |
| 12 | 4，8 |

图 6-60　线框模型

② 表面模型。在线框模型基础上增加面的信息便构成了图 6-61 所示的表面模型。由于没有明确实体部分在表面的哪一侧，故该模型所包含的信息仍不完全。

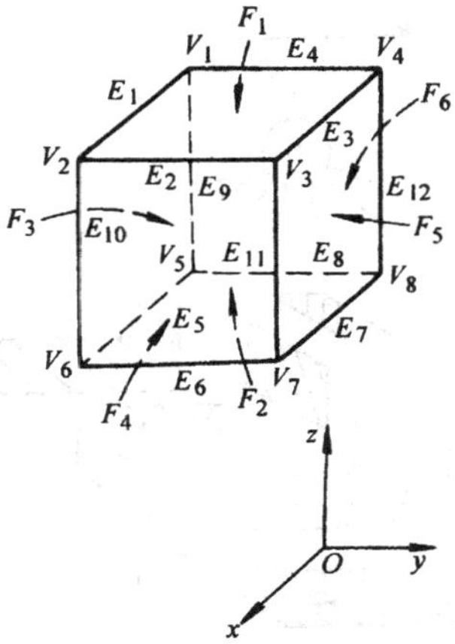


顶点表（略）

棱线表（略）

面表

| 表面 | 棱线号 |
|---|---|
| 1 | 1，2，3，4 |
| 2 | 5，6，7，8 |
| 3 | 1，10，5，9 |
| 4 | 2，11，6，10 |
| 5 | 3，12，7，11 |
| 6 | 4，9，8，12 |

图 6-61　表面模型

③ 实体模型。如图 6-62 所示，用围成面的棱边按右手定则定义面的正法向表示实体的模型称作实体模型。实体模型包含了物体形状的几何信息、拓扑信息，它可自动计算物体的面积、体积、惯性矩且具有消隐、取剖面的能力，在模具 CAD/CAM 中被广泛采用。

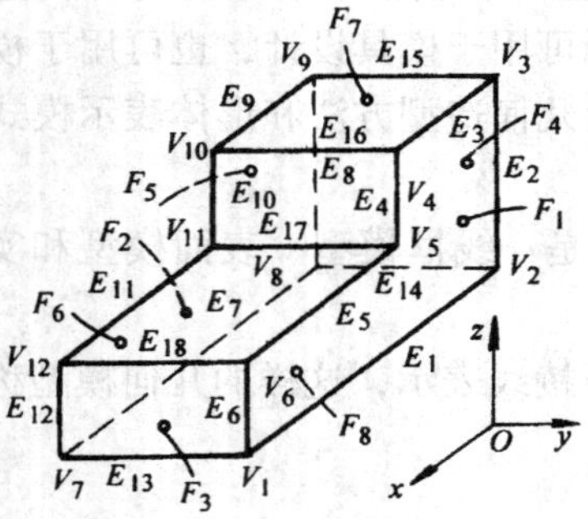


| 顶点 | x, y, z |
|---|---|
| 1 | 7, 4, 0 |
| 2 | 0, 4, 0 |
| ⋮ | ⋮ ⋮ ⋮ ⋮ ⋮ |
| 10 | 3, 0, 4 |
| 11 | 3, 0, 2 |
| 12 | 7, 0, 2 |

| 棱线 | 顶点号 |
|---|---|
| 1 | 1, 2 |
| 2 | 2, 3 |
| ⋮ | ⋮ ⋮ ⋮ |
| 16 | 4, 10 |
| 17 | 5, 11 |
| 18 | 6, 12 |

| 面 | 棱线号 |
|---|---|
| 1 | 1, 2, 3, 4, 5, 6 |
| 2 | −12, −11, −10, −9, −8, −7 |
| ⋮ | ⋮ ⋮ ⋮ ⋮ ⋮ ⋮ ⋮ ⋮ ⋮ ⋮ ⋮ ⋮ |
| 6 | 5, 17, 11, 18 |
| 7 | 3, 15, 9, 16 |
| 8 | −1, −13, −7, −14 |

图 6-62 实体模型

2）几何造型中的形体表示模式。形体表示模式就是代表实际形体所采用的抽象几何实体形式。下面介绍三种常用的形体表示模式，这几种模式常配合使用。

①构造体素表示模式。利用一些简单形状的体素，经变换和布尔运算形成物体形状的几何造型方法。如图 6-63 所示，构造体素模式可利用二叉树来表示物体的形状，图中树的根表示物体，叶为体素或变换量，结点表示变换方式或布尔运算的算子。

②边界表示模式。以物体边界表面的细节，即以顶点、边、面及相邻关系来表示物体形状的几何造型方法。如图 6-64 所示，在此模式中，边界表面必须是连续的，物体的边界是所有面的并集，边界面不允许有悬出的边或孤立的点，而必须是造型系统允许使用的表面类型。

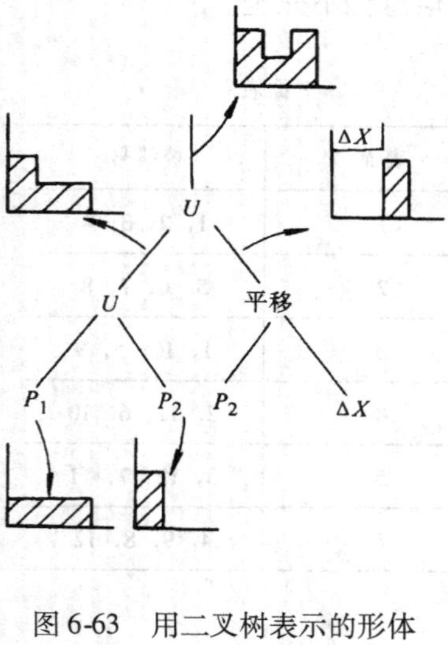


图 6-63 用二叉树表示的形体

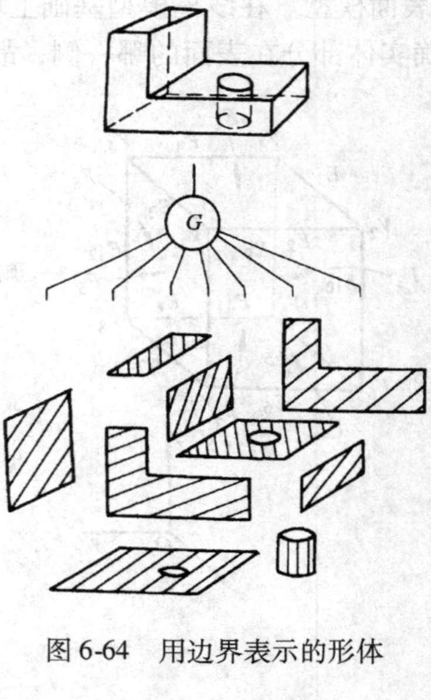


图 6-64 用边界表示的形体

③扫动表示模式。一个平面图形沿一定路线扫过形成物体形体的几何造型方法。如图6-65所示，常用的扫动为平移扫动和旋转扫动。平移扫动适用于定义具有平移对称性的物体，即所谓2.5D的物体；旋转扫动则可用于定义具有旋转对称性的物体。

（2）图形的变换与绘制

1）图形的变换。图形信息包括几何信息和拓扑信息两部分。由于拓扑信息的不变性，故图形变换实质上只是几何信息的变换，主要是点坐标变换。常用的图形变换有平移变换、旋转变换和比例变换。

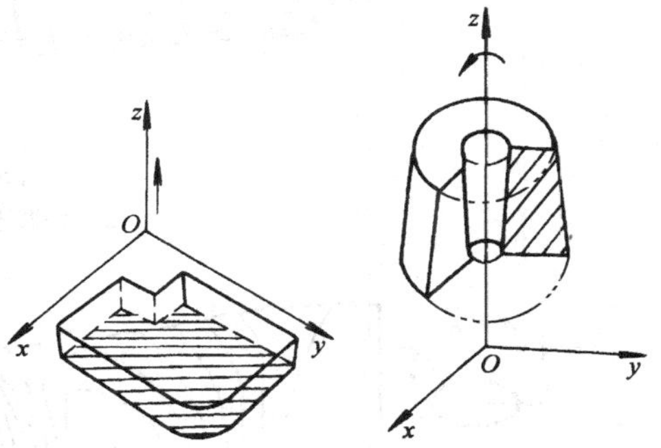

图6-65　扫动表示模式

2）图形的绘制。自动绘图是CAD系统重要的组成部分之一。模具CAD系统的绘图程序通常是以图形支撑软件为基础编写的。AutoCAD软件是微机上采用较多的绘图软件，其主要特点是：具有强的图形输入、输出、编辑、显示和处理功能；具有良好的扩充性；可增加和修改菜单，也可将常用的技术要求、形位公差符号及其他图形做成块供编辑调用；提供了AutoLISP、C语言接口，便于用户二次开发；支持数十种外部设备，包括图形显示器、绘图机、打印机等，便于图形输出。

**三、数值模拟技术的应用**

1．挤压过程的数值模拟

（1）稳态和非稳态挤压过程模拟　如前所述，挤压变形可分为镦挤、稳定和非稳定挤压三个阶段。在非稳定挤压阶段，金属流动属于非稳态流动，此阶段可能产生挤压缺陷。在稳定挤压阶段，金属流动属于稳态流动，但由于受坯料高度、模具几何形状、润滑等条件的影响，金属流动模式会有所区别。因此，有必要对挤压过程进行模拟。

1）稳态挤压过程模拟。原始坯料高径比较大时，变形可近似看作稳态过程。图6-66为型材挤压模口部分的三维几何形状。图6-66a为椭圆形截面出口，图6-66b为苜蓿叶形截面出口。图6-67为有限元模拟得到的网格变化图。由图中可见，苜蓿叶形截面出口处网格扭曲严重。图6-68为模拟得到的应变速率分布图。分析可见，在短轴截面上应变速率分布不均匀，变形剧烈，模具容易磨损。

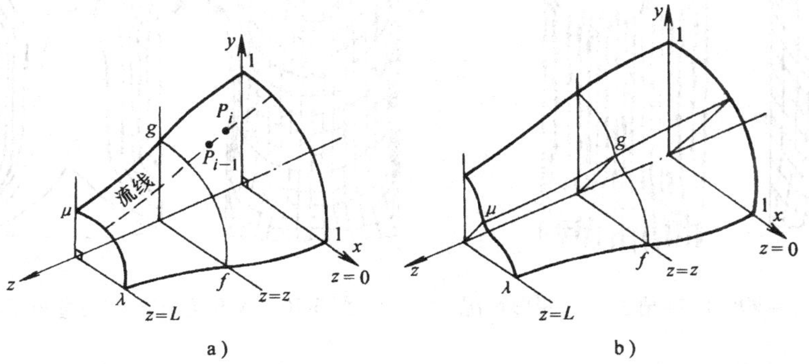

图6-66　挤压过程稳态分析的模口形状

a）椭圆形截面出口　b）苜蓿叶形截面出口

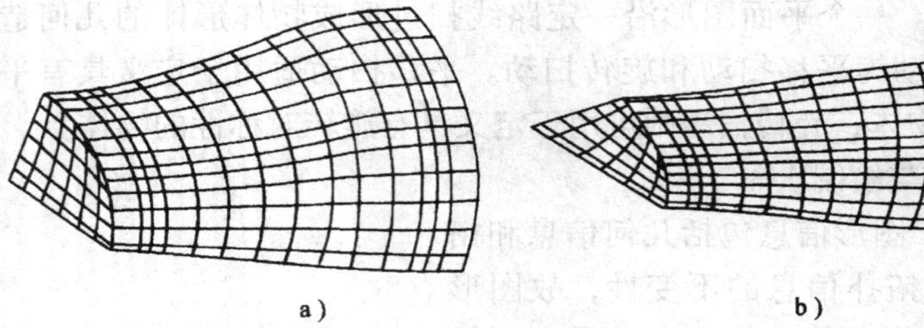


图 6-67 网格变化

a) 椭圆形截面 b) 苜蓿叶形截面

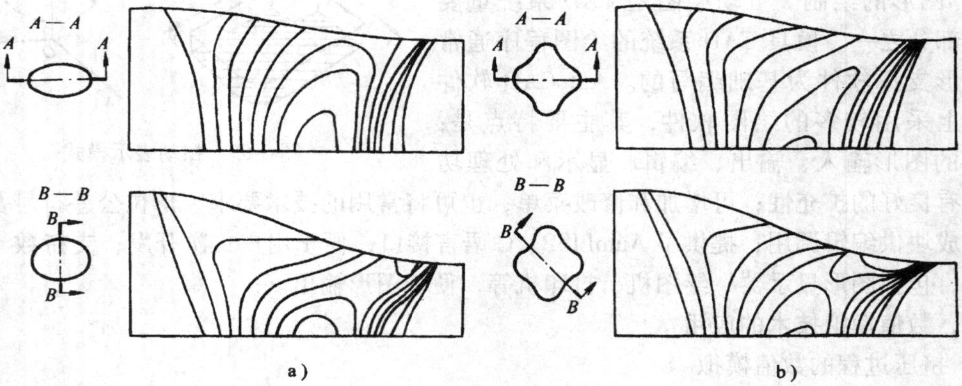


图 6-68 同剖面上的应变速率分布

a) 椭圆形截面 b) 苜蓿叶形截面

2) 非稳态挤压过程模拟。图 6-69 显示了相对压下量为 90% 的锥角非稳态正挤压网格变化及相应的速度矢量图。由图中可见，由于周围金属流动慢，芯部金属流动快，挤压过程中会产生缩口现象。图 6-70 显示了相对压下量为 70% 的直角正挤压网格变化及等效应变分布图。由图中可见，工作带处出现了贴边和外层的翻边现象，死区及缩口等挤压特征也得到了清晰的再现。

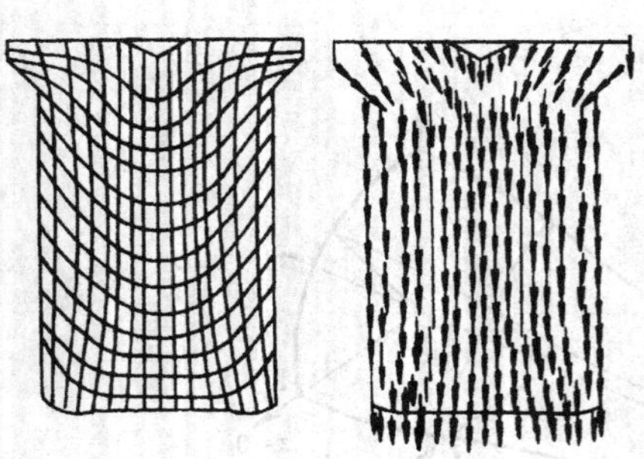

图 6-69 $\Delta H/H_0=90\%$ 的锥角正挤压变形情况

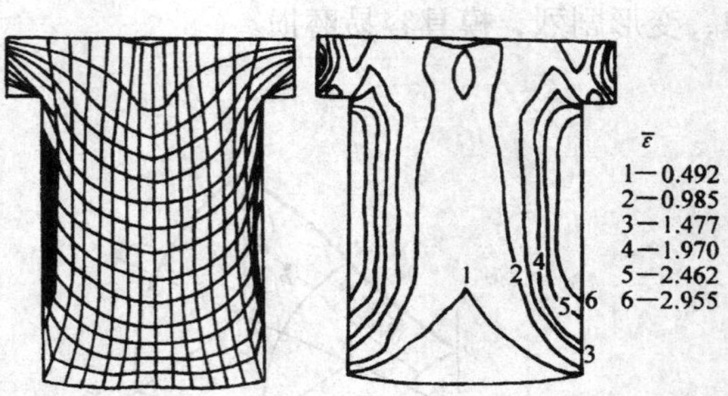


图 6-70 $\Delta H/H_0=70\%$ 的直角正挤压变形情况

(2) 挤压缺陷预测 挤压过程中，由于受变形条件的影响，可能产生各种缺陷。采用数值模拟来预测缺陷的产生、改善加工条件，可达到提高产品质量的目的。

1）断裂预测。图 6-71 显示了一圆锥齿轮变形过程中的网格变化情况。采用数值模拟可以跟踪变形体各质点在 4 个工位上成形时损伤因子的变化规律。图 6-72 显示了模拟的结果。按照 Cocksroft 和 Latham 断裂准则，当某质点的损伤因子达到极限值时，材料在该点处发生破裂。据此，采用模拟结果即可进行断裂预测。

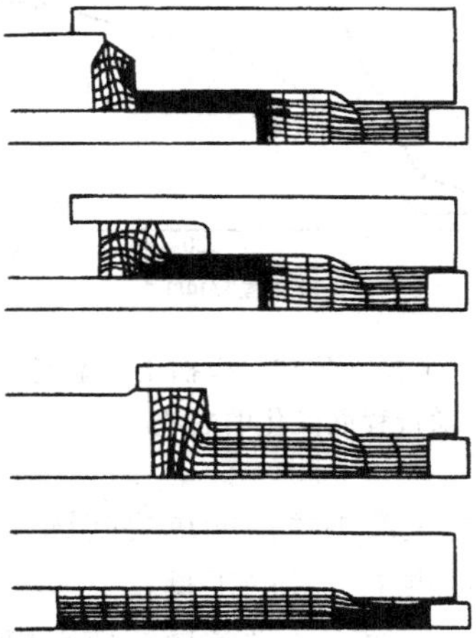

图 6-71　圆锥齿轮变形过程中在 4 个工位的网格变化情况

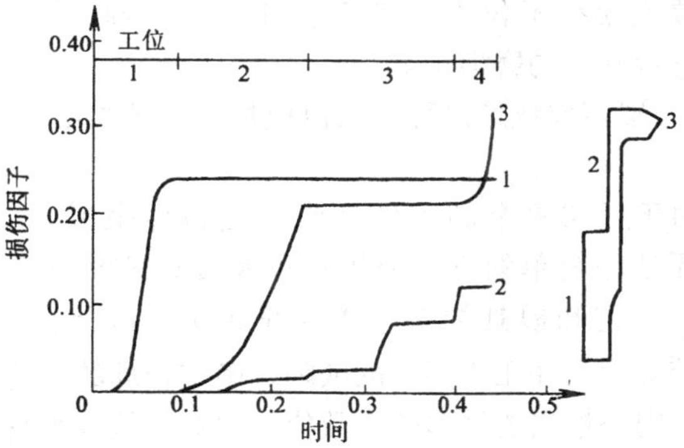


图 6-72　3 个跟踪点在成形过程中损伤因子的变化情况

2）磨损预测。在挤压过程中，模具的某些拐角处温度升高，或该处金属的应变速率变化梯度过大，摩擦严重，导致由于模具磨损而引起的制件损伤。采用计算机模拟，图 6-73 显

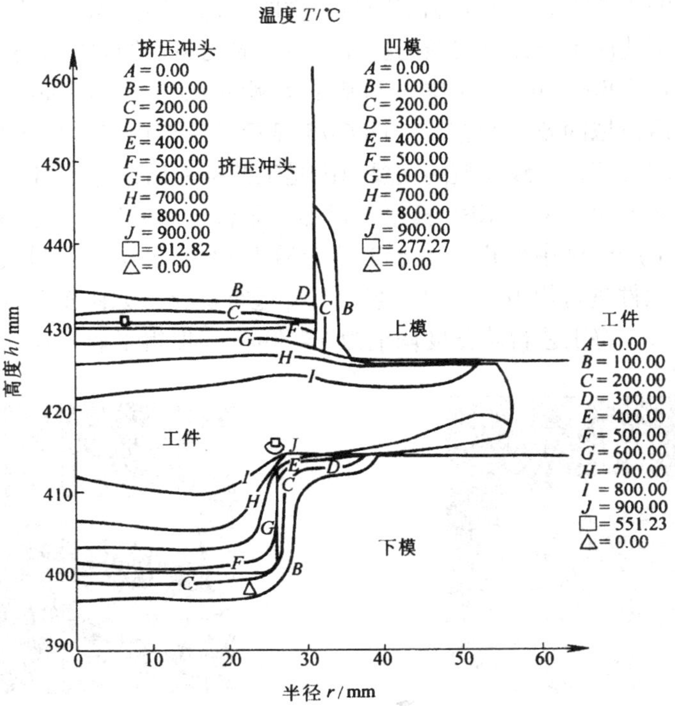


图 6-73　横向挤压变形工件和模具中的温度分布

示了横向挤压变形工件和模具中的温度分布，图6-74则显示了上模拐角和下模拐角处温度随行程而变化的规律。由图中可见，下模拐角处温升速率要比上模拐角处快。在整个行程的80%时，下模拐角处温度已达500℃，这将导致该部位模具硬度的降低和磨损的加剧。可见，采用数值模拟不仅可以进行制件的破裂预测，还可进行模具的磨损预测。

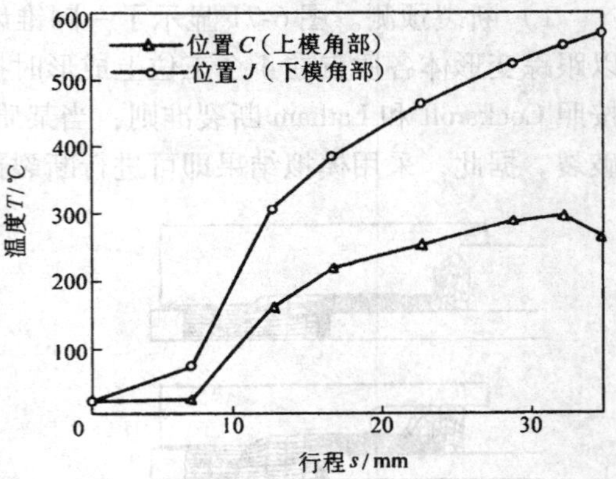


图6-74　上模拐角和下模拐角处温度随行程而变化的曲线

2. 覆盖件成形过程的数值模拟与工艺参数优化

对于形状复杂的零件如汽车覆盖件来说，由于无法用简单的方法分析各种因素对成形的影响，工艺和模具的调整工作量很大。因此，如何准确预测冲压成形中的缺陷，确定合理的工艺参数一直是生产中关注的重要问题。近年来，国内外推出的许多著名数值模拟商品软件为解决此问题提供了有效的工具。

然而，由于软件操作者对经验知识的积累程度不同，企业的生产条件各异，使得模拟结果因使用的软件不同以及操作人员的不同而各不相同，从而影响了数值模拟的效率和精度。覆盖件尺寸通常较大，一旦决策失误，造成的工装制造损失及耽误的时间损失难以弥补。目前，完全靠数值模拟还不能适应市场对汽车覆盖件生产快速响应的需要。数值模拟与KBE技术的集成是解决这个问题的有效途径。

为确定出合理的工艺方案，前人制定同类零件的工艺经验知识无疑具有极大价值，毕竟这些失败或成功的工艺决策已经过实践的验证，生产时已将问题暴露出来或已解决。基于规则的推理（Rule-Based Reasoning，RBR）和基于案例的推理（Case-Based Reasoning，CBR）技术可显著提高数值模拟的效率和精度。图6-75显示了一个由案例库中检索的某轿车前轮罩，分析这一失败的案例，导致失败的主要原因是工艺补充面设计不当。在规则库中检索到这类零件拟增加工艺台阶。采用KBE技术，增加工艺台阶后调试出了如图6-76所示合格的后轮罩。然而，在生产调试中发现，由于工艺台阶 $b=60$mm 较宽，调试时的废品率较高。采用dynaform分析软件进行模拟，并对工艺台阶 $b$ 进行优化。如图6-77和图6-78所示，根据最大主应变的分布，将工艺台阶宽度调整为 $b=30$mm，取得了非常好的效果。

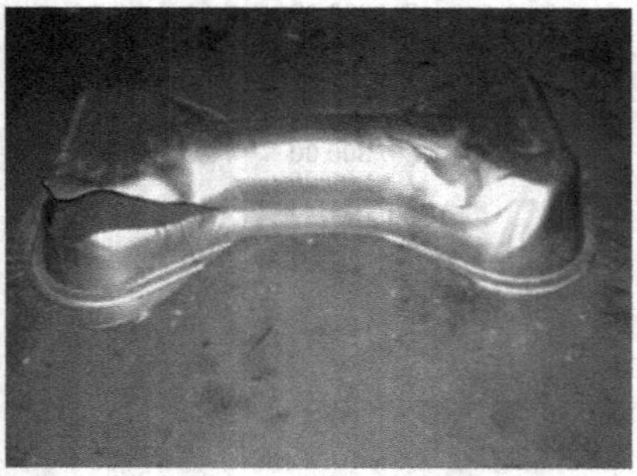

图6-75　前轮罩失败的案例

图6-76　后轮罩成功的案例

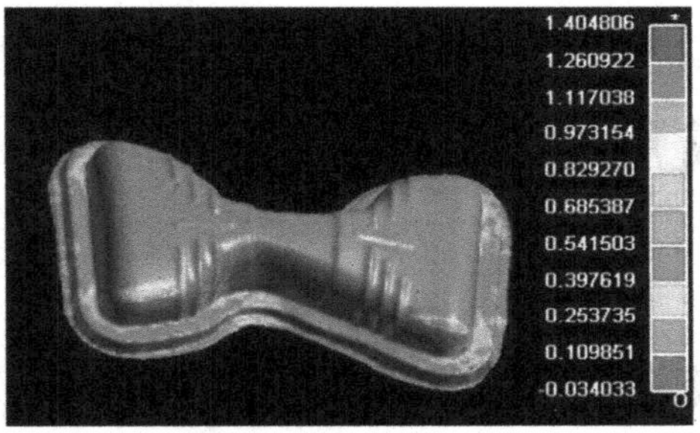


图 6-77　工艺台阶 $b=60$mm 时最大主应变分布

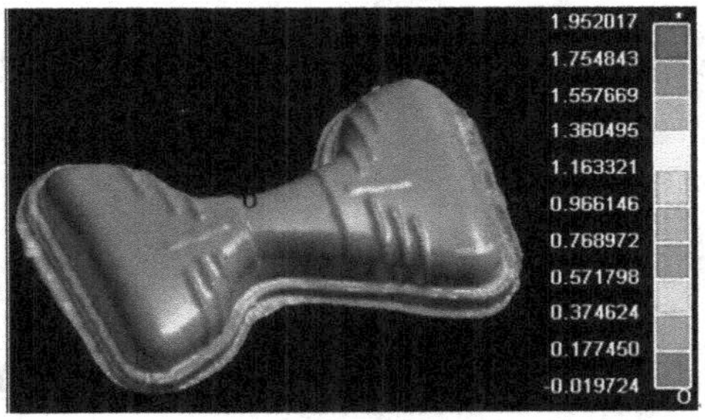


图 6-78　工艺台阶 $b=30$mm 时，最大主应变分布

## 思考与练习

1. 为什么在普通冲裁加工中总会有毛刺产生？
2. 图示分析弯曲变形的应力、应变状态。
3. 试分析胀形、内孔翻边变形与拉深变形的区别。
4. 图示说明典型冲压模具的结构组成。
5. 为什么圆柱体镦粗变形时坯料会出现鼓形？
6. 试述锤上模锻与压力机上模锻的主要区别。
7. 举例说明复合挤压金属的流动特点。当金属有两个以上通道可以自由流动时，如何控制金属的变形？
8. 为什么坯料的软化处理和良好的润滑对挤压成形有着特别重要的意义？
9. 在锤用锻模结构设计中，设置制坯模膛与预锻模膛的作用是什么？为什么压力机上模锻的拔长和滚压等制坯工步要在其他设备上进行？
10. 何为塑性成形过程的计算机模拟？其目的何在？
11. 什么是数字化塑性成形技术？图示说明数字化塑性成形的技术体系。
12. 设计数字化技术的两项重要支撑技术是什么？目前，它们的研究重点有哪些？
13. KBE 关键技术包括哪些内容？在塑性成形领域，KBE 技术的开发与实施有何特点？
14. 采用数值模拟技术可解决什么问题？目前，对不同的对象数值模拟采用的材料模型有哪些？数值模拟研究的热点有哪些？
15. 试述模具 CAD/CAM 系统与 CAD 和 CAM 的关系。
16. 模具 CAD/CAM 系统中计算机的配置有几种形式？分布式模具 CAD/CAM 系统有何优点？
17. 模具 CAD/CAM 系统由哪些软件组成？它们各自的作用是什么？
18. 开发模具 CAD/CAM 系统可分为几个阶段？各个阶段的主要任务是什么？
19. 几何造型中有哪些常用的造型方法与表示模式？各有什么优缺点？
20. 编写实现二维平移、比例和旋转变化的子程序。

# 第七章　焊接成形技术

## 第一节　焊接本质及方法分类

### 一、焊接本质

焊接过程的本质就是通过适当的物理化学过程，使两个分离的固态物体产生原子（分子）间结合力而连接成一体的成形方法。一般情况下，即使是经过了精密磨削加工的两个物体放在一块也不可能自动焊接在一起，这是因为：①它们虽然经过了精密磨削加工，但表面仍有几到几十微米（μm）的粗糙度；②它们的表面不可避免地存在着氧化膜和污染物，这些都阻碍着两物体表面距离达到原子间距离而形成结合力。因此，通过适当的物理化学过程克服这两个困难，使两个分离的固态物体产生原子（分子）间结合力是必需的。被焊接的两个物体（构件、零件）可以是各种同类或不同类的金属、非金属（陶瓷、玻璃、塑料、石墨等），也可以是金属与一种非金属。

### 二、焊接方法分类

目前应用最广泛的焊接成形方法分为熔焊、压焊和钎焊三大类。

1．熔焊

使被连接两物体表面局部加热熔化成液体，然后冷却成一体的方法称为熔焊。按热源的不同熔焊可分为气焊（以氧乙炔或其他可燃气体燃烧火焰为热源）、铝热焊（以铝热剂放热反应热为热源）、电弧焊（以气体导电时所产生的热为热源）、电渣焊（以熔渣导电所产生的电阻热为热源）、电子束焊（以高速运动的电子束流为热源）、激光焊（以单色光子束流为热源）等若干种。其中电弧焊是现代焊接方法中应用最为广泛的一类焊接成形方法，它包括熔化极电弧焊和非熔化极电弧焊两类。熔化极电弧焊又分为焊条电弧焊、埋弧焊、惰性气体保护焊、$CO_2$ 气体保护焊、螺柱焊；非熔化极电弧焊又分为钨极氩弧焊、等离子弧焊、原子氢焊。根据一些工业发达国家最近的统计，电弧焊在焊接生产劳动总量中所占比例一般都在60%以上，所以典型弧焊方法介绍就成为本章重点内容。

2．压焊

利用摩擦、扩散和加压等物理作用克服两个连接表面的不平度，挤出（或除去）氧化膜及其他污染物，使两个连接表面上的原子相互接近到晶格距离，从而在固态条件下实现两物体的连接称为固相焊接。固相焊接通常须要加压，因此这类加压焊接方法又称为压焊。为了使固相焊接容易实现，固相焊接大都在加压同时伴随加热措施，但加热温度通常又远低于物体（被焊件）熔点。因此压焊（固相焊接）除扩散焊外一般都不需保护措施。按加热方式不同，压焊分为冷压焊（无加热措施）、摩擦焊、超声波焊、电阻焊、爆炸焊、锻焊、扩散焊等。电阻焊又分为点焊、缝焊、凸焊、对焊，对焊又可分为电阻对焊、闪光对焊。

3．钎焊

利用某些熔点低于被连接件材料熔点的熔化金属（钎料）作连接的媒介物在两物体连接面上的流散浸润作用，冷却结晶形成结合面的方法称为钎焊。显然钎焊过程必须采取加热（以使钎料熔化而两连接物不熔化）和保护措施（以使熔化钎料不跟空气接触）。按热源和保护条件不同，钎焊方法分为：火焰钎焊（以氧-乙炔燃烧火焰为热源）、真空或充气感应钎焊（以高频感应电流的电阻热为热源）、炉中钎焊（以电阻炉辐射热为热源）、盐浴钎焊（以高温盐浴为热源）等若干种。

# 第二节 典型弧焊方法

## 一、焊条电弧焊

### 1. 焊条电弧焊原理及特点

（1）焊条电弧焊原理 焊条电弧焊是用手工操作焊条进行焊接的一种电弧焊方法。焊条电弧焊时，利用焊条与焊件之间产生的电弧将焊条和焊件局部加热熔化，焊芯端部熔化后的熔滴和熔化的母材融合在一起形成熔池。焊条药皮熔化后形成熔渣并放出气体，在气、渣的联合保护下，有效地排除了周围空气的有害影响，通过高温下熔渣与熔池液态金属之间的冶金反应，得到优质焊缝。焊条电弧焊过程如图 7-1 所示。当焊条向前移动时，焊条和焊件在电弧热作用下继续熔化形成新的熔池，原先的熔池液态金属则逐步冷却结晶形成焊缝，复盖在熔池表面的熔渣也随之凝固形成渣壳。

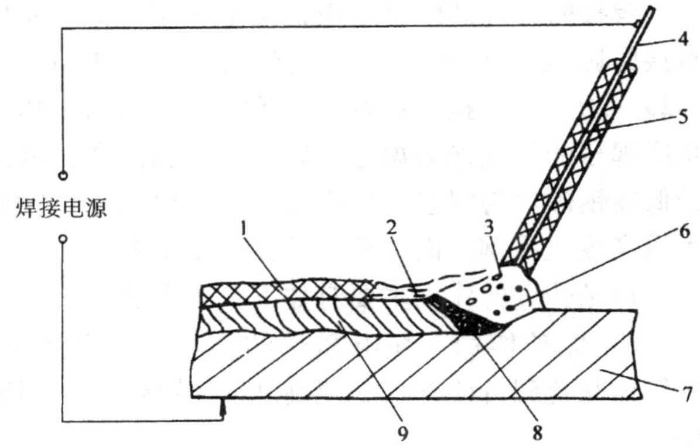


图 7-1 焊条电弧焊过程示意
1—渣壳 2—熔渣 3—气体 4—焊芯 5—药皮 6—金属熔滴 7—焊件 8—熔池 9—焊缝

（2）焊条电弧焊特点 焊条电弧焊之所以成为应用最广泛的焊接方法，主要是由于它的简便灵活，适应性强。同时也由于它使用的设备简单，易于移动，并且费用也比其他电弧焊方法要低。

焊条电弧焊的简便灵活、适应性强，主要表现在室内、室外条件下均可采用，长、短焊缝都能适应，各种焊接位置都可以焊接。实际上，只要焊条所能达到的任何位置的接头都可以焊接，甚至包括位置受限制的管子背面接头（盲区接头）、对多数焊接方法来说都是难以达到的部位，如果采用带弯的焊条也可以进行焊接。

由于它使用的设备简单，易于移动，不需要通保护气体及冷却水的软管，焊接电源的电缆可以延伸至较远距离，所以在贮罐、船舶、桥梁、输油（气）管线等施工现场焊接十分方便。

但是，焊条电弧焊对焊工的操作技术要求较高，焊接质量在一定程度上决定于焊工的操作技术。此外，焊条电弧焊劳动条件差，生产率低。因此，焊条电弧焊适用于焊接单件或小批量产品，短的和不规则的、各种空间位置的以及其他不易实现机械化焊接的焊缝。可焊焊件厚度在 1.5mm 以上，1mm 以下的薄板则不适于焊条电弧焊。

焊条电弧焊适用于碳钢、低合金钢、不锈钢、耐热钢、低温用钢、铜及铜合金等金属材料的焊接以及铸铁补焊和各种材料的堆焊。活泼金属（如钛、铌、锆）和难熔金属（如钽、钼等）由于机械保护效果不够理想，焊接质量达不到要求，不能采用焊条电弧焊。而低熔点、低沸点的金属（如铅、锡、锌等）及其合金则由于电弧温度太高，引起蒸发而不能用焊条电弧焊焊接。

2. 焊条电弧焊焊条

(1) 焊条的组成及作用　焊条由药皮和焊芯两部分组成。药皮是焊条中压涂在焊芯外表面的涂料层。焊芯就是焊条中被药皮包覆的金属芯。根据药皮与焊芯的质量比，即药皮的质量系数 $K_b$，焊条可分为厚皮焊条（$K_b=30\% \sim 50\%$）和薄皮焊条（$K_b=1\% \sim 2\%$）两大类。由于目前广泛使用的是厚皮焊条，所以这里仅讨论这一类焊条。

焊接时，焊芯既是电极，又是填充金属，因此，焊芯的化学成分和性能对焊缝金属有着直接的影响。根据被焊金属的种类，可按 GB/T 14957—1994《熔化焊用钢丝》、GB/T 3429—2002《焊接用钢盘条》和 GB/T 4241—1984《焊接用不锈钢盘条》标准的规定选择相应牌号的焊丝作为焊芯。焊接碳钢和低合金钢的结构钢焊条常选用牌号为 H08A 或 H08E 的低碳钢焊丝为焊芯。“H”表示“钢焊丝”；“08”表示焊芯平均含碳量 $w_C=0.08\%$；“A”表示高级优质钢，而“E”则表示特级优质钢。

焊条药皮的作用主要有如下三个方面：

1）保护作用。在电弧热的作用下，药皮熔化形成熔渣并产生某些气体。熔渣和这些气体联合起着使熔滴、熔池和焊接区与空气隔离，防止氮气等有害气体侵入的保护作用。

2）冶金作用。焊接过程中，熔渣与熔池金属相互作用进行冶金反应，其结果是去除有害杂质（如氧、氢、硫、磷等），并向焊缝中添加有益的合金元素（如锰、钛、钼、钒、铌等），使焊缝具有较为理想的化学成分、较高的力学性能和良好的抗气孔及抗裂性能。

3）使焊条具有良好的工艺性能。焊条药皮可以使电弧容易引燃并能稳定地连续燃烧；焊接飞溅少；焊缝成形美观；焊缝易于脱渣及可适用于各种空间位置的施焊。

制造焊条所使用的原材料有近百种，常用的约 30 余种。药皮原材料按其来源可分四大类：

1）矿物类。主要是各种矿石、矿砂等。如钛铁矿、赤铁矿、金红石、大理石、白云石、氟石、长石、白泥、云母等。

2）金属及铁合金类。如金属铬、金属镍、锰铁、硅铁、钛铁、钼铁、钒铁等。

3）化工产品类。如钛白粉、纯碱、碳酸钾、碳酸钡以及起粘结作用的水玻璃等。

4）有机物类。如淀粉、木粉、纤维素、酚醛树脂等。

(2) 焊条种类、型号及牌号

1）焊条按用途可分为：结构钢焊条（J）、钼及铬钼耐热钢焊条（R）、铬不锈钢焊条（G）、铬镍不锈钢焊条（A）、堆焊焊条（D）、低温钢焊条（W）、铸铁焊条（Z）、镍及镍合金焊条（Ni）、铜及铜合金焊条（T）、铝及铝合金焊条（L）和特殊用途焊条共 10 大类。在各大类焊条中，还可按主要性能的不同再分若干小类。

2）按熔渣的碱度可将焊条分为：酸性焊条和碱性焊条两类。酸性焊条是药皮含有多量酸性氧化物的焊条，药皮组分氧化性强；既可用直流施焊也可用交流施焊，电弧稳定性好；所焊焊缝成形较好；对水、锈产生气孔的敏感性不大，焊条在使用前经150℃烘焙1h，若不受潮也可不烘；熔渣结构呈玻璃状，脱渣方便；所焊焊缝常、低温冲击性能一般,焊缝中含氢量较高，塑性受影响；焊接时烟尘较少。碱性焊条是药皮含有多量碱性氧化物的焊条，药皮组分还原性强。碱性焊条的一个重要优点是熔敷金属的扩散氢含量很低，为其他类型药皮的1/5～1/10，所以这种焊条亦称为低氢焊条。低氢焊条（碱性焊条）的焊缝金属力学性能明显优于其他类型的焊条，所以，重要的结构件的焊接及对焊缝力学性能要求较高的产品，都应采用低氢焊条，这样既可以得到所要求的焊缝强度，又可以保证熔敷金属具有良好的韧性；药皮中含有氟化物会恶化电弧稳定性，须用直流施焊，只有当药皮中加稳弧剂后，才可交直流两用；焊条对水、锈产生气孔的敏感性较大，在使用前要经300～400℃烘焙1～2h再使用；熔渣结构呈结晶状，坡口内第一层焊道脱渣困难，以后各层脱渣性尚好；焊接时用短弧操作，否则易产生气孔；焊接时烟尘较多。

3）按焊条药皮的类型可将焊条分为：钛型（氧化钛的质量分数大于35%）；钛钙型（氧化钛的质量分数小于30%，钙、镁的碳酸盐的质量分数小于20%）；钛铁矿型（钛铁矿的质量分数大于30%）；氧化铁型（含多量氧化铁及较多的锰铁）；纤维素型（有机物的质量分数在15%以上，氧化钛的质量分数为30%左右）；低氢型（钙、镁的碳酸盐及氟石）；石墨型（含多量石墨，通常用于铸铁或堆焊焊条）；盐基型（含多量氯化物和氟化物，主要用于铝及铝合金焊条）。

钛型焊条为酸性焊条，主要用于焊接一般碳钢结构，特别是薄板结构。另还可用于向下立焊（由于熔渣粘度高）。

钛钙型焊条为酸性焊条，适合焊接重要低碳钢及低合金钢结构，是国内应用最广泛的焊条类型。

钛铁矿型焊条为酸性焊条，适合于全位置焊，焊缝金属冲击韧度较高，抗裂性能较好，可用于较重要的结构焊接。

氧化铁型焊条为酸性焊条，这类焊条电弧稳定且吹力大，熔深较大，焊条熔化速度快，可用于焊接较重要的低碳钢结构但不适合薄板的焊接。纤维素型焊条主要用于向下立焊，在管道全位置焊中应用较广。

有关焊条型号的主要标准有：GB/T 5117—1995《碳钢焊条》；GB/T 5118—1995《低合金钢焊条》；GB/T 983—1995《不锈钢焊条》；GB/T 3670—1995《铜及铜合金焊条》；GB/T 13814—1992《镍及镍合金焊条》；JB/T 6964—1993《特细碳钢焊条》。

GB/T 5117—1995《碳钢焊条》中，焊条型号编制方法如下：字母“E”表示焊条；前两位数字表示熔敷金属抗拉强度的最小值；第三位数字表示焊条的焊接位置，“0”及“1”表示焊条适用于全位置焊接（平、立、仰、横），“2”表示焊条适用平焊和平角焊，“4”表示焊条适用于向下立焊；第三位和第四位数字组合时表示焊接电流种类及药皮类型。在第四位数字后附加“R”表示耐吸潮焊条；附加“M”表示耐吸潮和力学性能有特殊规定的焊条；附加“-1”表示冲击韧度有特殊规定的焊条。表7-1为碳钢焊条的焊接位置、药皮类型及电流种类。

**表 7-1 碳钢焊条的焊接位置、药皮类型及电流种类**

| 焊条型号 | 药皮类型 | 焊接位置 | 电流种类 |
|---|---|---|---|
| E43 系列-熔敷金属抗拉强度≥420MPa | | | |
| E4300 | 特殊型 | 平、立、仰、横 | 交流或直流正、反接 |
| E4301 | 钛铁矿型 | 平、立、仰、横 | 交流或直流正、反接 |
| E4303 | 钛钙型 | 平、立、仰、横 | 交流或直流正、反接 |
| E4310 | 高纤维素钠型 | 平、立、仰、横 | 直流反接 |
| E4311 | 高纤维素钾型 | 平、立、仰、横 | 交流或直流反接 |
| E4312 | 高钛钠型 | 平、立、仰、横 | 交流或直流正接 |
| E4313 | 高钛钾型 | 平、立、仰、横 | 交流或直流正、反接 |
| E4315 | 低氢钠型 | 平、立、仰、横 | 直流反接 |
| E4316 | 低氢钾型 | 平、立、仰、横 | 交流或直流反接 |
| E4320 | 氧化铁型 | 平 | 交流或直流正、反接 |
| | | 平角焊 | 交流或直流正接 |
| E4322 | 氧化铁型 | 平 | 交流或直流正接 |
| E4323 | 铁粉钛钙型 | 平、平角焊 | 交流或直流正、反接 |
| E4324 | 铁粉钛型 | 平、平角焊 | 交流或直流正、反接 |
| E4327 | 铁粉氧化铁型 | 平 | 交流或直流正、反接 |
| | | 平角焊 | 交流或直流正接 |
| E4328 | 铁粉低氢型 | 平、平角焊 | 交流或直流反接 |
| E50 系列-熔敷金属抗拉强度≥490MPa | | | |
| E5001 | 钛铁矿型 | 平、立、仰、横 | 交流或直流正、反接 |
| E5003 | 钛钙型 | 平、立、仰、横 | 交流或直流正、反接 |
| E5010 | 高纤维素钠型 | 平、立、仰、横 | 直流反接 |
| E5011 | 高纤维素钾型 | 平、立、仰、横 | 交流或直流反接 |
| E5014 | 铁粉钛型 | 平、立、仰、横 | 交流或直流正、反接 |
| E5015 | 低氢钠型 | 平、立、仰、横 | 直流反接 |
| E5016 | 低氢钾型 | 平、立、仰、横 | 交流或直流反接 |
| E5018 | 铁粉低氢钾型 | 平、立、仰、横 | 交流或直流反接 |
| E5018M | 铁粉低氢型 | 平、立、仰、横 | 直流反接 |
| E5023 | 铁粉钛钙型 | 平、平角焊 | 交流或直流正、反接 |
| E5024 | 铁粉钛型 | 平、平角焊 | 交流或直流正、反接 |
| E5027 | 铁粉氧化铁型 | 平、平角焊 | 交流或直流正接 |
| E5028 | 铁粉低氢型 | 平、平角焊 | 交流或直流反接 |
| E5048 | 铁粉低氢型 | 平、仰、横、立向下 | 交流或直流反接 |

注：1. 焊接位置栏中文字涵义：平——平焊、立——立焊、仰——仰焊、横——横焊、平角焊——水平角焊、立向下——向下立焊。

2. 焊接位置栏中立和仰系指适用于立焊和仰焊的直径不大于 4.0mm 的 E5014、EXX15、EXX16、E5018 和 E5018M 型焊条及直径不大于 5.0mm 的其他型号焊条。

3. E4322 型焊条适宜单道焊。

GB/T 5117—1995《碳钢焊条》标准，包括了低碳钢焊条和抗拉强度为490MPa级的一般低合金高强度钢焊条。GB/T 5118—1995《低合金钢焊条》标准，则包括了抗拉强度为490、540、590、690、740、830MPa级的低合金高强度钢焊条、低合金耐热钢焊条及部分低温钢焊条。低合金钢焊条根据熔敷金属的力学性能、化学成分、药皮类型、焊接位置及电流种类划分型号。

低合金钢焊条型号举例如图7-2所示。

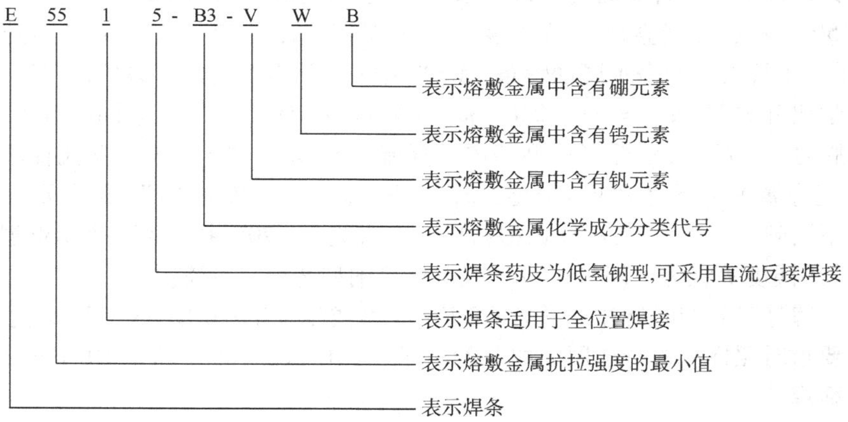


图7-2　铬钼钢焊条型号举例

焊条牌号是对焊条产品的具体命名，并由焊条厂根据国家有关规定制定。焊条牌号通常以一个汉语拼音字母与三个数字表示。结构钢焊条（包括碳钢、低合金钢和耐大气、海水腐蚀钢焊条）的牌号前加“J”（或“结”字），表示结构钢焊条；紧随其后的两位数字表示焊缝金属抗拉强度等级；第三位数字表示药皮类型和焊接电源种类，见表7-2。药皮中含有多量铁粉，焊条效率在105%以上时，在牌号末尾加注“Fe”字；焊条效率在125%以上时，在“Fe”字后面再加两位数字，如J422Fe18，焊条效率达180%。结构钢焊条有特殊性能和用途的，则在牌号后面加注上主要作用的化学元素符号或主要用途的拼音字母，如J607Ni，熔敷金属含镍 $w_{Ni}=1.2\%\sim1.5\%$。又如J507×G为低氢钠型药皮的管子下行焊条；J506GM为低氢钾型药皮的盖面碳钢焊条；J502CuCrNi为钛钙型药皮的低合金耐候钢焊条，熔敷金属含铜 $w_{Cu}=0.1\%\sim1.3\%$，含铬 $w_{Cr}=0.25\%\sim1.45\%$，含镍 $w_{Ni}=0.3\%\sim0.5\%$。

**表7-2　焊条药皮类型及焊接电源种类**

| 牌　号 | 药皮类型 | 焊接电流种类 | 牌　号 | 药皮类型 | 焊接电流种类 |
|---|---|---|---|---|---|
| ××0 | 不属已规定的类型 | 不　规　定 | ××5 | 纤维素型 | 直流或交流 |
| ××1 | 钛型 | 直流或交流 | ××6 | 低氢钾型 | 直流或交流 |
| ××2 | 钛钙型 | 直流或交流 | ××7 | 低氢钠型 | 直流 |
| ××3 | 钛铁矿型 | 直流或交流 | ××8 | 石墨型 | 直流或交流 |
| ××4 | 氧化铁型 | 直流或交流 | ××9 | 盐基型 | 直流 |

钼及铬钼耐热钢焊条的牌号编制是：牌号前加“R”（或“热”字）表示钼和铬钼耐热钢

焊条。牌号的第一位数字表示熔敷金属化学成分组分等级；第二位数字表示同一熔敷金属主要化学成分组成等级中的不同牌号，对于同组成等级的焊条，可有十个牌号，按0、1、2、…、9顺序编排，以区别铬钼之外的其他成分的不同；第三位数字表示药皮类型和焊接电源种类。如R202中第一位数字“2”表示熔敷金属化学成分等级为$w_{Cr}=5\%$、$w_{Mo}=0.5\%$；第二位数字“0”表示分类编号为0；第三位数字“2”表示药皮为钛钙型，交直流两用。

J422Fe中的“J”表示结构钢焊条；“42”表示焊缝金属抗拉强度不低于420MPa；“2”表示氧化钛钙型药皮，交直流两用“Fe”表示药皮中含铁粉。J507CrNi中的“J”表示结构钢焊条；“50”表示焊缝金属抗拉强度不低于500MPa；“7”表示低氢型药皮，直流；“CrNi”表示用于抗大气和海水腐蚀焊条。R337中“R”表示耐热钢焊条；“3”表示焊缝金属中主要化学成分类型，$w_{Cr}=1\%\sim2\%$，$w_{Mo}=0.5\%\sim1\%$；“3”表示同一等级焊缝化学成分中的不同牌号；“7”表示低氢钠型药皮，直流。A112中“A”表示奥氏体不锈钢焊条；“1”表示焊缝金属中主要化学成分类型，$w_{Cr}=19\%$、$w_{Ni}=10\%$；“1”表示同一等级焊缝化学成分中的不同牌号；“2”表示钛钙型药皮，交直流。W707中“W”表示低温钢用焊条；“70”表示使用温度等级为-70℃；“7”表示低氢钠型药皮，直流。

注明焊条牌号时要同时标注“符合GB Exxxx型或相当于GB Exxxx型”以便用户结合焊条产品性能要求对照标准进行选用。如J422符合GB E4303，J507符合GB E5015。

## 二、埋弧焊

### 1. 埋弧焊原理及特点

埋弧焊焊缝成形过程如图7-3所示。在焊丝与焊件之间燃烧的电弧是埋在颗粒状焊剂下面的。电弧热将焊丝端部及电弧直接作用的母材和焊剂熔化并使部分蒸发，金属和焊剂所蒸发的气体在电弧周围形成一个封闭空腔，电弧在这个空腔中燃烧。空腔被一层由熔渣所构成的渣膜所包围，这层渣膜不仅很好地隔绝了空气和电弧与熔池的接触，而且使弧光不能辐射出来。被电弧加热熔化的焊丝以熔滴形式落下，与熔融母材金属混合形成熔池。密度较小的熔渣浮在熔池之上，熔渣除了对熔池金属起机械保护作用之外，焊接过程中还与熔池金属发生冶金反应，从而影响焊缝金属的化学成分。电弧向前移动，熔池金属逐渐冷却后结晶形成焊缝。浮在熔池上的熔渣冷却后，形成渣壳可继续对高温下焊缝起保护作用，避免被氧化。

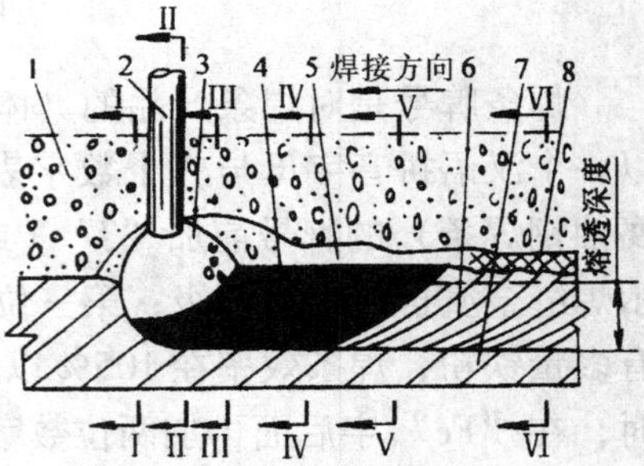


图7-3 埋弧焊焊缝成形示意
1—焊剂 2—焊丝 3—封闭空间 4—熔池 5—熔渣 6—焊缝 7—母材 8—渣壳

埋弧焊的主要优点包括：

1）生产率高。由于可用较大焊接电流，加上焊剂与熔渣的隔热作用，它的热效率高，熔深也大。不开坡口单面一次焊熔深可达20mm。

2）焊缝质量高。熔渣隔绝空气的保护效果好。熔池金属与熔化的焊剂之间有较充分的时间进行冶金反应，较大限度地减少了焊缝中产生气孔、裂纹的可能性。

3）劳动条件好。既无弧光辐射又无烟尘，劳动环境好。

埋弧焊的主要缺点包括：

1）由于采用颗粒状焊剂堆积形成保护条件，因此，一般只适用于平焊位置，其他焊接位置需采用特殊措施才能保证焊剂覆盖焊接区。

2）焊接设备比焊条电弧焊设备复杂，灵活机动性也较差，所以较适合于长焊缝的焊接，短焊缝显示不出生产率高的特点。

由于埋弧焊熔深大，生产率高，因而适合于焊接中厚板结构的长焊缝。在造船、锅炉及压力容器、桥梁、起重机械、铁路车辆、工程机械、冶金机械、输油（气）管线、核电站结构、海洋结构等制造部门有着广泛的应用，是当今焊接生产中使用最普遍的焊接方法之一。

埋弧焊除了用于金属构件的焊接外，还可在金属表面堆焊耐磨或耐蚀合金。

埋弧焊可焊碳钢、低合金钢、不锈钢、耐热钢以及有色金属，如镍基合金、钛合金、铜合金等。

2. 高效埋弧焊方法

为进一步提高单丝埋弧焊的效率和质量，20 世纪 50 年代就开始提出了双（多）丝埋弧焊和窄间隙埋弧焊等多种高效埋弧焊方法。双（多）丝埋弧焊方法主要包括多电源串列双丝埋弧焊、单电源并列双丝埋弧焊、热丝填丝埋弧焊和单电源串连双丝埋弧焊。窄间隙埋弧焊不仅可以大幅度地减少大厚度钢板焊接坡口截面积、大大减少焊缝金属的填敷量，而且可在不太大的焊接热输入下，实现高效焊接。因而被看作是一种既经济又可以获得具有良好力学性能和变形小的焊接接头的焊接方法，被广泛地应用于各种大型重要结构。

（1）多电源串列双（多）丝埋弧焊 其中每一根焊丝由一个电源独立供电，根据两根焊丝间距的不同，其方法分有共熔池法和分离电弧法。在双丝埋弧焊中多用后者，其原理如图 7-4 所示。它的前一个电弧起预热作用，后一个电弧起后热作用，可使焊接或堆焊合金不出裂纹以改善焊接接头的性能。串列双丝的前、后丝电源选择可为直流/交流和交流/交流。而串列三丝的电源选择可为直流/交流/交流和交流/交流/交流。一般前导焊丝采用大电流、低电压保证较大熔深，后续焊丝采用小电流、较高电压以获得光洁焊缝表面，而中间焊丝的焊接参数应在两者之间。

（2）单电源并列双（多）丝埋弧焊 该方法实际是用两根较细的焊丝代替一根较粗的焊丝，两根焊丝共用一个导电嘴，以同一速度且同时通过导电嘴向外送出，如图 7-5 所示。各焊丝直径和化学成分可以相同也可以不相同。由于两丝靠得比较近，所以两丝形成的电弧共熔池。该方法交、直流电源均可使用，但直流反接效果最好。焊丝既可纵向排置也可横向排置或成任意角度排置。

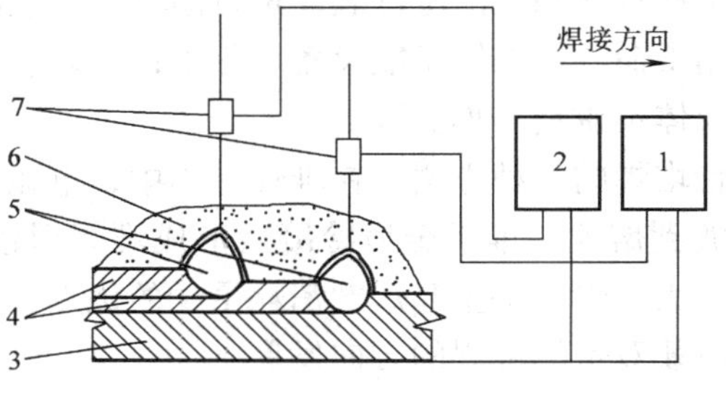


图 7-4 多电源串列双丝埋弧焊示意图
1—电源 1 2—电源 2 3—工件 4—焊缝
5—电弧 6—焊剂 7—导电嘴

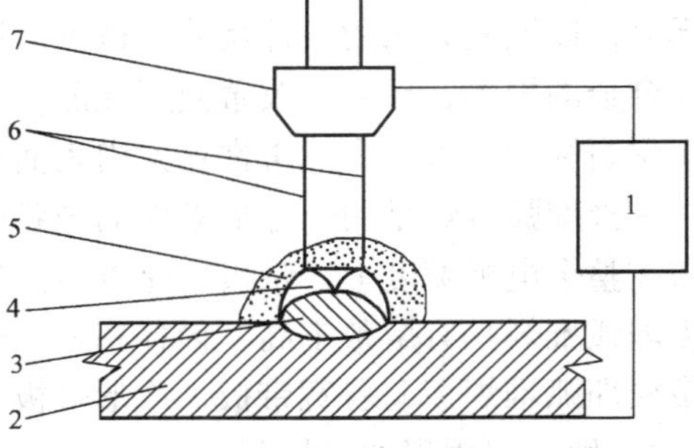


图 7-5 单电源并列双丝埋弧焊示意图
1—电源 2—工件 3—焊缝 4—电弧
5—焊剂 6—焊丝 7—导电嘴

（3）单电源串联双丝埋弧焊　两丝通过导电嘴分接电源正、负两极，母材不通电，电弧在两焊丝之间产生，即两根焊丝是串联的。两根焊丝既可横向排置也可纵向排置。两丝之间夹角最好为45°。这种焊接工艺熔敷速度是单丝埋弧焊的两倍，对母材热输入少，熔深浅，熔敷金属的稀释率低于10%，最小可达1.5%，而单丝埋弧焊最小也要20%，因此特别适合不锈钢、有色金属等表面耐蚀、耐磨材料的堆焊。

（4）热丝填丝埋弧焊　它具有以下优点：

1）热丝被加热到接近于熔点温度熔入熔池，可提高熔敷速度50%以上。

2）热丝的填充降低了熔池温度，焊缝热影响区小，接头力学性能优良。

3）不存在其他双丝埋弧焊的双弧相互干扰问题，焊接过程稳定，其原理如图7-6所示。热丝埋弧焊可以只用一个电源，也可以用两个电源。

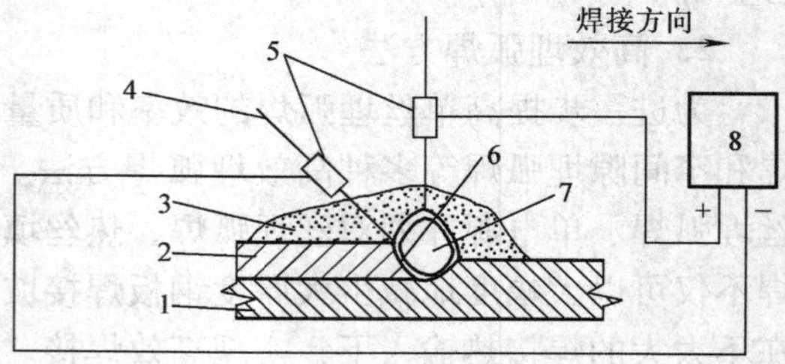


图7-6　单电源热丝填丝埋弧焊示意图
1—焊件　2—焊缝　3—焊剂　4—热丝
5—导电嘴　6—熔池　7—电弧　8—电源

（5）窄间隙埋弧焊　出现于20世纪80年代，它的主要应用领域是低合金钢厚壁容器和其他重型焊接结构。窄间隙埋弧焊的焊接接头具有较高的抗延迟冷裂能力，其强度性能和冲击韧度均优于传统宽坡口埋弧焊接头。与传统埋弧焊相比，总效率可提高50%～80%，可节约焊丝38%～50%、焊剂56%～64.7%。窄间隙埋弧焊主要用于水平或接近水平位置的焊接，分为单丝和双丝窄间隙埋弧焊两种。厚板焊接时，采用I形坡口，间隙15～35mm，其中尤其以20～30mm用得更多。实现这种焊接方法的主要技术特点是：

1）在窄而深的坡口中进行多层埋弧焊，采用脱渣性良好的焊剂是关键。

2）在窄而深的坡口中不论是采用单道多层焊还是双道多层焊，保证每层焊道与间隙两个侧壁的良好熔合是一个难点。

3）保持焊丝端部与侧壁距离以及焊丝伸出长度的恒定，是保证每道焊缝与两个侧壁充分熔合的先决条件。这就要求焊机的焊炬部分应具备横向及高度方向的跟踪系统，以保证焊丝的精确足位。

（6）带极埋弧堆焊　堆焊主要用于修复机械设备工件表面的磨损部分和金属表面的残缺部分，以恢复原来的设计尺寸，也可以用作对某些特殊用途的零件表面进行耐磨合金或耐腐蚀合金的堆焊，目的是改善使用性能，提高使用寿命。例如原子能设备、化工设备内表面都有耐腐蚀的要求，因此常常在其内表面进行奥氏体不锈钢堆焊。

带极埋弧堆焊是用长方形断面的带状电极进行堆焊的一种方法。在堆焊过程中，电弧热分布在整个电极宽度上，带极熔化以熔滴形式过渡到熔池，堆敷金属冷凝后形成堆焊焊道。带极埋弧堆焊具有熔敷率高、稀释率低、熔敷面积大、焊道平整和焊剂消耗量少的优点。目前带极埋弧堆焊正向着宽带极、成形带极、并列电弧双带极堆焊的方向发展。

3. 埋弧焊用焊丝及焊剂

（1）焊丝　生产中普遍使用的是实芯焊丝。目前已有用于碳素结构钢、合金结构钢、高合金钢和各种有色金属焊接的焊丝以及堆焊用的特殊合金焊丝。埋弧焊一般使用直径

2～6mm的焊丝，以充分发挥埋弧焊大电流和高熔敷率的优点。除不锈钢和有色金属焊丝外，各种低碳钢和低合金钢焊丝的外表面最好镀铜。镀铜层既可起防锈作用，也可改善焊丝与导电嘴的电接触状况。

（2）焊剂　焊剂的分类如图 7-7 所示。

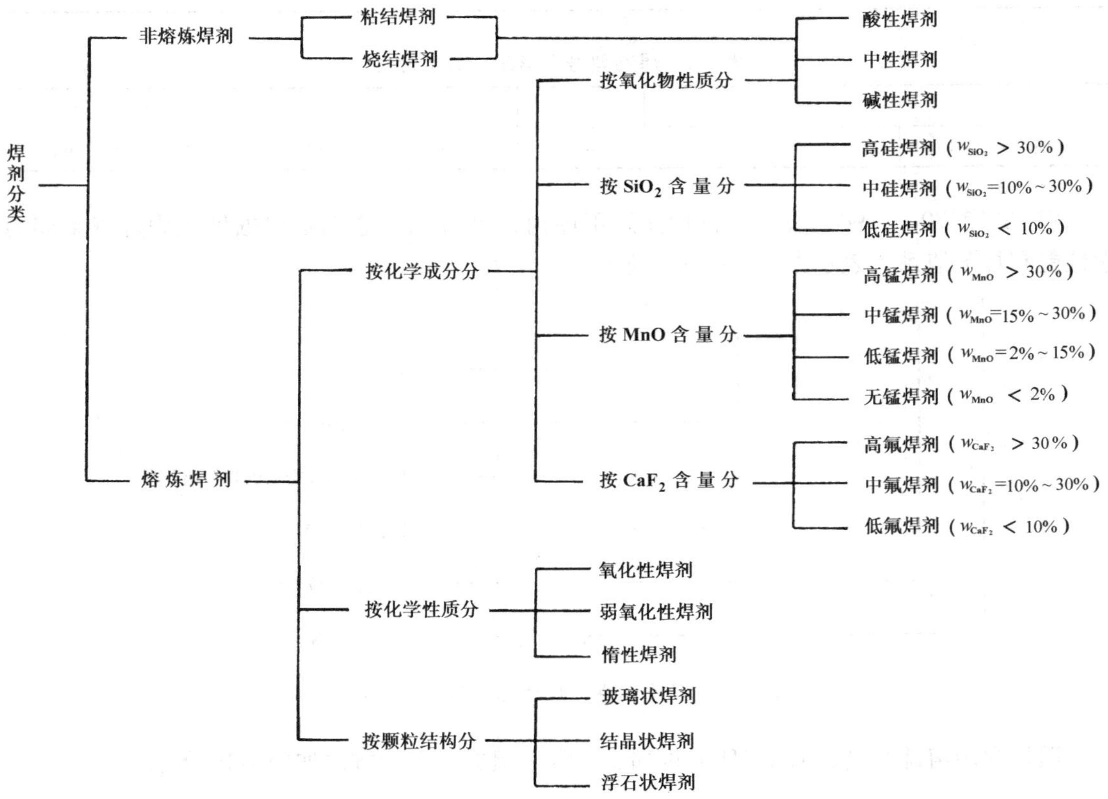


图 7-7　焊剂分类

GB/T 5293—1985《埋弧焊用碳钢焊丝和焊剂》规定，碳素钢埋弧焊用焊剂的型号是根据埋弧焊焊缝金属的力学性能划分的，表示方法如图 7-8 所示。

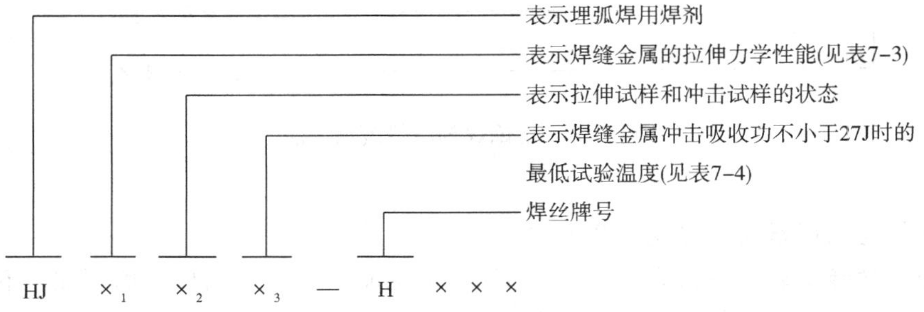


图 7-8　碳素钢埋弧焊用焊剂型号表示方法

表 7-3　焊剂型号中第一位数字含义

| $\times_1$ | 抗拉强度/MPa | 屈服点/MPa | 伸长率（%） |
|---|---|---|---|
| 3 | 410～550 | ＞300 | ≥22.0 |
| 4 | 410～550 | ＞330 | ≥22.0 |
| 5 | 480～650 | ＞400 | ≥22.0 |

表 7-4　焊剂型号中第三位数字含义

| $\times_3$ | 0 | 1 | 2 | 3 | 4 | 5 | 6 |
|---|---|---|---|---|---|---|---|
| 试验温度/℃ | — | 0 | -20 | -30 | -40 | -50 | -60 |

GB/T 12470—1990《低合金钢埋弧焊用焊剂》型号划分原则是根据埋弧焊焊缝金属力学性能和焊剂渣系，表示方法如图 7-9 所示。

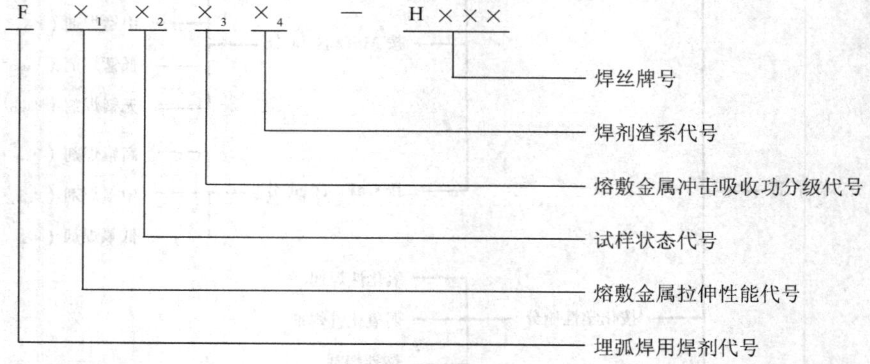


图 7-9　低合金钢埋弧焊用焊剂型号表示方法

埋弧焊用熔炼焊剂牌号由 HJ 后再加三个数字组成，表示方法如图 7-10 所示。

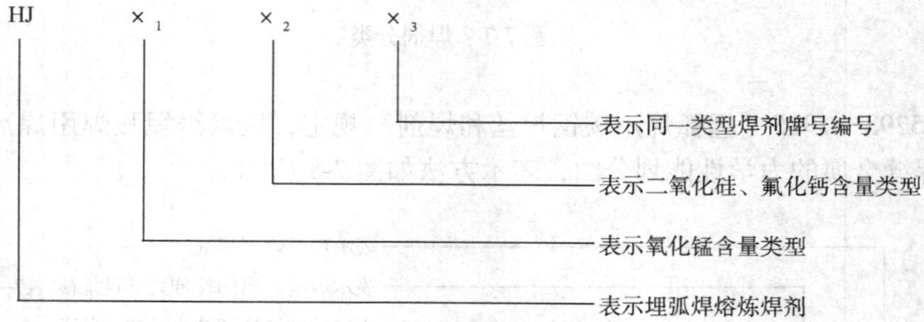


图 7-10　熔炼焊剂牌号表示方法

熔炼焊剂配用焊丝及用途见表 7-5。

烧结焊剂牌号由表示埋弧焊用烧结焊剂的 SJ 后加三个数字组成。牌号第一位数字表示焊剂渣系，见表 7-6；牌号第二位、第三位数字表示同一渣系类型焊剂中不同牌号的焊剂，按 01、02、…、09 顺序编排。

表 7-5　熔炼焊剂用途及配用焊丝

| 焊剂牌号 | 焊剂类型 | 配用焊丝 | 焊剂用途 |
|---|---|---|---|
| HJ130 | 无锰高硅低氟 | H10Mn2 | 低碳结构钢、低合金钢等 |
| HJ131 | 无锰高硅低氟 | 配镍基焊丝 | 焊接镍基合金薄板结构 |
| HJ230 | 低锰高硅低氟 | H08MnA、H10Mn2 | 焊低碳结构钢及低合金结构钢 |
| HJ260 | 低锰高硅中氟 | Cr19Ni9 型焊丝 | 焊接不锈钢及轧辊堆焊 |
| HJ330 | 中锰高硅低氟 | H08MnA、H08Mn2、H08MnSi | 焊接重要的低碳钢结构和低合金钢，如 Q235、Q345、Q390 等 |
| HJ430 | 高锰高硅低氟 | H08A、H10Mn2A H10MnSiA | 焊接低碳钢结构及低合金钢 |
| HJ431 | 高锰高硅低氟 | H08A、H08MnA、H10MnSiA | 焊低碳结构钢及低合金钢 |
| HJ433 | 高锰高硅低氟 | H08A | 焊低碳结构钢 |
| HJ150 | 无锰中硅中氟 | 配 2Cr13 或 3Cr2W8 配铜焊丝 | 堆焊轧辊，焊铜 |
| HJ250 | 低锰中硅中氟 | H08MnMoA、H08Mn2MoA、H08Mn2MoVA | 焊接 15MnV、14MnMoV、18MnMoNb 及 14MnMoVB 钢等 |
| HJ350 | 中锰中硅中氟 | 配相应焊丝 | 焊接锰钼、锰硅及含镍低合金高强度钢 |
| HJ172 | 无锰低硅高氟 | 配相应焊丝 | 焊接高铬铁素体热强钢（15Cr11CuNiWV）或其他高合金钢 |

表 7-6　烧结焊剂牌号第一位数字编排

| 焊剂牌号 | 熔渣渣系类型 | 主要组分范围（质量分数） |
|---|---|---|
| SJ1 × × | 氟碱型 | $CaF_2 \geqslant 15\%$、$CaO+MgO+MnO+CaF_2>50\%$、$SiO_2 \leqslant 20\%$ |
| SJ2 × × | 高铝型 | $Al_2O_3 \geqslant 20\%$、$Al_2O_3+CaO+MgO>45\%$ |
| SJ3 × × | 硅钙型 | $CaO+MgO+SiO_2>60\%$ |
| SJ4 × × | 硅锰型 | $MnO+SiO_2>50\%$ |
| SJ5 × × | 铝钛型 | $Al_2O_3+TiO_2>45\%$ |
| SJ6 × × | 其他型 | 不作规定 |

烧结焊剂松装密度小，熔点高。它适用于大的热输入焊接。此外，烧结焊剂还可以向焊缝过渡合金元素，因此在焊接特殊钢时，宜选用烧结焊剂。烧结焊剂与熔炼焊剂相比较的优缺点见表 7-7。

表 7-7　烧结焊剂与熔炼焊剂比较优缺点

| 比较项目 | | 熔炼焊剂 | 烧结焊剂 |
|---|---|---|---|
| 焊接工艺性能 | 高速焊接性能 | 焊道均匀，不易产生气孔和夹渣 | 焊道无光泽，易产生气孔、夹渣 |
| | 大焊接电流焊接时的性能 | 焊道凸凹显著，易粘渣 | 焊道均匀，易脱渣 |
| | 吸潮性能 | 比较小，可不必再烘干 | 比较大，必须再烘干 |
| | 抗锈性能 | 比较敏感 | 不敏感 |
| 焊缝性能 | 韧性 | 受焊丝成分和焊剂碱度影响大 | 比较容易得到较好的韧性 |
| | 成分波动 | 焊接工艺参数变化时，成分波动小，均匀 | 成分波动大，不容易均匀 |
| | 多层焊性能 | 焊缝金属的成分变动小 | 焊缝金属的成分波动比较大 |
| | 合金剂的添加 | 几乎不可能 | 容易 |

## 三、钨极氩弧焊

1．钨极氩弧焊原理及特点

钨极氩弧焊是在惰性气体——氩气的保护下，利用钨电极与焊件之间产生的电弧热熔化母材和填充焊丝（如果使用填充焊丝）的一种气体保护焊方法，如图7-11所示。焊接时氩气从焊枪的喷嘴连续喷出，在电弧周围形成惰性气体保护层隔绝空气，防止对钨极、熔池以及邻近热影响区的有害影响，从而获得优质接头。钨极氩弧焊按操作方式分为手工焊和自动焊两种。手工钨极氩弧焊时，焊枪的移动和填充焊丝的添加完全靠操作者手工操作。钨极氩弧自动焊时，如果焊件固定电弧移动，则焊枪移动和填充焊丝的送进全靠机械自动进行。

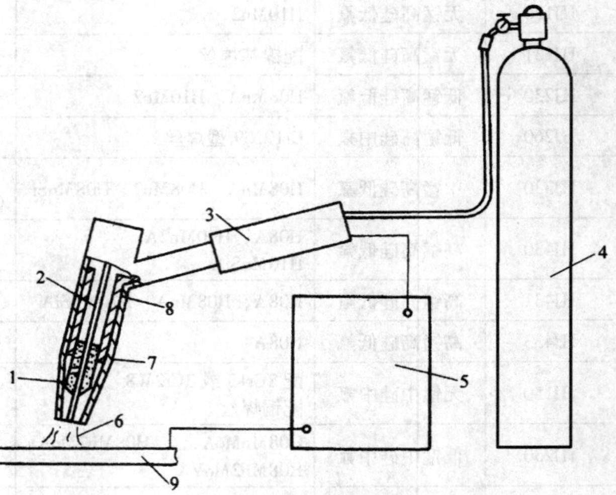

图7-11 钨极氩弧焊原理
1—气体通道 2—钨电丝 3—手把 4—气瓶 5—焊机
6—保护气 7—绝缘套 8—枪体 9—焊件

钨极氩弧焊具有如下优点：

1）氩气本身不和金属产生化学反应又不溶于金属，且比空气重25%，能有效地隔绝电弧周围空气。因而可成功地焊接易氧化、氮化及化学活泼性强的有色金属、不锈钢和各种合金。

2）直流正极性电弧（焊件接直流电源正极，钨电极接电源负极）稳定，即使在很小的焊接电流（<10A）下仍可稳定燃烧，特别适用于薄板、超薄板的焊接。

3）明弧无渣，熔池可见度好，便于控制，易于实现机械化、自动化和全位置焊接。

4）电弧热源与填充焊丝分别控制，易于实现单面焊双面成形，并由于填充焊丝不通过电弧，故不会产生飞溅，焊缝成形美观。

钨极氩弧焊不足之处是：

1）钨电极承受电流能力有限，所以熔深浅，熔敷率小，生产率低。

2）焊接所用惰性气体（氩气、氦气）较贵，与其他电弧焊方法（焊条电弧焊、埋弧焊、$CO_2$气体保护焊）相比，生产成本较高。

3）由于此焊接方法是依靠氩气机械排开空气进行保护，所以焊前对焊件表面的清理工作要求严格。

钨极氩弧焊几乎可以焊所有的金属和合金，但由于生产成本较高，一般仅用于不锈钢、耐热钢以及铜、钛、铝、镁等有色金属的焊接。对于低熔点（低沸点）和易蒸发的铅、锡、锌等金属则难以焊接。由于钨电极承受电流能力有限，从生产率考虑所焊板材范围以3mm以下为宜。对于某些厚壁重要构件（压力容器和管道）要求焊透的坡口打底焊、全位置焊和窄间隙焊也可采用钨极氩弧焊。

2．各种电流钨极氩弧焊特点及适用范围

钨极氩弧焊的使用电流有直流和交流两类。直流钨极氩弧焊又分有直流正接、直流反接和直流脉冲三种。交流钨极氩弧焊又分有正弦交流、矩形波交流两种。

（1）直流正接钨极氩弧焊　用直流正接（焊件接直流电源正极）焊接时，钨电极接直流电源的负极，其发热量较小，因而不易烧损，对于同一直径钨电极许用电流较大；由于焊件接电源正极，其发热量较大，获得的熔深大，生产率高。由于钨极为阴极，热电子发射能力强，电弧稳定，因此，大多数金属的焊接都选用直流正接。

（2）直流反接钨极氩弧焊　用直流反接（焊件接直流电源负极）焊接时，钨电极接直流电源的正极，其发热量大，钨电极易过热熔化，所以同一直径的钨电极许用电流要比直流正接小得多；焊件接负极发热量小，获得的熔深浅，一般不推荐使用。但是，这种接法具有去除焊件表面氧化膜的作用。这种作用被称为“阴极雾化”或“阴极破碎”作用。去除氧化膜的机理是，熔池表面被质量大的正离子撞击，致使氧化膜破碎而被去除。焊接铝、镁及其合金时在熔池表面极易生成一层致密而难熔的氧化膜（$Al_2O_3$ 的熔点为2050℃，而Al的熔点仅为660℃）覆盖在熔池表面，如不及时清除，焊缝就易产生未熔合、气孔、夹渣及表面起皱等缺陷。生产实践证明，用直流反接焊接铝、镁及其合金时，其焊缝表面的氧化膜在“阴极雾化”或“阴极破碎”作用下被清除而显得光亮美观。

（3）直流脉冲钨极氩弧焊　焊接电流采用可控的脉冲电流（图7-12a）来加热焊件。当每一次脉冲电流（$I_m$）来到时，焊件上就相应产生一个点状熔池，在基值电流（$I_j$）来到时，点状熔池金属冷却结晶形成一个焊点。基值电流的作用是维持电弧连续稳定燃烧。只要合理调节脉冲间歇时间 $t_j$（基值电流持续时间），保证相邻焊点之间有一定的重叠量，就可获得如图7-12b所示的连续焊缝。

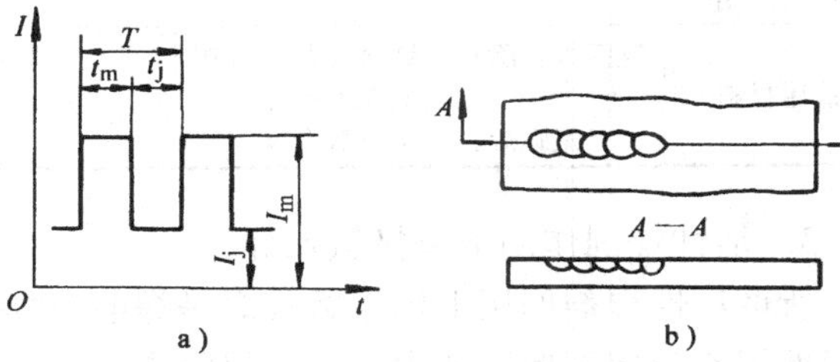


图7-12　直流脉冲钨极氩弧焊电流波形及焊缝示意
a）直流脉冲电流波形（矩形）　b）焊缝成形
T—脉冲周期　$t_m$—脉冲持续时间　$t_j$—脉冲间歇时间
$I_m$—脉冲电流　$I_j$—基值电流

采用脉冲电流，可以减少焊接电流的平均值，焊件可获得较低的热输入，故能焊薄板、超薄板构件。用它焊小于0.1mm薄板仍可获满意结果。在焊接中厚板开坡口多层焊的第一层封底焊时，通过适当调节脉冲参数控制电弧能量，可以获得背面（根部）均匀熔透的打底焊道。另外，通过脉冲参数的调节还可以有效控制熔池体积，使熔池金属在任何空间位置都不会因重力而下流，因而，能很容易地实现全位置焊。

（4）正弦交流钨极氩弧焊　此方法主要用于焊接铝、镁及其合金和铝青铜。其特点是：焊接电流负半波（焊件为负时），电弧有阴极清理作用，而焊接电流正半波（焊件为正）时，焊件发热量大，可形成较大熔深。此方法钨电极的许用电流介于直流正极性和直流反极性之间，熔深也介于两者之间，电弧稳定性比直流正极性差一些。

（5）矩形波交流钨极氩弧焊　此方法是为了提高交流钨极氩弧焊的稳定性，以及保证既有满意的阴极清理作用又可获得较合理的两极热量分配而发展起来的一种焊接方法。具体做法是用不对称（负半波导通时间短）矩形波交流电源替代正弦交流电源，焊接电流波形如图7-13所示。

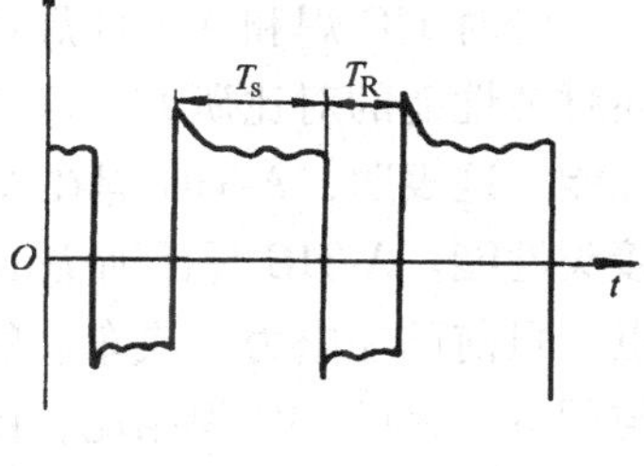


图7-13　不对称矩形电流波形

各种电流钨极氩弧焊特点见表 7-8。

**表 7-8　各种电流钨极氩弧焊特点**

| 电流种类 | 直　流 | | 交　流<br>（对称的） |
|---|---|---|---|
| | 正　接 | 反　接 | |
| 示意图 | 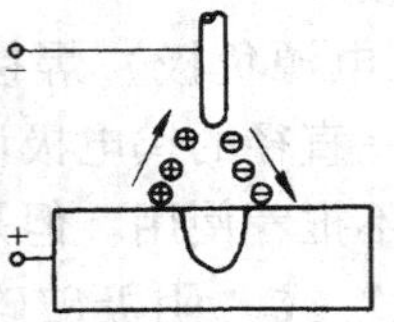 | 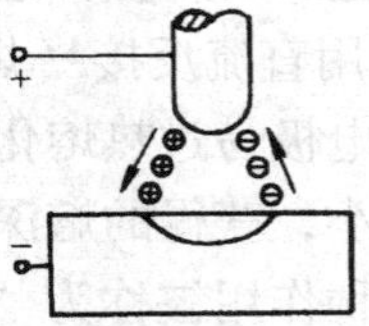 | 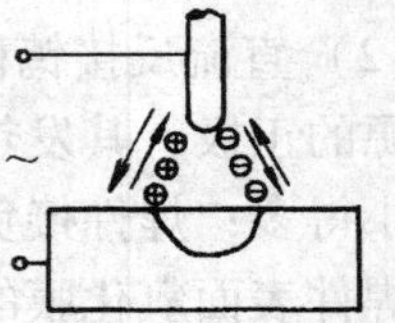 |
| 两极热量<br>比例（近似） | 焊件 70%<br>钨极 30% | 焊件 30%<br>钨极 70% | 焊件 50%<br>钨极 50% |
| 熔深特点 | 深、窄 | 浅、宽 | 中　等 |
| 钨极许用<br>电　流 | 最大<br>例如 3.2mm，400A | 小<br>例如 6.4mm，120A | 较大<br>例如 3.2mm，225A |
| 防板清理<br>作　用 | 无 | 有 | 有（焊件为负的半周时） |
| 适用材料 | 氩弧焊：除铝、镁合金及铝青铜外其余金属<br>氦弧焊：几乎所有金属 | 一般不采用 | 铝、镁合金及铝青铜等 |

3. 活性焊剂作用下钨极氩弧焊

所谓活性焊剂作用下钨极氩弧焊是焊前在焊件待焊区域涂敷某种活性焊剂，焊接过程中在活性焊剂作用下使熔池中液态金属的表面张力减小，同时使焊接电弧的径向截面缩小，电弧能量密度增加，电弧对熔池作用力增大，致使熔池液态金属表面下凹的曲率增加，导致焊缝熔宽减小、熔深较大幅度增加的一种钨极氩弧焊新工艺。一般钨极氩弧焊常被人们简称为 TIG 焊，而活性焊剂作用下钨极氩弧焊则被简称为 A-TIG 焊。在 A-TIG 焊工艺中，一般采用“I”形坡口，焊接常无需添加填充焊丝。对于厚 10mm 以下的奥氏体不锈钢板、厚 12mm 以下的碳锰钢板可一次焊透，实现单面焊双面成形。

A-TIG 焊所用活性焊剂成为均由氧化物或氧化物加卤化物的混合物组成。氧化物一般由 Fe、Cr、Si、Mn、Ti、Ni、Co、Ca 等元素的一种或几种组成。A-TIG 焊是通过调节活性焊剂中的组成和含量来控制焊缝成形和改善焊缝质量。某一牌号的钢材，必须配合一种专为该钢种研制的活性焊剂，才能充分发挥该技术的优越性。活性焊剂为细粉状，为了便于涂敷以及防止焊接时被保护气体吹散，要用易挥发溶剂（乙醇或丙酮）将焊剂调成稀糊状之后，用毛刷均匀涂敷在待焊焊件表面上。涂层厚度以充分遮盖金属材料本色为宜。

经对 TIG 焊和 A-TIG 焊焊接接头的强度、塑性、韧性以及奥氏体不锈钢焊接接头的耐晶间腐蚀性能的对比研究，证明 A-TIG 焊焊接接头的性能完全等同或略优于 TIG 焊焊接接头的性能。这表明，A-TIG 焊在大幅度增加焊缝熔深，提高生产率的同时，完全可以确保良好的接头性能。A-TIG 焊因所需活性焊剂材料的价廉易得和无需添加任何设备而具有低成本的特点，目前已在电力、汽车、航天、化工等重要工业领域的精密自动焊接中获得了广泛应用。与同等板厚的 TIG 焊相比，由于 A-TIG 焊可进行低热输入的高速焊接，因而也适合于小直径薄壁的管-管、管-板焊接。

## 四、熔化极气体保护焊

1．熔化极气体保护焊原理及分类

熔化极气体保护焊用连续送进的焊丝与被焊焊件之间燃烧的电弧作为热源来熔化焊丝与母材金属，通过焊枪喷嘴输送保护气体，使电弧、熔化焊丝、熔池及其附近的母材金属免受周围空气的有害作用。从焊枪连续送进的焊丝不断熔化以熔滴形式过渡到熔池中去，与熔化的母材金属融合形成焊缝金属。其工作原理如图 7-14 所示。由于熔化极气体保护焊对焊接区保护简单、方便，明弧无渣，焊接区便于观察，易于实现机械化、自动化焊接和进行全位置焊接，而且生产率高（因为使用的焊丝电流密度大、熔敷率高），因此在生产中日益广泛地被采用。

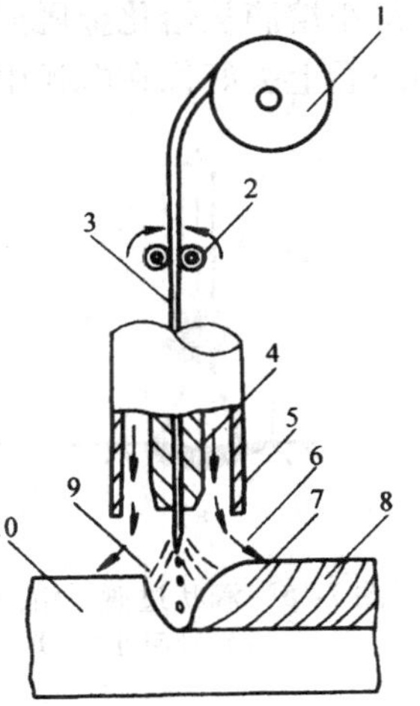

图 7-14　熔化极气体保护焊
1—焊丝盘　2—送丝轮
3—焊丝　4—导电嘴
5—保护气罩　6—保护气体
7—熔池　8—焊缝
9—电弧　10—母材

熔化极气体保护焊通常是根据保护气体种类和焊丝形式按表 7-9 来分类。

2．焊丝熔滴过渡类型

根据国际焊接学会（IIW）的分类，熔化极气体保护焊焊丝金属的熔滴过渡类型主要有三大类，即自由过渡、短路过渡和混合过渡。

（1）自由过渡　熔滴从焊丝端头脱落后，通过电弧空间自由运动一段距离后落入焊接熔池。因条件不同，自由过渡又分为以下几种：

1）滴状过渡。焊丝端头熔化金属主要靠重力从熔化金属缩颈处拉断落入焊接熔池。它主要发生在焊接电流较小时，熔滴直径大于焊丝直径。它又可分为轴向滴状过渡和非轴向滴状过渡两种。如图 7-15 所示。轴向滴状过渡发生在富氩混合气体（或纯氩）保护焊时；而非轴向滴状过渡则主要发生在二氧化碳气体保护焊。

**表 7-9　熔化极气体保护焊分类**

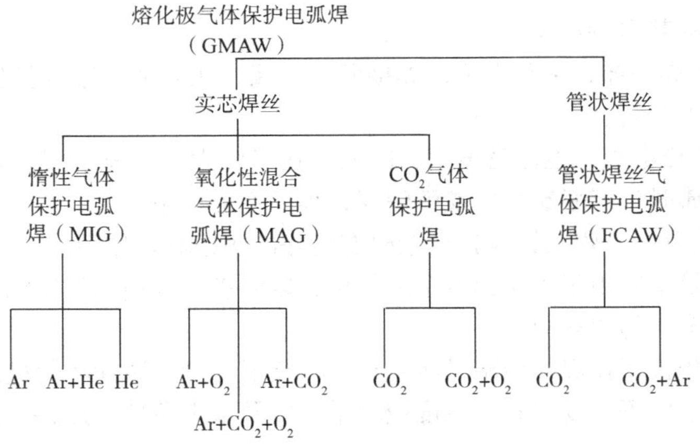


2）喷射过渡。熔滴受电弧力强制作用脱离焊丝端头，以与焊丝直径相近或小于焊丝直径的熔滴沿焊丝轴线向焊接熔池过渡。喷射过渡又可分为射滴过渡和射流过渡两种，如图

7-16 所示。射滴过渡所形成的熔滴尺寸与焊丝直径相近，熔滴沿焊丝轴线射向焊接熔池。射流过渡时，焊丝端头的熔化金属在强大电弧力作用下被挤压成铅笔尖状，以小于焊丝直径的细小熔滴从熔化金属液柱尖端高速沿焊丝轴向射向焊接熔池。这些熔滴的过渡频率很高，肉眼看上去好像在电弧中存在一条射向焊接熔池的金属液流。

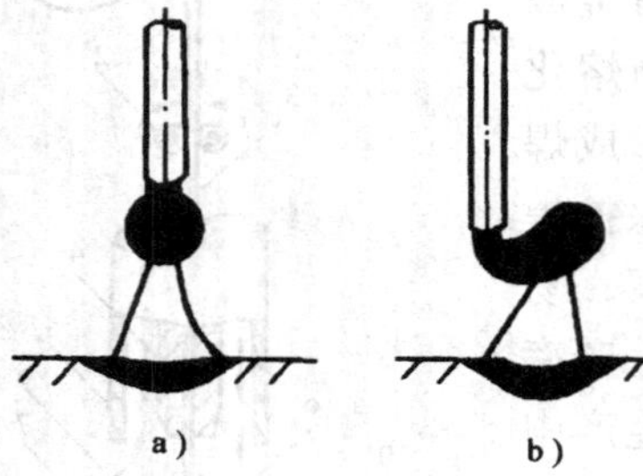


图 7-15 滴状过渡时熔滴脱离焊丝前示意图
a) 轴向过渡 b) 非轴向过渡

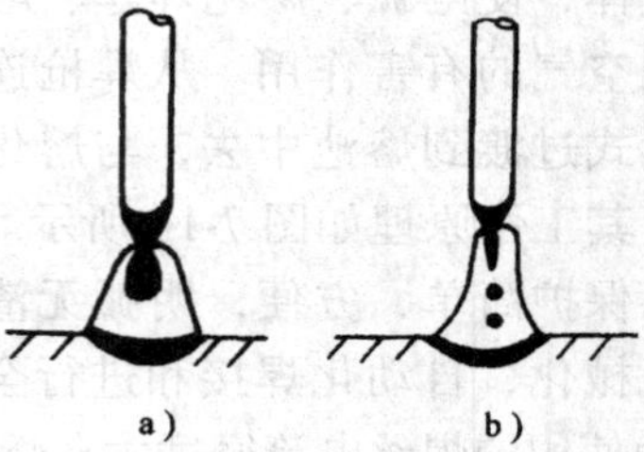


图 7-16 喷射过渡示意图
a) 射滴过渡 b) 射流过渡

(2) 短路过渡 在一个短路周期中，当焊丝端头熔化金属熔球长大到一定程度后就与焊接熔池直接接触，电弧熄灭。焊丝端头的液体金属靠焊接短路电流所产生的电磁收缩力及液体金属表面张力的作用被拉入焊接熔池，完成一次熔滴过渡。而后，电弧又重新引燃，加热与熔化焊丝端头金属，又为下一次短路过渡做准备。短路过渡情况如图 7-17 所示，一般短过渡频率为 20 ~ 200 次/s。

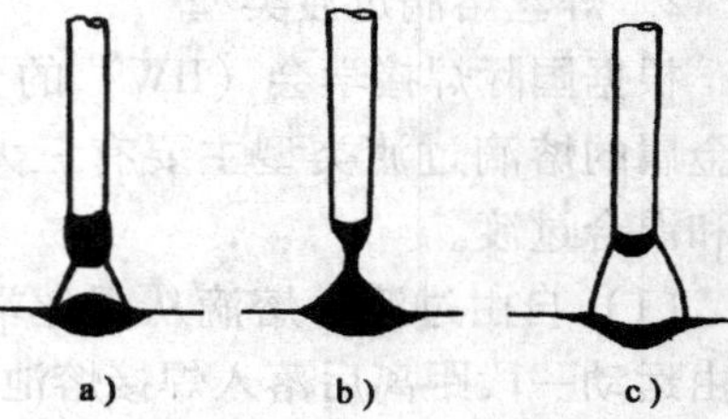


图 7-17 短路过渡示意
a) 短路前 b) 短路时 c) 短路过渡后

(3) 混合过渡 在一定条件下，熔滴过渡不是单一形式，而是自由过渡和短路过渡的混合形式。较大焊接电流下 $CO_2$ 气体保护焊及药芯焊丝气体保护焊的熔滴过渡形式就属于这一种。

3. 熔化极氩弧焊

熔化极氩弧焊的基本特点是：

1) 与钨极氩弧焊一样，它几乎可以焊接所有金属，尤其适合于焊接铝及铝合金、铜及铜合金以及不锈钢等材料。

2) 由于用焊丝作电极，电流密度大，因而焊接熔深大，填充金属熔敷速度快，用于焊接厚板铝、铜等金属时生产率比钨极氩弧焊高，焊件变形也小。

3) 常采用直流反接，焊接铝及铝合金时有良好的阴极雾化作用。

熔化极氩弧焊最早应用于铝及铝合金的焊接，以后扩大到铜和不锈钢。现在亦广泛地用于低合金钢等黑色金属的焊接中。

在生产中，熔化极氩弧焊的熔滴过渡主要采用喷射过渡、脉冲喷射过渡和短路过渡几种形式。喷射过渡用于中等厚度板和大厚度板水平对接及水平角接，短路过渡则用于薄板高速焊接和全位置焊接。

熔化极氩弧焊若以惰性气体 Ar 或 Ar-He 混合气体作保护气体时，称为 MIG 焊（Matal Inerl Gas Arc Welding）。如果用富氩混合气体 $Ar\text{-}O_2$、$Ar\text{-}CO_2$ 或 $Ar\text{-}CO_2\text{-}O_2$ 作保护气体时，

则称为 MAG 焊（Metal Active Gas Arc Welding)。

（1）铝及铝合金的 MIG 焊 通常采用射滴和短路相混合的亚射流过渡形式。其特点是弧长较短，电弧电压较低，焊接过程略带轻微爆炸声，焊丝端头熔滴长大到大约等于焊丝直径时便沿电弧轴线方向一滴滴过渡到熔池，并间或有瞬时短路发生。实践证明：电弧长度增加，焊缝起皱及形成黑粉的倾向增加。弧长增加不仅对焊缝表面成形不利，而且气孔也将增加。但若降低弧长采用亚射流过渡，则阴极雾化区大，熔池保护效果好，焊缝表面成形良好，焊接缺陷少。

（2）熔化极脉冲氩弧焊（MIGP） 采用如图7-18所示脉冲电流的熔化极氩弧焊与连续电流氩弧焊相比，在工艺上有以下特点：

1）具有较宽的电流调节范围。对同一直径的焊丝，平均电流 $I_{cp}$ 可小于临界电流并能在几十至几百安的范围内进行调节而获得射流过渡（只要 $I_m > I_k$）。平均电流可在较大范围内调节，做到了既能焊接厚板，又能焊接薄板，生产率高，变形小。

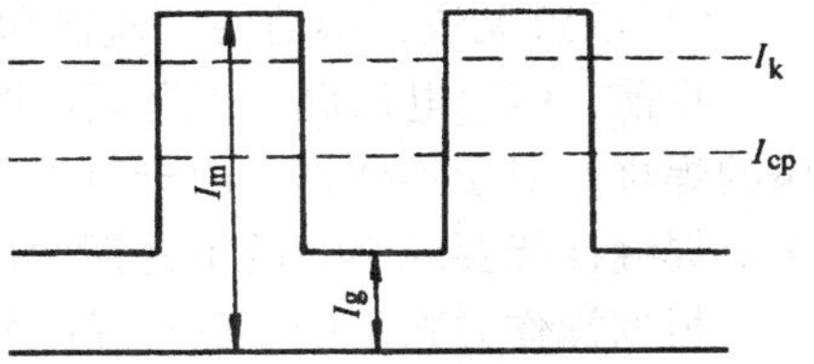


图 7-18 脉冲电流波形示意图
$I_m$—脉冲电流 $I_k$—产生喷射过渡所对应的临界电流值 $I_g$—基值电流 $I_{cp}$—平均电流

2）有利于实现全位置焊。采用脉冲电流后，可用较小的平均电流进行焊接，因而熔池体积小。加上熔滴过渡和熔池金属的加热是间歇性的，所以不管熔池处于什么位置，液体金属都不易发生流淌，焊缝成形好。

3）可有效控制输入热量，改善接头性能。在焊接高强度钢或某些铝合金时，由于这些材料热敏感性较大，因而对母材输入的热量要有一定的限制。若采用连续电流焊接，只能减少焊接电流，其结果造成熔深较小，而在厚板多层焊时则容易产生熔合不良等缺陷。而采用脉冲电流后，既可使母材获得较大熔深（因为脉冲电流 $I_m$ 大），又可控制平均电流 $I_{cp}$ 在较低的水平而满足低热输入，使得焊缝金属和热影响区金属过热都比较小，焊接接头具有良好韧性，并减少了产生裂纹的倾向。

（3）熔化极氧化性混合气体保护焊（MAG） 可采用短路过渡、喷射过渡和脉冲喷射过渡进行焊接，用于平焊、立焊、横焊、仰焊以及全位置焊。

$Ar + CO_2$ 被用来焊接低碳钢和低合金钢。常用混合比为 $\varphi_{Ar} = 70\% \sim 80\%$ 和 $\varphi_{CO_2} = 20\% \sim 30\%$。$Ar + O_2$ 可用于碳钢、低合金钢、不锈钢、高合金钢以及高强钢的焊接，常用的混合比为 $\varphi_{Ar} = 95\% \sim 99\%$ 和 $\varphi_{O_2} = 1\% \sim 5\%$。$\varphi_{Ar} = 80\%$、$\varphi_{CO_2} = 15\%$、$\varphi_{O_2} = 5\%$ 的三元混合气体焊接低碳钢、低合金钢比采用二元混合气体的焊缝成形、接头质量、熔滴过渡和电弧稳定性要好。

4. $CO_2$ 气体保护焊

（1）$CO_2$ 气体保护焊特点及应用范围 $CO_2$ 气体保护焊与焊条电弧焊及埋弧焊相比具有以下特点：

1）生产率高。$CO_2$ 电弧的穿透力强，熔深大且焊丝的熔化率高，所以生产率比焊条电弧焊高 1～3 倍。

2）成本低。$CO_2$ 气体是酿造厂和化工厂的副产品，价格低。因而，其成本只有埋弧焊和焊条电弧焊的 40%～50% 左右。

3）能耗低。与焊条电弧焊相比，3mm 碳钢板对接焊缝，每米焊缝消耗的电能少 30% 左右；25mm 碳钢板对接焊缝，每米焊缝消耗的电能仅为焊条电弧焊的 40%。

4）适用范围广。不论何种焊接位置都可以施焊。薄板可焊到 1mm 左右，最厚几乎不受限制（可采用多层焊）。

5）抗锈能力强。$CO_2$ 气体在电弧高温下分解，分解出的原子态氧具有强烈的氧化性。使电弧气氛中自由态的氢被氧化成不溶于金属的水蒸气或羟基（OH）从而减弱了氢气（由铁锈中结晶水受电弧高温分解而来的氢气）的有害作用，使焊缝含氢量低，抗裂性好，抗氢气孔能力强。

6）明弧无渣，熔池便于监视和控制，有利于实现焊接过程的机械化和自动化。

目前，$CO_2$ 电弧焊由于有氧化性，合金元素易烧损主要用于低碳钢及低合金钢等黑色金属的焊接。对于不锈钢，由于对焊缝金属有增碳现象，影响耐晶间腐蚀性能。因此，只能用于对焊缝性能要求不高的不锈钢焊件。

根据操作方式不同，$CO_2$ 焊可分为半自动及自动焊两种。对于较长的直线焊缝以及规则的曲线焊缝，可采用自动焊。对于不规则的或短焊缝，则宜采用半自动焊，这是生产中用得最多的操作方式。

（2）$CO_2$ 焊熔滴过渡特点　过渡形式有滴状过渡、短路过渡和潜弧射滴过渡三种。由于滴状过渡焊接时电弧较长，熔滴过渡常呈非轴向，飞溅大，工艺过程不稳定，因此生产中很少采用。短路过渡焊的特点是弧长较短。稳定的短路过渡电弧的燃烧、熄灭和熔滴过渡过程均很稳定，飞溅较小，熔滴过渡频率高，焊缝成形较好，被广泛应用于薄板和全位置焊接。图 7-19 为短路过渡焊接时的电弧电压和焊接电流波形及熔滴过渡示意图。潜弧射滴过渡由于采用较大焊接电流和比短路过渡要高的电弧电压，母材熔化量增加，熔池较大，电弧在工件表面以下燃烧而形成潜弧。此时，焊丝端头虽在工件以下但并不与熔池短路，熔滴以细小的轴向性很强的射滴过渡，如图 7-20 所示。潜弧射滴过渡焊接过程较稳定，母材熔深大，生产中常被用于中厚板或大厚度板的水平位置焊接。

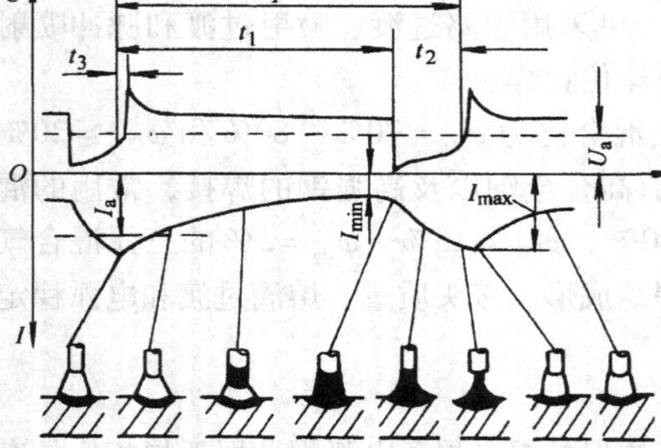

图 7-19　短路过渡过程与电流电压波形

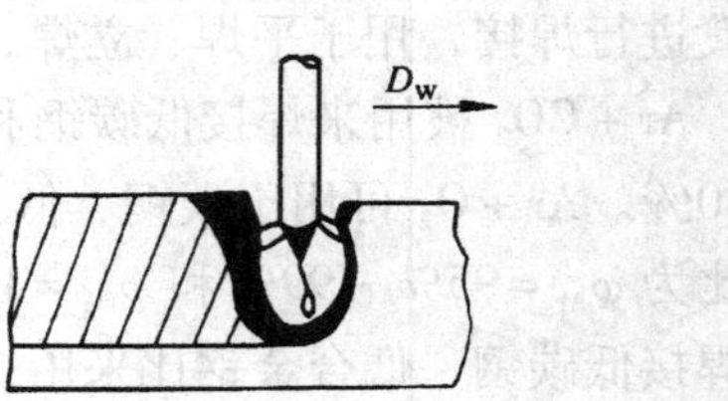

图 7-20　$CO_2$ 潜弧射滴过渡示意

（3）$CO_2$ 焊的飞溅　$CO_2$ 焊的主要缺点是金属飞溅。飞溅不但会降低焊丝的熔敷系数，而且还会粘着在导电嘴端面和喷嘴内壁，破坏气体保护作用和送丝稳定性。短路过渡产生飞溅的主要原因是：液体金属内部的 CO 气体急剧膨胀而发生剧烈爆炸，以及短路过渡后电弧再引燃时，产生对熔池过大冲击力而使液体金属溅出。减少飞溅的措施有冶金措施和工艺措施。冶金方面主要是采用合适的焊丝（如降低焊丝含碳量）和保护气体成分。适宜的焊丝和焊件表面的清理（除锈和油污）可减少因液体金属内部冶金反应生成的 CO 气体膨胀爆炸而引起的飞溅。工艺方面主要是焊接电流与电弧电压的合理选配，以及合适的短路电流上升速度和短路峰值电流的选择。滴状过渡时，飞溅主要是熔滴非轴向过渡造成的。潜弧射滴过渡时，飞溅主要是熔滴瞬时短路造成的。自由过渡焊所形成的飞溅颗粒大，难以从焊件表面清除。

5. 药芯焊丝气体保护焊

药芯焊丝气体保护焊的基本原理与普通熔化极气体保护焊一样，焊丝常接直流电源正极，即直流反接。保护气体常采用纯 $CO_2$ 或 $CO_2 + Ar$ 混合气体。与普通熔化极气体保护焊相比，它的主要区别就在于焊丝内部装有焊剂混合物。这种焊接方法是一种气、渣联合保护方法，如图 7-21 所示。

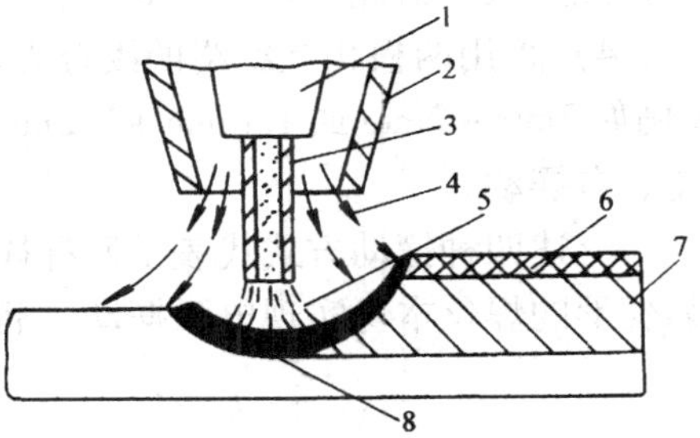


图 7-21　药芯焊丝气体保护焊
1—导电嘴　2—喷嘴　3—药芯焊丝　4—保护气体　5—电弧　6—焊渣　7—焊缝　8—熔池

药芯焊丝气体保护焊综合了焊条电弧焊和普通熔化极气体保护焊的特点。其主要优点是：

1）采用气、渣联合保护，焊缝成形美观，电弧稳定性好，飞溅少且颗粒细小。

2）焊丝熔敷速度快，熔敷效率（85% ~90%）和生产率都较高（比焊条电弧焊高 3 ~5 倍）。

3）可焊金属材料广。通过调整焊剂成分与比例就可以提供所要求的焊缝金属化学成分。

4）抗气孔能力比实芯焊丝 $CO_2$ 焊更强。这是因为焊接熔池受到 $CO_2$ 气体和熔渣两方面保护的结果。

不足之处是：除药芯焊丝制造过程复杂和送丝比实芯焊丝困难外，药芯焊丝外表皮（由低碳钢或低合金钢皮制成）容易锈蚀，外皮所包的粉剂容易吸潮。使用前，药芯焊丝必须在 250 ~300℃温度下进行烘烤，否则，粉剂中吸收的水分将会在焊缝中引起气孔。

药芯焊丝气体保护焊既可用于半自动焊，又可用于自动焊，但多用于半自动焊。采用不同的焊丝和保护气体相配合可进行平焊、仰焊和全位置焊。这种焊接方法通常用于焊接碳钢、低合金钢、不锈钢和铸铁。

6. 熔化极气体保护窄间隙焊

该方法不仅可大幅度地减少坡口截面积，大大减少焊缝金属的填敷量，而且在不太大的焊接热输入下实现高效焊接，因而被当作是一种经济的、且能获得良好力学性能、变形小的优质焊接接头的焊接方法，被广泛应用于各种大型重要结构。由于这一工艺方法用焊丝作为电极，因此可采用较大的电流密度，填充丝的熔敷速度快，同时适用于各种位置的焊接。另外，由于这一工艺明弧无渣便于监视和控制，特别适合于实现焊接过程的机械化、自动化。熔化极气体保护窄间隙焊可以应用于平焊、垂直焊、横向焊以及全位置焊。在材料上，可以焊接黑色金属，也可以焊接有色金属。它又分为实芯焊丝气体保护窄间隙焊和药芯焊丝气体保护窄间隙焊两种。

焊丝在深坡口中进行焊接，侧壁熔合不良是最常发生的缺陷，因而电弧摆动技术是解决窄间隙焊时侧壁良好熔合的关键。电弧摆动技术是熔化极气体保护窄间隙焊工艺的关键技术，有代表性的摆动方式有：

1）导电管在坡口内作横向摆动，如图7-22所示。这种摆动方式可焊接的最大焊件厚度为80mm，间隙宽度约14mm。

2）借助弯成大约15°的扁平导电管在坡口内左右旋转来实现电弧的摆动，如图7-23所示。

3）焊丝呈波浪形送进。焊丝在进入导电管之前，先被预弯成波浪形，送出导电管后仍保持此形状，借此实现电弧的左右移动。

4）采用两根相互缠绕的绞合焊丝实现电弧摆动。两根焊丝直径可以相同，也可以不同（例如2mm+2mm或1.6mm+1.2mm）。焊丝熔化时，电弧沿焊丝缠绕反方向旋转实现电弧左、右摆动。

上述四种摆动方式代表了两种摆动类型。前两种由导电管摆动实现电弧摆动：后两种依靠变形的焊丝本身实现电弧摆动。后者可焊接的焊件厚度较大，可达300mm。

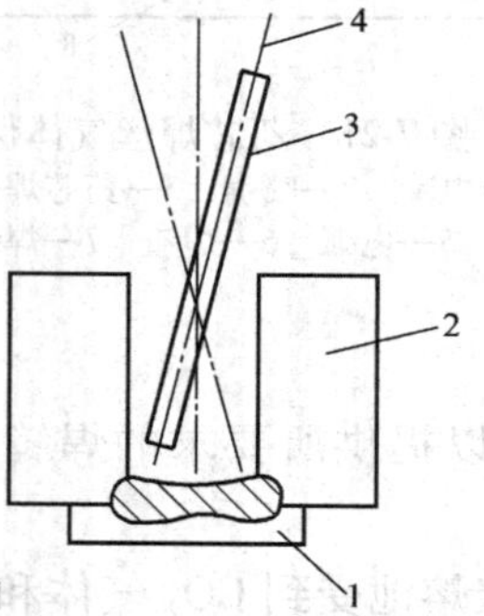

图7-22 导电管在坡口内作横向摆动
1—衬垫 2—焊件 3—导电管 4—焊丝

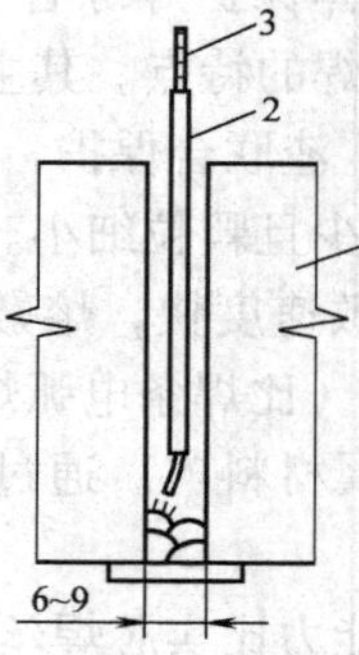

图7-23 导电管在坡口内左右旋转
1—焊件 2—导电管 3—焊丝

保护气体通常使用纯Ar或$CO_2$+Ar混合气体。坡口形式主要是“I”形。在横焊及管接头焊接时也可以是小角度的“V”形。至于间隙大小没有一定的标准，一般在6～14mm之间。

由于熔化极气保护焊的间隙深而窄，因此带来的主要问题有：

1）向深而窄的间隙内输送保护气体难度明显大于标准双“V”形或双“U”形坡口，采用特殊的气体喷送装置是必需的。

2）在窄间隙内观察电弧也比较困难。如果焊丝偏离坡口中心，会造成侧壁熔合不良，因而焊丝自动跟踪坡口中心是必要的。

3）大厚度窄间隙焊接接头往往由几十层焊道组成，只要其中有一层焊道（尤其是中部）有缺陷，返修是十分麻烦的。

## 第三节 压焊及钎焊

### 一、电阻焊

电阻焊是焊件组合后通过电极施加压力，利用电流流过接头的接触面及邻近区域产生的电阻热将其加热到熔化或塑性状态，使之在加压条件下形成接头的一种焊接方法。

电阻焊按工艺特点主要分为点焊、缝焊、凸焊和对焊；按所用电流波形分为交流、直流和脉冲电流三大类。电阻焊分类组合如图 7-24 所示。

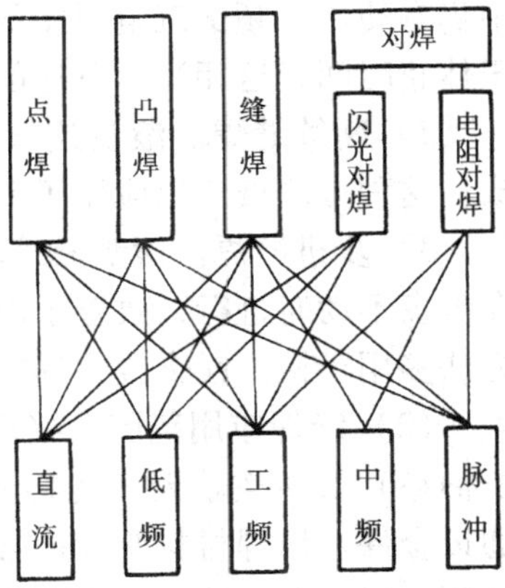

图 7-24 电阻焊分类与组合

1. 点焊

点焊是将焊件装配成搭接接头，并压紧在两电极之间，接通电流后利用电阻热将焊件局部熔化，形成焊点的方法。

(1) 点焊方法分类 按供电方式可分为单面点焊、双面点焊和间接点焊。按一次形成的焊点数可分为单点点焊、双点点焊和多点点焊。按焊接电流波形可分为工频点焊、电容储能点焊、直流冲击波点焊、三相低频点焊和次级整流点焊。各种点焊方法如图 7-25 所示。

(2) 点焊应用范围 点焊是一种高速、经济的连接方法。它适合于制造可以采用搭接接头不要求气密，厚度小于 3mm 的冲压、轧制的薄板构件。可焊材料为低碳钢、淬火钢、镀锌钢板、不锈钢、铝合金和铜合金等。这种方法广泛应用在电子、仪表、家用电器、建筑工程、交通运输及航空、航天工业中。

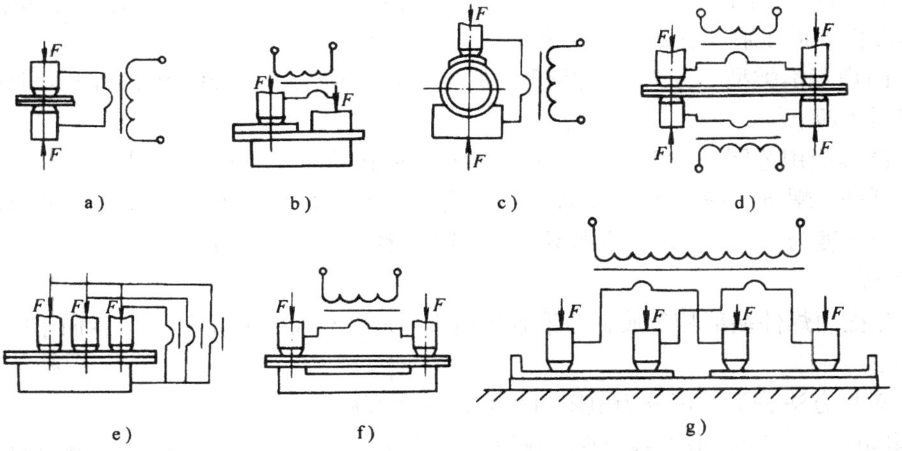

图 7-25 各种点焊方法
a) 双面单点焊 b) 单面单点焊 c) 间接点焊 d) 双面双点焊
e) 双面多点焊 f) 单面双点焊 g) 单面多点焊

2. 缝焊

缝焊是焊件装配成搭接或对接接头并置于两滚轮电极之间，滚轮加压焊件并转动，连续或断续送电，从而产生一连串熔核相互搭叠的密封焊缝的电阻焊方法。原理如图 7-26 所示。

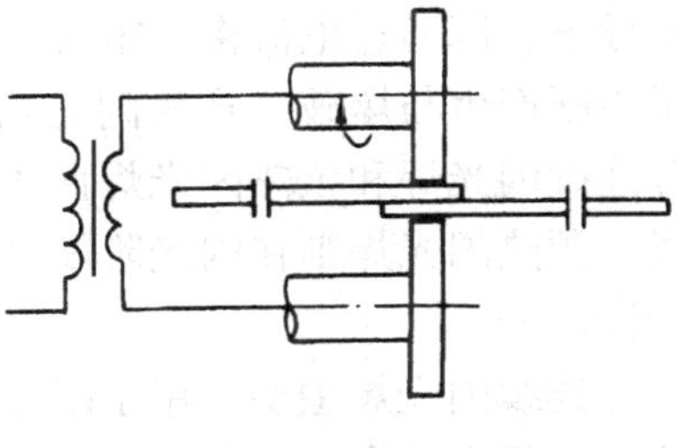
图 7-26 缝焊示意

(1) 缝焊方法分类 按通电和焊件运动方式缝焊方法可分为三类。

1) 连续缝焊。滚盘连续转动，电流不断通过焊件。

这种方法易使焊件表面过热，电极磨损严重，因而很少使用。但在高速缝焊（4～15m/min）中仍有使用工频交流电焊接的，50Hz交流电的每半周将形成一个焊点，交流电过零时相当于休止时间，这相当于下述的断续缝焊。此方法在制桶、制罐工业中获得应用。

2）断续缝焊。滚盘连续转动，电流断续通过焊件，形成的焊缝由彼此搭接的熔核组成。这种方法被广泛应用于1.5mm以下的各种钢、高温合金和钛合金的焊接。

3）步进缝焊。滚盘断续转动，电流在滚盘不动时通过焊件。由于金属的熔化和结晶均在滚盘不动时进行，改善了散热和压固条件，因而有效提高焊接质量，延长滚盘寿命。这种方法多用于铝、镁合金的焊接。

（2）缝焊应用范围　缝焊广泛应用在家用电器（电冰箱壳体）、交通运输（汽车、拖拉机油箱）及航空航天（燃料油箱）等工业中要求密封性的接头制造上，有时也用来连接普通钣金件。被焊材料厚度通常在0.1～2mm。可焊材料为低碳钢、合金结构钢、不锈钢、耐热钢、铝合金、钛合金等。铜不能缝焊，黄铜也难以缝焊。

3．凸焊

凸焊是在一个焊件的贴合面上预先加工出一个或多个凸起点，使其与另一焊件表面相接触加压并通电加热，凸点压塌后，使这些接触点形成焊点的一种电阻焊方法。凸焊是在点焊基础上发展起来的，利用预先加工出的凸起点或零件固有的型面、倒角达到提高贴合面压强与电流密度的目的；同时采用较大的平板电极来降低电极与焊件接触面的压强和电流密度，从而消除焊件表面压痕，提高电极寿命。

（1）凸焊基本类型　分为单点凸焊、多点凸焊、环焊、T形焊、滚凸焊和线材交叉凸焊五类，如图7-27所示。

（2）凸焊应用范围　凸焊主要用于焊接低碳钢和低合金钢的冲压件。除可进行板件凸焊外，还可进行螺母、螺钉类零件的凸焊，线材交叉凸焊，管子凸焊和板材T形凸焊。板件凸焊最佳厚度为0.5～4mm。凸焊不适宜于铝、铜、镍等软金属。

4．对焊

对焊是把两焊件端部相对放置并沿轴线对准，利用焊接电流加热，然后加压完成焊接的电阻焊方法。

（1）对焊方法分类　可分为电阻对焊和闪光对焊两类。

1）电阻对焊。特点是先将两焊件压紧，然后在压紧状态下通电焊接。电阻对焊时，由于焊件加热温度沿径向分布不易均匀，因此这一方法仅适宜焊接截面积小于250mm$^2$、端面形状相同（棒或厚壁管）、氧化物易于挤出的材料，如碳素钢、不锈钢、铜和铝等。它具有接头光滑、毛刺小、焊接过程简单的特点。

2）闪光对焊。特点是先接通电源，然后逐步使两焊件端面靠近，开始时端面个别点接触导电，因通过电流密度很大，接触点很快熔化并爆破，随焊件的再靠近接触点在端面上随机不断产生与爆破（产生闪光），使焊件端面加热均化，然后迅速顶锻完成焊接。闪光对焊分连续闪光焊和预热闪光焊两种。连续闪光焊由闪光阶段和顶锻阶段两个主要阶段连续完成。预热闪光焊则在闪光阶段之前先从断续电流反复几次加热焊件，然后再进入闪光和顶锻阶段。

连续闪光焊主要适用于断面为1000mm$^2$左右的闭合零件拼口焊，如车圈、铝窗等。预热闪光焊则适合焊5000～10000mm$^2$大型截面黑色金属零件，如钢轨的接长。凡是可以锻造的金属都能进行闪光焊，如低碳钢、高强度低合金钢、工具钢、不锈钢、铜合金、铝合金、镁合金、钼合金、镍合金和钛合金等。若仔细控制焊接条件，甚至还可以连接许多异种金属组件。

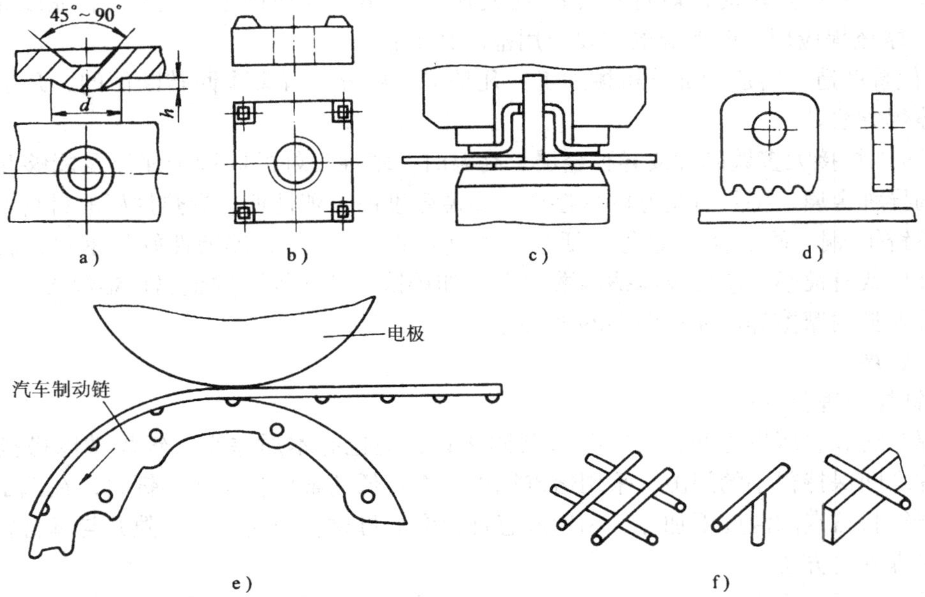


图 7-27　凸焊基本类型
a）单点凸焊　b）多点凸焊　c）预制凸环（环焊）
d）T形焊　e）滚凸焊　f）线材交叉凸焊

（2）对焊应用范围

1）工件接长。带钢、线材、型材、石油和天然气输送管的对焊接长。

2）环形工件的对接，如自行车、摩托车轮圈、链环的对焊。

3）部件的组焊。将简单的锻造、冲压、轧制和机加工零件对焊成复杂零件。

4）异种金属对焊，如刀具刃部（高速钢）与柄部（中碳钢）、铜铝导电接头对焊。

**二、摩擦焊**

利用焊件接触面相对旋转运动中相互摩擦所产生的热，使工件端部达到热塑性状态，然后迅速顶锻加压，完成焊接的一种压力焊方法。

（1）摩擦焊方法分类　根据焊件相对摩擦运动轨迹可分为旋转摩擦焊和轨道摩擦焊两种，如图 7-28 所示。

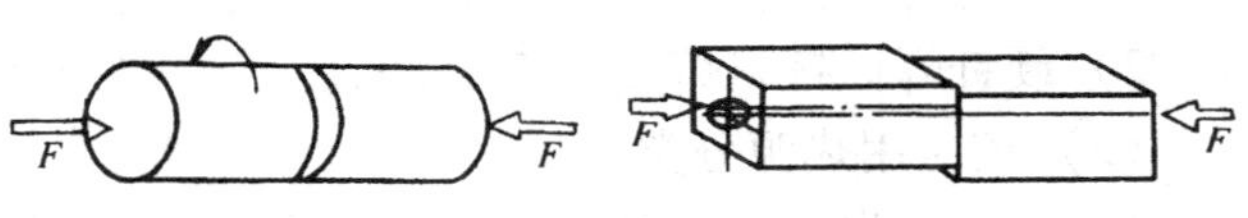


图 7-28　摩擦焊示意
a）旋转摩擦焊　b）轨道摩擦焊

根据机械供给方式可分为连续驱动摩擦焊和惯性摩擦焊两种。连续驱动摩擦焊是一个焊件不转动，另一个焊件被驱动到恒定转速 $N$，在不转动焊件上施以轴向压力 $F_1$ 推向转动工件，两焊件相接触焊接过程开始，转速仍保持不变，经过一定时间后，界面温度达到材料锻造温度范围，转动焊件脱开驱动并制动，转速从 $N$ 降至零，在制动过程中轴向压力增大至

$F_2$ 进行顶锻，使界面金属产生塑性变形并保持到焊件冷却，在顶锻中界面热塑性材料被挤出界面形成飞边。惯性摩擦焊是先将飞轮加速到预定转速，然后使飞轮脱开驱动源，并使两焊件相接触，在恒定轴向压力下，飞轮的动能在两工件接合面处转变为热能，而飞轮转速则迅速下降，直到停止转动，轴向力从 $F_1$ 增大到 $F_2$ 使界面金属产生塑性变形，完成焊接。

（2）摩擦焊应用　摩擦焊的主要应用范围如下：

1）代替锻造、铸造和部分机械加工。凡是接头部分具有紧凑回转断面的，几乎都可以采用摩擦焊方法。

2）可以焊接大多数同种或异种金属。高温时，塑性良好的同种金属以及能够互相固溶和扩散的异种金属，都具有良好的焊接性。高温强度高、塑性低、导热性好的材料不容易焊接，如不锈钢-铜、硬质合金-钢等。活性金属（如钛、锆等）、淬硬性好的钢材，表面氧化膜不易破碎或有镀膜、渗层及摩擦因数太小（如铸铁、黄铜等）的金属很难焊接。

几种典型的摩擦焊产品如图 7-29 所示。

**三、钎焊**

1. 钎焊原理及特点

钎焊与熔焊、压焊之间，虽有某些共同之处，但也有本质差别。钎焊常以搭接形式装配，焊件之间保持很小的间隙，采用熔点比母材熔点低的金属材料作为钎料，在低于母材熔点而高于钎料熔点的温度下加热，利用液态钎料润湿母材，填充接头间隙并与母材相互扩散实现连接焊件的方法。

钎焊与熔焊或压焊相比，主要不同在于：钎焊时只有钎料熔化而母材保持固态，钎料熔点低于母材熔点，其成分与母材也有很大差别，熔化钎料依靠润湿和毛细作用吸入并保持在母材待焊处间隙中，依靠液态钎料与固态母材之间的相互扩散形成冶金结合。与熔焊相比，钎焊具有以下优点：

1）加热温度低，对母材组织和性能影响小，且容易保证焊件尺寸精度。

2）可实现异种金属或合金、金属与非金属的连接。

3）某些钎焊方法可一次焊接完成几十条或成百条钎缝，生产率高。

但钎焊接头的强度较低，耐热性差，装配精度要求高。

2. 钎焊方法分类

（1）按钎料熔点分类　可分为软钎焊和硬钎焊。

1）软钎焊。钎料熔点低于 450℃。

2）硬钎焊。钎料熔点高于 450℃。

（2）按应用热源分类

1）火焰钎焊。所用可燃气体可以是乙炔、丙烷、石油气、雾化石油、煤气等。助燃气体为氧气和压缩空气。火焰钎焊设备简单轻便，容易自制，燃气来源广泛。主要用铜基钎料或银基钎料钎焊碳钢、低合金钢、不锈钢、铜及铜合金的薄壁和小型焊件。也用铝基钎料钎焊铝及铝合金。

2）电阻钎焊。它和电阻焊相似，依靠焊接电流通过钎焊处所产生的电阻热来加热焊件和熔化钎料。

电阻钎焊使用低电压大电流进行钎焊，通常可在普通的电阻焊机上进行，也可使用专门的电阻钎焊设备。根据导电率的不同要求，电阻钎焊的电极可采用石墨、铜合金、耐热钢、高温合金和难熔金属制造。一般电极应有较高导电率，而用作加热的电极则需要高电阻材料。此种钎焊方法适用于钎焊接头尺寸不太大，形状简单的零件。目前主要用于刀具、带锯、电机定子线圈的连接、电触头、集成电路块和晶体管等元器件的连接。

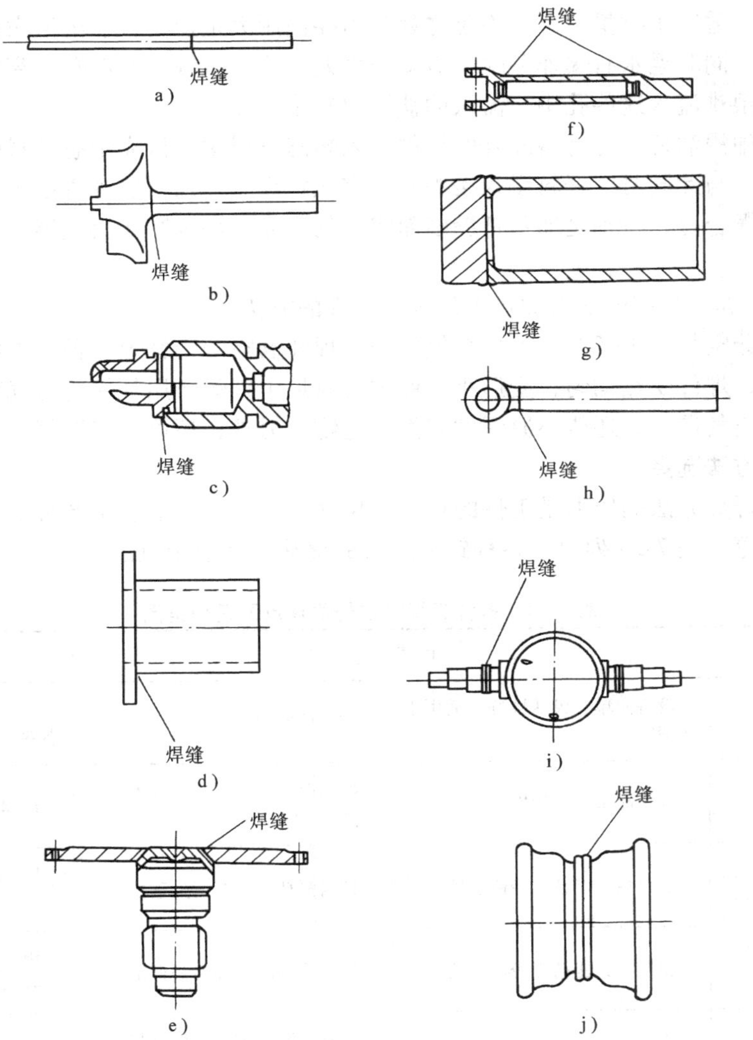


图 7-29　典型摩擦焊产品
a) 圆柄刀具　b) 涡轮增压器转子　c) 柴油发动机预燃烧室
d) 拖拉机双金属轴瓦　e) 运土机主动齿轮　f) 载货汽车推进轴
g) 农机油缸　h) 拖拉机液压活塞杆　i) 汽车轴套　j) 履带拖拉机支重轮

3）感应钎焊。焊件的待钎焊部位置于交变磁场中，通过它在交变磁场中产生的感应电流的电阻热来完成钎焊的方法。

感应钎焊可在空气中、真空中或保护气体中进行。感应钎焊广泛地用于钢、不锈钢、铜及铜合金、高温合金等具有对称形状零件的钎焊，它特别适合于管件套接、管和法兰、轴与轴套之类的接头。

4）浸沾钎焊（液体介质中钎焊）。是把焊件局部或整体地浸入盐混合溶液或钎料溶液中，并依靠这些液体介质的热量来实现钎焊。浸沾钎焊按液体介质不同分为盐浴钎焊和熔化钎料中浸沾钎焊两类。

盐浴钎焊主要用于硬钎焊。盐液既起加热作用又起保护作用。它的优点是生产率高，容易实现机械化，适宜于批量生产。不足之处是需要使用大量盐类，盐溶液大量散失热量并放出腐蚀性蒸汽，同时遇水有爆炸危险，劳动条件差，不适宜钎焊有深孔、盲孔和封闭型的焊件，因为盐液很难流入这些孔中，流入的盐液也较难排净。

熔化钎料中浸沾钎焊是将装配好的焊件浸入熔态钎料中，依靠熔态钎料的热量使焊件加热到规定温度，与此同时，钎料浸入接头间隙完成钎焊。目前，这种方法主要用于以软钎料钎焊钢、铜及铜合金，特别是那些钎缝多而密集的产品，如蜂窝式换热器、电机电枢、汽车水箱等。

5）炉中钎焊。利用电炉来加热焊件进行钎焊的方法。

炉中钎焊分空气炉中钎焊、保护气氛炉中钎焊和真空炉中钎焊三种。炉中钎焊的特点是焊件整体加热，焊件受热均匀，变形小。保护气氛炉中钎焊所用气体有氢气和一氧化碳，它们不仅能防止空气侵入，还能还原焊件表面氧化物。另外，还可用惰性气体氩进行保护。

**四、钎焊方法选择**

合理选择钎焊方法的依据是工件的材料和尺寸、钎料及钎剂、生产批量、成本、各种钎焊方法的特点等。表 7-10 列出了各种钎焊方法的优缺点及应用范围。

**表 7-10 各种钎焊方法的优缺点及适用范围**

| 钎焊方法 | 主要特点 | | 用途 |
|---|---|---|---|
| 烙铁钎焊 | 设备简单、灵活性好，适用于微细钎焊 | 需使用钎剂 | 只能用于软钎焊，钎焊小件 |
| 火焰钎焊 | 设备简单、灵活性好 | 控制温度困难，操作技术要求较高 | 钎焊小件 |
| 金属浴钎焊 | 加热快，能精确控制温度 | 钎料消耗大，焊后处理复杂 | 用于软钎焊及其批量生产 |
| 盐浴钎焊 | 加热快，能精确控制温度 | 设备费用高，焊后需仔细清洗 | 用于批量生产，不能钎焊密闭工件 |
| 电阻钎焊 | 加热快，生产率高，成本较低 | 控制温度困难，焊件形状、尺寸受限 | 钎焊小件 |
| 感应钎焊 | 加热快，钎焊质量好 | 温度不能精确控制，焊件形状受限制 | 批量钎焊小件 |
| 保护气体炉中钎焊 | 能精确控制温度，加热均匀，变形小，一般不用钎剂，钎焊质量好 | 设备费用较高，加热慢，钎料和制件不宜含大量易挥发元素 | 大、小件的批量生产，多钎缝工件的钎焊 |
| 真空炉中钎焊 | 能精确控制温度加热均匀，变形小，能钎焊难焊的高温合金，不用钎剂，钎焊质量好 | 设备费用高，钎料和制件不宜含较多的易挥发元素 | 重要工件 |

## 第四节　常用金属材料焊接

### 一、金属焊接性及试验方法

1．金属焊接性

金属焊接性就是金属是否具有适应焊接加工，以及在焊接加工以后能否在使用条件下安全运行的能力。焊接性包括两个方面的概念：一是在焊接加工时金属形成完整无缺陷焊接接头的能力；二是已焊成的焊接接头在使用条件下安全运行的能力。前者习惯称为工艺焊接性，是指金属材料在指定的焊接工艺条件下对产生焊接缺陷的敏感性；后者习惯称为使用焊接性，是在指定的焊接工艺条件下所形成的焊接接头适应使用要求的程度。两者并不一定是一致的，工艺焊接性满足要求并不代表使用焊接性一定符合技术条件。

2．影响金属焊接性的因素

影响金属焊接性的因素有：材料本身的性质、工艺条件、产品结构和使用条件。

（1）材料因素　母材本身的理化特性对其焊接性起着决定性的作用。例如：铝的化学性质很活泼，容易氧化在金属表面形成一层难熔的 $Al_2O_3$，焊接时它阻碍金属之间的良好结合，容易产生夹渣。另外，铝的线膨胀系数比铁大一倍，凝固时收缩率比铁大两倍。因此焊接某些铝合金（尤其是高强度铝合金）时，焊缝往往由于存在过大内应力而在脆性温度区间产生热裂纹。

母材的性质不仅仅只影响到焊缝，还会影响热影响区。例如：中碳调质钢的热影响区组织对焊接热输入敏感，过小的热输入可能会造成热影响区的冷裂纹和淬硬脆化，过大的热输入可能会造成热影响区的过热脆化和软化，所以不仅要控制焊接热输入，还常要采用预热、缓冷等工艺措施。

应当指出，焊接材料对金属材料的焊接性也有很大影响。通过调整焊接材料的成分和变化熔合比，可以在一定程度上改善金属材料的焊接性。典型例子为：硬铝 2A12（LY12）使用同质焊丝几乎无法避免结晶裂纹的产生，但使用含 $w_{Si}=5\%$ 的 SAlSi—1 铝合金焊丝则可有效防止结晶裂纹的产生。

（2）工艺因素　焊接方法对焊接性影响很大，它主要体现在焊接能量密度和保护条件两方面。能量密度较大的焊接方法，如激光焊、电子束焊、等离子弧焊等，可以减少焊接热影响区的宽度，减少各种热影响区的焊接缺陷，改善金属的焊接性。良好的保护条件（如氩弧焊）使 Al、Ti 等活泼金属焊接成为可能。

除焊接方法外，预热、缓冷、后热、焊接顺序、坡口处理等工艺措施对焊接性也有较大影响。

（3）结构因素　焊接接头的结构设计直接影响到它的刚度、拘束应力的大小和方向。而这些既可能影响焊接时是否发生缺陷，又可能影响到焊接接头的强度、韧性等承载能力。

（4）使用条件　焊接接头所承受载荷的性质和工作温度的高低、工作介质的腐蚀性均属于使用条件。使用条件的苛刻程度也必然影响到金属材料焊接性。例如：普通低碳钢在焊接过程中不容易出现焊接缺陷，但焊接接头的低温韧度却较差，不能用于低温下工作的焊接结构。又如，焊接接头在高温下工作，必须考虑到某些合金元素的扩散和整个结构的蠕变问题；承受冲击的焊接接头要考虑脆性断裂的可能性；在腐蚀介质中工作的焊接接头要考虑耐各种腐蚀破坏的可能性。焊接接头服役条件越苛刻，焊接性也越难保证。

综上所述，焊接性除与材料有关外，它还与工艺、结构、使用条件等因素都有密切关系，所以不能抛开这些因素而只单纯从材料本身的性能来评价焊接性，因此很难找到一项技术指标可以概括金属材料的焊接性，只能通过多方面的研究对其综合评定。

3. 金属材料焊接性试验方法简介

根据焊接性试验的性质，可以将焊接试验方法分为间接评估方法和直接试验方法两大类。

（1）焊接性的间接评估方法　主要有碳当量 $C_{eq}$ 间接评估法和冷裂纹敏感系数 $P_c$ 间接评估法两种。

1）碳当量 $C_{eq}$ 间接评估法。焊接热影响区的淬硬和冷裂倾向与钢材的化学成分有直接关系，因此钢材的化学成分可以用来评价它的热影响区淬硬和冷裂倾向。在各种元素中以碳的影响最为明显，所以人们习惯地把各种合金元素（包括碳）的含量按其作用大小换算成碳的相当含量，来间接评估这种钢材对焊接热影响区的淬硬和冷裂倾向的影响。

根据钢种的化学成分评估冷裂倾向，各国都进行过许多研究工作并建立了碳当量计算公式。国际焊接学会（IIW）推荐的碳当量公式为

$$C_{eq}(\text{IIW}) = C + \frac{Mn}{6} + \frac{Cr + Mo + V}{5} + \frac{Ni + Cu}{15}(\%)$$

此公式适用于非调质的低合金高强度钢。在实践中 $C_{eq}$（IIW）公式用得相当普遍，一般认为 $C_{eq}(\text{IIW}) \leqslant 0.4\%$ 时，钢材在焊接时基本无淬硬倾向，焊接性良好，几乎与低碳钢相同：$C_{eq}(\text{IIW}) = 0.4\% \sim 0.6\%$ 时，钢的淬硬倾向逐渐增加，属于有淬硬倾向的钢，$C_{eq}(\text{IIW})$ 不超过 0.5%，淬硬倾向尚不算严重，焊接性尚可，但随板厚增加为防止冷裂往往要采取一定的预热措施；$C_{eq}(\text{IIW}) > 0.5\%$ 时，钢的淬硬倾向显著增加，焊接时就要严格控制焊接热输入，还要采取预热、后热等措施。

美国焊接学会提出的碳当量公式为

$$C_{eq}(\text{AWS}) = C + \frac{Mn}{6} + \frac{Si}{24} + \frac{Ni}{15} + \frac{Cr}{5} + \frac{Mo}{4} + \left(\frac{Cu}{13} + \frac{P}{2}\right)(\%)^{㊀}$$

此公式的适用范围为：$w_C < 0.6\%$；$w_{Mn} < 1.6\%$；$w_{Cr} < 1.0\%$；$w_{Mo} < 0.6\%$；$w_{Cu} < 0.5\% \sim 1\%$；$w_P = 0.05\% \sim 0.15\%$。

日本溶接学会推荐的碳当量公式为

$$C_{eq}(\text{WES}) = C + \frac{Mn}{6} + \frac{Si}{24} + \frac{Ni}{40} + \frac{Cr}{5} + \frac{Mo}{4} + \frac{V}{14}(\%)$$

此公式的适用范围为：$w_C < 0.2\%$；$w_{Si} = 0.55\%$；$w_{Mn} < 1.5\%$；$w_{Cu} < 0.5\%$；$w_{Ni} = 2.5\%$；$w_{Cr} = 1.25\%$；$w_{Mo} < 0.7\%$；$w_V < 0.1\%$；$w_B < 0.006\%$。

2）冷裂纹敏感系数 $P_c$ 间接评估法。碳当量间接评估法只考虑了钢材的化学成分而忽视了板厚、焊缝含氢量等重要因素，不可能直接用于判断是否会发生冷裂纹。为此日本的伊藤-别所用 200 多种钢进行大量实验，求出钢材焊接冷裂纹敏感性系数 $P_c$ 如下

$$P_c = C + \frac{Si}{30} + \frac{Mn}{20} + \frac{Cu}{20} + \frac{Ni}{60} + \frac{Cr}{20} + \frac{Mo}{15} + \frac{V}{10} + 5B + \frac{h}{600} + \frac{[H]}{60}(\%)$$

式中　$h$——板厚（mm）；

---

㊀ 公式中的元素符号为该元素的质量分数，后同。

[H] ——焊缝金属中扩散氢含量（ml/100g）

$P_c$ 式的适用范围：$w_C=0.07\%\sim0.22\%$；$w_{Si}=0\sim0.60\%$；$w_{Mn}=0.40\%\sim1.40\%$；$w_{Cu}=0\sim0.50\%$；$w_{Ni}=0\sim1.20\%$；$w_{Cr}=0\sim1.2\%$；$w_{Mo}=0\sim0.70\%$；$w_V=0\sim0.12\%$；$w_{Nb}=0\sim0.04\%$；$w_{Ti}=0\sim0.05\%$；$h=19\sim50mm$；[H] $=1.0\sim5.0ml/100g$（急冷法测定）。

按 $P_c$ 可以求出需要的预热温度 $T_0$（℃）

$$T_0=1440P_c-392$$

这里的 $T_0$ 是以斜 Y 坡口对接裂纹试验结果为依据而求得的，在不同接头形式时只能适当参考，不能直接套用。

变化斜 Y 坡口试样的拘束度（$R_f$），又可得出考虑拘束度因素的实际焊件综合裂纹敏感系数 $P_W$ 为

$$P_W=C+\frac{Si}{30}+\frac{Mn+Cu+Cr}{20}+\frac{Ni}{60}+\frac{Mo}{15}+\frac{V}{10}+5B+\frac{[H]}{60}+\frac{R_f}{4000}\ (\%)$$

（2）焊接性的直接试验方法　焊接性的直接试验方法有很多种。国内到目前为止已纳入国家标准的焊接裂纹试验有斜 Y 形坡口焊接裂纹试验方法（GB/T 4675.1—1984）、搭接接头（CTS）焊接裂纹试验方法（GB/T 4675.2—1984）、T 形接头焊接裂纹试验方法（GB/T 4675.3—1984）、压板对接（FISCO）焊接裂纹试验方法（GB/T 4675.4—1984）和焊接用插销冷裂纹试验方法（GB/T 9446—1988）五种。这里仅介绍最常用的斜 Y 形坡口焊接裂纹试验和焊接用插销冷裂纹试验。

1）斜 Y 形坡口焊接裂纹试验。又称为小铁研式裂纹试验。这是一个应用非常广泛的检验焊缝抗热裂倾向（表面裂纹率）和母材抗热冷裂纹倾向（断面裂纹率）的试验方法。其试板如图 7-30 所示。用被焊材料制成试板，两端先用焊缝固定，试板之间预留间隙 2～3mm。试板中间 80mm 为试验焊缝。由于两端固定对焊缝有拘束作用，其拘束作用程度往往比实际结构的长焊缝还要大。对于斜 Y 形坡口试样，裂纹形式大多从焊缝根部尖角处开始，因为这里既有组织转变引起的脆化，又有力学角度上的缺口效应引起的应力集中，最容易开裂。当焊缝金属抗裂性能不好时裂纹可能扩展到焊缝金属，甚至贯穿至焊缝表面。冷裂纹可以在焊后立即出现，也可能在焊后数小时才开始出现。

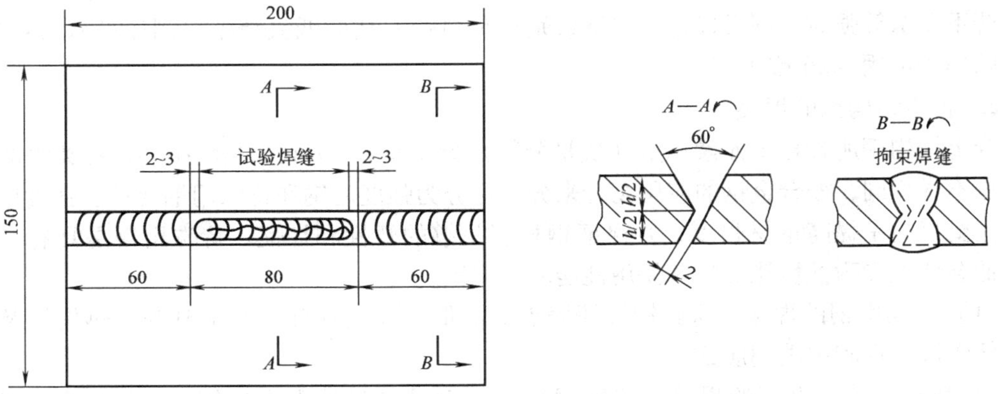


图 7-30　斜 Y 形坡口焊接裂纹试验试板

焊后经不少于24h的时效后再作裂纹检查。首先用放大镜目测或磁性荧光粉检查焊缝表面裂纹，然后沿焊缝长度方向均匀截取成六段，检查五个断面裂纹情况，然后用相应公式分别计算其根部裂纹率、表面裂纹率和断面裂纹率。

2）插销试验。这是一种既简便又节省材料的试验方法。其原理如图7-31所示。用被试钢材加工成带有刻槽的插销试棒，插入一定厚度的试验底板的预制销孔内，用试验焊条在试样上通过插销顶部正中堆焊一试验焊缝。焊完以后，等焊缝或热影响区冷却到冷裂纹敏感的温度区间上限（≥100℃）时，对插销施加一轴向预定载荷（见图7-31b）。观察是否有延迟断裂现象，并同时记录加载至断裂的时间和断裂应力。插销试棒上加工的环状尖锐刻槽是为了模拟根部裂纹和焊趾裂纹的应力集中条件。在冷却到150℃以后，对插销施加预先选定好大小的拉伸载荷，并保持这一载荷。当拉伸应力等于或小于某一数值后，试样不再断裂，此时的应力值为临界断裂应力 $\sigma_{cr}$，它作为评价被试材料焊接热影响区冷裂纹敏感性的指标。

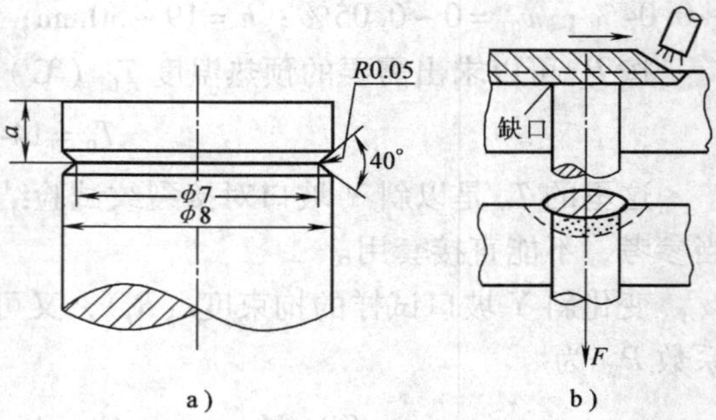

图7-31 插销试验原理图

a）插销试样端部形式 b）插销嵌入底板圆孔中的情况

## 二、结构钢的焊接

1. 碳钢的焊接

（1）低碳钢的焊接 低碳钢含碳量低，硅、锰含量少，其焊接性优良。目前，焊条电弧焊、埋弧焊、电渣焊、钨极氩弧焊、熔化极气体保护焊、电阻焊、气焊及钎焊都是焊接低碳钢的成熟焊接方法。

（2）中碳钢的焊接 当含碳量 $w_C$ 接近0.30%，而含锰量不高时，焊接性良好。但随含碳量的增加，焊接性变差。大多数情况下，中碳钢焊接需要预热和控制层间温度（指在多层焊中，在焊后续焊道时，其前一相邻焊道所保持的最低温度），以降低焊缝和热影响区冷却速度，从而防止产生马氏体，引起开裂。

采用焊条电弧焊时，若要求焊缝与母材等强，应尽量选用与母材强度级别相等的低氢焊条。若不要求等强时，则可以选用强度级别比母材低一档的低氢焊条。例如母材为490MPa级，则焊条可用J426或J427。

2. 合金结构钢的焊接

合金结构钢所含合金元素总量（质量分数）低于5%，但它的类型很多，各类钢的合金系统也不尽相同，按合金钢的应用场合来分，可分为强度用钢和特殊用钢两种。强度用钢合金化主要目的是提高钢材强度，并保证钢材有足够的塑性和韧性。特殊用钢是具有高温性能、低温性能和耐蚀性能等特殊使用性能的可焊钢。

（1）高强度钢的焊接 这类钢按屈服点的高低以及热处理状态又分为：热轧钢及正火钢、低碳调质钢和中碳调质钢。

1）热轧钢及正火钢的焊接。热轧钢及正火钢是非热处理强化钢。屈服强度为294～490MPa。典型热轧钢有：Q295（09MnV、09MnNb）、Q345（16Mn）、Q390（15MnV）等。典型正火钢有 Q420（15MnVN）、14MnMoV、18MnMoNb 等。热轧、正火钢按其用途还可分为：压力容器用钢，如 16MnR、15MnVR、16MnVNR、18MnMoNbR 等；锅炉用钢，如 16Mng、18MnMoNbg、14MnMoVg；焊接气瓶用钢及桥梁用钢等。

这类钢的焊接要点是：①抗热裂性比较好；②有一定的冷裂倾向，且随强度级别的升高（或淬硬倾向的增加）而增大；③沉淀强化的钢种［如 Q390（15MnTi）、Q420（15MnVN）、14MnMoV、18MnMoNb 等］有产生再热裂纹的倾向，在消除应力热处理时，应注意避免在 600℃左右保温；④热轧钢在制造厚大件时，有层状撕裂的危险；⑤这类钢不存在热影响区软化问题，但有过热区脆化问题。热轧钢含碳量越高脆化程度越严重。正火钢随焊接热输入的增大或钢中含钛量的增加，脆化程度严重。

这类钢可采用焊条电弧焊、埋弧焊、气体保护焊、电渣焊及压焊。

2）低碳调质钢的焊接。调质钢除合金元素强化外，还须进行调质热处理强化。低碳调质钢的屈服强度为 441～980MPa。典型钢号有 14MnMoVN、14MnMoNbB、WEL-TEN62CF（日本）、WEL-TEN70（日本）、T-1（美国）、HY-80（美国）等。

这类钢的焊接性要点是：①一般含碳量低，而含锰量高，因此热裂倾向小，高镍低锰类低合金高强钢对液化裂纹比较敏感；②冷裂纹倾向比较大，但只要工艺合适，冷裂纹是可以避免的；③有一定的再热裂纹敏感性（如 14MnMoNbB 钢中碳化物形成元素 Mo、Nb、B 共同作用结果使其易产生再热裂纹）；④对层状撕裂不敏感；⑤有过热区脆化和热影响区软化问题。

为防止冷裂纹的产生，必须严格准确地选用预热温度。如有可能，采用低温预热加后热，或不预热只采用后热的办法既可以防止低碳调质钢产生冷裂纹，又能减轻或消除过高的预热温度对其热影响区（产生粗大马氏体）韧性的过度损害。焊接这类钢应避免采用过大的焊接热输入，以避免过度降低焊接热影响区的韧性。为此不推荐采用大直径焊条或焊丝。只要可能，应采用多层小焊道焊缝。最好采用窄焊道，而不采用横向摆动的焊接。

低碳调质钢可采用焊条电弧焊、埋弧焊、气体保护焊、药芯焊丝气体保护焊。

3）中碳调质钢的焊接。这类钢的屈服强度达到 880～1176MPa，钢中的含碳量较高（$w_C = 0.25\% \sim 0.5\%$），并加入合金元素（如 Mn、Si、Cr、Ni、B、Mo、W、V、Ti 等）以保证钢的淬透性和消除回火脆性。典型中碳调质钢有 30CrMnSiA、30CrMnSiNi2A、40CrMnSiMoVA、35CrMoA、35CrMoVA 等。

这类钢的焊接性要点是：①钢的淬硬倾向大，近缝区易出现马氏体组织，冷裂倾向大；②钢中碳及合金元素含量高，焊缝凝固结晶时，结晶温度区间大，偏析倾向也较大，因而具有较大热裂倾向；③有再热裂纹倾向；④由于含碳量高，合金元素多，焊后淬火区极易出现淬硬的高碳粗大马氏体，导致严重脆化；⑤凡钢材在调质状态下焊接，焊后热影响区总有软化区。

中碳调质钢最好是在退火（或正火）状态下焊接，焊后再整体调质处理。通过焊后调质来改善热影响区性能，焊接时主要考虑防止裂纹问题。选择焊接参数的原则是在调质之前不出现裂纹。例如用较高的预热温度（200～350℃）和层间温度，焊后立即消氢热处理等，防止冷裂。

如果必须要在调质状态下焊接，而且焊后不能调质处理，这时焊接的主要问题是防止裂纹和避免热影响区软化。焊接时注意预热、层间温度、中间热处理和焊后热处理的温度都要控制在比母材淬火后回火的温度低50℃；焊接的热量要集中，热输入越小越好。由于焊后不再调质处理，焊缝金属成分可以与母材有差别，为了防止冷裂纹，可以选奥氏体焊条。

可采用的焊接方法有焊条电弧焊、埋弧焊、气体保护焊及点焊等。

（2）珠光体耐热钢的焊接　珠光体耐热钢是Cr-Mo为基的低、中合金钢，在600℃以下具有很好的耐氧化性和热强性，还有良好的耐硫腐蚀和耐氢蚀性能，且具有优良的工艺性能和物理性能，为其他耐热材料所不及。常用于制造动力工业、石油化工等部门中高温条件下工作的构件。典型钢号有12CrMo、15CrMo、12Cr5Mo、12Cr1MoV等。

珠光体耐热钢的焊接性要点是：①珠光体耐热钢从含碳量和合金元素含量来看，和低碳调质钢相近，因而焊接性也相近；②主要问题是冷裂纹、再热裂纹、粗晶区脆化以及热影响区软化。

为了防止冷裂纹和消除粗晶区脆化，正确选定预热温度和焊后回火温度至关重要。表7-11为常见珠光体耐热钢预热温度及回火温度。但为了减少热影响区软化程度，应提高焊后冷却速度，即尽可能减少焊接热输入和降低预热温度。以上两点是矛盾的，所以在确定具体焊接工艺时，要综合考虑焊接接头的各种性能要求。在选择焊后回火温度时还要避免再热裂纹的产生。

**表7-11　常见珠光体耐热钢预热温度及焊后回火温度**

| 钢　号 | 预热温度/℃ | 焊后热处理温度/℃ | 钢　号 | 预热温度/℃ | 焊后热处理温度/℃ |
|---|---|---|---|---|---|
| 12CrMo | 200～250 | 650～700 | 12MoVWBSiRE | 200～300 | 750～770 |
| 15CrMo | 200～250 | 670～700 | 12Cr2MoWVB① | 250～300 | 760～780 |
| 12Cr1MoV | 250～350 | 710～750 | 12Cr3MoVSiTiB | 300～350 | 740～760 |
| 17CrMo1V | 350～450 | 680～700 | 20CrMo | 250～300 | 650～700 |
| 20Cr3MoWV | 400～450 | 650～670 | 20CrMoV | 300～350 | 680～720 |
| Cr2.25Mo | 250～350 | 720～750 | 15CrMoV | 300～400 | 710～730 |

① 12Cr2MoWVB的气焊接头焊后宜作正火+回火处理，推荐工艺参数为：正火1000～1030℃+回火760～780℃。

常用焊接方法以焊条电弧焊为主，埋弧焊和电渣焊也经常应用，气体保护焊及窄间隙焊的应用也正在扩大。焊接珠光体耐热钢时应选择化学成分类型相应的耐热钢焊条。例如焊12Cr1MoV钢时，应选用牌号为R310或R317焊条。

## 三、不锈钢的焊接

### 1. 不锈钢焊接性及各种焊接方法适应性

通常所说的不锈钢是不锈钢和耐酸钢的总称，钢中所加合金元素在10%（质量分数）以上，属于高合金钢。这类钢包括铬镍钢（如1Cr18Ni9Ti、1Cr18Ni12Mo3Ti等）、高铬钢（如1Cr13、2Cr13等）、铬锰氮钢（1Cr17Mn13Mo2N）等。在现行国家标准GB/T 1220—1992《不锈钢棒》中，不锈钢共有55个钢号，包括铁素体型、马氏体型、奥氏体型、奥氏体-马氏体和沉淀硬化型五类。各种不锈钢的焊接性见表7-12。

**表 7-12 各种不锈钢的焊接性**

| 分 类 | 成分标号 | 施工难易① | 热影响区的硬化② | 焊接前后的热处理③ | 焊接材料的选用④ | 焊接性的总合点⑤ |
|---|---|---|---|---|---|---|
| 马氏体型 13Cr 不锈钢 | 1Cr13 | D | b | P-SR | WBA、WA | 2 |
| | 1Cr13 低 Si | D | b | P-SR | WA | 2 |
| | 1Cr13Mo | D | b | P-SR | WBA、WB | 2 |
| | 1Cr13Ni12 | D | b | P-SR | WBA、WB | 2 |
| 铁素体型 高 Cr 不锈钢 | 0Cr13 | C | c | SR | WBA | 3 |
| | 1Cr17 | C | c | SR | WB、WA | 3 |
| | 1Cr17S | C | c | P-SR | WBA、WA | 3 |
| | 2Cr25 | D | c | P-SR | WBA、WA | 2 |
| 奥氏体型 Cr-Ni 不锈钢 | 0Cr18Ni9 | A | a | FA | WB | 5 |
| | 00Cr18Ni9 | A | a | AS、FA | WB、WBA | 5 |
| | 0Cr18Ni12Mo2 | A | a | FA、AS | WB | 5 |
| | 00Cr18Ni12Mo2 | A | a | AS | WB | 4 |
| | 0Cr18Ni12Mo2Cu2 | B | a | AS、FA | WB | 4 |
| | 0Cr19Ni13Mo3 | B | a | AS、FA | WB、WBA | 4 |
| | 00Cr19Ni13Mo3 | B | a | AS | WB | 4 |
| | 0Cr18Ni9Ti | A | a | AS、SA | WBA | 5 |
| | 0Cr18Ni10Nb | B | a | AS、SA | WB | 4 |
| 高 Cr-Ni 耐热不锈钢 | 2Cr23Ni14 | B | a | AS、SR | WB、WBA | 4 |
| | 2Cr25Ni21 | A | a | AS、SA | WB | 5 |
| 沉淀硬化型 不锈钢 | 0Cr17Ni4Cu4Nb | C | c | P-SR | WB、WBA | 2 |
| | 0Cr17Ni7Al | B | a | AS、SA | WB、WBA | 2 |

① A—施工没问题；B—实用时一般无问题；C—施工上要注意；D—焊接施工困难。
② a—不显著可以使用；b—硬化显著，但可退火；c—有脆化现象，可热处理。
③ P—焊接前可以预热；SR—消除应力退火；FA—固溶化处理；SA—稳定化处理；AS—焊接后不经处理即可使用。
④ WB—与母材同型号的焊条；WA—奥氏体型焊条；WBA—比母材高一级的同型焊条。
⑤ 焊接性优良的应该满足 5 点，然后顺次减点。一般焊接性总合点为 5、4 点，在焊接时问题很少。焊接性总合点为 3 点时则要预热。焊接性总合点只有 2 点时应尽量避免，或者在焊接过程中要严加注意。

各种焊接方法的适应性见表 7-13。

**表 7-13 各种焊接方法焊接不锈钢的适应性**

| 焊接方法 | | 材料 | | | 适应的板厚/mm | 说明 |
|---|---|---|---|---|---|---|
| | | 马氏体型 | 铁素体型 | 奥氏体型 | | |
| 焊条电弧焊 | | 很少应用 | 较适用 | 适用 | >1.5 | 薄板焊条电弧焊不易焊透，焊缝余高大 |
| 手工钨极氩弧焊 | | 较适用 | 较适用 | 适用 | 0.5~3 | 大于3mm，可以多层焊，但效率不高 |
| 自动钨极氩弧焊 | | 较适用 | 较适用 | 适用 | 0.5~3 | 大于4mm，可以多层焊；小于0.5mm，操作要求严格 |
| 脉冲钨极氩弧焊 | | | | 适用 | 0.5~4 | 热输入小，工艺参数调节范围广 |
| | | | | | <0.5 | 卷边接头 |
| 熔化极氩弧焊 | | 较适用 | 较适用 | 适用 | 3~8 | 开坡口，可以单面焊双面成形 |
| | | | | | >8 | 开坡口，多层焊 |
| 脉冲熔化极氩弧焊 | | 较适用 | 较适用 | 适用 | >2 | 热输入小，工艺参数调节范围广 |
| 等离子焊 | 小孔法 | | | 适用 | 3~8 | 开 I 形坡口，单面焊双面成形 |
| | 熔透法 | | | | ≤3 | 同手工和自动钨极氩弧焊 |
| 微束等离子弧焊 | | | | 适用 | <0.5 | 卷边接头 |
| 埋弧焊 | | | | 适用 | >6 | 效率高，劳动条件好，但焊缝冷却速度慢 |

2．奥氏体不锈钢的焊接

焊接奥氏体不锈钢的主要问题是热裂纹、脆化、晶间腐蚀和应力腐蚀。此外，因导热性差，线膨胀系数大，焊接变形也大。

奥氏体钢焊接时在焊缝及近缝区都可能产生热裂纹，含 Ni 量越高，产生热裂纹倾向越大，而且越不容易控制。防止措施是严格限制 S、P 等杂质的含量，适当提高 Mn 和 Mo，减少C 和 Cu 含量。采用小的热输入、短弧焊、窄焊道技术，选用低氢焊条或无氧焊剂。

防止接头脆化的主要措施是严格控制焊缝中铁素体含量（体积分数）2% ~7%，因为 475℃脆化和 σ 相脆化易出现在铁素体含量高的焊缝中。

晶间腐蚀可能在奥氏体钢接头的三个部位产生。这三个部位是：焊缝腐蚀区、热影响区敏化腐蚀区和刀状腐蚀区，具体部位如图 7-32 所示。应指出的是，在同一焊接接头上并不能同时出现这三个晶间腐蚀区。防止晶间腐蚀的主要措施有：①尽量降低母材及焊缝中含碳量；②采用热量集中的焊接方法，小的焊接热输入，多道焊，焊缝背面加铜衬垫等措施使接头快速冷却，使焊缝和热影响区在 450 ~850℃的停留时间尽量缩短；③在钢中添加稳定化元素 Ti、Nb 等；④在钢及焊缝金属中加铁素体形成元素，从而获得奥氏体加少量铁素体的双相组织；⑤焊后进行固溶处理（加热至 1050 ~1150℃，保温后淬火）或稳定化处理（加热至 850℃，保温 2h 后空冷）。

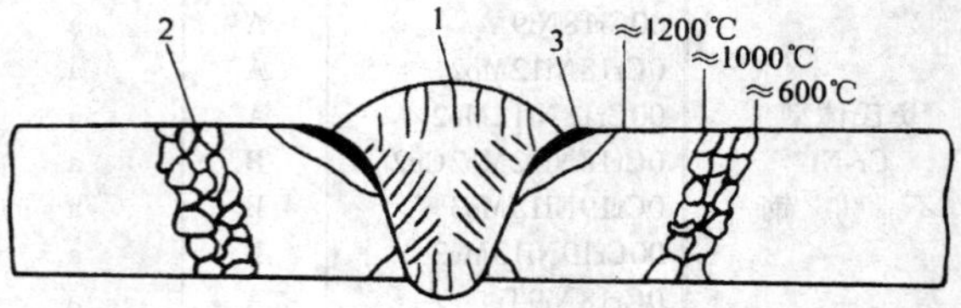


图 7-32 18-8 不锈钢焊接接头可能出现晶间腐蚀的部位
1—焊缝腐蚀区 2—热影响区敏化腐蚀区 3—刀状腐蚀区

奥氏体钢焊接接头过热区对应力腐蚀开裂（金属材料，包括焊接接头，在一定温度下受拉应力和腐蚀介质的共同作用而产生的开裂）最敏感。减缓或防止应力腐蚀开裂的主要措施有：①焊后消除或减少焊接残余应力；②选用奥氏体-铁素体双相组织的母材或焊接材料；③采用高 Ni（$w_{Ni}$达 40%）的铬镍不锈钢焊条。

可用于奥氏体不锈钢的焊接方法比较多，但最常用的是焊条电弧焊、钨极氩弧焊和熔化极富氩混合气体保护焊。

焊接奥氏体不锈钢焊条选用举例见表 7-14。

**表 7-14 常用奥氏体钢焊条**

| 焊条型号 | 焊条牌号 | 焊缝金属主要成分（质量分数）（%） | | | | 特点及应用 |
|---|---|---|---|---|---|---|
| | | C | Cr | Ni | 其他 | |
| E308L-16 | A002 | ≤0.04 | 18 ~21 | 9 ~11 | Mn0.5 ~2.5 | 耐晶间腐蚀性能高，用于焊接超低碳 18-8 钢，如合成纤维、化肥、石油等设备的焊接 |
| E308-16<br>E308-15 | A102<br>A107 | ≤0.08 | 18 ~21 | 9 ~11 | Mn0.5 ~2.5 | 300℃以下耐晶间腐蚀，用于 18-8 钢的焊接 |
| E347-16<br>E347-15 | A132<br>A137 | ≤0.08 | 18 ~21 | 9 ~11 | Nb8C ~1 | 用于 300℃以下的 18-8Ti，焊缝耐晶间腐蚀性能好，用于焊接重要的不锈钢结构 |

（续）

| 焊条型号 | 焊条牌号 | 焊缝金属主要成分（质量分数）（%） | | | | 特 点 及 应 用 |
|---|---|---|---|---|---|---|
| | | C | Cr | Ni | 其他 | |
| E318-16 | A212 | ≤0.08 | 17~20 | 11~14 | Mo2~2.5<br>Nb6C~1 | 用于在非氧化性酸及有机酸中的18-12Mo3Ti以及尿素、合成纤维等重要设备的焊接 |
| E317-16 | A242 | ≤0.08 | 18~21 | 12~14 | Mo3~4 | 焊接同类型的不锈钢结构 |
| E309-16<br>E309-15 | A302<br>A307 | ≤0.15 | 22~25 | 12~14 | Mn0.5~2.5 | 用于焊接热稳定钢25-13，抗裂性高<br>用于同类型不锈钢及异种钢的焊接 |
| E309Mo-16 | A312 | ≤0.12 | 22~25 | 12~14 | Mo2~3 | 用于硫酸腐蚀介质，抗裂性较高，25-13Mo2不锈钢结构的焊接 |
| E310-16<br>E310-15 | A402<br>A407 | ≤0.20 | 25~28 | 20~22 | Mn1~2.5 | 焊接高温条件下工作的同类型耐热不锈钢，以及焊接Cr5Mo、Cr9Mo、Cr13等 |

3．马氏体及铁素体不锈钢焊接

（1）马氏体不锈钢焊接　马氏体钢可分为两类：一类是简单的Cr13系列，如2Cr13、4Cr13等；另一类是以Cr12为基的多元合金强化马氏体钢，如1Cr12WMoV、1Cr12Ni3MoV等。马氏体钢属于在空气中冷却即能淬硬的钢种，所以冷裂纹和脆化是这类钢焊接的主要问题。

为了保证焊件的使用性能，焊缝成分应力求接近母材成分。预热是防止这类钢在焊接时产生冷裂纹的重要措施，但预热温度要控制不超过400℃，以防产生475℃脆性。为防止冷裂，马氏体钢（F11钢除外）焊后应立即进行高温回火。焊接马氏体钢常用焊条、预热温度以及焊后热处理温度选择见表7-15。

**表7-15　焊接马氏体钢常用焊条**

| 焊条 | | | 母材钢号 | 接头的性能要求 | 预热及焊后热处理 |
|---|---|---|---|---|---|
| 型号 | 牌号 | 合金系统 | | | |
| E410-16<br>E410-15 | G202<br>G207 | Cr13 | 1Cr13<br>2Cr13 | 耐大气腐蚀或气蚀 | 预热150~350℃<br>后热700~730℃ |
| E310-16<br>E310-15 | A402<br>A407 | Cr25Ni20 | | 要求良好的塑性及抗裂性 | 一般不预热，厚大焊件预热200℃以下，焊后不热处理 |
| E11MoVNi-16<br>E11MoVNi-15 | R802<br>R807 | Cr10MoNiV | Cr11MoV | 540℃以下有良好的热强性 | 预热300~400℃<br>焊后冷至100~150℃，升温至700℃以上回火 |
| E11MoVNiW-15 | R817 | Cr11WMoNiV | F11① | 600℃以下有良好的热强性 | 预热300~400℃<br>焊后冷至100~120℃，升温至740~760℃回火 |

① F11为德国牌号。

各种焊接方法均能焊接马氏体钢。焊条电弧焊一般采用低氢型焊条，钨极氩弧焊主要用于薄件和多层焊的封底焊。

（2）铁素体不锈钢焊接　铁素体典型钢号有Cr17、Cr17Ti、Cr17Mo2Ti、Cr25Ti和Cr28等。铁素体不锈钢由Cr、Al、Mo及Ti等添加元素来防止焊接受热过程中形成奥氏体，所以铁素体不锈钢在焊后冷却过程中不会出现奥氏体向马氏体转变的淬硬现象。焊接的主要问题是热影响区脆化和常温冲击韧度较低。焊缝和热影响区在400~600℃温度区间停留易出现475℃脆化，在650~850℃温度区间停留易引起σ相析出而脆化。焊接时，接头过热区

（900℃以上）晶粒粗大，不能用热处理细化。

焊接铁素体不锈钢时，应尽量缩短在400～600℃和650～850℃之间的加热或冷却时间。可采用小功率、高焊速进行焊接，尽量减小焊缝截面，且不要连续焊接，即等待前一道焊缝冷却到预热温度时再焊下一道焊缝。为防止高铬铁素体钢的室温韧性的大幅度降低，很容易在焊接接头上产生裂纹，因此，常要求进行低温（70～150℃）预热，使接头处于富有韧性状态下，这样可以有效地防止裂纹的产生。一旦出现脆化现象，可在650～850℃短时加热后空冷，即能消除475℃脆化；加热到930～950℃后水淬急冷，可以消除σ相脆化。

高铬铁素体钢焊接时所用焊条，可以是和母材成分相近的铁素体铬钢焊条，也可以是奥氏体钢焊条。采用同质焊接材料时，焊缝呈粗大的铁素体组织，韧性很差。假如焊件不允许预热或后热处理时，可采用奥氏体焊接材料。

表7-16中所列焊条常用于焊接铁素体钢。

**表7-16 焊接铁素体钢常用焊条**

| 焊条 | | | 母材钢号 | 接头性能要求 | 预热及热处理 |
|---|---|---|---|---|---|
| 型号 | 牌号 | 合金系统 | | | |
| E430-16 | G302 | Cr17 | Cr17<br>Cr17Ti | 耐硝酸、耐热 | 预热100～200℃<br>750～800℃后热回火 |
| E316-15 | A207 | 18-12Mo2 | Cr17<br>Cr17Ti<br>Cr17Mo2Ti | 提高焊缝塑性 | 不预热，不后热 |
| E309-15 | A307 | 25-13 | Cr25Ti | 抗氧化性 | 不预热<br>760～780℃后热回火 |
| E310-16<br>E310Mo-16 | A402<br>A412 | 25-20<br>25-20Mo2 | Cr28<br>Cr28Ti | 提高焊缝塑性 | 不预热，不后热 |

## 四、有色金属的焊接

1．铝及铝合金的焊接

根据铝合金的化学成分和制造工艺可分为变形铝合金和铸造铝合金两类。在变形铝合金中，又可分为不能热处理强化和可热处理强化两种。不能热处理强化铝合金通过加工硬化、固溶强化来提高力学性能。主要有铝锰合金（如3A21）及铝镁合金（如5A02、5A03、5A05等）。这类合金强度中等，塑性及耐蚀性好（故又称为防锈铝），焊接性好。热处理强化铝合金包括硬铝（如2A01、2A02、…、2A17）、超硬铝（如7A03、7A04、7A05、7A09）和锻铝（如6A02、2A50、2B50等），经固溶、淬火、时效等工艺提高力学性能。这类铝合金经热处理后抗拉强度显著提高，但焊接性变差，特别是在熔焊时，产生焊接热裂纹的倾向较大，焊接接头力学性能下降较严重。

（1）铝及铝合金焊接性　铝及铝合金熔焊时有如下特点：

1）有很强的氧化能力。铝与氧的亲和力很大，在金属外表面总有一层难熔的$Al_2O_3$。焊接时，它阻碍金属之间的良好结合，容易引起夹渣。

2）有较大的热导率和比热容。焊接时要用大功率或能量集中的热源，有时还要求预热。

3）有热裂倾向。铝的线膨胀系数比铁大一倍，凝固时收缩率比铁大两倍。因此，焊接某些铝合金（尤其是高强铝合金）时，往往由于过大的内应力而在脆性温度区间产生热裂纹。

4）容易产生气孔。铝及铝合金液体熔池容易吸收气体，在焊后冷却凝固过程中来不及析出，而聚集在焊缝中形成气孔。氢是熔焊时产生气孔的主要原因。

5）由于焊接热的作用，使近缝区出现软化现象。在焊接可热处理强化铝合金（硬铝和超硬铝合金）时尤为严重。

铝及铝合金焊接性和力学性能见表7-17。

**表7-17　铝及铝合金焊接性和力学性能**

| 合金类别 | 牌号 | 相对焊接性 | | | | 状态 | 力学性能 | | | 熔化温度范围/℃ |
|---|---|---|---|---|---|---|---|---|---|---|
| | | 气焊 | 电弧焊 | 电阻焊 | 钎焊 | | $\sigma_{0.2}$/MPa | $\sigma_b$/MPa | $\delta_5$（%） | |
| 防锈铝 | 5A02（LF2） | C | A | A | B | O | 90 | 195 | 25 | 609～649 |
| | | | | | | F | 255 | 270 | 7 | |
| | 5A05（LF5） | C | A | A | C | O | 160 | 310 | 24 | 568～638 |
| | | | | | | F | 280 | 370 | 12 | |
| | 3A21（LF21） | A | A | B | A | O | 25 | 110 | 30 | 643～654 |
| | | | | | | F | 185 | 200 | 4 | |
| 硬　铝 | 2A11（LY11） | D | C | B | D | T6 | 275 | 425 | 22 | 513～641 |
| | 2A12（LY12） | D | C | B | D | T6 | 395 | 475 | 10 | 502～638 |
| | | | | | | T8 | 450 | 480 | 6 | |
| | 2A16（LY16） | D | C | B | D | T6 | 290 | 415 | 10 | 543～643 |
| | | | | | | T8 | 390 | 475 | 10 | |
| 锻　铝 | 6A02（LD2） | B | B | A | B | T6 | 275 | 310 | 12 | 582～649 |
| | 2A70（LD7） | D | C | A | D | | | | | 560～641 |
| | 2A90（LD9） | D | C | A | D | | | | | 513～641 |
| 超硬铝 | 7A04（LC4） | D | C | B | D | T6 | 500 | 570 | 11 | 477～635 |
| | | | | | | T7 | 430 | 500 | 13 | |

注：A：好；B：较好；C：尚可；D：差。

O：固溶态；F：冷作态；Z：铸态；T6：固溶+时效；T7：固溶+稳定化；T8：固溶+冷作+时效。

（2）防止热裂纹的措施　解决热裂纹的关键在于选择合适的焊丝、控制焊缝的成分和配以合理的焊接参数。

硬铝及超硬铝由于成分复杂，产生裂纹倾向大，在原合金系统中进行成分调整难以改善抗裂性。因此，常用含硅5%（质量分数）的Al-Si合金焊丝（SAlSi-1）来解决裂纹问题。这种焊丝能够形成足够数量的低熔点共晶物，这些低熔点共晶物流动性好，结晶温度区间窄，凝固时收缩量小，焊接应力低，因而治愈裂纹的能力强。但这种焊丝强度低，达不到母材强度水平。对于Al-Mg合金，则要采用含$w_{Mg}=5\%$的Al-Mg焊丝（SAlMg-5）。

采用热能集中的焊接方法（如MIG焊），有利于减少裂纹。在焊接裂纹倾向大的铝合金时，不宜采用大电流和高焊速。

（3）防止气孔的措施　应从两方面采取措施：①限制氢的来源；②选择合理的焊接参

数。如在钨极氩弧焊时，采用较大焊接电流并配以较高焊速，这样既保证了根部熔透，又缩短了熔池存在时间，限制了氢的溶入。在熔化极气体保护焊时，采用较大焊接电流并配以较慢焊速，延长了熔池存在时间，有利于氢气的逸出。在氩弧焊时，还可以在保护气体中加少量 $CO_2$ 和 $O_2$ 等氧化性气体，使保护气氛中氢氧化而降低氢的分压，防止氢气孔的产生。

（4）焊接方法的选择　常用焊接方法的特点及适应的焊件厚度见表 7-18。

**表 7-18　常用焊接方法特点及适应焊件厚度**

| 焊接方法 | 焊接特点 | 适用范围 |
| --- | --- | --- |
| 气　焊 | 氧乙炔火焰的功率低，热量分散，热影响区及焊件变形大，生产率低 | 用于厚度 0.5～10mm 的不重要结构，铸件焊补 |
| 焊条电弧焊 | 电弧稳定性较差，飞溅大，接头质量较差 | 用于铸件焊补及一般焊件修复 |
| 钨极氩弧焊 | 电弧热量集中，燃烧稳定，焊缝成形美观，接头质量较好 | 广泛用于厚度 0.5～25mm 的重要结构焊接 |
| 熔化极氩弧焊 | 电弧功率大，热量集中，焊件变形及热影响区小，生产效率高 | 用于≥3mm 中厚板材焊接 |
| 电子束焊 | 功率密度大，焊缝深宽比大，热影响区及焊件变形极小，生产效率高，接头质量好 | 用于厚度 3～75mm 的板材焊接 |
| 电　阻　焊 | 靠焊件内部电阻产生热量，焊缝在外压下凝固结晶，不需焊接材料，生产率高 | 用于焊接厚 4mm 以下薄板 |
| 钎　焊 | 靠液态钎料与固态焊件之间相互扩散而形成金属间牢固连接，应力变形小，接头强度低 | 用于厚≥0.15mm 薄板的搭接、套接 |

2. 铜及铜合金的焊接

（1）铜及铜合金的焊接性　纯铜又称为紫铜。铜合金大致分为黄铜、青铜和白铜三类。焊接时主要问题是：

1）焊缝成形能力差。铜及其合金的热导率比碳钢大 7～11 倍，焊接时大量热从加热区散失，使母材与填充金属难以熔合。液态铜的表面张力比铁小 1/3，流动性比钢大 1～1.5 倍，表面成形能力差。

2）焊缝热裂倾向大。主要是铜的氧化物（$Cu_2O$）与铜形成低熔共晶体在焊缝中产生热裂纹；其次，铜及合金中存在低熔点的铅（Pb）、铋（Bi）等不溶于铜的有害元素，也容易生成 Cu + Pb、Cu + Bi 低熔点共晶体导致热裂。

3）气孔倾向严重。熔焊焊接铜及其合金时，气孔出现的倾向要比低碳钢严重得多。所形成的气孔几乎可以分布在焊缝中的各个部位。气孔是铜及其合金熔焊的主要问题。气孔主要是由溶解性气体氢直接引起的扩散性气孔和氧化还原反应引起的反应气孔（水蒸气和 $CO_2$ 气孔）。

4）接头性能下降。熔焊过程中，由于焊缝与热影响区晶粒严重长大，杂质和合金元素的掺入，有用合金元素的氧化、蒸发使接头性能发生很大变化，主要表现在：①塑性严重破坏，焊缝及热影响区晶粒变粗大，各种脆性低熔点共晶物出现在晶界，使接头塑性和韧性显著下降；②耐蚀性下降，铜合金的耐蚀性是靠 Zn、Mn、Ni、Al 等元素合金化而获得，熔焊时这些元素蒸发和烧损使接头耐蚀性下降；③导电性下降，熔焊过程杂质和合金元素的熔入都将使接头导电性下降。

（2）焊接方法的选择 熔焊是铜及其合金焊接中应用最广泛、最容易实现的一类焊接方法。除了传统的气焊、焊条电弧焊和埋弧焊外，钨极氩弧焊、熔化极气体保护焊、等离子弧焊和电子束焊等一些新焊接方法也已成功地应用于铜及其合金的焊接中。选择铜及铜合金熔焊方法的重要依据是材料的厚度。铜及其合金的导热性好，熔焊方法所能提供的热量对材料厚度很敏感。不同厚度的材料对不同方法有其适应性。如薄板焊接以钨极氩弧焊、焊条电弧焊和气焊为好；中厚板以采用埋弧焊、熔化极气体保护焊和电子束焊较合理；厚板则建议用电渣焊。表 7-19 提供了选择焊接方法的依据。

**表 7-19 铜及其合金熔焊方法选择**

| 焊接方法（热效率 $\eta$） \ 焊接性 \ 材料 | 纯铜 | 黄铜 | 锡青铜 | 铝青铜 | 硅青铜 | 白铜 | 简要说明 |
|---|---|---|---|---|---|---|---|
| 钨极气体保护焊（0.65～0.75） | 好 | 较好 | 较好 | 较好 | 较好 | 好 | 用于薄板（小于 12mm），纯铜、黄铜、锡青铜、白铜采用直流正接，铝青铜用交流，硅青铜用 |
| 熔化极气体保护焊（0.70～0.80） | 好 | 较好 | 较好 | 好 | 好 | 好 | 板厚大于 3mm 可用，板厚大于 15mm 优点更显著，电源极性为直流反接 |
| 等离子弧焊（0.80～0.90） | 较好 | 较好 | 较好 | 较好 | 较好 | 好 | 板厚在 3～6mm 可不开坡口，一次焊成，最适合 3～15mm 中厚板焊接 |
| 焊条电弧焊（0.75～0.85） | 差 | 差 | 尚可 | 较好 | 尚可 | 好 | 采用直流反接，操作技术要求高，适用板厚 2～10mm |
| 埋弧焊（0.80～0.90） | 较好 | 尚可 | 较好 | 较好 | 较好 | — | 采用直流反接，适用于 6～30mm 中厚板 |
| 气焊（0.30～0.50） | 尚可 | 较好 | 尚可 | 差 | 差 | — | 易变形、成形不好，用于厚度小于 3mm 的不重要结构中 |
| 碳弧焊（0.50～0.60） | 尚可 | 尚可 | 较好 | 较好 | 较好 | — | 采用直流正接，电流大、电压高，劳动条件差，目前已逐渐被淘汰，只用于厚度小于 10mm 的铜件 |

（3）焊接工艺要点 铜及其合金的焊接工艺，在许多方面与铝的焊接工艺相近。如焊前对焊件待焊表面及焊丝的认真清理和对焊接过程注意加强保护。铜材类型不同，焊接时所应注意的重点不同，如纯铜焊接时要在背面加衬板以防焊接熔池的铜液从熔池背面流失，并需要对母材预热；黄铜焊接时要特别注意锌的烧损与蒸发，焊接时应选用无锌的青铜焊丝或低锌高硅焊丝作为填充焊丝；青铜多用来焊补，焊接时青铜中的锡容易偏析而产生裂纹，所以应进行 300℃ 以上的预热来降低焊接应力。由于铜的导热性能好，一般应对焊件预热，预热温度应随板厚增加而增加。

# 第五节 焊接力学

## 一、焊接应力与变形

1. 焊接应力与变形的形成

焊接应力与变形的形成可用图 7-33 做一个简化说明。设有一块平板条，在其中心堆焊一道焊缝，过程可分为加热阶段和冷却阶段来描述。

（1）加热阶段 焊缝和近缝区温度很高，材料的自由热变形量为 $\alpha_l T$（$\alpha_l$ 为线膨胀系数）很大，而远离焊缝的区域由于温度很低，$\alpha_l T$ 比较小，即两个区域在自由热变形方面有明显差别。设想：如果板条各纵向纤维互不连系，则各纵向纤维应产生与热变形 $\alpha_l T$ 曲线相同的变形。然而实际上板条是一个整体，焊缝及近缝区的自由热膨胀变形将受邻近低温区域所约束而被压缩；同时，低温区域的板条似乎也受焊缝高温区膨胀的影响而被拉伸。因而有所谓“平截面假设”，认为板条的 $OO'$截面移到 $mm'$的位置。截面 $OO'$与 $mm'$之间的位移，即为变形，如图 7-33a 所示。由于不是自由膨胀，因此同时也有瞬时热应力，焊缝及邻近区域为压应力，远离焊缝两侧为拉应力。由于焊缝及邻近区域 $T>800$℃，材料已丧失弹性，被限制膨胀的部分产生的是压缩塑性变形。

（2）冷却阶段　冷却到室温时，由于焊缝附近残留着一个压缩塑性变形区，根据平截面假设，$OO'$截面加热移到 $mm'$后，冷却收缩到 $nn'$位置，$OO'$与 $nn'$之间的位移即为残余变形，如图 7-33b 所示。与此同时，由于不是自由的冷却收缩，因此也有残余应力产生，焊缝及邻近区被限制收缩而为残余拉应力，远离焊缝两侧则为压应力。

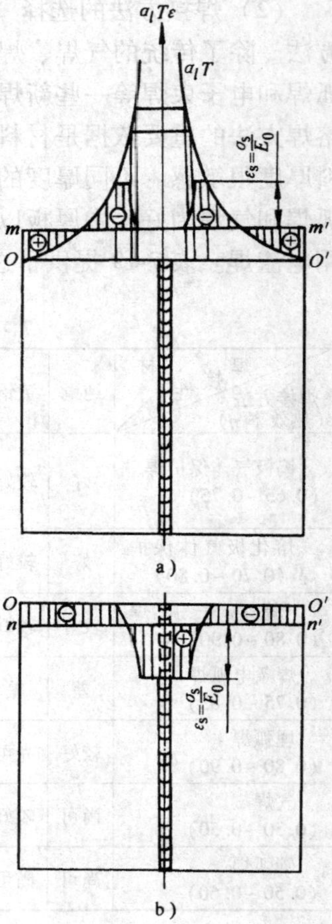


图 7-33　焊接应力与变形的形成
a）加热阶段　b）冷却阶段

不均匀加热与冷却也同样在沿着焊缝方向产生应力与变形。

2．减小及消除焊接残余应力的措施

（1）减小焊接残余应力的措施

1）设计措施。着眼于降低结构件拘束度。

① 改进接头设计。采用刚性小的接头形式。如在十字接头中，尽可能将焊缝错开而改为 T 形接头等。

② 避免焊缝集中，不要有交叉焊缝。

③ 尽量减少焊缝数量及尺寸，尤其是角焊缝的焊脚尺寸。

④ 在焊接拉应力区内尽量避免存在几何不连续。

⑤ 焊缝尽量不要布置在工作应力最集中区。

2）工艺措施。着眼于减少焊接热作用的集中，从工艺上设法使焊缝有收缩余地，减少对焊缝的拘束作用。

① 采用合理的焊接顺序和方向。先焊收缩量大的焊缝，先焊焊缝收缩自由，应力自然小。对接焊缝和角焊缝同时存在，应先焊收缩量大的对接焊缝。原则是：先焊受力大的重要接头；焊件壁厚不均匀先焊薄处；先焊错开短焊缝，后焊直通长焊缝，使焊缝有较大横向收缩余地。

② 采用反变形法和加热减应区法等辅助手段。反变形法可以降低局部刚度。加热减应区法采用局部加热使加热区局部伸长，带动焊接部位，使焊接部位在焊后冷却时可以比较自由地收缩，如图 7-34 所示。

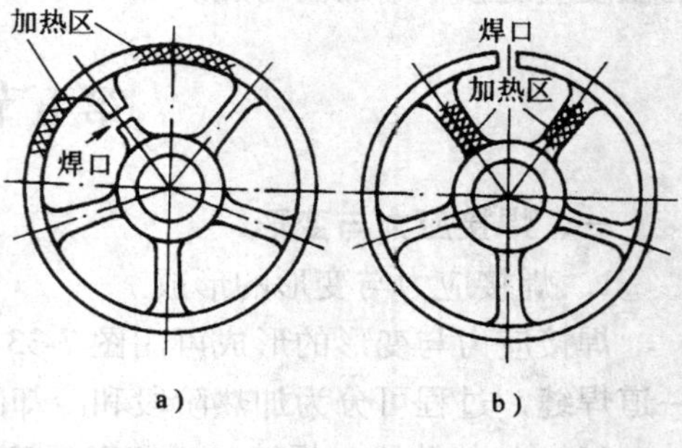


图 7-34　加热减应区法应用
a）加热翼缘　b）加热辐条

③ 采用小的热输入焊接。

④ 焊后锤击焊缝。

（2）消除焊接残余应力的措施　消除焊接残余应力的方法有如下几种：

1）热处理。主要是高温回火（整体或局部），一般加热到可使屈服点明显降低，从而产生应力松弛的温度。低碳钢的屈服点 $\sigma_s$ 在温度达650℃左右可趋近于零，所以，加热到650℃对于低碳钢消除应力比较有效。对于高强度钢和耐热钢，$\sigma_s$ 在这一温度下降低不多，所以消除应力的效果就不如低碳钢。

2）温差拉伸法。如图7-35所示，在焊缝两侧各用一个具有适当宽度的氧乙炔火焰焊炬加热，并在焊炬后方一定距离处喷水冷却。焊炬和喷水管同步前进。这可造成一个温差大的温度场，火焰加热部位温度可达200℃左右，焊缝区则只有100℃左右。火焰加热区因膨胀可对焊缝区产生拉伸作用，能部分抵消焊缝的压缩应变，从而会有消除应力的作用。对厚度不大（<40mm）的板或壳结构有一定实用价值。

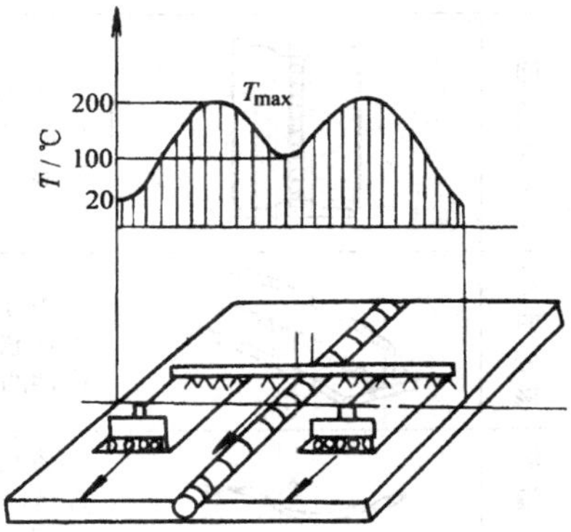

图7-35　温差拉伸法

3）拉力载荷法。亦称为机械拉伸法，或超载拉伸法。对焊件机械拉伸，使焊接压缩塑性变形区得到拉伸，可以收到消除残余应力的效果。对于压力容器，可以借助液体压力加载，同样收到消除残余应力的效果，而且还可与水压试验一起进行，不需另设装置。

4）爆炸冲击法。通过布置在焊缝及其邻近区域的炸药带，引爆后所产生的冲击波与残余应力交互作用，使接头区发生塑性变形，从而使内应力松弛。

5）振动法。采用激振器或振动时效装置使构件发生共振，产生循环应力来减少残余应力。

3．预防和消除焊接变形的措施

（1）焊接变形的类型　焊接变形类型概括见表7-20。其中最基本的变形为：横向收缩、纵向收缩与角变形。

（2）预防焊接变形的措施　预防焊接变形的措施很多，除了焊接结构设计时尽可能减少焊缝的数量和尺寸，并合理布置外，工艺措施主要有如下几点：

1）合理选择装配、焊接顺序。使焊接加热作用分散、对称，例如常采用分段退焊法焊接长焊缝等。图7-36是用合理的装配焊接顺序减小焊接变形的例子，大型工字梁的梁长14m，高为400～600mm，盖板为400～800mm，板厚分别为15～40mm的Q345(16Mn)钢，焊接变形要求在全长上的弯曲变形小于6mm。焊接时按照图示的顺序焊接各焊道，并采用分段跳焊，每段长为300～400mm，从梁的中部向两端施焊。焊接时采用半自动 $CO_2$ 气体保护焊，焊后变形被控制在要求的范围内。

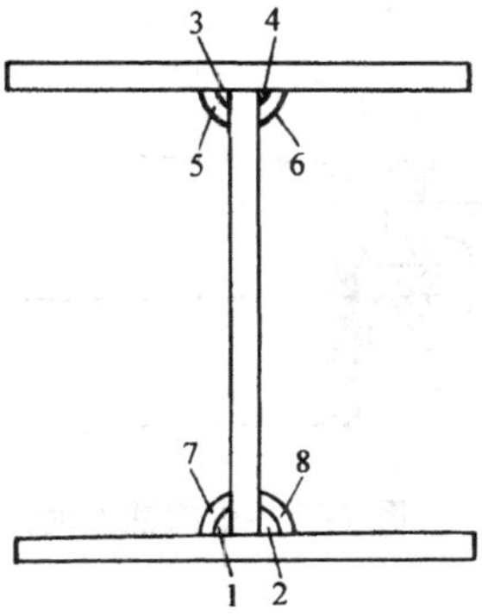

图7-36　工字梁截面形状及焊接顺序

2）采用反变形法。它是按照事先估计好的焊接变形大小和方向，在装配时预加一个相反方向的变形，使其与焊接所产生的变形相抵消。也可以在构件上预制出一定量的反变形，使之与焊接变形相抵消来防止焊接变形。

表 7-20　焊接变形分类

| | | | | | |
|---|---|---|---|---|---|
| 横向收缩 | 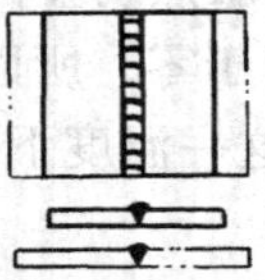 | 垂直焊缝方向的收缩 | 纵向收缩 | 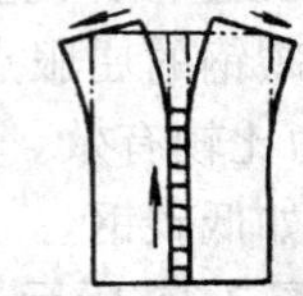 | 沿焊缝方向的收缩 |
| 回转变形 | 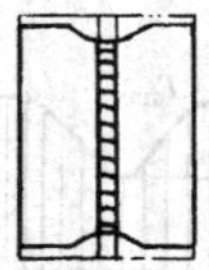 | 在焊接过程中，坡口间隙张开或闭合的变形 | 角变形 | 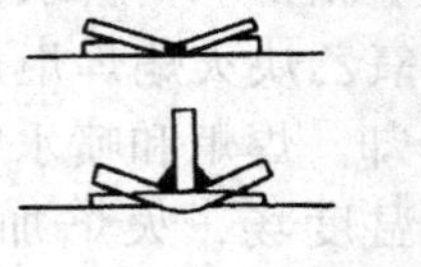 | 焊接时，由于板厚方向温度不均匀而引起的板件围绕焊缝的角位移 |
| 弯曲变形 | 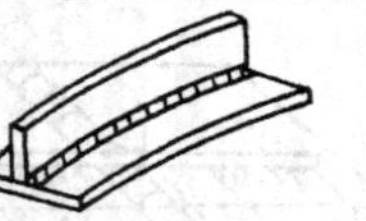 | 由于焊缝的纵向收缩或横向收缩所引起构件的挠曲 | 扭曲变形 | 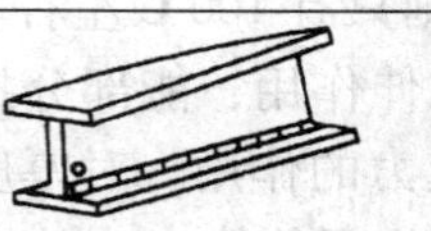 | 焊后构件产生的扭曲 |
| 波浪变形 |  | 薄板焊接时，由于焊接产生的压缩应力，使板件失稳而形成的波浪变形 | | | |

3）采用刚性固定法。将焊件固定在有足够刚性的胎夹具上，或临时装焊支撑，以增加构件的刚度来减小焊接变形。对于大批量生产的构件，一般都专门设计制造装焊胎夹具等刚性固定构件，以减小其焊接变形，尤其是减小或防止波浪变形和角变形的产生。图 7-37 为焊接法兰时的刚性固定法，两个法兰背对背用夹具固定，这样可以减少角变形。图 7-38 为焊接大型工字梁时防止盖板角变形所采用的刚性固定法。大型工字梁的盖板较宽，可达 1000mm 以上，盖板与腹板的角焊缝将引起盖板发生明显的角变形。如果在焊前使盖板预制出反变形则需要吨位较大的压力加工设备，因此在实际生产中多采用加临时支撑的刚性固定法。工字梁腹板、盖板装配完后，每隔 400～500mm 临时定位焊上一根支撑杆，以增加其局部刚性，这样不仅可以减小盖板的角变形，而且由于截面刚性的增加而防止了扭曲变形的产生。

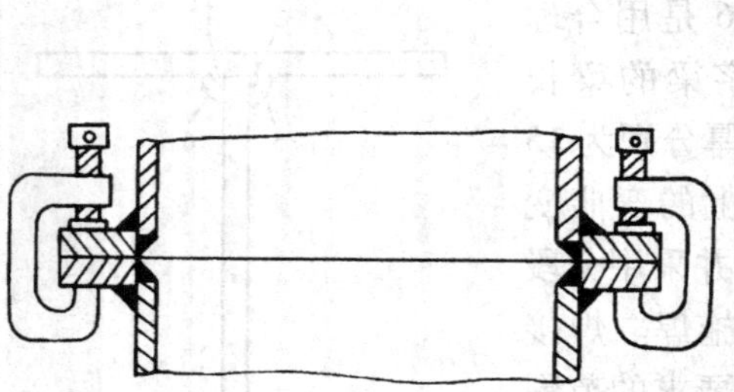

图 7-37　焊接法兰时采用的刚性固定

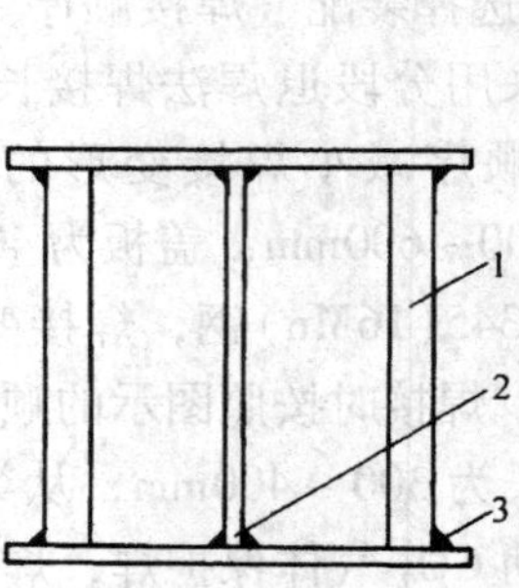


图 7-38　工字梁盖板的局部刚性固定
1—支撑杆　2—工字梁　3—临时定位焊道

4）散热法。通过强迫冷却，使焊缝附近的材料所受热量大大减少，缩小焊接热场的分布，从而减小焊接变形。例如将一块 3.2mm 厚的 200mm × 300mm 的低碳钢板对接，采用

MIG 法焊接，焊后纵向最大挠曲变形为 6mm，横向最大挠曲变形为 2.5mm。如果将此板放入水中，采用 MIG 焊时，由于保护气体可以将电弧周围的水排开，仍然可以进行焊接。这时由于焊缝附近的材料被水充分冷却，焊接热场被压缩到熔池附近很小的范围内，变形明显减小。测量结果表明，纵向最大挠曲变形为 0.3mm，横向最大挠曲变形仅为 0.1mm。图 7-39为履带式钻机臂杆的截面形状。焊接时，在臂上的方孔中通水冷却，使得在焊接各道焊缝时，焊接热可以迅速散失，再配以小的焊接热输入和合理的焊接顺序，钻机臂的弯曲变形仅为 0.35mm。

5）合理选择焊接方法和焊接参数。真空电子束焊焊接能量集中，焊缝很窄，所以变形极小。一些精加工后的机械零件，为了保证其尺寸精度，可以采用真空电子束焊接，例如发电机、汽轮机叶片的焊接。采用等离子弧焊、$CO_2$ 气体保护焊代替氧乙炔气焊和焊条电弧焊，可以减小焊接变形。同一种焊接方法，采用较小的焊接热输入也可以减小焊接变形。如焊条电弧焊采用小直径焊条，用小的焊接电流多层焊所引起的焊接变形，比用粗焊条、大电流单层焊所引起的焊接变形小得多。

（3）消除焊接变形的方法　主要有火焰加热矫正法和机械矫正法两种。

1）火焰加热矫正法。是利用气体火焰加热构件的伸长部分，使其在较高温度下发生压缩塑性变形，冷却后收缩而变短，这样使构件的变形得到矫正。例如图 7-40 薄板的波浪失稳变形，常采用点状加热来矫正，加热点分布在产生波浪的部位。工字梁焊后弯曲变形超出允许值，需进行矫形。若采用机械矫正因工字梁的抗弯刚度较大，则需要较大吨位的压力机。在生产实践中可采用火焰矫正法进行矫正。加热时应在盖板上用气体火焰呈矩形加热，在腹板上加热区呈三角形，如图 7-41 所示。为防止工字梁旁弯，可用两把焊炬从盖板中部向两边缘加热。腹板上也用两把焊炬在腹板两面同时加热一个三角形。

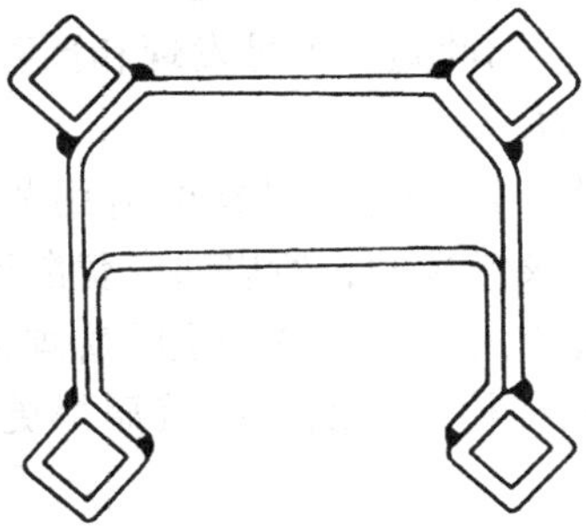

图 7-39　钻机臂截面形状

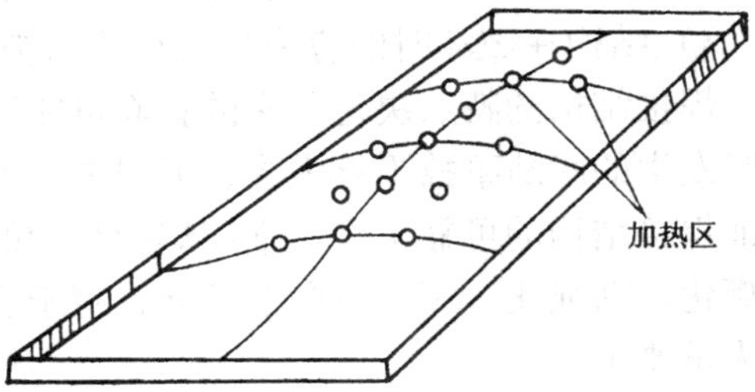


图 7-40　薄板结构点状火焰矫形

2）机械矫正法。是一种冷加工方法，它用机械力使部分金属得到延伸，产生拉伸塑性变形，使变形的构件恢复到所要求的形状。机械矫正法需要专用的大型油压机或水压机等设备，所以在生产中只用于尺寸较小的、成批生产构件的矫形。机械矫正法矫正梁的弯曲变形的实例如图 7-42 所示。利用三点弯曲使构件产生一个与焊接变形方向相反的变形，使梁恢复平直。

## 二、焊接结构强度

1. 焊接结构的脆性断裂

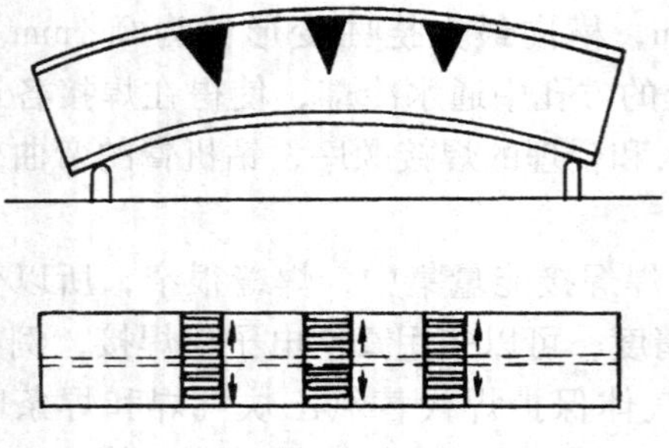

图 7-41 工字梁弯曲变形的火焰矫正

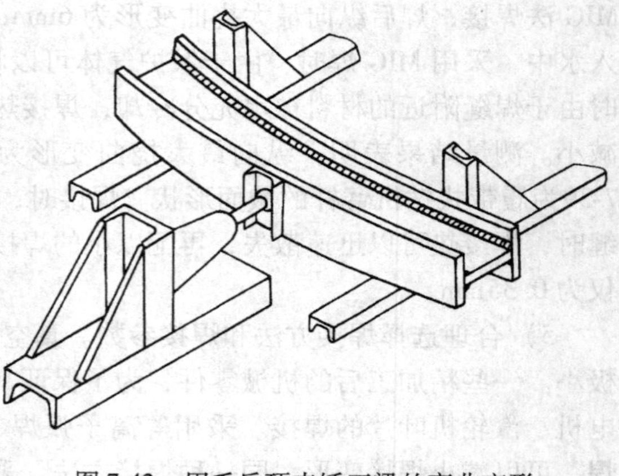

图 7-42 用千斤顶来矫正梁的弯曲变形

（1）结构的脆性断裂事故及特征　自从焊接结构广泛应用以来，许多国家都发生过焊接结构的脆性断裂事故，其后果是严重的，甚至是灾难性的。在许多严重事故中，最典型的事例是 1938 年 3 月 14 日比利时 Albert 运河上 Hesselt 桥的断塌事故。这座桥是比利时用 St42 转炉钢焊制成的，其跨度为 74.52m，仅使用了 14 个月，就在桥上仅有一辆电车和一些行人的载荷作用下发生断塌。事故发生时气温为 -20℃，在 6min 内桥身突然断为三截。1946 年，美国海军部发表资料表明，在第二次世界大战期间，美国制造的 4694 艘船中，970 艘船上发现有 1442 条裂纹，这些裂纹多出现在万吨级的“自由型”货轮上，其中 24 艘甲板横断，一艘船舶的船底发生完全断裂，另有 8 艘从中腰断为两截，其中 4 艘沉没。

根据对脆断事故调查研究的结果，发现它们具有如下特征：

1）断裂一般都在没有显著塑性变形的情况下发生，具有突然破坏的性质。

2）破坏一经发生，瞬时就能扩展到结构大部或全体，因此脆断不易发现和预防。

3）结构在破坏时的应力远远小于结构设计的许用应力。

焊接结构的特点决定了它的脆断可能性比铆接结构大。由于焊接结构的应用范围很广，虽然发生的脆断事故不算太多，但损失很大，有时甚至是灾难性的，所以研究脆断问题对于保证焊接结构的可靠工作，推广焊接结构的应用范围有着重大意义。特别是随着焊接结构向大型化、高强化、深冷方向的发展，对于进一步研究焊接结构的脆断问题就显得更为迫切，更为重要了。

（2）防止焊接结构发生脆断的途径　造成结构脆性断裂的基本因素是：①材料在工作条件下韧性不足；②结构上存在严重的应力集中（设计上的或工艺上的）；③过大的拉应力（工作应力、焊接残余应力和温度应力等）。如果能有效地减少或控制其中某一因素，则结构发生脆性断裂的可能性可显著降低或排除。一般说来，防止结构脆性断裂可着眼于选材、设计和制造三个途径上。

1）正确、合理地选用材料。可以说，只依赖于良好的设计和制造工艺而不采用具有足够断裂韧性的材料来防止脆性断裂是很难做到的。一般地说，应使所选用的钢材和焊接用材料保证在使用温度下具有合格的缺口韧性，即要保证结构在工作条件下，焊缝、热影响区、熔合线等薄弱部位具有足够的抗开裂性能，也要使母材具有一定的止裂性能。

2）合理的焊接结构设计。设计有脆断倾向的焊接结构，应注意以下几点：①尽量减少结构或接头部位的应力集中；②减少结构的刚度，以期减少应力集中和附加应力的影响；③不采用过厚的截面，因为：过厚截面的板韧脆转变温度一般都比薄板高；又由于厚板轧制程度少，冷却比较缓慢，一般情况下含碳量也比较高，晶粒较粗且疏松；同时厚板也加大了结构的刚度，容易形成三轴应力；④重视附件或不受力焊缝的设计，应和主要承力焊缝一样，给予足够重视。因为脆性裂纹一旦由这些不受到重视的接头部位产生，就会扩展到主要受力元件中，使结构破坏。

3）合理安排结构制造工艺。主要有：①充分考虑应变时效引起局部脆性的不利影响，结构的冷加工可引起钢板应变时效，研究表明它大大降低材料的塑性，提高材料的屈服点及韧脆转变温度和降低材料的缺口韧性；②合理选择焊接材料、焊接方法和工艺；③严格管理生产，减少造成应力集中的几何不连续性（如角变形和错边）以及冶金不连续性（如咬边、夹渣、裂纹、未焊透、未熔合等），不在结构上随意引弧，因为每个弧坑都是微裂纹源；④必要时采用热处理工艺，热处理对恢复应变时效和动应变时效造成的韧性损伤和消除焊接残余应力是有利的；⑤妥善保管放置构件或产品，避免造成附加应力、温差应力等。

2．焊接结构的疲劳强度

（1）焊接结构的疲劳　在循环应力和应变作用下，在一处或几处产生局部永久性累积损伤，经一定循环次数后产生的裂纹或突然发生完全断裂的过程称为疲劳。在承受重复载荷的结构的应力集中部位，当构件所受的应力低于屈服强度时就可能产生疲劳裂纹。因为疲劳裂纹发展的最后阶段——失稳扩展（断裂）是突然发生的，没有预兆，无明显塑性变形，难以采取预防措施，所以，疲劳裂纹对结构的安全性具有严重威胁。大量统计资料表明，工程结构失效80%以上是由疲劳引起的。焊接结构的疲劳裂纹往往是从设计不良的焊接接头的应力集中点产生的。图7-43所示为直升飞机起落架的疲劳断裂图。裂纹是从应力集中很高的角接板尖端开始的，该飞机飞行着陆2118次后发生破坏。

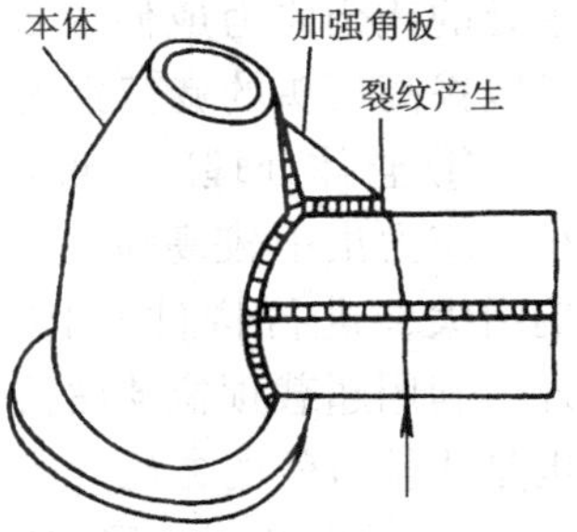

图7-43　直升飞机起落架的疲劳断裂

任何材料的疲劳断裂都经历裂纹萌生、稳定扩展和失稳扩展三个阶段。焊接结构中疲劳裂纹大多起源于焊接接头表面几何非连续性引起的应力集中处，少数源于内部较大的焊接缺陷。在循环应力作用下，由疲劳源慢慢形成微裂纹以及随后的裂纹扩展，当裂纹达到临界尺寸，构件剩余断面不足以承受外载荷时，裂纹失稳扩展至断裂。

一般根据破坏时周循环次数的高低，疲劳可分为高周疲劳和低周疲劳。高周疲劳是材料在低于屈服点的循环应力作用下，经$10^5$以上循环次数而产生的疲劳。低周疲劳是材料在接近或超过其屈服点的循环应力作用下，经$10^2 \sim 10^5$次塑性应变循环次数而产生的疲劳。

（2）提高焊接接头疲劳强度的措施　应力集中是降低焊接接头和结构疲劳强度的主要原因，只有当焊接接头和结构的构造合理、焊接工艺完善、焊接质量完好时，才能保证焊接接头和结构具有较高的疲劳强度，提高焊接接头和结构的疲劳强度，一般可以采取下列措施：

1）降低应力集中主要包括：

① 采用合理的结构形式。采用合理的结构形式可降低应力集中，提高疲劳强度，图

7-44为几种设计方案正误比较。

② 尽量采用应力集中系数小的焊接接头。凡是结构中承受交变载荷的构件，都应当尽量采用对接接头或开坡口的 T 形接头。图 7-45 是采用复合结构把角焊缝改为对接焊缝的实例。

③ 采取妥善的工艺措施。方法有：a. 采用机械加工焊缝端部、合理选择角接形状、焊缝根部保证熔透等综合措施来提高接头疲劳强度；b. 用表面机械加工的办法来消除焊缝及附近的各种划痕、沟槽，降低构件应力集中；c. 开缓和槽使力线绕开焊缝的应力集中处，如图 7-46 所示。

2）调整残余应力场。消除接头应力集中处的残余应力或使该处产生残余压应力都可以提高接头的疲劳强度。

① 整体处理。一般情况下在循环应力较小、应力集中较高时，残余拉应力的不利影响增大，进行构件整体退火是有利的。另外，利用超载预拉伸法降低构件残余拉应力也是比较有效的方法。

② 局部处理。采用局部加热或挤压的办法来调节焊接残余应力场，在应力集中处产生残余压应力。

③ 表面强化处理。用风动工具的锤头锤击焊缝表面，或对焊缝区进行喷丸。经处理后，不但会形成有利的表面压应力，而且使材料局部加工硬化，提高接头疲劳强度。

3）涂层保护。大气及介质侵蚀往往对材料的疲劳强度产生不利影响，因此采用一定的保护涂层是有效的。例如在应力集中处涂上含填料的塑料层。

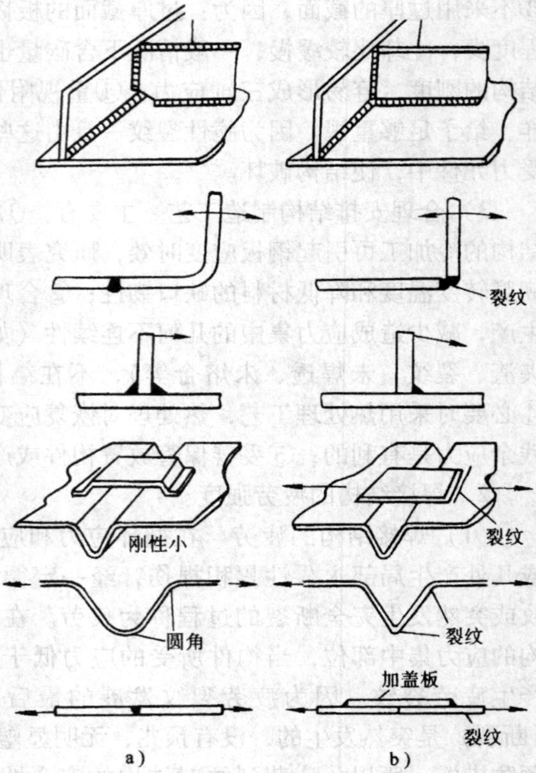


图 7-44　几种设计方案正误比较

a）推荐的设计方案　b）力求避免的设计方案

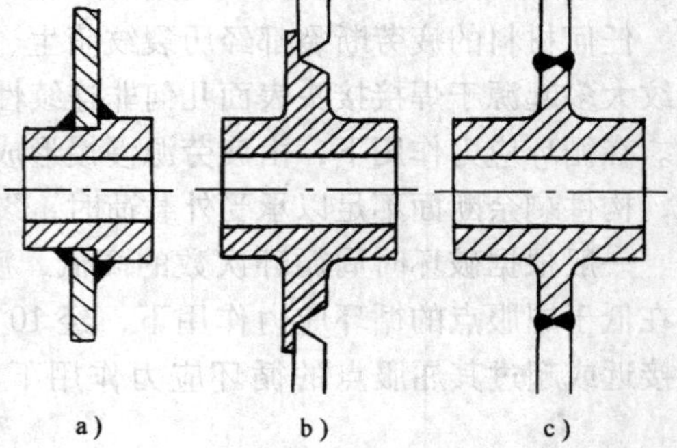


图 7-45　轮毂结构

a）角焊缝连接　b）、c）改用对接焊缝连接

3. 焊接结构的应力腐蚀破坏

（1）焊接结构的应力腐蚀破坏　应力腐蚀破坏简称为 SCC，又简称为应力腐蚀，它是指材料和结构在腐蚀介质和静拉伸应力共同作用下引起的断裂。

应力腐蚀破坏一般都是在特定条件下发生的，这些条件可以归纳为：

1）有拉应力存在。这种拉应力可以是外加载荷引起的，也可以是残余应力，如焊接残余应力、装配应力、热应力等。在一般情况下，发生应力腐蚀的拉应力都较低，如果没有腐蚀介质的共同作用，构件在该应力水平下可长期工作而不发生断裂。

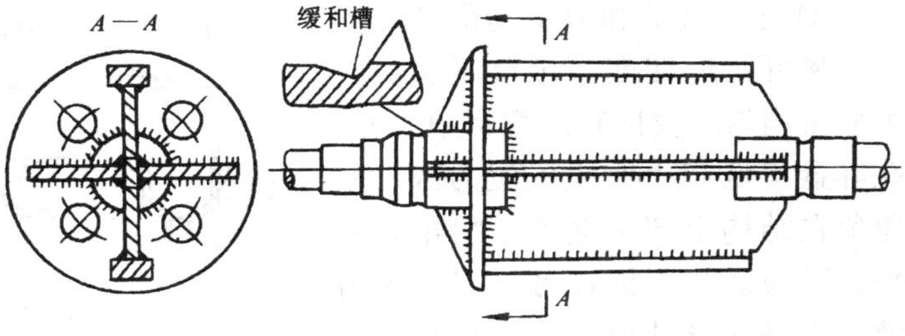

图 7-46　带有缓和槽的焊接电机转子

2）有腐蚀介质存在。每种材料只对某些介质敏感。如黄铜在氨气中、不锈钢在具有氯离子的腐蚀介质中都容易发生应力腐蚀。

3）一般只有合金才会产生应力腐蚀，纯金属不会发生这种现象。

由于焊接过程中的不均匀加热等因素，使焊接结构存在残余应力，其拉应力和腐蚀介质共同作用，就可导致焊接结构应力腐蚀破坏。而绝大多数的破坏是发生在焊缝附近，特别是焊接热影响区中。另外，弧坑及电弧擦伤部位也常诱发应力腐蚀开裂。现场组装焊缝、未经消除应力处理的修补焊缝也是发生应力腐蚀开裂最严重的区域。显然，焊接残余应力和组装时的拘束应力提供了应力腐蚀开裂的应力条件，而焊接缺陷又助长了应力腐蚀开裂的发生。

据统计，美、英原子能容器及配管破坏事故 1/3 以上是由应力腐蚀引起的。据德国一家大化工厂统计，1968 ~ 1972 年间，在全部设备的腐蚀破坏事故中，应力腐蚀破坏超过总数的1/4。在日本，1965 ~ 1975 年间化工设备所发生的破坏事故中有近半数属于应力腐蚀破坏。我国的各类球罐，从 1975 ~ 1979 年所发生的 20 起破坏事故中，有 40% 是由应力腐蚀引起的。因此，应力腐蚀破坏也应是我们高度重视的问题之一。

（2）防止焊接结构产生应力腐蚀的措施

1）正确选材。由于每种材料只对某些介质敏感，而这些介质对其他材料可能没有明显作用。因此防止和减轻腐蚀危害最常用的也是最重要的方法是针对特定腐蚀环境而选择合适的金属材料。表 7-21 列举了常用金属易发生应力腐蚀的环境。

**表 7-21　常用金属材料易发生应力腐蚀的环境**

| 材　　料 | 环　　境 |
|---|---|
| 低碳钢 | $NO_3^-$ 水溶液，NaOH 水溶液，HCN 水溶液 |
| 低合金钢 | $NO_3^-$ 水溶液，HCN 水溶液，$H_2S$ 水溶液，$Na_2PO_4$ 水溶液，醋酸水溶液，$NH_4$ CNS 水溶液，$(NH_4)_2CO_3$ 水溶液，NaOH 水溶液，氨（水 < 0.2%），碳酸盐溶液，$CO\text{-}CO_2$-湿空气，海水，海洋大气，工业大气，浓硝酸：硝酸-硫酸混合水溶液 |
| 高强度钢 | 蒸馏水，湿大气，$H_2S$ 水溶液，$NO_3^-$ 水溶液 |
| 奥氏体不锈钢 | $Cl^-$，$F^-$，$Br^-$，海水，NaOH-$H_2S$ 水溶液，NaOH-$H_2O_2$ 水溶液，多连硫酸（$H_2S_nO_6$，$n=2\sim5$），高温高压含氧高纯水，含 $Cl^-$ 的冷凝水 |
| 铜和铜合金 | $NH_3$ 气，$NO_3^-$ 水溶液及湿大气 |
| 铝和铝合金 | $Cl^-$，海水，NaCl-$H_2O_2$ 水溶液 |

2）合理设计结构。在结构设计中要特别注意以下几点：

① 尽量避免和减少局部应力集中，尽可能地使截面过渡平缓，应力分布均匀。设计时注意将边、缝、孔等置于低应力区或压应力区，并避免在结构上产生缝隙、拐角和死角，因为这些部位容易引起介质溶液的浓缩而导致应力腐蚀破坏。图7-47a所示结构容易引起应力腐蚀破坏，图7-47b为改进后的结构，可大大减缓应力腐蚀破坏。

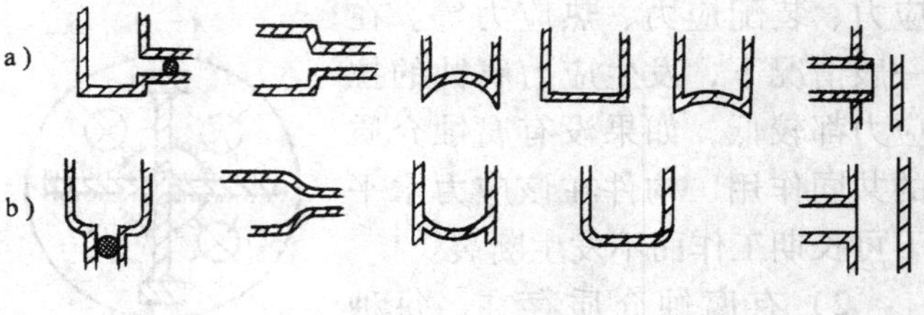

图7-47 结构上的改进示例
a）改进前结构 b）改进后结构

② 对槽及容器等，施焊部位宜用连续焊而忌用断续焊。

③ 设计槽及容器时，应考虑易于清洗和将液体排放干净。

④ 避免不同金属接触以防止电偶腐蚀。可能时，全部体系选用同类材料，或将不同材料之间绝缘。

3）消除和调节残余应力的办法主要包括：

① 采用合理的装焊工艺降低残余应力。

② 采用热处理方法减少或消除残余应力。对于一般钢结构采用消除应力退火处理即可。奥氏体不锈钢则可采取加热1050℃并急冷的固溶处理。对于容易引起回火脆性的钢，例如800MPa级的高强度钢，进行消除应力退火虽然会恶化焊接区的断裂韧度，但却可以减少残余应力而防止应力腐蚀裂纹的产生。

③ 采用机械方法调节残余应力场。如果热处理消除应力实行起来有困难，可采用喷钢丸等机械方法使构件表面造成压应力场，以提高构件抗应力腐蚀的能力。

4）结构的电化学保护——阴极保护。将结构接直流电源的负极，使其处于阴极极化状态而受到保护，称为外加电流阴极保护法。而如在结构上接一电位较负的金属（如在船体上接锌合金）作为阳极，以达到阴极极化目的，则称为牺牲性阳极保护法。如一台不锈钢换热器，管外系含有 $Cl^-$ 的水，在不锈钢花板上面加一层较厚的碳钢板，碳钢提供了牺牲阳极的阴极保护作用，用了三年未发现不锈钢管破裂（见图7-48）。以往未加碳钢表层时，则在使用1~9个月内即破裂。但应注意，对于高强度钢或其他对氢脆敏感的材料，采用此方法无效，有时反而会促进破坏。

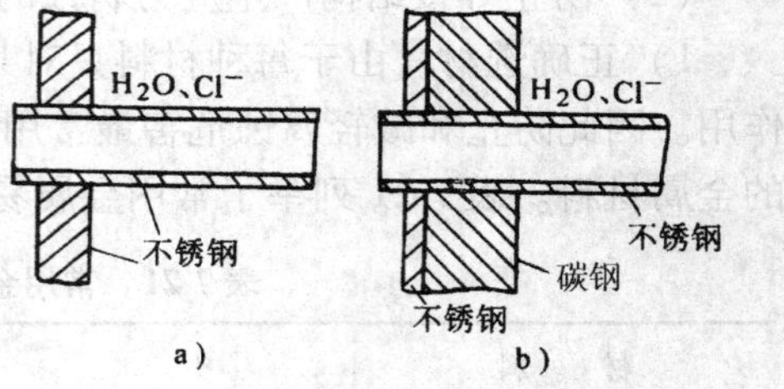


图7-48 防止不锈钢换热器管应力腐蚀实例
a）容易造成应力腐蚀破坏的结构
b）不锈钢管得到保护的结构

5）用镀层或涂层隔离环境。镀层或涂层可使金属表面和环境隔离开来，从而避免产生应力腐蚀。对于 $w_{Cr}=5\%$ 的铬钢采用高温镀铝层，在工业大气和海洋大气中使用效果良好。而对于高强度钢则可用聚氨酯或加有缓蚀剂（如铬酸盐）的环氧树脂涂料作隔离层。

6）控制和改善环境。主要方法是减少或消除助长应力腐蚀开裂的有害化学离子。例如奥氏体不锈钢换热器在高温密闭下操作，如果将循环冷却水中含氧和氯离子（$Cl^-$）的量控制在百万分之一以下，则可避免应力腐蚀。为了防止炼油厂中铬镍不锈钢设备受连多硫酸（由硫化物与氧作用产生）的应力腐蚀，当设备停产时可用碱液洗涤，然后充氮，这样就可以防止产生连多硫酸。

## 思考与练习

1. 焊条电弧焊的原理及特点是什么?
2. 焊条型号中字母与数字的含义是什么?
3. 焊条牌号中字母与数字的含义是什么?
4. 埋弧焊的优、缺点是什么?适用场合是什么?
5. 埋弧焊用熔炼焊剂和烧结焊剂中的数字字母的含义是什么?
6. 钨极氩弧焊有哪些优点?适用于什么场合?
7. 各种电流钨极氩弧焊的特点是什么?
8. 焊丝熔滴过渡类型有哪些?
9. $CO_2$ 气体保护焊有哪些特点?适用于什么场合?
10. 药芯焊丝气体保护焊有什么特点?
11. 电阻焊主要包括哪几种方法?适用场合是什么?
12. 摩擦焊分为几类?应用范围是什么?
13. 试述钎焊的原理及特点。
14. 试述热轧钢、正火钢的焊接性要点。
15. 分别试述低碳、中碳调质钢的焊接性要点。
16. 珠光体耐热钢的焊接性要点是什么?
17. 奥氏体不锈钢焊接的主要问题是什么?主要防止措施有哪些?
18. 铝及铝合金熔焊时主要问题是什么?预防措施是什么?
19. 铜及铜合金焊接时主要问题是什么?预防措施是什么?
20. 试简要说明焊接应力和变形是如何形成的。
21. 减小及消除焊接残余应力的措施有哪些?
22. 预防和矫正焊接变形的措施有哪些?
23. 防止焊接结构发生脆断的途径是什么?
24. 提高焊接接头疲劳强度的措施有哪些?
25. 防止焊接结构产生应力腐蚀的措施有哪些?

# 第八章　表面成形及强化技术

随着现代工业技术的发展及产品市场竞争的需要，对各种机械设备、零件的表面性能以及外观装饰的要求越来越高。一些在高速、高温、高压、腐蚀介质等条件下工作的零件，往往因其表面局部损坏，或从表面损伤开始然后扩展为整个零件的失效，而最终导致设备甚至整条生产线停用。为提高零件运行的可靠性，延长其使用寿命，增强产品在市场的竞争能力，国内外都在努力研究提高零件的表面性能、改善零件表面质量的新技术及新工艺。运用表面成形及强化技术能够在各种金属和非金属材料表面制备具有各种特殊功能的表面层，用极少量的材料就可起到大量、昂贵的整体材料所难以起到的作用，从而极大地降低产品成本，利用表面成形及强化技术赋于零部件及设备表面耐磨、耐蚀、耐热、耐疲劳、耐辐射以及光、热、磁、电、视觉等特殊的功能，从而达到提高产品质量，延长使用寿命，增加产品的美学效果及市场竞争的目的。

各种表面成形技术的应用促进了新型表面材料的发展，如各类合金粉末、堆焊焊条、热喷涂材料、化学粘涂材料及各种添加剂等。表面成形技术也为高科技的发展提供了具有特殊性能的材料，如超导材料、金刚石薄膜、固体润滑材料、太阳能转换材料等。此外，值得注意的是：各种非金属材料，如陶瓷材料、高分子材料及复合材料正在逐步替代部分传统的金属材料，这给表面成形技术带来了更广阔的研究和应用领域。

统观大量机械零件及工模具的失效形式，主要有：

（1）塑性变形　因过载及屈服强度不足所致。

（2）断裂　有韧性断裂、脆性断裂和疲劳断裂。

（3）磨损　有粘着磨损、磨粒磨损、腐蚀磨损和疲劳磨损等。

（4）环境介质作用下的腐蚀　如海水腐蚀、盐雾腐蚀、高温腐蚀等。

上述各种失效形式中以磨损、疲劳、腐蚀占大多数（>80%）。这些损伤都与材料的表面性能直接有关。正因为如此，表面成形及强化技术的研究越来越引起世界各国的重视。

表面成形及强化技术属于表面工程的范畴。国外对表面工程的概念始于 20 世纪 80 年代。1984 年英国成立了世界上第一个表面工程学会，并出版了第一本国际性的《表面工程》杂志。我国也于 1988 年创办了国内第一本《表面工程》杂志，并多次举办表面工程研讨会，从而促进了我国表面工程技术的进步，并具有自己的独创性及特色。

表面成形及强化技术按提高材料表面性能的本质可分为表面涂层技术及表面改性技术两大类。表面涂层技术是一种通过在构成零部件的材料表面制备一层与其性能不同的，且能满足特定使用要求的材料覆盖层技术，这一技术除了需要在材料的表面形成这一具有特定性能的覆盖层外，还要求这一覆盖层与底层的构成零部件的母体材料有良好的结合，以防这一表面覆盖层脱落。常用的表面涂层技术包括：原子级微粒子沉积技术，如气相沉积、电镀、刷镀和化学镀等；宏观颗粒沉积技术，如热喷涂、喷塑等。表面改性技术是通过改变材料表面层的成分及组织结构而改变材料表面性能的。常用的表面改性技术包括：表面相变热处理、表面化学热处理、表面合金化、表面熔凝处理、表面熔覆等。本章主要介绍与机械产品密切相关的几种表面成形及强化技术的基本原理及应用。为便于从深层次对表面技术进行了解，在本章的开头介绍金属表面的一些基本知识。

## 第一节　金属表面的物理化学特点

固体表面的原子与内部原子相比较是处于力学不平衡的高能量状态，因此，其表面原子将产生弛豫、重构、偏析等现象。同时，固体表面会对气体介质产生吸附作用，化学吸附将会降低金属表面活性，使其钝化。这些现象使固体表面具有与其内部不同的结构和性能。

### 一、固体的界面

固体的界面是指三维晶格周期性排列从一种规律转变为另一种规律的几何分界面。通常把凝聚相和气相的分界面称为表面，把凝聚相之间的分界面称为界面，不同凝聚相之间的分界面称为相界面，同一相的晶粒之间的分界面称为晶粒界面，简称晶界。

金属的界面是指金属中具有不同成分、结构或虽然成分、结构相同但晶体位向不同的交界面，常见的界面有表面、相界面和晶界。

金属的表面是指金属向真空或气相过渡的区域，可分为纯净表面、清洁表面和污染表面。理想表面是在无限晶体中插入一个平面后将其分成两部分形成的。在此过程中除了对晶体附加一组边界条件外，所形成的半无限晶体中的原子位置和电子密度都与原来的无限晶体一样，系统不发生任何变化。显然，这种理想表面是不存在的。由于表面原子与固体内部原子相比较是处于力学不平衡的高能量状态下，因此，在向真空过渡的表面原子将产生弛豫、重构、台阶化及偏析等现象。这种向真空过渡的表面称为纯净表面。所谓弛豫是指表面附近的原子晶体结构没有发生变化而晶格常数发生明显变化的现象；重构则是指表面原子重新排列，形成不同于内部原子排列的晶面。

清洁表面指表面有吸附物，其吸附物的表面浓度应低于单分子覆盖层的百分之几。表面存在各种吸附物、化合物等的表面称为污染表面。把污染表面、清洁表面变成纯净表面的过程称为表面净化。常用的表面净化方法有真空解离、离子溅射、场致蒸发等方法。

### 二、金属表面的结构特征

金属表面的晶体结构由于表面原子的重构、弛豫、偏析、吸附层、缺陷等的存在，与内部晶体的结构不尽相同。经过机械加工后的表面，因受到机械作用，其组成结构与内部相比，在距离表面几个微米的范围内变化较大。经过研磨抛光后的表面，最外层形成 1 ~ 100μm 的微晶层，次层为塑性变形层，在近次层也可能产生其他变质层，如双晶、相变、再结晶层等。即使经过精密加工的光滑表面，在微观上也是处于微小的凹凸组成的不平表面状态。在机械行业中，一般用粗糙度来表征微观的几何形状尺寸特征。

### 三、晶体的表面能及表面张力

固体的表面能是指产生单位新表面所需消耗的等温可逆功。若在真空中将一截面为 $1\text{cm}^2$ 的固体拉开，所需要的能量为 $2\gamma_S$，$\gamma_S$ 即为表面自由能，或称为内聚功。表面吸附物的存在将使表面自由能降低。

当产生新表面后，为了使表面原子停留在原来的位置必须对原子施加一个外力，单位长度上施加的表面应力称为表面张力，它等于沿着相互垂直的两个新表面上的两个表面应力之和。表面张力为表面自由能的表现。对于各向同性的固体，如果在发生面积变化时，始终保持着平衡的表面构型，则表面张力在数值上等于表面自由能。

**四、表面吸附**

由于物体表面上的原子或分子所处力场的不饱和性，在其表面上将吸附其他分子。

固体对气体的吸附分为物理吸附和化学吸附两类。物理吸附中固体表面与被吸附分子之间的作用力是范德华力，这种吸附只存在于温度低于吸附物临界温度时才显得重要。化学吸附中两者之间的力为化学键力（共价键力或离子键力）。因此，化学吸附热要比物理吸附热大得多。前者与化学反应相似，一般大于 $4.2\times10^4$ J/mol，而后者与液化热相似，约为几千焦耳每摩尔。物理吸附一般无选择性，任何固体可吸附任何气体，吸附速度快，吸附量的多少因吸附物的种类而异，通常为多分子层，是一个可逆的过程。而化学吸附具有选择性，只有特定的固—气之间才能发生，其吸附过程与一般的化学反应类似，需要的活化能低，速度较慢，因为固体表面与吸附物之间要形成化学键，因此化学吸附总是单分子层的，并且为不可逆的过程。所以，物理吸附往往容易解吸，而化学吸附则很难解吸。化学吸附与物理吸附的本质区别在于前者有电子转移而后者没有。

液体在固体表面的吸附程度通常用接触角来衡量。图 8-1 给出了表面张力与接触角之间的关系，达到平衡时有下列关系

$$\gamma_S=\gamma_L\cos\theta+\gamma_{SL} \tag{8-1}$$

式中 $\gamma_S$——固体的表面张力；

$\gamma_L$——液体的表面张力；

$\gamma_{SL}$——液体与固体的界面张力；

$\theta$——接触角。

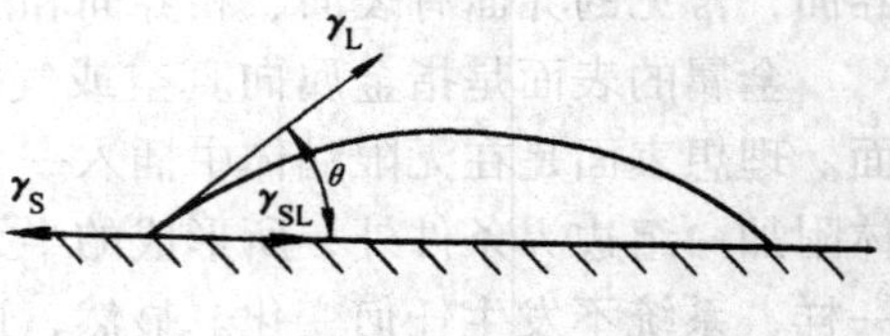


图 8-1 表面张力与接触角关系示意

当 $\theta=0$ 时称为完全润湿，而当 $\theta=180°$ 时称为不润湿。随 $\theta$ 值的降低，液体对固体的润湿性增强。液体对固体的润湿性受固体的表面状态和温度的影响很大。通常，温度越高，表面活性越高，润湿性越好。

**五、表面扩散**

表面原子从能量最小的平衡点为中心进行着热振动，热振动随温度的升高而加剧，从而导致表面原子沿表面从一个平衡位置迁移至另一个平衡位置，即原子沿表面扩散。由于固体表面结构的不同，扩散过程也会有所差异，如吸附在表面台阶处的原子沿台阶长度方向扩散，或单个吸附原子跳跃过几个晶格常数的距离后跃过一个平台等。关于扩散的机制已经提出过许多假设，其中间隙扩散和置换扩散机制是两个最常用也是最重要的机制。扩散激活能是表示扩散时原子从一个平衡位置迁移到另一平衡位置时所需克服的势垒，其因扩散过程不同而不同，通常所测得的扩散激活能为不同扩散过程的平均值。

原子在表面的活动能力高于界面原子和体内原子，故表面原子扩散系数最高，界面次之，而体内原子的扩散系数最低。

这种表面扩散与晶体生长、蒸发、吸附等现象有着重要的关系。

**六、金属表面的钝化与活化**

金属表面钝化是指由于金属表面状态的改变引起金属表面活性突然变化，使表面反应（如金属在酸中的溶解或在空气中的腐蚀）速度急剧降低的现象。金属钝化后的状态称为钝化态。金属的钝化往往与氧化有关，如含有强氧化性物质的介质都能使金属表面钝化。

金属在介质中，当在表面上生成一层致密的、覆盖完整的保护膜时，可以把金属与介质隔开，使表面反应速度明显下降，金属表面即转为“钝化态”，这层保护膜称为“钝化膜”。当形成的钝化膜不完整时，只要在金属表面形成氧粒子吸附层，就可以产生钝化。吸附层可以是单分子层或 $OH^{-1}$、$O^{-2}$离子层，或氧原子层。氧原子与金属表面原子因化学吸附而结合，使金属表面的自由键能趋于饱和，改变了金属与介质界面的能量状态，从而降低了金属与介质的反应速度，产生钝化效应。

金属表面的活化过程是钝化的相反过程，能消除金属表面钝化状态的因素都具有活化作用。通过氢气还原、机械抛光、喷砂处理、酸洗等方法去除金属表面的氧化膜，可以消除表面的钝化，用加热或抽真空方法减少金属表面的吸附，可进一步提高表面的化学活性。

通过喷砂等机械方法使金属表面的晶格缺陷增加，化学活性增加，能有效地使金属表面活化。用离子轰击的方法也能获得同样的效果。

金属表面钝化是提高金属耐蚀能力的主要方法，而活化则能加速表面过程，易于实现对表面的各种强化处理，提高表面涂层与基体的结合强度。

## 第二节　金属的表面失效

机械零件由于某种原因而丧失原定功能的现象称为失效。失效可分为断裂失效、变形失效、表面失效三种类型。在机械行业中许多零件或工模具常常从表面损伤开始，然后扩展成为整个零件或工模具的失效。常见的表面失效形式有磨损失效、疲劳失效和腐蚀失效三种。

### 一、磨损失效

磨损是指两个相对运动的相互接触的物体，由于摩擦作用使两个物体的表面层物质不断损耗或产生残余变形的现象。磨损破坏是一种可以观察到的、渐发性破坏形式。根据机理不同，磨损主要有四种基本类型：粘着磨损、磨粒磨损、疲劳磨损和腐蚀磨损。在很多情况下，可能有一种以上的磨损类型在同时起作用，这是造成磨损研究复杂化的原因之一。

（1）粘着磨损　粘着磨损是指两个相对运动的物体在直接接触中，物体表面微凸体的尖峰在接触应力作用下产生塑性流动，导致产生粘着、焊合后，在外加的切向拉力作用下，接合点断裂，就可能产生金属的损耗。粘着磨损是在有润滑条件下或润滑不充分条件下最常见的一种磨损形式，其发展遵循粘着→剪切→再粘着→再剪切的循环而不断进行，于是产生了粘着磨损。图 8-2 中 $a_1$、$a_2$、$a_3$ 为两接触表面可能产生粘着的位置。

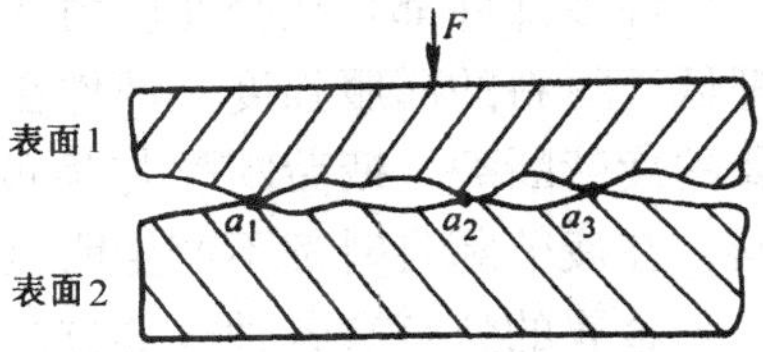


图 8-2　两接触表面产生粘着

（2）磨粒磨损　在摩擦面之间的固体磨粒对摩擦表面或者硬的固体磨粒对摩擦表面产生微切削和刮伤作用引起的机械磨损称为磨粒磨损。磨粒可以是从磨损面上脱落下来的磨屑，由于它在摩擦面间被反复辗压而硬化，形成硬度很高的磨粒；也可以是来自外界的异类物质，如空气中的灰砂等。一些机械的零件直接和矿石、砂和岩石等接触的部位也会产生磨粒磨损。在机械行业中，常见的有两种类型的磨粒磨损：第一种为两接触面的某一面上的凸出体对另一面进行与切削、磨削加工类似的磨损过程，如图 8-3a 所示，这种磨损通常称为两体磨损；第二种为磨粒（如砂、灰尘等）作为第三者进入两个接触面之间，在两接触面相对运动时，在接触面上犁出沟槽，如图8-3b所示，这种磨损通常称为三体磨损。

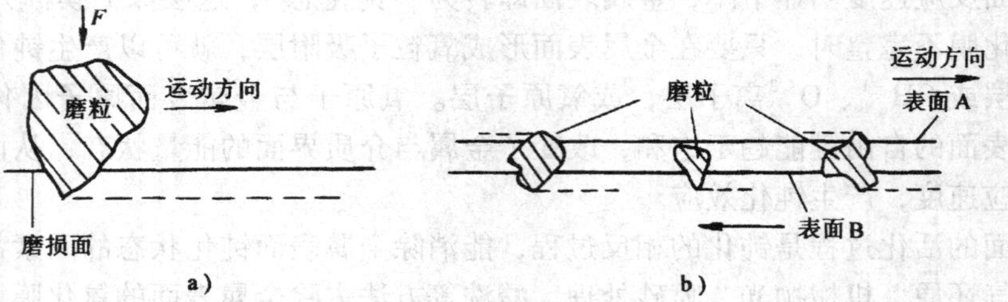


图8-3 磨粒磨损的两种形式

a）两体磨损 b）三体磨损

（3）疲劳磨损 金属的相互接触表面在应力的长期反复作用下，其表面或表面层的薄弱环节萌生疲劳裂纹，并逐步扩展，最后导致小片金属剥落的现象称为疲劳磨损。产生疲劳磨损的内因是金属表层内存在着物理和化学的缺陷，在外力反复作用下，在有缺陷的部位产生应力集中。裂纹常常是在这些地方开始萌生。因此，减少金属内部的缺陷，提高金属纯度都会显著地减轻接触疲劳磨损。

（4）腐蚀磨损 腐蚀磨损是由于外界环境引起金属表面的腐蚀产物（主要是氧化物）剥落，与金属表面的机械磨损相结合而出现的。由于腐蚀性介质（腐蚀性气体、液体）的腐蚀作用使机械磨损加剧，同时由于磨损的作用又会导致腐蚀加速，从而使材料的损伤远大于腐蚀与磨损单独作用的叠加。因此，它是一种复杂的磨损过程，其对材料的损伤过程较快，危害也较大。

腐蚀磨损包括各类机械中普遍存在的氧化磨损，在部件嵌合部位出现的微动磨损，在水利机械中出现的浸蚀磨损（又称气蚀）以及化工机械中因特殊腐蚀气氛及溶液而产生的腐蚀磨损。

## 二、疲劳失效

许多部件都是在交变应力下工作的，如轴、齿轮、弹簧等。它们工作时承受的应力通常都低于材料的屈服强度。部件在这种变动负荷下经过较长时间工作而发生断裂的现象叫做金属的疲劳断裂。疲劳断裂与静负荷下的断裂不同，无论在静负荷下显示为脆性或韧性的材料，在疲劳断裂时都不产生明显的塑性变形，断裂是突然发生的，因此具有很大的危害性。

金属的疲劳有各种分类方法。根据部件所受应力的大小、应力交变频率的高低，通常可把金属的疲劳分为两类：一类为应力较低、应力交变频率较高情况下产生的疲劳，称为高周疲劳；另一类为应力高（工作应力接近于材料的屈服强度）、应力交变频率低、断裂时应力交变周次少（$<10^5$次）的情况下产生的疲劳，称为低周疲劳。

疲劳断裂是由疲劳裂纹的萌生和发展而造成的。这两个阶段进行的快慢决定了材料的疲劳寿命。疲劳裂纹的萌生通常是从裂纹的策源地（裂纹源）开始。而裂纹源通常位于材料的晶界、相界、夹杂物等材料的表面缺陷处。从微观上看，通常认为当显微裂纹的尺寸达到$1\times10^{-3}\sim2.5\times10^{-2}$mm时，被认为是裂纹的萌生阶段。这一阶段的寿命约占总寿命的10%~80%不等。从推迟疲劳裂纹的萌生角度来看，强化金属材料的表面，如采用滚压、喷丸、表面热处理、涂层等方法是有利的。另外，控制合金的晶粒度，改善夹杂物的形状或减少夹杂物的数量等都能达到推迟疲劳裂纹萌生的作用。

疲劳裂纹萌生后，接着是在交变应力下裂纹的扩展过程，这一过程主要取决于应力的大小、材料的塑性。随着每一次应力循环的进行，使裂纹的尖端产生强烈的塑性变形，并使裂纹向前扩展一小步，因此，在疲劳断裂的断口上，用电子显微镜可以观察到疲劳断口的条带，称为疲劳辉纹。疲劳辉纹是用来判断是否是由于疲劳造成断裂的重要微观特征之一。根据辉纹的间距还可近似估计断裂前的应力循环次数。图 8-4 为一轴的疲劳断口示意。

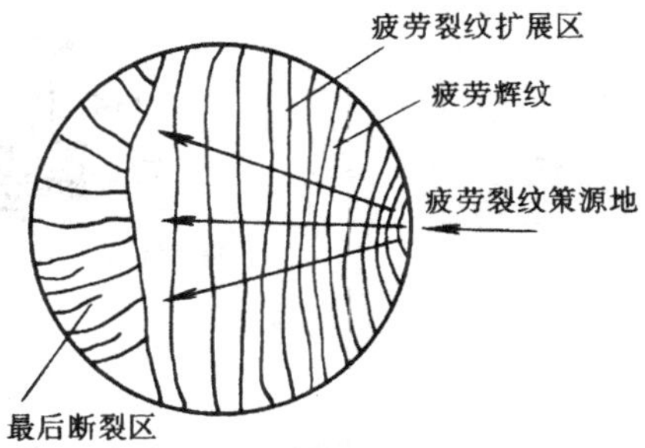


图 8-4　疲劳断口特征示意

**三、腐蚀失效**

金属表面受到周围介质的化学及电化学作用而被破坏的过程叫做腐蚀。金属材料的腐蚀过程主要有两种形式，即化学腐蚀和电化学腐蚀。

化学腐蚀是指金属与周围介质如干燥气体或非电解质溶体直接作用而发生化学反应所引起破坏。例如铁在溶有氧气的水中发生反应

$$4Fe + 3O_2 + 6H_2O = 4Fe(OH)_3$$

生成的 $Fe(OH)_3$ 就是化学腐蚀产生的“铁锈”。

电化学腐蚀是指金属在电解质中（例如酸、碱、盐的溶液，湿空气等）由于发生“原电池”作用而引起的破坏。各种不同的金属材料或在这些材料中不同的相，在电解质中具有不同的电位，这种电位差的存在就造成许多微小的“原电池”。电位高的金属或相形成阴极，电位低的金属或相形成阳极，两者的电位差就是原电池的电动势。由于电池反应的不断进行，阳极材料（即电位低的金属或相）不断地被溶解侵蚀掉，从而造成材料的损伤。

一般来说，化学腐蚀的危害较小，仅限于金属表层不深的地方，当形成一层保护膜之后，腐蚀速度就显著降低。电化学腐蚀则危害较大，因它是逐层深入，一直能深入到金属的内部。由于电化学腐蚀是金属最普遍的腐蚀损伤形式，因此如何防止和抵抗电化学腐蚀就更为重要。防止电化学腐蚀的根本方法是要消除或减弱金属材料中存在的“原电池”作用，如采用单相合金或通过合金化的方法，设法降低各相间的电位差等。

金属表面在一定条件下除了能产生上述的腐蚀以外，还能在其他条件共同作用时产生破坏现象。如在应力与腐蚀共同作用下产生的应力腐蚀，在疲劳应力与腐蚀环境作用下的腐蚀疲劳，以及在腐蚀与磨损作用下的腐蚀磨损等，这些均会造成金属表面腐蚀失效。

## 第三节　热喷涂及表面堆焊成形

热喷涂是一种用得较为普遍的表面技术，其基本原理是将涂层金属材料加热熔化，以高速气流将其雾化成极细的颗粒，并以极高的速度喷射到事先准备好的零件表面上，形成所需性能金属涂层的方法。因此，与表面堆焊相比较而言，它也可以用于恢复零件因磨损或其他原因而造成的尺寸不足。但就热喷涂技术本身而言，它具有更广阔的选择材料和应用范围。无论是金属、合金，还是陶瓷、玻璃、水泥、石膏、塑料、木材都可作为喷涂的基体材料。喷涂材料也是多样的，金属、合金、陶瓷、复合材料都可选用。根据需要选用不同的涂层材料可以获得耐磨、耐蚀、耐热、抗氧化等方面的一种或数种性能，也可获得其他特殊性能的涂层。

热喷涂根据所用热源的不同可分为火焰喷涂、电弧喷涂、等离子喷涂和爆炸喷涂。若按

照喷涂材料的形状可分为粉末喷涂、金属丝喷涂、金属带喷涂和熔罐喷涂。目前广泛使用的是粉末喷涂，其次是金属丝喷涂。几种喷涂方法如图 8-5 所示。

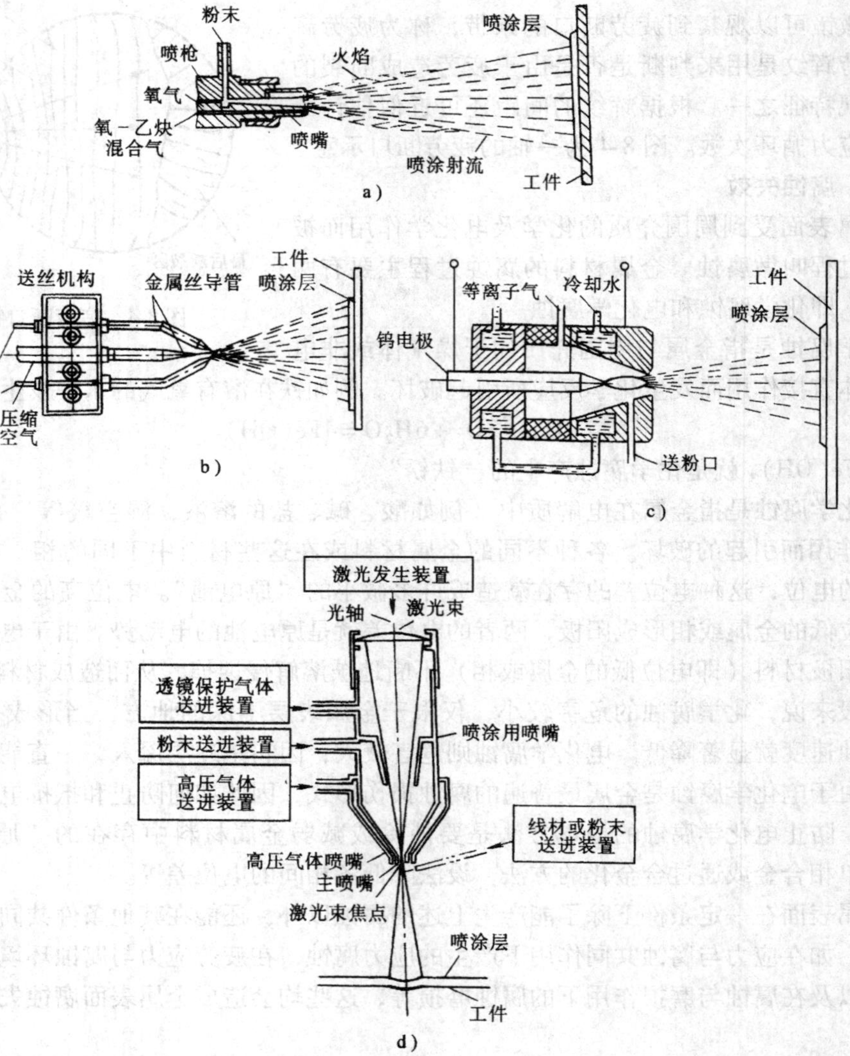


图 8-5 各种热喷涂方法

a）火焰喷涂 b）电弧喷涂 c）等离子喷涂 d）激光喷涂

## 一、热喷涂的物理、化学、冶金过程

热喷涂是一个非常复杂的物理、化学和冶金过程，它包括了加热、熔融、雾化、高速传输、化学冶金和物理冶金等问题。这些问题影响到涂层的性能和质量。

1. 加热和熔融

喷涂材料的加热和熔融与热源的功率密度以及加热区的大小和喷射速度等都有关。火焰的能量密度最低（$10^3 W/cm^2$），电弧较高（$10^4 W/cm^2$），等离子弧的能量密度更高（$10^5 W/cm^2$）；火焰最高温度约 3000℃，电弧区温度 4200℃，等离子弧在出口处的中心超过

10000℃。因此，等离子喷涂时的熔融率最高，特别是低压等离子喷涂时，在低压下，等离子弧得到了显著的扩张，比大气中普通的等离子弧长 6 ~ 8 倍，使粉末在飞行中加热的时间延长，熔融充分，涂层均匀致密。

采用线材和棒材时，加热和熔化的情况较为简单，与电弧焊和气焊时一样，但必须有足够的热量保持雾化后的粒子在撞击基材前一直处于熔融状态。

在粉末喷涂时，粉末的加热和熔融过程是通过每个粉末粒子表面向内部传热，使其达到熔融状态。例如在等离子喷涂时，粉末粒子进入等离子弧后。表面迅速达到熔点，并在高速通过等离子弧的过程中继续加热，同时粒子的熔透深度也在不断增加，最后熔透深度达到90%的颗粒最大直径可用下式进行大致推算

$$D_{max} = 2\left(\frac{D_T t}{0.3}\right)^{\frac{1}{2}} \tag{8-2}$$

式中　$D_{max}$——达到90%熔透深度的粉末颗粒最大直径（cm）；

$D_T$——喷涂材料的热扩散系数（$cm^2/s$）；

$t$——加热时间（s）。

**表 8-1　不同材质粉末等离子喷涂时的加热特性**

| 喷涂材料 | $ZrO_2$ | TiC | TaC | ZrC | TiN | $B_4C$ | 4340 钢（日本） | 304 钢（日本） | W |
|---|---|---|---|---|---|---|---|---|---|
| 热扩散系统/$cm^2 \cdot s^{-1}$ | 0.005 | 0.04 | 0.09 | 0.05 | 0.07 | 0.06 | 0.08 | 0.05 | 0.63 |
| $D_{max}/\mu m$ | 26 | 72 | 110 | 82 | 96 | 90 | 104 | 82 | 280 |
| 喷涂难易① | 5 | 3 | 1 | 3 | 2 | 2 | 1 | 3 | 1 |

① 1 为易于喷涂；5 为难于喷涂。其间，数字越大，越难喷涂。

表 8-1 中列出了不同材料的粉末粒子在 0.1ms 时间内通过等离子弧时，熔透深度达 90% 的颗粒最大允许直径。由此看来，最大允许直径的大小与材料的热特性有很大关系。只有当所用粉末粒子直径小于 $D_{max}$ 时，才能在等离子喷涂条件下完全处于熔融状态。喷涂时常用的粉末直径为 74 ~ 44μm 或更小。因此，喷涂时粉末粒度越小，熔融越好，涂层的结合强度和致密度越高。

喷涂过程中当熔融的颗粒离开喷枪的高温区后，在飞行过程中，由于对流、辐射等的作用使温度下降，如 2500K 的熔融粒子飞行 $10^{-2}$s 后，温度降到 2144K。因此，对喷涂距离要予以控制；但距离过短会引起基体材料过热。在低压下进行等离子喷涂时，热量损失少，冷却慢，有利于涂层和基体的结合。

实际生产中，在选择喷涂功率时，要考虑到粉末的熔点、热导率和热容量等热物理参数以及粒度和送粉量等因素。功率过小，粉末熔融不充分，结合强度低，致密性差以及沉积效率低。

2. 喷涂时的化学冶金反应

（1）气相中氧、氮与熔融粒子的反应　在喷涂材料的加热、熔融和喷射过程中，不可避免地要与卷入的空气和工作气体相接触，当工作气体是活性气体（如氮）或压缩空气时，就会加强喷涂材料与氧和氮的反应。这些反应主要在熔融粒子的飞行过程中，发生于其表面，使熔融粒子表面包覆一薄层氧化膜。例如在用压缩空气输送喷涂材料的电弧喷涂时，涂层内可看到较多的氧化物。在用 $w_C$ = 0.14% 的碳钢线材进行电弧喷涂时，涂层内含有

10.5%氧化物和1.5%氮化物（指体积分数）。在等离子喷涂的铜涂层内也含有较多的氧化物，在钨涂层内含有氧化物（$WO_3$、$W_4O$、$WO_2$）和氮化物（$W_2N$、$W_3N_2$、WN、$W_2N_3$ 和 $WN_2$）。由于喷涂过程中的氧化和蒸发的结果，使涂层的成分不同于原喷涂材料的成分，而且这种变化与喷涂方法和所用工作气体等有关。

为防止喷涂时喷涂材料与空气接触，可采用在低真空条件下进行的低压等离子喷涂。这种方法不仅避免了材料的氧化，而且在一定的条件下还有活化作用。例如利用氮气和氢气的混合气体进行低压等离子喷涂钛粉时，氢在其中起到去除钛粉表面氧化膜，使钛粉表面活化的作用；氮能与钛粉形成氮化钛（TiN）涂层。因此，这种方法所得涂层的质量高，成分稳定，容易控制，适合于活性材料的喷涂。

（2）采用自粘结性复合粉末时的放热反应　自粘结性复合粉末是用来强化涂层与基体之间结合的一种特殊粉末。其原理为利用喷涂过程中，粉粒组元间发生的生成金属间化合物时放出的大量热量，使涂料粒子在飞行和撞击基体表面时达到较高的温度，有利于涂层和基体的结合。当前常用的自粘结性复合粉末主要有 Ni-Al 和 NiCr-Al。这种复合粉末一般采用包覆形式，如镍包铝和铝包镍两种类型。以镍-铝自粘结性复合粉末为例，热量主要来自生成金属间化合物 $Ni_3Al$ 和 NiAl 的放热反应（见表 8-2）。虽然还发生了铝氧化放热反应，但铝氧化反应的热量被生成的氧化物烟雾带走，残留于熔滴表面的氧化物不利于涂层的结合。有资料介绍，火焰喷涂时采用这种复合粉末后，熔融粒子撞击基体时的瞬间温度可达900℃，基体表面的受热区深度可达25μm，扩散层约为10～20μm，显著地提高了涂层的结合强度和致密性。

**表 8-2　镍铝反应和铝化反应时的放热量**

| 反　应 | 反应热/kJ·mol$^{-1}$ | 反　应 | 反应热/kJ·mol$^{-1}$ |
|---|---|---|---|
| $3Ni + Al = Ni_3Al$ | 153 ± 8 | $2NiAl + \frac{5}{2}O_2 = Al_2O_3 + 2NiO$ | 1890 ± 10 |
| $Ni + Al = NiAl$ | 134 | $2Ni_3Al + \frac{9}{2}O_2 = Al_2O_3 + 6NiO$ | 2850 ± 35 |
| $2Al + \frac{3}{2}O_2 = Al_2O_3$ | 1670 ± 6 | | |

（3）采用自熔性合金粉末时的冶金反应　这种粉末的合金系统一般为铁、镍、钴基合金，加入强脱氧剂后具有熔点低、能自行脱氧造渣和润湿性好等特点。其脱氧原理为在合金中加入强脱氧剂 B 和 Si。当粉末颗粒熔融后，B 和 Si 扩散到颗粒的表面与氧直接进行反应或与 Ni、Co、Fe 等元素的氧化物进行脱氧反应，生成 $B_2O_3$ 和 $SiO_2$。$B_2O_3$ 熔点虽低，但粘度大，而 $SiO_2$ 熔点高，因此，它们单独存在时易形成夹杂。若同时存在，并与一些其他的氧化物一起生成熔点低、密度小、粘度小、易于浮出的硼酸盐复合物，可达到很好的脱氧效果，有利于提高涂层的质量和性能。

**二、热喷涂层的形成及其结合机理**

1. 喷涂层的形成过程

热喷涂时气流将熔融状态的涂料颗粒以几十到几百米每秒的高速喷射到基体表面或已形成的涂层表面上，撞击成小扁片，相互镶嵌，并迅速凝固，形成喷涂层特有的层状结构，如图 8-6 所示。由于熔融粒子从撞击到凝固的时间很短，有资料认为这一过程只有 $10^{-7}$～$10^{-6}$s，金属喷涂时的冷却速度为 $10^6$～$10^8$℃/s，陶瓷喷涂时为 $10^4$～$10^6$℃/s，因此在喷涂层中不可避免地存在熔合不良和大量缺陷，如层间氧化膜夹杂，封闭的和穿透的孔隙，未熔融的颗粒以及气孔和裂纹等。

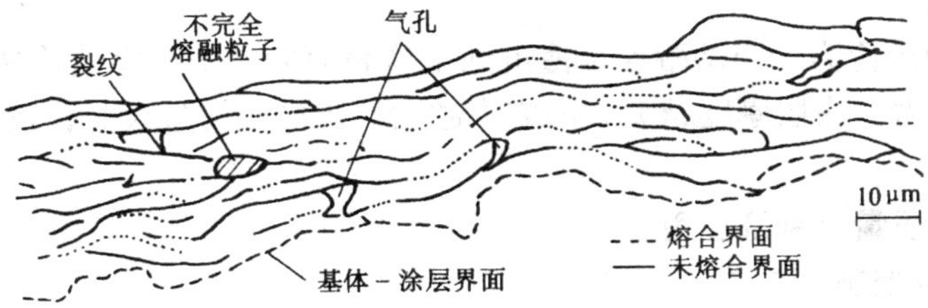


图 8-6　喷涂层结构示意

2．涂层与基体的结合机理

（1）机械结合　当熔融粒子高速撞击到经粗化处理后的基体表面时，变形后的熔融粒子薄片紧贴在凹凸不平的表面上，冷凝收缩时咬住凸点，形成机械结合（见图 8-7）。这是热喷涂时的主要结合形式。

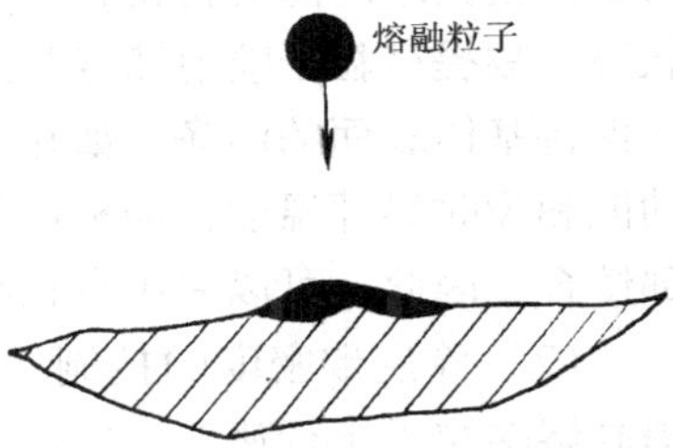


图 8-7　机械结合示意

（2）金属键结合　当基体表面非常干净或经活化处理后，高温、高速的熔融粒子撞击到表面时，接触的紧密程度达到了晶格常数的范围，形成金属键结合。

（3）微扩散结合　当熔融粒子高速撞击到基体表面时，由于紧密接触、变形和高温等条件的作用，在涂层和基体的界面上有可能产生微小的扩散，增加涂层和基体的结合。

（4）微熔合　在用放热性强的自粘结性复合粉末或高熔点材料粉末进行喷涂时，由于放热反应的作用，或高熔点粒子的温度高于基材的熔点，使熔融粒子在高速撞击基体表面时，在接触的微区内，瞬时温度高达基体材料的熔点，因此有可能在熔融粒子与基体之间获得局部的熔合。

3．涂层结构特点及其性能

（1）涂层结构的不均匀性　喷涂层形成过程的特点决定了它的结构为由大量变形粒子依次堆积而成的叠层结构。因此，涂层的性能具有明显的方向性，使涂层的平行和垂直于表面的两个方向的性能不一致。

（2）涂层的多孔性　由于涂层是由撞击基体表面的熔融粒子堆积而成的，因此必然会存在许多没有完全填满的部位，这就形成了粒子间和层间的孔隙（见图 8-8）。其孔隙率与喷涂方法有关，如低压等离子喷涂的孔隙率小于 1%，一般喷涂情况下在 4% ~20% 之间。孔隙率大，会降低涂层的强度和耐腐蚀性能，但它也有可利用之处，如作为润滑涂层时，孔隙有贮存润滑油的作用，作为耐热层时，多孔性具有较低的导热性。

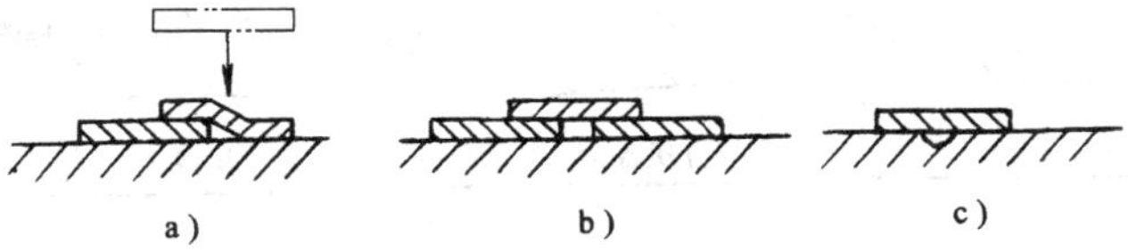


图 8-8　生成孔隙的形式

（3）涂层的化学不均匀性　除低压等离子喷涂和在惰性气体中的喷涂外，一般情况下，在喷涂时熔融颗粒的表面都覆盖有氧化膜，因此在涂层中含有大量的氧化膜，这对涂层的耐腐蚀性有很大影响。

（4）涂层中的内应力　当熔融粒子撞击到基体表面后，由于突然快速冷却凝固和收缩，会产生一定的内应力。涂层厚度越大，内应力越大。当内应力过大时，就可能会产生裂纹或导致涂层的剥离。

**三、热喷涂层质量控制及应用**

1．涂层的质量控制

（1）涂层结合性能的控制　在一般热喷涂中，涂层以机械结合为主。因此，从加强机械结合性能出发，应对基体材料的表面进行喷丸粗化处理，增加接触表面。为实现熔融粒子与基体表面之间的紧密接触，应提高粒子撞击时的动能以及保持撞击时粒子处于良好的熔融状态，故提高粒子喷射速度和加大功率都有利。另外，从加强扩散结合和局部熔合考虑，应该保持基体表面的洁净，如在真空或惰性气体中进行喷涂，以及提高熔融粒子撞击基体时的动能和瞬时局部温度；如利用复合粉末的放热反应，当基体微区瞬间达到熔融时就能产生局部熔合。因此，可以采用自粘结性复合粉末作底层，提高涂层与基体的结合强度。

（2）涂层致密度的控制　由于涂层中的孔隙主要是粒子间结合不紧密造成的，因此，提高熔融粒子飞行速度，增加功率或扩大高温区使粒子熔融充分，都有利于涂层致密性的提高。如真空条件下的低压等离子喷涂时，由于等离子焰由常规的4～5mm 增加到40～50mm，大大地延长了加热区，使粒子熔融充分；另外在负压下可将熔融粒子加速到很高的速度以及粒子表面不会氧化等，因此涂层均匀致密，孔隙率低于1%。此外，采用自熔性合金粉末进行火焰喷涂和重熔可获得致密的冶金结合。这种喷涂后进行重熔的复合工艺称喷熔。重熔时可使疏松多孔的涂层变得致密，并使涂层与基体之间相互扩散和在基体表面形成微熔合。但并非所有涂层经重熔后都能达到致密，只有含有脱氧元素 B 和 Si 的自熔性合金的涂层才能达到。另外，为提高常规多孔涂层的耐蚀性和耐磨性可采用封孔处理的办法。

（3）涂层中内应力的控制　为减小涂层与基体界面处的内应力，避免涂层的开裂和剥离，除防止涂层过热和限制涂层厚度，以及对基体进行预热减小冷却速度等措施外，采用梯度涂层或分级涂层是一种有效的办法，如图 8-9 所示。

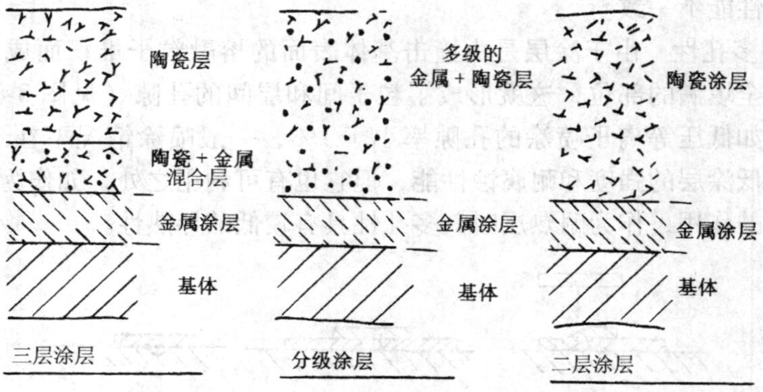


图 8-9　梯度涂层与分级涂层

2．热喷涂的应用

热喷涂广泛应用于各工业领域，在发展航空、航天等尖端技术中做出了重要的贡献。它可用于制备各种耐磨、耐蚀、耐高温、隔热、抗氧化、导电、绝缘、密封、润滑、防辐射以及其他特殊性能的涂层。表 8-3 中简要地介绍了各种喷涂工艺方法及特点，可作为选用参考。

**表 8-3　热喷涂方法及其技术特性**

| 热喷涂方法 | 丝材火焰喷涂 | 陶瓷棒火焰喷涂 | 粉末火焰喷涂 | 粉末火焰喷熔 | 爆炸喷涂 | 超声速火焰喷涂 | 电弧喷涂 | 丝材爆炸喷涂 | 等离子喷涂 | 低压等离子喷涂 | 水稳等离子喷涂 |
|---|---|---|---|---|---|---|---|---|---|---|---|
| 热源 | 燃烧火焰 | 燃烧火焰 | 燃烧火焰 | 燃烧火焰 | 爆炸燃烧火焰 | 燃烧火焰 | 电弧 | 电容放电能量 | 等离子焰流 | 等离子焰流 | 等离子焰流 |
| 喷涂粒子飞行速度/$m \cdot s^{-1}$ | 50~100 | 50~100 | 30~90 | 30~90 | 700~800 | 1400 | 50~100 | 400~600 | 300~350 | 不详 | 不详 |
| 喷涂材料 | 金属<br>复合材料 | 陶瓷 | 金属<br>陶瓷<br>复合材料 | 自熔性合金 | 陶瓷<br>金属陶瓷 | 金属<br>陶瓷 | 金属丝 | 金属 | 金属<br>陶瓷<br>塑料 | MCrAlY<br>合金<br>碳化物 | 氧化物<br>陶瓷 |
| 喷涂量/$kg \cdot h^{-1}$ | 2.5~3.0<br>（金属） | 0.5~1.0 | 1.5~2.5<br>（陶瓷）<br>3.5~10.0<br>（金属） | 3.5~10.0 | — | — | 9~35 | — | 3.5~10.0<br>（金属）<br>6.0~7.5<br>（陶瓷） | 5~55 | 55<br>（$ZrO_2$） |
| 喷涂层结合强度/MPa | 10~30<br>（金属） | 5~10 | 30~50<br>（金属） | 350~400 | 70（陶瓷）<br>175（金属陶瓷） | >70<br>（WC-Co） | 10~30 | 30~60 | 40~80<br>（金属） | >80 | 12~28<br>（$Al_2O_3$） |
| 孔隙率（%） | 5~20<br>（金属） | <5 | 5~20<br>（金属） | 0 | <2<br>（金属） | <2<br>（金属） | 5~15 | 2.0~2.5 | 3~15<br>（金属） | <1<br>（MCrAlY合金） | 2~5 |

## 四、表面堆焊

堆焊是用焊接方法在零件表面堆敷一层金属的工艺过程，其目的不是为了连接零件，而是为了使零件表面获得具有耐磨、耐热、耐蚀等特殊性能的熔敷金属材料，或是为了恢复或增加零件的尺寸。显然，堆焊技术有两方面的应用：一方面可以恢复零件因磨损或加工过程中的失误而造成尺寸不足；另一方面可以对零件的表面进行改性，以获得所需要的特殊性能。这两方面的应用在表面工程学中称之为零件的修复与强化。所谓修复是指零件尺寸的恢复；强化是指赋予零件表面特殊的性能。堆焊层与热喷涂技术所形成的涂层相比，由于基材在堆焊过程中会发生一定厚度内的熔化，堆焊层与基材之间存在明显的熔合层，属冶金结合，结合强度高，堆焊层厚度可从几毫米到几十毫米，对基体的热影响大，易引起组织性能的变化及结构的变形。

表面堆焊技术包含堆焊材料的选择及堆焊工艺。前者是决定所获得的堆焊表面具有何种特殊性能的重要方面，而后者在更大程度上决定了表面堆焊金属的质量及为适应堆焊材料与被堆焊母材而不得不采取的一些特殊工艺方法。就堆焊的物理本质、冶金过程及热过程的基本规律而言，与一般的焊接工艺基本没有差别，但由于堆焊的主要目的是保证堆焊层的性能而不是为了连接两块金属材料，因此堆焊亦有其本身的特点。

## 第四节 表面强化原理及应用

金属材料的表面改性是通过物理的、化学的或其他各种技术手段，使得零件的表面一定深度内的成分、组织甚至于应力状态与心部不同，因而使得表面具有所希望的某些性能特点，从而最终达到使整个零件的损伤推迟，提高零件的使用寿命。借助于科学技术的进步，材料表面改性技术也取得了长足的发展，出现了许多新的方法。这些方法的产生，使得材料表面改性技术有了新的突破，取得了许多新的成果。

### 一、固态表面强化

固态表面强化是指需强化的金属材料表面在保持固体状态的条件下进行强化的方法。常用的方法有表面形变强化、表面相变强化、表面化学热处理强化、高能量密度束表面相变强化等。

1. 表面形变强化

金属材料在塑性变形时，内部组织将产生变化，因而变形处的力学性能也会产生变化。总的趋势是随变形程度增加，金属的强度、硬度上升，而塑性、韧性下降。这就是通常所说的加工硬化。因此，加工硬化是强化金属的一种重要方法。如在工件表面通过机械的作用使其产生塑性变形，则就可能实现表面强化的目的。在工业上目前常用的表面加工硬化的方法是抛丸处理、滚压加工、内孔挤压等方法，其中尤以抛丸处理应用最为广泛。

抛丸强化就是利用一定直径大小的钢丸或其他材质的弹丸，以一定的速度强烈地冲击零件表面，使表面产生塑性变形从而引起表层的加工硬化和产生残余压应力。一般能在表层产生0.5～1.5mm深的塑性变形层。

抛丸强化所用的弹丸通常有以下三种：

（1）铸铁丸　硬度约为58～65HRC，直径$d\approx0.2\sim1.5$mm。铸铁丸价格较便宜但易碎，使用损耗大。

（2）钢丸　用$w_C\approx0.7\%$的钢丝切成小段后加工而成。硬度约为45～50HRC，直径$d\approx0.4\sim1.2$mm。

（3）玻璃丸　硬度46～50HRC，直径$d\approx0.25\sim0.4$mm。

通常黑色金属常选用铸铁丸、钢丸，而有色金属与不锈钢常采用玻璃丸或不锈钢丸。

抛丸强化工艺参数通常通过抛丸强度和表面覆盖率试验后确定。

（1）抛丸强度试验　将一薄片试样紧固在夹具上，单面抛丸。由于抛丸表面产生塑性变形，取下试样后，试样向抛丸面发生球面弯曲变形。试样凸起的大小可用弧高度（$f$）来表示。弧高度（$f$）开始时随喷丸时间的延长上升较快，而后趋于缓慢。当抛丸坑面积占据整个试样表面后，弧高度（$f$）无明显变化而达到饱和值。因此用（$f$）值来定义抛丸强度。

（2）表面覆盖率　抛丸后表面丸坑面积与总面积之比称为表面覆盖率。一般认为表面覆盖率达100%后才能有效强化表面性能。

表面形变强化的原因是由于材料表层组织结构的变化，引入残余压应力和表面形貌发生变化所致。例如，在抛丸过程中，材料表层承受强烈的弹丸冲击产生形变硬化层，在此层内产生两种变化：一是在组织结构上，亚晶粒极大地细化，位错密度增加，晶格畸变度增加；二是形成了高的宏观残余压应力。此外，由于弹丸的冲击，使表面粗糙度值略有增加，但却使切削加工的尖锐刀痕圆滑化。这些变化如图 8-10 所示，将明显地提高材料的疲劳性能和应力腐蚀性能。正因为如此，经表面形变强化处理后的零件其工作温度应低于该材料的再结晶温度，否则表面强化的效果降低甚至消失。

由于抛丸强化后在金属材料的表面产生了较大的压应力，因此可大大地提高零件的疲劳寿命，如 20CrMnTi 圆辊渗碳淬火回火后进行抛丸处理，表面残余压应力为 880MPa，疲劳寿命次数由原来的 55～65 万次提高到 150～180 万次。

2．表面相变强化

表面相变强化是利用金属的固态相变的一种强化方法。当零件表面层被快速加热时，零件表面温度升高且由表及里逐渐降低。如表层温度超过相变点温度达到奥氏体状态时，随后的快冷即可获得马氏体或其他奥氏体的转变组织。而未被加热到相变点以上温度的心部仍保留其原组织状态，从而使表层与心部的组织不一，这样性能也不同，从而达到表面强化的目的。

依热源不同，表面相变强化的方法有感应加热表面淬火、激光加热表面淬火、火焰加热表面淬火、电子束加热表面淬火等。目前工业上使用较多的为感应加热与激光加热表面淬火。它们适合大规模专业化生产，而火焰加热表面淬火，由于不需专用设备及工装，适用于单件小批量生产。

（1）感应加热表面淬火　感应加热是利用零件放在交变电磁场中感应出巨大的涡流，同时由于集肤效应的作用，使零件感应出的电流大部分集中在零件的表面层，从而使零件表层被迅速加热到奥氏体温度后快冷获得马氏体而强化，但心部仍保持处理前的组织。这样，表层的高硬度以抵抗磨损，而心部保持较好的韧性而防止断裂，从而使零件服役寿命提高。

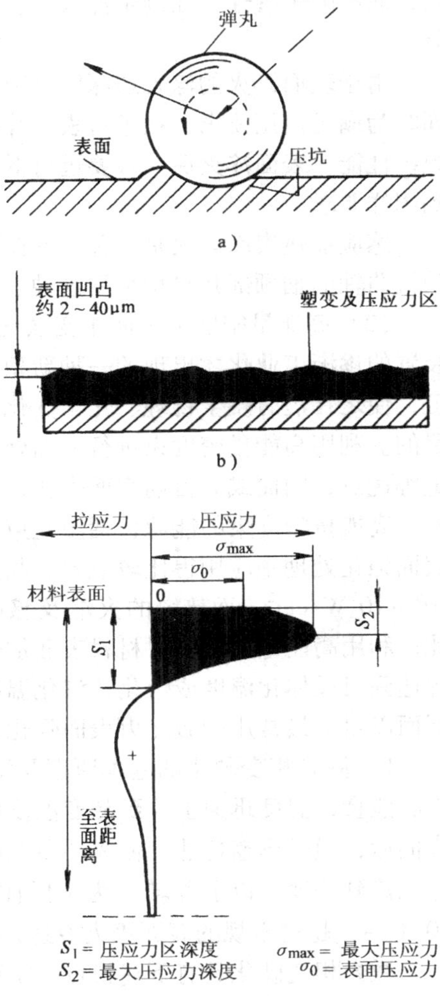


图 8-10　抛丸形变硬化层结构和应力变化示意
a）抛丸过程　b）抛丸后的表面
c）表层应力分布

在淬火状态时，零件表面层电流的透入深度 $\delta$ 与电流频率 $f$ 之间有如下经验公式

$$\delta = 500/\sqrt{f}$$

但需注意的是电流透入深度并不等于淬硬层深度，通常后者要比前者小。

感应加热表面淬火具有如下优点：

1）可获得隐针马氏体，硬度比普通淬火高2～3HRC。

2）由于马氏体相变时的体积膨胀，使表层相变区产生残余压应力，提高了疲劳强度。

3）淬火变形小，且表面氧化脱碳少。

感应加热表面淬火最适合于中碳钢或中碳合金钢，有时也用于球墨铸铁件。含碳量过高会增加表层硬度，同时使表层脆性增加，心部韧性下降。而含碳量过低，又会使表层硬度不高，而影响耐磨性。在制定淬火工艺时，应主要控制表面硬度值、淬硬层深度及分布、组织等。

由于表面淬火的淬硬层深度有限，因此一般在零件经精加工后接近图样尺寸时才进行。同时为满足使用要求，在进行表面淬火前应预先进行调质或正火处理，使心部获得所要求的组织性能。表面淬火后一般要进行低温回火，以降低表面内应力和脆性，同时使表层硬度达到图样要求。

感应加热表面淬火是一种广泛使用的简便易行的表面强化方法。目前广泛使用的各类发动机曲轴的轴颈部几乎均采用这种强化方法，以提高轴颈的耐磨性，减少使用过程的磨损。

（2）高能量密度束表面相变强化　高能量密度束表面强化处理是近年来随高能束发生装置的逐渐工业化才出现的一种新型表面处理方法。其含义是在金属表面施以极高的能量密度，使之在短时发生物理、化学变化，达到改善金属表面成分、组织，强化金属表面性能的目的。利用高能量密度束进行表面处理具有节约能源，防止环境污染，提高生产率及产品质量等优点，因而成为目前表面强化研究工作的热点。

高能量密度束的能源包括激光束、电子束、超高频、太阳能及电火花等。目前国内外在表面强化处理中应用得比较成熟、收效较大的是激光束和电子束表面处理，其能量密度可达$10^6 \sim 10^9 W/cm^2$。而传统的火焰及感应表面加热的能量密度仅为$10^2 \sim 10^3 W/cm^2$左右。因此，利用高能量密度束对材料表面加热，可在几分之一甚至几千分之一秒内使某一照射的局部达到奥氏体化温度或熔化、汽化温度，从而满足各种相变强化、熔覆、切割等各种目的。下面以目前最常用的激光束表面强化为例，介绍激光相变热处理强化的原理及应用。

1）激光相变硬化的基本原理及特点。当激光束照射到金属材料表面时，表面很薄一层吸收能量，温度迅速上升到相变温度以上，而内部材料则保持冷态，这样当激光束离开照射表面后，通过迅速传热，使表层急剧冷却，达到自身淬火的目的。对于钢铁材料，表层被迅速加热到相变点以上并转变为奥氏体，而后在冷态基体自冷作用下淬火。冷却速度大约为$10^4$℃/s，超过常规的表面淬火冷速，因而可获得极细的马氏体组织。

激光相变硬化具有下述特点：①可获得优质的表面硬化层；②处理时变形小；③不需淬火介质，能实现自冷淬火，且热源清洁无环境污染；④可实现表面薄层和局部淬火，不影响基材的性能；⑤可硬化极小部位，如深孔壁及深沟底、侧面等其他表面硬化处理方法无法处理的部位。

但当需硬化区域比激光束宽度大时，就需多次扫描搭接完成，这样在搭接区内可能会产生回火软带。

2）激光相变硬化工艺参数的控制。激光加热时下述三个主要变量是控制的重点，即激光功率、光斑尺寸和扫描速度。其他变量还有金属的表面特性、热导率、熔点及沸点等。

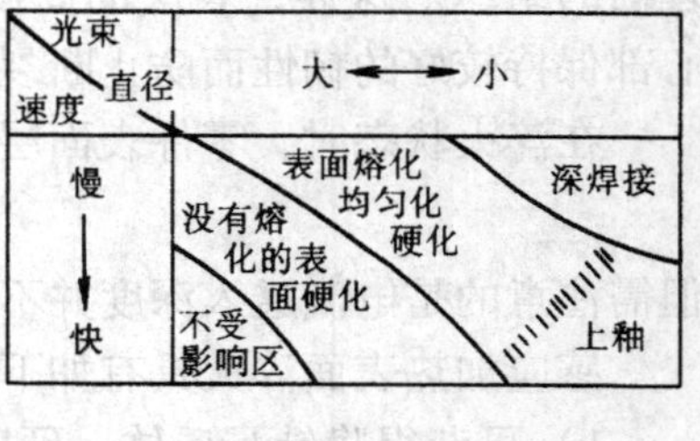


图 8-11　恒定功率下激光加工分布

当激光器功率一定时，光斑尺寸和扫描速度的影响如图 8-11 所示。当一束激光照射到金属表面时，硬化深度受到表面熔化温度的限制。当要求深度增加时，则三个参数的变化范围逐渐变小。

控制表面温度和加热深度关键在于控制功率密度和扫描速度。扫描速度太慢，会导致金属表面温度超过熔点，或者加热深度过深，不能自冷淬火。扫描速度太快，则可能使表面达不到相变温度。功率密度则受激光器功率和光斑尺寸的影响，功率密度太小，表面得不到足够的热量，不能达到所需的相变温度。此外，激光加热是依靠光辐射加热，激光束能量损失主要取决于材料表面的吸收率，为提高金属表面对激光束的吸收率，需对照射表面进行黑化处理。

3）激光相变硬化层组织及性能

① 与高频淬火组织相比，激光淬火的表面硬化层组织全部为微细马氏体。高频淬火后仅最表层为微细马氏体，次表层为不完全淬火组织。二者的硬度分布不同（见图8-12），表面硬度及热影响区宽度也明显不同。激光淬火最大硬度区很宽，而硬度过渡区极窄。

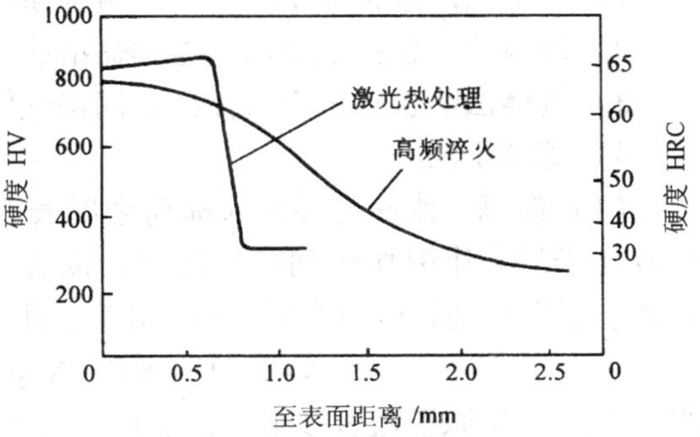


图 8-12　激光淬火与高频淬火后硬度分布比较

② 硬化层显微组织。亚共析钢激光淬火硬化层应包括表面微细马氏体区、网状组织区、先共析铁素体与马氏体组成的二相区。二相区的形成是由于该区在极短的加热条件下，温度虽超过 $Ac_1$ 但低于 $Ac_3$，不能使原珠光体中的碳扩散到铁素体中，故组成相为 $\alpha+\gamma$，其室温组织为 $\alpha+M$，相当于硬度分布曲线的过渡区。在表面以下，淬火马氏体相互连接形成网状组织区，即最大硬度区。

③ 硬化层中残留奥氏体与残余应力。有文献表明，SK-5 钢激光硬化液氮淬火和自冷淬火的硬度没有差异，也没有在金相组织中发现明显的残留奥氏体，这可能与高温奥氏贫碳及冷却时奥氏体稳定化区极短有关。激光硬化层的表面残余应力为压应力，平行与垂直于光束移动方向。

④ 疲劳强度。有资料表明，激光淬火表层的残余应力为 500～700MPa 的压应力，与高频淬火相当。激光淬火提高疲劳强度的效果更多地表现在淬火深度的影响上，增大淬火深度，疲劳强度会成比例增加。

4）激光相变硬化的应用。如前所述，由于激光相变硬化的诸多优点，近年来在国内外已获越来越多的应用。如美国通用汽车公司已于 1974 年完成了汽车转向器壳体内腔相变硬化处理的研究，并已用于生产，其耐磨性较原来提高十倍。我国首都汽车公司与有关单位合作，在进口汽车大修时对气缸套内壁进行激光相变硬化处理，使处理后的缸套较处理前提高大修里程三倍以上。西安内燃机配件厂对农用拖拉机气缸套内壁进行激光相变硬化处理，使气缸套的使用寿命成倍提高。其他如 50CrV 钢簧片、工具钢模具及铁基粉末冶金制品等经激光相变硬化试验，都取得了一定的效果。但应当指出，由于激光器功率限制，价格较贵，只能取代部分热处理方式，因此应首先选择产生较大经济效益的零部件予以应用。

3. 化学热处理强化

表面化学热处理强化是利用固态扩散使合金元素渗入金属表面层的一种热处理强化工艺。其基本过程是：首先将工件置于含有渗入元素的活性介质中加热到一定温度，使渗入元素通过分解、吸附、扩散进入金属表层，从而改变金属表层的成分、组织、性能。

通过化学热处理，通常可达到下述目的：

1）提高金属的表层强度、硬度和耐磨性。

2）提高材料表层的疲劳强度。

3）使金属表面具有良好的抗粘着、抗咬合能力和降低摩擦因数。

4）提高金属表面的耐蚀性。

依据渗入元素介质所处状态的不同，化学热处理可分为下述几类：

1）固体法。包括粉末填充法、膏剂涂覆法、电热旋流法、覆盖层扩散法等。

2）液体法。包括盐浴法、电解盐浴法、水溶液电解法等。

3）气体法。包括固态气体法、间接气体法、流态粒子炉法等。

4）等离子法。

（1）渗硼　渗硼主要是为提高金属表面的硬度、耐磨性和耐蚀性，将工件置于含有活性 B 原子的介质中加热到一定温度，保温一段时间后在工件表面形成一层坚硬的渗硼层。在高温下供硼剂硼砂与介质中的 SiC 发生下述反应

$$Na_2B_4O_7 + SiC \rightarrow Na_2O \cdot SiO_2 + CO_2 + O_2 + 4[B]$$

产生的活性 B 原子通过吸附、扩散在工件表面形成渗硼层。

由于硼原子在 $\gamma$ 相或 $\alpha$ 相中的溶解度很小，当硼含量超过其溶解度时，会产生硼的化合物 $Fe_2B$。当硼含量 $w_B > 9\%$ 时，会产生 FeB。当硼含量 $w_B$ 在 $6\% \sim 16\%$ 时，会产生 FeB 与 $Fe_2B$ 白色针状混合物。通常渗硼层希望获得单相的 $Fe_2B$。渗硼层的硬度很高，$Fe_2B$ 的硬度为 1300 ~ 1800HV，因此具有较好的耐磨性，且具有较好的耐蚀性（但不耐硝酸）。渗硼层通常的厚度在 0.07 ~ 0.15mm 左右，在 600℃ 以下有较好的抗氧化性。渗硼的方法有固体渗硼、气体渗硼及液体渗硼三类。但气体渗硼需用易爆的乙硼烷或有毒的氯化硼，故没有用于工业生产。

渗硼最适合的钢种为中碳钢及中碳合金钢。渗硼后为改善基体的力学性能，应进行淬火 + 回火处理，但应注意渗硼温度与淬火温度之间的协调。渗硼处理通常用于冷冲模具及热锻模具，可使模具寿命成倍提高。

（2）渗金属及其他元素　渗金属方法是使工件表面形成一层金属碳化物的工艺方法，即渗入元素与工件表层中的碳结合形成金属碳化物的化合物层［如 $(Cr, Fe)_7C_3$、VC、NbC、TiC 等］，次层为过渡层。此类工艺适合于高碳钢，渗入元素大多为 W、Mo、Ti、V、Nb、Cr 等碳化物形成元素。

渗金属形成的化合物层一般很薄，约为 0.005 ~ 0.02mm，但硬度极高，耐磨性很好，抗咬合和抗擦伤能力也很高，并具有摩擦因数小等优点。因此在提高模具或零件的使用寿命方面效果十分明显。如 T8 钢的冲孔模冲头加工低碳钢板，经渗钒处理后每模寿命由原来的 0.2 ~ 1 万件提高到 4 ~ 4.8 万件。渗金属的方法有气相、固相及液相法三类，各有不同的特点。

对于有些零件不仅表层需有高的硬度以获得高的抗磨性，而且还希望表面有较高的疲劳强度等其他性能，则可采用几种元素共渗的方法，如碳氮共渗、碳氮硼共渗等。

除了渗金属外，为提高材料表面的润滑性能，降低摩擦因数，可采用渗硫的方法，使零件表面形成硫化物薄膜。工业上常用的是低温电解渗硫。此外为提高材料表面的热稳定性、耐蚀性、耐磨性，也有采用铝硅共渗、铝钛共渗、铝铬共渗及铝硼共渗等方法。

4. 表面沉积

表面沉积是利用物理的、化学的或电的方法在工件表面制备一层薄膜的方法，根据其原理可分为气相沉积及电沉积两大类。

气相沉积是一种非常重要的表面薄膜制备技术。它能在材料表面根据不同要求制造具有各种特殊功能的薄膜，按其用途通常可分为两大类：一类为机械功能膜（包括耐磨、减摩和抗腐蚀膜），这类膜的厚度一般超过1μm，属厚膜；另一类为物理功能膜（包括光学、电子学和磁学膜），这是一类厚度在1μm以下的薄膜。气相沉积制膜技术的特点是一种原子沉积工艺，沉积物以原子尺度的单元形态（包括原子、离子、原子团、离子团和分子团）运输到基片表面上成膜，故质量好，精度高。气相沉积技术实际上是一种真空镀膜技术，根据沉积过程中沉积粒子的来源不同可分为物理气相沉积（PVD）和化学气相沉积（CVD）两大类。物理气相沉积是通过物理手段（热蒸发和离子轰击等）来获得沉积粒子，而化学气相沉积的粒子来源于化合物的各种气相反应。但无论是哪一种气相沉积，其基本过程都包括三个步骤，即气相沉积物的形成、向工件表面（基片）的输送以及沉积成膜。

电沉积与气相沉积一样也属原子沉积技术，不同之处是它依赖直流电的作用在液相中进行传质沉积。它的沉积速度比气相沉积高，工艺和设备都较简单，是一种获得金属镀层的有效方法，如传统的电镀及电刷镀。

（1）气相沉积

1）气相沉积的原理。将常温下不发生化学反应的单质气体或气体化合物，利用运载气体送至被加热到高温的衬底表面附近，在其表面上发生化学反应生成固态物质并沉积于衬底之上形成固态薄膜，称之为化学气相沉积镀膜，亦简称为CVD(Chemical Vapor Deposition)。

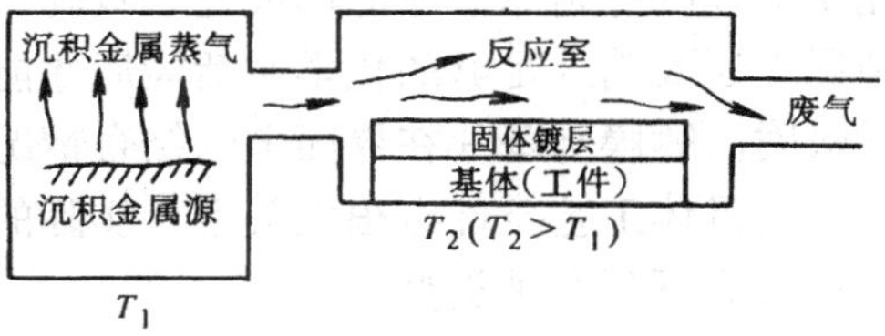

图8-13 化学气相沉积原理

化学气相沉积的原理如图8-13所示。以沉积硅（Si）为例说明。

首先在 $T_1$ 温度（室温）下将液态的沉积剂（SiCl）汽化，生成SiCl气体，通过载气（$H_2$）送进温度为 $T_2$（1200～1600℃）的反应室，在工件表面上沉积剂发生置换反应

$$4SiCl + 2H_2 \longrightarrow 4Si\downarrow + 4HCl\uparrow$$

生成的Si沉积于工件之上形成薄膜，而HCl气体作为废气排出反应室。

利用高温等方法将被沉积的物质蒸发汽化，并在比蒸发源温度低的基体表面上冷凝沉积形成涂层的方法称为物理气相沉积，亦称PVD（Physical Vapor Deposition）。包括真空蒸镀、溅射镀膜和离子镀。

在物理气相沉积过程中，也常引入一些反应性气体使其与蒸发物质发生反应，生成新的物质沉积在基体表面上，因此，在这类PVD工艺中，也存在着化学反应，但仍称为PVD，或反应性PVD法。

图8-14所示为真空蒸镀原理示意。

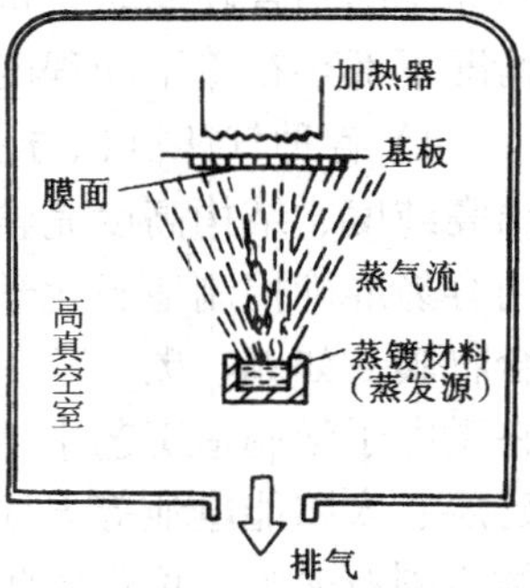

图8-14 真空蒸镀原理

2）气相沉积的成膜过程。无论是以哪种方式生成的沉积物

原子，在入射到基片表面后首先要被吸附，成为吸附原子，滞留在表面。当然，也有一些入射原子可能会被反射掉。吸附原子可沿表面扩散运动，通过扩散相遇，在基片上形成原子团（凝聚体），但有一部分吸附原子滞留一段时间后可能发生解吸。小于临界尺寸的原子团在热力学上是不稳定的，因此也会消失或合并。超过临界尺寸的原子团长大成小岛，小岛逐渐长大到相遇，并连接成膜。成膜后继续不断生长。图 8-15 所示为在二硫化钼基片上，300℃下沉积金膜的成核和生长过程。

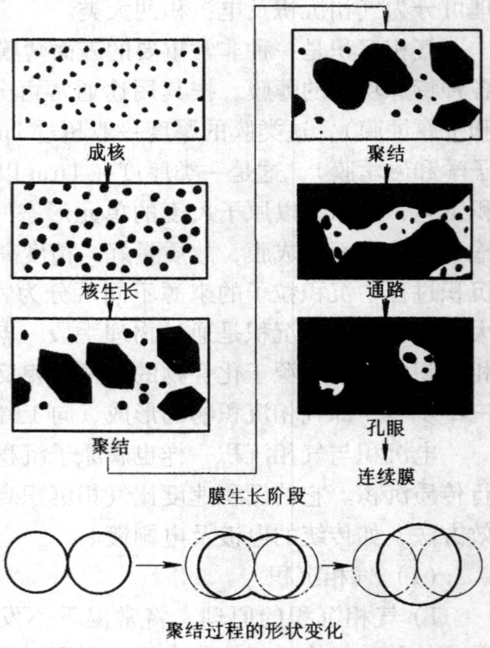


图 8-15 膜生长过程示意

3）膜与基底的结合。从理论上讲，镀膜与基片原子（或分子）之间的结合只存在着物理吸附和化学吸附两种情况。物理吸附是一种弱结合，其结合力就是范德华力，结合能约在 0.4eV 以下；化学吸附的结合能一般可达 10eV。化学结合包括了共价键、离子键和金属键等，其中前两种常为脆性化合物。只有对基片表面原子具有化学活性的吸附原子才能形成化学吸附，在有些情况下还要输入足够的化学激活能后才能形成化学吸附。镀膜与基片在界面上的结合情况较为复杂，与具体工艺条件有很大关系，实际的结合形式可分为下列几种类型：

① 镀膜和基片之间形成一个轮廓分明的结合界面，这是一种最简单的物理吸附类型。

② 镀膜和基片之间相互扩散结合，形成一个成分逐渐变化的过渡层，使一种物质逐渐和连续地变化到另一种物质。

③ 具有中间层的结合，如镀膜和基片通过氧化物形成的中间层（一层或多层）结合在一起。这可以解释，为什么金属膜在玻璃上的结合程度随金属对氧亲和力的增强而加强，例如 Cr、Al 在玻璃基片上的结合性能比 Au 和 Ag 好。

④ 粗糙基片表面和镀膜之间的机械结合。这类结合实际上属于宏观结合。当镀膜和基片原子间结合较弱时，机械结合起着非常重要的作用。由于基片表面不可能很平，因此实际情况下都存在着不同程度的机械结合。

4）各种气相沉积方法的特点及应用。利用 CVD 技术，可以沉积出玻璃态薄膜，也能制出高纯度、结构高度完整的结晶薄膜。相对其他薄膜制备技术而言，CVD 技术在较大范围内容易准确控制薄膜化学成分及膜结构。CVD 技术可沉积纯金属膜、合金膜以及金属间化合物膜，如硼、碳、硅、锗、硼化物、硅化物、碳化物、氮化物、氧化物、硫化物等薄膜。在微电子学制造工艺中，CVD 技术主要用在表面钝化膜、绝缘膜、多层布线、扩散源、外延层、太阳能电池等方面。此外，用 CVD 技术获得的氮化物、硼化物、碳化物、金刚石及类金刚石薄膜，可作为耐磨、耐蚀、装饰、光学、电学等功能薄膜而得到应用。

各种气相沉积方法的特点及其应用范围见表 8-4。

**表 8-4 PVD 和 CVD 薄膜特点及主要用途**

| 特点＼薄膜沉积方法 | | 蒸发镀膜 | 溅射镀膜 | 离子镀膜 | 化学气相沉积 | 等离子增强化学气相沉积 |
|---|---|---|---|---|---|---|
| 沉积工艺 | 薄膜材料汽化方式 | 热蒸发 | 离子溅射 | 蒸发、溅射并电离 | 液、气相化合物蒸气、反应气体 | 液、气相化合物蒸气、反应气体 |
| | 粒子激活方式 | 加热 | 离子动量传递，加热 | 等离子体激发、加热 | 加热、化学自由能 | 等离子体、加热、化学自由能 |
| | 沉积粒子及能量/eV | 原子或分子：0.1 左右 | 主要为原子：1～40 | 原子、离子为千分之几至百分之百；几至数百 | 原子：0.1 左右 | 原子和千分之几离子；几至千 |
| | 工作压力/Pa | $2\times10^{-2}$ 以下 | 3 以下 | 1 以下 | 常压或 10～数百 | 10～数百 |
| | 基片温度/℃ | 零下至数百 | 零下至数百 | 零下至数百 | 150～2000 | 150～800 |
| | 薄膜沉积率 $/nm\cdot s^{-1}$ | 10～75000 | 2.5～1500 | 10～25000 | 50～25000 | 2.5～数百 |
| 薄膜特点 | 表面光洁程度 | 好 | 好 | 好 | 好 | 一般 |
| | 密度 | 一般 | 高 | 高 | 高 | 高 |
| | 膜-基片界面 | 突变界面 | 突变界面 | 准扩散界面 | 扩散界面 | 准扩散界面 |
| | 附着 | 一般 | 良好 | 很好 | 很好 | 很好 |
| 主要用途 | 电 学 | 电阻、电容连线 | 电阻、电容连线，绝缘层，钝化层，扩散源 | 连线，绝缘层，接点，电极，导电膜 | 绝缘膜，钝化膜，连线 | 绝缘膜，钝化膜，连线 |
| | 光 学 | 透射膜<br>减反射膜<br>滤光片<br>掩膜<br>镀镜<br>集成光学<br>电致发光 | 透射膜<br>减反射膜<br>滤光片<br>镀镜<br>光盘<br>电致发光<br>建筑玻璃 | 透射膜<br>减反射膜<br>镀镜<br>光盘<br>电致发光 | | |
| | 磁 学 | 磁带 | 磁带<br>磁头<br>磁盘 | 磁带<br>磁头<br>磁盘 | | |
| | 耐腐蚀 | 镀 Al、Ni、Cu、Au 膜 | 材料，零件上镀 Al、Ti、Ni、Au、TiN 膜 | 材料，零件上镀 Al、Ti、TiN 膜，防潮、防酸、碱、海洋气候 | 可镀多种金属及化合物防腐蚀膜 | 镀 TiN、W、Mo、Ni、Cr 防腐蚀膜 |
| | 润 滑 | Ag、Au、Pb 膜 | $MoS_2$、Ag、Au、Pb、C 膜 | $MoS_2$、Ag、Au、C 膜 | | |
| | 耐 磨 | | | 机械零件，刀具、模具上镀 TiN、TiC、BN、TiAlN | TiC、TiN、BN、金刚石 | TiC、TiN、金刚石、BN |
| | 装 饰 | 金属、塑料、玻璃上镀多种金属膜 | 金属、塑料、玻璃、陶瓷镀上多种金属及化合物膜 | 塑料、金属、玻璃上镀多种金属，化合物膜 | | |
| | 能 源 | 太阳电池、建筑玻璃 | 太阳电池、建筑玻璃 | 太阳电池、建筑玻璃 | 太阳电池 | 太阳电池 |

(2) 电沉积

1) 电镀的基本原理。电镀过程是一种在电镀槽中的电沉积过程，它是指电解液中的金属离子（或络合离子）在电场力的作用下，在阴极（工件）表面上还原成金属（或合金）的过程。一般包括以下几个基本步骤：

① 金属水化离子（或络合离子）由溶液内部向阴极表面传递——液相传质步骤。

② 金属水化离子（或络合离子）在阴极表面得到电子并还原成金属原子——电化学步骤。

③ 反应产物形成新相——电结晶步骤。

以上三个步骤中速度最慢的过程将决定电沉积的速度，称为控制步骤。当阴极电流密度较大时，整个过程将受液相传质过程控制，此过程所表现的极化主要是浓度极化。液相传质是以电子迁移、对流和扩散的方式来实现，而扩散是电沉积时三种传质过程的主要方式，因此，电沉积过程受扩散控制。

在电结晶过程中，金属可以在原有基体金属的晶格上成长，也可以形成新的晶核，然后长大。形成晶核的速度越大，镀层的晶粒越细。形核速度与阴极的过电位有关，过电位越大，形成的晶粒越细。因此，在电沉积过程中，凡影响阴极的极化和过电位的因素都将影响镀层的晶体组织。电镀液的性质、电镀规范及其他因素对阴极极化和晶体组织都有一定的影响。

影响镀层组织的工艺参数有电流密度、镀液温度、搅拌和电镀电源的波形等。为了获得均匀、结晶细致的镀层，需要选择合适的阴极电流密度、镀液温度、搅拌方式和电流波形。一般提高电流密度，可以提高过电位，细化晶粒，还可以提高沉积速度，提高生产效率。但过高的电流密度将导致产生疏松的海绵状镀层。温度的升高尽管会降低阴极极化，但由于随温度的升高，溶液的溶解度增大，可以配制使用高浓度的镀液，使用较高的电流密度。因此，适当升温有利于制备良好的镀层。搅拌能强制镀液的对流，使电沉积时阴极表面的放电金属离子迅速得到补充，降低因浓度造成的阴极极化，同时可以提高使用的电流密度，从而增大极化，因此，搅拌有利于获得良好的镀层。电流波形也会对镀层的组织和性能有影响，常用的有经整流后的单相半波、单相全波、三相半波和三相全波电源，此外还有脉冲电源。

2) 电镀层的结合机理。将电沉积技术用于电镀，不仅要求获得晶粒细小、组织致密的镀层，而且还要求在镀层金属和基体金属之间形成牢固的结合。其结合机理主要有三种形式：①机械镶嵌产生的结合；②物理吸附产生的结合；③电化学行为产生的结合。这三种结合的共同作用决定了镀层与基体之间的结合强度。有资料认为，其中以电化学行为产生的结合为主，并认为这种结合主要是金属键合。电镀时镀层与基体往往是不同成分的金属，在它们的界面上经电化学作用还原所得的镀层原子与一些基体的原子按一定规律组成一定形式的晶格，此时金属键合的强度取决于界面的晶体结构及其性能。从提高电镀层与基体的结合强度考虑，应提高金属键键合程度、基体材料表面和镀液的纯净度以及基体表面的预处理质量。

3) 电沉积在表面技术中的应用。电镀就是一种利用电沉积原理在金属表面制造各种镀层的有效方法。槽镀是一种用得最早、极为普遍的传统电镀工艺。为摆脱电镀槽的局限性，适应大型工件以及不同部位的要求，逐渐形成了一种新的电镀工艺，即电刷镀。其基本原理如图 8-16 所示，与传统槽镀最大的不同之处是工件不需浸在装有电镀液的槽中，正极为镀笔。镀笔通常由高纯石墨制成，外面包有棉花和耐磨的涤棉套，电刷镀时浸满镀液的镀笔以一定的压力和速度在工件表面移动，工件与镀笔之间的镀液中的金属离子在电场作用下移到工件表面，获得电子后还原成金属原子，并在工件表面沉积结晶，形成镀层。由于电刷镀具有设备简便，工艺灵活，适应性强，镀层沉积速度快，镀层质量好，结合强度高等优点，近年来在我国得到了迅速的发展。它主要用于：

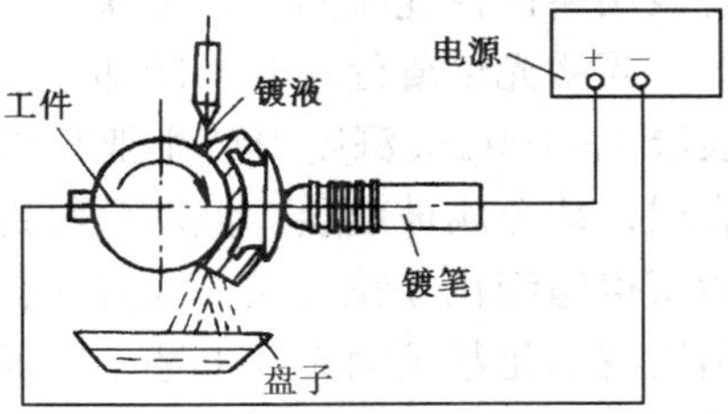

图 8-16　电刷镀基本原理示意图

① 磨损零件、加工超差零件以及表面局部损伤零件的修复，如波音 707 飞机起落架工作筒划伤的修复可直接在飞机下进行，大大缩短了修理工期。

② 强化工件表面以及使工件表面具有耐磨、耐蚀、耐高温和减小表面摩擦因数等特殊性能，如用于模具的修理和表面强化。

③ 完成一些槽镀难于完成的工作，如一些大型结构和一些只需局部电镀的工件。

由于电镀及电刷镀都是依靠电场力的作用，使金属离子在工作表面还原并沉积的过程，因此，它们只能运用于导电的金属工件，对于非导电性的部件，如陶瓷、塑料等则需依靠其他表面沉积的方法来进行，如化学镀。

(3) 化学镀　化学镀又称无电解镀。在形成镀层的过程中，它既不需要从外电源通入电流（电镀），也不以较贱的金属置换溶液中较贵的金属的离子(接触镀)，而是用某种还原剂，把溶液中的金属离子还原为金属，沉积在经过一定处理、具有催化活性的金属或非金属基体表面。当沉积的金属也具有催化活性时，沉积过程将继续进行至获得所需厚度的镀层。这种氧化还原反应称为“自催化还原反应”。利用自催化还原反应获得金属镀层的方法称为化学镀。还原剂的种类取决于要镀的材料，在镀镍时，采用次亚磷酸钠或硼氢化合物；镀铜时，常用甲醛作还原剂。通过化学镀可镀的金属有 Ni、Co、Pd、Pt、Cu、Ag、Au 等金属及其合金。在镀液中悬浮非溶性固体颗粒，也可以实现化学复合镀。目前，最常用的化学镀层为镀镍层。在用次磷酸盐作还原剂实现化学镀镍过程中，一般镀层中的 $w_P = 3\% \sim 15\%$，因此，镀层为 Ni-P 合金，而非纯镍。化学镀 Ni-P 层具有优良的耐磨性和耐蚀性，被广泛用于压力泵、纺织机零件、气缸、阀门、刀具和磨损件的修复等。

与电镀相比，化学镀具有以下优点：

1）均镀能力和深镀能力好，可在形状复杂的表面上产生均匀厚度的镀层。

2）设备简单，操作容易。

3）不仅可在金属表面，而且还可以在其他非金属表面上镀。

其缺点是，镀液寿命短，废水排放量大，镀覆速度慢，成本高。

## 二、液态表面强化

液态表面强化是使需强化的表面处于液体状态，然后通过各种工艺方法，如快凝、合金化等手段来使表面的组织、成分产生变化，从而达到提高某些性能的方法。目前常用的方法有：激光表面熔化-凝固处理、激光表面合金化与激光熔覆处理、铸渗等。

1．激光表面熔化-凝固处理

激光表面熔化-凝固处理（简称激光熔凝处理）是激光相变硬化技术的发展。如果使激光束能量密度进一步增加，金属表面层温度超过固相线温度而熔化，然后依靠基体自冷效应使表层熔体快速凝固，则可获得特殊的表层组织。

当激光熔凝处理时，冷却速度可高达$10^6$℃/s，这一冷速足以抑制正常晶粒的形成，使表层1～100μm深度内产生亚稳结构。在有些合金（如Pd-Cu-Si合金）中，可获得非晶态表层，即金属玻璃层。但对一般钢铁材料来说，因熔点较高，加之激光器功率限制，一般只能获得超细化晶粒表层，也有些合金可获得亚微米级的枝晶急冷组织。冷却速度越快，枝晶结构越细化甚至消失。上述工艺通常称为激光上釉。其性能特点是表面具有高硬度、高耐磨性及高耐蚀性。这是固态相变热处理所难以达到的。

与激光上釉工艺相近，当扫描速度较慢时，使金属表层在一定深度内发生熔化，溶解所有的相。在随后的快冷条件下，由于第二相来不及析出，从而获得在正常凝固时无法获得的固溶度增大的固溶体，即形成亚稳的单相组织。这种工艺有时称为均匀化处理。这一现象的本质是凝固时溶质的完全陷落所造成的，而用普通的金属凝固理论已不能很好地解释，属于高速凝固理论的范畴。

激光熔凝处理后得到的组织有：非晶组织、固溶度增大的固溶体组织、细树枝晶组织、超细伪共晶组织。具体由处理的工艺参数和材料来决定。

采用激光熔凝处理是细化表层组织并改善和提高表面力学性能的工艺方法，特别适用于铸造合金。如含粗颗粒初生硅的铸造铝合金，经激光处理后得到极细硅颗粒均匀分布在Al合金基体上的组织，提高了硬度。

2. 激光表面合金化与激光熔覆处理

激光表面合金化是在激光束作用下，将一种或多种合金元素与基材表面一起快速熔凝，从而使价廉材料表面具有预定的高合金结构与特性的技术。它比起前述激光熔凝处理多了向表面添加合金元素的内容，从而使表面不仅因快速冷却产生组织变化，而且使其成分也有不同的变化，因而使表面特性改善的幅度和范围更为扩大。激光熔覆与激光合金化有许多相似之处，其主要区别在于经激光熔覆后，熔覆层的成分基本是原来添加的合金成分，而基体成分基本未进入熔覆层内。

激光合金化是预先将需在表面添加的合金元素采用各种方法（如镀层、涂敷粉末或薄膜及其他化学热处理方法）涂敷到金属表面，而后在激光束的照射下使其与基体表面的薄层一起快速熔化，靠控制熔化深度，改变基体表面的化学成分，从而提高表面的耐磨性、耐蚀性及高温抗氧化性能等。由于合金表层与基体之间存在着合金元素扩散过渡区，具有较强的结合强度，故不像PVD或CVD镀层那样容易剥落。

目前激光合金化工艺在国内外都有应用，例如灰铸铁阀座、柴油机阀片等，母材为价廉的铸铁，经镀铬后表面激光处理，使铬元素熔入表层组织，硬度可达60HRC，深度可达0.8mm左右，使使用寿命延长。

近年来下述两种激光表面合金化方法尤为引人注意：一是激光熔化/碳化物粒子喷入，即在激光照射零件表面形成激光熔池的同时，从另一细喷嘴中向熔池内喷入碳化物细粒，并使粒子溶入有限的量从而得到冶金结合的合金化层；二是激光气相合金化，即在适当的可控气氛中应用激光束加热熔化基材，以获得合金化，如有人对纯钛进行气相渗氮合金化，还有人尝试对纯铁进行气相渗碳合金化。

与激光合金化相比，激光熔覆是将表层的希望成分的合金粉末预先涂敷在零件表面，通过激光束使之熔化并与基材达到冶金结合。其表层熔覆的合金层基本没有受到母材的稀释。被熔覆的材料可以是Co、Ni或Fe基合金，也可以是碳化物和氧化铝陶瓷。基体材料为钢、铁、不锈钢和铝等。目前常用的激光熔覆工艺是将自熔合金粉末用粘结剂调成膏状涂敷在待熔覆表面，有时也用各种喷涂的方法将合金粉末喷在待熔覆表面，而后用激光束照射。用激光束照射时应正确控制功率密度和扫描速度，使合金粉末完全熔化，同时基材表面仅有极少量熔化，从而使熔覆层既能与基材达到良好的冶金结合又使熔化的基材尽量少，以降低对熔覆层成分的影响，这是在工艺控制时与表面合金化最大的不同点。

在用激光束对金属表面进行熔凝处理或熔覆处理时，为防止处理时金属或合金粉末的氧化，可在激光束照射的同时，对照射区喷惰性气体（如氩气、氦气）保护。

最后需要指出的是，激光不仅在金属材料的表面相变硬化、表面熔凝、熔覆强化等方面得到越来越广泛的应用，而且在各种材料的切割（金属、陶瓷、纸张、布、橡胶等）以及金属材料的焊接等各种材料加工中正得到越来越广泛的应用，并使得传统的加工业面临着新的科技进步的挑战。

3．表面铸渗强化

表面铸渗强化有别于前述几种表面强化方法，它是在铸件浇注成形过程中完成的一种表面合金化方法，因而它只适用于铸件。表面铸渗强化广泛应用于铸件某个局部表面耐磨、耐蚀或耐热的场合，可大幅度提高铸件表面的某些性能，提高合金利用率。

（1）铸渗工艺的基本原理及方法　将含有合金粉粒的涂料或膏块涂敷或贴固在铸型表面上，然后注入铁液，在铸件浇注时，铁液渗透涂层或膏块的微孔，并发生界面化学冶金反应，使合金粉粒熔解或熔化，最终即可在铸件表面形成一层铸渗合金层。铸渗合金层与母材之间存在着一个过渡层，过渡层显示出母材与合金层的结合具有明显的熔焊特征。铸渗的质量是指合金化程度、厚度、过渡层的熔焊质量及合金层中是否有气孔、夹渣等缺陷。它取决于高温铁液在合金涂料（膏块、粉粒）之毛细孔通道中的浸透速度、深度、均匀程度等。此外铁液与合金涂料的相互作用时间、合金粉粒的熔解速度等也是非常重要的工艺参数。

提高铁液的温度，可降低其粘度，增加铁液与合金粉粒的相互作用时间，有利于提高铁液的渗透能力。但过高的浇注温度有冲散涂层的危险。铁液在涂层中的渗透能力还取决于涂层中合金颗粒的粒度、粘结剂和熔剂的种类、数量。合金颗粒越细、孔隙度越小，虽然毛细管吸力加强，但铁液渗透时流动的阻力也越大，因此，总的来说合金颗粒越细，对渗透是不利的。合金颗粒粗细的选择除考虑铁液的渗透外，是否希望颗粒在铸渗过程中完全熔化也是一个需考虑的因素。有时为了提高表层的耐磨性，合金颗粒选择一些高硬度的化合物（如WC、SiC等），此时并不希望这些硬质相在铸渗中完全熔化，而只希望其部分熔化从而形成与基体有较好的冶金结合。此时根据铁液的参数，可选择粗一些颗粒；反之，有时希望合金颗粒在铸渗时完全熔化，而对表层起合金化的作用，则应选择较细的颗粒，以便在铸渗过程中能够较快地熔化。

在普通的砂型铸造过程中进行铸渗，为了使合金颗粒能够固定在铸型的某一部位，就不得不使用粘结剂和熔剂。粘结剂种类的选择应以能湿润合金颗粒，提高涂层或膏块的强度，与铁液作用后不产生熔渣为准，其数量不宜过多，以能使涂层具有一定的强度和涂挂性为适。熔剂的作用在于改善铁液对合金颗粒的浸润能力，通常选用的熔剂为硼砂。它在浇注初期包裹着合金颗粒，使之不受氧化，受热熔化后发生分解反应

$$Na_2B_4O_7 \longrightarrow 2NaBO_2 + B_2O_3$$

产生的 $B_2O_3$ 可溶解合金表面的氧化膜，净化其表面，提高铁液对颗粒的浸润能力。但熔剂的加入量也要适当，过多时因硼砂体积大，熔化后在合金层会留下孔洞。

在普通砂型铸造中使用粘结剂以固定合金颗粒进行铸渗，虽然工艺较简单，不需特殊的工装，但由于粘结剂及熔剂的使用，往往会在合金层中产生夹渣及气孔等缺陷，且很难彻底消除。为此人们试图不使用粘结剂和熔剂来进行铸渗，这就是目前正广泛流行的真空铸渗工艺。由于该工艺利用真空的吸力固定合金颗粒，可不用任何粘结剂及熔剂，因而消除了在合金层中产生夹渣、气孔的根源，因此合金层的质量较高。但真空铸渗工艺需要一套专用设备和工装，使得工艺实行时投资较大。

为获得一定厚度的合金渗层，应控制合适的合金颗粒或涂层（膏块）的厚度，并使其成分尽量均匀，成分均匀的颗粒涂层是获得厚度均匀渗层的基本条件。当涂层厚度太薄时，合金源太少，不足以形成一定厚度的渗层；而涂层过厚，铁液与合金的反应不易完全，浇注时易开裂，也得不到优良的表面合金层。此外，在合金涂层厚度合适的条件下，铸件的壁厚、铁液温度及铸型热导率也对渗层有一定影响。随浇注温度降低、铸件壁厚减薄或铸型热导率增加，浇注时铁液与合金颗粒热作用的时间缩短，铁液的渗透深度下降，因而也不利于获得较厚的合金层。因此铸渗后表层合金层的厚度除与施于铸型表面合金颗粒涂层的厚度有关外，还受到铸件壁厚、铁液浇注温度及铸型热导率的制约，这几方面都构成了铸渗时主要的工艺参数。

（2）铸渗层的组织、性能　铸渗层的组织结构因铸渗的合金种类不同而不同。通常表层一定厚度内为一层高合金层，而后为过渡层，心部为原始基材组织。过渡层的厚度与铸渗工艺参数有关，以铸渗铬为例：合金颗粒为 CrC，合金粉敷层厚度为 3.2mm，在 20mm 厚的板状铸件上铸渗，敷层的合金几乎没有被稀释，渗层 $w_{Cr}$ =27%；在 50mm 厚的板状铸件上铸渗，3.2mm 厚的合金粉层被稀释，扩散成为 7mm 厚的渗层，表层含铬量 $w_{Cr}$ 为 23%，过渡层较厚，如图 8-17 所示。

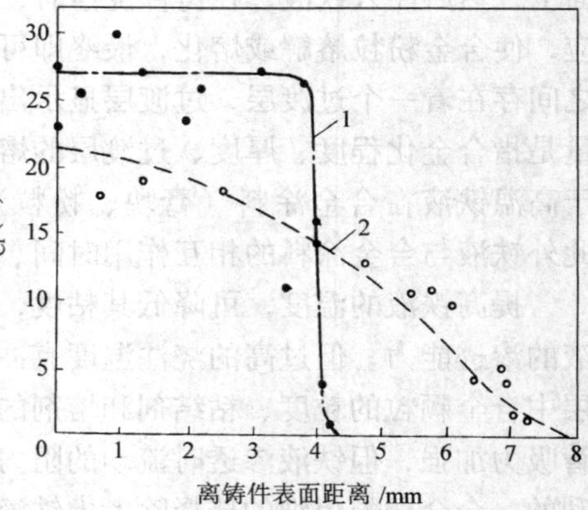


图 8-17　板状球墨铸铁件铸渗碳化铬层的电子探针分析

1—20mm 厚的板状铸件　2—50mm 厚的板状铸件

一般来说，铸渗层组织与性能的设计是为提高材料表面的耐磨性及耐蚀性考虑的。因此，渗层为高合金层，而母材为一般的钢或铸铁。渗层具有较高的硬度，如可在普通铸钢、铸铁件表面通过渗铬，形成高硬度的高铬白口铸铁层，起到耐磨作用。

## 思考与练习

1. 何为固体的界面、表面？与内部相比表面原子结构有何特点？
2. 试解释金属表面的自由能。
3. 说明金属表面吸附的种类及特点。

4. 何为金属表面的钝化及活化？这些现象与表面工程技术有何关系？

5. 说明金属失效的基本方式，磨损失效的主要特点。

6. 说明化学腐蚀与电化学腐蚀的本质区别，并讨论如何通过表面技术来进行防护。

7. 试述疲劳失效的主要特征并说明如何通过表面强化技术来提高抗疲劳性能。

8. 试述热喷涂的原理及特点。

9. 试述热喷涂层的组织结构及其性能特点。

10. 为提高热喷涂层与母体的结合强度可采取哪些基本途径？

11. 说明金属表面形变强化的原理及应用。

12. 试述表面相变强化的基本方法及特点。

13. 试分析为什么火焰加热表面淬火和感应加热表面淬火都不能使低碳钢表面强化，而激光相变硬化却能达到？

14. 说明化学热处理的原理及基本过程。

15. 说明电镀和化学镀的基本原理及特点，它们的区别主要在哪里？

16. 说明 CVD 的主要方法、原理及应用。

17. 比较 CVD 与 PVD 方法的主要区别及特点。

18. 试述激光束表面强化的种类及特点。

19. 激光表面相变强化与激光表面熔凝处理后表层的组织有何差别？

20. 试述表面铸渗的原理和主要工艺方法。

# 第九章 粉末合金及陶瓷成形技术

## 第一节 粉末合金及陶瓷成形过程概论

与铸造、焊接之类的熔化冶金相比，粉末合金及陶瓷的成形过程有很大的不同。它们是通过原材料粉末制取、成形和烧结几个主要步骤来获取制品的。目前，粉末合金和工程陶瓷制品越来越多地取代了原来传统的金属制品。其优越性主要表现为：能够制造用传统成形方法无法获得的材料和制品；制得的材料具有高强度和优异的特种性能；高的经济效益。表9-1给出了几种成形及加工方法经济性比较的实例。由表可见，粉末冶金制品的材料利用率最高，而单位质量的能耗又最低。

表9-1 几种成形、加工方法经济性比较

| 方　法 | 材料利用率（%） | 单位能耗/J·kg$^{-1}$ |
|---|---|---|
| 铸　造 | 90 | 30~38 |
| 粉末冶金 | 95 | 29 |
| 冷　锻 | 85 | 41 |
| 热　锻 | 75~80 | 46~49 |
| 机械加工 | 40~50 | 66~82 |

粉末合金制取的具体过程如下：

（1）制备原材料粉末　一般需要多种粉末混合，为保证压坯质量，还需要合适的粗细粒度搭配；另一方面，为了获得优异的力学性能，粉料的平均粒度越小越好。除此之外，粉料在成形之前还需进行退火、筛分、混合、制粒、加润滑剂这样一些预处理。

（2）成形过程　成形分为模压成形和特殊成形两大类。模压成形就是将预处理好的粉末按一定体积或质量装入精密模具，用压力机压成所希望的形状和尺寸的压坯。由于粉末之间、粉末与模壁之间存在有摩擦，故压力分布是不均匀的，这就使得压坯的尺寸不能太大，形状亦不能很复杂。为此，人们又开发出了多种特殊成形的方法。如等静压成形、滚压成形、高能高速成形、无压成形、注浆成形和挤压成形等。当然，模压成形目前仍占主导地位。

（3）烧结过程　成形后的粉末毛坯还不具备应有的物理、力学性能，必须在适当的温度和气氛中加热、保温，使其发生一系列的物理和化学变化，使粉末颗粒的聚集体变成为晶粒的聚集体，以达到所需的物理、力学性能，成为可用的制品或材料。烧结对最终产品的性能起决定性的作用，是整个生产或材料制备过程中最重要的工序。烧结温度一般约为主成分熔点的2/3。烧结时还需要用氢气等还原性气体，或氮气、氩气等惰性气体保护，有时还可能直接在真空中烧结。

陶瓷制品的生产过程与粉末冶金有许多相似之处。其工艺过程包括粉末制取、成形和致密化三个主要阶段。烧结只是陶瓷致密化的一种工序。除烧结外，陶瓷致密化过程还有气相沉积、熔融颗粒沉积和胶凝性粘结等方法。陶瓷致密化过程与粉末合金烧结过程的另一个显著的区别是，致密化过程有可能是材料发生物理、化学变化的全过程，而不是像烧结过程那样，仅是通过物理变化而致密化的。前者又被称为烧成；而后者即是烧结。另一方面，粉末合金的粉末，主要以金属为主成分，而陶瓷粉末则主要以无机化合物为主成分，如氧化物、氮化物、碳化物等。在下文中，主要介绍粉末合金的成形技术，并兼顾陶瓷成形技术。

## 第二节　原材料加工

可以这样说，任何材料成形工艺的成败，都取决于原材料的质量。在某些情况下，粉末原料的质量甚至决定了粉末合金或陶瓷制品的品质。目前，纳米粉末的获得，使人类发现，纳米陶瓷和纳米粉末合金的性能有飞跃性的提高。有人甚至发出感慨：21 世纪是纳米材料的世纪。粉末制备技术的革新，将会带来材料的革命。

高质量的原料粉末，往往应该具备的重要特征是：①粒度分布范围合理，平均粒径小；②颗粒外形圆整；③颗粒聚集、抱团倾向小，凝聚强度低；④化学纯度和化学组成均匀性易于控制。为了获得高质量的原料粉末，工艺上采用的方法可以分成三类：物理方法、化学方法和机械方法。在此基础上，还可以进一步分成四种制粉方法，即雾化法、化学反应及还原法、电解法和机械法。几种分类方法间的相互关系如下：

粉末制备方法
- 物理方法——雾化法
- 化学方法
  - 化学反应及还原法
    - 化学反应固相还原法
    - 单相热还原法
    - 液相沉淀法
    - 气相沉淀法
  - 电解法
- 机械方法

所有上述制备方法中，化学反应及还原法、雾化法和电解法的应用最为广泛。

采用化学还原反应，从金属氧化物或盐类制得金属粉末的方法就是化学反应及还原法，也可简称为还原法。其一般化学反应式为

$$MeO + X = Me + XO \tag{9-1}$$

式中　Me、MeO——金属和金属氧化物；

X、XO——还原剂和还原剂的氧化物。

根据热力学原理，固体碳有较强的还原多种金属氧化物的能力。工业上生产铁粉就是采用碳还原法来进行的。图 9-1 为海绵铁粉末生产的流程图。生产时，将粉碎后的磁铁精矿粉与石灰石、无烟煤粉均匀混合。石灰石主要用于脱硫，因为焦炭中难免混入大量的硫。然后在 1200℃左右入窑进行还原反应。待反应完成后，将海绵铁饼、残余焦炭和灰分分离，并粉碎海绵铁饼，随后将粉碎后得到的铁粉在氢气气氛下退火。一方面，进一步减少氧和碳的含量；另一方面，还可去除粉碎时粉粒的加工硬化。最后，通过筛分便制得了所需要的铁粉。

工业上应用的还原剂除固体碳外，还有 $H_2$ 和 CO 也可以作为还原剂。凡是在一定的温度条件下，与氧亲和力强的金属，都有可能还原与氧亲和力较弱的金属氧化物。

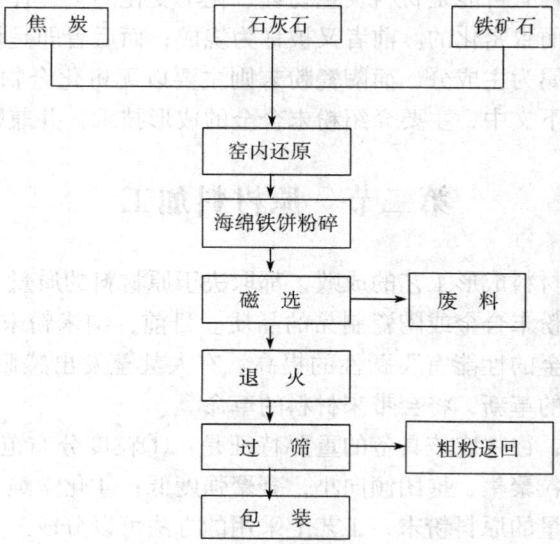


图 9-1 采用铁矿石还原海绵铁粉末的生产流程

在制备工程陶瓷细粉时，也可以采用固体碳作为还原剂，还原 $SiO_2$。下面是 $Si_3N_4$ 和 SiC 细粉制备的两个还原反应的例子

$$3SiO_2 + 3C + 2N_2(G) \xlongequal{} Si_3N_4 + 3CO_2(G) \tag{9-2}$$

$$SiO_2 + 2C \xlongequal{} SiC + CO_2(G) \tag{9-3}$$

除还原反应外，化合反应、氧化反应、水解反应和热解反应，也经常被用到。如挥发性金属氯化物的氧化和水解

$$TiCl_4(G) + O_2(G) \xlongequal{} TiO_2 + 2Cl_2(G) \tag{9-4}$$

$$SiCl_4(G) + 2H_2O \xlongequal{} SiO_2 + 4HCl(G) \tag{9-5}$$

金属蒸气氧化

$$Zn(G) + \frac{1}{2}O_2(G) \xlongequal{} ZnO \tag{9-6}$$

金属化合物热解

$$Zr(OR)_4(G) \xlongequal[\Delta]{} ZrO_2 + 2ROH(G) + 烯族烃(G) \tag{9-7}$$

式中 R——烷基。还有直接化合反应法

$$3Si + 2N_2 \xlongequal{} Si_3N_4 \tag{9-8}$$

$$Si + C \xlongequal{} SiC \tag{9-9}$$

因此，陶瓷粉末的制备方法要复杂得多。

雾化法则是一种粉末的物理制备方法。它主要利用高速的气流或水流直接击碎液体金属或合金来制取粉末。雾化法工艺简便，可连续、大量生产，而被广泛采用。图 9-2 为粉末雾化过程。熔融的金属或合金被保持在坩埚中，金属液通过坩埚底部小孔，在重力作用下垂直

下落，通过雾化喷嘴。在喷嘴中通以水流或隋性气体流，在高压下以一定的角度 $\alpha$，在距坩埚底部为 $F$ 高度处汇聚，将下落的金属液流雾化，并落入淬火介质中冷却成金属粉末颗粒。

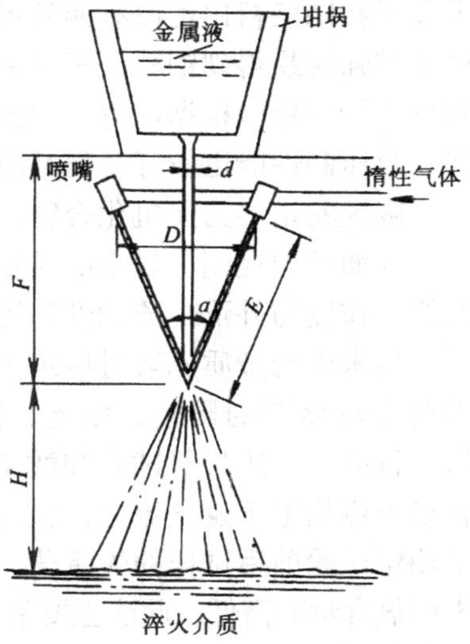

图 9-2　采用雾化法制取粉末的过程

作为示例，纯铁粉末也可以采用雾化法来生产。生产过程为：将生铁和废钢按一定比例配制成含碳量为 $w_C = 3.2\% \sim 3.4\%$ 的成分，在感应电炉中熔化成铁液，然后浇注于保温坩埚中，在铁液下落时，使用压力约为6.8个大气压㊀的高压空气雾化液流。随后液流即被水槽收集，再通过干燥过筛，形成了粉末的中间产品。因为铁液在雾化的同时，又与氧气发生了剧烈反应，产生了大量的CO，故这一阶段形成的粉末多为空心球状颗粒。下一步就需要将粉末盛于封闭容器中，在950℃下和CO还原气氛中保温，进行脱氧、脱碳，最后再进一步粉碎、过筛，就制得了合格的铁粉，其生产流程示于图9-3。这种工艺与还原法相比，具有生产率高、非金属杂质小的优点。

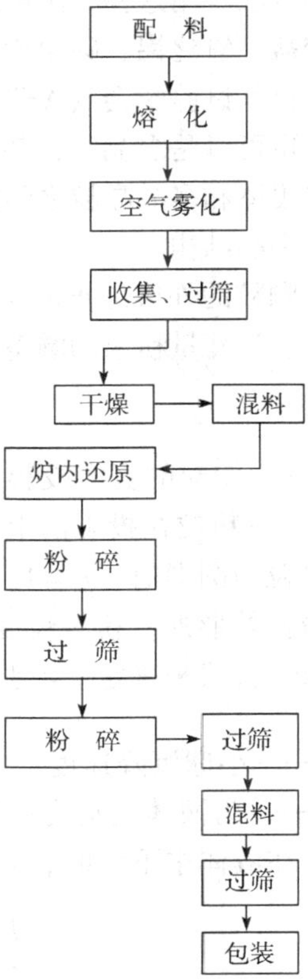

图 9-3　雾化法制备铁粉的工艺流程

在工程陶瓷的粉末制造方法中，通过溶液来制备细粉，除可以用沉淀法外，还可以采用溶剂蒸发法。为了使溶剂有效地得到蒸发，与雾化法类似，可以选择喷雾干燥法和喷雾热解法来获得细粉。喷雾干燥法是将溶液喷雾至热风中而使其快速干燥的方法。采用这种方法制得的β-氧化铝和铁氧体粉末，比用固相反应法制得的粉末烧结体具有更微细的结构。喷雾热解法是将金属盐溶液喷雾至高温气氛中，使溶剂蒸发和金属盐热解在瞬间同时发生。这两种方法都适宜于连续生产，且生产能力也较大。

电解法是又一种制取金属粉末的方法，它的基本原理和电镀相同。以铜粉制备为例，水溶液一般为硫酸铜和少许硫酸，阳极为铜板，在溶液中通入直流电后，带有大量正负离子的水溶液就会发生离子迁移。在阳极，铜将失去电子变成离子进入溶液，$OH^-$ 失去电子变成水和氧气

$$Cu \rightarrow Cu^{2+} + 2e \tag{9-10}$$

$$2OH^- - 2e \rightarrow H_2O + \frac{1}{2}O_2 \uparrow \tag{9-11}$$

而在阴极，铜离子得到电子析出铜，氢离子得到电子放出氢气

$$Cu^{2+} + 2e \rightarrow Cu \tag{9-12}$$

$$2H^+ + 2e \rightarrow H_2 \uparrow \tag{9-13}$$

㊀ 大气压为非法定计量单位，1atm = 101325Pa。

铜离子在阴极析出可以有两种形式，即电镀层和铜粉。一般电解液中铜离子浓度较低、电流密度较强时易得到铜粉。析出的铜粉不能直接使用，还需要经过洗涤、过滤、干燥、研磨、筛分才能使用。根据电解法的原理可知，经此法制得的粉料纯度高。另外粉料粒形多呈树枝状，故压制性能也较好。但其成本较高，因制备过程控制较为复杂、耗电量大。

陶瓷粉末多为无机化合物，故电解法在陶瓷粉末制备方法中没有实例。

前面已经提到，粉末的质量直接关系到粉末合金及陶瓷制品的质量。粉末的化学成分与组织、粒度与外形、流动性和压缩性都可以用来评价粉末制品的特性。

粉末中的杂质元素对后续工艺过程及最终制品质量都会有较显著的影响，因此，需要对粉末进行化学分析。目前多采用失氢试验和酸不溶值试验。失氢试验是将粉末样品置于氢气流中，在给定高温和保温时间条件下测定试验前后试样的失重值。该失重值实际反映了粉末中氧含量的高低。此法主要用于铜、钨和铁粉的氧含量程度的测定。酸不溶值试验是将铁粉样品溶于盐酸，或将铜粉样品溶于硝酸，然后把不溶物经过过滤、燃烧后称取失重值的方法。用这种方法可以确定粉末中含有的二氧化硅、硅酸盐、氧化铝、碳化物和粘土等杂质。这两种方法已被美国材料试验学会（ASTM）列入标准。粉末可以是单晶的，也可以是多晶的，甚至为聚集体，图 9-4 示意地表示了聚集体和多晶晶粒之间的关系。工程上，大多数粉末都属于多晶结构。

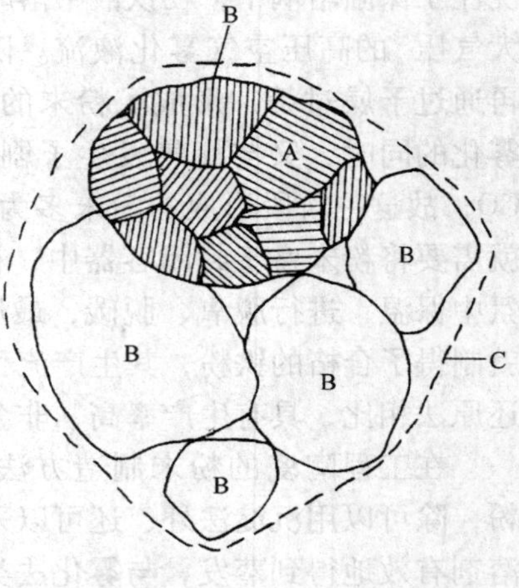


图 9-4　单颗粉末粒子（B）、晶粒（A）和聚集粒子（C）间的关系

粉末颗粒的外形是非常复杂的，如图 9-5 所示。它直接影响着粉末的流动性、压制性和烧结强度等。为衡量粉末的圆整程度，可以用形状系数来表示

$$F = \frac{4\pi A}{P^2} \tag{9-14}$$

式中　$A$——粉粒的真实投影面积；

　　$P$——粉粒在投影面上的周长。

当粉粒为圆形时，$F=1$。粉粒偏离圆的程度越大，$F$ 越小。

除粉粒外形外，粉粒粒度及其分布也是重要的参数。测定粒度和分布可以用标准筛，并结合 Stokes 公式来确定。实验表明，粘性液体对半径 $r<0.1$ 的球体沉浮时的阻力为

$$F_{阻} = 6\pi r v \eta \tag{9-15}$$

式中　$v$——小球沉降速度；

　　$\eta$——为液体的动力粘度。

粉粒在液体中下沉时，还受到浮力的作用，故浮力大小为

$$F_{浮} = V(\rho_{液} - \rho_{球})g = \frac{4}{3}r^3\pi(\nu_{液} - \nu_{球}) \tag{9-16}$$

式中　$V$——小球的体积；

$\rho_{液}$、$\rho_{球}$——液体和小球的密度；

　　$g$——重力加速度；

$\nu_{液}$、$\nu_{球}$——液体和小球的重度。

当小球匀速下沉时，有

$$F_{阻} + F_{浮} = 0 \tag{9-17}$$

将式（9-15）和式（9-16）代入式（9-17）可得

$$v = \frac{2}{9}\frac{r^2}{\eta}(\nu_{球} - \nu_{液}) \tag{9-18}$$

由式（9-18）可见，小球的半径越小，沉降速度也越小。根据这一原理，就可以对粉粒样

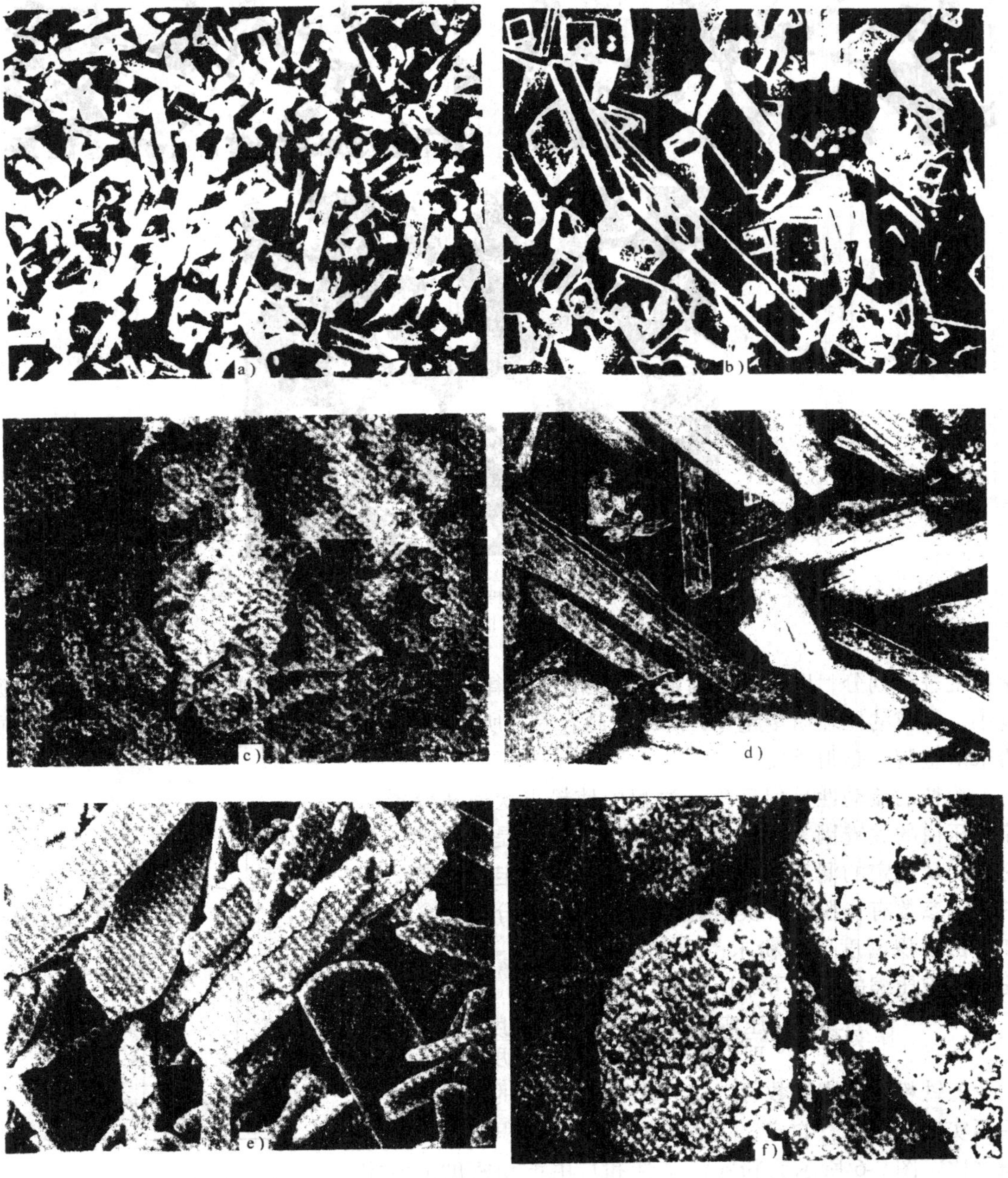


图 9-5　粉末的各种外形形貌

a）针状　b）尖角形　c）树枝形　d）纤维形　e）片状　f）等轴状

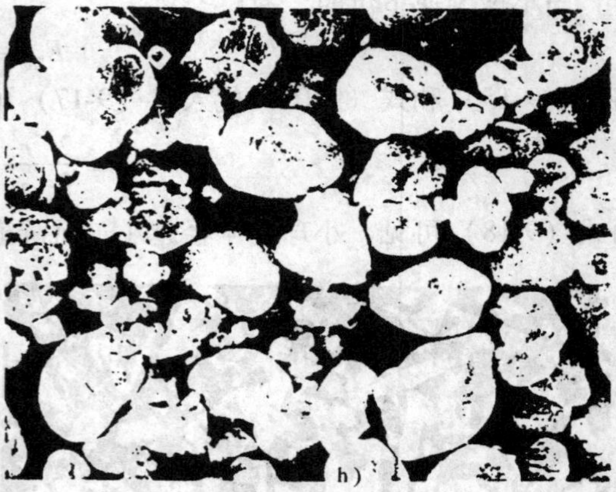

图 9-5 粉末的各种外形形貌（续）
g）不规则形 h）圆整形 i）球形

品粒度进行划分，以便最终确定粒度的分布规律。粉末冶金中粉末在成形时，颗粒间的间隙越小，制成的压坯质量越好，烧结也越容易，所以使各种粒度的粉末适当配合，对生产优质粉末冶金制品是很重要的。

粉粒的流动性是保证生产过程中使粉末快速从容器中流入压模的关键因素。测量流速的标准方法是用50g 合金粉末，从规定的漏斗中流出所花的时间。决定粉末流动性的影响参数有：粉末种类、粒度、外形及其分布、含水量和自由堆积密度等。粉末的压缩性通常指在一定压力下，粉末体被压缩的量，可用压实系数来表征

$$压实系数 = \frac{压实密度 - 自由堆积密度}{理论密度 - 自由堆积密度}$$

工业上铁粉的压实系数可以达到 0.68 ~ 0.76 的范围。或采用压实比来表示，它定义为粉末自由堆积体积与压实后体积之比。图 9-6 所示为粉粒流动性和自由堆积密度的测定装置。

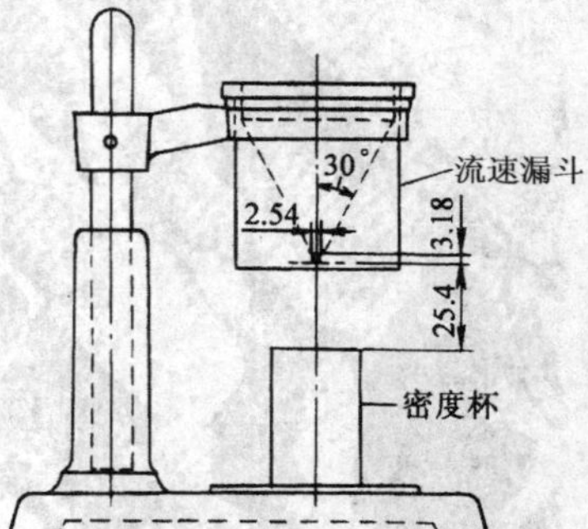


图 9-6 粉末流动性和自由堆积密度的测定装置

## 第三节　粉末成形

粉末成形是粉末冶金和陶瓷制品制备的第二个阶段，是将松散的粉末制成具有一定形状、尺寸、密度和强度的坯块的工艺过程。目前可分为两大类成形方法，即压力成形和无压成形。压力成形大体上又可被分成八种：模压成形、等静压成形、高能率成形（HERF）、锻造成形、挤压成形、振动模压成形、注射浆料成形和连续挤压成形；而无压成形可以分成三种：粉浆浇注、无压充型和浆料涂覆。

模压成形是最广泛使用的粉末成形技术。它是将混合均匀的粉末按一定的量装入模具中，再用压力机压制成坯块的方法。目前已经发展成熟多种模压成形技术，图 9-7 表示了经

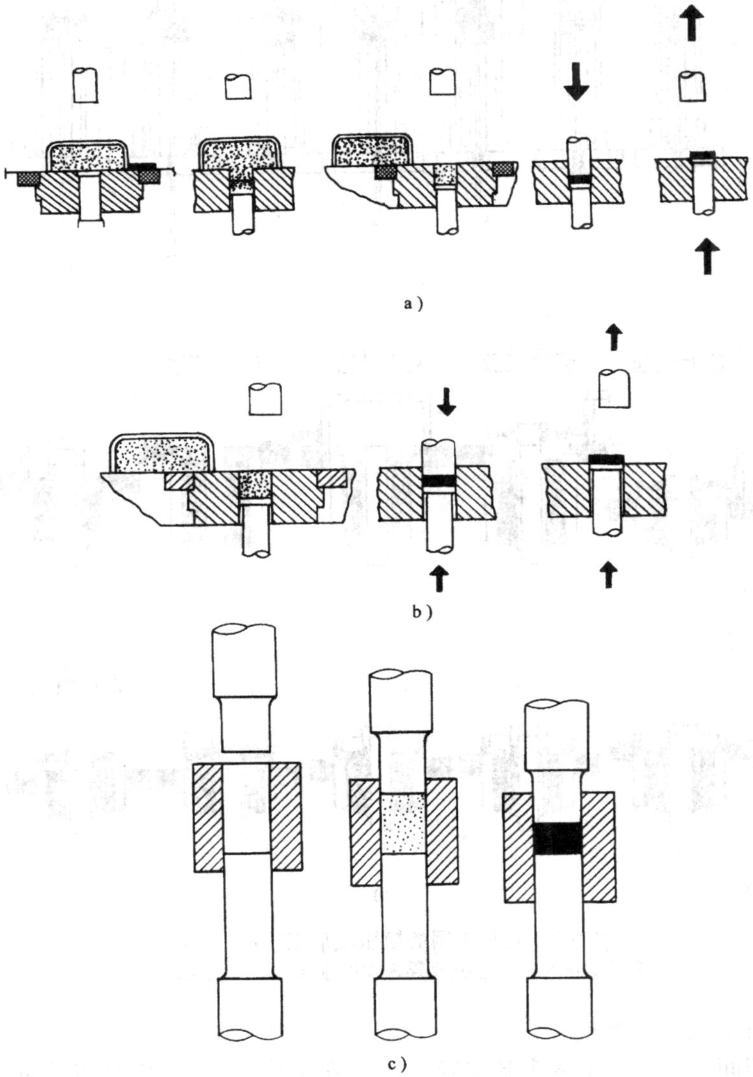

图 9-7　几种常用的模压成形工艺示意

a）单向施压　b）双向施压　c）双向浮模施压

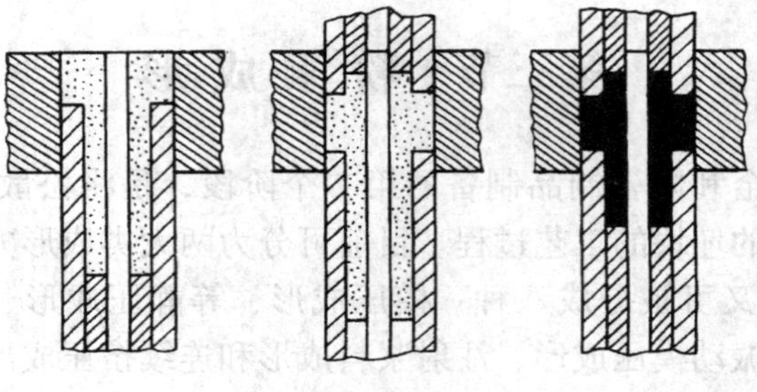

d)

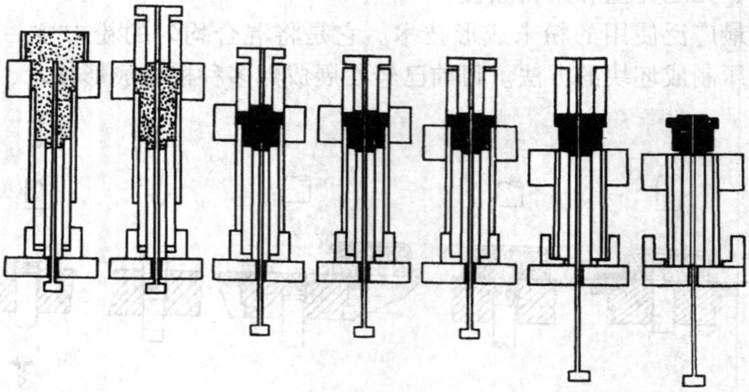

e)

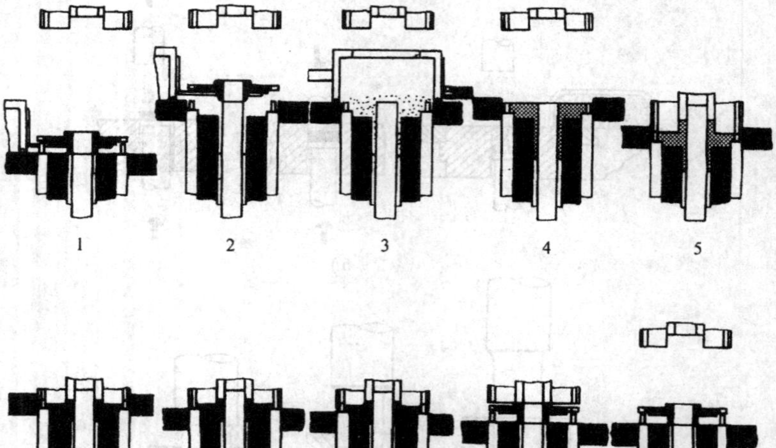

f)

图 9-7 几种常用的模压成形工艺示意（续）
d）多运动施压 e）多运动浮模顶出施压 f）双向辅助压头施压

常使用的几种模压成形的形式。

模压成形期间，粉末发生两个基本变化。一是沿压力方向发生整体运动；二是在压力作用下发生变形与断裂。这两个基本变化都有助于增加坯件的密度、减少孔隙度。研究发现，增加压力和粉末尺寸（或自由堆积密度）有助于增加坯件密度，减小粉末硬度、强度和降低模压速度，也有利于增加坯件密度。图 9-8 示意地说明了这些因素对坯件密度的影响。实际上，由于粉末颗粒间及粉末与模壁间存在有摩擦力，故坯件内部的密度在各处是不相同的。图 9-9 显示了对镍粉单向施压后试样纵断面密度值的分布情况。可以看出，压头边缘附近密度值最高，远离压头处边缘区域的密度值最低。通过对圆柱形纯铜坯样断面轴向应力分布的测定发现，随着长径比减小，轴向应力分布越均匀，这就间接说明了试样的长径比 $L/D$ 越小，密度分布越均匀，如图 9-10 所示。

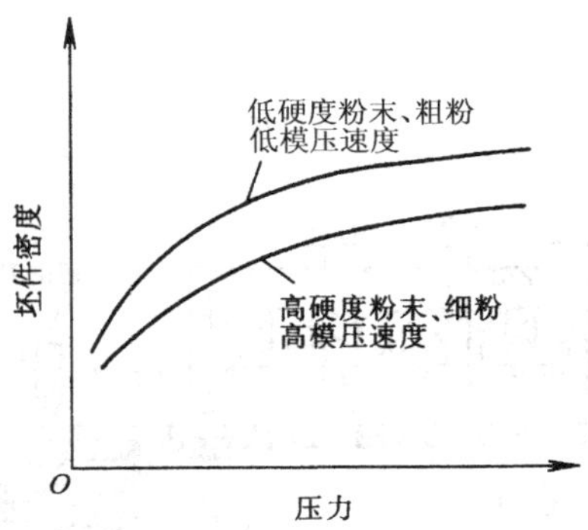


图 9-8　坯件密度与模压压力、模压速度及粉末特性间的关系

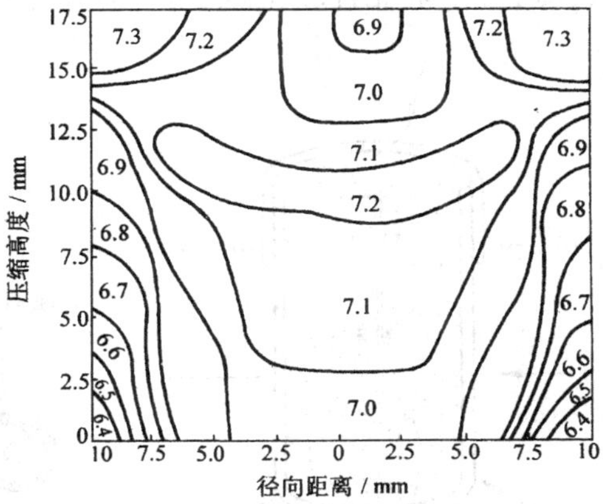


图 9-9　单向压缩纯镍试样后纵断面密度值（$g/cm^3$）分布情况（710MPa，试样 $L/D=0.87$）

总而言之，使用润滑剂以减小模壁摩擦，增大压制压力，采用双向压制工艺，运用浮模原理，减小坯件长与直径比，利用预压工艺，都可以均匀化坯件内部的密度分布。

生产中常用的润滑剂有硬脂酸、硬脂酸锌、二硫化钼和石墨粉等。

当然，为了获得更为均匀的密度分布，还可以运用冷等静压方法成形坯件。它是通过对粉末施加各向同性的压力而成形的。图 9-11 为冷等静压成形的示意。冷等静压方法有湿式和干式两种。在湿式方法中，是将粉末密封于成形橡胶模型内，并置于高压容器中的液体内，施加各向同性压力，完成整个压缩制坯过程；而干式方法使用两层橡胶模，即成形橡胶模和加压橡胶模，加压时，液体介质仅与加压橡胶模接触，通过这层橡胶模来传递各向同性压力，完成压制过程。可以想象，用干式方法获得的坯件断面密度均匀性要比湿式方法的差，但干式方法容易实现自动化，循环周期短，生产性好。

值得提及的是：随着半导体和电子工业的飞速发展，陶瓷薄膜坯料的成形技术得到了大量的应用。根据成形方法的不同，可以分成流延法、轧膜法和

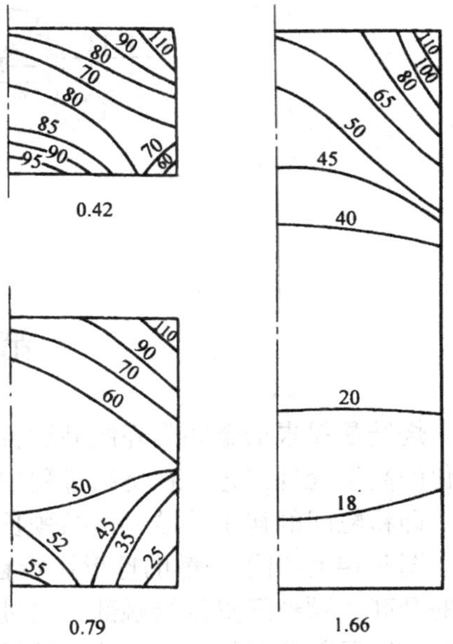


图 9-10　铜试样模压后纵断面等应力线的近似部位分布（MPa）随 $L/D$ 变化的情况（单向压缩压力为 772MPa）

挤压法三种。其中流延法是将原料粉末、有机粉末、有机粘结剂、增塑剂、悬浮剂、溶剂或水构成的浆料，通过流延铺展于输送带上，然后，加热干燥，使溶剂蒸发、固化成为坯带，如图 9-12 所示。目前，流延法已成为制造电子电路多层配线基片、叠层电容器、集成电路组件叠层薄片的主要方法。轧膜法是直接在球磨机中将粉末、添加剂和溶剂混合、粉碎后，再用干燥机干燥，最后用混合辊在高温下混炼，通过热辊间隙卷入辊轧中轧制成薄板，然后对薄板进行冲切，即可得到所需的坯体。而挤压法则是利用真空练泥机（图 9-13），在高压、真空下，将粘性坯泥连续挤压成一定尺寸的薄板坯。

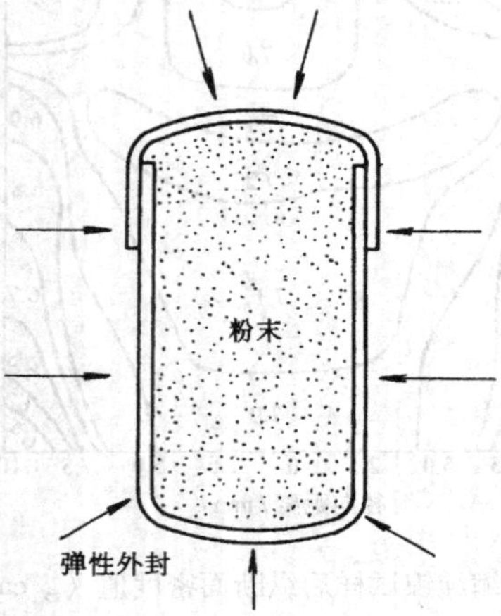


图 9-11　冷等静压成形过程示意

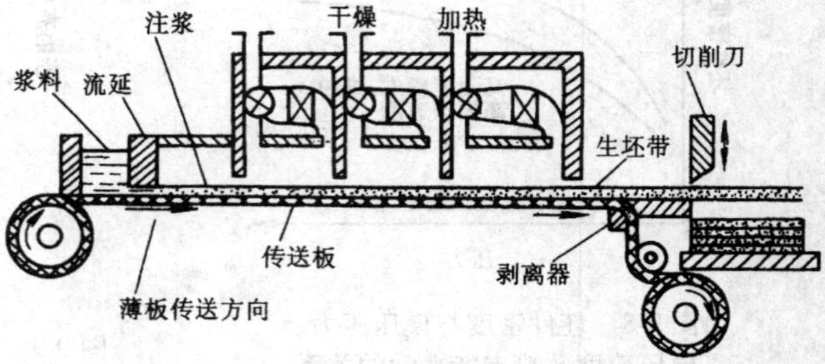


图 9-12　流延法制备陶瓷坯带的工艺流程

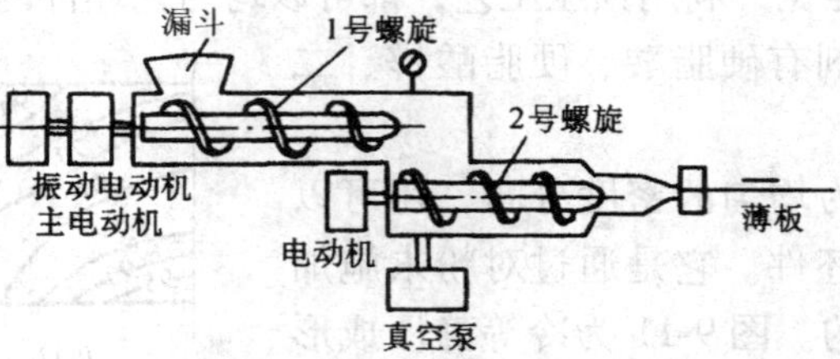


图 9-13　真空练泥机

## 第四节　烧　　结

烧结是粉末冶金和陶瓷制品制备的第三个阶段，是一种使成形的粉末坯件达到强化和致密化的高温处理工艺。在烧结过程中，粉末体经历了一系列的物理变化。主要可分为四个阶段，即粉粒间的初步粘结、烧结颈长大、孔隙通道闭合和孔隙球化。

图 9-14 给出了松散的球形铜粉粒在烧结过程中形为的示意。在烧结的早期，随加热温度的升高，颗粒间直接接触部分通过原子扩散粘结在一起，形成缩颈。随烧结过程的继续，原子向缩颈部分大量迁移，使烧结颈长大，同时使颗粒间孔隙的通道光滑化。然后，这些弯曲的通道和连结在一起的孔隙随原子的继续迁移而封闭，形成了许多孤立的球形孔洞。在下一阶段，比较小的孔洞尺寸逐渐变小，甚至消失，使烧结体随之发生逐渐收缩，密度也相应

提高。在烧结末期，在小孔洞消失的同时，大的孔洞反而粗化、长大，对增加烧结体密度没有太大贡献。烧结时，这些步骤有的彼此无明显界限，发生相互重叠。

那么，烧结体在烧结过程中为什么会发生这些变化呢？即烧结的驱动力是什么呢？从热力学理论上来分析，细小的粉末颗粒存在大量的表面，有非常高的表面自由能，因而是不稳定的体系。在高温下，为烧结体系降低其表面能，从而减小体系的吉布斯自由能建立了必要条件，烧结体系有自动降低其吉布斯自由能的趋势，这就是烧结过程的驱动力。更详细些，让我们来讨论图 9-15 中的缩颈部分微元基 $ABCD$。此微元基中，由两个曲率半径 $\rho$ 和 $x$ 构成的两部分表面处于同为 $\theta$ 值的对顶角上。根据曲率半径的定义，$x>0$，而 $\rho<0$。作用在微元基上表面张力引起的力有 $\boldsymbol{F}_x$ 和 $\boldsymbol{F}_\rho$，根据表面张力的定义，有

$$\boldsymbol{F}_x=\gamma\overline{AD}=\gamma\overline{BC} \tag{9-19}$$

$$\boldsymbol{F}_\rho=\gamma\overline{AB}=\gamma\overline{DC} \tag{9-20}$$

式中，$\gamma$ 为表面张力；$\overline{AD}=\rho\sin\theta$，$\overline{AB}=x\sin\theta$。对于小的 $\theta$，有 $\sin\theta\approx\theta$，故上面两式可写为

$$\boldsymbol{F}_x=\gamma\rho\theta \tag{9-21}$$

$$\boldsymbol{F}_\rho=-\gamma x\theta \tag{9-22}$$

故垂直作用于微元基 $ABCD$ 上的合力 $\boldsymbol{F}$ 为

$$\boldsymbol{F}=2\left(\boldsymbol{F}_x\sin\frac{\theta}{2}+\boldsymbol{F}_\rho\sin\frac{\theta}{2}\right) \tag{9-23}$$

将式（9-21）、式（9-22）及 $\sin\frac{\theta}{2}\approx\frac{\theta}{2}$ 代入式（9-23），可得

$$\boldsymbol{F}=\gamma\theta^2(\rho-x) \tag{9-24}$$

为了求得应力，用微元基面积 $x\rho\theta^2$ 除上式得

$$\sigma=\gamma\left(\frac{1}{x}-\frac{1}{\rho}\right) \tag{9-25}$$

在实际的烧结情况下，$x$ 往往比 $\rho$ 大得多，式（9-25）又可以进一步简化成

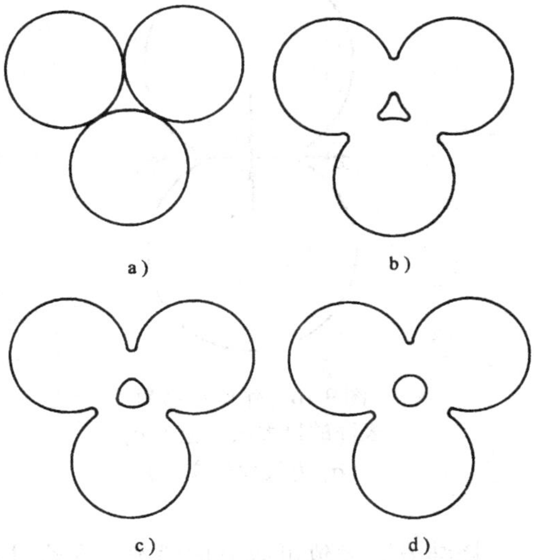

图 9-14　三个球形颗粒烧结模型的示意
a）初始点接触　b）烧结颈长大　c、d）孔隙球化

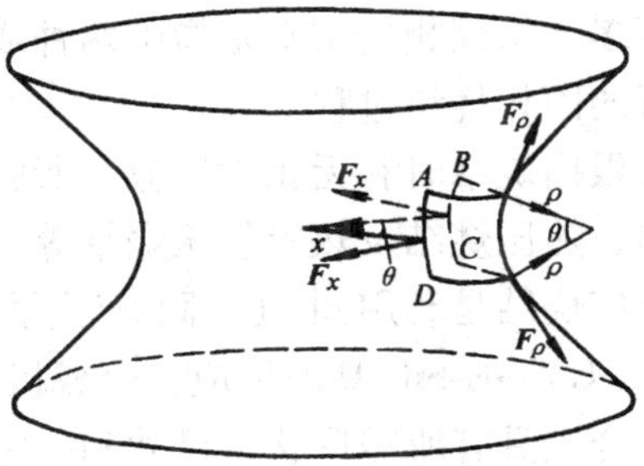


图 9-15　烧结颗粒间缩颈处表面微元的受力示意

$$\sigma\approx-\frac{\gamma}{\rho} \tag{9-26}$$

这意味着可以忽略 $\boldsymbol{F}_x$ 项的影响。显然，表面张力产生的应力方向是从缩颈的表面垂直指向缩颈长大方向（图 9-16）。如果近似用两个弹性球接触模型来解释图 9-16 中的应力 $\sigma_\rho$，两球接触中心处必然存在着同样大小的压应力 $\sigma_z$ 与 $\sigma_\rho$ 平衡。对于多晶粒聚集体这类粉末坯件（图 9-17），粉粒间的接触压力可以等效为外加流体静压力的作用效果。而实际的粉末颗粒形状与大小均不相同，其缩颈区域的大小与形状也不相同，再加上粉粒的排列不是处于最密集的状态，由于这些因素的相互作用，使得粉粒之间形成局部切应力，将导致粉粒彼此沿晶

界剪切滑移。滑移的结果是使粉粒重排而达到较高的堆积密度，气孔体积百分比亦随之减少。另一方面，这种类似于流体静压力的作用产生的不均匀收缩、晶界滑移，也会破坏某些粉粒间缩颈区域相连的晶界，又对烧结过程起阻碍作用。

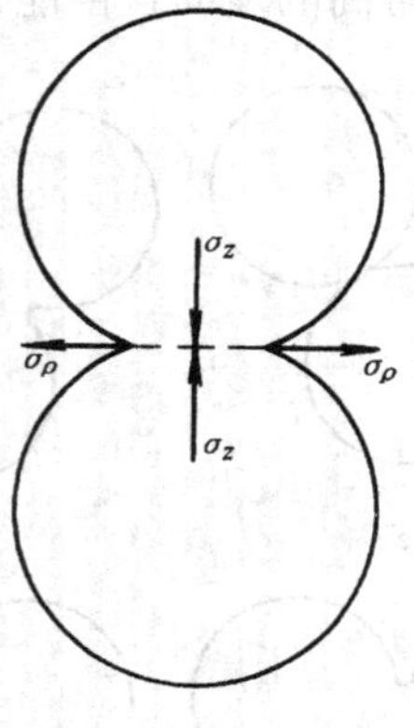


图 9-16 作用在缩颈表面的最大法向应力 $\sigma_\rho$（$\sigma_z$ 为最大压应力）

图 9-17 粉体晶体排列的二维模型

烧结方法大致可以分成两类。在烧结过程中有明显液相出现的方法被称为液相烧结；而烧结过程中无明显液相出现的方法被称为固相烧结。在固相烧结中，按烧结体系组元的多少，可进一步分为单元系烧结和多元系固相烧结。单元系烧结是指纯金属或化合物在其熔点以下进行的固相烧结过程。在整个过程中不出现新的组成物和新相，也不发生凝聚态的改变。而多元系固相烧结则是指由两种或两种以上组元构成的烧结体系，在低熔点组分熔点以下进行的固相烧结过程。

若根据烧结时有无化学反应、所施加压力高低来分类，烧结过程还可分为反应烧结、常压烧结、热压烧结及热等静压烧结等。

反应烧结是利用固-气、固-液化学反应，在原料合成同时进行烧结的方法。如利用C(S)+Si(L、G)→β-SiC 高温反应，合成极细的 SiC 粉结晶体；利用 Si(S)+$N_2$(G)→$Si_3N_4$(S)反应直接合成具有所需形状、尺寸和一定密度的坯件。反应烧结的特点是：烧结时无收缩；晶界处低熔点组分不发生软化，从而高温性能不会降低；但坯体中气孔率较高，还会残存部分反应物。在粉末冶金领域，反应烧结属于活化烧结的一部分，它还可以使烧结温度降低，烧结过程加快，或使烧结体的密度及性能提高。

常压烧结是将预压成形粉末在大气压力下或在较低的气体压力下进行烧结的方法。这种方法是普通陶瓷工业中常用的方法，具有制作复杂形状制品、生产组织容易等优点，但制品气孔率高、收缩率大、机械强度低。常压烧结时，烧结体中有相当多的液相存在，也可归属于液相烧结方法。在粉末冶金中，液相烧结的要求源于致力于获得高密度、低气孔率的烧结材料，因为有液相参与的烧结，在烧结收缩压力作用下，液相将渗入孔隙，使气孔率得到降低。通常液相烧结可分为三个阶段。

第一阶段：液相流动或重排。在这一阶段，低熔点组元熔化后，在表面张力作用下发生液相流动，从而引起固相颗粒相对滑动，重新排列，使烧结体密度增加。

第二阶段：溶液再次沉淀或调整。在这一阶段，固相颗粒发生长大、粗化，烧结体密度进一步增加。

第三阶段：致密化过程。这一阶段烧结体致密化过程要缓慢得多，类似于固相烧结过程。

热压烧结则是利用耐高温模具，在加热的同时加压的烧结方法。这种方法可以将常压下难以烧结的粉末进行烧结；可以在较低的温度下烧结出接近理论密度的烧结体；可以在短时间内达到致密化，烧结体的强度也较高。热压烧结时，驱动力除表面张力外，又加上了外压的作用。在外压下，粉粒间接触部位产生塑性流动或蠕变，使颗粒间距离缩短，缩颈长大的动力学过程进行得更为方便。

在热压烧结的基础上，又发展出了热等静压（HIP）方法。该法是以气体为压力介质，将粉料一边进行各向同性压缩，一边加热的烧结方法。目前，采用热等静压法，工业上已进入烧结超硬合金和氧化铝系工具的阶段。

为进一步提高烧结制品的使用性能、尺寸和形状精度，烧结后还需对制品进行整形、机械加工、热处理等后续工序。

最后，需要指出的一点是，有时成形和烧结是同时进行和完成的，如热压烧结、热等静压烧结等。

## 第五节　粉末合金及陶瓷成形技术的新发展

随着粉末合金和工程陶瓷的应用领域拓广，对材料本身的要求也越来越高。由此发展出一些非常有应用前景的成形技术，如电火花烧结、喷射成形、粉末锻造和热挤压等。下面分别给予简要介绍。

### 一、电火花烧结

电火花烧结是将金属等粉末装入石墨或其他导电材料制成的模具内，利用上、下冲模兼通电电极将特定烧结电源和压制压力施于烧结粉末，经放电活化、热塑变形和冷却，完成制取高性能材料或制品的一种方法。烧结原理示于图 9-18。通过一对电极板 1、6 和上、下冲模 2、5 向压模 3 内粉末 4 直接通入高频或中频交流和直流叠加电流。靠火花放电和通过粉末和压模的电流来加热粉末。粉末在高温下处于塑性状态，通过冲压及高频电流形成的机械脉冲波联合作用，在数秒钟内就能完成烧结致密化过程。

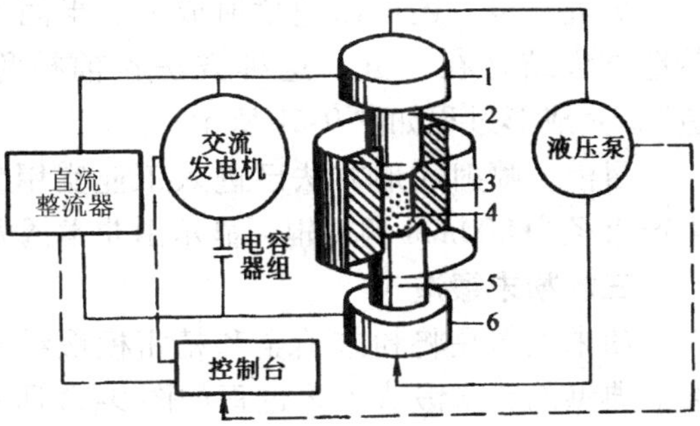

图 9-18　电火花烧结原理
1、6—电极板　2、5—冲模　3—压模　4—粉末

电火花烧结的工艺特点是成形压力低、烧结时间短、节省能源、模具成本低、加工方便、对粉末原料种类的限制小。用电火花烧结工艺制成的材料晶粒细小、致密度高，其物理、化学和力学性能好。

### 二、喷射成形

喷射成形是将雾化法制备粉末、成形和烧结结合在一起的一种成形工艺。图 9-19 是采用喷射成形制备金属陶瓷的原理。由图可以看出，喷射成形装置可以分成三大部分，即金属或合金保温炉、喷射成形室和陶瓷粉粒供给罐。其工作原理是利用高压、高速气体，将金属或合金液雾化，同时与陶瓷粉粒充分混合均匀，直接喷射入成形模具之中，再经过挤压、加热烧结成所需的制品。利用上述方法成坯到最后成形，需要两个分离的工艺过程，后又发展成一步成形的工艺，如图 9-20 所示。在喷射成形室内装有模压或挤压装置，喷射过程完毕的瞬时直接成形，这种方法可以使工艺流程缩短。

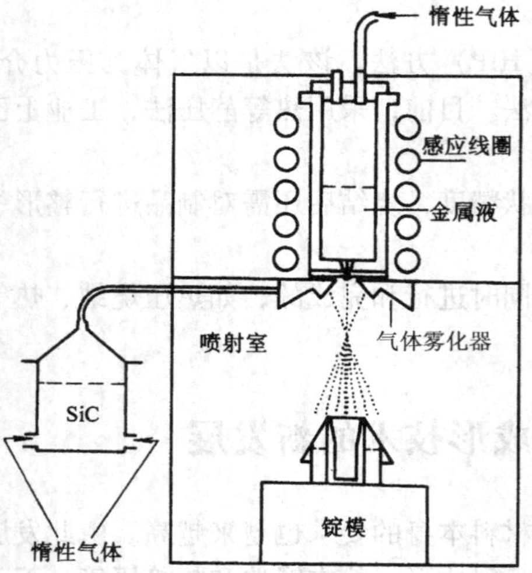


图 9-19　喷射成形工艺过程原理

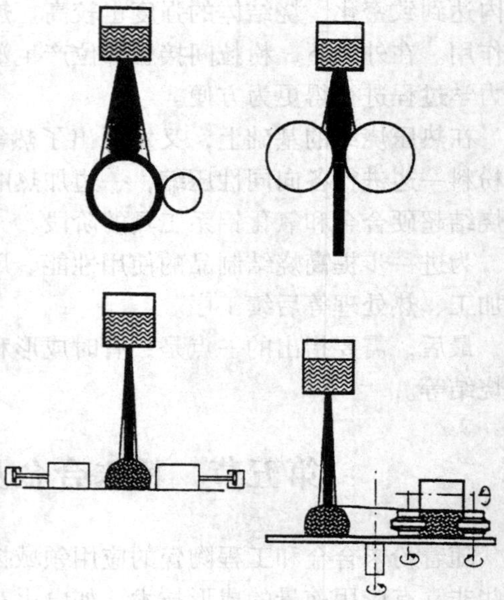

图 9-20　一步喷射成形工艺

更进一步，还可以把喷射成形、半固态铸造和连续铸造方法结合在一起，这种方法目前被称为“带核铸造”，其成形过程如图 9-21 所示。

目前，喷射成形方法已进入工业实用化阶段，对于生产直径为 800mm 的轧辊，显示出非常诱人的前景。

## 三、粉末锻造

粉末锻造是将粉末冶金和精密模锻结合在一起的工艺。典型的粉末锻造工艺过程如图 9-22 所示。由图还可以看出，粉末锻造工艺还可以进一步分为粉末冷锻、锻造烧结、烧结锻造和粉末锻造。粉末锻造的优点是能源消耗低，材料利用率高，制品尺寸精度高，力学性能好，内部组织无偏析，且各向同性。与普通模锻相比的具体优点示于表 9-2。粉末锻造的产品已广泛应用于汽车工业和运输机械行业。

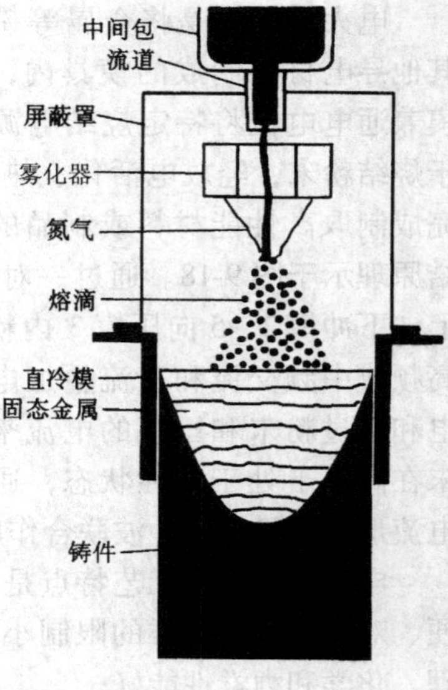


图 9-21　“带核铸造”示意

## 四、热挤压

热挤压是指将粉末在较高温度下挤压成尺寸规则的形材制品的过程。目前发展出了三种

表 9-2　粉末锻造与普通模锻件特性对比

| 对比项目 | 普通模锻 | 粉末锻造 |
|---|---|---|
| 100mm 的尺寸精度 | ±1.5mm | ±0.2mm |
| 制品质量波动 | ±3.5mm | ±0.5mm |
| 初加工毛坯材料利用率 | 70% | 99.5% |
| 制品材料利用率 | 45% | 80% |

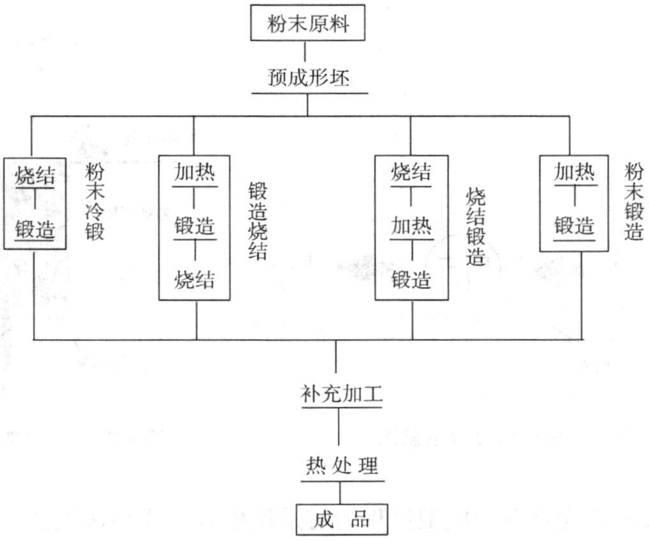


图 9-22　粉末锻造工艺流程

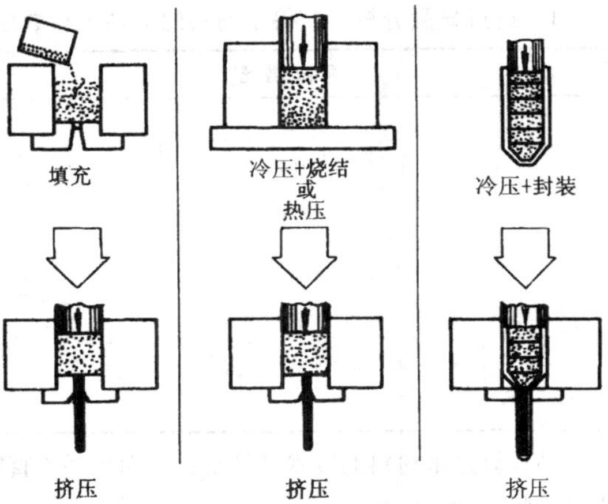


图 9-23　三种热挤压工艺示意

热挤压方法（图 9-23）。第一种方法是将松散粉末放入加热的挤压室内，直接对粉末挤压成形；第二种方法是首先在冷态模压成形，然后将压制成形的坯块放入挤压室，进行热挤压；第三种方法是采用压制的方法或不采用压制的方法，将粉末封装在金属外壳中，然后在挤压室内完成热挤压过程。采用这种工艺方法，可以获得气孔率接近于零的制品，其效果可以同热等静压相比。这种方法的缺点是只能获得形状极为简单的形材，如圆、椭圆、矩形等。为解决这一问题，后来又发展了一种被叫做“填坯”热挤压技术。例如，欲制备一个“T”字形的形坯（图 9-24），先在金属封套内用低碳钢粉末造型，形腔尺寸应按挤压比大小放出“缩尺”，然后将欲挤压的粉末放入型腔，封装后即可进行热挤压操作，最后通过溶解的方法去除金属封套及低碳钢粉末填料，便完成了整个操作过程。

最后，值得一提的是激光快速成型技术。其中一种技术被称为选区激光烧结，其工作原理如图 9-25 所示。成型过程开始时，铺粉滚筒将粉均匀地铺在加工平面上，激光束在计算机控制下通过扫描器以一定的速度和能量密度进行扫描，激光束扫过之处，粉末便被烧结，形成一定厚度的实体片层，未扫过的地方仍是松散的粉末；随后，成型活塞下移一定的距离，铺粉滚筒再次将粉铺平后，激光束开始依设计零件第二层的信息扫描，激光束扫过之后，所形成的第二个片层被烧结在第一层上。如此反复，便形成了一个三维实体。

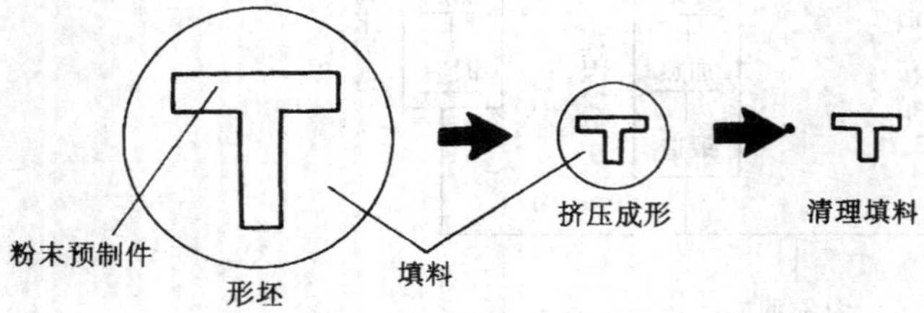


图 9-24 “填坯”热挤压过程示意图

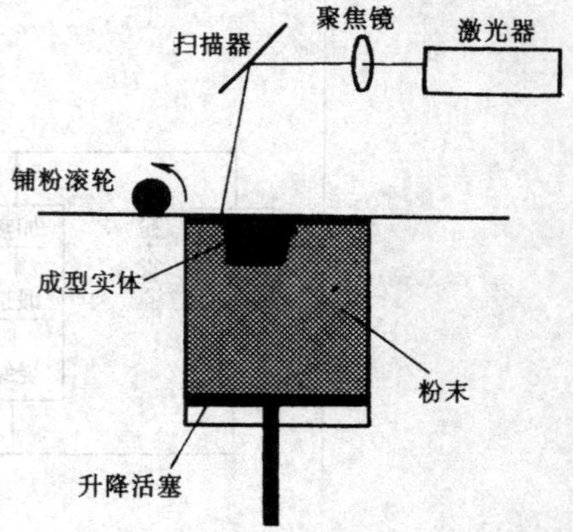


图 9-25 选区激光烧结成型示意

选区激光烧结技术的优点在于成型过程无需采用模具，成型速度高，成本低廉，烧结原料选材广泛，适于成型复杂结构的零件，且产品的造价几乎与产品的批量无关。

## 思考与练习

1. 通过显微分析，获得了粉料的下列分布数据：

| 颗粒数量 | 颗粒直径/（μm） |
|---|---|
| 5 | 1~5 |
| 15 | 6~10 |
| 11 | 11~15 |
| 20 | 16~20 |
| 30 | 21~30 |
| 35 | 31~40 |
| 8 | 41~50 |

请计算这批粉料的算术平均直径、面积平均直径、体积-面积比平均直径，讨论它们之间的区别，并给出这批粉料的分布特征。

（注：算术平均直径：$d_{av}=\sum nd/\sum n$；面积平均直径：$d_s=\sqrt{\sum nd^2/\sum n}$；体积-面积比平均直径：$d_{vs}=\sum nd^3/\sum nd^2$。其中，$n$ 表示颗粒的数量；$d$ 表示颗粒直径；$\sum$ 表示求和）

2. 讨论成形厚大尺寸粉末冶金结构件时，双向压制、等静压和粉浆浇注的优缺点。
3. 试解释球形粉料压制后压坯密度不能显著提高的原因。
4. 压制坯料时辅以震动，有利于提高压坯密度。请解释震动对大件更有效，还是对小件更有效？

5. 大气中的氧或氮通过扩散，可与粉末合金中的溶质原子反应，形成氧化物或氮化物粒子。若这一过程发生在烧结期间，压坯密度将怎样影响到反应的程度？

6. 高温烧结的主要驱动力是什么？试述烧结温度对整个烧结工艺的影响有哪些？

7. 试总结教材中各种陶瓷及粉末合金成形新技术各自的特点及适宜的应用场合。

# 第十章　塑料成型技术

塑料不仅来源丰富，成本低廉，而且具有密度小、比强度高、绝缘性能好、化学稳定性高、减振和耐磨等优点。塑料在现代化工业和日常生活中得到了日益广泛的应用，在材料成型工程中的地位也日趋显要。因为塑料的组成、结构和性能与金属不同，所以其成型理论、成型方法及其成型用模具都与金属的有很大差别。

## 第一节　塑料的组成、分类及主要成型方法

### 一、塑料的组成及结构特点

塑料是以树脂为主要成分的高分子材料。树脂分为天然树脂和合成树脂两大类，塑料多采用人工合成的合成树脂。合成树脂相对分子质量很大，化学上称之为聚合物。为了改善性能，满足成型及使用要求，必须在聚合物中添加一定数量的稳定剂、填充剂、增塑剂、润滑剂、着色剂、固化剂等助剂。因此，可以认为塑料是一种聚合物和某些助剂结合成的高分子混和物。

低分子化合物单体经过聚合反应转变成大分子物质，其原子以共价键的方式形成大分子结构，相对分子质量一般不低于 $10^4$。例如，聚乙烯就是由许多个乙烯单体分子经聚合反应生成的，其反应式为

$$N\mathrm{CH_2=CH_2} \xrightarrow{\text{聚合反应}} \left[\mathrm{CH_2—CH_2}\right]_N \tag{10-1}$$

式中，$N$ 是聚合物所含结构单元的数量，称为聚合度。$N$ 值越大，聚合物分子的相对分子质量越高。聚合物相对分子质量具有多分散性，即同一聚合物体系内各个大分子的相对分子质量会因聚合度不同而有差异，这个差异与聚合反应时的各种工艺因素有关。

聚合物大分子基本都呈长链状结构，犹如一根细丝，十分容易弯曲，成卷曲状，彼此间互相交缠，如图 10-1 所示。大分子中的各单体常由 C—C 键连结在一起。C—C 键彼此连接时有一定的角度，这个角度在外力作用下能增大或减小；C—C 键还可以自由旋转。这两种特性被称为聚合物的柔顺性，导致其具有一定的柔软性和弹性。聚合物的链状结构可分为线型结构、支链型（树枝型）结构和体型（网状）结构三种类型，如图 10-2 所示。

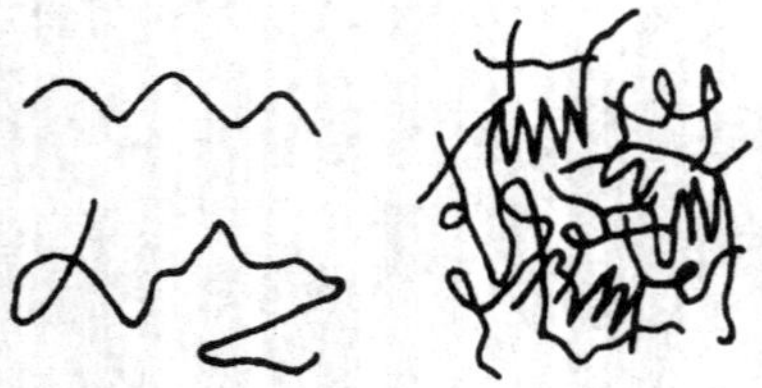

a)　　b)

图 10-1　大分子的长链结构

a）大分子键　b）大分子链的交缠

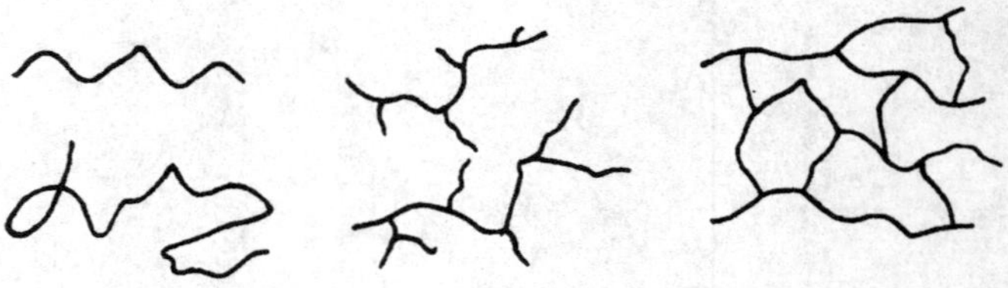

a)　　b)　　c)

图 10-2　大分子链结构的类型

a）线型大分子　b）支链型大分子　c）体型大分子

## 二、塑料的分类

按制造方法，塑料可分为聚合树脂塑料和缩聚树脂塑料两类；按成型性能，塑料可分为热塑性塑料和热固性塑料两类，前者主要由聚合树脂制成，后者大多以缩聚树脂为主。常用的塑料名称及英文代号如表10-1所示。此外，按用途，塑料还可分为通用塑料、工程塑料和特殊用途塑料等。

表10-1　常用的塑料名称及英文代号

| 塑料种类 | 塑料名称 | 代　号 |
|---|---|---|
| 热塑性塑料 | 聚乙烯（高密度、低密度） | PE（HDPE，LDPE） |
| | 聚丙烯 | PP |
| | 聚苯乙烯 | PS |
| | 丙烯腈-丁二烯-苯乙烯共聚物 | ABS |
| | 聚甲基丙烯酸甲酯（有机玻璃） | PMMA |
| | 聚苯醚 | PPO |
| | 聚酰胺（尼龙） | PA（N） |
| | 聚砜 | PSF |
| | 聚氯乙烯 | PVC |
| | 聚甲醛 | POM |
| | 聚碳酸酯 | PC |
| 热固性塑料 | 酚醛 | PF |
| | 脲醛 | UF |
| | 三聚氰胺甲醛 | MF |
| | 环氧 | EP |
| | 不饱和聚酯 | UP |

热塑性塑料的特点是受热后软化或熔融，冷却后固化，再加热仍可软化。这类塑料分子呈线型或支链型结构，受热后具有可塑性。热固性塑料在开始受热时可以软化或熔融，一旦固化就不会再软化，即使加热到接近分解的温度也无法软化，而且也不会溶解到溶剂中。这类塑料在加热开始时也具有线型或支链型结构，但受热后逐渐结合成体型结构。

## 三、塑料的可加工性及主要成型方法

如图10-3所示，随着温度升高，聚合物将呈现玻璃态、高弹态、粘流态三种状态。图中$\Theta_g$称为玻璃化温度，是聚合物从玻璃态转变为高弹态的临界温度；$\Theta_f$称为粘流温度，是聚合物从高弹态转变为粘流态的临界温度；$\Theta_m$称为熔点，是结晶聚合物的熔融温度（完全结晶的聚合物在$\Theta_g \sim \Theta_m$区间不显高弹态）；$\Theta_d$称为热分解温度，是聚合物在高温下开始分解的临界温度。玻璃态是塑料的使用状态，$\Theta_g$是衡量制品使用范围的重要标志之一，$\Theta_g$越高，制品对环境温度的适应性越强；$\Theta_f$（$\Theta_m$）和$\Theta_d$可用来衡量塑料的注射成型性能，$\Theta_f$（$\Theta_m$）低时，有利于熔融，生产时热能消耗小；$\Theta_f$（$\Theta_m$）$\sim \Theta_d$温度区间大时，塑料熔体的热稳定性好，可在较宽的温度范围内变形和流动。

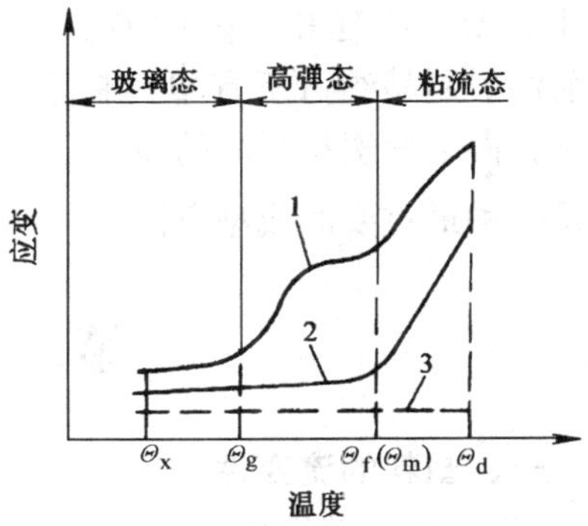


图10-3　聚合物的物理状态与温度的关系
1—线型非结晶聚合物
2—线型结晶聚合物　3—金属

塑料在玻璃态时呈坚硬固体状，弹性模量和力学性能较高，在外力作用下能发生很小的弹性变形（服从胡克定律）。此时，塑料可进行车、铣、刨、磨等切削加工，具有机械加工性能。塑料在高弹态时，弹性模量显著减小，形变能力增强。对于无定形塑料，在靠近 $\Theta_f$ 的区域，材料粘性很大，某些塑料可进行真空成型、压延和弯曲成型等，此时的变形是可逆的（不服从胡克定律），在加工中把制品迅速冷却到 $\Theta_g$ 以下的温度是这类材料成型的关键。对于结晶型塑料，当外力大于材料屈服点时，可在 $\Theta_g \sim \Theta_m$ 区域内进行薄膜或纤维的拉伸，塑料具有可延展性。塑料在粘流态时，弹性模量降低至最低值，较小外力就能引起熔体宏观流动，在此阶段，塑料具有可挤压性和可模塑性。

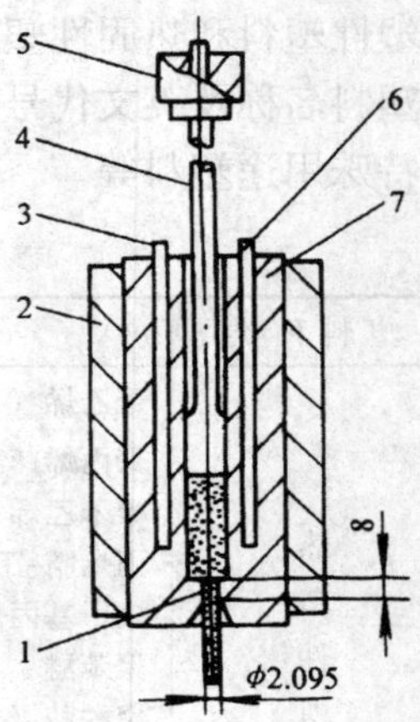


图 10-4　熔体指数测定仪

1—出料孔　2—保温层　3—加热器　4—柱塞　5—重锤　6—热电偶测温管　7—料筒

粘流态塑料在挤压力作用下进行变形和流动的能力称为可挤压性。如图 10-4 所示，用定温下 10min 内从熔体指数测定仪出料孔中挤出的熔体质量来表示熔体流动指数（简称熔体指数）。一般说来，熔体指数越大，塑料的可挤压性越好。

在一定的温度和压力作用下，塑料在模具中成型的能力称为可模塑性。生产中广泛应用图 10-5 所示螺旋流动试验来测定和评价塑料的可模塑性。熔体在注射压力作用下，从模具中部进入阿基米德螺线形的槽沟中流动，熔体冷却并硬化为螺旋线状固体。螺线的长度（单位：cm）变化反映了熔体流动性的差异。一般来说，螺线越长，塑料在螺槽中的流动变形能力越强，可模塑性就越好。

塑料的成型方法很多，其中主要有：注射（塑）成型、挤出成型、压缩成型、压注成型、压延和吹塑成型等。据统计，目前注射制品约占所有塑料制品总产量的 30%，占工程塑料制品的 80%，故注射成型是一种最重要的成型方法。

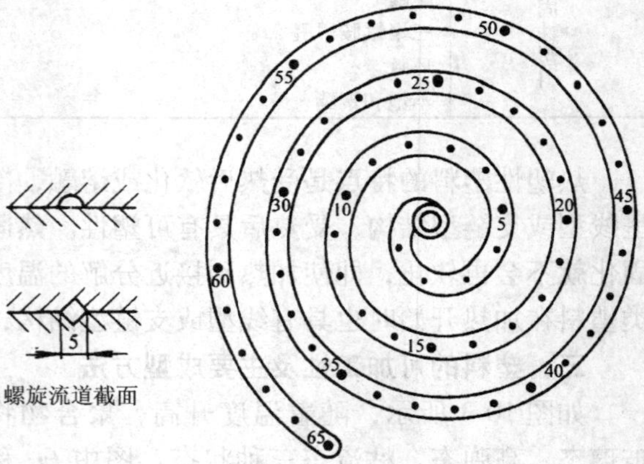


图 10-5　螺旋流动试验简图

## 第二节　塑料成型理论基础

### 一、塑料的流变性

1. 牛顿流动规律

牛顿在研究液体流动时发现，温度一定时，低分子液体流动时的切应力 $\tau$ 与切应变速率 $\dot{\gamma}$ 成比例，即

$$\tau = \eta \frac{d\gamma}{dt} = \eta\dot{\gamma} \tag{10-2}$$

式中　$\eta$——剪切粘度（简称粘度）（Pa·s）。

由图 10-6 的层流模型有

$$\frac{\mathrm{d}v}{\mathrm{d}r}=\frac{\mathrm{d}\left(\mathrm{d}x/\mathrm{d}t\right)}{\mathrm{d}r}=\frac{\mathrm{d}\left(\mathrm{d}x/\mathrm{d}r\right)}{\mathrm{d}t}=\frac{\mathrm{d}\gamma}{\mathrm{d}t}$$

故牛顿流动规律可写成

$$\tau=\eta\dot{\gamma}=\eta\frac{\mathrm{d}v}{\mathrm{d}r} \tag{10-3}$$

凡符合上式的流体称为牛顿型流体，比例常数 $\eta$ 称为牛顿粘度，它是流体本身所固有的性质，其数值表征了流体抵抗外力引起流动形变的能力。以切应力 $\tau$ 或粘度 $\eta$ 对切应变速率 $\dot{\gamma}$ 作图所得的曲线称为流体的流动曲线或流变曲线，它们是确定塑料成型工艺条件的重要依据。

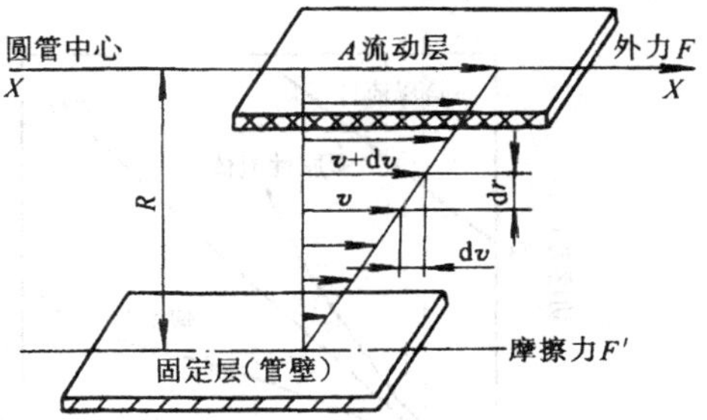


图 10-6　层流流速分布模型

牛顿流体的流动曲线具有如下特点：

1）$\tau$-$\dot{\gamma}$ 曲线是一条通过坐标原点的直线，直线的斜率为牛顿粘度 $\eta$。

2）$\eta$-$\dot{\gamma}$ 曲线是一条平行于坐标轴 $\dot{\gamma}$ 的直线，这表明牛顿粘度 $\eta$ 为常数，不随剪切速率 $\dot{\gamma}$ 的变化而变化。

3）牛顿流体的应变是不可逆的，应力解除后，形变将永远保持下去，这是纯粘性流动的特点。

在塑料熔体中，聚碳酸酯（PC）、聚酰胺（PA）等少数几种熔体的粘度对切应变速率不敏感，可近似为牛顿流体。然而，绝大多数塑料熔体只是在切应力很小或很大时才表现为牛顿流体。这些塑料熔体在通过模具浇注系统和注入模腔时表现出的流动行为与牛顿流体不符。这些与式（10-3）不符的流体称为非牛顿流体。

2. 指数流动规律与表观粘度

在塑料成型中，大多数塑料熔体都是非牛顿流体，它们中大多数都近似服从指数流动规律，即有

$$\tau=K\dot{\gamma}^{n}=K\left(\frac{\mathrm{d}v}{\mathrm{d}r}\right)^{n} \tag{10-4}$$

式中　$K$——与聚合物和温度有关的常数，反映熔体的粘稠性，称为稠度系数或简称为稠度；

$n$——与聚合物和温度有关的常数，反映熔体偏离牛顿性质的程度，称为非牛顿指数。

与牛顿指数规律相比较，上式可改写为

$$\tau=\eta_{a}\dot{\gamma} \tag{10-5}$$

$$\eta_{a}=K\dot{\gamma}^{n-1}$$

$\eta_a$ 称为聚合物熔体的表观粘度（或非牛顿粘度）。就其力学性能而言，它表征的是非牛顿流体（服从指数流动规律）在外力作用下抵抗切变形的能力。$\eta_a$ 除与流体本身性质以及温度有关外，还受切应变速率影响，外力大小及作用的时间也能改变流体的粘稠性。

在聚合物流变学理论中，凡服从指数流动规律的非牛顿流体统称为粘性液体。根据 $n$ 值

的取值范围可将粘性液体分为三类：当 $n<1$ 时，称为假塑性液体；当 $n>1$ 时，称为膨胀性液体；当 $n=1$ 时，但只有切应力达到或超过一定值后才能流动的，称为宾哈母（Bingham）液体。

图 10-7 和图 10-8 显示了不同类型流体的流动曲线和流变曲线。假塑性流体是非牛顿流体中最普通、最常见的一种。绝大多数聚合物熔体与溶液的流动都接近于假塑性流体。假塑性流体的切应力与切应变速率曲线在弯曲的起始阶段有类似塑性流动的行为，其粘度与切应变速率曲线偏离牛顿流体曲线向下弯曲，粘度随切应变速率的增大而降低。

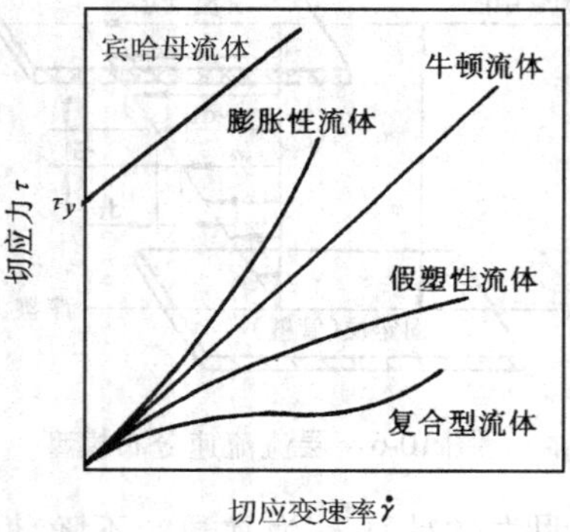


图 10-7 不同类型流体的流动曲线

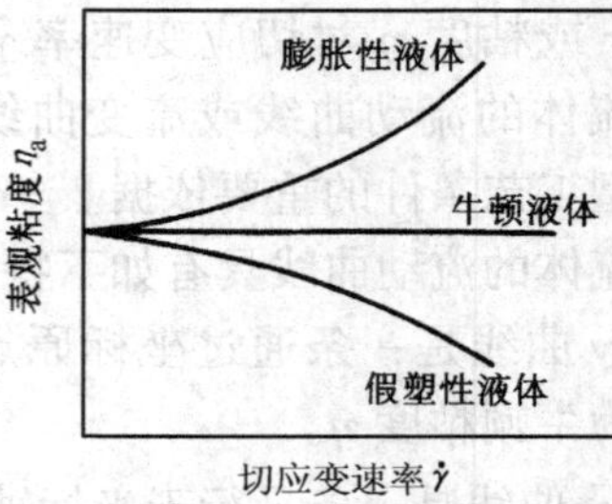


图 10-8 不同类型流体的流变曲线

3. 影响塑料流变学性质的因素

粘度是描述塑料熔体流变行为最重要的量度。对于牛顿流体，其牛顿粘度 $\eta$ 为一个不变的常量。对于非牛顿流体，其表观粘度 $\eta_a$ 受多种因素的影响。下面分别讨论聚合物结构、温度、压力和剪切速率等因素对粘度的影响。

（1）聚合物结构和其他组分的影响　聚合物相对分子质量越大，熔体的粘度和非牛顿性增大。相对分子质量分布较宽的聚合物，其粘度对剪切速率的敏感性较大，非牛顿性也较强。所谓相对分子质量分布宽，是指聚合物相对分子质量的变化区域大。

在聚合物中加入有限的增塑剂和润滑剂等液体助剂时，削弱了分子间的作用力，熔体的粘度降低、流动性增大。而在聚合物中加入固体填料时，一般会使粘度增大，流动性降低。

（2）温度的影响　图 10-9 显示了五种塑料熔体表观粘度随温度升高而降低的趋势。一般而言，在粘流态，热塑性塑料熔体的粘度随温度升高而呈指数规律降低，但不同熔体粘度对温度的敏感程度不同。

（3）压力的影响　图 10-10 显示了五种塑料的粘度对压力的依赖关系。由图中可见，随外部压力增大，熔体受压缩体积减小，分子间作用力增加致使粘度也随之增大。由于塑料熔体的压缩率不同，不同熔体的粘度对压力的敏感性也不相同。

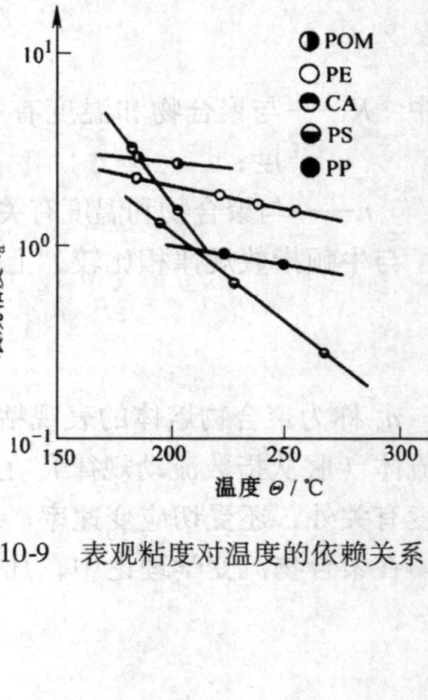


图 10-9 表观粘度对温度的依赖关系

在塑料正常加工温度范围内，增加压力和降低温度对粘度的影响有着相似性。生产中通过改变压力或温度都能获得相同粘度变化的效应被称为压力-温度的等效性。

（4）切应变速率的影响　塑料熔体的一个显著特征是具有非牛顿性，其表观粘度 $\eta_a$ 随切应变速率或切应力的增大而减小，不同种类的塑料对切应变速率的敏感性不同。

在塑料成型中，可以通过调整切应变速率（或切应力）来改变熔体的粘度，但只有粘度对切应变速率敏感性适度时才会有好的效果。如图 10-11 所示，当切应变速率为 100 ~ 400$s^{-1}$时，由于粘度对切应变速率过于敏感，很难保证稳定生产。在这种情况下，宁可选择粘度对切应变速率不太敏感的区域成型更为合适。

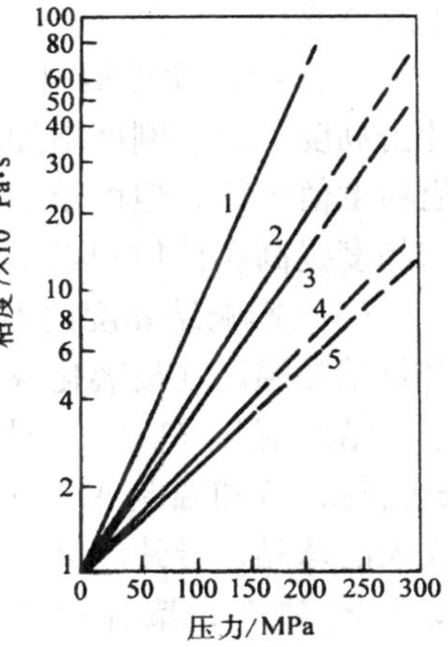


图 10-10　粘度对压力的依赖性
（应力与温度恒定）
1—有机玻璃（PMMA）
2—聚丙烯（PP）
3—低密度聚乙烯（LDPE）
4—尼龙 66（PA66）
5—共聚甲醛（POM）

图 10-12 以假塑性流体为例，示意说明了相对分子质量、填充剂、增塑剂（或溶剂）、温度和压力增加时粘度变化的趋势。由图中可见，在实际生产中，要使塑料熔体有一个合适的粘度值，必须考虑这些因素的综合影响。

## 二、塑料成型过程的物理和化学变化

### 1. 聚合物的结晶

（1）结晶的概念　聚合物分为结晶聚合物和非结晶聚合物两大类。通常，分子结构简单、对称性高的聚合物或一些分子链节虽然较大，但分子间作用力也很大的聚合物从高温向低温转变时都能结晶。聚合物结晶态与低分子物质结晶态有很大区别，主要表现有晶体不整齐、结晶不完全、结晶速度慢、没有明晰的熔点等。聚合物结晶的不完全性，通常用结晶度来表示。结晶度是指聚合物晶体

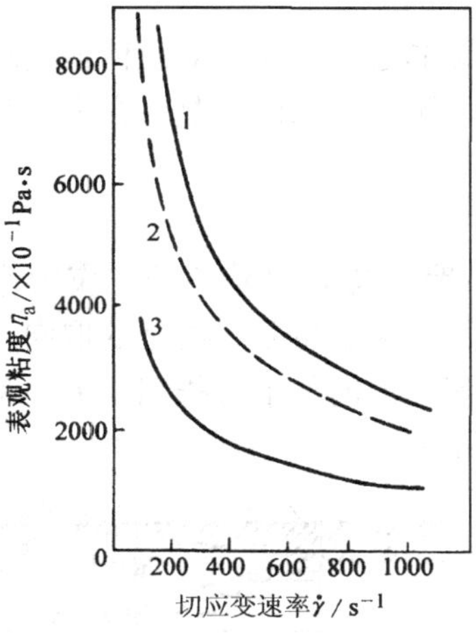


图 10-11　粘度与切应变速率的关系曲线
1—聚乙烯（PE，220℃）
2—聚乙烯（PE，287℃）
3—醋酸纤维素（CA，220℃）

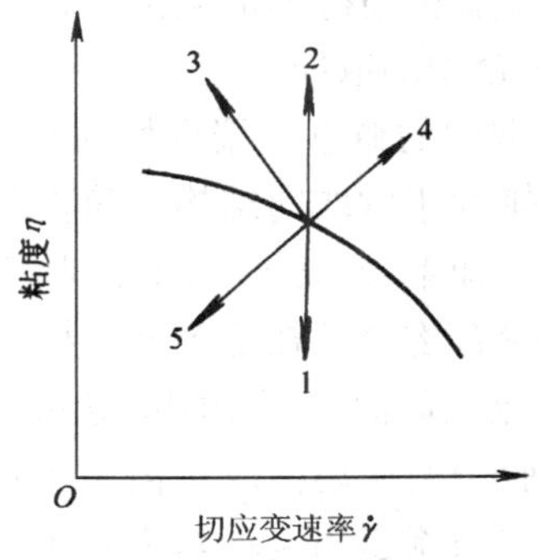


图 10-12　各种因素对粘度的影响
1—温度　2—压力　3—相对分子质量
4—填充剂　5—增塑剂

的质量与聚合物总质量之比，一般聚合物的结晶度为10%～60%。结晶型聚合物的熔化是在比较宽的温度范围内完成的，完全熔化时的温度称为熔点。聚合物熔体冷却结晶时，通常生成球晶。

（2）结晶度对塑料制品的影响　一般而言，结晶度高的聚合物密度大，抗拉强度高，冲击韧度下降、刚度增加、热变形温度提高。结晶度提高会增加制品的致密性，使制品表面粗糙度值降低，但由于结晶时形成的球晶会引起光波散射，致使制品的透明度降低。此外，结晶度提高会使体积减小，收缩量增大，在制品内产生较高的附加应力而引起制品的翘曲。

（3）影响结晶度的因素　图10-13显示了结晶速度与温度之间的关系。由图中可见，聚合物结晶温度在玻璃化温度$\Theta_g$和熔融温度$\Theta_m$之间，其中存在一个最高的结晶速度$v_{max}$和相应的结晶温度$\Theta_{vmax}$。若熔体温度一定，当模具温度接近于$\Theta_{vmax}$时，冷却温差$\Delta\Theta$较小，冷却速度慢，在制品中容易形成大的球晶，导致制品变脆并使生产周期加长。若模具温度低于$\Theta_g$很多，聚合物分子链在骤冷中来不及结晶，制品表层形成过冷体而中心产生微晶结构，成型后仍然会继续结晶，这会使制品的力学性能和尺寸形状发生改变。因此，在塑料成型过程中最好采用中等冷却速度，将模具温度控制在$\Theta_g$与$\Theta_{vmax}$之间。这样的冷却速度能保证晶体生长好，结晶较完整，结构较稳定。

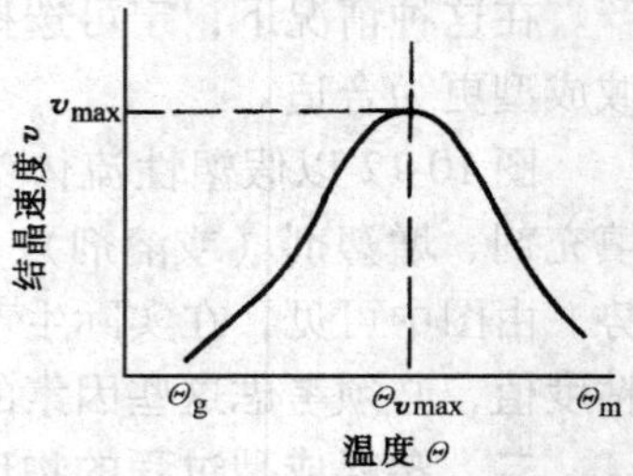

图10-13　结晶速度与温度的关系

熔融温度低、时间短会导致残存晶核较多，结晶速度快，晶体尺寸小而均匀，有利于提高制品的力学性能。

熔体压力提高，剪切作用加强，都会加速聚合物的结晶过程。应力对晶体的结构和形态也有影响，低压下生成大而完整的球晶，高压下生成小而不很规则的球晶。在大剪切力作用下，大球晶会被粉碎形成微细晶核，从而形成均匀微晶。

2．聚合物的取向

（1）取向的概念　聚合物的大分子及其链段或结晶聚合物的微晶粒子在应力作用下形成的有序排列叫做取向结构，简称取向。塑料在成型过程中会发生不同类型的取向。一种是流动取向，即聚合物分子和纤维状填料在剪切流动时沿流动方向作平行排列；另一种是拉伸取向，即聚合物分子在受到外力拉伸时沿受力方向平行排列。

（2）流动取向　图10-14显示了无定形塑料熔体在模具型腔中的流动情况。由图中可见，在模腔内不同区域熔体的流速和流动阻力是不均匀的。从浇口进入型腔后，压力逐渐降低，熔体的速度梯度由浇口处的最大值逐渐降低到前沿的最小值，故熔体前沿区域的分子取向程度低。另外，凝固层处的速度梯度最大，中心层处的速度梯度最小，靠近凝固层的熔体受到的剪切作用最强，取向程度最大。从图中还可见，由于模壁处前沿熔体的速度为零，而后面的熔体要推动前沿熔体向前移动，于是熔体从前沿中心到模壁产生了径向流动，这种流动被称为“喷泉效应”。图10-15显示了注射成型矩形长条试样时在横断面和纵断面上聚合物分子取向的分布情况。从轴向纵断面分子取向分布图中可见，取向程度最大的区域不在浇口

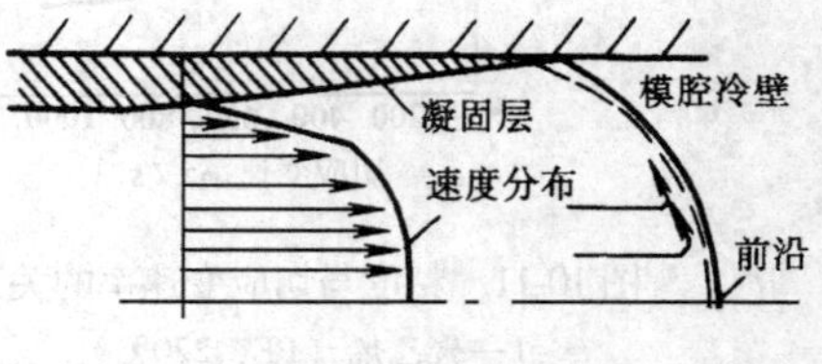

图10-14　无定形塑料熔体在模具型腔中的流动

处，而在距浇口不远的位置上。这是因为熔体进入型腔后最先充满此处，故有较长的冷却时间，冻结层厚，分子在这里受到的剪切作用大，取向程度也最高。为了改变塑料制品的性能，在聚合物中有时要加入一些填料。对于薄壁制品，填料的取向与熔体流动方向是一致的。

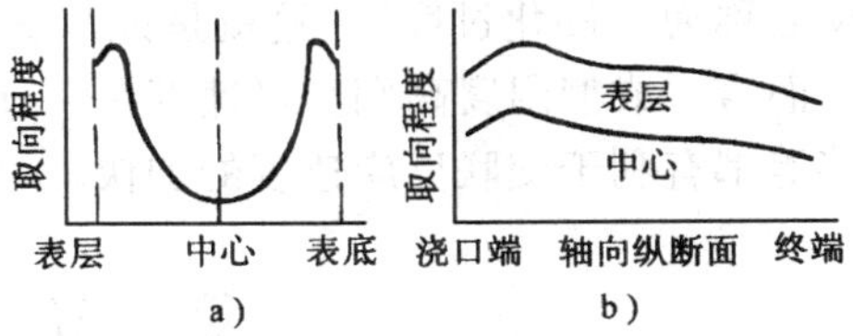

图 10-15　注射成型矩形长条试样时分子的取向分布
a) 横断面　b) 轴向纵断面

(3) 拉伸取向　在塑料拉伸过程中，塑性拉伸能够获得高的取向程度和稳定的取向结构。在粘流拉伸时（如纺丝和吹塑），在应力作用下聚合物分子的取向效应和高温下解除取向的效应都很明显，迅速冷却塑料熔体可获得有效的取向结构。粘流拉伸引起的取向和剪切流动中取向的区别是，粘流拉伸时，引起取向的为拉应力，速度梯度在拉伸方向上，而剪切流动时引起取向的为切应力，速度梯度在垂直于熔体流动的方向。

(4) 取向对制品性能的影响　取向使制品产生明显的各向异性。其不利的一面是增加了制品翘曲的可能性，对于结构复杂的制品应尽可能使聚合物的取向现象减少；其有利的一面是制品受力方向与取向方向一致可改善制品质量。结晶型塑料分子取向有利于提前结晶，随着取向程度的提高，制品密度和强度都相应提高，而伸长率则相应降低；对于无定型塑料，沿取向方向制品力学性能明显提高，而垂直于取向方向的力学性能明显降低。此外，取向程度的提高会使线收缩率增加，线膨胀系数也会随之发生变化。一般在垂直于流动方向上的线膨胀系数约比取向方向大 3 倍。

(5) 影响取向的因素　影响取向的因素很多，主要有：塑料熔体的加工温度，提高加工温度有助于产生解除取向效应；聚合物分子的松弛时间，结晶型塑料松弛时间短，容易使取向冻结，其取向程度高于无定形塑料；模具温度低使熔体冷却速度加快，冻结取向效应提高；塑料比热容大、热导率低会降低熔体的冷却速度，有利于取向的解除；注射压力可提高熔体的切应力和剪切速率，有助于分子的取向；大浇口冷却慢、浇口封闭晚，取向作用加强；快速充模使制品表面层分子取向增高，中心部位取向减弱。

3. 聚合物的降解

聚合物相对分子质量降低的现象称为聚合物的降解。塑料成型过程中，聚合物分子受到热和应力的作用或者微量水分、酸、碱等杂质及空气中氧的作用会使相对分子质量降低，大分子结构改变而产生降解的化学变化。聚合物的降解是有害的，轻者使聚合物变色、重者制品出现气泡和流纹，更严重的会使聚合物焦化变黑。对塑料的成型而言，热降解是主要的。所谓热降解是指聚合物在高温下受热时间过长，发生变色和分解等现象。

在工业生产中，减少和避免聚合物降解常采取的措施有严格控制原材料；使用前对塑料进行干燥；合理控制加工温度；采用结构良好的成型加工设备和模具；当加工温度高时，使用抗氧化剂、热稳定剂等助剂以加强聚合物对降解的抵抗能力。

4. 聚合物的交联

聚合物成型过程中形成网状结构的反应称为交联。压缩和压注法生产热固性塑料制品就是典型的交联反应。和线形聚合物相比，体型聚合物的力学强度、耐热性、化学稳定性和形状稳定性均有所提高，故通过交联反应生成的体型聚合物有着广泛的应用。加工热塑性塑料时，加工条件不当或原料不纯也可能产生交联反应，这是非正常的，应力求避免。

在生产中，习惯上将交联一词用“硬化”代替。交联反应程度过低称为“硬化不足”、反之称为“硬化过度”。这就是说，交联反应应该适度，交联反应程度不宜过高或过低。一般而言，成型温度高则交联速度快，硬化时间长则交联反应程度高。加工过程中的流动、搅拌等都有利于交联反应速度的加快。

## 第三节　注射成型及其模具

### 一、注射成型过程

图 10-16 是注射成型过程的示意图。注射成型时，首先将松散的粉状或粒状物料从料斗送入高温机筒内加热熔融塑化使之成为粘流态熔体，然后在柱塞或螺杆的高压推动下以很大的流速通过喷嘴注射进入温度较低的闭合模具中。熔体在压力作用下充满型腔并被压实，经过一段保压时间后柱塞或螺杆回程。此时，熔体可能从型腔向浇注系统倒流。冷却定型后开启模具，制品便可从模腔中脱出。可见，塑料的注射成型过程是塑料被加热熔融塑化；注射、充模、压实、保压、倒流；冷却定型的过程。

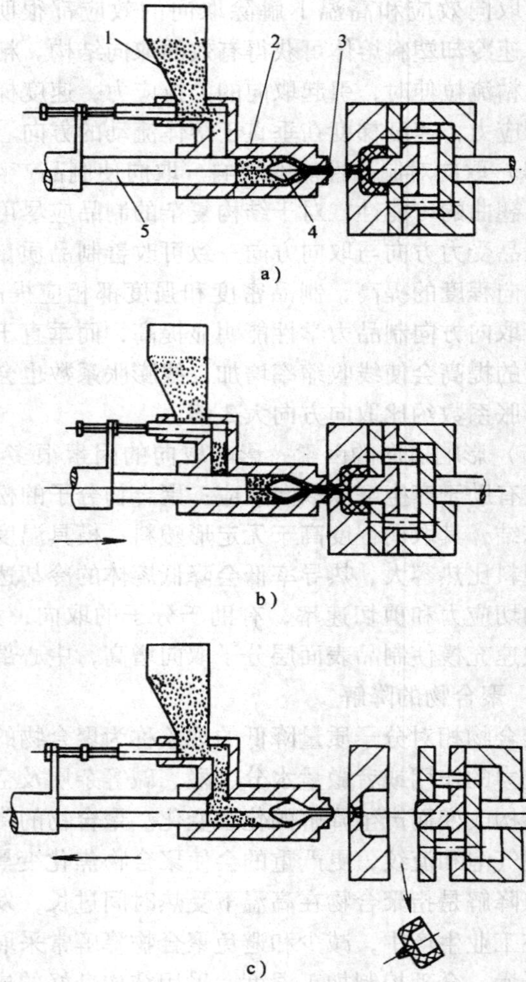

图 10-16　注射成型过程
a）加热熔融塑化　b）充模、压实、保压、倒流
c）冷却定形、脱模
1—料斗　2—机筒　3—喷嘴　4—分流锥　5—柱塞

完整的注射成型过程可分为塑化计量、注射充模和冷却定型三个阶段。塑化计量包括塑化和计量两方面内容。塑化指物料在注射机筒内经过加热、压实及混合等作用之后，由松散的粉状或粒状固态转变成连续熔体的过程。塑化的熔体必须组分均匀，密度均匀，粘度均匀和温度分布均匀才能保证其具有良好的流动性，获得高质量的塑料制品。生产中常用塑化效果和塑化能力来衡量塑化熔体质量的好坏和效率的高低。塑化效果是指塑化熔体的均化程度，而塑化能力则指注射机在单位时间内能够塑化的物料质量或体积。计量是指能够保证将熔体定温、定压、定量地注射出机筒所进行的准备动作，这些动作均需注射机控制柱塞或螺杆在塑化过程中完成。计量精度越高，获得制品的精度也越高。图 10-17 是柱塞式和普通螺杆式注射机塑化相同物料时机筒中物料和熔体的温度分布曲线。由图中可见，采用螺杆式

注射机时，喷嘴附近熔体的轴向温度变化平缓，径向温度分布均匀。这主要是因为螺杆在机筒内的旋转会对物料起强烈的搅拌和剪切作用，导致物料间进行剧烈的摩擦产生很大热量的缘故。此外，螺杆式注射机的塑化能力也比柱塞式注射机大。

如图 10-18 所示，注射成型的塑化熔体需经注射机喷嘴，模具主流道、分流道、浇口和冷料穴等区域方能注入并充满模具型腔。塑料熔体从注射机喷嘴出来之后，到达模腔之前在模具中所流经的通道或区域称为浇注系统。其作用是将熔体从喷嘴处平稳地引进模腔，在熔体充模和固化定型过程中将注射压力和保压压力充分传递到模腔的各个部位。采用上述方法成型时，浇注系统内的塑料熔体随模腔内的熔体一起固化，成型制品带有在浇注系统中固化而生成的凝料赘物。

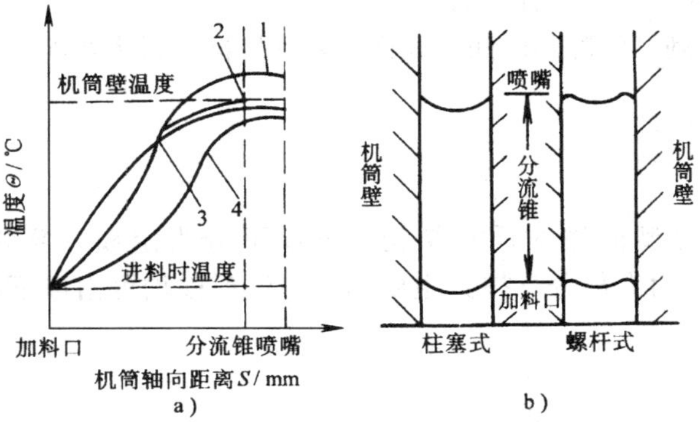


图 10-17 物料在机筒中塑化时的温度分布曲线

a）轴向温度分布 b）径向温度分布

1—螺杆式注射机（剪切作用强） 2—螺杆式注射机（剪切作用平缓）

3—柱塞式注射机（靠近机筒壁） 4—柱塞式注射机（机筒中心）

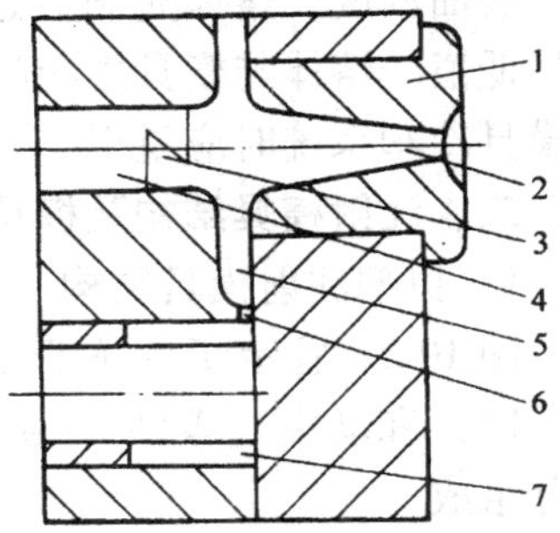


图 10-18 直浇口式普通浇注系统

1—主流道衬套 2—主流道

3—冷料穴 4—拉料杆

5—分流道 6—浇口 7—模腔

图 10-19 显示了在一个注射周期内压力随时间的变化曲线。由图中可见，在注射充模过程中压力随时间呈非线性变化。图中 $OA$ 段是塑料熔体在注射压力 $p_1$ 作用下从料筒计量室流入型腔始端的时间。在这段时间内，注射压力和喷嘴末端压力急剧上升，型腔始端压力为零，注射压力主要用来克服熔体在模腔以外的流动阻力。$AB$ 时间段熔体充满型腔，此时注射压力 $p_1$ 迅速达到最大值，喷嘴末端压力达到 $p_2$。充模时间（$t_B-t_A$）是注射过程中最重要的参数，熔体在型腔内流动的剪切速率和聚合物分子取向程度都取决于这段时间。型腔始端与末端压力差（$p_B-p_{B1}$）用于克服型腔内的流动阻力。$BC$ 时间段是熔体的压实阶段，此时注射压力 $p_1$ 主要用于对熔体进行压实，熔体进入型腔已非常缓慢。$CD$ 时间段是保压阶段，在此阶段熔体会继续流入型腔内以弥补冷却收缩而产生的空隙，此时熔体流动速度更慢，且随着模具冷却密度增大而逐渐成型。随后，螺杆（柱塞）回程，喷嘴压

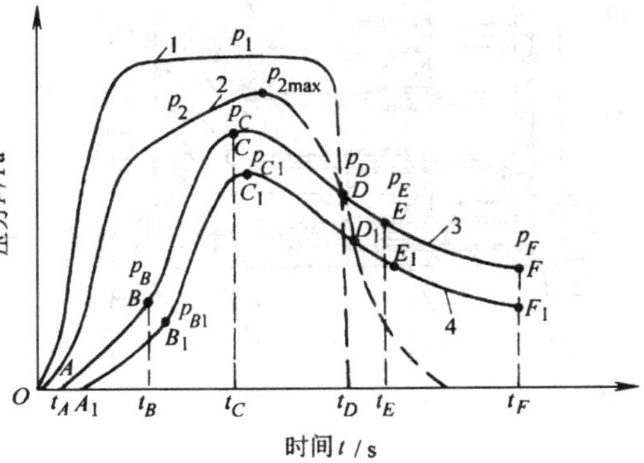


图 10-19 注射周期中压力－时间曲线

1—注射压力曲线 2—喷嘴末端的压力曲线

3—型腔始端的压力曲线 4—型腔末端的压力曲线

力迅速下降至零。此时，熔体可能在模内压力作用下向浇注系统倒流，使型腔压力从 $p_D$ 降至 $p_E$。$E$ 时刻熔体在浇口处凝固，封断流动，$p_E$ 称为封断压力。$p_E$ 及与此相应的熔体温度对制品性能影响很大。$EF$ 段称为冷却定型阶段。脱模时制品的剩余压力为 $p_F$，$p_F$ 过大会造成制品开裂、损伤和卡模。

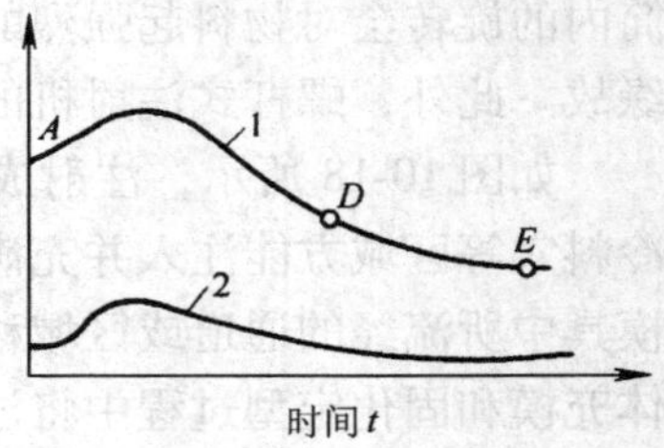

图 10-20　注射成型中的温度-时间关系曲线
1—熔体　2—模具型腔

图 10-20 为塑料熔体和模具温度随时间的变化曲线。由图中可见，当熔体流入型腔时，熔体温度稍有升高。随着保压阶段开始，熔体逐渐冷却，温度下降。熔体注入型腔时，模具型腔表面温度升高，随后受到冷却而逐渐降低。型腔表面温度在熔体充满后达到最高值，在制品脱模后降至最低值。熔体与模具之间的温差对于制品的冷却时间、表面质量和取向有很大影响，在设计模具冷却系统时应重视。

## 二、注射模具结构及模具设计

### 1. 典型注射模具结构

图 10-21 显示了一套卧式多腔单分型面注射模具结构。该模可分为定模（零件 5、11 ~ 14）和动模（零件 1 ~ 4、15 ~ 19）两大部分。按其主要功能，注射模均可由以下八大部分组成。

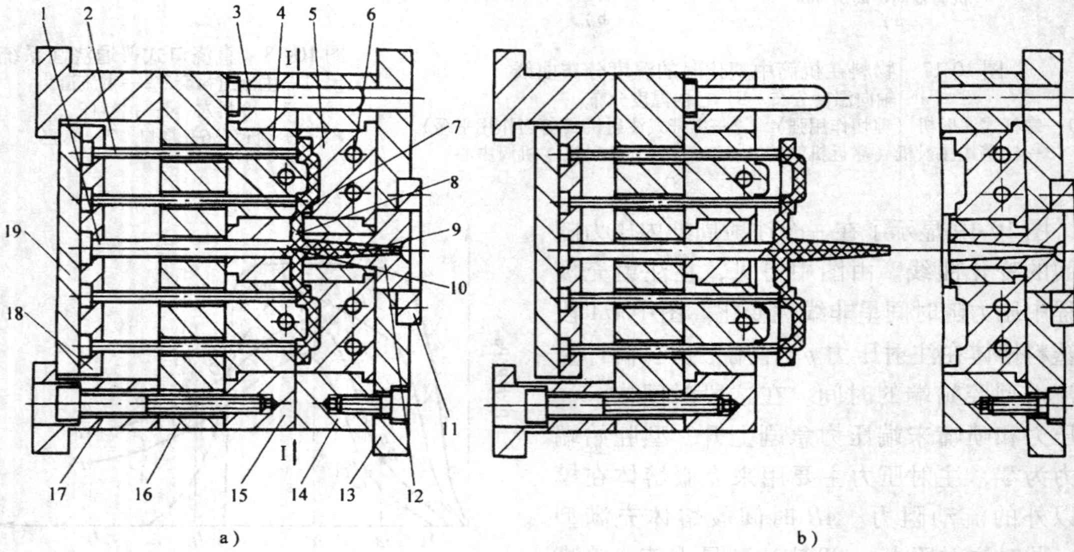

图 10-21　卧式多腔单分型面注射模
a）合模成型　b）开模顶出
1—拉料杆　2—顶杆　3—导柱　4—凸模　5—凹模　6—冷却水通道　7—浇口　8—分流道
9—主流道　10—冷料穴　11—定位环　12—主流道衬套　13—定模座（定模底板）　14—定模板
15—动模板（凸模固定板）　16—支撑板（垫板）　17—动模座　18—顶杆固定板　19—顶杆底板

（1）成型零部件（图中 4、5）　决定制品几何形状和尺寸的零部件。凸模决定制品的内形，凹模决定外形。

（2）合模导向机构（图中 3、14）　保证动、定模和其他零部件准确对合的机构。件

14 兼起导套作用。

（3）浇注系统　将注射出的塑料熔体引向闭合模腔的通道，主要包括主流道 9、分流道 8、浇口 7、冷料穴 10 及拉料杆 1。冷料穴的作用是聚集塑料熔体的前锋冷料，避免它们进入型腔影响成型质量或制品性能；拉料杆的作用除了用其顶部构成冷料穴的部分几何形状外，还起到开模时把主流道中凝料从主流道中拉出的作用。

（4）顶出脱模机构（图中 1、2、18、19）　将制品脱出模腔的装置，常用的零件有顶杆、顶管和脱模板等。

（5）侧向分型与侧向抽芯机构　见图 10-23 和图 10-26，实现在开模顶出制品之前把成型侧凹或侧孔的瓣合模块或侧向型芯从制品中脱出的侧向运动装置。

（6）排气结构　在塑料熔体充模过程中排除模腔中空气和塑料本身挥发性气体的结构，图 10-21 中未开排气槽，而是利用分型面之间的间隙排气。

（7）温度调节系统　满足注射成型工艺对模具温度要求，保证塑料熔体的充模和制品固化定型而设置的冷却或加热系统。本例中由冷却水通道 6 组成的冷却水循环回路就属于冷却模具用的温度调节系统。

（8）支承零部件（图中 13～17）　用来安装固定或支承以上七种功能结构零件的零部件。

与金属板料成形和体积成形模具比较，浇注系统、温度调节系统、侧向分型与侧向抽芯机构等三部分为注射成形模具所特有；与板料成形模具相似，根据各零部件与塑料的接触情况和作用，注射成型模中的所有零部件都可分为成型零部件和结构零部件两大类（板料成形模具中称为工艺结构零件和辅助结构零件）。

2. 注射模具分类

注射模的分类方法很多，这里主要介绍按注射机种类和按模具总体结构进行分类。

（1）按使用的注射机来分类　注射模可分为立式、卧式和直角式注射模等三类。

1）立式注射模。结构如图 10-22 所示，安装在立式注射机上。一般注射量为 10～60g，多为小型模具。这类模具的注射装置和定模设置在上部，而锁模装置、动模板、推出机构设置在设备的下部。其优点是装拆方便，安装嵌件和活动型芯简便可靠；缺点是不易取出制件。

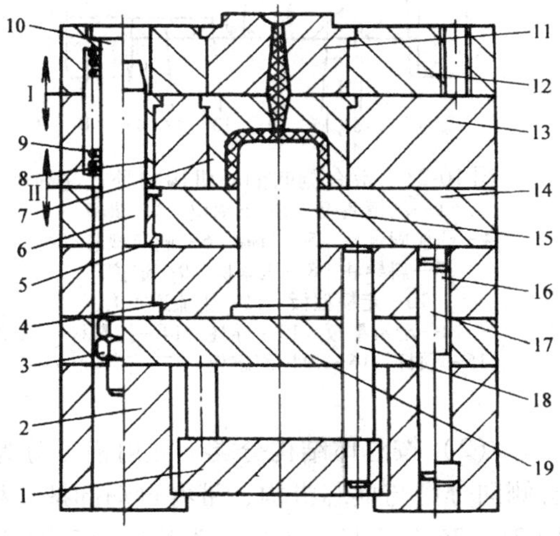


图 10-22　立式双分型面注射模

1—推杆底板　2—动模座　3—螺母　4—凸模固定板　5—导套　6—导柱　7—凹模　8—导套　9—弹簧　10—限位拉杆　11—主流道衬套　12—定模底板　13—凹模固定板　14—脱模板　15—凸模　16—内六角螺杆　17—圆柱销　18—推杆　19—支承板（垫板）

2）卧式注射模。结构如图 10-21 和图 10-23所示，安装在卧式注射机上，大中型注射模一般都采用此结构。其中图 10-23 带有侧抽芯机构。这类模具的注射装置和定模板在设备的一侧，而锁模装置、动模板、推出机构设置在另一侧。其优点是操作加料容易，制品推出后能自动落下，便于实现自动化；缺点是占据空间大，安装麻烦。

3）直角式注射模。结构如图 10-24 所示，安装在直角式注射机上，带有自动卸螺纹的运动机构。这类注射模的注射装置为直立布置，而锁模、顶出机构以及动、定模板按卧式排列，浇（流）道中心线和制品中心线垂直，尤其适用于中心不允许留有浇口痕迹的平面制品；缺点是加料比较困难，嵌件或活动型芯安放不便，只适用于小注射量的场合，注射量一般为 20 ~45g。

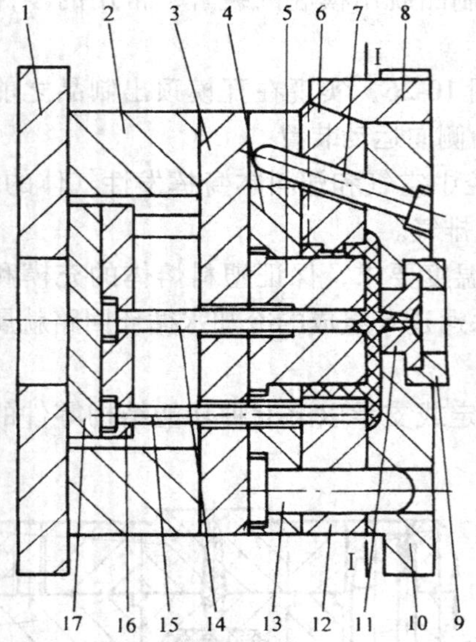


图 10-23　带有侧向抽心机构的卧式注射模
1—动模底板　2—支承块　3—垫板
4—凸模固定板　5—凸模　6—侧向型芯滑块
7—斜导柱　8—压紧块　9—定位环
10—定模型板　11—主流道衬套
12—动模型板　13—导柱　14—拉料杆
15—顶杆　16—顶杆固定板　17—顶杆底板

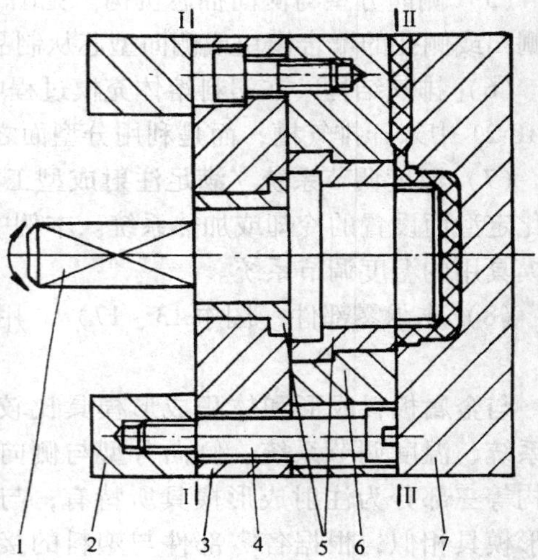


图 10-24　直角式注射模
1—螺纹型芯（与注射机开合模丝杆连接）
2—动模座　3—型芯支承板　4—定距螺钉
5—衬套　6—型芯固定板　7—定模型板

（2）按总体结构分类　注射模可分为单分型面、双分型面、带有活动成型零部件、带有侧向分型与抽芯机构、带有自动卸螺纹机构和定模侧设有顶出脱模机构的注射模等等。图 10-21 ~26 分别显示了这几类注射模具的结构。图 10-25 中的活动凸模 10 和图 10-26 中的活动凹模 3 常采用瓣合式镶拼结构，以便它们进行侧向收扰或张开运动，使带有凸台或凹槽的制件与模具脱开。图 10-23 带有侧抽芯的注射模则是通过侧向型芯滑块 6 在斜导柱 7 中的滑动使带侧孔的制件能够脱模。

3．注射成型模具设计的内容和步骤

（1）设计前的准备工作及设计者应明确的事项

1）设计任务书及设计资料必须齐全。任何注射模设计工作，都必须以模具设计任务书为依据。其主要内容包括塑料制品图、生产纲领、使用要求、注射成型工艺规程以及模具质量和完成时间的要求。此外，在进行设计之前，塑料原材料性能、注射机型号规格及使用说明书、模具标准及必备的设计手册等资料必须齐全。

2）分析研究原材料的工艺特性和成型性能。

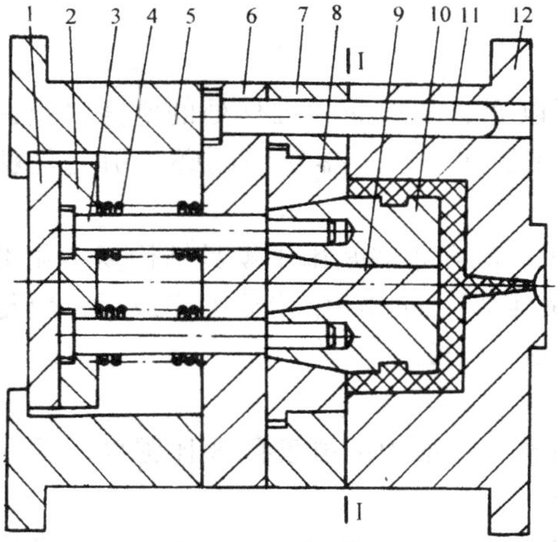

图 10-25　带活动凸模的注射模

1—推杆底板　2—推杆固定板　3—推杆　4—弹簧　5—动模座　6—支承板　7—动模板　8—凸模滑套　9—导向斜楔　10—活动凸模　11—导柱　12—定模座

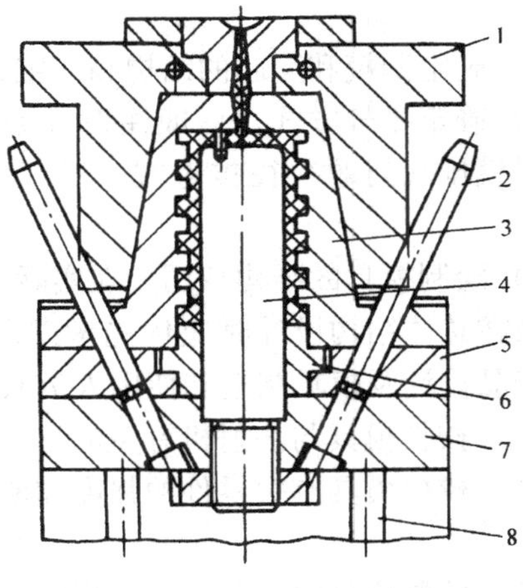

图 10-26　带有活动凹模的注射模

1—定模座　2—斜导柱　3—瓣合式活动凹模　4—凸模　5—托板　6—镶套　7—斜导柱固定板　8—推杆

3）分析制品的工艺性和注射成型工艺规程对模具设计的要求。注射制品的工艺性影响制品的成型性能和模具结构的复杂程度，设计模具之前应根据制品图或实物以及其使用要求进行仔细分析研究。注射成型工艺规程通常由工艺设计师以工艺卡的形式提供。其主要内容包括：制品的概况，如简图、重量、壁厚、投影面积、有无侧凹和嵌件等；原材料情况，如品名、出产厂家、颜色和干燥情况等；必要的注射机数据、压力与行程简图；注射成型条件，包括加料筒各段温度、注射温度、模具温度、注射压力、速度、循环周期等。在一些小型工厂，模具设计师兼成型工艺设计师。则模具设计人员在设计之前，必须制定出合理的注射成型工艺规程。

4）分析研究生产纲领，进行经济成本核算。

（2）模具设计的内容及其步骤　由于注射模具的多样性和复杂性，故其设计的内容和步骤很难统一。一般而言，可按如下步骤进行：

1）确定型腔的数目。

2）选定分型面。若在制品设计或工艺设计中分型面已选定，则在模具设计阶段应从模具结构的角度来校核和判断原选定分型面的合理性。

3）确定型腔的配置。型腔的配置实质上是模具结构总体方案的规划和确定。一旦型腔布置完毕，浇注系统的走向和类型便确定。冷却系统和推出机构在配置型腔时也必须给于充分的注意，若有矛盾时要在型腔布置中进行协调。当型腔、浇注、冷却系统和推出机构的初步位置决定后，模板的外形尺寸基本上就已确定。

4）确定浇注系统。系统中主流道、分流道、浇口和冷料穴要认真设计和计算，其中系统的平衡及浇口位置和尺寸是设计的重点。浇注系统决定了模具的类型。

5）确定脱模方式。特别要注意确定侧凹制品的脱模方式，当决定采用侧抽芯结构时，模板的尺寸就得加大，在型腔配置时要留出侧抽芯的位置。

6）冷却系统和推出机构设计。冷却系统和推出机构的设计同步进行有助于两者的很好协调。

7）确定凹模和型芯的结构和固定方式。

8）确定排气方式。一般注射成型时的气体可以通过分型面和推杆处的空隙排出，因此注射模排气问题往往被忽视。对于大型和高速成型注射模，排气问题必须引起足够重视。

9）绘制模具的结构草图。在实际生产中所出现的故障很多是由于模具结构复杂化引起的，故在总体结构设计时应优先考虑采用简单的模具结构形式。结构草图完成后，应与工艺、产品设计及模具制造和使用人员共同研讨直至相互认可。

10）校核模具与注射机有关的尺寸。

11）校核模具有关零件的强度和刚度。一般而言，注射模的刚度问题比强度问题更重要。

12）绘制模具的装配图。装配图中要清楚地表明零件的装配关系。图上应包括必要的尺寸，如外形尺寸、定位圈直径、安装尺寸、极限尺寸。在装配图上应将零件按顺序编号并填写明细表和标题栏，注明技术要求。

13）绘制模具零件图。

14）复核、审查设计图样。

## 第四节　塑料成型新技术简介

随着塑料工业的飞速发展，人们对塑料制品的要求越来越高，塑料成型新技术层出不穷。下面简介应用推广越来越广泛的热流道技术、气辅注射成型技术和数字化塑料成型技术。

### 一、热流道技术

热流道技术是应用于塑料注射模浇注系统的一种先进技术，是塑料注射成型工艺发展的一个热点方向。所谓热流道成型是指从注射机喷嘴到浇口这一段流道中的塑料始终保持熔融状态，在每次开模时不需要固化作为废料取出，滞留在浇注系统中的熔料可在再一次注射时被注入型腔。热流道成型在塑件脱模后只有塑件本身而无浇注系统凝料，故这类成型亦称无流道成型。

常用的热流道注射模有绝热式热流道注射模和加热式热流道注射模两种形式。

1. 绝热式热流道注射模

绝热式热流道注射模的特点是将流道设计得相当粗大，使其在注射过程中，靠近模壁部分的塑料由于导热性能差而冷凝，形成一层凝固的塑料层，它便起着绝热作用，而流道中心的塑料则保持熔融状态。这种流道虽有一定的绝热保温作用，但毕竟只是靠塑料自身的热量保持一定温度，故仅适用于每次注射周期较短的模具，这就在一定程度上限制了绝热式热流道注射模的推广应用。

2. 加热式热流道注射模

目前，广泛应用的热流道注射模都是加热式热流道注射模。

(1) 延伸式喷嘴的加热式热流道注射模　主要用于单型腔模。将注射机的喷嘴延长，并直接与模具的浇口部分接触，采用点浇口进料。为了避免喷嘴的热量过多地传向低温的型腔，使温度难以控制，必须采用有效的绝热措施，常见的有塑料绝热和空气绝热两种方法。图 10-27 所示为塑料层绝热的延长式喷嘴。喷嘴与模具之间有一环型接触面积，它既起密封作用，又是模具的承压面（图中 *A* 处），此面积不宜太大，以减少散热。浇口处的间隙，厚为 0.5mm，浇口以外的间隙以不超过 1.5mm 为宜，以免注射时压力过大，造成溢料现象。浇口直径一般为 0.75 ~ 1.5mm。由于绝热间隙存料，故不宜用于热稳定性差、容易分解的塑料。

图 10-28 所示为空气绝热的延长式喷嘴，喷嘴与浇口衬套之间，浇口衬套与型腔板之间，除了必要的定位、接触部分之外，都留有厚约 1mm 的间隙，此间隙为空气所充满，也起绝热作用。由于与喷嘴接触的浇口附近型腔壁很薄，为防止被喷嘴顶坏或变形，故喷嘴与浇口衬套之间也应设置环形支承面（图中 *A* 处）。

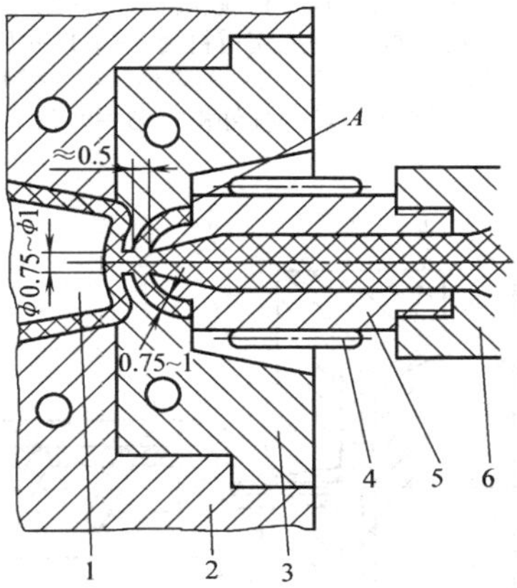


图 10-27　塑料层绝热的延伸式喷嘴

1—型芯　2—定模　3—浇口衬套
4—加热圈　5—延伸式喷嘴　6—注射机料筒

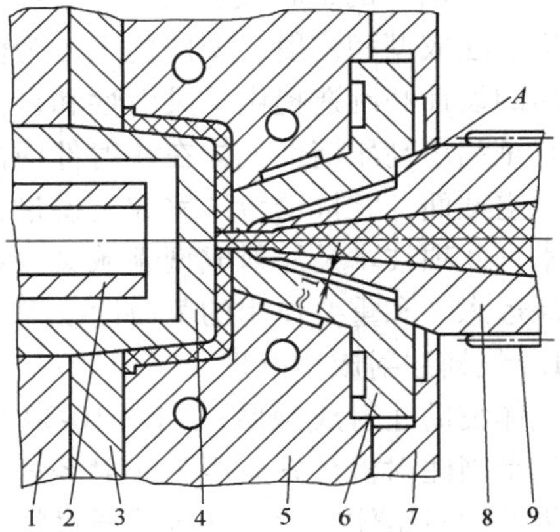


图 10-28　空气绝热的延伸式喷嘴

1—型芯固定板　2—型芯冷却管　3—推件板
4—型芯　5—定模型腔板　6—浇口衬套
7—定模座板　8—延伸式喷嘴　9—加热圈

（2）多腔的加热式热流道注射模　图 10-29 所示为多型腔弹簧针阀式浇口热流道注射模。注射塑料产生的高压使阀芯退回，将浇口开启，阀芯后端的压缩弹簧被压缩，在注射压力消除后靠弹簧的压力将浇口关闭。

典型的加热式热流道系统由三大部分组成，即热流道板、喷嘴和温度控制器。热流道模具应用需要多个环节予以保障，其中最关键的有两个技术因素：一是塑料温度的控制；二是塑料流动的控制。

热流道注射模具有许多优点：缩短塑件成型周期；节省塑料原料；减少费品，提高产品质量；消除后续工序，有利于生产自动化；扩大注塑成型工艺应用范围，许多先进的塑料成型工艺是在热流道技术基础上发展起来的，如 PET 预成型制作，在模具中多色共注，多种材料共注工艺等。但与冷流道模具相比，热流道模具制作工艺设备要求高，热流道模具操作维修复杂，热流道元件价格比较贵，热流道模具成本会大幅度增高，热流道系统价格贵是影响热流道模具广泛使用的主要原因之一。

作为一种先进的注射加工技术，热流通技术在欧美国家的普及使用可以追溯到20世纪中期。由于采用热流道技术模具的诸多优点，因此，热流道技术的应用在国外发展较快，许多塑料模具厂所生产的模具50%以上采用的热流道技术，甚至80%以上，效果十分明显。在我国，这一技术的推广应用近几年来有迅速增加的趋势。

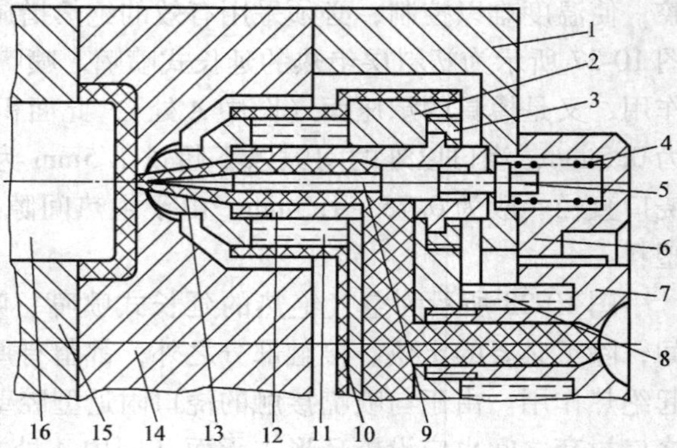


图 10-29 多型腔弹簧阀式浇口热流道注射模

1—定模座板 2—热流道板 3—喷嘴盖 4—压力弹簧 5—活塞杆 6—定位圈 7—主流道衬套 8、11—加热器 9—针形阀 10—隔热外壳 12—喷嘴体 13—喷嘴头 14—定模型腔板 15—推件板 16—型芯

## 二、气辅成型技术

气辅成型技术（气体辅助注塑成型技术）是一种新型的塑料成型技术，它综合了结构发泡成型和注射成型的优点，为塑件制品的设计和制造提供了灵活性和自由度。它是利用高压惰性气体在注射件内部产生中空截面，并推动熔体完成充模过程的技术，此项技术是注射成型领域又一项具有深远意义和重要作用的革命性技术。

### 1. 气辅注射成型原理

气体辅助注射成型原理如图10-30所示，就是当注射机首先向型腔注射经过准确计量的塑料熔体以后，紧接着通过特殊喷嘴往熔体中注入高压气体（通常为氮气），在熔体内部产生中空截面，气体扩散推动熔体充满型腔，充模结束后气体在塑件内继续保压补缩。冷却后排出注入的高压气体，制品便可脱模。气体辅助装置包括氮气发生和增压系统、压力控制单元和进气元件。对注射机系统设备的要求，就简单得多，只要是这些注射机配备有：弹弓射嘴，以防止高压气体跑进到注射机的螺杆里；注射机的螺杆行程需配备电子尺或者行程开关，以触发信号给气辅主系统，从而把高压气体注射进模腔内。

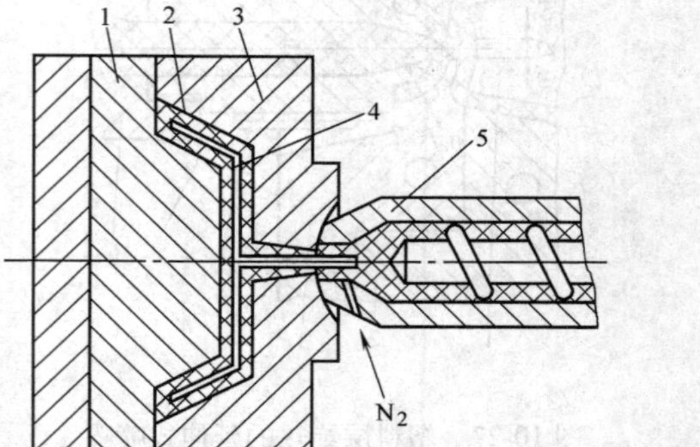


图 10-30 气辅注射成型原理

1—动模型芯板 2—塑件 3—定模型腔板 4—气层夹芯 5—注射机喷嘴

### 2. 气辅注射成型技术的特点

传统注射工艺不能将厚壁和薄壁结合在一起成型，要求制品壁厚均匀，否型容易产生塑件残余应力大，易翘曲变形，表面时有缩痕等缺陷。采用气体辅助注射成型新技术，较好地解决了管道状制品、厚壁、偏壁（不同厚度截面组成的制件）和大型扁平塑件的，注射成型问题。现已开发了气辅产品结构和模具设计，包括浇注系统、进气方式和气道分布设计技术，气辅注射工艺设计技术，气辅注射过程计算机仿真技术，气辅注射产品缺陷诊断与排除技术，气辅工艺专用料技术。

与普通的注射成型相比，气辅注射具有很多无可比拟的优点。

(1) 提高了塑件质量 在塑件厚壁处，肋、凸台等部件表面不会出现缩痕。可成型各种复杂形状的塑件，如图 10-31 所示。

(2) 满足了产品轻型化的要求 塑件由于中空结构使刚性增加而不增加质量，使其适应工业产品轻型化的要求。

(3) 缩短了塑件成型时间 一方面，塑料原料用量减少带来整个成型周期各个环节时间的减少；另一方面，通过制件内部高压气体的引入，塑件的收缩变形状况有了很大的改善，因此注射保压时间、注射保压压力均可以大幅地减少。

(4) 提高了塑件尺寸的稳定性 注射及保压压力降低后，塑件的内应力必然也得到了降低。因此，在塑件设计科学合理的情况下，产品的中空构造不但不会降低塑件的力学性能，甚至还会有所提高。另外，内应力的降低会使塑件尺寸的稳定性提高。

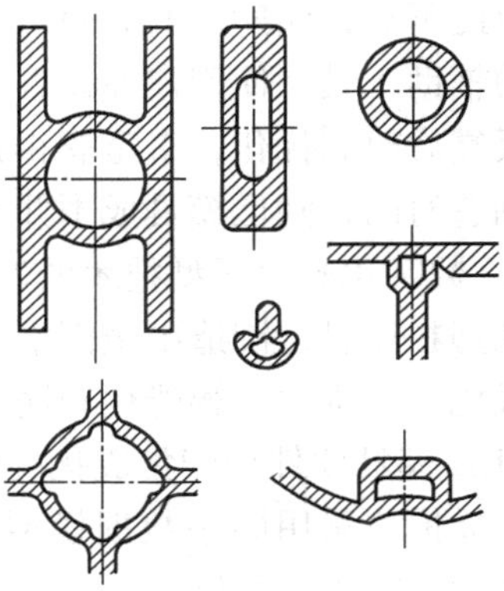
图 10-31 几种气辅成型塑件的截面形状

气辅成型也存在一些缺点，如气辅成型装置的附加成本；气体喷嘴的设计以及位置选择，采用从制品内和从流道内方式进行气体注射时，喷嘴位置的选择是个棘手的问题。

气辅成型技术近年来发展迅速，该技术已经应用在很多塑件的生产上，如电视机或音响外壳、汽车塑料产品、日常用品、各类型塑件盒和玩具等。在将来的发展中，气辅成型技术在注射行业中必定会得到更加广泛的应用。

## 三、数字化塑料成型技术

数字化技术是以数字电子计算机硬软件、外围设备、协议和网络为基础的信息离散化表述、定量、感知、传递、存储、处理、控制、联网的集成技术。数字化塑料成型技术（即塑料模 CAD/CAE/CAM、FMS 等）普及应用于 20 世纪 80 年代，并在生产中取得了明显的经济效益。其中，注射模 CAD/CAE/CAM 技术的发展和推广被公认为 CAD 技术在材料成型及机械工业中应用的一个典范。

### 1. 数字化塑料成型技术的特点

注射模 CAD 是专业理论、计算方法、计算机软件及图形等方面的综合技术，解决问题的过程是建立模型并将分析及设计结果用图形显示出来。注射模 CAE 是一种计算机模拟技术，它所包含的功能更广泛，将模具的设计、分析、测试和制造贯穿于各个环节中，用来指导和预测模具的方案构思、设计和制造过程。注射模 CAM 是将设计结果传递给数控机床（NC）或计算机控制（CNC）机床进行加工。将 CAD、CAE 和 CAM 技术有机地集成在一起，即为注射模 CAD/CAE/CAM 技术。

采用注射模 CAD/CAE/CAM 集成化技术后，塑料制品一般不需要再进行原型试验，而是采用几何造型技术，如线框造型、表面造型、实体造型或特征造型，在计算机中生成塑件的几何模型。借助于注射模 CAD/CAE/CAM 的专家系统，包括知识库、推理机、数据库、解释系统和用户接口等，模具设计师能更好地从事诸如方案构思和结构优化等创造性工作。在模具投产之前，注射模 CAE 技术对注射成型过程进行模拟，主要包括熔体充模的流动模拟、保压过程模拟、冷却过程模拟、分子取向模拟和翘曲变形模拟。这些模拟为塑件设计、材料选择、模具设计、注射工艺制定及注射过程控制提供了科学依据。模腔的几何数据能交互地转换为曲面的机床加工轨迹，这样可省去木模制作工序，提高型腔和型芯表面的加工精度和效率。

由此可见，注射模 CAD/CAE/CAM 技术是以科学、合理的方法，给用户提供一种行之有效的辅助工具，使用户在模具制造之前能借助于计算机对制品、模具结构、加工、成本等进行反复修改和优化，直至获得最佳结果。模具 CAD/CAE/CAM 技术能显著地缩短模具设计与制造时间，降低模具成本并提高制品的质量。

2. 数字化塑料成型技术的发展趋势

在塑料模设计制造中全面推广应用 CAD/CAM/CAE 技术。模具 CAD/CAE/CAM 技术正向集成化、三维化、智能化和网络化方向发展。

(1) 模具软件功能集成化　模具软件功能的集成化要求软件的功能模块比较齐全，同时各功能模块采用同一数据模型，以实现信息的综合管理与共享，从而支持模具设计、制造、装配、检验、测试及生产管理的全过程，达到实现最佳效益的目的。如英国 Delcam 公司的系列化软件就包括了曲面/实体几何造型、复杂形体工程制图、工业设计高级渲染、塑料模设计专家系统、复杂形体 CAM、艺术造型及雕刻自动编程系统、逆向工程系统及复杂形体在线测量系统等。

(2) 模具设计、分析及制造的三维化　传统的二维模具结构设计已越来越不适应现代化生产和集成化技术要求。模具设计、分析、制造的三维化、无纸化要求新一代模具软件以立体的、直观的感觉来设计模具，所采用的三维数字化模型能方便地用于产品结构的 CAE 分析、模具可制造性评价和数控加工、成形过程模拟及信息的管理与共享。如 Cimatran 公司的 Moldexpert 以及 Delcam 公司的 Ps-mold 和日立造船的 Space-E/mold 均是 3D 专业注射模设计软件，可进行交互式 3D 型腔、型芯设计和模架配置及典型结构设计。澳大利亚 Moldflow 公司的三维真实感流动模拟软件 Moldflow Advisers 已经受到用户广泛的好评和应用。国内有华中科技大学研制的同类软件 HSC3D4. 5F 及郑州工业大学的 Z-mold 软件。面向制造、基于知识的智能化功能是衡量模具软件先进性和实用性的重要标志之一。如 Cimatron 公司的注射模专家软件能根据脱模方向自动产生分型线和分型面，生成与制品相对应的型芯和型腔，实现模架零件的全相关，自动产生材料明细表和供 NC 加工的钻孔表格，并能进行智能化加工参数设定、加工结果校验等。

(3) 模具软件应用的网络化技术　基于网络的 CAD/CAM/CAE 一体化系统结构已初见端倪。该项技术将解决传统混合型 CAD/CAM 系统无法满足实际生产过程分工协作要求的问题。

## 思考与练习

1. 塑料的主要成分是什么？聚合物链状结构可分为哪几类？热塑性塑料与热固性塑料有何区别？
2. 塑料可呈哪几种物理状态？其可加工性能如何？
3. 为什么结晶塑料不透明，而无定形塑料透明？
4. 影响塑料流变学性质的因素有哪些？试述这些因素对非牛顿型流体表观粘度的影响。
5. 注射成型时，在一定温度条件下快速充模使制品表层分子取向增高，中心部位取向减弱，为什么？

6. 注射过程可为几个阶段？其作用各是什么？
7. 按其功能，注射模由哪几部分组成？在图 10-21 中找出主流道、分流道、浇口和冷料穴。
8. 模具浇注系统的作用是什么？为了减少或消除成型制品带有的凝料赘物，可采取什么措施？
9. 热流道技术的工作原理是什么？试比较绝热式热流道与加热式热流道模具的优缺点。
10. 简述气辅注射成型原理。气辅注射成型技术有何特点？

# 参考文献


[1] 辽·阿尔亭. 现代制造工程学 [M]. 马自天，刘玉文，译. 北京：国防工业出版社，1988.
[2] 王祖诚. 机械制造工程学 [M]. 北京：北京航空学院出版社，1988.
[3] 安阁英. 铸件形成理论 [M]. 北京：机械工业出版社，1990.
[4] 王寿彭. 铸件形成理论及工艺基础 [M]. 西安：西北工业大学出版社，1994.
[5] 戴维斯 G J. 凝固与铸造 [M]. 北京：机械工业出版社，1981.
[6] 傅恒志. 铸钢和铸造高温合金及其熔炼 [M]. 西安：西北工业大学出版社，1995.
[7] 张承甫，等. 凝固理论与凝固技术 [M]. 武汉：华中工学院出版社，1985.
[8] 程天一，等. 快速凝固技术与新型合金 [M]. 北京：宇航出版社，1990.
[9] 顾海澄. 节约金属材料手册 [M]. 北京：机械工业出版社，1995.
[10] Moschini R. Manufacture of Automotive Components by Semi-liquid Forming Process [C] //Proceedings of the 2th International Conference on the Semi-Solid Processing of Alloys and Composites, Cambridge, 1992: 149-158.
[11] 陆文华，等. 铸造合金及其熔炼 [M]. 北京：机械工业出版社，1996.
[12] 中国机械工程学会铸造专业学会. 铸造手册：第 1 卷 铸铁 [M]. 北京：机械工业出版社，2003.
[13] 中国机械工程学会铸造专业学会. 铸造手册：第 2 卷 铸钢 [M]. 北京：机械工业出版社，2003.
[14] 中国机械工程学会铸造专业学会. 铸造手册：第 3 卷 铸造非铁合金 [M]. 北京：机械工业出版社，2003.
[15] 中国机械工程学会铸造专业学会. 铸造手册：第 5 卷 铸造工艺 [M]. 北京：机械工业出版社，2003.
[16] 胡彭生. 型砂 [M]. 上海：上海科学技术出版社，1994.
[17] 李庆春. 铸件形成理论基础 [M]. 北京：机械工业出版社，1986.
[18] 苏芳庭. 金属工艺学 [M]. 北京：高等教育出版社，1990.
[19] 王俊昌，王荣声. 工程材料及机械制造基础（Ⅱ）[M]. 北京：机械工业出版社，1998.
[20] WKurz. Fundamentals of Solidification [J]. Switzerland: Trans. Tech. Publications, 1984.
[21] 胡汉起. 金属凝固原理 [M]. 北京：机械工业出版社，1991.
[22] I Minkoff. Chichester: Solidification and CastStructure [M]. JohnWiley & Sons Ltd., 1986.
[23] 周如松. 金属物理：下册 [M]. 北京：高等教育出版社，1992.
[24] 吕炎，等. 锻压成形理论与工艺 [M]. 北京：机械工业出版社，1991.
[25] 任福东，詹武，陈万卿. 热加工工艺基础（工程材料及机械制造基础）[M]. 北京：机械工业出版社，1997.
[26] 陈伯蠡. 焊接冶金原理 [M]. 北京：清华大学出版社，1991.
[27] 邹莱莲，邹一心，社诚修，等. 焊接理论及工艺基础 [M]. 北京：北京航空航天大 学出版社，1994.
[28] 汪大年. 金属塑性成形原理 [M]. 修订本. 北京：机械工业出版社，1986.
[29] 陈金德. 材料成形工程 [M]. 西安：西安交通大学出版社，2000.
[30] 王祖唐，等. 金属塑性成形理论 [M]. 北京：机械工业出版社，1989.
[31] 王占学. 塑性加工金属学 [M]. 北京：冶金工业出版社，1991.
[32] 杨觉先. 金属塑性变形物理基础 [M]. 北京：冶金工业出版社，1988.
[33] 王仲仁，等. 塑性加工力学基础 [M]. 北京：国防工业出版社，1989.